현대도시계획

현대도시계획

하 창 현 편저

도시는 다양성을 지니며 항상 변화하는 생명체이다.
도시는 다양한 사람과 시설의 결합체로 이해되고,
인간의 마지막 보금자리이다.
도시에 대한 깊은 이해로 계획, 개발, 관리되어야 한다.
미래도시는 인간이 중심이 되는 인간중심의 도시어야 한다.

한국학술정보[주]

머 리 말

현대도시는 계속해서 집중·과밀화되고 있으며, 또한 평면적 확산을 통한 도시팽창으로 많은 도시문제를 야기시키고 있다. 이러한 도시문제를 체계적으로 해결하기 위해서는 도시에 대한 관심과 도시계획에 대한 중요성이 인식되어야 할 것이다.

현대적 의미에서의 우리나라의 도시계획에 대한 역사는 반세기 정도로 서양의 선진국에 비하면 매우 짧은 편이다. 하지만 이러한 것에도 불구하고 다양한 기법이 도시계획에 인용·적용되어 상당한 발전을 보여왔다. 그러나 아직까지 도시계획의 전문성은 전반적으로 높지 않은 실정이다.

도시관련 학문의 보편적 관심은 도시이론을 정립하고 앞으로 도시에서 일어날 일을 예측하는 것이다. 그렇기 때문에 체계적인 도시전문가의 육성이 시급한 실정이다. 현재 우리나라 도시계획전담부서의 공무원 중 도시전문가는 매우 부족하므로 전문가를 공무원으로 채용하여 급변하는 도시변화에 적절히 대응할 수 있도록 해야 한다. 그리고 현 종사자에 대한 다양하고 전문적인 교육도 병행하여야 할 것이다.

본 서의 내용은 크게 4편으로 도시의 의해, 도시의 계획, 도시의 개발, 도시의 관리로 각각 세분하여 구성하였다.

제Ⅰ편은 도시계획에 대한 전반적인 내용을 다루기에 앞서 도시에 대한 이해를 위한 것으로서 도시의 생성과 발달단계를 시대적으로 고찰하였고, 도시화의 특징과 도시화로 인한 도시문제의 발생과 이에 대한 이해, 그리고 도시공간구조의 형성 및 이론적 내용을 담았다.

제Ⅱ편에서는 도시에 대한 전반적 이해를 바탕으로 실제 도시계획 분야로 공간계획체계의 이해와 도시계획 관계법규 등을 통한 도시계획제도의 이해,

그리고 토지이용계획, 도시교통계획, 도시공원녹지계획, 도시시설계획 등의 부문별 계획을 서술하였다. 따라서 도시에 대한 이해와 계획을 제Ⅰ, Ⅱ에서 충분히 이해할 수 있을 것이다.

제Ⅲ편에서는 제Ⅱ편에서 소개되었던 도시계획의 내용을 이용하여 실제 도시계획 및 개발을 위한 것으로 도시개발사업, 도시재개발, 신도시개발의 내용으로 이루어졌다. 최근 도시개발법의 제정 등으로 도시개발사업에 대한 관심이 증대하고 있으므로 도시재개발과 신도시개발 분야에 대한 논의를 통하여 도시개발사업을 이해할 수 있다. 또한 각종 개발기법 및 사례를 통하여 우리나라 도시현실에 적절한 사업의 대안을 찾을 수 있을 것이다. 그리고 개발사업의 평가를 위한 경제적 분석기법도 소개하고 있다.

제Ⅳ편에서는 최근 관심이 높은 지구단위계획제도에 대한 고찰과 도시관리에 대한 내용으로 도시환경과 방재, 도시성장관리정책과 지속가능한 개발을 통하여 도시환경에 대한 관심을 높이고, 미래의 도시계획에서 새로이 요구되는 계획패러다임을 소개하고자 한다.

도시계획은 민간부문과 공공부문의 역할이 모두 중요하고, 또한 공공성을 확보하여야 한다. 이러한 공공성을 확보하고 사업시행의 착오를 줄이기 위해서 관련 종사자들의 교육이 날로 중요하게 될 것이다. 특히, 본 서는 체계적인 도시공학을 공부하지 않은 학생이나 비전문가들을 대상으로 빠른 시간내에 도시계획 전반에 대한 내용을 습득할 수 있도록 하였기 때문에 내용을 폭넓게 다루고 있다.

이 책의 출간을 흔쾌히 허락해 주신 한국학술정보(주)의 채종준 사장님과 출판사업팀 직원 여러분께 감사를 드립니다. 그리고 이 책의 많은 내용을 구성할 수 있도록 많은 선행 연구를 해주신 여러 선배 학자분들께 깊은 감사를 드립니다.

2007년 6월

진주 가좌골에서 하 창 현

목　차

I. 도시의 이해 · 13

II. 도시의 계획 · 75

Ⅲ. 도시의 개발 · 345

Ⅳ. 도시의 관리 · 477

I 도시의 이해

제 1 장 도시의 기원과 발달

1. 도시의 발생

1) 도시의 기원

도시를 형성해 가는 것은 문명의 형성과정이라고 볼 수 있다. 차일드(G. Childe)는 문명의 발상을 도시혁명(urban revolution)이라 하였는데, 문명(civilization)은 'city'의 고어 'civic'에서 파생되었다는 점에서 문명과 도시는 같은 의미로 사용되고, 도시발생은 곧 문명의 발상을 의미한다.

차일드(G. Childe)는 문명, 즉 도시의 발상은 정착성(sedentariness), 생태적 적합성(ecological fitness), 사회적 잉여(social surplus), 통치권과 사회조직(power and social organization)의 네 가지 조건을 갖추어야 한다고 하였다.[1]

정착성은 부족이나 공동체의 생산형태가 주로 농작물의 재배이므로 경작이 용이한 구릉지를 중심으로 집단취락을 형성하려는 경향을 말하고, 유목생활과 같은 이동성이 강하지 않은 상태를 말한다.

생태적 적합성은 정착에 필요한 기후, 지질, 지반, 물 등이 고루 갖추어져야 함

---

[1] 노춘희(1994), 도시학개론, 형설출판사, pp.21-22.

을 말한다. 특히 물은 도시문화의 발달에 가장 중요한 역할을 하였다. 고대의 문명발상지나 도시의 발생이 대부분 강을 끼고 형성되었다. 또한 농작물의 재배나 중요한 교통수단이 되므로 도시의 발생과 발달에 있어 가장 중요한 요소이다.

정착생활을 한 부족들은 기술의 발달로 농작물의 생산성이 높아지고 잉여생산물이 생김에 따라 농업생산의 대가로 인간생활에 필요한 다른 서비스, 즉 정치·종교·문화 등을 제공할 수 있는 전문직업인의 등장과 분업, 계층의 발달로 사회조직화가 이루어졌다. 이러한 사회적 잉여로 인한 시장의 발달로 도시가 한층 더 성장하게 되었다.

농경생활 등을 위한 단순한 정착, 적합한 생태적 환경, 농업생산성 제고로 인한 사회적 잉여만으로는 도시를 체계적으로 형성할 수가 없다. 이러한 도시를 체계적으로 형성하기 위해서는 하나의 구심력을 가지고 조직화되고 통제됨으로써 도시가 형성되고 발전되었다.

2) 도시의 발달

초기 도시는 농경생활의 시작과 농업생산의 잉여로 인하여 형성되었다. 이러한 도시는 사회적 조직체계를 형성하고, 잉여생산물의 교환을 위한 시장의 발달과 교통수단의 발달로 인하여 더욱 크게 성장하고 확대되었다.

주로 초기의 도시는 평야를 낀 구릉지에 형성되었지만, 점차 상업 및 산업의 발달과 교통수단의 발달로 인하여 이러한 자연적 제약요소가 한층 미약해졌다. 중세 이후 상업의 발달과 산업혁명 이후 산업화로 인하여 도시는 더욱 발전하게 되었다. 특히, 산업혁명은 도시성장에 매우 큰 영향을 끼쳤다. 이러한 도시의 발달을 시기에 따라 다시 구분하고 세분하여 4절 도시의 발달에서 다루기로 한다.

2. 도시의 정의

1) 도시의 정의

도시의 정의는 여러 학자에 의해 다양하게 정의되고 있어 명확하게 정의를 내리기 어려우나, 도시는 농촌과 대비되는 개념으로 볼 수 있다. 대체로 도시라고 하는 것은 ① 많은 인구, ② 높은 인구밀도, ③ 다양한 직업선택의 기회(주로 2, 3차 산업에 종사)가 주어진 곳으로 볼 수 있다.

<표 1.1> 도시의 정의

학 자	정 의	비 고
Rouseau	인간정신의 종국적인 보금자리	인간정신의 상태이며, 관습과 전통의 본체
Cullen	환경 속의 극적인 사건(결과) 인간의 거대한 사업	거주민의 총체 이상으로 충분한 쾌적성 창출 능력을 가짐
Team 10	종국적인 커뮤니티(지역사회, 공동체)	매시간 / 위치 / 사람에 따라 특이한 형태로 정의됨
Kevin Lynch	도시의 물리적 구성요소(Path, Edge, Node, District, Landmark)	
Spreign	한 영역(territory)의 인지된 중심지	
Hans	목적에 따라 행동하는 사람에 의해 창조	
H. Church	사람들(군중)	
F. Ratzel	일정한 형태의 직업활동, 일정규모 이상의 인구집중, 집단적 주거지	
황용주	일정지역의 토지 위에 사람들이 모여 물건매매를 이루고 사는 인간고유의 생활방식으로 이루어진 그 자체	
기 타	공간 이외의 시간 속에 존재하는 역사적인 과정 그 자체 도로의 교차점 / 결절점, 교역을 하는 장소 / 상품교환 장소	

자료: 주종원(1988), 도시계획 및 설계, 형설출판사
　　　황용주(1987), 도시계획원론, 녹원출판사
　　　A. J. Catanese & J. C. Synder(1979), Introduction to Urban Planning, Mcgraw-Hill Book Co, Ltd.

도시발달의 요소는 자연적 요소와 사회적 요소로 구분할 수 있는데,[2] 자연

적 요소는 ① 도로의 결절점, ② 거래의 중심지, ③ 항만, 생산공장의 중심지 등 자연적 조건에 의한 도시형성요소이다. 그리고 사회적 요소로는 ① 집약적 공급시설의 조직망, ② 다양한 교통수단, ③ 조밀한 인구밀도, ④ 다양한 경제적 활동, ⑤ 직업의 전문화와 분화, ⑥ 인구구조별로 남자인구보다 여자인구가 많고 전입인구가 많다. ⑦ 모든 것이 집약된 곳, ⑧ 이질적인 집합장소, ⑨ 저율의 출생률, ⑩ 배후지(농촌)를 가지는 것 등이 있다.

우리나라의 경우 인구규모가 5만 명 이상이며, 2·3차의 도시적 산업종사자율이 50% 이상인 지역을 '市'로 규정한다. 그리고 2만 명 이상이며 2·3차의 도시적 산업종사율이 40% 이상인 지역을 '邑'으로 규정한다. 협의적 의미에서의 도시는 '市'를 지칭하지만, 광의의 의미에서는 '市'와 '邑'을 모두 일컬어 '都市'로 이해한다.3)

<표 1.2> 각 나라의 도시설정기준

국 가	도 시 설 정 기 준
네덜란드	주민 2,000명 이상인 행정구역
노르웨이	주민 200명 이상인 지역
러시아	주민수와 농업 및 비농업직 종사자율을 기초로 국가에서 지정한 도시형태를 갖춘 지역
아르헨티나	주민 2,000명 이상인 인구중심지
아일랜드	주민 200명 이상인 지역
미 국	주민 2,500명 이상이나 농업직 종사가구율 1/3 이상인 지역 제외
인 도	주민 5,000명 이상, 인구밀도 390명/㎢ 이상, 비농업직 종사 성인 남성인구율 3/4 이상인 지역
일 본	주민 50,000명 이상이고, 시가화지역 60% 이상이며, 비농업직 종사자율 60% 이상인 지역
캐나다	주민 1,000명 이상이며 인구밀도 400명/㎢ 이상인 지역
포르투갈	주민 10,000명 이상인 집중화 지역
프랑스	연속된 주거지에 사는 주민이 2,000명 이상인 꼬뮨
호 주	주민 1,000명 이상인 인구밀집지

자료: Carter, H(1995), The Study of Urban Geography, 4th ed., Arnold, London, pp.10-12.

---

2) 윤정섭(1994), 도시계획, 문운당, pp.4-5.
3) 권용우 외(1998), 도시의 이해, 박영사, p.5. 일반적으로 도시지역은 邑 이상의 행정구역을 말한다. 하지만 최근 邑도 농촌지역에 포함시키는 경우가 종종 있다.

<표 1.2>와 같이 도시에 대한 설정기준은 나라마다 다르다. 각 나라의 자연조건 및 사회·문화적 조건 등이 다르기 때문에 도시의 인구규모도 매우 다양하게 나타난다.

2) 도시의 구성요소

도시의 구성요소는 인간, 활동, 토지 및 시설물이고, 인간은 도시를 구성하는 가장 기본적인 요소이므로 도시에서 인구가 가장 중요하다. 그리고 이러한 인간들의 활동과 토지 및 시설물이 도시의 3대 구성요소이다.

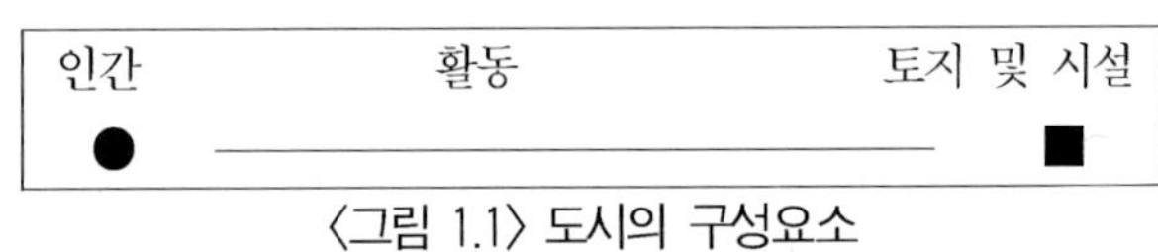

〈그림 1.1〉 도시의 구성요소

Kevin Lynch는 많은 개인적인 이미지가 중첩(overlap)되어 공공의 이미지로 보인다고 하고, 도시의 물리적 구성요소를 Path(도로), Edge(端), District(구역), Node(결절점), Landmark(표지)의 5가지로 구분하여 설명하였다.[4]

Path는 일반적으로 도로나 철도를 가리키며, Edge는 해안, 하구 등 구역(영역)을 구분하는 가장자리이다. 개인에 따라 Path는 Edge가 될 수도 있고, 또한 Edge도 Path가 될 수 있다. District는 2차원적으로 구획된 지역으로 용도지역 등이 여기에 포함되고, Node는 도로의 결절점이나 Edge가 서로 교차하는 곳도 node로 볼 수 있다. 그리고 Landmark는 identity(독자성)를 가지는 건축물 등이다. 이들 이미지 구성의 힘은 나열 순서대로 크다고 하였다.

---

4) Kevin Lynch, 김의원 역(1980), 도시의 상(The Image of the City), 녹원 출판사 pp.73-78
　Richard T. LeGates & Frederic Stout(1996), The City Reader, pp.99-102

〔참고〕 도시혁명(urban revolution)

　도시혁명은 농촌사회가 도시사회로 변화하는 것을 의미한다.
　주요지표로서는 조밀한 영구주택, 비농계급, 과세, 교역, 문화, 예측과학, 예술, 기념비적 건물, 사회계층, 정치조직 등이다.
　도시의 발생은 잉여이론(surplus theory)에 중점을 두고 있다.

3. 도시의 형성요인

도시는 인간이 농경생활을 시작하면서 집단취락을 시작한 것으로 알려져 있으며, 또한 잉여생산물의 교환 및 매매 등으로 시장기능이 강화되고, 통치권자의 등장 등으로 도시가 형성되었다고 보인다.

도시(都市, urban)는 원래 '중심' 혹은 '원(員)을 이룬다'는 의미의 Urbanu(라틴어), 뜰 또는 마당이라는 의미의 Gorod(스라브어)라고도 불렸다. 그리고 동양에서는 궁궐 등 행정중심지로서의 「都」와 시장이 있는 시장중심지로서의 「市」가 도시를 뜻한다.[5]

1) 정치 및 행정중심지

초기 문명발생 도시들은 주로 정치 및 행정의 중심지로서 가장 큰 도시였다. 대부분 왕이나 통치권자의 통치기능이 도시형성의 중요한 요인이었다. 고대도시를 거쳐 중세도시의 대부분 도시는 모든 기능이 도시에 집중하는 종합도시의 성격을 가진다.

근대에 들어서면서 각각의 신수도건설계획(新首都建設計劃)이 발표되고, 이

---

5) 이강제(1999), 도시도시계획, 보성각, pp.24-30.

에 따라 수도건설이 본격으로 이루어졌다. Canberra, Brasilia, New Delhi 등이 계획적으로 건설된 대표적인 도시들이다. 우리나라의 과천은 서울의 위성도시로서 정부종합청사의 건립 등 행정목적으로 계획된 신도시이다. 그리고 대전 둔산지구에는 제3정부종합청사가 입지해 있다.

2) 상업 및 교통중심지

초기의 도시는 농업생활에서 발생한 잉여생산물의 물물교환이나 매매를 통하여 성장하였다. 이와 같은 상업행위를 위한 장소는 주로 교통상 유리한 지역으로, 도로의 결절점이나 해안 및 하구 등에서 도시가 발생하였다.

고대 및 중세도시는 대부분 교역을 위한 해안이나 하구에 많은 도시가 발생하였고, 그 이후로 도로교통의 발달로 도로의 결절점이 중요한 도시형성 요건이 되었다. 요소별 도시발생은 다음과 같다.

① 하천연안: Babylon, 洛陽, 長安
② 해안: Athene, Siracusa, Alexandria, Venezia, Genova, Lübeck Bergen
③ 하구: 上海, Antwerp, Rotterdam, Lisbon, New York, New Orleans, Hamburg, London
④ 하천의 합류점: Frankfurt, St. Louis

3) 방위의 요충지

중세 이전의 도시는 외부의 침입으로부터 방어할 수 있는 장소가 도시형성의 중요한 형성요인이었다. 그래서 외부로부터 방어하기 좋은 해안의 구릉지나 하천의 합류지점, 하구 또는 구릉지의 산록 등 자연조건을 이용하고 또한 교통상 편리한 지점에 입지하게 된다. 자연적 조건을 그대로 이용하지 못하는 곳은 城을

쌓아 외부의 침입을 막았는데, 이 도시를 성곽도시(城郭都市 또는 城砦都市)라고
부른다. 우리나라의 병영이나 수영 등도 이러한 방위의 요충지라고 할 수 있다.

4) 종교의 중심지

  종교의 발상지나 기원이 된 곳에서는 사원, 교회, 성지, 사찰 등 종교시설을 중
심으로 도시가 형성되었다. 대표적으로 로마, 메카, 예루살렘 등의 도시가 있다.
  종교도시(聖地)들은 매년 많은 성직자들이나 종교인들이 순례를 하는 곳으
로 성지로 일컬어진다. 특히, 이슬람교나 크리스트교의 공동 성지로서 예수살
렘은 매우 중요한 의미를 지니고 있다. 이슬람교의 성지순례인 하지(haji)는 매
년 대규모로 이루어지므로 성지인 메카는 연간 수백만 명의 이슬람인이 방문
하는 도시이다.

5) 공업의 중심지

  근대에 들어서면서 산업혁명이란 사회적 대변혁을 가져오는 중대한 계기를 맞
아한다. 산업혁명은 1차산업에서 2차산업으로의 변화를 도모하여 많은 노동력을
필요로 하게 되어 농촌인구의 도시집중을 가속화시켰다. 또한 많은 자원을 필요
로 하였기 때문에 주로 해안 항구도시를 중심으로 공업 도시가 형성되었다.
  공업도시는 자원(원료)지향적, 시장지향적 도시로 구분할 수 있는데, 주로 철
강, 석탄 등 기초공업과 중공업 등은 자원이 풍부하고 교통이 편리한 곳에 도
시가 형성된다. 그러나 경공업 등과 같이 물류비가 적게 들고 자연조건에 의한
영향을 크게 받지 않는 산업은 주로 대도시 주변 등 시장에 가깝게 입지하게
된다. 또한 노동력도 중요한 입지요소이다. 많은 노동력을 필요로 하는 노동집
약적 산업은 많은 노동력을 얻을 수 있는 곳에 입지하게 된다.[6] 우리나라의 경

---

6) 주로 중공업은 원료(자원)지향적이고 경공업은 시장지향적이다. 중공업은 수송비가 많이 들고 생산

우 원자재를 수입하기 좋은 남동임해안 항구도시에 공업도시가 발달하였다.

〈표 1.3〉 도시형성요건

형성요건	특 징	비 고
정치 및 행정의 중심지	대부분의 고대 및 중세도시, 신수도건설계획에 의한 수도	문명발생지의 고대도시 Canberra, Brasilia, New Delhi, 과천
상업 및 교통의 중심지	중세도시 중 주로 항구도시 도로의 결절점	Babylon, Hamburg, Athene, Venezia Genova, Antwerp, Rotterdam Lisbon, Frankfurt, London 등 대전, 부산, 서울 등
방위요충지	중세도시, 성곽도시	Istanbul, Milano, Babylon, 그리스의 도시국가, 우리나라의 병영, 수영
종교의 중심지	종교의 기원지	로마, 예루살렘, 메카
공업의 중심지	산업혁명 후 산업발달로 자원·시장·노동지향적 기업입지로 인한 도시형성	Manchester, Birmingham, Lyon Essen, Dortmund, Chicago, Detroit 부산, 울산, 창원, 포항, 광양 등

4. 도시의 발달

1) 도시발달의 시대적 고찰

시대구분은 일반적으로 고대, 중세, 근대, 현대로 나누어 고찰하기로 한다.[7] 고대는 로마시대(서양), 남북조시대(중국), 삼국시대(한국)까지를 의미하고, 중세는 서양에서는 4~16세기까지를, 중국은 수·당·송·원까지를, 한국은 고려시대가 여기에 해당된다. 근대는 서양은 15~18세기까지, 중국은 명~청, 한국은 조선시대가 해당되고, 현대는 서양은 19세기 이후, 중국은 신해혁명(1911) 이후, 한국은 개항 이후부터이다.

과정에서 부피가 줄어 물류처리가 원활한 반면, 경공업은 수송비가 적게 들기 때문에 초기 물류비보다 시장성이 더 중요하다.

7) 정환용(1998), 도시계획학원론, 박영사, pp.54-75.

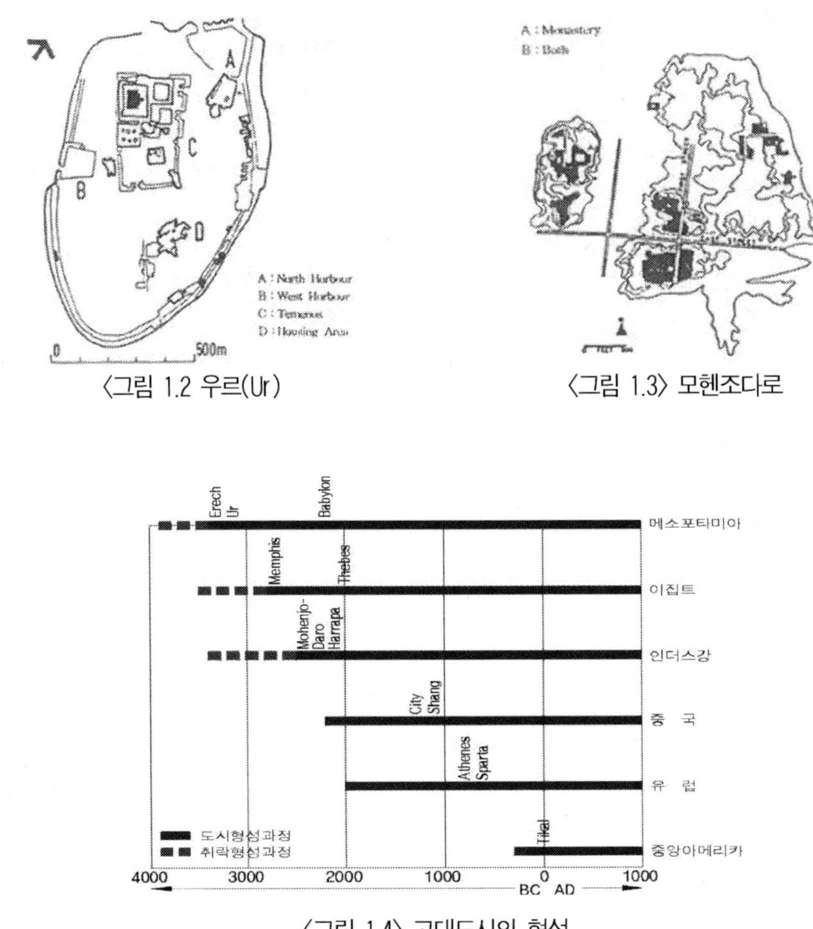

〈그림 1.2 우르(Ur)〉 〈그림 1.3〉 모헨조다로

〈그림 1.4〉 고대도시의 형성

2) 고대도시

(1) 초기 고대도시

최초의 도시는 BC 4000~3000년경에 메소포타미아의 티그리스 강과 유프라테스 강 유역의 문명발생지에 형성되었다고 한다. 대표적인 도시로는 메소포타미아지방의 우르(Ur)와 바빌론(Babylon), 이집트의 테베(Thebes)와 멤피스(Memphis), 인더스 유역의 모헨조다로(Mohenjo-daro)와 하라파(Harappa), 그리고

에리두(Eridu), 에레크(Erech), 라가시(Lagash) 등의 도시들이 있다.

　이중 바빌론은 인구가 8만 명에 이르는 세계에서 가장 규모가 큰 도시였다. 고대도시들의 인구규모는 대략 15,000 ~ 20,000명에 이르렀다. 초기 고대도시들은 대부분 문명의 발상지이고 종교적·군사적 중심지였다.

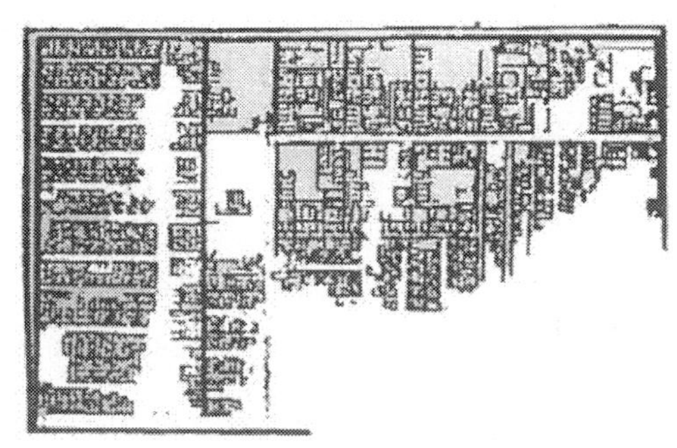

〈그림 1.5〉 Kahun

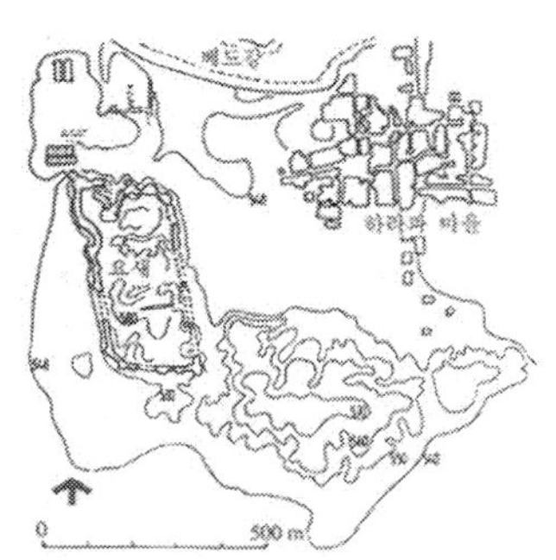

〈그림 1.6〉 하라파

(2) 그리스·로마도시

　그리스의 도시는 기원전 7, 8세기에 독립된 도시국가(polis)를 형성하고 있었다. 그중 아테네는 약 10~15만 명 정도였고, 도시에는 신전이 있는 아크로폴리스(Acropolis), 아고라(Agora)라는 유통과 교역의 장소인 시장광장이 있고, 중심부에는 공동집회장소인 피닉스(Pnyx)라는 야외제단이 있었다. 대표적인 도시로는 밀레투스(Miletus)와 프리에네(Priene)가 있는데 밀레투스(BC 450년경)는 히포다무스(Hippodamus)에 의해 계획되었고, 가로망은 규칙적인 격자형 가로-블록체계를 가지고 있다. 히포다무스의 격자형 가로망은 서양도시계획에서 하나의 규범으로 작용하게 된다.

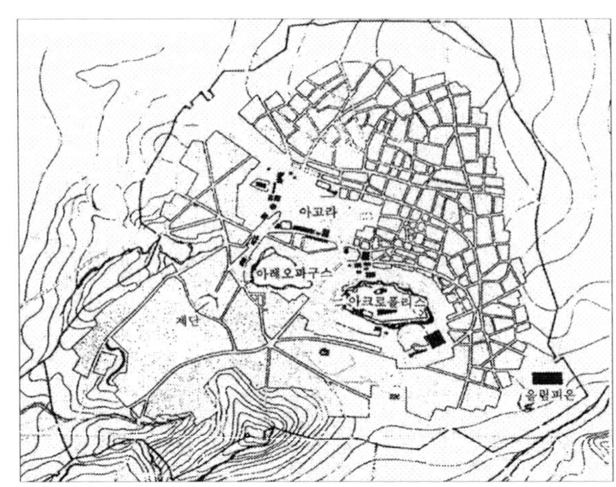

〈그림 1.7〉 그리스 아테네의 평면도

　로마의 도시는 그리스의 도시가 도시국가형태를 가지고 있는 반면 거대제
국으로 많은 식민도시를 건설하였다. 로마도시의 특징은 정사각형 혹은 직사
각형으로 설계하였고, 포럼(Forum, 그리스의 아고라와 유사함)은 공공집회와
시장기능을 담당하는 곳이고, 바실리카(basilicas)는 영구적인 소매시장을, 큐리
아(curia)는 집회소 기능을 하였다. 로마의 도시는 군사목적 이외에도 정치·경
제적인 목적에서도 도시가 건설되었다. 도시는 주민이 로마와 같은 시민권을
갖는 도시(coloniae), 일부 시민권만 향유하는 주요한 부족중심도시(municipia),
그리고 부족의 시장, 행정중심도시(civitates)의 3개 유형으로 구분할 수 있다.
　이 시기 동양의 도시들은 중국의 樂陽, 長安(B.C 9C), 廣東, 南京, 北京(B.C 3C~A.D
4C) 등의 도시가 발달하였고, 우리나라는 부족국가와 성읍국가(城邑國家)의 형
태로 國內城, 平壤城, 長安城(고구려)과 사비성, 웅진성(백제성), 경주(신라) 등
의 삼국시대 초기 도시들이 해당된다.

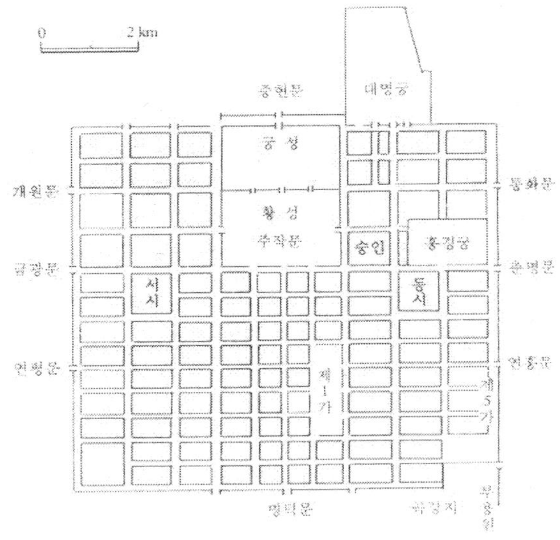

〈그림 1.8〉 長安(중국)

3) 중세도시

　로마제국의 멸망 후 많은 도시들이 붕괴되었고, 성을 중심으로 한 봉건시대의 도시들의 수는 많았으나 소규모였다. 그 후 상업 및 교역의 발달, 수공업의 발달, 화폐경제의 형성 등으로 무역에 유리한 해안항구도시가 발전하였다. 이 때 상인조직인 길드(gilds)가 조직되어 상업과 교역이 활발히 이루어져 상업도시, 시장도시로 변모하였다.

　중세도시의 유형은 정기시(定期市) 도시, 성채도시(방어목적), 상인도시(13C) 등이 있는데, 이중 상인도시는 이탈리아의 베니스, 제노아, 피사, 밀라노, 플로렌스, 남부독일의 아우스부르크, 뉘른베르크, 발틱해 연안의 함부르크, 브레멘, 단지히, 뤼벡, 라인 강 유역의 마인츠, 프랑크푸르트 등의 도시가 발전하였다.

　중세도시는 발생기원에 따라 ① 로마기원도시(towns of Roman origin), ② 군사기지였다가 상업기능이 보강된 버그(burgs, 城市), ③ 마을에서 도시로 발전된 유기체적 도시(organic growth towns), ④ 성채도시(bastide towns), ⑤ 식민도시(planted towns) 등 5개의 범주로 구분할 수 있다. 이 중 전자 3개는 유기체적 성장도시이고, 후자 2개는 계획에 의해 이루어진 신도시이다.

중세도시의 구성은 성곽, 순환공간, 시장지역, 교외지역, 그리고 일반적인 도시건물과 공원 등이다. 그리고 일반적인 특징으로 방어목적의 미로형 가로 망, 종교적 가치에서 연유한 미약한 위생관념, 무질서한 도시성장이다.8) 대표 적인 성채도시로는 Carcassonne(프랑스)와 Kingstonupon Hull(영국) 등이 있다.

동양의 도시로서는 중국의 長安(당), 北京(원)과 우리나라의 장안(고구려), 경 주(신라), 平城京, 平安京(일본)이 있다.

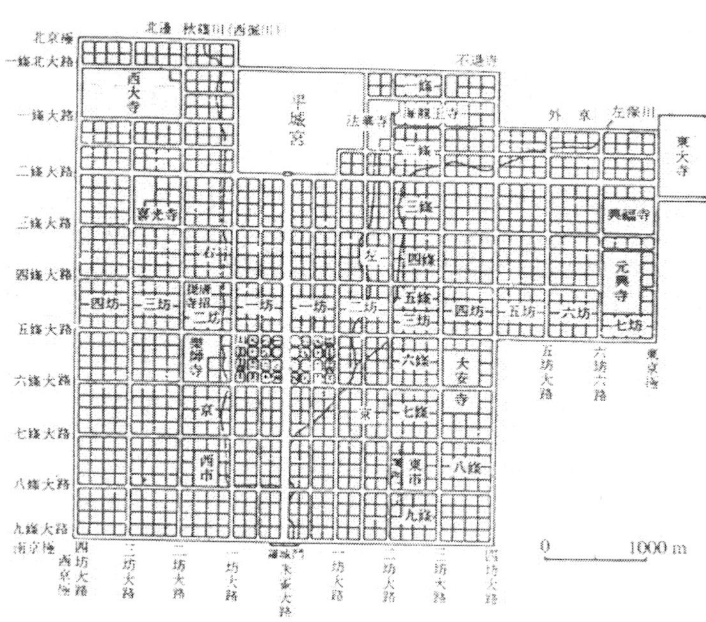

〈그림 1.9〉 平城京

---

8) 중세도시는 城을 중심으로 한 폐쇄형으로 교회가 중심 건축물이었고, 봉건영주와 교회, 상인계급이 사회의 주요세력이었다. 중세사회의 특징으로서는 城, 교회, 길드(guild)이다.

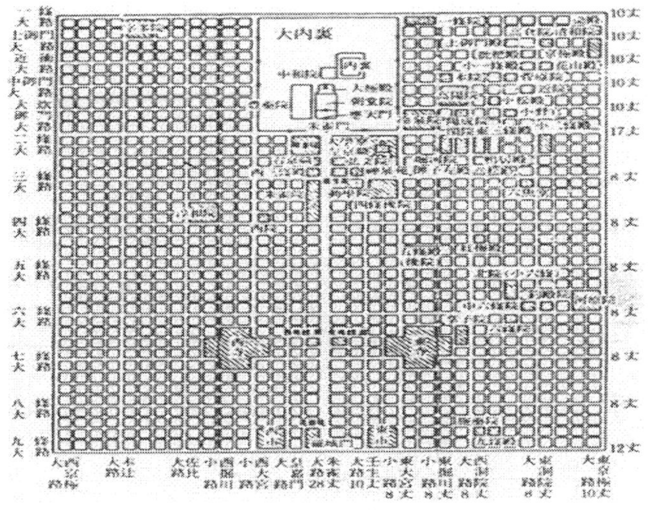

〈그림 1.10〉 平安京

4) 근대도시

　근대도시는 르네상스시대와 산업혁명초기의 도시를 말하는데, 전 산업시대와 산업시대로 구분하기도 한다. 15~16세기 많은 상업도시가 발달하였고, 군사기술의 발달과 화약의 발명으로 도시의 형태는 폐쇄형에서 개방형으로 변화되었다. 중세의 성채도시는 방어 전략에서 더 이상 큰 의의를 가질 수 없었다. 상업도시의 성장과 군사기술의 발달(특히, 화약의 발명)로 성의 폐쇄적 도시가 개방형 도시로 변모하게 된다.

　강력한 통일국가가 출현되고 지리상의 발견과 해외진출 등을 통해 도시발전의 기반이 조성되고, 전제국가의 출현은 관료정치를 번영케 하였다. 그리고 르네상스의 문화부흥에 의해 미적인 면을 강조하게 된다. 이로써 넓은 도로, 궁전·분수·정원 등의 미적 건축물이 건설되고, 기하학적인 규칙성을 강조한다. 장중한 공공건물과 다양한 도시기능, 넓은 도로, 접근성을 강조한 방사형의 도로와 개방성과 푸르름을 중심으로 한 가로 등의 특징을 가지는 바로크 도시형태를 이루게 된다.

자본의 축적과 함께 형성·발달된 인도주의·합리주의의 산물이 르네상스도시를, 절대군주제에 의한 중상주의는 웅장한 바로크 도시를 만들어 냈다. 전자의 예가 베니스, 제노바, 플로렌스이고, 후자를 대표하는 도시가 런던과 파리이다.

18세기 산업혁명 이후 도시는 급성장을 이룬다. 많은 노동력을 필요로 하는 노동집약적 공업의 발달은 농촌인구의 도시집중으로 도시는 폭발적인 인구증가를 가져와 도시에는 공장을 중심으로 불량한 과밀주거지역이 형성되고, 낮은 보건위생상태, 무질서한 건물, 무정형의 도시발달 등의 도시모습을 나타내게 된다.

이러한 도시문제를 해결하기 위하여 여러 가지 이상도시안이 제시되었다. R. Owen은 공장촌계획, 버킹검의 빅토리아(Victoria), 리처드슨의 하이지아(Hygeia) 등의 이상도시가 제안되고, 공장노동자를 위한 많은 모델도시(model town)가 건설되었으나 근본적으로 해결되지 못하였다.

5) 현대도시

현대도시는 19세기의 공업도시와 20세기의 도시들인데, 도시계획에 대한 관심이 집중되는 시기이다. 대표적인 운동으로는 생활환경의 악화와 도시모습의 퇴락을 해결하기 위하여 영국을 중심으로 전개된 전원도시운동(garden city movement)과 미국을 중심으로 한 도시미운동(city beautiful movement)이다. 영국은 공중보건문제를, 미국은 효율성을 중시하였다.

교통통신의 발달과 과학기술 및 공업의 발달은 많은 도시들을 형성하였고, 이 시기는 도시계획의 개념이 본격적으로 적용되는 시기이다. 또한 정보통신의 발달은 다양한 도시형태를 변화시키고 있으며, 특히 인텔리전트 빌딩(intelligent building)의 건설과 인텔리전트 시티로 변모하고 있다.

최근 유비쿼터스(ubiquitous)의 개념이 보급되면서 도시에서도 이러한 개념을 이용한 U-city가 한창 논의되고 있다. 이처럼 정보통신기술의 발달은 도시에도 큰 영향을 미치게 되어 다양한 형태의 도시를 창조하는 역할을 담당하게 될 것이다.

〈표 1.4〉 도시발달의 시대적 고찰

구 분	서 양	동 양	한 국
고대도시	−문명발생지에 도시형성 −그리스, 로마도시 −격자형(히포다무스) −Ur, Babylon, Miletus 등	−周: 洛陽, 長安 −秦漢: 廣東, 南京, 北京 −周禮·考工記	−부족국가, 성읍국가 −국내성, 평양성, 장안성(고구려), 웅진성, 사비성(백제), 경주(신라)
중세도시	−상업도시발달 −성곽, 교회(사원), 길드 −상인계급발달	−長安(唐), 北京(元) −平城京, 平安京(일본)	−개경(고려)
근대도시	−르네상스(미적 강조) −군사기술발달, 화약발명 −산업혁명 −도시인구 급증 −이상도시(노동자)	−明淸: 北京과 蘇州 −揚州, 漢口, 抗州 廣州, 天津, 上海 −日: 城下町, 大阪, 東京	−한양 −화성: 신도시형태로 계획
현대도시	−전원도시운동(영): 공중보건문제 −도시미운동(미): 효율성	−사회주의 도시계획(中) −日: 도시계획법(1919) 시가지건축물법 공포	−조선시가지계획령(1934) −도시계획법(1962), 건축법 −개발제한구역(1971)

6) 한국의 도시발달

  우리나라의 근대도시 발달은 크게 5시기로 구분할 수 있다. 제1시기는 1789~1930년까지로 서양문물의 수입과 개항이 시작되는 시기로 근대도시의 원초단계로 본다. 제2시기는 1930~1945년까지로 조선시가지계획령(1934)에 의한 계획도시의 시작단계이고, 제3시기는 1945~1960년까지로 대부분의 도시가 전쟁으로 파괴되고, 이를 복구하는 데 주력하는 시기이다. 제4기는 1960~1980년까지로 현대적 계획체제의 정립이 이루어지는 시기이다. 도시계획법(1962), 건축법(1962), 국토종합건설계획법(1963) 등 법제가 정비되어 현대적 계획도시로의 전환을 이루는 시기이다. 또 경제사회개발5개년계획과 제1,2차국토종합개발계획을 통하여 경제적 개발과 아울러 국토 및 도시개발이 활발히 진행되었다.

  제5시기는 1980년대 들어서면서 민주화 물결과 소득증가는 도시에 대한 높은 관심을 가지게 되었고, 수도권 신도시가 계획·건설되고, 주택 200만 호 건설계획이 시행되면서 단순히 도시의 양적인 팽창뿐만 아니라 주거수준의 질적 향상, 사회적 문제 해결의 기초를 마련하는 시기라고 볼 수 있다.

5. 도시의 분류

1) 물리적 형태에 의한 도시 분류

　도시는 여러 가지 요소에 의해 분류되기도 하는데, 주로 물리적 형태에 의한 분류와 사회적 요소로 크게 구분할 수 있다. 물리적 형태는 주로 도시의 가로망의 형태에 따라 분류하는 것으로 크게 8형식으로 구분한다.[9]

　방형형 또는 격자형(grid pattern)은 고대 그리스 도시 등 고대도시에서 채택되었고, 미국의 도시도 격자형의 도로망을 가지고 있다. 격자형은 주로 지형이 평탄한 도시에 적합하고, 도시로는 New York, Philadelphia, 長安, 洛陽, 慶州 등이 있다.

　방사환상형은 주로 100만 이상의 대도시계획에 적합한 형태로 도시미관상 훌륭하고, 도심으로 집중이 용이하다. 서울, 東京, Paris, Berlin, Karlsruhe, Moscow 등의 도시가 여기에 해당한다. 대각선삽입형은 격자형에 대각선을 삽입한 것으로 격자형에 비해 교통의 접근은 용이하나, 대지형태가 삼각형 내지 사다리꼴이 발생하므로 토지이용상 결함이 있다. Washington D.C.가 있다.

　집중형은 주로 중세도시에서 중심부를 중심으로 하는 것으로 자동차 교통에는 매우 불리하여 현대 도시에는 부적합하다. 그리고 지형은 등고선을 따라 도로를 계획하여 자동차교통에도 큰 무리가 없고, 특히 주택지구에 적합한 도로망이다.

　불규칙형은 무계획형태의 도로망으로 자연발생적 도시에서 자연스럽게 만들어진 것으로 초기 도시들이 대부분 여기에 해당한다. 환상방사형 혼합형은 환상방사형에 국부적으로 격자형을 삽입한 것으로 서울의 중심부가 있고, 6각형이나 8각형 등의 환상선과 방사선의 중간지대에 방형을 소개하였다. 방형불규칙 혼합형은 방형을 원칙으로 도로망을 구성하나 지형, 기타 현황에 따라 불규칙한 도로형을 국부적으로 소개하고 있다. 도시로는 Edinburg가 있다.

---

9) 윤정섭(1994), 앞의 책, p.9.

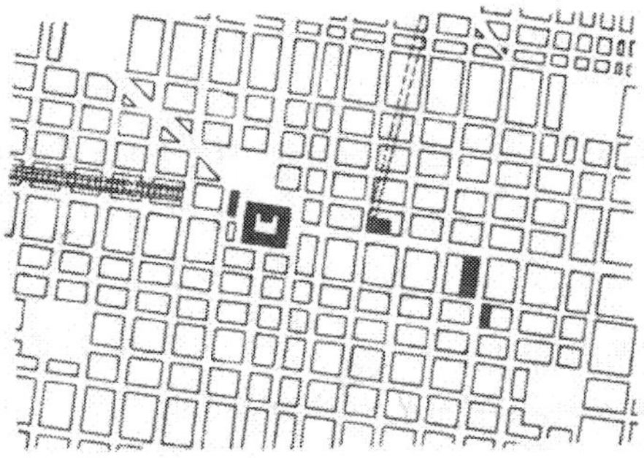

方形型 Philadelphia

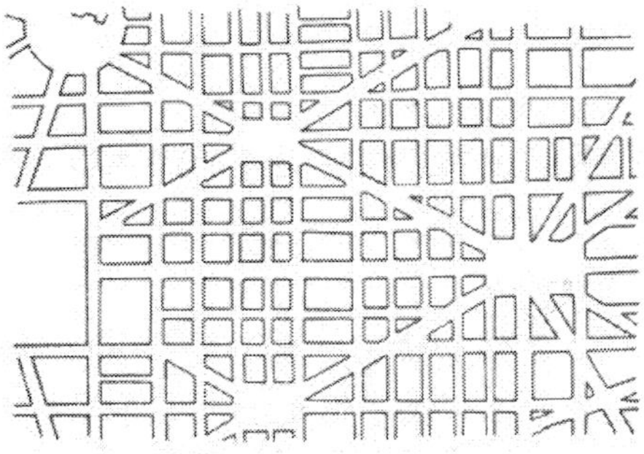

對角線挿入 方形型 Washington

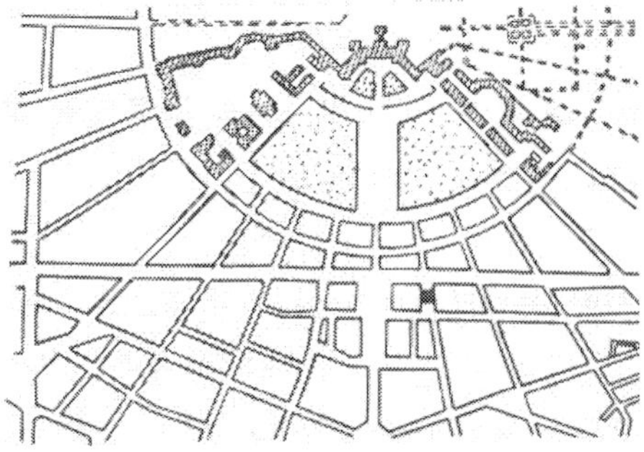

環狀放射線型 Karlsruhe

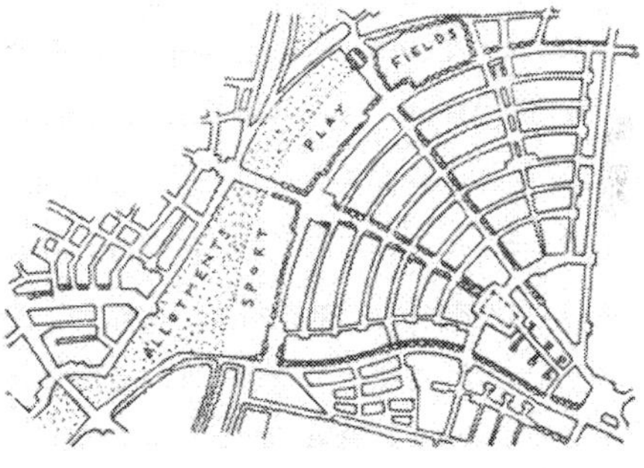

集中型 Frankfurt Leadebald

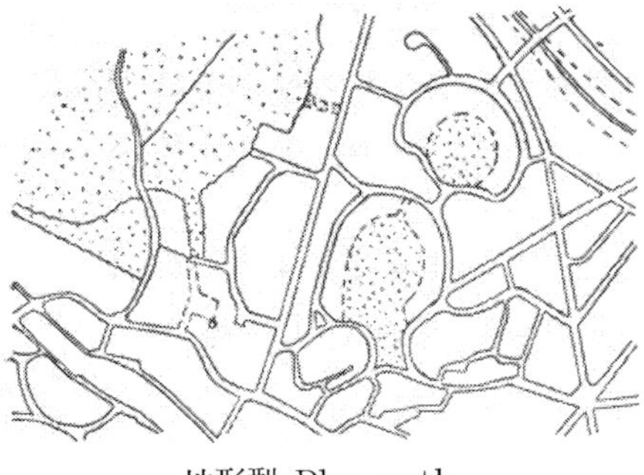

地形型 Plymouth

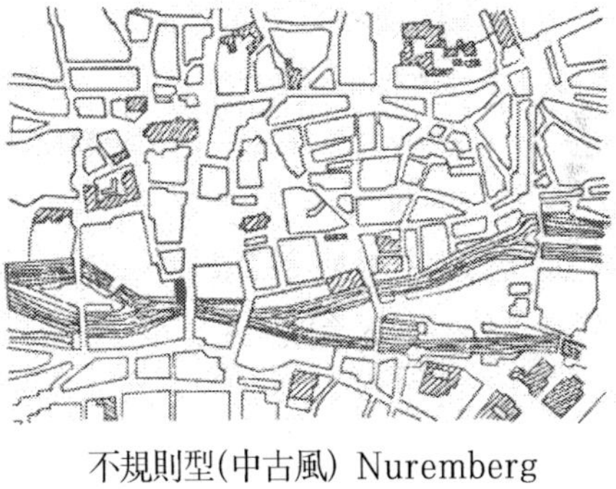

不規則型(中古風) Nuremberg

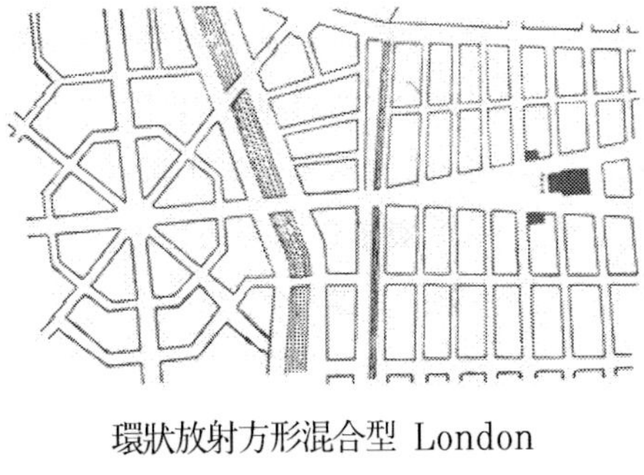

環狀放射方形混合型 London

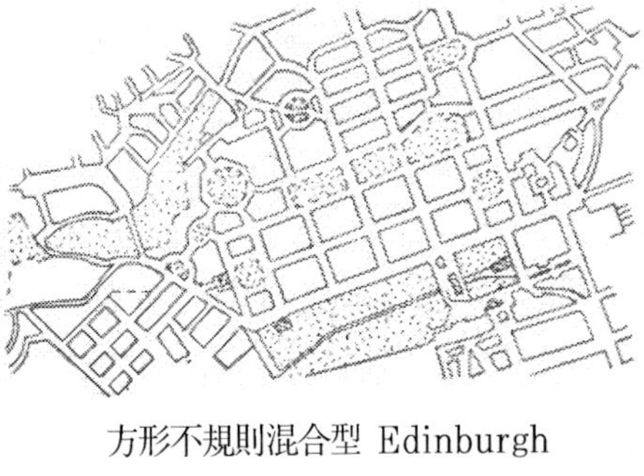

方形不規則混合型 Edinburgh

〈그림 1.11〉 8형식의 가로망

<표 1.5> 가로망에 의한 분류

형 식	특 징	비 고
격자형(방형형)	지형이 평탄한 도시에 적합 고대 도시, 미국의 도시	뉴욕, 필라델피아 고대 그리이스 도시
환상방사형	대도시에 적합, 도시미관상 훌륭 도시로의 집중용의	서울, 東京, 파리 베를린, 모스크바
대각선 삽입방형형	방형형＋대각선 토지이용상 불리, 접근성 향상	워싱턴
집중형	중세도시	프랑크푸르트
지형형	등고선을 따라 계획 주택지계획에 적합	Bloommouth
불규칙형	자연형, 무계획형	Nuremberg
환상방사방형 혼합형	6각형, 8각형 등의 환상선과 방사선의 중간지대에 방형	런던, 캔버라
방형불규칙 혼합형	방형＋자연형(불규칙형 도로)	Edinburg

2) 사회적 요소에 의한 분류

(1) 인구규모에 의한 분류

사회적 요소에 의한 분류는 인구규모, 산업, 도시기능에 의한 분류로 구분하고, 인구규모에 따라 거대도시, 대도시, 중소도시, 소도시로 구분한다.

<표 1.6> 인구에 의한 분류

도 시 분 류	인구규모
거 대 도 시	1,000만 명 이상
대 도 시	100~1,000만 명
중 소 도 시	10~100만 명
소 도 시	10만 명 이하

우리나라는 2005년 12월 31일 현재 1특별시(서울), 6광역시(부산, 대구, 인천, 광주, 대전, 울산), 77개 시, 88개 군으로 이루어져 있다.

<표 1.7> 우리나라의 市

도	시	비 고
특별시	서울	1시
광역시	부산, 대구, 인천, 광주, 대전, 울산	6시 5군
경기도	수원, 성남, 의정부, 안양, 부천, 광명, 평택, 동두천, 안산, 고양, 과천, 구리, 남양주, 오산, 시흥, 군포, 의왕, 하남, 용인, 파주, 이천, 안성, 김포, 화성, 광주, 양주, 포천	27시 4군
강원도	춘천, 원주, 강릉, 동해, 태백, 속초, 삼척	7시 11군
충 북	청주, 충주, 제천	3시 9군
충 남	천안, 공주, 보령, 아산, 서산, 논산, 계룡	7시 9군
전 북	전주, 군산, 익산, 정읍, 남원, 김제	6시 8군
전 남	목포, 여수, 순천, 나주, 광양	5시 17군
경 북	포항, 경주, 김천, 안동, 구미, 영주, 영천, 상주, 문경, 경산	10시 13군
경 남	창원, 마산, 진주, 진해, 통영, 사천, 김해, 밀양, 거제, 양산	10시 10군
제 주	제주, 서귀포	2시 2군

(2) 산업별 인구구성에 의한 분류

도시는 농촌에 비해 2, 3차 산업종사자가 많다. 그래서 2, 3차 산업의 취업인구에 의해 도시를 분류하는 것이 가능한데 Harris(1943)는 다음과 같이 산업별 인구구성에 의해 미국도시를 8가지로 분류하고 있다.

① 공업도시(M1) : 상공업 취업인구 중 제조업인구가 74% 이상
② 공업도시(M2) : 상공업 취업인구 중 제조업인구가 60% 이상
③ 소매도시　　　 : 소매업인구가 상공업 취업인구의 50% 이상이고 도매업
　　　　　　　　　　인구의 2.2배 이상
④ 혼합도시　　　 : 상공업 취업인구 중 제조업인구 60% 이하, 소매업인구
　　　　　　　　　　50% 이하, 도매업인구 20% 이하
⑤ 도매도시　　　 : 도매업인구가 상공업 취업인구의 20% 이상이고 소매업인구의
　　　　　　　　　　45% 이상
⑥ 교통도시　　　 : 교통, 통신업인구가 전 취업인구의 11% 이상이고, 제조
　　　　　　　　　　업인구의 1 / 3 이상, 상업인구의 2 / 3 이상
⑦ 광업도시　　　 : 광업인구가 전 취업인구의 15% 이상
⑧ 대학도시　　　 : 대학등록자가 전 취업인구의 25% 이상

(3) 도시의 성격 및 기능에 의한 분류

　도시를 산업인구구성 비율에 의해 분류할 수도 있지만, 단순한 도시의 성격이나 도시기능 위주로 분류하기도 한다. 예를 들어 우리나라의 도시들의 분류에서 정치 및 행정도시(서울, 대전, 과천 등), 상업도시(대도시), 공업도시(울산, 창원, 포항, 구미, 여천 등), 문화교육도시(진주, 경주, 안동, 전주 등), 주택도시(수도권 신도시), 종교도시, 관광도시(경주 등), 교통도시(대전 등), 군사도시(계룡, 진해, 춘천) 등으로 분류할 수 있다. 이와 같은 분류는 그 도시가 가지는 특성을 반영한 것으로 상대적인 개념이다.

2000년 3월 2일자 조선일보

<table>
<tr><td colspan="2">

서울 女性
평균생활상

</td><td>

27세 결혼-月 수입 93만 원

</td></tr>
<tr><td colspan="3">

'서울여성은 고졸 학력에 27세쯤 결혼을 하며, 30대 출산율이 전국에서 가장 높다. 서울시가 12일 펴낸 '99서울여성백서'에 담긴 평균적인 서울여성의 모습이다.

◆ 20대 젊은 여성이 많다=20~24세의 경우 전국 여성의 인구구성비는 8.1%이지만, 서울은 9.5%로 더 높다. 남녀구성비는 5~9세의 경우 100(여)대 114로 남초(男超)현상이 가장 심각, 2015~2020년에는 결혼이 사회 문제화 될 전망이다.

◆ 30대 출산 늘어=서울여성의 초혼연령은 27.2세로 전국 평균(26.1세)보다 1.1년 늦다. 고령 출산도 늘어나 30~34세의 출산율이 90년 18.2%에서 98년에는 26.3%로 증가했다.

◆ 10쌍 중 3쌍 꼴로 이혼=이혼율도 지속적으로 증가하고 있으며 98년의 경우 결혼 100건당 이혼 수는 30건에 달한다.

◆ 월평균 급여는 90만 원대=서울여성은 월평균 197.1시간을 일해 남성(202.5시간)보다 적게 일하고, 월평균 남성(142만원)의 66%에 불과한 93만 1000원의 급여를 받는다.

◆ 20대 음주인구가 많다=여성은 관절염(65.4%)으로 많이 앓는다. 서울여성의 음주율은 50.8%로 남성(79.7%)보단 낮지만 20대 여성의 경우 72.9%로 높은 편이다.

◆ 개신교를 많이 믿는다=전국 여성의 45.3%가 불교를 믿는 데 비해 서울여성의 48.8%는 개신교를 믿는다.

■ 평균적인 서울여성
- 교육수준: 고졸(전체 34%)
- 직업: 서비스 판매업(39%)
- 종교: 개신교(48.8%)
- 음주인구비율: 50.8%
- 결혼: 27.2세
- 월평균 급여: 93만 1000원(취업여성 기준)
- 기대수명: 77.4세

〈자료: 99서울여성백서〉

</td></tr>
</table>

제 2 장 도시화와 도시문제

1. 도시화의 개념과 특징

1) 도시화의 개념

  도시는 유기체와 같이 외형적인 규모나 내부공간 구조가 끊임없이 변화하고 있으며, 산업구조의 변화, 교통·정보·통신기술의 발달 등 사회 전반적 추세에 따라 변화의 속도와 형태를 달리한다. 도시의 성장은 규모가 확대되면서 외형적으로 외곽으로 성장한다. 이러한 도시성장은 교통의 발달이 가장 주요 원인이다.

  도시화는 대체로 농업부문의 잉여생산력, 수송수단의 발달, 시장체제의 발달로 인하여 도시가 성장하면서 진행된다. 산업혁명 이후 도시로의 집중이 가속되었으며, 도시화는 이러한 산업화를 동반하면서 도시에 고용기회가 창출되고, 이농인구의 급증으로 인한 도시로의 집중과 도시의 확산으로 도시화가 진행된다. 농촌의 압출요인(pushing factor)과 도시의 흡인요인(유인요인, pulling factor)으로 도시화는 진전된다. 그리고 경제발전에 의한 도시의 매력[10]을 증대

---

10) 도시의 매력은 산업화로 인한 취업기회의 다양, 교육 및 문화시설의 집중으로 인한 문화적 혜택, 익명성, 개방성에 의한 매력과 탈공업사회지식과 정보산업이 새로운 매력을 창출한다.(장명수

시키며, 또한 기술의 발달로 토지의 고도이용이 가능하게 되어 더욱 도시화를 촉진시키는 결과를 가져온다.

도시화는 농촌적 사회가 도시적 사회로 변화되는 것을 의미하며, 전체 인구에 대한 도시인구비로 나타낸다.[11] 전 세계적으로는 약 50% 이상이 현재 도시지역에서 살고 있다. 우리나라의 경우 현재 약 90% 정도의 도시화가 진행되었다.

2) 도시화의 특성

도시화가 진행되면 1차 산업종사자 수가 줄어들고 비농업적 산업종사자 수가 늘어나 도시적 산업비율이 증가하는 현상이 나타난다. 그리고 기존의 도시가 확대되어 보다 넓은 지역에 재화와 서비스를 제공해 주는 도시권의 확장현상이 나타난다.

도시화의 진행단계는 'S'자형의 곡선을 나타내는데, 초기단계, 가속단계, 종착단계의 3단계로 구분할 수 있다. 초기단계에서는 서서히 진행되다가 산업화 등의 여러 가지 요인에 의하여 도시화가 급속히 이루어진다. 도시화가 어느 정도 진행되면 둔화되거나 감소한다.

도시화의 초기단계(initial stage)는 도시화율이 25% 이하인 농업 위주의 전통사회이고, 가속단계(acceleration stage)는 도시화가 급격하게 진전되는 시기로 도시화율이 25~75%에 이른다. 이때 대부분 농촌의 인구가 도시로 집중하는 현상이 나타난다. 마지막 종착단계(terminal stage)는 도시화가 완만하게 진전되거나 감소되고 도시화율은 75% 이상이다.

선진국의 경우 대부분 도시화율이 80% 이상으로 종착단계에 접어들었으며, 점차 도시화율이 감소하거나 둔화된 상태이다. 그러나 개발도상국은 도시화가 계속 진행되고 있는 단계로 가속단계에서 종착단계로 넘어가는 실정이고, 미개발국은 이제 도시화가 진행되고 있는 상황이다.

(1992), 도시계획학, 보성문화사, p.178.)
11) 도시는 일반적으로 시와 읍을 의미하며, 전체 인구 중 읍 이상의 지역인구비로 나타낸다.

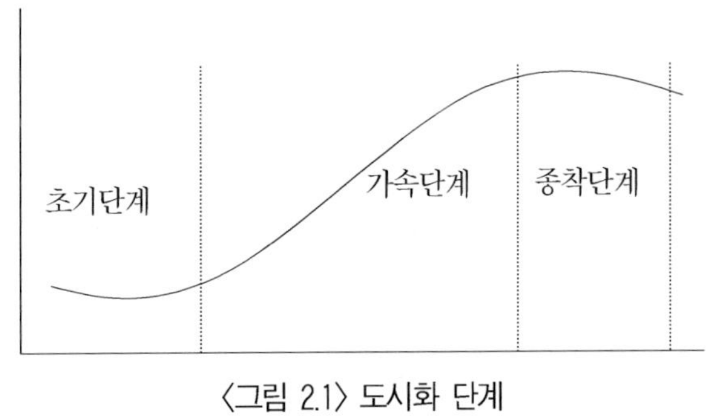

〈그림 2.1〉 도시화 단계

도시화의 특징 중 가도시화(pseudo urbanization)는 T. G. McGee가 아시아 국가들의 도시화 특징을 설명한 것으로, 개발도상국가에서 도시화가 농촌인구의 유입으로 일어나는 것보다 도시 내의 자체 출산율이 매우 높아서 일어나는 현상을 말한다. 그리고 도시성장이 공업화를 수반하지 못함으로써 도시지역에서는 대규모 노동력을 필요로 하지 않기 때문에 농촌인구의 도시로의 이동은 보다 적게 일어난다.

이러한 가도시화 현상으로 인하여 과잉노동력문제와 주거환경악화문제가 대두된다. 과잉노동력문제로 인하여 개발도상국의 도시경제는 공식부문의 종사자 비율보다 비공식부문(informal sector)의 종사자 비율이 증가하게 된다. 즉, 가로경제부문(street economy)이라 불리는 행상, 지게꾼, 소규모 가내수공업 등의 종사자가 이농인구와 도시저소득층의 대부분을 차지한다.[12]

역도시화(U턴 현상, counter urbanization)는 대도시에 거주하는 사람들이 좋은 환경을 찾아 농촌지역이나 인근지역으로 이주하는 것을 말하고, 역도시화로 대도시의 인구는 점차 감소하고 중소도시나 농촌인구가 상대적으로 증가하게 된다. 이러한 역도시화는 주로 선진국의 도시에서 일어나고 있으며, 자동차기술의 발달과 정보통신기술의 발달이 주요 원인이다.

---

12) 하성규(2001), 주택정책론, 박영사, pp.11-12.

3) 도시화의 측정

도시화를 측정하는 방법은 크게 인구지표, 토지이용지표, 농촌요소의 감퇴지표, 도시요소의 증대지표 등의 4가지 지표를 사용하지만, 일반적으로 자료의 취득이나 이용이 쉬운 인구지표를 많이 사용한다.[13]

첫째, 인구지표에는 도시화율, 인구규모, 인구밀도 및 주야간의 인구비율 등을 사용한다. 도시화율은 전체 인구수에 비해서 도시지역에 살고 있는 사람이 어느 정도인가를 측정하는 지표로 가장 널리 사용되고 있다.

$$도시화율 \ = \ \frac{도시거주인구}{전국의 \ 인구} \times 100$$

여기서, 도시거주인구는 邑 이상 행정구역의 인구를 의미한다.

둘째, 토지이용지표에서는 농업용 토지가 비농업 토지로 전용된 비율이나 도시와 주변지역의 지가 또는 지대변화, 토지투기현상 등의 내용을 다룬다. 일반적으로 도시화가 진행되면 도시주변지역에서는 비농업적 토지용도비율이 높아지며, 지가의 상승현상과 일부지역에서 토지투기양상을 나타낸다.

셋째, 농촌요소의 감퇴지표로 농촌인구 비율의 감소와 농업인구의 겸업률의 증가 등을 사용한다. 도시화가 이러한 농촌인구가 도시로 이동함으로써 농촌인구의 감소와 농업인구의 감소가 나타나고 농업인구 중 겸업인구가 증가한다.

넷째, 도시요소의 증대지표로서 기존도시와 도시주변지역에 도시용도의 건물이 들어서서 도시환경이 조성되는 비율과 주변지역으로부터 중심도시로 통근하는 사람들의 비율변화, 각종 도시적 특성이 강화되는 양상을 설명한다.

4) 우리나라의 도시화

우리나라의 근대·현대도시의 역사는 그리 오래되지 않았다. 그래서 도시의

---

13) 권용우 외(1998), 도시의 이해, 박영사, pp.136-137.

성장은 지난 50여년에 불과하다. 우리나라의 도시화를 시대적으로 고찰해 보면, 1960년대는 도시화가 진행되지 않은 상태이고, 1970년대는 도시화가 급격히 진행되기 시작하는 단계이고, 1980년대는 도시화가 본격적으로 이루어진 시기이다. 1990년대 이후는 도시화가 점차 완화되고 있는 상황으로 70·80년대에 도시화가 급속히 진행되었다고 볼 수 있다.

1960~2000년까지 10년간 도시 및 농촌지역의 인구변화를 살펴보면, 산업화 초기단계인 1960년은 전체 인구의 64.2%가 농촌지역에 거주하였고, 취업인구의 63.1%는 농어업 등 1차 산업 부문에 종사하여 농촌이 주도적인 정주 및 생산 공간이었다. 그러나 산업화의 지속적인 전개와 경제성장으로 1970년대에 접어들면서 농촌과 도시의 균형이 깨지기 시작하였으며, 이 시기 국토종합개발계획에 의한 국토개발과 산업화 정책이 본격적으로 추진되었다.[14]

〈표 2.1〉 농촌과 도시인구의 변화

(단위: 천 명, %)

구 분	1960	1970	1980	1990	2000	연평균 증가율(%)			
						60~70	70~80	80~90	90~00
전 국	24,989	31,469	37,436	43,520	46,125	2.3	1.7	1.5	0.6
도 시	8,947	15,809	26,891	36,001	40,496	5.7	5.3	2.9	1.2
농 촌	16,042	15,600	10,545	7,519	5,629	-0.2	-4.0	-3.4	-2.5
도시화율(%)	35.8	50.2	71.8	82.7	87.8	-	-	-	-

주: 도시인구는 시, 읍부 인구, 농촌은 면부 인구
자료: 통계청, 인구주택총조사(전국 편), 1960~2000

1980년대에 들어서면서 도시인구가 전체 인구의 71.8%로 매우 높아졌고, 2000년에는 87.8%까지 증가하고 도시화가 급격히 진행되고 있음을 알 수 있다. 1990년 이후 점차 도시화가 완만하게 진행되고 있다.

---

14) 김용웅(1999), 지역개발론, 법문사, pp.365-367.

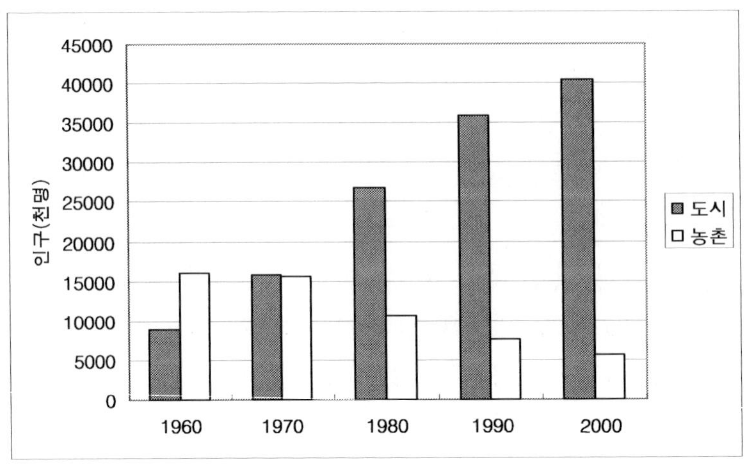

〈그림 2.2〉 우리나라의 도시-농촌인구변화

특히, 공간적으로 지역적인 분포에서 수도권 및 동남권에 대한 1960~2000년 사이 수도권은 4.1배인 1620만 명이 증가하였고, 동남권은 1.6배인 485만 명 정도가 증가하여 대부분 이 두 지역에 인구가 집중하고 있음을 알 수 있다.[15]

5) 인구이동

도시화는 초기 농촌인구가 도시지역으로 이동하면서 진전된다. 이러한 인구이동은 일반적으로 근거리원칙에 의하고, 대도시지역으로의 유입이 많은 것이 특징이다. 초기 인구이동에서 서울이나 부산 인구의 대부분이 인근지방에서 이동해 온 것을 보면 알 수 있다. 두 번째 대도시지역으로 인구의 이동이 많아진다. 인구이동이 일반적으로 근거리원칙에 의하지만 대도시지역일수록 인구유인력(흡인력)이 높아 이동이 많아진다.

2000년 진주시의 경우 부산시로의 인구이동과 수도권으로의 인구이동이 비슷하게 나타나고 있는데, 그 이유는 다른 대도시지역보다 부산이 지리적으로 근접하여 있고, 또한 수도권의 유인력이 매우 크기 때문이다.

---

15) 통계청, KOSIS 인구총조사자료(1960, 2000).

인구이동의 요인을 크게 구분하여 보면, 경제적 요인, 중력적 요인, 정책적 요인, 쾌적도 요인 등으로 정리할 수 있다.[16)]

(1) 경제적 요인

경제학자들은 인구이동의 주요인을 소득동기에 두고 있다. 기대수익이 현재가치보다 클 때 이주가 발생하고 이러한 기대수익이 극대화되는 곳으로 방향이 결정된다. 여기서 기대수익의 의미는 소득뿐만 아니라 취업기회의 개념도 내포하고 있다. 대부분의 도시-농촌 간의 인구이동은 이러한 소득과 취업기회가 주요인이라고 할 수 있다.

우리나라의 시·도 간 인구이동에서 직업요인에 의한 인구이동이 45.0%로 경제적 요인에 의한 인구이동이 매우 높다.(통계청, 2003)[17)]

(2) 중력적 요인

중력모형에서는 거리가 인구이동의 중요한 요인으로 고려되고 있다. 즉 거리가 증가함에 따라 이주자수는 감소하게 되는데 이는 거리가 정보뿐만 아니라 직접적 비용, 심리적 비용의 대변수로 작용하는 데 기인하고 있다. 인구이동이 근거리원칙에 의한다는 것은 이러한 중력적 요인의 의미를 내포하고 있다고 할 수 있다.

그러나 최근 교통의 발달과 정보통신기술의 발달로 이주와 인간의 이동력이 용이해져 이러한 거리에 따른 인구이동은 보다 딜 제약을 받게 된다. 대신에 다른 요소가 주요 원인으로 나타나고 있다.

(3) 정책적 요인

정책적 요인으로는 조세부담, 행정서비스 등은 물론 교육기회, 주택건설 및

---

16) 이외희(2000.6), 경기도의 인구이동요인에 관한 연구, 국토계획 제35권 제3호(통권108호), pp.68-69.
17) 가장 많은 인구이동 연령층은 20대와 30대로 대부분 취업 및 결혼 등의 이유이고 전체의 46%를 차지한다.

기타 인구이동에 영향을 미치는 도시 및 지역정책 등이 포함된다. 티보(Tiebout, 1957)가설[18]은 이러한 차이로 인하여 정부로부터 더 많은 혜택을 받는 지역을 찾아 이주한다는 것이다.

우리나라의 경우 이러한 정책적 요인은 지역 간에 큰 차이가 없기 때문에 큰 영향을 미치지 않는 것으로 나타났다. 하지만 교육기회의 경우 인구이동에 매우 큰 영향을 미치는 것을 알 수 있다.[19]

(4) 쾌적도 요인

경제적인 소득이 증가하면서 삶의 질에 대한 욕구가 높아지면 쾌적한 환경을 찾아 이동하는 인구가 증가하게 된다. 수도권의 신도시를 비롯하여 도시환경이 보다 쾌적한 지역을 찾아 인구가 이동하고 있고, 이러한 요인은 더욱더 중요한 요인으로 다루어지게 될 것이다.

쾌적도 요인에 의한 인구이동은 주로 근거리이동 내지는 도시 내 이동에서 크게 나타나고 있으며, 국가적 차원에서는 이러한 이동은 크지 않다. 대부분 신규개발지를 중심으로 이동되는 현상이 강하다.

---

18) 1957년 Tiebout가 민간시장 메커니즘을 정치시장에 적용하면서 제시한 지방정부의 공공서비스와 소비자(주민)의 지방정부 선택에 관한 가설이다. 지방자치제가 확립된 사회에서는 주민의 지방정부 선택은 소비자가 민간소비재를 구입할 때 진정한 취향(true preference)을 나타내는 것과 같이 지방정부들이 제공하는 각종 공공서비스(교육, 치안, 세금, 여가시설 등)를 비교하여 자신의 취향 (혹은 가치)을 잘 반영하는 곳을 스스로 선택한다는 가설이다. 또한 이 가설은 어떤 지방정부가 좋은지를 투표나 선거를 통하지 않고 소비자가 자발적으로 마음에 드는 지방정부를 선택하여 주거지를 결정하므로 '발로써 투표(foot-voting 혹은 voting by their feet)'하는 것이 되는 셈이다. 따라서 소비자 선택의 폭이 넓고 다양할수록 개인의 가치를 가장 잘 실현할 수 있다고 본다. 이러한 의미에서 각 지방정부들은 민간시장과 같이 재원의 확보를 위하여 다양한 공공서비스로서 상호 경쟁을 하게 되고 이 경쟁은 결국 공공부문의 효율성도 높아질 수 있다는 가설이다.(하성규 외, 도시관리론, 형설출판사, pp.303-304.)
19) 우리나라의 인구이동은 주로 취업과 교육이 대부분을 차지하고 있다.

2. 도시화의 진행단계

1) 도시화의 진행단계

　도시화 단계는 일반적으로 도시화(urbanization), 교외화(sub-urbaniz-ation), 역도시화(dis-urbanization), 재도시화(re-urbanization) 단계를 거치면서 도시공간이 순환한다.(van den Berg & Klaassen, 1979)

2) 단계별 특징

　도시화의 진전과정은 도시화·교외화·역도시화·재도시화의 4단계로 구분하여 나타나고 단계별 특징은 다음과 같다.

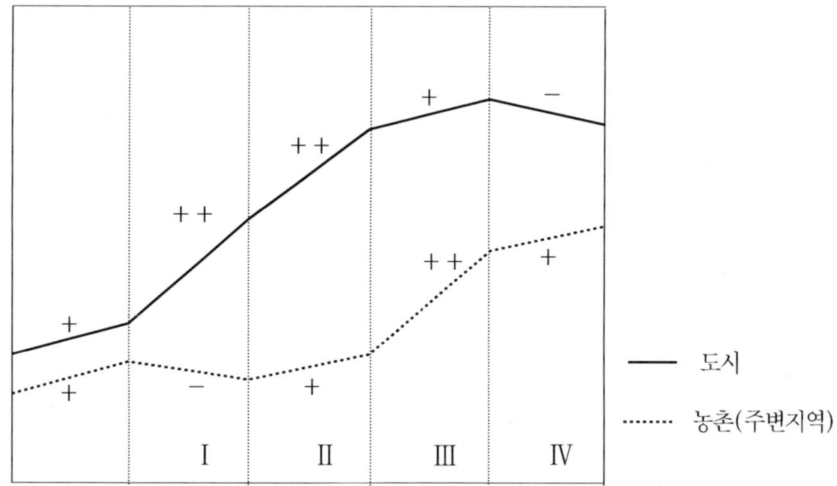

주: +, ++: 인구증가, −, −−: 인구감소
　　I: 절대집중, II: 상대집중, III: 상대분산, IV: 절대분산

〈그림 2.3〉 도시화 단계

〈표 2.2〉 Klaassen과 Paelinck의 도시성장 6단계 가설

구 분	성 장 기				쇠 퇴 기	
	Ⅰ. 도시화		Ⅱ. 교외화		Ⅲ. 역(탈)도시화	
	절대적 집 중	상대적 집 중	상대적 분 산	절대적 분 산	절대적 분 산	상대적 분 산
도시중심부	+	++	+	−	−	−−
주 변 지 역	−	+	++	+	+	−
도시권전체	+	++	+	+	−	−
도시성장단계	1	2	3	4	5	6

주: +: 증가, ++: 대폭증가, −: 감소, −−: 대폭 감소
자료: Klassen L. H. & Paelinck J. H. P.(1979), The Future of Large Towns,
　　　Environment & Planning, A, Vol.11, p.1096

(1) 도시화(urbanization)

도시화 단계(urbanization)는 농업기술의 발달로 농촌의 소득증가가 나타나 농촌인구가 증가하게 되지만, 이것은 결국 농촌지역의 소득감소를 가져온다. 그리고 도시의 공업화로 인한 노동력의 필요는 이러한 농촌지역의 인구를 도시로 집중시키게 된다. 특히 산업혁명 이후 많은 주변지역의 노동자들이 도시로 집중하였다.

이처럼 도시화 단계에서는 농촌의 소득감소와 도시의 공업화로 인한 필요 노동력의 증가로 이루어지고, 초기 도시화 단계에서는 도심부의 고밀화로 인한 주택문제 등이 발생한다.

(2) 교외화(suburbanization)

교외화 단계(suburbanization)는 도시화가 계속되는 단계로 공업의 발달 등 소득증가에 따른 쾌적한 주거환경을 위해 주거지가 교외로 이전하게 되고, 교통기술의 발달로 공업도 점차 교외로 이전한다. 이로써 주거지는 교외에 직장은 도심에 있어 대량통근교통문제와 도시의 평면적 확산(urban sprawl)이 일어난다.

교외화 단계에서는 도시의 평면적 확산이 가중되고, 중심부 주변에 부도심

이 형성되어 도심의 고용집중과 인구분산으로 인한 직주분리현상의 가중 등으로 도시교통문제와 도시환경문제가 심각한 수준에 이르게 된다.

교외화는 주거의 교외화, 공업의 교외화, 업무의 교외화 순으로 나타나고, 최종 업무의 교외화가 나타나지만 일반적으로 공업의 교외화 정도까지 진행이 된다.

(3) 역도시화(disurbanization)

역도시화 단계(dis-urbanization)는 제3차산업 종사자 수가 증가하고, 자가용 이용이 증가함으로써 도시 내 주거보다는 더욱 쾌적한 생활여건을 제공하는 농촌지역으로 이전하게 되어 농촌지역은 인구가 증가하고 도시지역은 도심부의 쇠퇴가 일어난다.

이러한 현상은 중심도시로의 집중보다 훨씬 빨리 진행되는데, 도심의 공동화 현상이 심각해지고, 도심부 주변에 슬럼이 형성되는 등 도심부의 문제가 심각하게 대두된다.

(4) 재도시화(reurbanization)

재도시화 단계(reurbanization)는 도심부의 재개발사업, 교통여건의 개선, 주거수준의 회복, 사회하부구조 개선 등으로 도심이나 주변지역으로 다시 재집중되는 재도시화 현상이 일어난다. 주로 고소득층이나 전문직 종사들의 젠트리피케이션(도심회귀, gentrification)[20]을 통하여 도심재생(regeneration)이 이루어진다.

---

20) 젠트리피케이션(gentrification)은 도시화의 진행과정에서 도시의 중상류층이 도심의 부정적 현상을 피하여 보다 쾌적한 교외지역으로 이주해 가고, 도심에는 이 지역에 생활기반을 둔 비숙련 노동자 계급이 거주하게 되었다. 그러나 1970년대 후반에 들어오면서 서구의 대도시에서 젊고 유능한 중산층을 중심으로 교외지역에 비해 상대적으로 값이 싸고 보수가 쉬운 도심지 주택을 구매하여 재유입되는 현상이 나타나는데, 이들은 통근비용과 교통체증 등의 이유로 도심부로 이동하게 된다.

3. 도시문제

1) 도시문제의 발생

도시화가 진전됨에 따라 많은 도시문제가 발생하게 되는데, 도시로의 인구집중으로 주택이 부족하고 교통이 혼잡하며 환경오염이 심각하게 된다. 쓰레기, 폐수, 사회범죄 등으로 인해 다양한 사회문제들이 만연하고, 이들 도시문제는 여러 가지 질병이나 사회범죄를 야기 시키는 원인이 되고 있다. 이와 같이 도시에서 일어나는 병적인 도시문제 등을 통틀어 도시병리(urban pathology)라고 한다.

도시개발이 가속화되면서 환경오염·교통문제·주택난 등의 문제와 범죄·사회일탈현상·가족붕괴 등의 문제가 지속적으로 증가하여 발생하고 있으며, 그 문제는 더욱 복잡성을 나타내고 있다.

2) 도시문제

도시문제가 심각하게 대두된 것은 20세기 이후부터이며, 교통통신의 발달과 각종 기술적 혁신 등으로 도시로의 집중이 가속화되면서 더욱 복잡성을 나타내고 있다. 이러한 현대도시가 당면하고 있는 문제들은 크게 다음 여섯 가지로 요약된다.(김철수, 2001)

① 주택의 협소와 밀집, 상하수도·생활도로·공원 등 생활환경시설의 부족 등 주거환경에 관한 문제
② 교통혼잡 및 사고의 위험성, 통근의 원거리화 등 교통에 관한 문제
③ 하천과 바다의 수질오염, 자동차 배기가스 등에 의한 대기오염, 소음과 진동, 쓰레기의 처리 등 환경오염 및 공해에 관한 문제

④ 지반의 침하, 산사태, 하천의 범람, 폭발, 연소될 위험물이나 유해물의 증
　가와 대형사고의 증가 등 재해 및 재난에 관한 문제
⑤ 녹지 및 레크리에이션 공간의 상실, 문화재의 상실, 도시경관의 획일화
　및 무개성화, 혼란 등 도시의 어메니티(amenity)에 관한 문제
⑥ 지역공동체로서 커뮤니티의 변질이나 붕괴, 전통적 문화의 단절, 도시범
　죄와 비행의 증가, 노인이나 장애인 등의 생활행동 여건의 악화 등 사회
　복지에 관한 문제

(1) 주택문제

도시의 한정된 토지로 인하여 주택은 항상 부족한 것이 사실이다. 초기에는 주로 부족한 공급의 문제가 심각하게 된다. 하지만 주택문제는 이처럼 양적 공급의 문제뿐만 아니라 슬럼이나 불량주거지의 경우 매우 열악한 주거환경을 나타내고 있어 양적·질적 문제를 모두 내포하고 있다. 특히 우리나라의 경우 주택은 단순한 주거의 공간으로서 뿐만 아니라 재산적 가치로 인식하고 있어 다른 나라에 비해 주택문제는 더욱 심각하다. 주택이 투기의 대상이 되어 서민들의 집 마련을 매우 어렵게 만들었고, 전세나 월세 등 임차권자에게 불리한 각종 관습으로 인하여 더욱 문제를 가중시키고 있다.

우리나라의 주택보급률이 일부 대도시를 제외하면 90% 이상 상회하고 있어 양적인 측면에서 다소 문제점은 해결되었다고 볼 수 있으나, 인구의 지속적인 도시로의 편중과 적절한 공급의 한계로 이러한 주택문제는 쉽게 해결되기 어렵다.

주거환경적 측면에서 구도심 등의 노후불량주택의 존재와 재개발 및 재건축 등 고층·고밀아파트 개발로 인한 주거의 질적 환경의 악화 등 주거환경적 측면에서도 많은 문제점을 내포하고 있다.

(2) 교통문제

자동차의 급속한 증가로 인하여 교통혼잡, 교통사고의 위험성 증가로 최근

교통문제가 큰 사회적 문제로 대두되고 있다. 대도시나 일부 지역에서는 급속한 차량증가로 인하여 상습정체나 지체가 심각해져 많은 비용을 부담하고 있다.[21] 이에 비해 도로공급은 한계가 있어 교통에 대한 새로운 접근이 요구된다.

도시의 확산으로 인한 직주분리는 차량통행량을 증가시켜 혼잡을 가속화하고 있다. 교통량의 증가로 인한 교통문제 해결을 위하여 도로시설의 공급과 운영체계 개선을 지속적으로 하고 있다.

교통사고로 인한 사망자수가 매년 6~7천 명에 이르고, 더욱 중대형화 되는 교통사고로 인하여 재산적 손실뿐만 아니라 교통사고로 인한 소년소녀 가장(고아)의 발생 등도 매우 심각하다.[22]

(3) 환경오염문제

산업화로 인한 폐수, 대기오염 등 환경오염은 날로 매우 심각해지고 있다. 환경에 관심이 증대하면서 도시환경문제가 매우 중요하게 다루어지고 있다. 공장의 폐수방류나 대기오염물질 배출 등 대규모 산업화로 인하여 도시환경은 회복하기 어려운 상황에 이르렀으며, 날로 그 심각성은 더욱 심화되고 있다. 도시환경문제는 하천이나 해양오염 등의 수질오염, 자동차 배기가스나 공장의 매연으로 인한 대기오염, 각종 소음, 쓰레기 처리에 있어 현대 도시는 한계를 드러내고 있다.

최근 지속 가능한 개발과 친환경적 개발에 대한 관심이 증대한 이유도 더이상 도시환경문제를 방치할 수 없다는 데에서 기인하고 있다. 환경에 대한 관심 증대와 환경사랑 실천으로 일부분에서는 환경의 회복이 이루어지고 있지만, 도시총량적 환경관리체계를 마련하여 보다 적극적인 접근이 요구된다.

---

21) 한국교통연구원의 연구에 의하면 2004년 전국 교통혼잡비용은 23조 1160억 원으로 GDP 대비 2.97%에 이르는 것으로 집계됐다. 전국 7대 도시의 교통혼잡비용은 전체의 60.5%인 13조 9851억 원으로 전년에 비해 2.4% 증가했다. 이 중 서울의 혼잡비용은 5조 7237억 원으로 7대 도시의 40.9%였으며 서울과 인천, 경기도 등 수도권의 혼잡비용은 11조 9658억 원으로 조사됐다.

22) 도로교통안전관리공단이 발간한 '2004년판 교통사고 통계분석'에 따르면 1970년 이래 5,880,380건의 교통사고로 260,666명이 사망하고 7,518,964명이 다쳤다고 한다.

(4) 재해문제

대형건물의 붕괴와 대형화재의 발생 등 최근 사고가 대형화되고, 재해가 연례 행사화됨으로써 재해문제에 대한 심각성이 더욱 두드러지고 있다. 재해로 인한 인명손실은 물론 재산적 피해도 매우 커서 심각한 도시문제화되고 있다. 도시와 같은 밀집지역에서의 재해 및 재난은 곧바로 대형화되는 경향이 있으므로 더욱 중요하게 다루어진다. 이러한 재해문제에 대한 방재시스템의 개발 및 제도화 등으로 많은 변화를 겪고 있지만, 위험에 대한 도시민의 불안은 더욱 가중되고 있다.

(5) 도시의 쾌적성 문제

도시개발에서는 더욱 많은 주택지를 아파트단지로 만들었으며, 이 과정에서 많은 농지의 전용과 녹지의 훼손을 가져오고 있다. 또한 고층대형건축물의 건설과 주변환경을 고려하지 않은 난개발 등으로 도시경관은 파괴되고 있다. 그리고 어느 도시에서나 똑같은 개발로 인하여 그 도시가 가지는 정체성은 없고, 지역적 특수성을 제대로 살리지 못하는 등 도시가 획일화되어 도시의 쾌적성(amenity)은 약화되고 있다.

이러한 문제를 해결하기 위하여 도시의 쾌적성 확보를 위한 도시경관관련 계획의 수립을 의무화하고 있다. 또한 도시경관 등에 관한 시민들의 인식이 증대됨으로써 개성 있는 도시만들기와 장소만들기 등 살기 좋은 도시만들기 운동이 다양하게 펼쳐지고 있다.

(6) 소외문제

최근 의약기술의 발달과 각종 사회복지시설의 완비로 노령화사회가 급속히 진행되고 있다. 노인·저소득층·장애인 등은 경제적 빈곤으로 인하여 사회소외계층으로 전락하고 있으며, 이러한 계층은 날로 증가하고 있다. 이러한 소외계층에 대한 문제는 도시 내에서 심각한 수준에 달하고 있다.

교육, 레크리에이션 시설 등 사회복지시설의 보급으로 인하여 많은 노인인구를 수용하고 있으나, 아직 대부분의 노령인구들은 공원이나 경로당에 모여 소일하고 있는 실정이다. 그리고 저소득층이나 소년소녀가장·장애인 등 사회적으로 불우한 계층에 대한 복지지원 등이 적정수준에 이르지 못해 이러한 소외계층은 계속적으로 증대하고 있다.

(7) 사회병리현상

현대도시가 가지는 도시사회문제에는 사회병리, 지역병리, 문화병리, 개인병리 등이 있다. 이러한 사회병리현상은 계속적으로 더욱 심각한 수준에 처해 있다.

사회병리는 이혼, 가출 등의 가족병리와 실업이나 빈곤 등의 직장병리가 있는데, 특히 최근에 이혼이 급격하게 증가하고 있고(10쌍 중 3쌍꼴), 가출 또한 예전의 청소년 가출에서 부모의 가출 등 다양화되고 있어 가족해체 등 큰 문제점으로 등장하고 있다. 또한 최근의 경제적 여파로 인하여 실업의 증가와 빈곤으로 인한 문제도 매우 심각한 수준에 이르고 있다.

자살, 범죄, 매춘, 마약중독 등 개인병리에 대한 문제의 심각성도 날로 더해 가고 있다. 특히 자살문제(자살사이트 등), 마약문제(특정계층뿐만 아니라 많은 계층에게 파고들고 있음) 등은 더욱 현대도시의 큰 사회문제화 되고 있다.

그 외에도 지역 간 또는 지역 내의 갈등, 계층 간의 갈등 등 갈등도 매우 다양화되고 있고 더욱 심각하게 전개되고 있는 실정이다.

3) 도시문제의 과제

도시문제 해결을 위해 추구해야 할 궁극적 목표는 국가나 도시에 따라 약간의 차이가 있으나 일반적으로 우리나라 도시가 안고 있는 당면과제는 다음과 같다.(박병주, 2001, pp.35-36.)

첫 째, 시민생활이 우선되는 도시이어야 한다.

둘 째, 안정된 성장을 지속할 수 있도록 도시규모를 적정화해야 한다.

셋 째, 광역권에 있어서 제 역할을 다하는 도시로 육성해야 한다.

넷 째, 도시의 환경정비와 주민의 교육·복지 등이 자치단체에 의해 운영·
유지되어야 한다.

다섯째, 모든 도시는 개성(identity) 있는 도시로 육성·발전시켜야 한다.

2002년 1월 23일 동아일보

서울도심 상주인구 5만 명

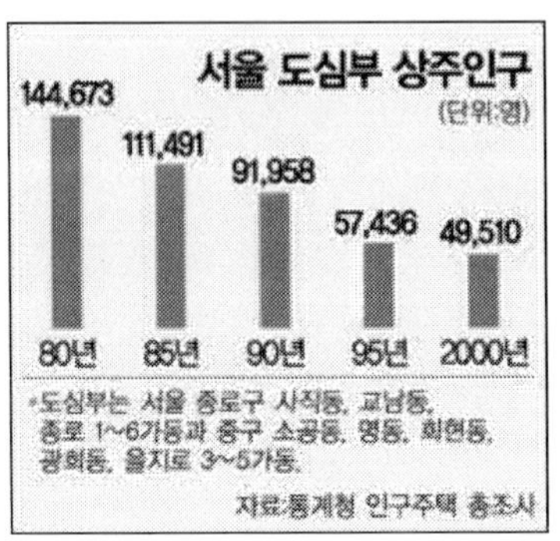

서울도 외국의 대도시처럼 도심의 공동화(空洞化) 현상이 심화되고 있는 것으로 나타났다.

서울시정개발연구원 양재섭(梁在燮) 박사는 23일 보고서 '도심부 주거실태와 주거확보시책 연구'를 통해 이같이 밝히고 서울의 도심 공동화 및 슬럼화를 막기 위해 적극적인 대책을 마련해야 한다고 지적했다.

이 보고서에 따르면 통계청 자료 등을 토대로 율곡로 의주로 퇴계로 흥인문으로 둘러싸인 도심을 비롯해 종로구 중구 일대 도심 인접지역 등 '도심부'의 인구실태를 조사한 결과 2000년 말 현재 상주인구와 가구 수는 4만9510명, 1만8000가구로 집계됐다. 이는 80년의 14만4673명, 3만4000가구에 비해 각각 66%, 47% 줄어든 것이다.

또 도심부의 중졸 이하 가구주 비율은 40%로 서울 평균(25%)보다 훨씬 높았으며 1인 단독가구와 월세 및 무상거주 가구도 각각 29%, 35%를 차지해 평균(13%, 16%)의 2배 이상 돼 저학력 및 저소득 가구가 많은 것으로 풀이됐다.

이와 함께 주택은 85년 1만5000호에서 2000년 1만호로 33% 감소했다. 이 중 20평 미만이 서울의 평균(3%)보다 훨씬 높은 14%였고 지은 지 30년 이상 된 낡은 주택이 53%를 차지했다.

이 밖에 도심부 529가구를 대상으로 설문조사를 한 결과 좁은 주차장, 매연 및 소음공해, 주택노후 등 열악한 주거환경에도 불구하고 직장에서 가깝다는 점 때문에 거주한 지 10년 이상 된 가구가 63%나 됐다는 것.

양 박사는 이날 "도심부를 가칭 '거주촉진지구'로 지정해 건물을 주거용도로 전환하거나 주택을 새로 짓는 경우 세금을 깎아주고, 재개발 또는 재건축시 용적률 완화 등의 대책을 마련해 도심에 활력을 불어넣을 필요가 있다"고 서울시에 건의했다.

양 박사는 또 "인종 문제까지 겹쳐 슬럼화가 심각한 미국 등의 대도시 도심에 비할 정도는 아니지만 서울의 도심도 갈수록 쇠퇴하고 황폐해지는 것은 틀림없는 사실"이라고 말했다.

제 3 장 도시공간구조

1. 지역분화와 지역구조

1) 공간구조의 정의

도시공간구조의 분석에서 주로 사용되는 용어는 지역구조, 도심, 부도심, 도시내부공간구조, 공간확산 등이 있다.

① 지역구조(regional structure): 복수의 부분지역이 모여 각기 주어진 역할을 다 함으로써 보다 큰 전체지역을 구성하여 또 다른 기능을 발휘하게 될 경우를 의미한다.

② 도심(Urban Center): 도시의 중심부분을 일컫는 용어로 CBD와는 그 의미가 약간 다르다. 중소도시의 경우 CBD라는 의미보다는 도심이라는 용어가 훨씬 의미를 잘 표현한다. 특히 지역적인 범주에서 도심은 일반인들이 "통상적"으로 이해하고 있는 지역으로, 중심상점가·업무(관청)가가 밀집하여 있고 대부분의 교통수단이 집중되는 곳을 의미한다.

③ 부도심(Suburban Center): 부도심은 도심의 차위개념으로, 일반적으로 중소도시에서는 아직 부도심이 발달되어 있지 못하나, 여기서도 시민들이 일반적으로 도심보다는 의미가 작고 기타 지역보다는 크다고 이해하고 느끼는 지역을

부도심이라 명하는 것이 중소도시의 도시 분석에서 의미가 있을 것이다.

④ 도시내부공간구조(Urban Internal Spatial Structure)[23]: 도시공간을 '상대적' 개념이 중요시되는 도시 간 지역구조라는 개념과 '독립적' 개념이 중요시되는 특정 단일도시내부의 지역구조의 두 가지 개념으로 분류할 경우 이 중에서 후자에 해당하는 개념으로서 도시의 내부공간에 있어서 구성적 사실과 형태적 특성을 나타내는 총체적인 틀을 지칭한다.

⑤ 공간확산(Spatial Diffusion): 어떤 현상이 시간이 경과함에 따라 어느 공간에서 다른 공간으로 퍼져나가는 것을 확산이라 하고, 쇄신(innovation)[24]에 의한 확산을 의미한다. 확산의 유형은 공간적 형태에 따라 팽창확산(expansion diffusion)과 이전확산(relocation diffusion)으로 구별되며, 진행상의 형태에 따라 전염확산(contagious diffusion)과 계층확산(hierarchical diffusion)으로 나누어진다.[25]

도시의 공간구조와 지역구조라는 말은 빈번하게 사용되고 있으나, 그 의미는 약간 다르다. 도시의 지역구조는 도시내부를 구성하고 있는 배열상태 내지 배열양식을 의미하는 동시에 배열된 각 요소와 전체와의 관계를 뜻하는 것이다. 그러나 도시의 공간구조는 요소의 배열 및 공간적 위치뿐만 아니라 요소 자체의 패턴·거리·형식 등과 같은 기하학적 특징까지도 포함하여 사용할 때가 많다.[26]

---

23) 김선범(1990), 신구 도심부의 공간형성에 관한 비교 연구, 서울대 박사학위논문, p.6.
24) 쇄신(innovation)이란 인간의 창조적 활동을 포괄적으로 지칭하며, 기존의 사회체제에 새롭다고 인식되는 아이디어나 인위적인 것들이 성공적으로 도입되는 경우로서 발명과 모방의 아이디어를 모두 포함한다. 예를 들어 새로운 농사기술, TV, 전화의 보급 등이 모두 쇄신에 포함된다.
25) 팽창확산은 사람은 움직이지 않고 쇄신적 정보만 확산되는 것을 말한다.(새로운 농작물 재배기술, 소문 전파 등) 이전확산은 사람과 함께 쇄신적 정보가 확산 또는 이동하는 것을 말한다. 따라서 인구이동을 통하여 주로 일어난다.(외국에서 돌아온 사람들이 외국의 새로운 문화의 확산) 전염확산은 전염병이 접촉에 의해 옮겨가는 모습의 쇄신확산이다. 접촉에 의해 이루어지는 만큼 거리의 마찰효과에 의해 가장 큰 영향을 받는다. 계층확산은 대도시나 중요한 사람에게 쇄신의 정보가 전달되면 도시계층이나 사회계층을 따라 그 아래로 건너뛰는 유형의 확산이다. 계층확산은 도시계층의 형태나 구성이 큰 영향을 미친다.(박종화 외(1995), 지역개발론, 박영사, pp.61-64.)
26) 남영우(1985), 도시구조론, 법문사, p.45.

2) 도시의 지역분화와 지역구조

공간조직을 형성하는 원초적인 단위는 개개의 경제입지이며, 이러한 경제입지가 다양하게 배열되어 도시의 원초적인 지역구조를 형성하고 있다. 동일한 경제입지가 한곳에 집적하여 보다 큰 경제지역을 형성하게 된다. 그러므로 도시 내에는 몇 개의 각각 다른 성격을 가지는 경제지역이 형성되며, 그들 경제지역의 배열은 보다 상위의 지역구조를 형성하게 된다. 도시의 지역구조 또는 공간구조는 일반적으로 이와 같은 단계에 있어서의 지역구조를 가리킨다.[27]

지역분화(regional differentiation)는 지역구조의 출발점이며, 지역분화과정의 결과가 지역구조라고 생각할 수 있다. 따라서 도시의 지역분화는 도시의 공간적 전문화를 고찰함으로써 파악될 수 있다. 구체적으로는 주거지역·상업지역·공업지역 등의 전문화된 정도에 따라 구분되는 공간을 의미한다.

도시기능은 경제적 기능의 집적(agglomeration)에 의해 집중되거나 분산된다. 동일한 업종의 경제기능을 갖는 경제입지가 한정된 장소에 집중하여 형성되는 과정을 경제입지의 집중현상이라고 부르기도 한다.[28]

도시 내에서 이러한 지역분화는 대부분 CBD를 중심으로 어떠한 형태로 나타나게 되는데, 튀넨의 고립국이론 이후 대표적 이론으로 동심원이론, 선형이론, 다핵이론 등이 있다.

3) 도시공간구조의 형성요인

도시공간구조는 하나의 요인에 의해 형성되고 변화하는 것이 아니라 도시가 처한 역사적 환경 속에서 여러 요인에 의해 영향을 받게 된다. 도시공간구조에 영향을 미치는 요인은 도시인구의 변화, 도시경제구조의 변화, 가치관의

---

27) 남영우(1985), 앞의 책, pp.45-53.
28) 기능의 집중은 집적에 의해 이루어지고, 집적에는 규모의 경제(scale economy), 도시화 경제(urbanization economy) 또는 지역화 경제(localization economy)가 있다. 이러한 집적에 의해 경제적 기능이 한곳에 집중된다. 그러나 규모의 불경제가 나타나거나 외부효과로 인하여 기능의 분산이 일어나기도 한다.

변화, 과학기술의 발달, 교통수단의 발달, 노동인력의 공급 및 세금을 들기도 한다.[29] 이러한 요인들은 대체적으로 경제적 요인, 사회적 요인, 공공복지적 요인과 함께 정치적·정책적 요인으로 크게 나눌 수 있다.

첫째, 경제적 요인이다. 도시구조를 형성하고 변화시키는 요인으로 가장 결정적인 것은 경제적 요인이다. 도시는 도시적 산업의 집중지로서의 기능과 역할이 본질적이고, 제한된 공간적 범위에 도시기능들이 집중적으로 투영되어 있기 때문에 도시공간이 경제적 요인에 의해서 변화하는 것은 당연하다. 도시구조변화의 경제적 요인은 주로 지대(bid rent)에 의한 경제적 지불능력에 의해 토지이용패턴이 영향을 받는다.

이와 함께 도시구조는 시민의 소득에 영향을 받는다. 소득의 증대는 보다 좋은 생활환경, 시설, 서비스를 요구하게 되어 높은 소득을 가진 도시인들은 좋은 질의 서비스 환경을 찾아 주거지를 옮기는 현상이 생긴다. 지역별로 소득계층이 상이하고 또한 서비스의 지역적 격차가 생기게 되어 소득별 서비스의 공간별 분리를 촉진한다.

둘째, 사회적 요인이다. 인구가 증가 또는 감소하게 되면 도시의 구조와 밀도에 영향을 준다. 인구가 증가하면 늘어난 도시인구를 수용하기 위해 도시구조의 외연적 확산이 촉진되고 저밀도 개발정책을 고밀도로 전환한다.

이와 함께 도시공간형성의 사회적 요인을 인간생태학(human ecology)적인 측면에서 이해할 수도 있다. 도시공간이 집중과 분산, 집심과 분심, 침입과 계승, 지배와 분리 등의 인간생태적인 요인이 도시(공간)구조적인 변화를 가져온다는 법칙이 사회적 요인을 통해 분석되고 이해된다. 또한 자동차와 고속도로의 발달은 도시분산(disperse)의 현상을 가져와 교외화·대도시화의 결과를 초래하여 행정단위의 관리가 어렵고 복잡하며 단절행정을 촉진한다.

셋째, 공공복지적 요인이다. 공공복지적(public welfare) 요인에 의해서도 도시공간구성은 영향을 받는데, 그 구체적인 요인으로서는 보건, 안전, 복지의 세 가지이다. 앞서 말한 경제적 및 사회적인 요인을 민간부문에 의해 이루어지는 것이라면 보건(health), 안전(safety), 복지(welfare) 등의 요인은 공공부문에

---

29) Hoover E. M.(1971), An Introduction to Regional Economics, N.Y. Alfred, A. Knopt., Inc, p.23.

의해 토지이용이 영향을 받는 것이 그 특징이다. 공공의 필요성과 주민의 이익보호라는 차원에서 공식적인 정부기관의 개입을 통해서 이루어지는 규제는 더욱 강력한 공간구조의 변화 요인으로 작용한다.

넷째, 정치적·정책적 요인이다. 도시구조는 국가나 도시정부의 정치적 목표와 도시성장관리(urban growth management) 등의 정책적 의지에 의하여 영향을 받는다. 특히, 도시가 정치적·사회적 실체로서의 성격을 강하게 지닐 때 도시구조의 변화 요인으로서 정치적·정책적 요인은 강력한 힘을 발휘한다.

국가나 도시정부는 시민의 지지와 정당성을 획득하고 권력을 유지하며 시민의 요구에 대응하기 위한 수단으로 각종의 도시개발 정책을 추진하여 도시구조를 변화시키기도 하며, 도시의 무분별한 확산을 통제하거나 공간 이용의 효율화를 위해서 도시공간정책 차원에서 공간구조를 변화시킨다. 특히, 민간부문의 발달이 미약하고 도시정부가 강력한 행·재정적 권한을 장악하고 행사하는 경우에 이러한 요인에 의한 공간정책이 공공부문에 의하여 독점적으로 진행되어 도시구조를 변화시킨다.

Anderson 등[30](1996)은 공간구조변화에 주요하게 작용하는 요인으로서 정책적 변수의 중요성을 강조하면서, 정책 중 특히 교통정책은 공공부문이 그리고 토지이용정책은 민간부문에 주로 작용하면서 이들 간의 상호작용으로 인해 공간구조가 형성된다고 지적하였다.

이상의 도시공간구조 형성 및 변화요인에 대한 견해를 종합해 보면, 도시 내 공간구조의 변화를 야기 시키는 요인을 공통적으로 찾을 수 있다. 즉 실질소득의 증가와 교통·통신의 발달에 따른 인구의 교외화와 분산화, 거주지의 확산, 직장의 분산에 따른 교외지역의 고용증대, 도시외곽의 사무실 및 상점의 증가, 도심을 대신하는 교외나 주변의 역할 증대, 정책적 도시개발에 따른 새로운 경제활동 중심지의 출현, 도시내부 제조업의 쇠퇴, 생활방식의 변화 등이 그것이다.[31]

---

30) Anderson W. P., Kanaroglou P. S. & Miller E. J.(1996), Urban Form, Energy and the Environment; A Reviews of Issues, Evidence and Policy, Urban Studies, vol.33, no.1, p.7.
31) 유상혁(2000), 도시공간구조 변화 특성에 관한 연구, 대전대학교 박사학위논문, p.21.

2. 입지이론

1) 지대이론

도시공간구조를 파악하기 위해서는 토지의 용도를 결정하는 원칙을 찾는 것이 중요하다. 토지의 용도는 주로 지대(bid-rent)에 의해 결정된다.

지대이론은 Von Thünen의 고립국이론에서 발달하였다. 튀넨은 농업적 토지이용모형에서 농작물의 재배는 도심(시장)을 중심으로 운송비의 차이에 의해 동심원 형태를 나타낸다고 하였다. 이러한 토지이용모형에서 도심에 가까울수록 운송비가 감소하게 되므로 지대는 높아지게 된다.

위치지대(부지지대)는 최대입찰가격이나 지대지불능력에 의해서 결정된다. 위치지대는 거리에 의해 결정되게 되는데, 시장에 가까울수록 위치지대는 증가하게 되어 지대는 높아지게 된다.(d가 작을수록 LR은 커진다) 따라서 거리가 시장에서 멀어지게 될수록 단위거리당 운송비가 적은 작물이 재배되게 된다.

$$LR = (Ym-Yc)-Ytd = Y(m-c)-Ytd$$

여기서,

LR: 위치지대	Y: 생산량
m: 시장가격	c: 생산비용
t: 단위거리당 운송비	d: 거리

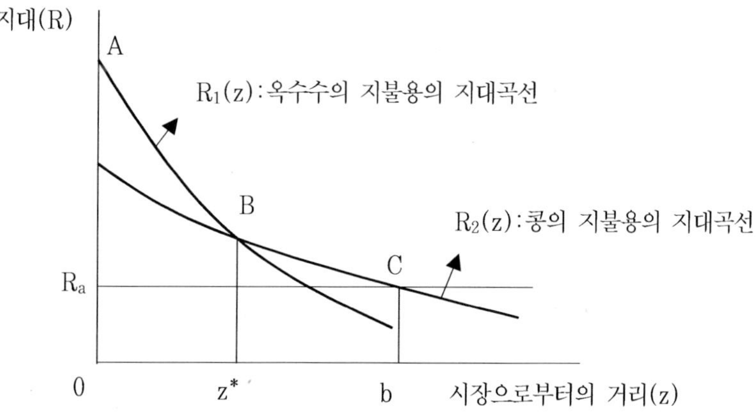

주: C는 한계입지(생산의 한계점)

〈그림 3.1〉 두 가지 작물이 재배되는 경우의 지대곡선

이렇게 단일 농작물재배에서 나타난 것과 같이 복수의 농작물을 재배하더라도 동심원 형태를 나타내게 되는데, <그림 3.1>을 보면, 옥수수의 운송비가 콩의 운송비보다 높게 나타나고, 지불용의 지대곡선이 더 급한 기울기를 가진다. 그래서 z*km까지는 옥수수의 지불용의 지대곡선이 콩의 지불용의 지대곡선보다 높으므로 이 지역의 농토는 옥수수를 재배하는 농민이 차지하고 그 외곽에는 콩이 재배될 것이다.[32]

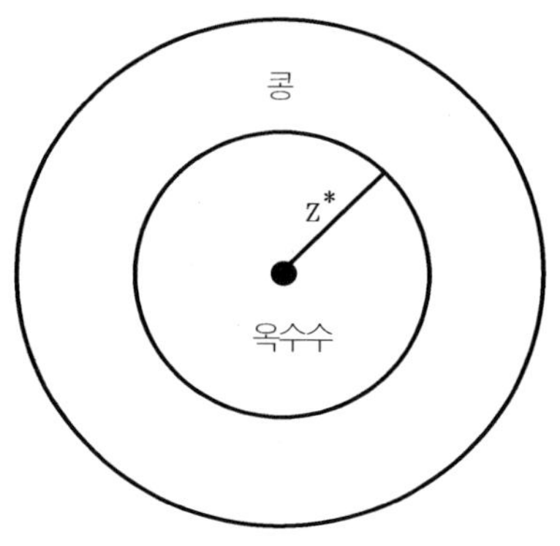

〈그림 3.2〉 두 가지 작물이 재배되는
경우의 토지이용형태

---

32) 김경환·서승환(1999), 도시경제, 홍문사, pp.91-93.
　　이정전(2000), 토지경제학, 박영사, pp.301-302.

이 같은 토지이용형태는 그림과 같이 두 작물의 경작지역은 겹치지 않는데, 이를 비혼재성(sorting outcome)이라고 한다. 둘 이상의 농작물이 재배될 경우도 마찬가지로 적용된다.

2) 단일도시의 공간구조이론

앞에서 소개한 튀넨의 고립국이론의 토지이용형태나 지대곡선의 기본개념은 단일도심 도시(mono-centric city)에서도 그대로 적용할 수 있다. 단일 도심 도시(단핵도시)는 CBD를 중심으로 모든 경제·문화활동 등이 한 지점에 집중되어 있는 도시를 말한다.

도시에서 지대는 도심에 대한 접근성에 의해 차이가 나는데 일반적으로 상업활동의 지대곡선이 가장 가파르다. 이것은 상업활동에 필요한 제반요소(노동력, 고객유인, 접근성 등)가 도심부에 위치하는 것이 가장 유리하고 거리가 멀어짐에 따라 수익성이 급격히 떨어지기 때문이다.

그리고 공업활동, 주거활동 순으로 경사도가 완만하게 되어 상업·공업·주거의 순으로 도시활동이 일어나게 된다. 그러나 현대의 대부분 도시에서는 공업지역의 지대보다는 주거지역의 지대가 높게 나타나는 경우가 많으며, 공업지역은 주로 계획부지에 집단적으로 운영되고, 주거지역은 도시전역에 골고루 나타난다.

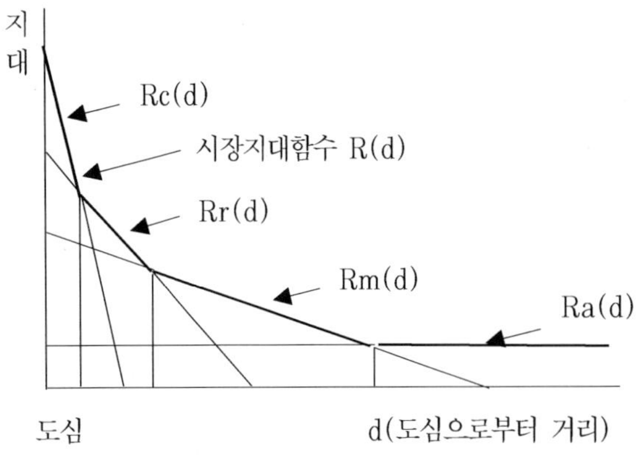

〈그림 3.3〉 시장지대함수와 도시토지이용

3) 다핵도시의 공간구조이론

　단핵도시의 경우 도심을 중심으로 거리가 증대함에 따라 지대곡선이 점차 하향곡선을 나타낸다. 하지만 다핵도시의 경우 주요 교차점에 부도심이 형성됨으로써 부도심지역에서 지대가 다시 상승하는 형태를 나타낸다. 부도심지역에는 상업 및 업무기능이 다수 분포함으로써 주거지역보다 높은 지대를 나타낸다.

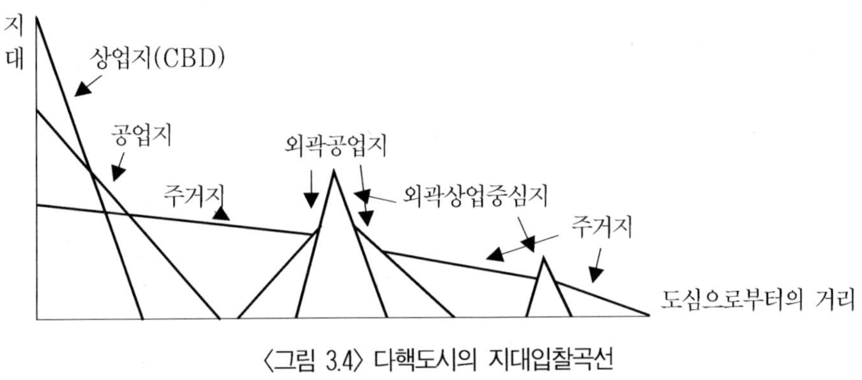

〈그림 3.4〉 다핵도시의 지대입찰곡선

　<그림 3.4>에서는 공업지의 지대가 주거지보다 높지만, 최근 공업지역의 교외화가 일어나서 더욱 도심에서 멀어지고 있으며, 현대도시에서는 주거지의 지대가 공업지의 지대보다 높은 것이 보통이다.

3. 도시공간구조 모형

1) 동심원이론

(1) 이론의 배경과 특징

E. W. Burgess(1925)는 「도시의 성장(The Growth of the City)」이라는 연구에서 튀넨의 고립국이론의 개념을 응용한 동심원이론(centric zone theory)을 제기하였다.[33) 버제스의 동심원 이론은 도시내부구조에 관한 최초의 체계적인 이론임과 동시에 생태학적 원리를 도시에 적용한 선도적인 연구이다.[34)

미국의 시카고市를 조사하여, 대도시의 성장은 반드시 도시의 외연적 확산(확대)을 수반하며, 그 확대과정은 5지대(zone)로 구성된 동심원상의 형태로 나타난다고 하였다.

특징은 첫째, 5지대로 이루어지는데, Ⅰ. 중심업무지구(CBD; Central Business District), Ⅱ. 전이지대(점이지대, zone in transaction)[35), Ⅲ. 노동자주택지대(zone of workingmen's homes), Ⅳ. 주택지대(residential zone), Ⅴ. 통근자지대(commuter's zone)이다.

1920년대 미국도시의 상황은 해외 이민과 농촌인구가 대량으로 대도시에 유입되는 시기이다. 경제적 동기로 대도시에 유입된 사람들은 일단 도심부의 저급주택지에 정착하여 도심 부근의 저임금 노동에 종사하다가 부의 축적이 이루어지면서 점차 외곽으로 이동한다.

---

33) 남영우(1985), 앞의 책, pp.53-94.
34) 황희연·백기영·변병설(2002), 도시생태학과 도시공간구조, 보성각, p.145.
35) 전이지대는 두 개의 다른 지리적 특성을 가진 지역 사이에 위치하는 지대를 의미한다. 두 지역의 특성이 혼합되어 나타난다.

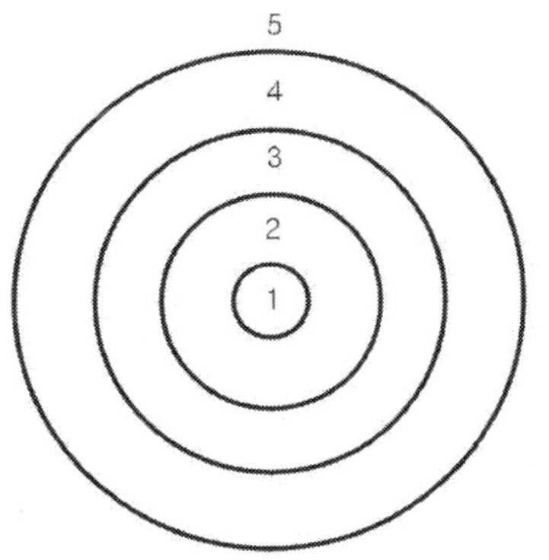

〈그림 3.5〉 동심원모형

제 I 지대는 중심업무지구(CBD)로 도시의 경제·사회·행정·교통기능이 집중하는 곳으로서 시민생활의 중심이다. 백화점·사무실·소매업소·호텔·은행·극장 등의 각종시설이 집중되어 있다. 상점·사무실·오락시설이 집중하는 지구이고, 이 지구의 외연부에는 도매업이나 트럭운수업, 철도업 등이 위치한다.

제 II 지대인 전이지대(漸移地帶)는 제 I 지대의 업무시설이라든가 경공업이 비집고 들어와 주택지대로서의 거주환경을 악화시킴으로써 형성되는 지대이다. 이 지대의 내측에서는 공장지구가, 외측에는 악화일로에 있는 주택지구가 있다. 주거지역은 대체로 저급주택과 빈민가의 발생으로 슬럼(slum)이 형성되기도 한다.

제 III 지대는 노동자주택지대로 제 II 지대에서 이주해 온 공장노동자의 주택지구이다. 이 지역은 접근성(출근용이)의 유리함 때문에 노동자들이 거주하고 있다.

제 IV 지대는 주택지대로 우량주택지대 또는 중급주택지대라고도 불린다. 이곳에는 중산층에 속하는 사람들이 단독주택이나 아파트에 거주한다. 이 지대 중에 교통조건이 양호하여 접근성이 높은 곳에는 위성도심(衛星都心, satellite loops) 혹은 업무부도심(business sub-centers)이라 불리는 부도심(sub-CBD)이 형성된다.

제 V 지대는 통근자지대로서 도시의 경계선을 넘어 CBD로부터 30~60분의 통근시간 범위 내에 있고, 위성도시의 성격을 가지는 소도시나 bed-town을 이루기도 한다. 고속도로에 면한 곳에는 고급주택이 산재하고, 이곳 주민의 직장은 주로 중심업무지구이다.

둘째, 각 지대를 내측과 외측으로 구분할 때 내측은 외측을 침입(invasion)함으로써 그 지역을 확대해 가는 경향이 있다. 도시의 성장은 각 지대가 점차 바깥쪽으로 확대되어 간다는 이른바 천이(遷移: 계승, succession) 과정을 거친다.

셋째, 침입과 계승뿐만 아니라, 집중(集心, concentration)과 분산(離心, decentralization)의 상반적이며 보완적인 과정을 포함한다. CBD에는 각종 교통수단이 집중되면서 정치적·경제적·문화적 중심지가 되고(集心過程), 부도심과 같은 2차적 중심지가 외측의 지대에 형성되어 도심의 기능이 도시성장과 더불어 다른 지역으로의 부분적인 이동현상이 일어나(離心過程) 도시기능은 집중되면서 다른 한편으로는 분산되게 되는 집심적 분산체계(集心的 分散體系, centralized decentralized system)로 재편성되는 과정을 가진다.

넷째, 도시의 성장과정은 물리적 측면뿐만 아니라 사회조직(social organization)과 인간의 유형(personality types)에서 비롯된 변화과정도 설명될 수 있다.

다섯째, 도시의 확대는 개인 및 집단을 주거지별·직업별로 분화시키며 재배치시킨다. 슬럼지구, Ghetto, Chinatown, 흑인가(black belt) 등 자연적·경제적·문화적 집단이 분화함으로써 도시에 일정한 형태와 성격을 부여하게 된다.

여섯째, 도시의 성장 내지 확대는 인간의 유동성 상태와 교통량 또는 통화량의 증대, 지가의 다양성 등 유동성(mobility)의 증대를 수반한다.

(2) 이론의 평가

M. R. Davie는 「도시성장의 패턴(the pattern of urban growth)」에서 버제스가 제시한 지역적 패턴이 실제로는 존재하지 않는다고 지적하면서, 도시구조가 다음과 같은 패턴을 나타낸다고 하였다.

① CBD는 원형이 아닌 불규칙한 형태이고, 주요 교차점에 부도심지가 형성된다.
② 중공업은 수상교통이나 철도교통을 따라 입지한다.
③ 경공업은 도시 내 전역에 걸쳐 입지한다.

④ 저급주택은 공업지구와 교통지구에 인접하여 위치한다.
⑤ 고급주택이나 중급주택은 어디에서나 분포한다.

동심원이론은 선진국보다는 후진국에서 더욱 적용 가능하다. 이 이론은 실제 도시에서 바로 적용하는 데는 여러 가지 무리가 있으나, 상대적 시간 및 비용거리의 개념을 적용한 공간상에서의 도시공간구조는 동심원 형태로 설명할 수 있다.

2) 선형이론

(1) 이론의 특징

H. Hoyt(1939)는 「미국도시에 있어서 근린주택지구의 구조와 성장」이라는 연구에서 도시내부지역의 주거지역이 부채꼴모양의 선형구조(sector structure)로 파악될 수 있다는 이론을 제기하였다. 호이트는 축적 성장의 개념을 강조하면서 도시 내 주거지는 도시가 성장함에 따라 도시중심에서 외곽을 향해 계층별로 군집을 이루어 부채꼴 형태로 뻗어나간다고 보았다.

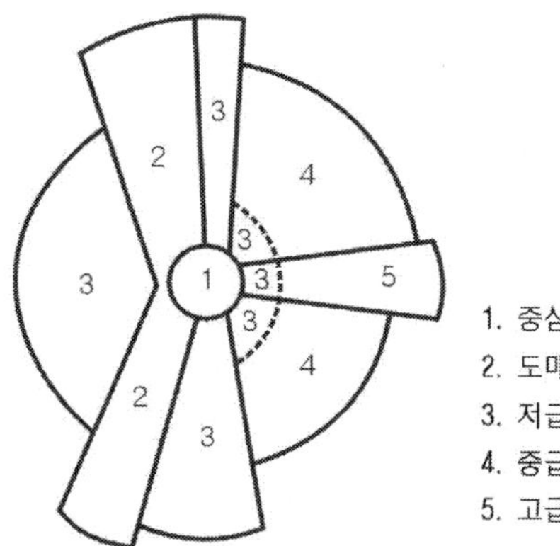

〈그림 3.6〉 Hoyt의 선형이론

Hoyt는 주택적 토지이용(residential land use)만을 분석지표로 사용하였고, 주택지역을 다시 부분지역으로 재구분하여 지대(rent)를 선정하였다.[36] 주택지역의 각 블록의 평균지대는 그 블록의 성격을 잘 반영하므로 지대의 패턴은 주택지역의 구조를 파악할 수 있는 지침을 제공해 주는 것으로 간주하였다.

평균지대별로 블록을 구분하면, 고지대지역(high rent area)·중지대지역(middle rent area)·저지대지역(low rent area)으로 구분하고, 이들 지대지역의 분포패턴의 일반적 경향을 분석하였다.

도시의 성장에서 높은 임대지역의 형성은 도시 전체의 성장을 이끄는 경향이 있기 때문에 이 이론에서 가장 중요한 의미를 가진다. 분석결과 고급주택지역의 발전방향 및 패턴을 결정짓는 아홉 가지 원리를 제시하였다.

① 고급주택지의 성장은 기존의 교통로, 상업중심지와 같은 도시주변부의 중심지의 방향을 향하여 진행하는 경향이 있다.
② 홍수의 위험이 없는 구릉지, 공업용으로 이용되지 않는 호수·만·바다의 연안을 뻗어 나가는 경향이 있다.
③ 도시주변부로 성장하며 자연적 또는 인공적 장벽을 피하여 성장하는 경향이 있다.
④ 지역사회의 지도자급 저명인사들이 거주하는 주택지역을 향하여 성장하는 경향이 있다.
⑤ 사무소·은행·상점의 이동경향은 고급주택지역을 그것들과 동일한 방향으로 유인한다.
⑥ 주요 운송망인 고속도로를 따라 발전하는 경향이 있다.
⑦ 장기간에 걸쳐 동일한 방향으로 성장을 계속한다.
⑧ 낡은 주택지역 내의 기존 업무중심지 근처에 형성되는 경향이 있다.
⑨ 부동산투지업자는 고급주택지의 성장방향에 영향을 미칠 가능성이 있다.

---

36) 블록별 평균 임대료를 이용하여 미국 도시들의 분포패턴과 성장패턴의 도표화를 시도하였다.(황희연 외(2002), 앞의 책, p.153.)

(2) 비 판

W. Firey(1947)는 도시성장이 선형으로 나타나는 것은 고급주택지보다는 상업지의 확대와 성장으로 인한 경우가 많다는 것이다. 그리고 인류의 적극적이고 능동적인 역할이 은연중에 부정되어 있어 도시이론의 기본적인 문제를 고려하지 않은 채로 경험적 왜곡을 범하고 있다고 비판하였다. 또한 도시의 토지이용이 현실적으로 선형패턴으로부터 동떨어지게 나타나는 점에 대하여 충분한 설명을 하지 못하였다고 하였다.

Firey는 입지과정에 있어서 사회적·문화적 요소들이 토지이용을 제약하므로 이러한 요소들을 중시해야 한다고 주장하였다. 토지이용이 물리적 공간뿐만 아니라 사회체계의 성격·구조로도 나타낼 수 있다고 하였다.

3) 다핵이론

(1) 이론의 배경과 특징

C. D. Harris와 E. L. Ullman(1945)은 「도시의 본질」이라는 연구에서 도시내부의 지역구조는 하나의 핵이 아닌 여러 개의 핵심지를 중심으로 하여 형성되므로 도시구조는 다핵심구조로 파악될 수 있다는 이론을 제기하였다. 도시가 성장함에 따라 보다 더 전문화된 핵이 발생한다는 것이다.

중심핵에 모든 도시기능이 집중한다는 것은 물리적인 의미에서 불가능하고, 도시내부에는 중심핵을 지향하여 도시기능을 분리시키려는 요인이 작용하고 있다. 그 분리요인으로써 ① 핵심부가 고지대일 것, ② 도시활동의 중심은 시외교통과 토지공간의 형편 등에 따라 좌우되는 경우가 있다는 점, ③ 각기 다른 도시활동은 분산되며, 유사한 기능은 한곳에 집중하는 편이 유리하다는 점을 지적하였다.

다핵이론(multiple nuclei theory)은 도시내부에서 토지이용의 핵심이 되는 여섯 가지 요소를 들고 있다.

첫 째, CBD는 도시내부의 교통기관이 모이는 초점에 입지한다. 교통이 편리하며 지가가 비싼 곳에 입지한다.

둘 째, 도매업지구와 경공업지구는 도시내부 가운데 시외교통기관의 초점이 되는 곳에 접근하여 입지한다.

셋 째, 중공업지구는 도시주변부 근처에 입지한다. 도시주변부는 토지의 확보가 용이할 뿐만 아니라 도로나 철도의 순환선이 지나거나 간선도로가 교차하는 곳은 도심근처보다 오히려 양호한 교통서비스를 받을 수 있다.

넷 째, 고급주택지역은 배수가 양호한 고지대에 입지하며, 저급주택지역은 공장지역이나 철도연변에 형성되기 쉽고, 도시중심부의 낡은 주택지역에는 저소득층의 주민들이 침투해 들어오기 쉽다.

다섯째, 소핵심지(minor nuclei)는 문화센터·공원·근린상업지구·주변업무지구 또는 작은 공업중심지에 형성된다. 대학은 준독립적인 지역의 핵을 형성한다.

여섯째, 교외는 주택이건 공업지역이건 간에 대부분의 대도시에서 볼 수 있는 특징 중의 하나이다.

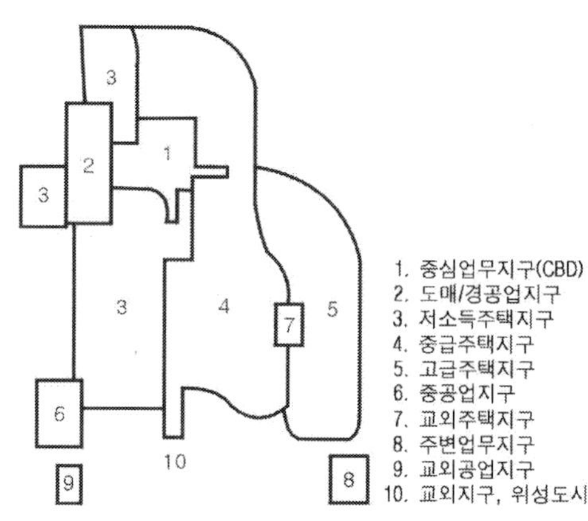

〈그림 3.7〉 다핵이론

(2) 평가 및 비판

E. M. Fisher와 R. M. Fisher(1954)는 「도시의 부동산」이라는 연구에서 도시 내에서 가장 넓은 면적을 차지하는 토지이용은 주택지·공지·가로의 세 가지이다. 건축물의 1층 부문의 토지이용만을 문제로 하고 그 이상의 부문과 지하층의 공간이용에 대하여는 전혀 언급되어 있지 않다고 비판하였다. 그리고 토지이용의 개념이 명확하게 규정되어 있지 않다고 비판하였다. 토지이용이라는 용어가 건축물을 의미할 뿐, 도로·공원·교통 등의 용지에 대하여는 전혀 언급하지 않고 있다는 것이다.

石水照雄(1974)은 다핵이론은 동심원이론과 선형이론의 보완적인 것이라고 주장했다. 각 지대와 전 도시지역의 지역적 성장을 고려한 것으로 유동성이 큰 현대도시에 더 적합하다.

위에서 살펴본 전통적 도시공간구조 모형은 대부분 도시내부의 토지이용패턴에서 동심원·선형·다핵심의 각 패턴이 결합되어 있다고 할 수 있다. 도심을 중심으로 하여 동심원 형태를 나타내고, 간선도로를 따라 토지이용에 큰 영향을 받으며, 수 개의 핵을 중심으로 다양한 공간적 패턴을 나타낸다.

4) 기타이론

(1) 다차원이론

J. W. Simmons(1965) 「도시의 토지이용에 관한 기술적 모델」이라는 연구에서 도시내부의 지역구조가 3차원에서 파악될 수 있다는 이론을 제기하였다.

Simmons는 미국과 캐나다의 도시를 연구한 결과, 사회계층(social rank), 도시화(urbanization), 거주지의 인종별 분리(segregation)의 세 가지 차원(사회적 패턴)이 있음을 규명하였다.[37]

사회계층은 인구의 경제수준·교육수준·직업수준을 의미한다. 도시화는 가족구성·세대의 유형·부녀자 노동력 등을 반영한다. 거주지의 인종별 분리는 인구의 인종 또는 민족의 구성과 관련되어 나타나는 차원이다.

石水는 사회계층의 차원(경제적 지위)에서는 선형이론, 도시화의 차원(가족적 지위)에서는 동심원이론, 인종별 분리차원(인종적 지위)에서는 다핵이론이 각각 적용된다고 보고 있다.[38]

(2) 3지대론

R. E. Dickinson(1947)은 역사적 발전과 지대구조를 합성하여 도시지역을 중앙지대, 중간지대, 외곽지대의 3지대로 구분하였다.

중앙지대(central zone)는 CBD로서 도시중심부에 위치하고, 접근성이 높으므로 각종 서비스기능이 입지한 곳으로 가옥의 밀도가 높을 뿐만 아니라 건물의 수직적 팽창도 현저하다.

중간지대(middle zone)는 주택지가 대부분을 차지하고 있고, 사회적 퇴폐(social degeneration)와 사회적 혼란(social disorganization)으로 항상 퇴화의 상태에 놓여 있는 관계로 거주환경은 악화일로에 있다.

외곽지대(outer zone)는 교외지대(suburban zone 또는 rural-urban fringe)로 불린다. 자동차의 등장으로 발전되기 시작하였고, 도시와 농촌의 성격이 혼재하는 곳이다.

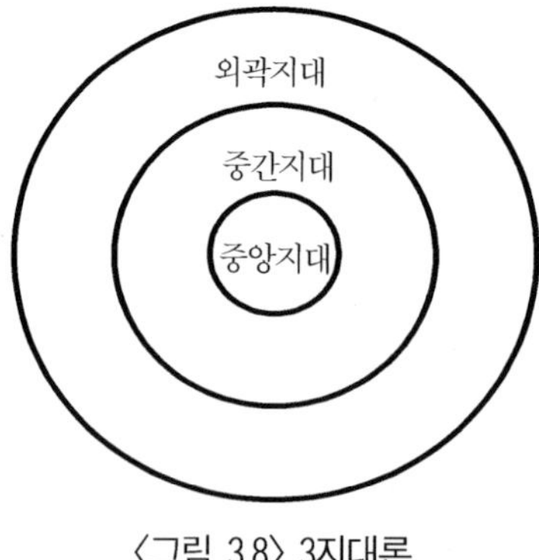

〈그림 3.8〉 3지대론

---

37) 因子分析(factor analysis)을 통한 여러 변수(요인)들 간의 관련으로부터 추출된 새로운 변수이다.
38) Murdie(1969)는 3가지 패턴이 각기 독립적으로 분포한다는 사회지역구조라는 가설적인 모델을 제시하였다.

Ⅱ 도시의 계획

제 4 장　도시계획의 개요

1. 도시계획의 정의

1) 도시계획의 시대적 기류

　도시계획에 대한 계획가들의 참여를 시대별로 구분하여 고찰해 보면, 초기의 도시는 집단적 농경생활로 자연적으로 성장하는 무계획형이었다. 그 후 통치자를 중심으로 계급이 형성된 도시에서는 도로나 상수도 등 주로 도시기반시설을 정비하는 것이 도시계획의 전부였으므로 주로 토목기술자들이 도시건설을 담당하였다.

　상업 및 산업의 발달에 따라 지속적인 도시로의 인구집중과 증가에 따라 집단적 주택단지의 건설을 위해 건축가가 도시건설에 참여하게 되었다. 그리고 현대에 들어서면서 도시는 지속적으로 발전하고 또한 인구집중으로 인한 도시문제, 계획이론의 정립 등 도시계획은 종합적으로 도시를 관리하고 계획해야 하는 시기에 접어들었다. 따라서 도시계획가는 토목·건축·조경 등의 물리적 / 기술적 분야뿐만 아니라 사회·경제·환경·지리 등 사회경제적 분야를 포괄하는 개념으로 확대되었다.

2) 도시계획의 정의

　도시계획은 학자에 따라 다양하게 정의되고 있으며, 그 범위 또한 매우 다양하다. 도시계획에 대한 학자들의 정의는 <표 4.1>과 같고, 이것을 종합해 보면 도시계획은 미래도시를 위한 일련의 작업으로 가로·공원·주거지구 등 물리적 요소뿐만 아니라 사회적·경제적 요소를 포함하는 종합적 계획이며, 각종 도시시설의 배치 및 도시행정에 이르기까지 매우 광범위하게 다루어지고 있다.

　따라서 도시계획은 학제 간 학문의 성격이 강하고 종합학문으로 다루어져야 한다. 도시계획은 지리학, 사회학, 경제학, 행정학, 건축학, 토목공학, 조경학, 도시계획 등 여러 학문이 종합적으로 고려되어야 하는 것이다. 그러나 도시계획이라 함은 일반적으로 물리적 계획 측면이 강조되고 있다.

〈표 4.1〉 도시계획의 정의

학　자	정　의	비　고
George McAneny	도시 장래의 발전에 대해 준비하는 일	가로, 공원, 고속철도 등 물리적 요소를 다룸
James Ford	도시의 끊임없이 변화하는 외형에 직접 관련되는 과학과 예술	순수과학(역사, 환경, 인간 등)과 응용과학
Thames Adams	사회·경제적 필요와 조화된 도시발전과 정비를 유도하는 과학, 기술, 정책	시읍 및 촌락계획
Nelson P. Lewis	건강, 위락, 편의에 대한 이론적 지침으로 정상적인 발전을 증진하는 작업	도시 및 근교의 질서
笠原敏郎	도시구성분자(시설)를 조성, 이를 규합하여 도시를 계획하는 기술	
石川榮耀	도시활동의 기능을 위해 토지 및 시설의 정비 및 시설배치의 체계화 기술	생산과 문화 등 다방면에 자연물의 정비도 포함

자료: 윤정섭(1994), 도시계획, 문운당, pp.5-6.

2. 도시계획사

1) 고대도시계획

(1) 서양의 고대도시계획

고대문명발상지에 모헨조-다로(Mohenjo-Daro)와 Harrapa 등의 초기 도시가 형성되고, Babylonia의 수도인 Babylon은 인구 8만에 이를 정도로 매우 큰 도시였다. Hammurabi 왕은 '어느 건축물의 벽이 무너져 거주자의 아들이 죽을 경우에는 그 집을 지은 자의 아들도 죽음을 당해야 한다.'는 내용이 있는 최초의 건축법을 제정하였다.

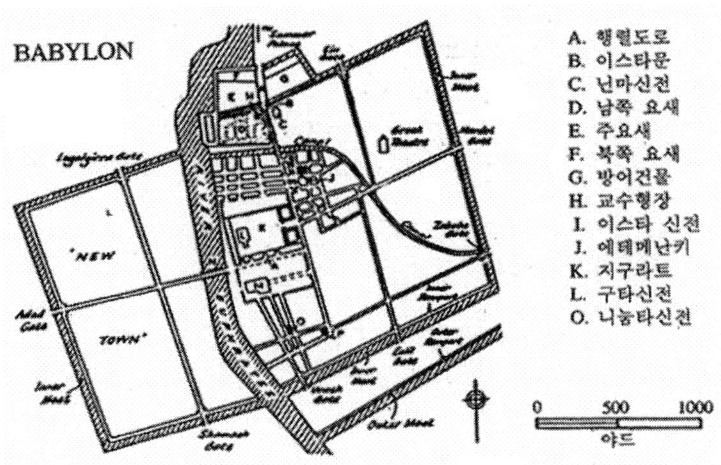

자료 출처: 4장의 도시 이미지들은 대한국토 · 도시계획학회(1998).
도시계획론과 주종원의(1998)의 도시구조론에서 인용하였음.

〈그림 4.1〉 Babylon

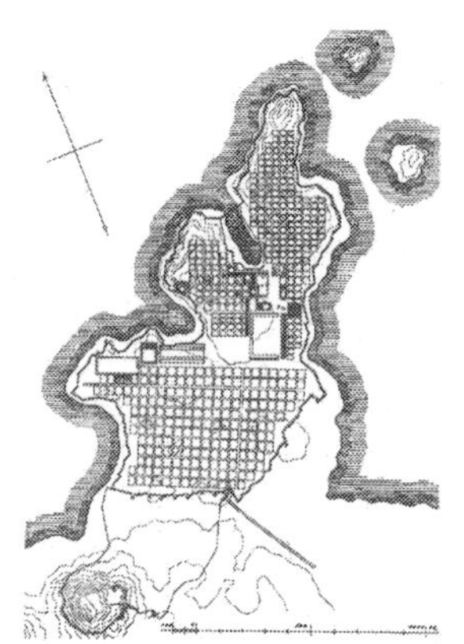
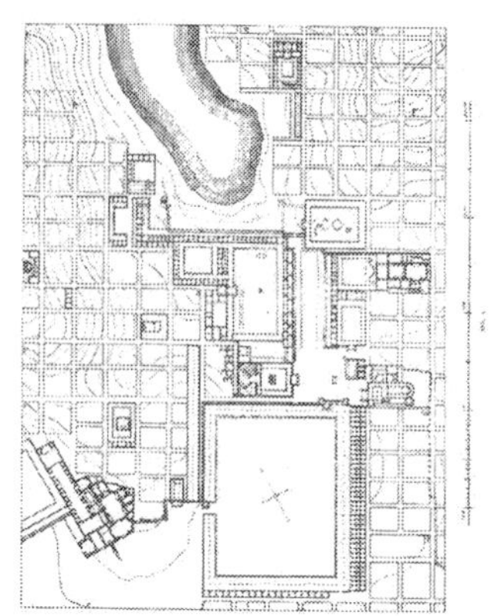

〈그림 4.2〉 Miletus

그리스의 도시는 신전이 있는 도시의 배후에 Acropolis가 세워졌으며, 공동 집회장소로 이용된 Pnyx(야외제단)와 시장광장인 Agora는 교역과 정치생활의 중심지로 도시생활의 중심이었다. B.C 5C경 Hippodamus에 의해 계획된 밀레투스(Miletus)는 격자형 가로망으로 구성되었다.

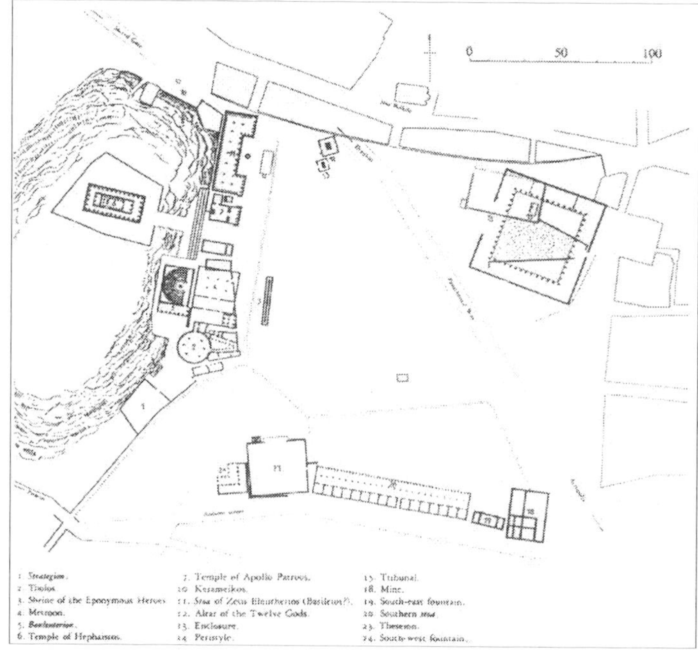

〈그림 4.3〉 아고라(아테네)

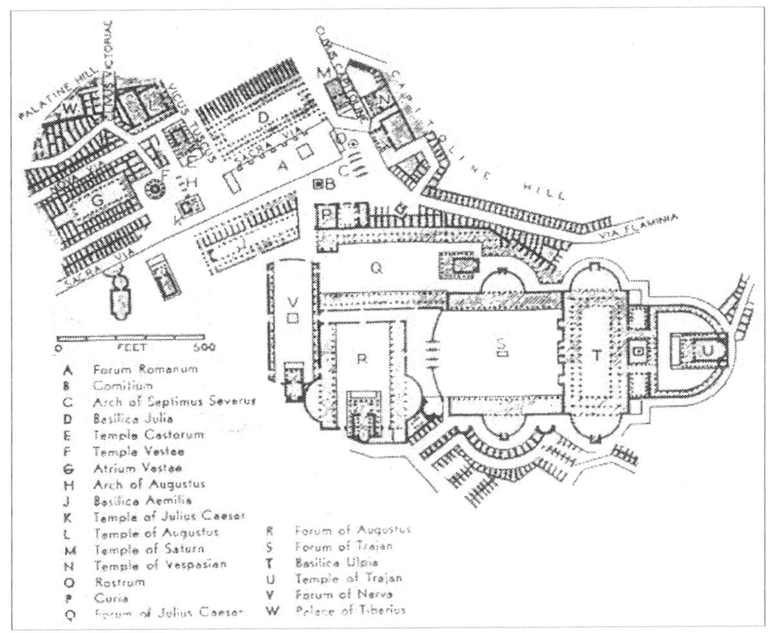

〈그림 4.4〉 포럼 로마눔

로마도시에는 Forum이라는 기념비 광장이 있어 새로운 황제가 나타날 때마다 광장을 중심으로 한 각종 기념비적 건축물을 건설하였다.

(2) 동양의 고대도시계획

동양의 고대도시계획은 중국의 「주례고공기(周禮考工記)」에 의한 도성계획(都城計劃)에 입각하여 이루어졌다. 주례고공기의 도성계획원칙은 다음과 같다.

① 方九里 傍三門: 사방 9리에 각각 3개의 성문을 건설한다.
② 國中九經九緯 經九軌: 성내는 9경(세로, 남북)과 9위(가로, 동서)로 나누고, 가로는 9궤로 한다.
③ 經九軌 環七軌 野五軌: 직선도로는 9궤, 순환도로는 7궤, 들길은 5궤로 한다.[39]

---

39) 궤(軌)는 수레바퀴로, 두 수레바퀴 사이의 너비는 주나라 도량형 제도에 따르면 8척(尺)이다. 9궤

④ 左廟右社 面朝後市: 도성의 중앙에 궁전을 두고, 좌측에 조상의 종묘(수
직적), 우측에 토지신의 제단인 사직(수평적), 앞쪽에 관청(조정), 뒤쪽에
시장을 둔다.

우리나라 및 일본의 도성계획은 주례고공기의 공간구성의 기본원칙을 크게
벗어나지 않고 있다.

2) 중세도시계획

중세는 로마제국이 멸망하고, 많은 영주들이 성을 중심으로 봉건정치를 하
였고, 교회의 힘이 매우 강력해졌다. 그리고 상인계급은 길드(gild)를 조직하여
새로운 세력을 등장하였다. 중세는 영주, 교회, 상인이 도시를 움직이는 힘이
었다.
　중세도시는 폐쇄형이고, 방어를 위하여 도로망은 미로형으로 계획하였다. 중
세도시의 대표적 건축물로서는 교회, 수도원, 영주의 왕궁 등이고, 수도원과 조
합은 대학을, 교회는 병원을 건축하였다. 대표적인 대학으로는 12C의 Bologna
대학과 Paris 대학, 13C의 Cambridge 대학과 Salamanca 대학이 있다.

3) 근세도시계획

르네상스, 바로크의 문화부흥시대를 거치면서 도시는 새로운 형태로 변화하
였다. 중상주의로 상인계급은 더욱 성장하였고, 군사기술의 발달과 화약의 발
명으로 城은 도시(국가)방에서 큰 역할을 하지 못하였다. 성을 중심으로 폐쇄
되어 있던 도시는 개방형으로 변모하였다.
　P. Abercrombie 교수는 근세도시계획의 특징을 직선광로(直線廣路), 보루형(堡壘形),

는 모두 7장(丈) 2척(尺)이 된다.

조원적 설계(造園的 設計), 광장(廣場), 종횡형식(縱橫形式)의 도로배선(道路配線) 등의 다섯 가지 수법을 들고 있다.

직선광로(radial)는 도시중심으로부터 방사선으로 도로가 뻗어나간 것으로 도시미적 완성과 직선도로의 무미함을 타개하고, 공공정신을 강조하고자 하는 데 목적이 있었다. London계획, 베르사유 宮과 파리를 연결하기 위해 건설된 Tuileries 공원, 미국의 Washington D.C.에서는 백악관과 국회의사당을 연결하는 Pennsylvania Avenue가 있다.

보루형(fortress type)은 중세도시의 도시가 성곽을 중심으로 한 보루형이었는데 그 후 성곽자리에 환상도로가 건설되고 중심으로부터 방사선으로 도로가 건설되는 환상방사선 가로망을 가진 도시가 된다. 보루형의 대표적 도시로 Venice 근교의 Palma Nova(1593), Karsruhe가 있고, 근세의 도시는 Moscow, Amsterdam 등이다.

〈그림 4.5〉 V. Scamocci의 Palmanova(1593)

조원적 설계(landscaping)는 Versailles 궁전 뒤의 정원에서 화단, 분수, 개울, 가로수도로 등 녹지를 도시에 도입하는 등 프랑스식 정원에서 많이 활용되었다. 르네상스시대에는 미적 부분에 많은 관심을 두었다.

광장(place or piazza)은 그리스의 Agora에 기원을 두고 있는데, 폐쇄된 광장이 근세에 들어 개방된 공간으로 변모하였다. 전정광장(前庭廣場, Rome의 St. Peter

사원의 광장), 기념비광장(Campidoglio), 시장광장(Rheinns의 The Place Royale), 교통광장(Rome의 The Piazza del Popolo), 근린광장(주로 영국, London Square)이 있다.

도로배선(배치)은 방사선에서 격자형으로 변화하였고, 기하학적 형태(기하학적 규칙성)를 취했다. 대표적으로 Pierre Charles L'Enfant에 의한 Washington D. C.가 있다. 이 계획에서 방사선 도로망에 격자형을 중첩시킨 가로망을 채택하였다.

4) 공업도시계획

산업혁명은 기존의 수공업생산을 공장생산으로, 중상주의 경제를 자본주의 경제로 전환하는 등 도시가 급성장할 수 있는 토대를 마련하였다. 교통통신기술의 발달로 통근권이 확대되고 식량공급을 가능하게 하여 도시규모를 확대시켰다. 철도의 교차점에 새로운 공업도시를 발생시켰다.

산업혁명으로 인하여 영국에서는 많은 공업도시가 발달하였다. 그러나 도시에서 노동자의 주거환경은 매우 열악하였고, 이러한 비위생적인 환경은 콜레라와 장티푸스 등과 같은 전염병을 발생시키게 됨에 따라 이런 문제점을 해결하기 위하여 많은 이상도시안이 제시되었다.

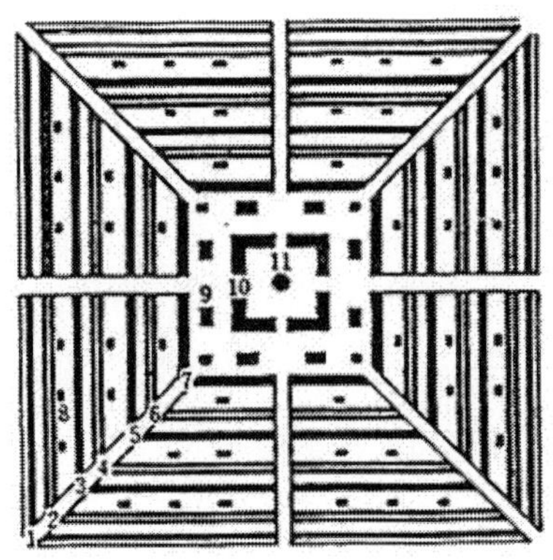

〈그림 4.6〉 빅토리아 평면도

R. Owen은 공장촌계획[40]에서 co-unity(협동체) 계획안을 제시하고 자급자족, 불량주택거주자 및 실업자 문제를 해결하고자 했다. I. S. Buckingham의 Victoria (인구 1만의 모델도시)계획, Titur Salt의 모델공장도시인 Saltaire(1853)가 완성되었다.

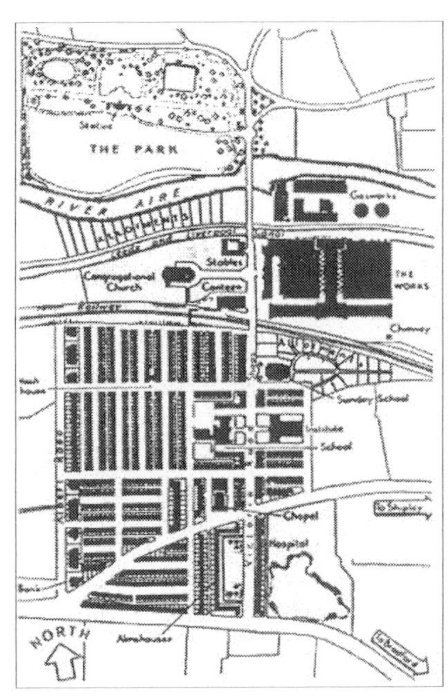

〈그림 4.7〉 Saltaire(Titur Salt, 1853)

공업도시계획은 현대도시계획이 탄생하게 된 배경이 되었으며, 영국에서는 신주택의 거실과 정원의 크기, 주변도로의 폭 등 주거환경기준을 규제하는 공중위생법(Public Health Act)이 제정되었다. 한편 미국에서는 1893년 시카고 세계무역박람회 개최를 계기로 모든 도시들은 역사적 공간에 오픈스페이스를 확보하고 광장과 정원에 분수를 설치하도록 하였으며, 도시규모에 따라 공공건

---

40) R. Owen의 공장촌계획
　　① 1,200인 수용의 「협동사회」 계획안 제시
　　② 농업과 공업의 결합
　　③ 주변농지제공: 실업자 없는 자급자족의 공동생활
　　④ 거주구역을 중심으로 숙사, 조리장, 학교 등 공공시설을 배치하고, 거주구역 외에 공장, 작업장 배치
　　⑤ 공상사회주의적 사상에 기초

축물을 규제하는 도심부계획(Civic Center Plan)을 주축으로 하여 소위 도시미
운동(City Beautiful Movement)을 전개해 도시설계의 기원을 이루었다.(박병주,
2001, pp.52-53.)

5) 현대도시계획

(1) 전원도시(Garden City)

　E. Howard는 「Garden City of Tomorrow(내일의 전원도시, 1902)」에서 전원도
시를 제창하였다. 하워드는 사회적 폐해와 경제적 낭비가 심한 대도시를 구제
하는 방법은 오직 인구의 지방분산에 있음을 주장하고, 농촌지역에 전원과 도
시의 공간적 효용성을 함께 구비한 신도시, 즉 전원도시를 건설하여 대도시의
인구를 분산시키고 건강한 도시생활을 향유할 수 있도록 해야 한다고 제안하
였다.

　그는 전원도시의 조건으로 다음과 같은 것을 요구하고 있다.

① 인구는 3~5만 명으로 한정한다.
② 도시 주위에 넓은 농업지대를 가져야 한다.
③ 시민경제 유지에 족할 만한 공업을 유치한다.
④ 상·하수도, 가스, 전기, 철도는 그 도시 전속의 것을 사용한다.
⑤ 도시 내에 충분한 공지를 보유한다.
⑥ 계획의 철저를 보존하기 위하여 토지를 영구히 공유로 한다.

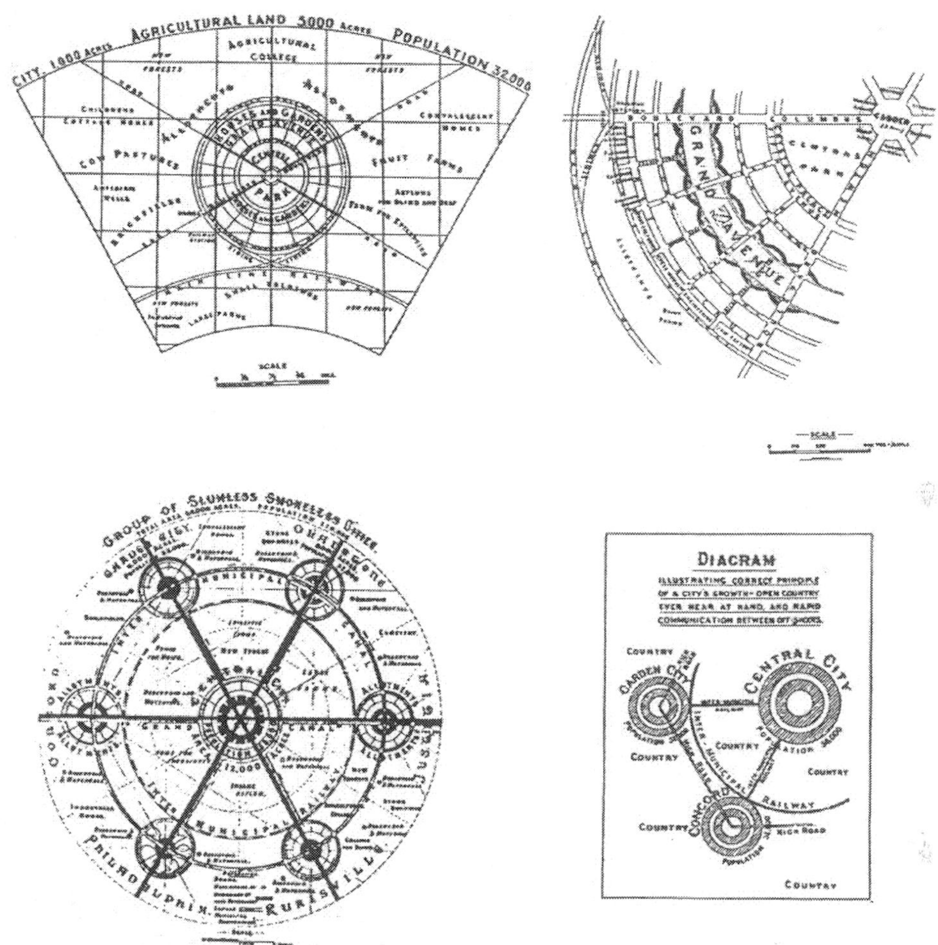

〈그림 4.8〉 E. Howard의 Garden City의 기본원리(1898)

이리하여 런던 북쪽 약 52km 지점에 Letchworth(R. Unwin & B. Parker, 1903)가, 런던 북쪽 36km 지점에 Welwyn(1919)의 신도시가 건설되었다.

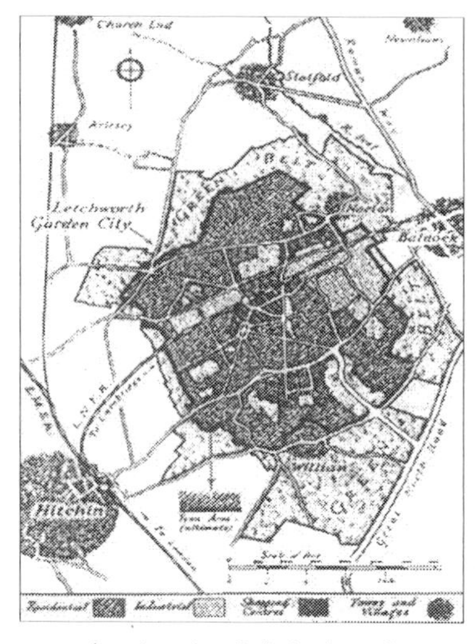

〈그림 4.9〉 레치워스(1903)

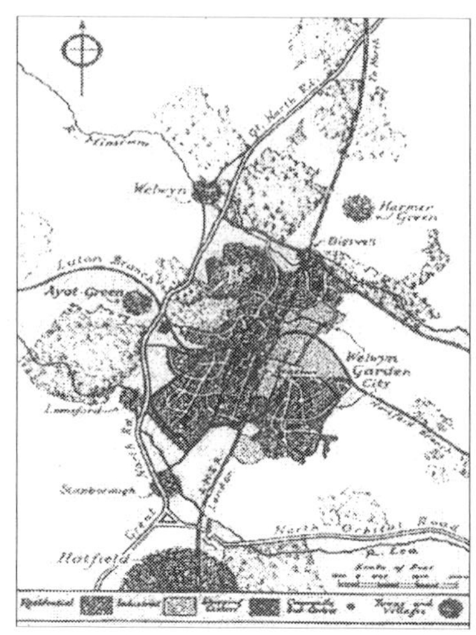

〈그림 4.10〉 웰윈(1919)

(2) 수도건설계획

20C에 들어서면서 캔버라(호주), 브라질리아(브라질) 등 각국의 수도건설계획이 이루어졌다. 이 중 Canberra는 Walter Griffin의 계획안을 채택하여 인구 25,000명으로 계획하고자 하였다. 도시구성은 공업지역, 반농업지역, 시장중심, 관청중심, 병영, 대학 등 기능별로 구분하였다.

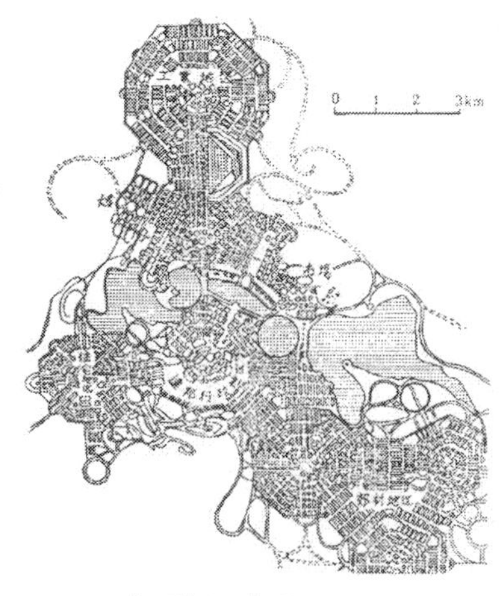

〈그림 4.11〉 Canberra

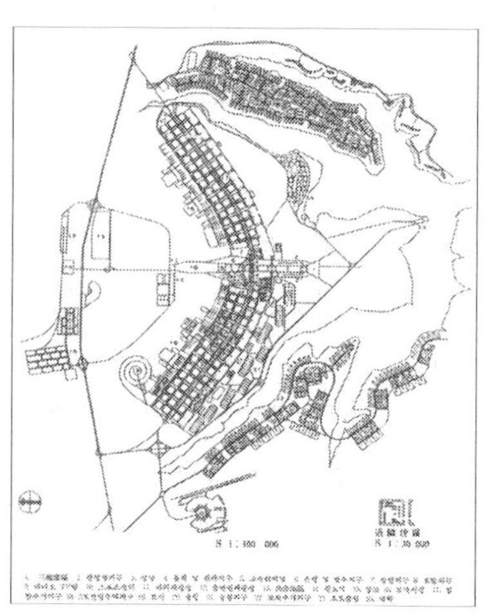

〈그림 4.12〉 브라질리아

Brasilia는 내륙개발을 위해 Lucio Costa의 계획안을 채택하여 계획인구 50만의 도시로 건설되었다. 도시구성은 비행기 동체형태로 동체부분에는 3권 광장, 정부관처의 각국공관, 문교지구가 배치되고, 날개부분에는 장방형의 주거지구(super-block)가 배치된 계획도시이다.

인도에서 파키스탄이 분리 독립하면서 인도 푼잡 州의 수도가 파키스탄에 편입됨으로써 샹디갈(Chandigarh)이 새로운 州수도의 입지로 선정되었고, 1951년 마스터플랜을 확정하였다.

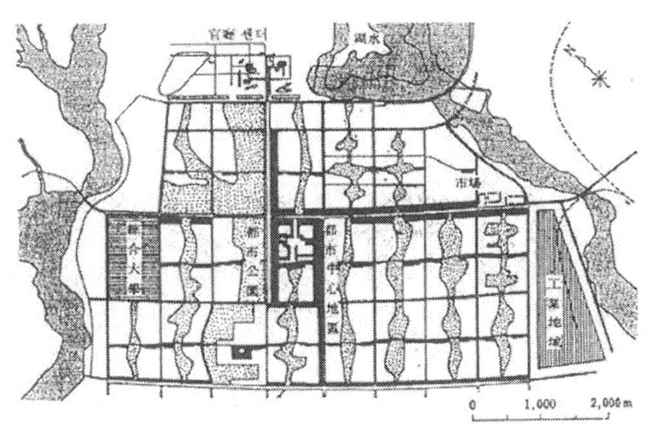

〈그림 4.13〉 샹디갈

르 코르뷰제에 의해 계획된 도시의 계획인구는 50만 명으로 하였으나 제1단계로 3,600ha의 토지에 15만 명을 수용하는 건설이 진행되었다. 간선가로는 완전히 격자형으로 계획되었다. 상업중심과 도심은 도시의 중앙에 배치되었으며, 관청지구는 시가지의 북편에 배치되어 있는데, 여기에는 행정관청, 의사당, 최고재판소, 주지사관저 등이 있다.

(3) 위성도시

1920년대에 들어와서는 자동차가 대중화됨에 따라 대도시의 무질서한 팽창을 억제하기 위하여 그 주위에 계획적으로 배치되는 일상생활중심(community center)으로서, 이른바 위성도시계획이 제안되었다. 위성도시는 대도시의 인구 흡수 및 공업 분산을 목적으로 건설하고자 하였다.

R. Tayler(1915)는 대도시주변에 단일성격의 중심을 가진 소규모의 수 개의 도시로서 모체도시의 기능을 보완하는 3~5만 명의 위성도시를 주장하였다.

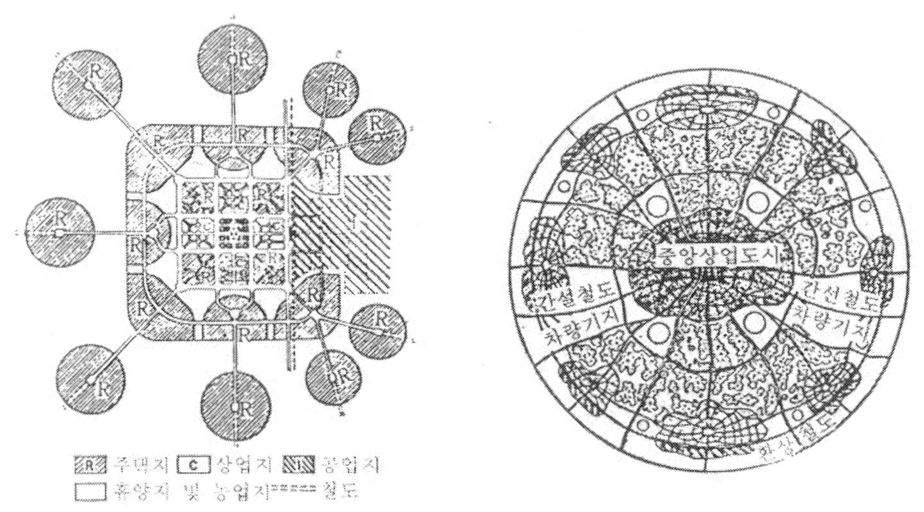

〈그림 4.14〉 Unwin의 위성도시(左)와 위튼의 위성도시(右)

전원도시와 위성도시의 차이점은 전원도시가 자급자족적 도시인 반면 위성도시는 대부분의 기능을 모도시에 의존한다는 것이다. 침상도시(bed town) 등이 여기에 포함된다. 대표적 학자로서는 테일러를 비롯하여 언윈(R. Unwin), 휘튼(R. Whitten), 레이딩(A. Rading) 등이 있다.

(4) G. Feder의 신도시

Gottfried Feder는 인구 2만 명으로 제한하고, 각종 통계를 이용하여 산업인구의 계획적 분석을 위해 토지이용면적을 결정하고, 개개의 건축물도 표준설계에 맞추어야 한다고 하였다.

중심은 성격과 기능상 차이를 가지고 있는데, 전체의 중심은 월말생활의 중

심, 각 지구의 중심은 주말생활의 중심, 기타 군소중심은 일상생활의 중심으로
구분하였다.

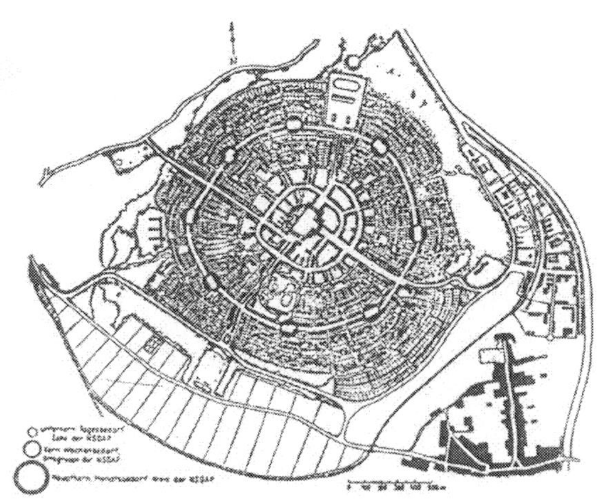

〈그림 4.15〉 Gottfried Feder의 이상도시(안)

(5) R. Unwin의 說

Raymond Unwin은 곡선을 강조하고, 중세기적 수법으로 환원하여 시역확장
의 가급적 억제, 고층 건축물화의 배격을 겸용하는 정책으로 나아갔다.
  그는 「Town Planning in Practice」에서 ① 부정형 도시의 미, ② 도시의 환경
및 미적 장치, ③ 중심광장의 멋, ④ 곡행도로(曲行道路)의 미적가치, 단경(端
景)의 구성, ⑤ 건축선의 후퇴에 의한 가경(街景)의 변화 등을 열거하고 도시
인구의 분산과 고층 건물의 배격을 주장하였다.

(6) Le Corbusier의 說

Le Corbusier는 대도시 분산을 위한 소도시론과 상반되는 도시계획안을 제시
했다. 즉, 그는 빛나는 도시에서 300만 명의 대도시를 주장하고, 도시계획의 4
원칙은 ① 도시 중심부의 혼잡 구제, ② 중심부의 고밀도(고층화), ③ 중심부에

교통기관 집중, ④ 충분한 공지와 공원의 확보를 주장하였다.

 그는 직선과 기능을 중시하여 "인간은 목적이 있어서 걸어간다. 목적 있는 길이란 직선이어야 함은 정한 이치다. 즉 직선뿐이다."라고 말하고, R. Unwin의 곡선도로를 무목적인 타락한 길이라고 하였다. Paris 개조계획에서 인구 300만, 중심부는 skyscraper, 주택은 2종의 공동주택, 주가로망은 시중심부에서 교차, 역은 시 중심에 역사, 지하철, 전철, 대간선철도 등을 수직으로 구성하였다.

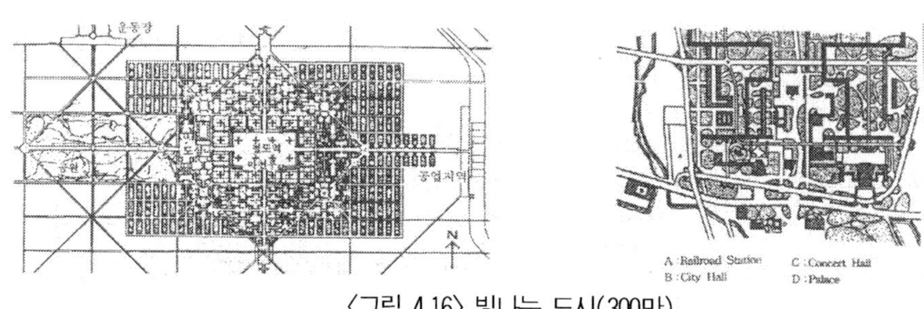

〈그림 4.16〉 빛나는 도시(300만)

(7) 帶狀都市(Linear City)

 선상도시(대상도시)는 1882년 영국의 S. Y. Mata에 의하여 제안되었다. 그 계획목적은 교통시간을 단축하여 도시의 교통문제를 해결하고 다이나믹한 개발과 기능적인 성장을 도모하여 공정한 토지분배를 하기 위한 것이었다.

 Madrid(S. Y. Mata)나 Stalingrad(N. A. Milyutin) 등이 대표적 도시로 과잉교통의 배제, 도시환경의 악화예방, 도시규모의 과대화 방지 등의 효과가 있고, 대부분 공업도시에서 많이 채택되고 있다. 이러한 대상도시는 소규모 공업도시에 적합하며 도심의 형성이 불리하기 때문에 대도시에 적용하기에는 부적합하다.

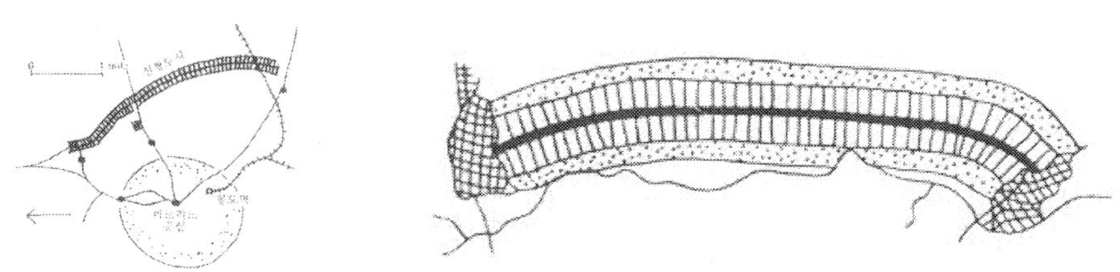

〈그림 4.17〉 Soria Y Mata의 선형도시(1882)

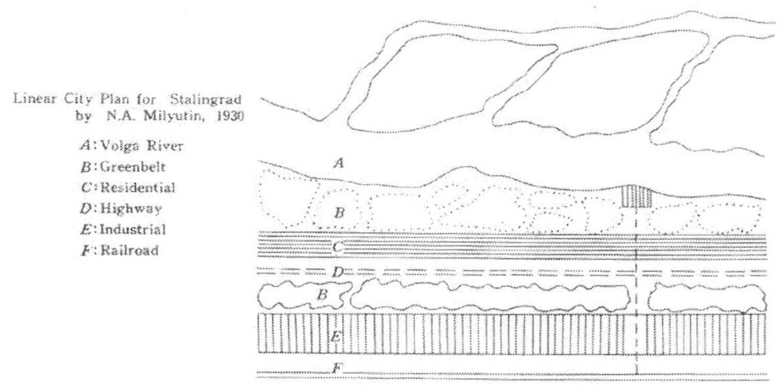

〈그림 4.18〉 Stalingrad(밀리우틴, 1930)

6) 분산주의와 집중주의

　도시계획은 크게 분산주의 계획과 집중주의 계획으로 양분되고, 분산주의 계획은 대도시의 인구집중을 완화하여 주택, 교통, 위생문제 해결을 위한 의도로 영국의 전원도시(Garden City)가 대표적이다. 또한 분산주의에 의한 도시개발은 무계획적 도시확장의 우려, 자연환경파괴, 교통로를 따르는 노선식, 리본식 개발로 직주거리가 멀어지는 것을 전원도시로 해결할 수 있다고 본다.

　집중주의 계획은 규모의 경제와 고밀정책으로 체계적인 기반시설 확충에 유리하고, 빛나는 도시(Le Corbusier)가 있다. 그래서 도심을 고밀도화하고 교외는 도시공원화함으로써 기능적 효율성(compact city)을 추구하고자 하였다.

　Le Corbusier와 Comey의 대도시론, E. Howard의 전원도시·G. Feder의 신도시·Tayler의 위성도시론 등의 소도시론으로 구분된다.

3. 도시계획의 사상(이념)

도시계획에 대한 접근방법은 사회적 변화, 사상이나 이념 등에 영향을 받으므로 매우 다양하게 나타난다. 도시정책과 계획에 큰 영향을 주고 있는 사상(理想)에 의해 다양한 유형으로 분류되고, 이러한 사상은 크게 권위주의·효용주의·낭만주의·이상주의·기술지향주의·유기체적 계획과 참여주의 계획 등의 접근으로 구분할 수 있다.[41]

1) 권위주의 계획

권위주의 계획(authoritarian planning)은 가장 오랜 역사적 배경을 가지고 있는데, 대략 15세기 말경까지의 유럽 도시계획의 주류였다. 사회적으로 황제, 교회, 영주 등이 지배하던 상황으로 도시계획은 도시자체의 구성목적이 지배자의 권위유지를 위한 것이므로 도시의 형태·기능·배치 등은 지배층의 상징이었다. 또한 건축물은 시민생활과는 관계가 없고 군림하는 것이 원칙이었다.

도시형태는 기하학적으로 정연하고 규칙적이고, 직선가로, 일률적인 가구형태, 종교 등 기념물, 탑, 넓은 광장 등의 구성요소가 있고, 시설배치는 기능적으로 중앙집권적이고 군사행동에 적합하도록 하였다.

이러한 접근방법은 주민의 사회·경제적 욕구를 무시하고 엄격한 법적 규제로 우아함과 질서를 유지할 수 있지만, 근린·시장·직장의 중요한 마을 기능을 무시한 집권적 권력의 가정이 결점으로 지적되고 있다. 하지만, 공원·대가로·정원 등의 공공오픈스페이스의 확보에 중요한 기여를 하였다고 평가할 수 있다.

대표적인 사례로 파리, 런던, 에딘버러 등의 신주택지 광장설계와 영국의 Middle-

<hr>

41) 황용주(1988), 도시계획원론, 녹원출판사, pp.93-112.
　　정환용(1998), 도시계획학원론, 박영사, pp.75-90.

burg, Cracow, Milesian 식민도시(16C), 로마의 Timgrad, 중세 프러시아의 변방도시, Montpazier, 미국의 Savanah(18C)시가 있다.

권위주의 계획은 20C의 사회주의 국가의 도시계획에서 많이 나타나고 있고, 각국의 신수도 건설(워싱턴, 브라질리아)과 오스만(Haussman)의 파리개조계획 등도 여기에 포함된다고 할 수 있다.

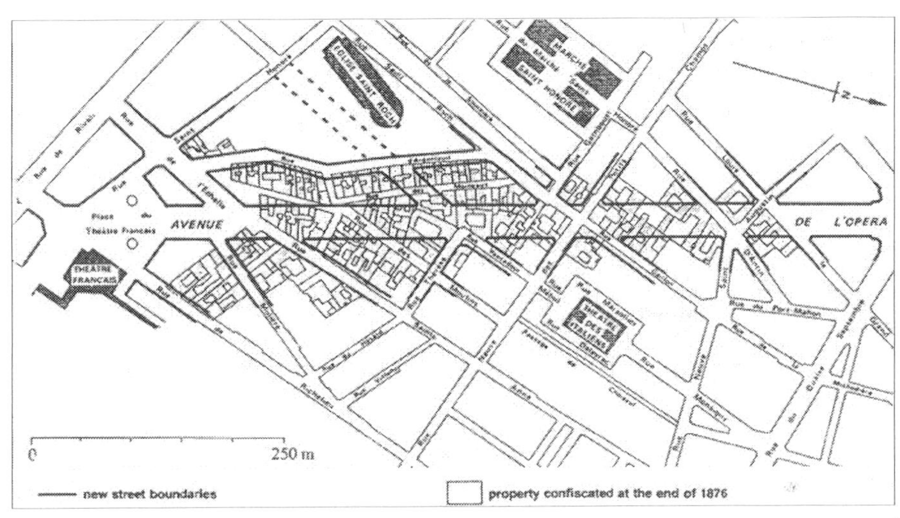

〈그림 4.19〉 파리개조계획(Haussmann)

2) 효용주의 계획

효용주의 계획(utilitarian planning)은 중상주의 시대의 대두와 시민봉기로 인하여 생겨난 자유방임적 경제학과 자본주의의 산물이다. 이전의 통치만이 목적이던 사회정책에서 이윤추구의 경제정책으로 발전하면서 기능주의 사상을 바탕으로 효용성을 추구하였다.

개발자의 이윤을 최대화하기 위하여 공원·운동장·집합장소 등 공공용지를 최소한 배치하고, 민간투자의 기회를 극대화하도록 유도하였다. 그래서 주로 상공업적 기능이 주가 되었다. 대표적으로 뉴욕의 마천루가 있다. 효용주의는 토지의 집약적 이용으로 업무수행의 효율화를 추구하였다.

효용주의는 도시토지의 오용으로 장기적 안목에서 토지이용의 효율성을 저하시키고, 도시의 혼란·혼잡·비위생, 공공용지의 부족 등으로 도시는 쾌적성이 결여되고, 비능률적인 도시로 변모시켜 주민의 교외 이주를 촉진하게 되었다.

효용주의에 의한 여러 가지 도시문제로 인하여 효용적 접근을 규제하고 무질서한 도시구조에 조화로운 형태를 부과하기 위하여 독일에서는 건물의 높이, 밀도의 규제, 지구제, 건축규제 등에 의한 토지이용규제를 실시하였다.

3) 낭만주의 계획

낭만주의(romantic planning)는 권위주의와 효용주의 계획을 결합하여 보완함으로써 도시를 보다 자연적이고 인간적인 환경의 정주환경으로 만들자는 것이다.

권위주의의 기하학적 계획에 의한 천편일률적 가구형성, 연속적인 가로 전면 개발방식에서 탈피하기 위하여 교통소통을 위한 대가구(super block)의 설계와 cul-de-sac(막다른 골목), 단지를 집단화하는 방식을 사용하여 Radburn, Baldwin Hills와 같은 집합주택단지를 건설하였다. Olmsted에 의한 뉴욕의 Central Park, 영국의 케임브리지, 리버사이드 교외 도시계획이 있다. 계획가로는 지테(Sitte Camillo)와 언윈(Unwin, Letchworth 설계), 옴스타드(F. Olmsted) 등이 있다.

4) 이상주의 계획

이상주의 계획(utopian planning)은 Thomas More의 「유토피아」에서 그 근원을 찾을 수 있고, T. More는 중세의 교구제도를 근린주구계획에 도입하였다. 그리고 Robert Owen은 「공장촌 계획」이라는 이상주의 안을 제시하였다.

E. Howard는 田園都市를 주장하였으며, 많은 영국의 식민지 도시계획에 활용되었다. 대표적으로 미국의 Savanah와 호주의 멜버른, 캔버라(Griffin, 1908) 등이 있다.

5) 기술지향적 계획

 기계문명의 발달로 도시는 더욱 복잡하고 대규모화되었다. 또한 건축의 발달은 고층화 및 고밀화를 가능하게 하였다. Le Corbusier는 「내일의 도시(1922)」와 「빛나는 도시(1933)」에서 직교하는 기하학적 격자, 단일 형태의 마천루, 절연되고 통풍이 잘되는 아파트群, 통합된 보조시설, 고층건물 간의 넓은 녹지공간, 그리고 보차접근의 분리를 강조하였다.

 기술의 발달은 두뇌도시 및 첨단도시인 기술도시를 건설하게 하였고, 대표적으로 테크노폴리스(일본의 쯔쿠바 등), 지하유도탄 기지, 수중도시 등을 가능하게 하였다. 이러한 기술지향적 계획(technocratic planning)으로 인간성이 배제되는 결과를 낳았다.

6) 유기체적 계획

 유기체적 계획(organic planning)은 근대생태학이 발전한 17C 이후부터이다. 도시도 생명체처럼 성장·쇠퇴·소멸하는 특성을 나타낸다고 이해하고 있다. 이러한 계획전통은 도시의 과거에 대한 풍부한 지식의 활용과 사회적 이해를 추구하기 위해 발상되었다. 특히 기술적 요인 외에 사회과학적 지식을 많이 활용하였다.[42]

 도시계획에 대한 접근은 예술, 물리적 요소, 문화기능 등 종합적으로 다루어지게 되고, 대표적 학자로는 P. Geddes, L. Mumford, F. Olmsted, C. Perry, H. Wright, R. Unwin 등이 있다.

---

[42] 도시공간구조에 대한 분석은 도시지리학 및 도시생태학의 주요 학문분야이기도 하다. 20C 초 시카고학파에 의해 많은 연구가 시도되었으며 동심원이론 등이 대표적이다.

7) 참여주의 계획

참여주의 계획(advocacy planning)은 1960년대 미국의 도시계획에서 주민참여 운동이 활발히 이루어지면서 시작된 민주적 계획방법이다. Paul Davidoff의 옹호적 계획이론 등 계획수립과정에서 실수요자인 주민의사를 반영하고, 민주적 도시행정, 사회적 평등, 모든 계층이 참여하는 계획이다. 최근에는 공청회, 모니터링 등의 제도를 통하여 참여가 다양하게 이루어지고 있고, 지방자치제 실시로 계속 확대되고 있다.

4. 외국의 도시계획

1) 독일의 도시계획

독일은 주정부 위주의 도시계획이고, 국토계획에서부터 지구상세계획에 이르기까지 강력한 규제를 실시하는 등 비교적 규제가 강한 성격을 지니고 있다. 국토계획에서부터 개별 건축물의 형태나 규모에 이르기까지 광범위하게 규제하고 있다.

독일의 도시계획은 근대도시계획을 이룩하여 광로나 건물의 능률 있는 집단배치를 이루었고, 현대적 도시계획제도인 지역제가 가장 먼저 발달한 곳으로 고층건축물의 고도제한 지역제(프러시아 공업법, 1845: 북독일 연맹공업법, 1869)를 실시하였다. Bremen이나 Cologne의 중세 성지는 근대도시로서 도시구역이 확장되고 성벽이 도시방어 목적을 다 하지 못해 성곽은 헐리고 그 자리는 넓은 환상도로로 전환되었다. 그리고 Adickes법에 의한 토지구획정리로 도시근교에서 市가 광대한 토지를 토지수용령으로 시 영역의 대부분을 시가 공유하는 토지정책을 세웠다.

2) 미국의 도시계획

　미국의 도시계획은 주로 가로망계획에 있어서 격자형 가로망 계획을 채택하였다. 전국적으로 지형여하에 불구하고 이 형식이 유행하였으며, 도심부의 발달과 도시미운동을 통한 기념비의 거대한 계획이 이루어졌다. 또한 과학적인 후생시설과 계획문제를 해결하기 위한 민간여론에 의한 다수의 우수한 투서를 통하여 주민참여가 활발히 이루어지고 있다.

　New York의 skyscraper를 비롯하여 고층건물이 발달하였으며, 지역 및 도시개발이 주로 민간에 의해 이루어진다는 것이 미국도시계획의 가장 큰 특징이다. 토지이용계획에서 있어서 각종 토지이용규제를 시도하고 있으며, 각종 가이드라인의 설정하는 등 다양한 도시개발수법을 시도하고 있다.

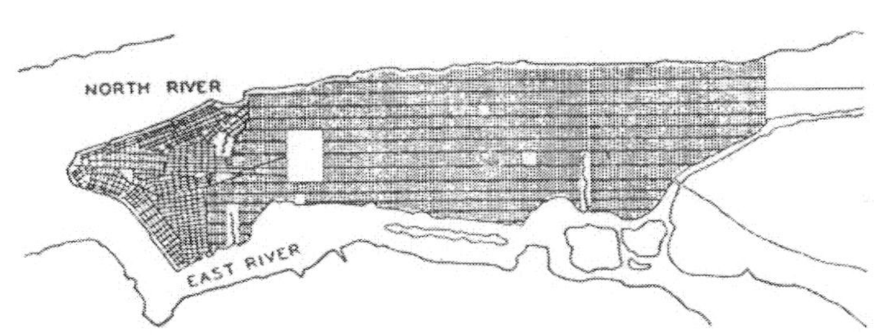

〈그림 4.20〉 New York 도시계획

3) 영국의 도시계획

　영국도시계획은 도시계획보다는 위생 측면에서의 접근이 강하다. 공중건강법 등 보건위생관련법에서 영국의 도시계획이 출발하였다. 그리고 대표적인 도시계획의 특징으로 전원도시(Garden City)운동이 있다. 이 운동에 의해 건설된 Letchworth(1903)와 Welwyn (1919)이 대표적인 신도시이다. 대규모 도시개발로서는 P. Abercrombie 교수의 런던대화재에 의한 London 개조계획이 있다.

　London이나 Glasgow 등 대도시의 인구수용을 위하여 신도시개발과 함께 주변도시를 개발하거나 확장하였으며, London 대도시권 도심부의 인구감소에 의한 도심부의 활성화를 도모하고, 주택·택지·교통문제 등의 도시문제를 완화, 지방공업의 육성, 공업지역의 환경오염방지를 위한 재정지원을 하였다. 영국의 도시계획은 도농통합에 의해 도시지역과 농촌지역을 동시에 고려하는 등 제도적 측면 및 실현성 측면에서 우수한 사례 국가로 꼽을 수 있다.

4) 프랑스의 도시계획

프랑스 도시의 특징은 파리와 타 도시와의 격차가 매우 심한 후진국형 도시체계를 가지고 있다. 도시계획은 각종 위원회를 구성하여 이 위원회를 통하여 결정하고, 그 계획내용은 주로 도시시설, 건물제한(특히, Paris), 출입구정비, 가로계획(정비), 교통계획 등이다.

도시시설의 건설에 깊은 주의를 해 파리시 등의 엄격한 건축물 제한과 가로의 건설이 이루어졌고, 기념물·광장과 건축미에 관련하는 계획을 중요시하였다.

5) 이탈리아의 도시계획

1865년 공개징수법이 최초 이탈리아의 현대도시계획법이다. 이 법령은 최소 1만 명 이상의 시·읍·면에 건축물의 불완전한 배열의 교정, 개축에 있어서 건축선을 표시하는 「정리계획」을 행할 권리를 부여(계획실시는 최대 25년)하였다.

도시는 공용목적을 위해 대지 취득에 극히 불충분한 일부권한으로 부실한 도시발전을 가져올 폐단이 있고, 지방법에서 고대 기념물, 건축물 보전을 위한 규정을 제정할 권한이 있다.

6) 스칸디나비아 국가들의 도시계획

스칸디나비아 국가들의 도시계획 특징은 철도를 중심으로 하여 각종 시설이 분포하는 형태의 손가락형(手狀) 계획이다.

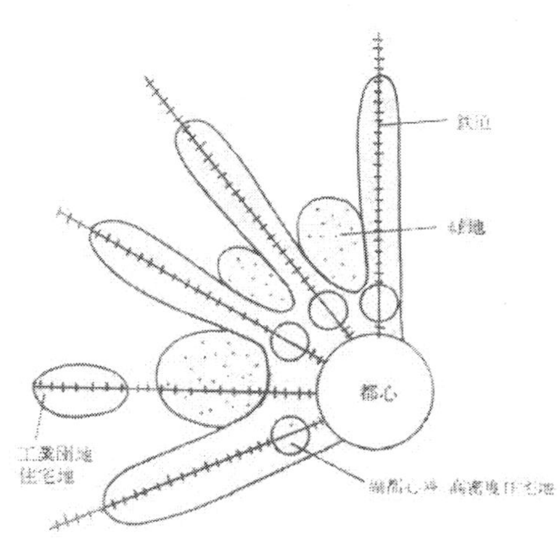

〈그림 4.21〉 코펜하겐의 기본구상

가로, 공설시장, 기타광장, 녹지의 설치허가와 2개 이상 시·읍·면을 포함한 광역지역 지방계획(주요공공시설)이고, 도시기본계획(5~10년, 10~30년), 시·읍·면은 도시계획을 국왕으로부터 위임받아 실시한다(계획고권).

7) 일본의 도시계획

일본의 도시계획은 중앙통제에 의한 일원화를 통한 제도적 특징을 지니고 있으며, 도시개발사업에서 대부분 토지구획정리지구의 지정을 통한 사업이 많다. 최근의 지역계획수법(광역도시계획)은 東京을 중심으로 하여 반경 100㎞ 이내로 하고 있으며, 都道府縣계획의 위계가 있다.

8) 사회주의 도시계획

사회주의 도시계획은 물리적으로 도시악을 해결하는 것만이 노동자와 농민이 겪는 사회·경제적 모순을 극복할 수 있다고 믿고 있다. 그리고 도농통합론, 도농균형개발론을 주장한다.[43] 또한 공장과 주택을 근접시키고(직주근접), 생활필수품을 공동생산·공동소비하는 유통시설을 주택단지에 입지시킴으로써 노동자 계급의 복지를 증진시킨다고 보고 있다.

사회주의 도시건설의 기초 조건으로는 토지소유의 폐지, 교통·운송수단의 국유화, 공장의 국유화, 농업과 공업의 결합이 있다. 사회주의적 계획이념은 反대도시이념, 도시재개발의 비판, 도농통합론 지향, 도시의 계획적 성장을 강조하고 국가의 개입과 규제를 강조한다.

N. A. 밀리우틴은 사회주의 도시공간구조를 토지이용계획에서 용도제를 엄격히 적용하고, 선형계획(linear pattern)을 세 갈래 창모양의 평행모델(trident like parallel belt pattern)로 발전시켰다(Ladovsky). 그리고 토지이용의 기능별 구분과 도시공간의 계층구조 형성, 보행거리의 최소화를 위한 도시계획을 하였다.

사회주의 도시계획의 일반적인 원칙을 다음과 같이 정리할 수 있다.

① 도시규모의 제한
② 정부의 주택통제
③ 계획적 주거지개발: 주거지는 공장과 평행해서 배치
④ 집단소비서비스시설의 공간적 균등배치
⑤ 직주근접
⑥ 엄격한 토지이용계획
⑦ 합리적인 교통처리: 철도중심
⑧ 충분한 녹지확보: 완충녹지 설치
⑨ 중심지의 도시상징성
⑩ 전국계획과의 통합유지

---

43) 김원(1998), 사회주의 도시계획, 보성각, pp.19-43.

제 5 장 계획이론

1. 계획의 개념

1) 계획의 개념정립

(1) 계획이란?

행동하기 전에 미리 생각하고 대비하는 상식적인 의미에서의 계획은 인간만큼이나 오랜 역사를 갖고 있다고 말할 수 있다. 이러한 넓은 의미의 계획은 인간속성의 하나이며, 인간생활의 일부분이 되고 있음을 알고 있다.

계획은 단순하게 개인활동에만 국한되는 것은 아니고, 대부분의 조직과 기관에도 적용되기 때문에 중요하다. 즉 계획은 문명사회에서 합리성을 제고하기 위한 강력한 동력원이며 추진 장치의 하나로 자리잡고 있다. 이와 같이 계획은 우리 생활의 모든 곳에 존재하고 있지만, 실제로는 어떤 곳에도 구체적인 모습을 드러내지는 않는다. 따라서 계획에 대한 개념은 개별적인 이해의 정도에 따라 상이한 모습으로 내재화되어 나타난다. 이러한 계획의 광범위성(廣範圍性)과 복잡성(複雜性) 때문에 계획에 대한 개념정의에 어려움이 따른다.44)

(2) 계획과 관련된 용어

계획(planning)은 주어진 목표를 달성하기 위하여 최선의 수단 또는 대안을 선택하는 것을 의미한다. 이처럼 계획은 미래의 일에 대비하여 준비하는 모든 것의 총칭으로 도시계획에서는 물리적 측면을 강조한다.

계획과 관련된 용어로서는 기획(planning)[45], 프로젝트(project)[46], 프로그램(program)[47], 정책(policy)[48] 등이 있으며, 계획과 비교하여 간단히 살펴봄으로써 계획의 개념을 명확히 파악할 수 있다.(정환용, 2001)

2) 계획의 특성 및 필요성

(1) 계획의 특성

계획의 정의가 다양한 것은 계획의 특성에 대한 이해의 시각이 다르기 때문이다. 즉 계획은 다른 활동과 대비되는 독특성(獨特性)을 가지고 있는데, 다음과 같이 요약할 수 있다.[49]

① 목표지향성: 계획의 가장 중요한 특징은 목표지향성(goal-oriented)이고, 계획은 장래에 달성하려고 하는 최종상태에 대한 명료하고 구체적인 기술

---

44) 정환용(2001), 계획이론, 박영사, pp.3-4.
45) 김신복 교수는 '계획하는 과정을 기획'이라 하고, '기획을 통해 산출되는 결과물을 계획'이라고 구분하고 있다. 계획의 개념은 기획이 의미하는 과정(process)과 방법(methodology)은 물론, 기획의 결과로서 산출물(products)까지를 포함한 일련의 활동으로 보는 경우가 많다.
46) 프로젝트(project)란 '하나의 구체적인 계획 또는 계획된 사업'이라고 정의하고 있어서 이를 세부사업계획(細部事業計劃)이라고 부른다. 이는 일정한 시간과 비용의 제약 속에 구체적인 목표달성을 위한 일련의 과업(task)으로 구성된 사업단위이며, 한 번으로 끝나는 비반복적 활동의 특성을 지니고 있다.
47) 여러 개의 프로젝트가 결합된 사업계획을 말한다.
48) 정책(policy)은 바람직한 변화를 유도하기 위한 정부의 의사결정으로, 미래의 행동지침적 역할을 수행하는 것이라고 이해할 수 있다.
49) 정환용(2001), 위의 책, pp.10-15

을 통해 계획의 방향과 내용을 제시한다.

② **미래지향성**: 계획은 미래의 불확실성과 예상되는 미래악을 제거하여 바람직한 최종상태로 유도하기 위해 다양한 전략을 추구한다. 미래를 현재의 시점에서 예측하고 대비해야 하기 때문에 계획에는 전문적 지식이 요구된다. 즉 장래에 일어날 사태를 미리 예측하여 그 대비책을 강구해 둠으로써, 시행착오를 방지하는 데 계획의 의의가 있다. 계획의 미래지향성(futurism)은 계획을 다른 사회과학과 구별하는 지표의 하나가 되고 있다.

③ **합리성**: 계획은 설정된 목표를 달성하는 데 가능한 최선의 수단과 방법을 모색하여 자원을 효율적으로 활용하는 논리적·과학적·체계적 활동이다. 계획에 관련한 중심적 용어는 계획이 임의적(random)이기보다는 체계적(systematic)이고, 낭비적(wasteful)이기보다는 효율적(efficient)이고, 허둥지둥(helterskelter)하기보다는 조화적(coordinate)이고, 모순적(contradictory)이기보다는 일관성(consistent)이 있고, 비이성적(unreasonable)이기보다는 합리적(rational)이라고 말한다.

④ **의사결정활동**: 계획은 합리적 의사결정과정이다. 계획은 특정한 목표에 도달하기 위해 여러 개의 대안 중에서 최선을 선택하려는 의사결정에 관해 연구하는 것이다. 따라서 계획은 일련의 선택을 통해 적정한 장래행동을 결정하는 과정이다. 즉 계획은 선택적 활동(選擇的 活動)이다.

⑤ **적응적 활동**: 계획은 일정한 절차와 과정을 거쳐 진행된다. 일반적으로 정책의 결정은 문제의 공표, 해결책 강구의 착수, 대안적 해결책의 평가, 선택, 집행 그리고 결과의 평가의 단계로 진행되는데 이러한 과정은 계획에도 그대로 적용할 수 있다. 단계별, 상호연관성 등 각종 상황변화에 따라 발생되는 새로운 정보에 의해 계획을 계속하여 조정하는 것을 적응계획(適應計劃)이라고 한다.

⑥ **통제성**: 계획은 '계획대상에 대해 사전에 설계된 방법으로 일정한 변화를 유도하기 위한 노력'이다. 즉 계획은 바람직한 방향으로 미래의 모습을 바꾸기 위한 노력이다. 때문에 자연적인 추세로의 방치가 아니고 바람직한 방향으로의 변화를 유도하는 적극적인 노력이다. 이러한 변화를 유도하기 위해서는 통제성(control)이 요구된다. 때문에 계획은 외형적으로 통

제와 규제의 모습으로 나타난다.

(2) 계획의 필요성

계획은 보다 좋은 결정과 결과를 위해 또는 적은 비용으로 큰 혜택을 주는 효율적인 결과가 요구되기 때문에 계획이 필요하다고 볼 수 있다.

일반적으로 지적하고 있는 계획의 실제적 필요성은 불확실한 미래에 대비, 복합적 문제에 대처, 자원의 최적 활용, 그리고 지휘 및 통제수단의 4가지이다.

〈표 5.1〉 계획의 특성

구 분	내　　　　　용
활동유형	계획은 문제해결을 위해 대안을 작성, 선택하여 집행하는 체계적 활동이다. 이러한 계획활동은 합리성을 바탕으로 예상되는 미래의 문제를 현재의 시점에서 통제하고, 현재의 변화하는 계획여건을 계획내용에 반영하는 자구적 노력이다.
활동부문	계획활동은 공공부문과 민간부문 모두에 걸쳐 이루어지는 활동이다.
활동목적	계획은 특정한 사상이나 목적물의 인도나 규제와 관련된 활동으로 외형적으로 계획 대상인 목적물의 변화나 목표달성의 효과를 가져온다.
활동기관	계획은 계획가나 계획을 수행하고자 하는 사람들에 의해 수행된 활동이다. 여기서, 주관적 계획은 계획가가 자신의 문제나 자신이 속한 집단을 위해 수행하는 계획이고, 객관적 계획은 계획가가 타인이나 타 집단을 위한 계획을 의미한다.

3) 계획이론의 정의 및 의의

(1) 계획이론의 정의

계획이론(planning theory)이란 주어진 목표를 달성하기 위하여 가장 바람직한 수단의 선택과정을 설명하는 것을 의미한다. 흔히 정책(policy)이란 말과 혼동하여 사용되기도 한다.

계획(planning)과 계획안(plan)을 고찰하여 보면, 계획(planning)은 계획안을 생산해 내는 과정과 계획안의 실행을 통하여 목표를 달성하고 미래에 있을 일에 대하여 영향을 미치는 행위 과정 모두를 포함하고, 계획안(plan)은 우리가 추구하는 목표와 목표의 실현을 위한 수단 등의 내용에 대한 의사결정 결과를 포함하는 문서화된 행위 지침을 의미한다. 계획의 공통적인 특징은 모든 계획은 현재의 문제를 해결하고 미래의 목표를 성취하기 위한 행동 지침을 결정하고 그러한 행동에 따라 미래를 변화시키고자 하는 목표를 가지는 것이다.

계획이론은 계획현상을 설명하고 보다 효율적이고 질 높은 계획을 실현하기 위한 체계적인 방법론을 모색하는 것으로 초기(18C 후반부터 1901년), 제도화 및 전문화의 시기(1910~1945년), 전후 다양성의 시기(1945년 이후)로 구분한다.

19C 말 ~ 20C 초의 도시계획은 다분히 물리적 계획(physical planning)의 속성이 강한데, 정부의 개입으로 도시의 물리적 환경을 개선하려는 기술적 행위가 계획의 주종을 이룬다. 그러다가 1960년부터 정치·경제·사회적 영향이 중요하게 인식되기 시작하면서 도시계획이 단순히 물리적 계획뿐만 아니라 종합적 계획으로 확대되었다.

(2) 계획이론의 의의

계획이론은 계획을 위한 이론(theory for planning)이고 계획에 관한 이론(theory about planning)이다. 전자는 계획과 사회의 관계를 다루는 정치적·도덕적 측면의 이론, 즉 계획의 방향설정과 관련된 규범적 이론으로서 계획을 위한 사회이론이라고 볼 수 있다. 그리고 후자는 계획에 관한 비판적 이론으로서 경험적 연구나 실제 경험에 기초한 이론이다.(Friedmann, 2003) 여기서는 계획이 현실적으로 집행되고 있는 것을 비판적 관점에서 보기 때문에 비판적 계획이라고 불려왔다.[50]

계획일반이론이 필요하게 된 이유는 ① 과학적 지식의 실천적 활용방법론을 정립하여 사회문제의 해결책 고안하고, ② 과학적인 여러 방법의 교호작용관계를 평가하기 위한 기준정립의 필요성, ③ 유용하고 정확한 정보의 바탕 위에서 행동의 대안적 과정이 이루어져야 한다.

---

50) 이수장(2006. 3.), 패러다임의 관점에서 본 계획이론의 변천, 국토연구 제48권, p.5.

J. Friedmann과 Hudson의 계획이론 발달의 분류에서 1930년대부터 1940년대에 이르러서는 K. Mannheim과 K. Popper의 계획철학이 주류를 형성하였고, 1950년대는 Robert Dahl과 C. Lindblom의 계획이론 그리고 1960년대 중반은 A. Etzioni의 계획이론, 1970년대에는 Edgar Dunn, John Friedmann, Paul Davidoff 등에 의한 사회학습이론, 실천적 진화모형, 대변자격 계획 그리고 교류적 계획 등이 주류를 이루고 있다.

2. 계획이론의 분류

계획이론은 계획목표나 과정에 따라 실체적 이론과 절차적 이론으로 구분할 수 있고, 계획에 대한 접근 방법에 따라 합리적 계획모형과 참여적 계획모형으로 구분할 수 있다. 합리적 계획모형에는 종합적 계획(합리주의 접근), 점진적 계획(부분적 점진주의), 혼합주사적 계획 등으로 구분가능하고, 참여적 계획모형에는 교류적 계획(교환거래적 계획), 옹호적 계획 및 급진주의 계획, 협력적 계획으로 다시 구분할 수 있다.

1) 실체적 이론과 절차적 이론

실체적 이론(substantive theories 또는 theory in planning)은 특정 계획 분야의 전문지식에 관하여 현상을 설명하고 예측하는 이론으로 계획현상이나 계획대상에 관한 전문적인 지식이나 내용에 관한 이론이다. 이는 해당분야의 현상을 설명하고 예측하는 이론으로 계획의 과정이 아닌 대상에 관한 것이다.

절차적 이론(procedural theories 또는 theory of planning)은 효율적이고 합리적인 계획을 수립하고, 실행하기 위한 계획의 과정에 관한 이론으로 계획 활동자체에서 추구하는 이념이나 목표지식과 행동(실천)에 관한 이론을 말한다. 이 이론은 계획행위의 결과뿐만 아니라 계획이 사회에서 수행하는 기능과 계획과정이 작동하는 방법을 기술·설명하려고 한다. 계획이론은 계획과정의 절차적 이론이라고 할 수 있다.

2) 모형의 분류

(1) 허드슨(Hudson)의 분류

허드슨은 계획이론의 영역에서 주도적 위치를 차지해 온 총괄(synoptic) 또는 합리적 종합적 계획전통(rational comprehensive planning tradition)의 단점에 대한 대안으로 제기된 점증(incremental), 거래(transactive), 옹호(advocacy), 급진(radical planning)의 4개 특성을 선정된 지표를 통해 비교 설명하였다.

이러한 전통을 비교 분석하기 위해 각 전통의 내부적 특성과 계획노력의 역사적 결과를 고려하여 공익(公益), 인간차원(人間次元), 타당성(妥當性), 활동가능성(活動可能性), 실체이론(實體理論), 그리고 자아반응(自我反應)의 5가지 지표를 사용하였다.

공익(public interest)은 배분적 정의의 원리 및 갈등처리과정을 포함한 중요한 사회적 문제와 다원적 이익의 조정방법과 관련된 이론에 중점을 둔다. 인간차원(human dimension)은 계획의 개인적, 정신적 영역에 대한 영향에 대한 것으로, 기능적 목표 이외에 심리사회개발, 존엄성, 자립성 등과 같은 것에 대한 관심의 정도이다. 타당성(feasibility)은 학습과 이론의 적용상 용이성에 대한 것이다. 활동가능성(action potential)은 아이디어를 실행에 옮길 수 있는 능력과 관련된다. 실체이론(substantive theory)은 사회문제와 사회 변화과정에 대한 기술적이며 규범적 이론이 있는가에 대한 것이다. 비공식적 정보에 의한 예측능력, 장기적이며 간접적인 결과의 추적 능력, 행동의 기회와 제약에 대한 역사적 관점을 포함한다. 자아반응(self reflective)은 계획이론이 자신의 이론적 제약에 대해 명쾌하게 대처하고 있는가의 여부에 대한 것이다.

<표 5.2> 허드슨의 계획이론 분류

지표 \ 이론	총괄계획	점증계획	거래계획	옹호계획	급진계획
공익	○	○	○	●	●
인간차원			●		○
타당성	●	●			
행동가능성	○	○	○	○	○
실체이론		○	○		○
자아반응			○	○	○

●: 강한 관심, ○: 부분적 관심, 공란은 약한 관계
자료: Hudson, 1979, p.382.

(2) 알렉산더의 분류

알렉산더(Alexander, E.)는 계획모형에 대한 세 가지 범주화 기준을 제시하고 있다. 첫째는 가장 단순하면서도 직관적인 것으로, 계획모형을 관심대상에 따라 구별하는 것이다. 이는 계획을 실체적 또는 부문적-기능적 측면에 따라 구분한 것으로, 물리·경제·사회·교통·환경계획 등과 같이 분류하는 것이다. 둘째는 보다 개념적인 것으로, 계획을 도구적 측면에서 보는 것으로 계획유형이 달성하고자 하는 것과 사용도구에 따라 어떻게 다른가를 나타낸다. 이 범주에 속하는 계획모형은 규제계획(regulatory planning), 배분계획(allocative planning), 개발계획(development planning), 예시계획(indicative planning) 등이다. 마지막으로 서로 다른 계획모형을 역사적 회고와 현대적 관찰에서 확인할 수 있는 것으로 이 접근을 맥락적(contextual)이라 부를 수 있다. 이 접근은 상이한 사회·정치적 맥락과 이념에 따른 것으로 어떤 생각을 갖고 누구를 위해 누가 계획하며, 계획의 사고에는 명료한 계획의 논리적 바탕과 숨겨진 사회와 정치적 의제를 포함하는가 하는 것이다. 이 범주에는 종합계획(comprehensive planning), 옹호계획(advocacy planning), 관료계획(bureaucratic planning), 그리고 급진계획(radical planning)을 포함한다.

3. 계획모형

1) 합리적 계획모형

(1) 종합적 합리주의

종합적 계획(Synoptic Planning)은 합리주의(rationalistic model) 계획이론이라고 하는데, 체계적 접근방법을 통해서 계획의 문제를 규명하고, 결정론적 모형을 구성하고 계량적 분석방법을 많이 활용하는 특징을 가진다.

정책결정에 있어서 최대한의 합리성을 추구하므로 다음과 같은 요소를 중요시한다. ① 모든 목표와 이에 관련된 가치를 명시하고 이들을 일정한 기준에 따라 우선순위대로 나열한다. ② 목표를 달성하기 위하여 가능한 모든 대안을 작성하고 이들 대안에 의하여 파급될 모든 효과를 평가한다. ③ 대안들 중에서 가장 적은 비용으로 가장 큰 효과를 가져오는 대안을 선택한다. ④ 정책이 사회공공의 이익에 있으므로 일반적이고 장기적인 전망을 제시하는 정책에 활용된다. 이와 같이 모든 것이 종합적으로 명료하게 제시되는 특징이 있다. 대표적 학자로서는 H. Simon, J. Tinbergen, M. Dimock, J. Dewey 등이 있다.

종합적 계획의 특징은 종합성, 모든 정보의 활용, 과학적인 방법론 등을 요구한다. 이러한 특징 때문에 종합적 계획의 문제점은 인간능력의 한계로 인한 종합적 검토의 한계, 모든 정보의 수집 및 활용의 불가능, 기준원칙의 수립의 한계 등이다.

(2) 부분적 점진주의

점진적 계획(incremental planning, 부분적 점진주의: disjointed incre-menta-lism)은 종합적 합리주의가 가진 여러 가지 종합성과 합리성에 대한 문제점들로 인하여 고안되었다. 합리성은 일관된 가치체계를 형성하기 어렵고, 시간과 상황에 따라 계속하여 변화 가능하다고 보고, 논리적 일관성이나 최적의 해결 대안을 제시하기보다는 지속적인 조정과 적응을 통하여 계획의 목표를 추구하는 접근 방법으로 종합적 계획의 비현실성의 비판과 보완을 통하여 적정한 계획을 수립하고자 하는 것이다. C. Lindblom, A. Wildavsky, K. Popper, K. Arrow 등이 있다.

점진적 방법은 ① 목표, 가치를 명백히 할 필요가 없고 또한 이들을 우선순위에 따라 나열할 필요가 없다. ② 주로 문제를 해결하는 것보다는 제거하는 데 중점을 둔다. 문제가 발생할 때마다 점진적으로 과거의 경험에 따라 수단을 강구한다. ③ 한 번에 문제 전체를 해결하려 하지 않고 계속해서 대책을 강구한다. 계획의 특성은 목표보다는 문제지향적으로 치유적(remedical), 문제해결이 종합적이 아니고 점진적(incremental), 계속적으로 대처하기 때문에 연속적(serial), 제한된 대안으로 문제에 대처하므로 단편적(ragminted), 정책결정이 여러 곳에서 분산되어 발생하기 때문에 분산적(disjointed)이다.[51] 이러한 특성으로 여러 가지 장점을 내포하고 있다. ① 문제에 대한 합의점에 도달하기가 쉽기 때문에 정치적으로 용이하다. ② 미래에 대한 예측이 불필요하므로 미래전망에 대한 불확실성의 위험성을 제거할 수 있다. ③ 과학적인 분석, 평가를 요구하지 않기 때문에 정책결정자들에게 매우 현실적이다. ④ 문제해결이 신속하다.

(3) 혼합주사적 접근

혼합주사적 접근(mixed scanning)은 Etzioni에 의해 제시되었는데, 합리주의가 가진 지나친 합리주의 주장과 현실적 여러 상황을 고려하지 못하는 점, 그리고 부분적 점진주의 합리적 정책분석에 대한 과소평가에 대한 결점을 보완하였다.[52]

혼합주사적 접근방법은 ① 문제를 해결하는 데 적절하다고 생각되는 모든

---

51) 김영모(1998), 점진적 계획이론의 과제, 대한부동산학회지 제6권, pp.57-58.
52) 부분적 점진주의의 문제점은 혁신적인 정책의 필요성을 배제하고, 과학적인 방법론을 사용하지 않기 때문에 합리성을 회피하고, 정책결정의 과정이 끝없이 계속해서 발생, 종합성 결여, 근시안적이고 보수적 성향을 갖는다.

대안을 나열한다. ② 이들 대안들을 간략하게 검토하여 비교적 적당하지 않은 대안을 제거하여 대안을 축소한다. ③ 채택된 대안을 상세하게 반복하며 검토하여 여러 단계로 구분한다. ④ 다음 채택된 대안에 대한 집행과정을 여러 단계로 구분하고 집행단계에서는 계속적인 주사를 통하여 계획을 수정한다. ⑤ 다차원 주사를 통하여 단계마다 미시적 분석과 함께 인적·물적 자원을 배당하여 비용이 지나치게 많이 소요되는 사업은 뒤로 돌린다. ⑥ 각 단계가 지날 때마다 추가 자료를 수집하고 분석하여 종합적인 조사를 실시한다. ⑦ 새로운 사실에 따라 새로운 대안을 마련하고, 더 이상의 조사가 필요 없을 때까지 계속된다.

이 모형은 상황에 대한 결정과 세부적인 결정을 보안함으로써 제3의 접근을 제시한 것으로 평가받고 있다. 따라서 제3의 정책결정이론이라고도 한다. 그리고 혼합주사적 접근방법은 능동적 사회제도에 알맞은 것으로 평가되고 있다.

2) 참여적 계획모형

(1) 교환거래계획

1970년대에 계획의 중심요소가 인간의 사회적·심리적 발달이라는 주장이 등장하여 계획자체를 일종의 사회적 학습(social learning)이라는 개념으로 파악하려고 한다. 따라서 교환거래계획 또는 교류주의 계획(transactive planning)은 1970년대 신휴머니즘(new humanism)에 기초하여 발전되었다. 계획가와 주민이 협동하고 상호 이해하는 것을 전제로 서로 존중하기 때문에 교환거래이론은 인간주의적 측면을 강조한다.

공익이라고 정의되는 대상이 불확실한 계획의 목표를 추구하기보다는 계획의 집행에 직접적으로 영향을 받는 사람들과의 상호 교류와 대화를 통하여 계획을 수립하고자 하는 것으로 인간의 존엄성에 기초를 두고 있다. 인간의 존엄성과 능률성, 가치관과 행태, 협력을 통한 성장 가능성 등 계획의 사회적 영향을 강조하고 있다.

계획가와 피계획가 간의 상호 학습과정(social learning)에서 문제에 접근하는 것을 사회학습으로 표현한 점에 그 특징이 있다. J. Friedmann은 쇄신적 계획과 배분적 계획으로 구분하여 설명하고 있다. 배분적 계획(allocation planning)은 기존의 갈등의 해소와 조정적 역할이 크다. 그래서 규정적 계획(regulatory planning)의 의미가 크며 효율성을 제고하자는 의도가 강하다. 하지만 쇄신적 계획은 효율성의 제고보다 새로운 목표달성과 사회체제의 변화에 큰 비중을 둔다. 즉, 배분적 계획이 사회체제의 변화와 각 부문체제의 점진적 성장과 조화를 통하여 이룩되는 것으로 파악하는 반면, 쇄신적 계획은 제도적 장치 그 자체를 변화시켜 새로운 사회제도 형성과정으로 설명된다. 대표적으로 J. Friedmann, E. Dunn가 있다.

(2) 옹호주의 계획

옹호적 계획(Advocacy Planning)은 1960년대 미국의 법조계에서 형성된 피해구제절차(adversary procedure)와 같은 사회제도를 계획 개념으로 수용한 것으로 강자에 대한 약자의 이익을 보호하는 데 적용되었다. 즉 공익적 차원에서 계획가들로 하여금 국가기관에 대하여 빈민들의 요구를 대변하도록 하였다.

이 이론은 사회정책의 수립과정을 막후의 협상에서 공개적인 과정으로 끌어내는 데 기여했다. Paul Davidoff가 대표적이다.

(3) 급진주의 계획

급진적 계획(Radical Planning)은 '위로부터의 계획' 실행의 결과로 형성된 현재의 사회구조 속에서 상대적으로 열악한 지위에 있는 계층들의 이익을 보호할 수 있는 거시적 사회구조의 개편에 초점을 두고 있다. 급진계획의 목표는 이상주의적이고 무정부주의적인 사상에 뿌리를 두는 새로운 사회질서를 구축하는 것이다.

급진주의 계획은 지식과 행동, 이론과 실천의 괴리를 조정하는 역할을 하고, 행동과 실천을 통해 밑으로부터 나오는 상황결정적(contextual)인 지식이다.

그리고 밑으로부터의 사회변혁을 추구하고, 사회구조적 변화에 관심을 가지면서도 목적과 목표보다는 사회비판에서 출발한다. 또한 권력의 반대편에서 가계, 지역 세계공동체의 진정한 회복을 위해 활동한다.(서충원)

(4) 협력적 계획

기존의 계획은 계획가에 의해 주도되는 가운데 이해관계자들이 단순하게 참여하는 형태로 이루어졌지만, 사회전반에 걸친 적극적인 참여가 이루어짐으로써 계획에서도 이러한 움직임이 가속화되고 있다. 이러한 측면에서 협력적 계획은 의사소통적 계획과 제도주의적 특징을 결합한 것으로 1990년대 이후 새로운 계획사조로 주목을 받고 있다.

협력적 계획(Collaborative Planning)의 특징은 ① 많은 참여자가 상호작용하는 과정이 '계획'이라는 것을 강조하고, ② 참여자의 이해관계를 중요시하여 의사소통을 통해 적극적으로 새로운 사고방식을 만들어 내며 새로운 아이디어를 개발하는 과정으로 보고, ③ 특정한 계획과 이를 둘러싼 광범위한 제도적 배경이나 사회적인 가치체계 사이의 상호작용에 관심을 두고, ④ 규범적 요소를 강조하여 더 많은 사람이 참여하여 더 많은 상호작용하는 것, 특히 계획과정에서 소외되는 경향의 집단이 참여할 수 있도록 하는 것을 중요하게 고려한다.

3) 계획사상에 의한 분류

J. Friedmann은 계획은 과학적이고 기술적인 지식을 통하여 행동에 연결시키는 개념으로서 사회지도(social guidance)와 사회변혁(social transformation)을 위한 활동이라고 정의하고 있다. 사회지도과정은 위로부터의 조절을 통해 체제변화를 유도하는 것을 말하는 것으로써 정부의 간섭에 의해 배분과 혁신의 계획형태를 통합한 의미이다. 반면에 사회변혁과정이라는 것은 아래로부터의 체제변형을 위한 정치적 실천에 초점을 두는 것으로 본래 무정부주의, 마르크스

주의, 이상적 사회주의에서 유래된 개념이다.

J. Friedmann은 국가안보계획, 경제계획, 사회계획, 환경계획, 도시계획, 지역개발계획의 6가지로 계획을 분류하였고, 또한 J. Friedmann은 계획사상의 흐름을 사회개혁이론, 정책분석이론, 사회학습이론, 사회동원이론으로 구분하고 있다.

<표 5.3> 계획이론의 정치적 사상 – 분류시안

지식과 행동의 연계행태 (knowledge to action)	보수적 (conservation)	급진적 (radical)
사회적 지도 (societal guidance)	정책분석 (policy analysis)	사회개혁 (social reform)
사회적 변형 (social transformation)	사회학습 (social learning)	사회동원 (social mobilization)

사회개혁이론(social reform)은 계획을 사회적 지도(societal guidance)의 일종으로 간주하면서 정부의 역할에 초점을 두고, 계획실천을 제도화하고 정부가 계획을 좀 더 효율적으로 집행하는 방법을 모색하는 데 중점을 둔다. 그리고 과학적 패러다임을 사용하는 등 전문성이 요구되는 책임(professional responsibility)과 실행 기능이라고 이해하고 있다. 계획이론가로서는 Karl Manheim, R. Dahl, C. Lindblom, A. Etizioni 등이 있다.

정책분석이론(policy analysis)은 합리적 의사결정에 초점을 두고, 계량모형화에 치우쳐 있는 체계공학(systems engineering), 개방체제에서의 인공두뇌학을 강조하고 일반체계이론과 밀접한 관계를 맺고 있는 관리과학(management science) 그리고 인간사의 비합리적 행태의 역할과 정치적 제도들의 행태에 관계되는 정치 및 행정학(political and administrative science)이 주요 지적 흐름으로 H. Simon 등이 있다.[53]

사회학습이론(social learning)은 John Dewey의 실용주의 철학에서 연유한다. 이론과 실제, 지식과 행동의 사이에서 발생하는 상호 모순을 극복하는 데 초점을 두고 있다. 대표적인 학자로서는 Aaron Wildavsky, G. Majone 등이 있다.

그리고 사회동원이론(social mobilization)은 '밑으로부터'의 집단적이고 직접

---

53) J. Friedmann 저, 원제무·서충원 공역(1998), 앞의 책, p.129.

적인 행동을 강조한다. 또한 정부의 역할을 강조하고, 과학적인 정치행위를 추구하는 사회개혁, 정책분석과 대조를 이루고 있다.

사회개혁이론, 정책분석이론, 사회학습이론은 원래 공공관리에 관계되는 것으로 '위로부터의 계획'에 관한 이론이고, 사회동원이론은 이상주의, 무정부주의, 역사적 유물주의와 급진사상에서 도출해 낸 것으로 '아래로부터의 계획'에 관한 이론이다. 바람직하고 성취할 수 있는 형태의 사회를 창조하기 위해서는 전통적인 계획모형과 급진적인 계획모형이 상호 조정되는 논리적 과정이 필요하다.

제 6 장 공간계획체계

1. 공간계획체계의 특성

1) 공간계획체계의 특성

공간계획은 계획대상구역의 공간적 범위에 따라 국토계획, 지역계획, 도시계획, 단지계획 및 개별 건축계획으로 구분할 수 있다. 이 밖에도 권역계획, 광역권개발계획, 농촌계획 등이 있지만 이들은 지역계획의 한 유형으로 볼 수 있다.

국토계획은 전 국토공간을 대상으로 하여 전체 국민의 복지향상을 목적으로 수립하는 계획이며, 계획의 본질은 합리적인 국토이용공간의 창출이다. 접근방법으로 물적·기술적 측면보다는 경제·사회적 측면이 강조되는 정책지향적(policy oriented) 계획으로서의 특성을 가지고 있다.

지역계획(regional planning)은 국토계획과 도시계획의 중간적 위치로 특정지역에 대한 사업지향적(development oriented) 계획이며, 특히 경제적 측면(지역개발, 관광개발 등)이 강조된다.

도시계획(urban planning)은 도시민을 위한 공공의 복지향상이 주목표가 되며, 토지이용을 중심으로 하는 공간구조의 골격을 마련하는 데 있다. 그리고

단지 및 개별건축계획은 평면적 토지이용뿐만 아니라 입체적인 형태까지 규정
하므로 물적·기술적 측면이 중요시되고 계획기간도 단기간이다.

2) 우리나라의 공간계획체계

우리나라의 공간계획은 지역의 규모에 따라 별도의 계획이 수립되고, 규모
에 따라 계획의 체계도 확립된다. 현재 국토계획에서 단위시설계획에 이르기
까지 다음 그림과 같이 나타낼 수 있다.

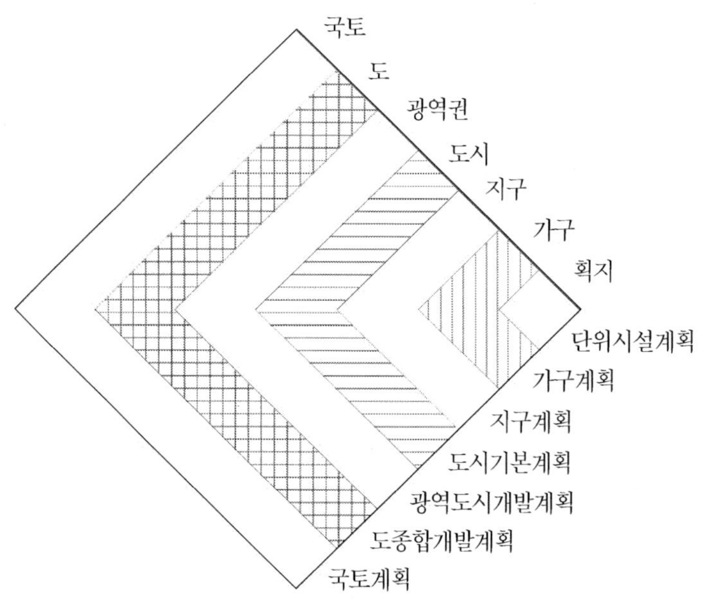

〈그림 6.1〉 지역규모별 계획유형

최근 관계법규의 제정 및 개정에 따라 공간계획체계도 새로이 정비된다. 국
토기본법의 제정과 국토의 계획 및 이용에 관한 법률의 제정은 기존의 국토,
도시, 단지 등 세부단위별로 구분되어 있던 것을 통합함으로써 일원화된 국토
및 도시관리를 위한 공간계획체계를 마련하였다.

국토기본법-국토계획법-건축법의 공간계획체계의 형성에 따라 각 부문에

있어서의 관계법령들이 제정되어 이러한 공간계획체계를 실현하기 위한 세부 형태를 마련하고 있다.

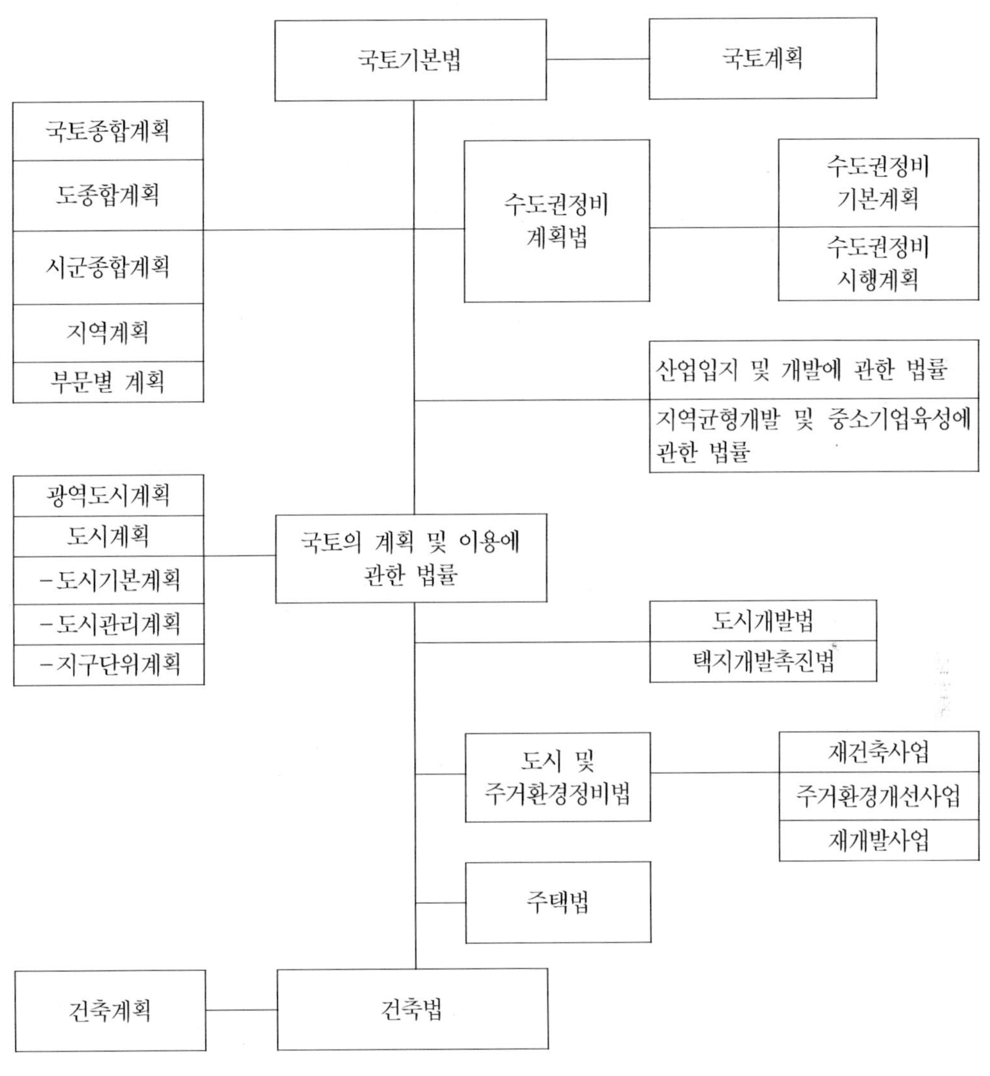

〈그림 6.2〉 우리나라의 공간계획체계

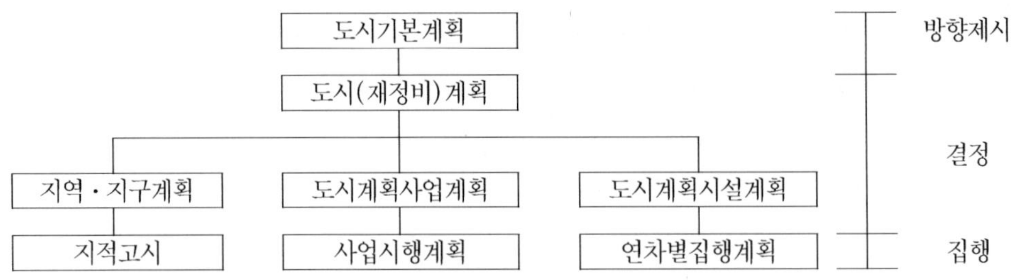

<그림 6.3> 우리나라의 도시계획체계

2. 국토계획

1) 국토계획의 목적과 성격

우리나라의 국토계획은 국토공간의 효율적 이용을 위한 종합적이고 장기적인 계획이며, 그의 이용·개발·보전을 위해 실시할 사업의 입지와 시설규모 등에 관한 목표 및 적정화의 방향을 정하고 국토의 미래상을 제시하며, 민간자본의 투자방향을 유도·촉진하는 정책적 고려를 포함하는 발전적 개발행정의 지침으로서의 기능을 갖고 있다.

국토기본법에 의한 국토계획의 정의는 국토를 이용·개발 및 보전함에 있어서 미래의 경제적·사회적 변동에 대응하여 국토가 지향하여야 할 발전방향을 설정하고 이를 달성하기 위한 계획을 말한다.

우리나라의 국토계획은 첫째, 국토자원의 이용, 개발 보전에 관한 장기적이고 종합적인 정책방향과 함께 미래 국토에 대한 청사진을 제공하는 기능, 둘째, 대규모 국책사업이나 지역개발정책 방향을 제시하며 바람직한 국토개발을 위한 계획지표 중심의 전략계획기능, 셋째, 국토의 골격 형성에 필요한 간선교통시설, 댐, 공업단지 등 대규모 개발사업의 필요성과 투자우선 순위에 대한 개략적인 검토 등을 포함한 투자계획기능 그리고 국토개발에 대한 목표, 전략, 지침을 제시하며 다양한 개발주체에 의해 추진되는 국토개발에 일관성과 질서를 부여하는 지침적인 성격 등의 다양한 기능을 추구하고 있다. 이러한 다양한 기능의 추구와 함께 우리나라의 국토계획은 물적·공간계획의 성격과 함께 사회·경제계획의 성격이 혼재되어 있는바 이는 국토계획이 산업화 촉진을 위한 경제계획의 지원체계 형식으로 추진되었기 때문이다.

2) 국토계획의 주요내용

국토계획은 국토종합계획·도종합계획·시군종합계획·지역계획 및 부문별계획으로 구분하는데 종류와 내용은 다음과 같다.

① 국토종합계획: 국토전역을 대상으로 하여 국토의 장기적인 발전방향을 제시하는 종합계획
② 도종합계획: 도의 관할구역을 대상으로 하여 당해 지역의 장기적인 발전방향을 제시하는 종합계획
③ 시군종합계획: 특별시·광역시·시 또는 군(광역시의 군 제외)의 관할구역을 대상으로 하여 당해 지역의 기본적인 공간구조와 장기발전 방향을 제시하고, 토지이용·교통·환경·안전·산업·정보통신·보건·후생·문화 등에 관하여 수립하는 계획으로서 국토의 계획 및 이용에 관한 법률에 의하여 수립되는 도시계획
④ 지역계획: 특정한 지역을 대상으로 특별한 정책목적을 달성하기 위하여 수립하는 계획
⑤ 부문별계획: 국토전역을 대상으로 하여 특정부문에 대한 장기적인 발전방향을 제시하는 계획

국토기본법(법 제10조)에 따르면 국토종합계획의 내용은 다음 각 호의 사항

에 대한 기본적이고 장기적인 정책방향이 포함되어야 한다.

① 국토의 현황 및 여건변화 전망에 관한 사항
② 국토발전의 기본이념 및 바람직한 국토 미래상의 정립에 관한 사항
③ 국토의 공간구조의 정비 및 지역별 기능분담방향에 관한 사항
④ 국토의 균형발전을 위한 시책 및 지역산업육성에 관한 사항
⑤ 국가경쟁력 제고 및 국민생활의 기반이 되는 국토기간시설의 확충에 관한 사항
⑥ 토지·수자원·산림자원·해양자원 등 국토자원의 효율적 이용 및 관리에 관한 사항
⑦ 주택·상하수도 등 생활여건의 조성 및 삶의 질 개선에 관한 사항
⑧ 수해·풍해 그 밖의 재해의 방재에 관한 사항
⑨ 지하공간의 합리적 이용 및 관리에 관한 사항
⑩ 지속 가능한 국토발전을 위한 국토환경의 보전 및 개선에 관한 사항
⑪ 그밖에 제1호 내지 제10호에 부수되는 사항

그리고 도종합계획은 도지사가 다음의 사항에 대하여 수립한다.

① 지역현황·특성의 분석 및 대내외적 여건변화에 대한 전망에 관한 사항
② 지역발전의 목표와 전략에 관한 사항
③ 지역공간구조의 정비 및 지역 안 기능분담 방향에 관한 사항
④ 교통·물류·정보통신망 등 기반시설의 구축에 관한 사항
⑤ 지역 안 자원 및 환경의 개발과 보전·관리에 관한 사항
⑥ 토지의 용도별 이용 및 계획적 관리에 관한 사항
⑦ 그밖에 도의 지속 가능한 발전에 필요한 사항으로서 대통령령이 정하는 사항

국토계획에 관한 내용은 포괄적으로 제시되어 있을 뿐 구체적으로 기술되어 있지 않아 올바른 국토의 균형 있는 발전과 경쟁력 있는 국토여건을 조성하는 데 정책지

침적 역할을 한다.

3) 국토종합계획

국토건설종합계획법(현 국토기본법)에 의해 국토종합개발계획을 매 10년마다 수립하여 실시하고 있는데, 제1차 국토종합개발계획은 1972~1981년, 제2차 국토종합개발계획은 1982~1991년, 제3차 국토종합개발계획은 1992~2001년까지 계획이 시행되어 오다가 급격한 사회적 변화와 시대적 요구에 의해 1999년까지 종료하고, 2000년부터 제4차 국토종합계획(2000~2020년)이 수립되어 시행되고 있다.[54]

제4차 국토종합계획은 기존의 국토종합개발계획에서 개발이라는 단어를 삭제하여 기존의 국토계획이 개발 위주의 계획이었다면, 제4차 국토계획부터는 개발과 보전의 균형을 추구하는 등 개발에 대한 개념의 포괄적인 의미를 나타내고 있다. 또한 계획기간도 10년 단위로 계획되어 오던 것을 20년 단위로 확대하여 더욱더 국토계획에 대한 종합적 검토를 하고자 하였다.

3. 도시계획

1) 도시기본계획

우리나라의 도시계획에서 도시기본계획이 도입된 것은 1981년 도시계획법의 개정에서이다. 도시기본계획제도가 도입됨으로써 도시기본계획, 도시재정비

---

54) 기존의 국토건설종합계획법이 국토기본법으로 통합 정리되었다. 국토계획에 대한 자세한 내용은 제
    7장 국토 및 지역계획에서 다시 다룬다.

계획, 시행계획의 3단계의 도시계획체제가 확립되었다.[55]

도시기본계획은 일반계획(general plan), 종합계획(comprehensive plan), 수장계획(master plan)으로서의 특징을 가지고 있다. 일반계획은 계획내용의 표현이 구체적이지 않고 일반적·개념적인 방향 제시의 특성이 있고, 종합계획은 계획내용과 범위가 어느 한 측면만을 강조하기보다는 여러 측면을 옹위하는 계획을 의미하고, 물적인 측면은 물론 사회·경제적인 측면까지를 포함하는 포괄적인 계획을 지칭한다. 그리고 首長계획은 일반적·종합적 성격으로 인해 도시계획체계 내에서 우두머리 역할을 수행한다.

기본계획은 타 계획에 지침을 제시하는 기능을 수행하는데, 상황변화에 탄력적으로 적응하면서 도시의 기본적인 개발방향을 모색하고, 개발계획(development planning) 및 쇄신계획(innovative planning)적인 성격을 지니고 있다.

도시기본계획의 기능과 역할은 다음과 같이 정리할 수 있다.

첫 째, 상위계획과 정책을 수용·해석하고 주민의 욕구를 수렴하여 바람직한 도시의 미래상을 구현한다.

둘 째, 거시적인 시각에서 도시의 장래를 조명하고 필요한 계획적 행동노선을 설정하는 계획으로 하위계획의 틀 제공과 관련계획의 지침제공 기능을 수행한다.

셋 째, 중요한 정책지침 제공, 계획집행부서에 계획을 실행하고, 의사결정을 수행하는 데 참고가 되는 사전식 계획이다.

넷 째, 주민과 행정부 간에 도시정책과 개발방향에 관한 정보를 교환함으로써 보다 나은 계획을 수립할 수 있는 바탕을 마련한다.

---

55) 국토의 계획 및 이용에 관한 법률에 의한 도시계획체계는 광역도시계획−도시계획(도시기본계획−도시관리계획−지구단위계획)으로 이루어져 있고, 최근의 법 제정에서 도시계획이 도시관리계획으로 변경되었다.
도시관리계획은 시군의 개발·정비 및 보전을 위하여 수립하는 토지이용·교통·환경·경관·안전·산업·정보통신·보건·후생·안보·문화 등에 관한 다음의 계획을 말한다.(법 제2조4항)
−용도지역·용도지구의 지정 또는 변경에 관한 계획
−개발제한구역·시가화조정구역·수산자원보호구역의 지정 또는 변경에 관한 계획
−기반시설의 설치·정비 또는 개량에 관한 계획
−도시개발사업 또는 정비사업에 관한 계획
−지구단위계획구역의 지정 또는 변경에 관한 계획과 지구단위계획

다섯째, 도시주민에게 도시가 처한 여건과 제약을 알리고 앞으로의 방향을
제시함으로써 협조적이며 지지적인 분위기를 조성할 수 있는 교육
적 기능을 가진다.

도시기본계획은 도시계획의 종합성, 과정성, 집행성의 요소를 포함할 뿐 아
니라 도시의 비전을 제시하는 등 도시관리계획의 수립 지침의 역할을 하고 있
다. 또한 20년을 단위로 장기적인 도시개발의 지침으로서 가이드라인을 정하
는 계획이고, 도시의 개발방향 및 하위도시계획수립의 지침을 제시한다. 매 5
년 간격으로 그 타당성 여부를 검토하여 도시계획입안시 반영하여야 한다.

도시기본계획은 종합계획(comprehensive plan)으로서의 면모를 갖추고 있으
며, 도시의 기본적인 공간구조와 장기발전 방향을 제시하는 종합계획으로서
도시계획수립의 지침이 되는 계획으로 목표지향적(goal-oriented) 계획이며, 법
적 구속력은 없으나 도시계획을 수립하는 행정청이나 다른 계획의 상위계획으
로서 하위계획에만 구속력을 가진다.

기존의 도시기본계획이 도면 위주의 규제계획으로 변질되어 도시계획과의
차별성이 부족하여 도면 위주의 규제계획에서 도시발전 방향을 서술하는 정책
계획으로 바로잡아 장기발전계획으로서의 위상을 정립하고 있다.

도시기본계획 수립 시 포함되어야 할 사항은(시행령 제7조2항) 도시성격, 도
시지표, 도시기본구상, 인구배분계획, 토지이용계획, 교통계획, 통신계획, 공공
시설계획, 산업개발계획, 환경계획, 공원녹지계획, 사회개발계획, 도시방재계획,
재정계획, 기타 필요한 사항 등이다. 주로 끝자리가 0이나 5로 끝나는 해에 도
시기본계획을 수립한다.[56]

켄트(T. J. Kent)는 도시기본계획이 가져야 할 올바른 계획특성을 다음과 같
이 정리하고 있다.

① 도시라는 규모를 고려하여 그 도시와 관련 있는 주변지역을 충분히 참작
한 기본계획이어야 하며, 토지이용에 관하여 지역지구제와 같은 직접적

---

[56] 제4차 국토종합계획이 2000~2020년으로 확정됨에 따라 기타의 계획도 이에 따라 0이나 5로 끝
나는 해를 목표연도로 정하고 있으며, 가급적 국토종합계획과의 목표연도를 맞추고자 하고 있다.

인 법적 구속력은 갖지 않는다. 그러나 하위계획과 공공시설의 정비계획에 대해서는 일정한 구속력을 갖도록 한다.

② 국토계획, 지방계획에서의 요청을 충분히 고려한 계획이어야 한다.

③ 경제계획·사회계획·행정계획 등 비물리적 장기계획과 충분히 조정한, 도시종합계획의 일환으로서의 계획이어야 한다.

④ 도시 장래의 목표를 명확하게 하고 그 실현을 전제로 한 장기계획이어야 한다. 즉 목표연도는 보통 장기를 20년 후, 중기를 10년 후로 한다. 단, 계획에 따라 목표연도가 다른 것은 실제 불가피한 경우가 있다. 이를테면 공원녹지계획은 50년 후를 목표로 하고, 교통계획은 20년 후를 목표로 할 수 있다.

⑤ 도시의 목표달성을 위하여 도시의 여러 활동의 장으로서의 도시공간의 형태를 토지의 이용, 시설의 종류, 양, 배치를 통해서 표현하는 종합적인 계획이어야 한다.

⑥ 반드시 현행계획에 집착할 필요는 없으나 계획의 논리에 일관성이 있고 실현방도에 대한 일정한 맥락이 있어야 한다.

⑦ 계획의 내용은 상세하게 할 필요는 없고, 포괄적, 탄력성이 있는 계획으로서 기본이라는 틀을 넘지 않아야 한다.

⑧ 전체를 연결하는 구상은 창의가 넘치고, 지방성을 충분히 반영한 것이어야 한다.

⑨ 계획의 표현이 명쾌, 간결하고, 계획의 의도가 일반시민에게 쉽게 알려질 수 있고 설득력을 가져야 한다.

⑩ 기본계획은 늘 새로운 정보에 따라 부분적으로 수정된다. 보통 5년마다 새로 조사를 실시하고 계획의 재검토를 행하여 계획을 수정한다. 이런 뜻에서 계획은 늘 과정(process)이라고 한다.

⑪ 기본계획은 도시계획의 전문가가 팀이 되어 건축, 토목, 조경 등 기술자의 협력조직을 공고히 하고 경제, 사회, 지리, 보건, 복지 등 많은 관련분야의 연구자와 시, 군의 행정담당부서 등으로부터 필요한 정보를 제공받지 않으면 안 된다. 이처럼 도시기본계획은 팀워크에 의하여 이루어진다.

2) 광역도시계획

대도시의 성장으로 도시광역화와 연담화로 인하여 국토관리 및 도시관리 측면에서 광역도시에 대한 계획 및 관리가 주요한 쟁점으로 부각되고 있다. 특히, 공공시설의 경우 기존 도시별 계획 및 관리의 문제점이 도출되면서 이를 광역적으로 계획, 관리하지 않으면 안 되는 상황에 이르렀다. 이러한 광역도시계획의 필요성으로 인하여 최근 개정된 도시계획법에서는 광역계획권의 지정과 광역도시계획을 수립하도록 하고 있다.

광역계획권은 건설교통부장관이 2이상의 도시의 공간구조 및 기능을 상호 연계시키고 환경을 보전하며 광역시설을 체계적으로 정비하기 위하여 필요한 경우에는 연접한 2이상의 특별시·광역시·시 또는 군의 행정구역의 전부 또는 일부를 대통령령이 정하는 바에 따라 광역계획권으로 지정할 수 있다.

광역계획권이 지정되면 광역도시계획을 수립하여야 하는데, 수립권자는 건설교통부장관과 특별시장·광역시장 또는 도지사이다. 도지사는 광역계획권이 같은 도의 행정구역에 속해 있는 경우에, 특별시장·광역시장·도지사가 공동으로 수립하는 경우는 광역계획권이 2이상의 특별시·광역시 또는 도의 행정구역에 걸치는 경우이고, 건설교통부장관은 국가계획과 관련되어 광역도시계획의 수립이 필요한 경우와 광역계획권을 지정한 날부터 3년이 경과할 때까지 관할 시·도지사의 광역도시계획의 신청이 없는 경우에 직접 수립할 수 있다. 그리고 시·도지사의 요청이 있을 경우에 건설교통부장관과 공동으로 수립할 수 있다.

광역도시계획도 도시기본계획과 동일하게 20년 단위로 수립하고, 그 내용은 광역계획권의 공간구조와 기능분담에 관한 사항, 광역계획권의 녹지관리체계와 환경보전에 관한 사항, 광역시설의 배치·규모·설치에 관한 사항, 광역도시권에 속하는 도시 상호 간의 기능연계에 관한 사항 등이다. 광역도시계획의 수립절차 및 승인 등 도시기본계획의 절차와 동일하다.

3) 도시관리계획

도시관리계획(재정비계획)은 도시기본계획의 지침에 따라 도시의 직접적인 개발이나 관리를 위하여 구체적인 내용으로 수립된다. 그래서 규제 등을 통한 수단지향적(means-oriented) 계획이다. 또한 각종 사업시행계획과 도시기본계획의 교량적 역할을 담당하고, 목표년도의 도시개발지표 달성을 위한 각 부문별 도시개발계획을 수립하고, 이에 따른 구체적인 토지이용(규제)계획과 공공시설계획 및 사업계획도 포함한다.

도시관리계획은 해당 도시계획구역의 시장·군수가 입안하고, 도시기본계획 또는 광역도시계획에 부합되어야 한다. 도시관리계획결정의 고시일부터 2년이 되는 날까지 지형도면의 고시가 없는 경우에는 그 2년이 되는 날의 다음날에 그 도시계획결정은 효력을 상실하도록 하고 있고, 장기미집행 도시계획시설에 대한 매수청구를 하도록 하는 등 도시계획의 신속한 시행을 하도록 하고 있다. 그리고 시장·군수는 5년마다 관할구역 안의 도시관리계획에 대하여 그 타당성 여부를 전반적으로 재검토하여 정비하여야 한다.

4. 외국의 공간계획체계

공간계획체계는 일반적으로 행정체계에 따라 국토-도시-단지-개별 필지 단위에 이르기까지 일관되게 이루어지고 있다. 외국의 경우 우리나라와의 차이점은 연방정부와 주정부의 행정체계를 가지는 연방제에 의한 州지역의 기능이 강화되어 각종 계획이 수립되는 특징이 있다. 하지만 일본이나 우리나라는 주로 지역계획차원에서 이 같은 계획이 수립되므로 실제 효용성이 낮아지는 경향이 있다.

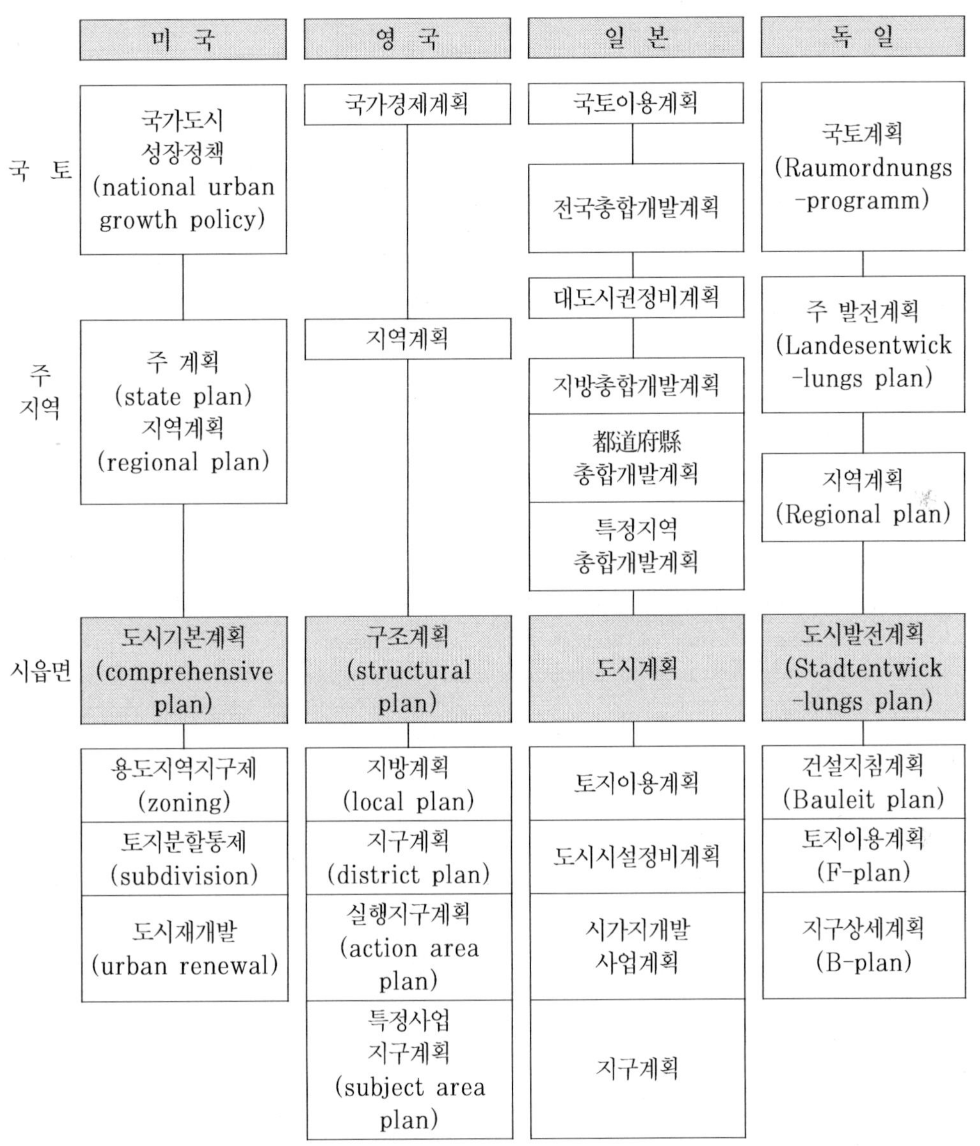

〈그림 6.4〉 외국의 공간계획체계

부록. 외국의 행정체계

1. 영 국

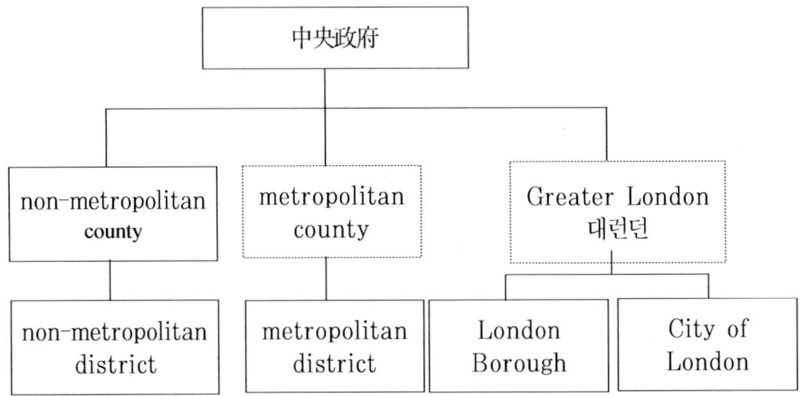

2. 미 국

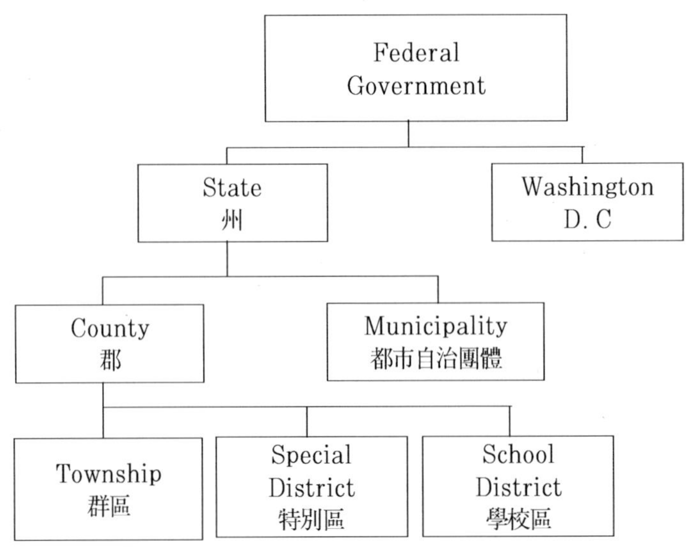

3. 프랑스

中央政府
Région
레지옹
Department
데파르망
파리시
Commune
코 뮨

4. 독 일

Bund
聯邦政府
Land
州
Stadtland
都市州
Kreisfreie Stdt
特別市
Kreis
郡
Gemeinde
自治體

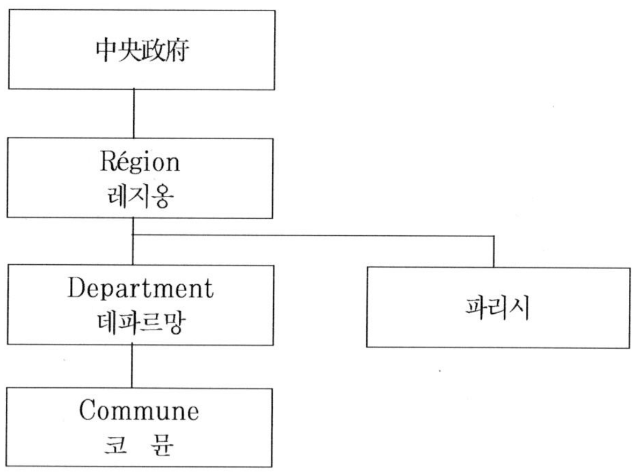

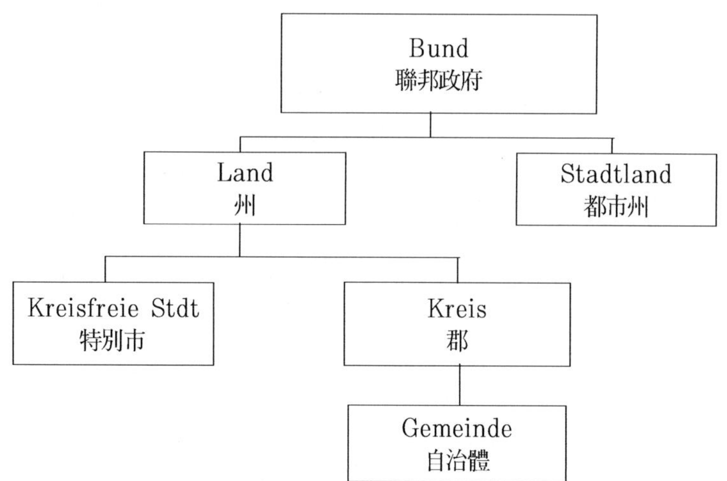

5. 일 본

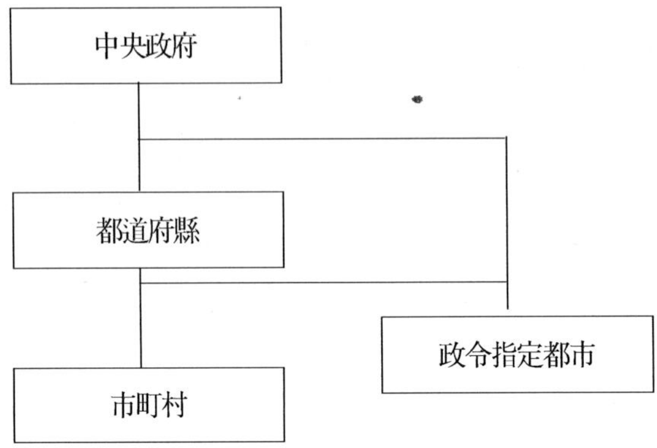

제 7 장 국토 및 지역계획

1. 국토계획

1) 목적과 필요성

국토계획은 국토공간의 효율적 이용을 위한 종합적이고 장기적인 계획이며, 그의 이용, 개발, 보전을 위해 실시할 사업의 입지와 시설규모 등에 관한 목표 및 적정화의 방향을 정하고 국토의 미래상을 제시하며, 민간자본의 투자방향을 유도·촉진하는 정책적 고려를 포함하는 발전적 개발행정의 지침으로서의 기능을 가지고 있는 종합적 계획이다.[57] 또한 급변하는 사회에 대응하기 위하여 국토공간을 정비하고, 미래의 비전을 제시함으로써 기타 하위계획의 틀을 제공하는 매우 중요한 역할을 하고 있다.

우리나라의 국토계획은 첫째, 국토자원의 이용, 개발 보전에 관한 장기적이고 종합적인 정책방향과 함께 미래 국토에 대한 청사진을 제공하는 기능, 둘째, 대규모 국책사업이나 지역개발정책 방향을 제시하며 바람직한 국토개발을 위한 계획지표 중심의 전략계획기능, 셋째, 국토의 골격 형성에 필요한 간선교

---

[57] 윤양수(1997), 국토계획제도 국제비교 연구, 국토개발연구원, p.20.

통시설, 댐, 공업단지 등 대규모 개발사업의 필요성과 투자우선순위에 대한 개략적인 검토 등을 포함한 투자계획 기능, 그리고 국토개발에 대한 목표·전략·지침을 제시하며 다양한 개발주체에 의해 추진되는 국토개발에 일관성과 질서를 부여하는 지침적인 성격 등의 다양한 기능을 추구하고 있다.

2) 우리나라의 국토계획

우리나라의 국토계획제도는 국토건설종합계획법(1963)을 근거로 하여 이루어져 왔으나 최근 국토기본법의 제정으로 계획체계가 다소 변경되거나 수정되었다.

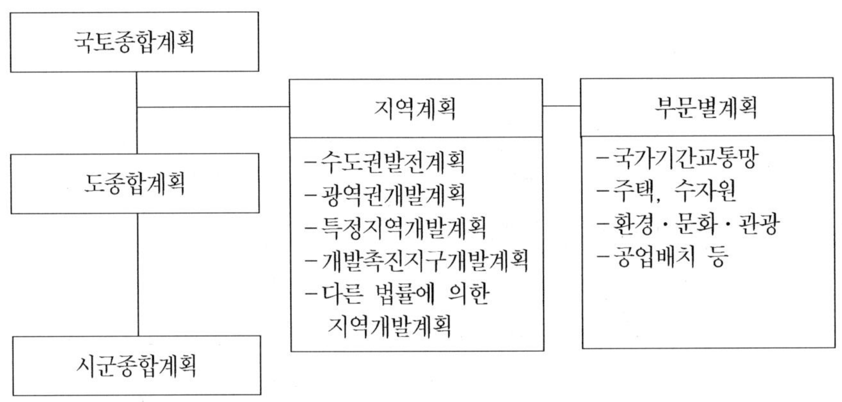

〈그림 7.1〉 국토계획체계 개편

이 법에 의한 국토계획은 국토종합계획, 도종합계획, 시군종합계획, 지역계획, 부문별계획의 5가지로 구분되고, 시행주체는 국토종합계획은 건설교통부장관이, 도종합계획은 도지사, 시군종합계획은 시장·군수가 계획을 수립하고, 지역계획은 중앙행정기관의 장 또는 지방자치단체의 장, 부문별 계획은 중앙행정기관의 장이 계획을 수립한다.

국토기본법과는 별도로 각종 개별법에 의한 수도권정비계획, 광역권계획, 제주도개발계획, 농어촌정주권개발계획 등과 권역별개발계획, 서해안종합개발계획 등도 별도로 수립 추진되고 있어 공간계획상에 다소 혼란을 나타내고 있다.

3) 국토종합계획

우리나라는 국토건설종합계획법을 근거로 제1·2·3차 국토종합개발계획은 10년 단위로 수립 추진되었고, 제4차 국토종합계획(2000~2020년)은 20년 단위의 장기계획으로 수립하여 추진된다.

(1) 제1~3차 국토종합개발계획

제1차 국토계획(1972~1981)은 고도경제성장을 뒷받침하기 위한 생산기반의 구축을 주요목표로 하여 경부축 중심의 거점개발을 추진하였다. 공업단지, 고속도로 건설 등 사회간접자본시설을 확충하고 집적이익을 통한 투자효율의 극대화에 치중하여 포항·구미·여천·창원 등의 산업기지와 지방공단 조성, 소양강댐·안동댐 등 다목적댐의 건설, 남해고속도로 건설 등이 이루어졌다.

제2차 국토계획(1982~1991)은 안정성장과 복지향상을 도모하기 위하여 인구의 지방정착과 생활환경의 개선을 목표로 권역개발을 추진하고, 수도권의 개발을 억제하고 지방개발을 촉진하는 한편 주택 200만 호 건설, 맑은 물 공급 등 국민생활여건 향상에 역점을 두었다. 수도권정비계획법, 환경보전법, 토지공개념관련법 등의 제도정비와 올림픽 개최 등 새로운 여건변화에 대응하기 위하여 1987년에 계획이 수정되었다.

제3차 국토종합개발계획(1992~1999)은 지역균형개발을 위하여 지방분산형 국토골격의 구축과 국민복지 향상과 국토환경의 보전에 목표를 두었다. 지방의 육성과 수도권집중의 억제, 신산업지대 조성과 산업구조의 고도화 그리고 국민생활과 환경부문에의 투자확대에 주력했다.

제3차 국토계획은 지방분산형 국토골격의 형성을 기본목표로 ① 국토공간의 균형성, 생산적·자원절약적 국토이용체계의 확립, ② 국토이용의 효율성, 국민복지수준의 향상, 국민환경의 보전, ③ 국민생활의 쾌적성, 통일에 대비한 국토기반의 조성, ④ 남북국토의 통합성에 초점을 두고 있다.

이에 대한 추진방향으로 지방의 육성과 수도권집중의 억제를 위해 ① 수도권집중 억제에 의한 소극적 균형개발방식에서 지방개발 중심으로의 적극적 방식으로 전환, ② 지방도시와 농어촌 및 낙후지역을 특성에 맞게 육성하고 수도권집중을 지속적으로 억제, 신산업지대의 조성과 산업구조의 고도화, ③ 국토의 중부·서남부지역에 신산업지대 조성으로 균형개발촉진, ④ 첨단기술산업단지와 연구단지조성 및 산·학·연 연계체계 구축으로 산업구조 고도화, 간선교통망의 확충으로 물동량과 정보의 신속한 흐름을 유도, ⑤ 교통·유통·통신시설 상호 간의 연계체계 확립으로 유통효율 제고, 국민생활과 환경보전 및 국토이용관련 제도정비, ⑥ 주택, 상하수도, 여가시설 등에 대한 투자확대로 국민생활의 기본수요 충족과 질 향상 도모, ⑦ 환경부문의 투자확대 및 제도정비로 국내·외적인 환경문제 대처, ⑧ 국토이용 및 토지투기방지를 위한 제도 확립으로 국토의 합리적 이용 도모, 남·북한 간의 단계적 교류확대와 공동개발사업 추진을 위한 기반조성, ⑨ 접경지역에 남북교류공간 조성 및 주민생활환경 개선, ⑩ 남북교류망의 복원개발 및 수자원·관광자원 등의 공동개발 기반구축, 국토계획의 집행력 강화, ⑪ 국토개발 투자재원의 확대 및 지방자치제 실시에 부응하는 자율적인 계획수립과 집행체계의 정비, ⑫ 국토개발에 대한 국민 참여를 확대하고 중앙과 지방·민간 간의 역할분담 및 조정·통합체계 구축을 추진하였다.

계획의 주요내용은 ① 지방의 육성과 수도권의 집중완화, ② 공업용지 및 여가공간의 조성, ③ 통합적 고속교류망의 구축, ④ 국민생활수준의 향상과 국토자원 개발·관리, ⑤ 통일에 대비한 국토기반 구축과 접경지역의 개발·관리이다.

<표 7.1> 국토종합개발계획의 변천

구 분	제1차 국토계획	제2차 국토계획	제3차 국토계획
기 간	1972~1981	1982~1991	1992~2001
배 경	−국력의 신장 −공업화 추진	−국민생활환경의 개선 −수도권의 과밀완화	−사회간접자본시설의 미흡 −자율적 지역개발전개
기본목표	−국토이용관리의 효율화 −사회간접자본의 확충 −국토자원개발과 자연보전 −국민생활환경의 개선	−인구의 지방정착 유도 −개발 가능성의 전국적 확대 −국민복지수준의 제고 −국토자연환경의 보전	−지방분산형 국토골격형성 −생산적, 자원절약적 국토이용체계구축 −복지향상과 국토환경보전 −남북통일에 대비한 국토기반의 조성
개발전략 및 정책	−대규모 공업기반의 구축 −교통통신, 수자원 및 에너지 공급망 정비 −부진지역 개발을 위한 지역기능 강화	−국토의 다핵구조 형성과 지역생활권 조성 −서울, 부산 양대도시의 성장억제 및 관리 −지역기능 강화를 위한 교통·통신 등 사회간접자본 확충 −후진지역의 개발	−지방의 육성과 수도권 집중억제 −신산업지대 조성과 산업구조의 고도화 −종합적 고속교류망 구축 −국민생활과 환경부문의 투자증대 −국토계획의 집행력 강화 및 국토이용관련제도정비 −남북교류지역의 개발관리
특징 및 문제점	−거점개발방식의 채택 −경부축 중심의 양극화 초래	−양 대도시의 성장억제 및 성장거점도시의 육성에 의한 국토균형발전 촉구 −구체적 집행수단의 결여로 국토의 불균형 지속, 올림픽 개최의 확장 등으로 2차계획 수정(1987)	−세계화·개방화·지방화 등 여건반영 미흡 −국토개발계획의 기조변화

(2) 제4차 국토종합계획

제4차 국토종합계획(2000~2020)은 21세기 초반에 예상되는 남북통일에 대비하여 한반도 전체를 대상으로 하는 한반도 국토골격 안 마련의 필요와 국토의 현안문제를 해결하기 위한 종합적인 접근이 요구되었다. 또한 수도권집중, SOC부족, 지역개발 등 국토 문제를 종합적으로 진단하고 입체적으로 조정할 수 있는 종합계획과 IMF 사태로 인한 우리경제의 대폭적인 경제구조조정을 선도·지원하기 위한 국토부문의 정책지침이 절실히 요구되었기 때문에 제4차 국토계획의 수립과 시행이 이루어지게 된 배경이다. 세계화의 진전과 동북아 경제권의 부상과 경제구조 조정과 저속성장시대로의 진입 등의 대내외적인 변화가 새로운 국토계획을 필요로 하고 있다.

〈표 7.2〉 제4차 국토계획의 기조와 목표

기 조	▶국토균형개발을 통한 지역 간의 통합 ▶개방적 국토경영을 통한 동북아지역 경제와의 통합 ▶환경친화적 국토관리를 통한 한반도의 통합을 유도 ▶남북한 간 교류촉진을 통한 한반도의 통합을 유도
목 표	■신개방국토의 조성으로 〔동북아의 교류중심국가〕로 도약 ■지방분산과 지방분권을 확대하여 국민통합과 전국의 성장에너지를 유발하는 〔균형된 국토〕를 형성 ■환경과 개발이 조화되는 〔녹색 전원국토〕를 창조 ■남북한 협력기반 강화로 〔남북통합 국토〕를 유도

제4차 국토계획의 7대 전략 구상안은 첫째, 3×3축의 국토통합축의 형성이다. 환황해축, 환동해축, 남해안축 등 3개의 연안축을 형성하여 개방적 국토골격을 구축하고, 인천-강릉축, 군산-포항축, 평양-원산축 등 3개의 동서내륙축을 형성하여 국토균형발전의 내륙확산을 도모한다.

둘째, 지방도시의 육성과 수도권의 분산이다. 지방도시별로 경쟁력 있는

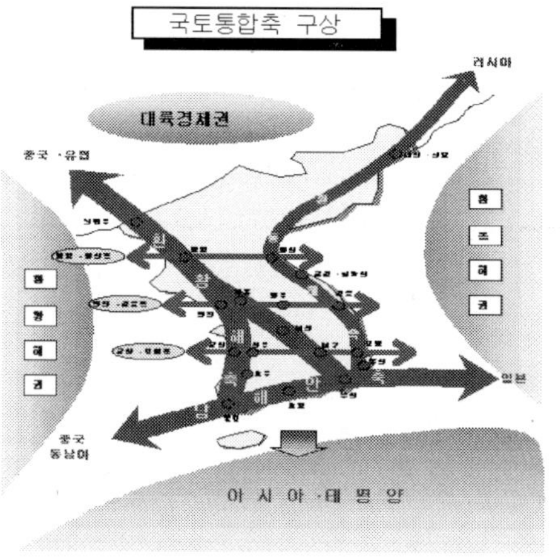

〈그림 7.2〉 국토통합축 구상

특화산업을 육성하여 국내외로 판매하고, 지방대도시는 지역특성에 맞는 미래 산업을 대표하는 도시로 특화하고 관련산업 인재양성 중심지로 육성, 중소도시는 도시별 특성에 따른 주력산업을 육성한다.

셋째, 국제개발거점과 테크노벨트의 조성이다. 국토통합축의 전략지역에 투자자유지역을 지정하여 집중개발하고, 인천~안산~대불~광양만을 연결하는 L자형 신산업지대망을 구축한다.

넷째, 민간주도의 인프라구축과 정보화의 추진이다. 21세기 국력의 상징인 인프라 축척을 위해 민간부문과 외국의 자본·창의기술을 과감히 유치하고 GIS·교통·물류정보망 등을 종합 연계하여 [정보화 국토]를 실현한다.

다섯째, 녹색전원생활 기반의 창조이다. 국토의 모든 부문에서 환경·문화·개발의 조화를 추구하고, 남북한 공동의 민족생태공원 지정·관리와 동북아환경 협력체제의 구축 등 국제환경 협력을 강화한다.

여섯째, 남북한 교류협력사업의 다각화이다. 단절된 도로·철도의 복원 및 해로·항공로 개설을 추진하고, 청진·나진 등 두만강개발사업과 북한의 경제특구에 대한 투자를 촉진한다. 그리고 금강산−설악산 연계관광개발과 임진강의 수자원을 공동개발하고 통일에 대비한 남북한 접경지역의 활용방안을 모색한다.

일곱째, 동북아 교류중추권의 경영이다. 동북아의 핵심거점지역으로 국내기업의 진출을 유도하고 동북아의 물류중심국가를 지향하는 Hub 공항 및 Hub 항만, 대륙교통망을 건설하여 남북한 간의 경제네트워크 형성 및 동북아 국가와의 삼각망을 구축한다.

(3) 제4차 국토종합계획 수정계획(2006~2020)

제4차 국토종합계획수립 이후 진행되고 있는 새로운 국내외 여건 변화에 대응하기 위하여 주요 내용의 수정이 불가피하고, 참여정부의 새로운 국가경영 패러다임을 국토계획에 반영하기 위한 것이 수정계획의 배경이다.[58]

'약동하는 통합국토'의 실현이라는 계획의 기조를 두고, 국가의 도약과 지역의 혁신을 유도하는 '약동적'인 국토 실현, 지역 간 균형발전과 남북이 상생하는 '통합국토'의 실현에 역점을 두고 있다.

'약동하는 통합국토'의 실현이라는 계획기조를 반영하여 계획의 목표, 국토구조 형성의 기본방향, 추진전략을 다음과 같이 설정하고 있다.

① 국토의 균형발전과 경쟁력 강화, 인본주의적 국토실현을 위한 계획목표

---

58) 대한민국정부(2006), 제4차 국토종합계획 수정계획(2006~2020), pp.33-34.

-상생하는 균형국토

-경쟁력 있는 개방국토

-살기 좋은 복지국토

-지속 가능한 녹색국토

-번영하는 통일국토

② 계획목표를 국토공간상에 실현하기 위해 국토구조 형성 틀을 3개의 개방형 국토축과 7+1의 경제권역으로 제시

-개방형 국토축: 남해안축, 서해안축, 동해안축

-경제권역: 수도권, 강원권, 충청권, 전북권, 광주권, 대구권, 부산권, 제주도

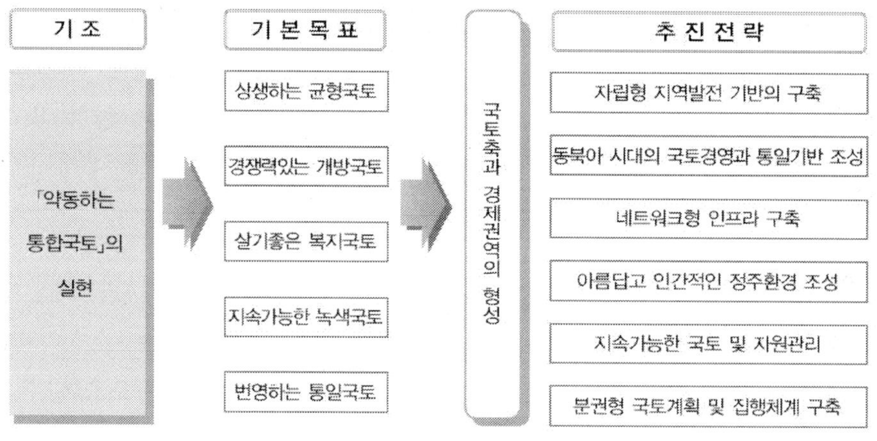

〈그림 7.3〉 수정계획의 기본 틀

③ 계획목표의 실현을 위한 6대 추진전략

-자립형 지역발전 기반의 구축

-동북아 시대의 국토경영과 통일기반 조성

-네트워크형 인프라 구축

-아름답고 인간적인 정주환경 조성

-지속 가능한 국토 및 자원관리

-분권형 국토계획 및 집행체제 구축

〈그림 7.4〉 약동하는 통합국토의 구도

4) 국토균형발전 전략

수도권 집중으로 인한 국토의 불균형 성장이 우리나라 국토정책의 큰 문제점으로 부각되면서 이를 해소하기 위한 국토계획이 제2차 국토계획에서부터 제기되어 왔다. 그러나 이러한 계획에도 불구하고 수도권으로의 집중은 더욱 심화되고 있어 근본적인 해결방안의 제시가 요구되고 있다.

최근 행정수도이전을 통한 국토균형발전을 이루고자 하는 움직임도 그 일환이다. 국토균형발전을 위한 전략은 크게 분산화정책, 분권화정책, 분업화정책으로 구분할 수 있고, 이 세 가지 정책이 동시에 추진될 때 국토균형발전은 가능하게 될 것이다.

〈표 7.3〉 국토균형발전전략

정　책	세　부　내　용
분산화정책	• 중앙공공기관의 지방이전 • 기업본사의 지방이전 촉진 • 수도권대학의 지방이전
분권화정책	• 중앙정부 인·허가 업무의 전면적 지방분권화 추진 • 우선사업에 대한 중앙정부와 지자체의 협약 추진 • 중앙업무를 관장하는 특별지방행정기관의 지방화 • 지방분권, 지역통합, 지방활성화 차원에서 지방행정구역의 개편 검토
분업화정책	• 지방중소도시에 주력산업군집(Key Industrial Cluster) 형성 • 지식기반사업의 지역특성화 및 지역 간 네트워크 구축 • 지방의 특화산업개발을 위한 인력양성

　국토균형발전을 위한 3대 특별법[59]이 제정되고, 「국민의 정부」의 주요 시책이 국토균형발전이라는 목표 아래 많은 지역개발계획 및 사업이 시행되고 있다. 또한 국가균형발전위원회가 조직되어 각종 국가균형발전을 위한 정책개발과 평가를 하고 있다.

　제1차 국가균형발전 5개년 계획에서 국가균형발전정책의 비전과 전략은 다음과 같다.

① 혁신주도형 발전기반 구축: 지역 인재양성과 기술혁신을 통한 지역산업진흥, 산·학·연 혁신클러스터를 적극적으로 조성

② 농-도 간 상생발전 토대 마련: 신활력지역의 자립기반 구축, 지역특화발전특구 등을 통한 지역의 특성화 발전 지원, 농촌의 문화·관광자원 개발을 통해 도-농간 교류를 증진시켜 농촌소득 증대 및 도시민의 전원회귀여건 조성

③ 수도권의 질적 발전 추구: 수도권의 과밀화 해소, 삶의 질 향상, 규제개선 추진

④ 네트워크형 국토공간 형성: 수도권 일극중심에서 행정중심복합도시·혁

---

59) 3대 특별법에는 「국가균형발전특별법」, 「지방분권특별법」, 「신행정수도건설특별법」을 말한다. 신행정수도건설특별법은 2004. 10. 21. 헌법재판소에서 위헌 판결이 났고, 이에 후속대책으로 「신행정수도 후속대책을 위한 연기·공주지역 행정중심복합도시 건설을 위한 특별법」이 제정되었다.

신도시·혁신클러스터 등 다극분산화된 국토구조로 개편, 경제자유구역과
다수의 대외개발거점 육성·연계하여 잠재력 최대한 발휘

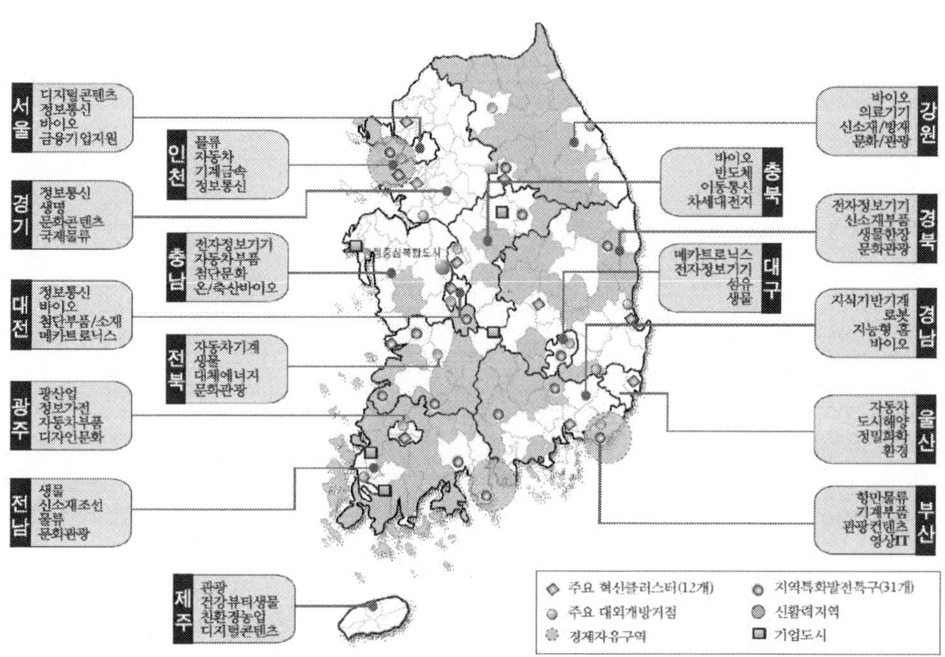

〈그림 7.5〉 국가균형발전 종합구상도

　　현재 우리나라 지역개발제도는 여러 법률에 근거하여 다수의 추진 주체를
중심으로 다양하게 추진되고 있다. 건설교통부에서는 광역권개발, 특정지역개
발, 개발촉진지구개발, 제주국제자유도시개발 및 지역종합개발지구사업 등을
추진하고 있으며, 행정자치부에서는 도서 및 오지개발과 접경지역개발, 소도읍
개발사업, 농어촌 주거환경개선사업, 농림부는 농어촌정주생활권개발, 문화마을사
업, 산업자원부에서는 폐광지역개발사업을 추진하고 있다.

<표 7.4> 소관부처별 지역개발제도 현황

구 분	관 련 법 령	관 련 계 획		
		계획명	계획기간	수립주체
건설교통부	국토기본법	● 국토종합계획	20년	건교부장관
		● 도종합계획	20년	도지사
		● 시군종합계획	–	시장·군수
		● 지역계획, 부문별계획	–	중앙행정기관장
	제주국제자유도시 특별법	제주국제자유도시종합개발계획	10년	도지사
	지역균형개발 및 지방중소기업 육성에 관한 법률	광역개발계획	10~20년	광역시장 도지사
		특정지역개발계획('02 신설)	10년	광역시장 도지사
		개발촉진지구개발계획	5-10년	시·도지사 시장·군수
행정자치부	도서개발촉진법	도서종합개발10개년계획	10년	행자부장관
	오지개발촉진법	오지종합개발10개년계획	10년	행자부장관
	접경지역지원법	접경지역종합계획	–	시·도지사
	소도읍지역육성 지원법	소도읍육성계획	10년	시장·군수
농림부	농업·농촌기본법	농업·농촌발전계획 시·도 농업·농촌발전계획 시·군·구 농업·농촌발전계획	10년	농림부장관 광역시장·도지사 시장·군수·구청장
	농어촌정비법	정주생활권개발계획 문화마을조성사업	–	시장·군수
산업자원부	폐광지역개발지원 특별 조치법	폐광진흥지구개발계획	5년	시·도지사
국가균형 발전위원회	국가균형발전특별법	신활력지역	3년	시장·군수

2. 지역계획

1) 지역계획의 개념 및 범위

우리나라의 지역은 도시와 대칭되는 지리적인 범역(area)을 의미하는데, 비도시지역이라는 공간특성을 지칭하는 경우가 많다. 지역계획의 대표적인 유형으로는 국토종합계획에 의한 지역계획과 각종 개별법에 의한 광역권개발계획, 개발촉진지역계획, 농어촌개발계획, 오지개발계획 등이 있다.

지역계획(regional planning)은 복수의 공간단위를 포함하는 국가하위 공간계획을 의미한다.[60] 지역계획은 최하위 공간단위계획(local planning)과 전국(national planning) 사이에 위치하는 중간계층적 공간계획을 의미한다.

지역계획의 요건은 첫째, 복수의 공간단위를 대상으로 하여야 하고, 둘째, 지역의 문제해결 또는 구체적인 목표가 있어야 하고, 이를 달성할 수 있는 체계화된 행동을 지시하여야 한다.

지역계획의 필요성은 토지이용차원의 지방단위 간 조정과 국가 경제성장정책의 수행을 위한 공간적 수단과 지역자체의 개발 욕구 실현수단의 필요성이다.

2) 지역발전의 일반이론

(1) 입지론

입지론의 기본개념은 "기업과 가계 및 공동체"(계획주체)가 바라는바 목적달성을 위한 공간구조상의 합리적인 위치를 설명하는 것으로 Adam Smith, Recardo, Von Thünen, Mill과 같은 전통적 경제지리학자와 19세기 이후의 Alfred Weber,

---

60) 김용웅(1999), 지역개발론, 법문사, pp.295-296.

August Lösch, Walter Isard 등이 있다. 크게 최소비용법, 최대수입법, 이윤최대법이 있다.

최소비용법은 A. Weber에 의해 주장되었고, 기본원리는 '기업가는 비용이 최소되는 곳을 선택한다'라는 것이다. 이 이론에서는 다음과 같은 가정을 하고 있다.

① 연구지역의 하나의 고립지역(나라, a single isolated country)으로 동일한 기후를 갖고 있으며 소비자들은 중심지에 집중되어 있고, 모든 회사들이 제한 없이 시장에의 접근이 가능한 완전경쟁상태에 있다.
② 물, 모래, 흙 등 자연자원이 어디든지 있어 이들의 이용이 어디서든지 가능하다.
③ 화석연료나 광물 등이 일정지역에서만 제한적으로 이용이 가능하다.
④ 노동은 일부지역(주로 도시)에 있으며 노동이동도 제한적이다.

최소비용법에서 산업입지에 영향을 주는 요소로는 수송비(transport costs), 노동비(labour costs), 집적력(agglomeration)이 있고, 이들의 총비용이 제일 적은 곳이 적지로 선정된다. 적지를 선정하기 위하여 수송비만을 고려한 최소비용 지점, 노동비 최소지점, 집적력을 고려하여 최종 적지를 선정한다.[61]

이 이론의 문제점은 일정한 수송비와 생산비, 정부정책 및 관련제도를 무시하고 있으며, 회사들의 무한수요를 보장하는 완전경쟁 또한 시장수요도 입지에 따라 달라질 수 있다는 것을 무시하고 있다(공급부문과 고려, 수요부문 무시).

최대수입법(시장영역론: Market Area Approach)은 A. Lösch가 주장하였는데, 회사는 시장에의 접근이 용이하여 최대의 수요를 창출할 수 있는 곳에 입지한다는 것이다. 이 이론의 가정은 다음과 같다.

① 투입요소, 즉 원료, 노동, 자본 등의 분포가 공간적인 차이가 없는 동질지역이다.

---

61) 집적이익은 규모의 경제(scale economy), 도시화의 경제(urbanization economy) 또는 지역화의 경제(localization economy)에서 발생하는 이익이다.

② 인구밀도가 획일적이고 그들은 변함없는 성향을 갖는다.
③ 한 회사의 입지는 다른 회사의 입지와는 관계가 없다.

문제점은 원료투입에 있어서 공간적 차이를 인정하지 않아 공간비용을 무시하고 있다. 투입(공급)부문을 무시하고 수요측면만 고려하고 있다.

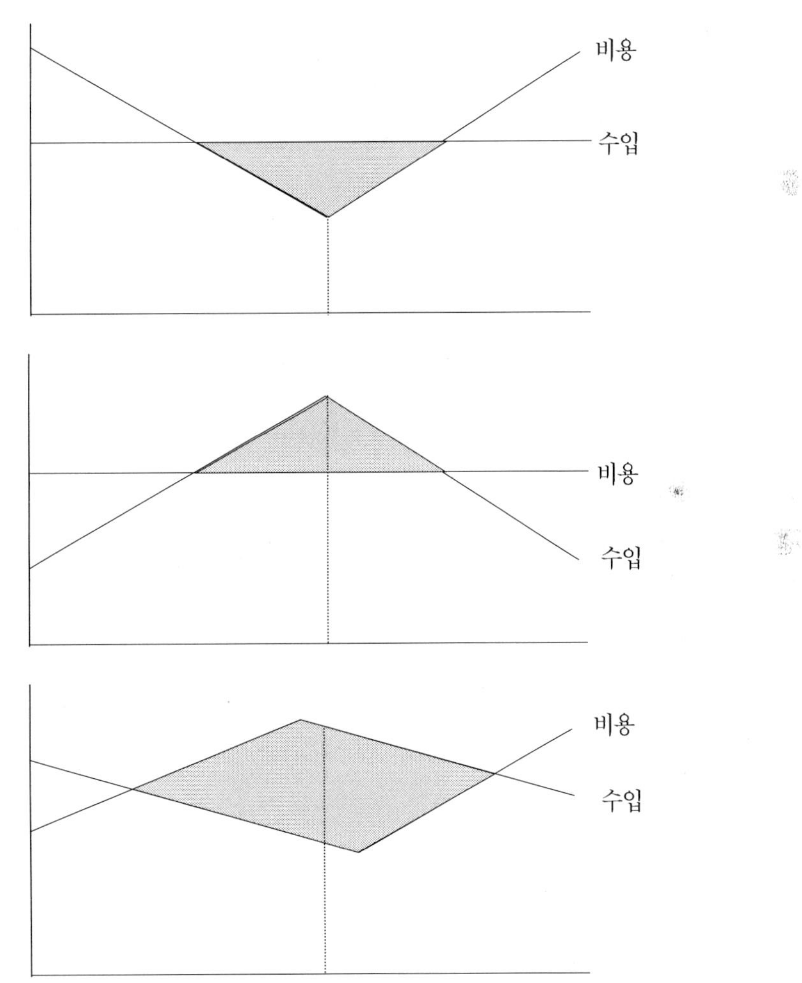

〈그림 7.6〉 D. M. Smith의 입지 다이어그램

이윤최대법(Profit Maximization Approach)은 W. Isard, Greenhut에 의해 주장
되었는데, 이윤이 최대가 되는 지점에 입지가 결정된다는 것이다. 그러나 이
이론은 다음과 같은 문제점을 가지고 있다.

① 입지의 상호의존성(locational interdependence)을 수용하지 못하고 있다.
② 관련변수의 측정이 어렵다.
③ 대규모, 현대 기업은 다양한 제품을 생산하고, 하나의 적정입지에서만 생
　산되는 것이 아니다.
④ 산업입지에서 이윤극대화만이 기준이 될 수 없다.
⑤ 행위요소(behavioral factor)가 무시되었다.

산업입지의 중요요소로서는 노동·교통 및 통신·단지·정부의 산업입지정책, 환경요소가
있다.
지역계획에서 입지론이 이용된 것을 살펴보면, 첫째, 교통·노동·집적력 그
리고 시장요소는 물론 기업가의 자세와 취향, 지역의 특성 등의 행위적 요소
가 있음을 인식하였고, 둘째, 지역의 경제구조 파악과 지역문제의 이해, 이 이
해의 바탕 위에 미래의 계획수립이 가능하다는 것을 알게 되었다. 셋째, 구체
적으로 적정한 산업입지를 확인하고 산업의 유치방안을 모색하고, 행위요소를
고려하여 지역의 '이미지' 개선사업을 추진하고 물리적·사회적인 환경을 아
울러 개선하도록 하는 근본을 제시하였다.

(2) 중심지이론

중심지이론은 Walter Christaller(1932)에 의해 주장되었고 그 후 Dickinson, A.
Lösch, Berry, Garrison 등에 의해 크게 발전되었다.

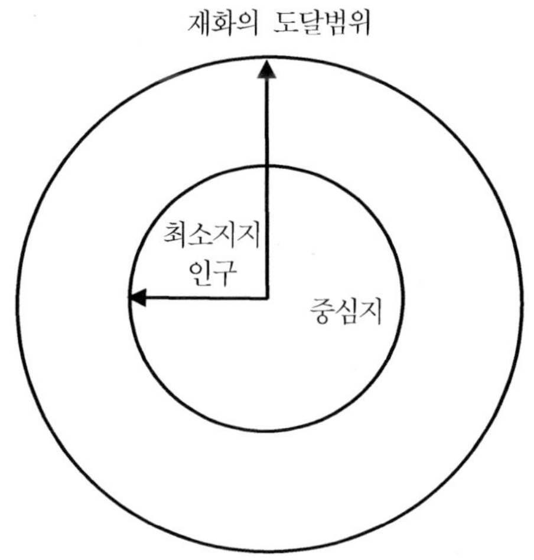

중심지이론에서 사용되는 용어를 정의하면, 중심지(Central Place)는 재화와 용역의 시장이 겹치는 공간으로서 지역의 중추적인 기능을 갖는 취락이며, 그 주변지역의 주민들에게 재화와 용역을 공급해 주는 정주공간(settlement space)이다. 중심성(Centrality)은 주변지역에 관한 어느 중심지의 상대적 중요성, 즉 그 도시가 그 중심기능을 파급하는 정도를 나타내고, 중심재(Zentrale Güter)는 주변지역에서 중심지에 와서 공급받는 재화와 용역을 말한다. 그리고 보완지역(Ergänzungsgebiet)은 어느 중심지가 중심점이 되어 있는 주변지역이다.

중심지 이론에서의 가정은 첫째, 공간은 균질한 평지이고 자연자원 및 인구 분산이 균등하게 이루어져 있고, 둘째, 중심지는 그 배후지에 있는 모든 사람들에게 재화와 용역을 공급한다. 그리고 셋째, 소비자는 가장 가까운 중심지에 가서 필요한 것을 구매하게 되고, 공급자는 이윤이 보장되면, 가장 넓은 시장을 확보할 수 있는 곳에 입지한다는 것이다.[62]

중심지이론의 문제점 및 한계점은 첫째, 동질공간(isotropic plain)의 가정에 대한 비판으로 현실적으로 불가능하고, 둘째, 인구의 균등한 분산을 가정하여 동질적인 균등한 분산은 있을 수 없다. 셋째, 시간의 개념이 무시되었으며, 넷째, 중심지의 위계별 정규분포는 어느 위계에 있는 중심지가 지나치게 크게

---

[62] 중심지 이론에서 중심지 위계(hierarchy of central places)는 시장의 원리(K=3), 교통의 원리(K=4), 행정의 원리(K=7)이다.

되면 차하위 중심지들이 정규분포에 따른 존립이 불가능하게 되어 중심지위계별 정규분포가 어렵다. 그리고 마지막으로 중심지의 위계결정에 있어서 기술적인 어려움이 있다는 것이다.

(3) 성장거점이론

성장거점이론은 슘페터(Schumpeter)의 쇄신이론(innovation)의 개념을 발전시킨 것으로, 페로(François Perroux), 보데빌(Boudeville), 한센(Hansen), 허시만(Hirschman), 미르달(Myrdal)에 의해 발달되었다.

기본개념은 '성장은 모든 곳에서 일어나지 않고 다양한 강도로 공간의 특정부분(즉, 한 점 또는 개발의 핵)에서 나타나며, 다양한 통로를 따라 확산된다.'는 것이다. 이때 성장거점은 경제에 있어서 동적 성장(dynamic growth)을 발생시킬 수 있는 산업의 집합체이며 이들은 하나의 선도 또는 추진산업(leading or propulsive industry)을 중심으로 한 투입-산출의 연계를 통하여 상호간에 강한 연관을 갖고 있다.

성장거점이론에서 다루어지는 선도 또는 추진산업은 다른 산업을 지배하는 산업이다. 그리고 성장거점의 개념에서 도출된 세 가지 기본 경제개념은 다음과 같다.

① 어떤 지역에 성장열(growth mindedness)을 불러 올 진보된 수준의 기술을 요구하는 새롭고 동적인 산업이다.
② 국내시장을 상대로 하는 상품을 생산하는 데 이 상품의 수요에 대한 소득탄력성은 높다.
③ 다른 부문과 강한 산업 간 연계를 갖는 산업 즉, 전방 또는 후방연계가 큰 산업들이다.

성장거점은 처음 극화효과 및 집적경제(Polarization Effect & Agglomeration)에 의해 중심도시에 주변지역의 대부분 중심기능이 집중되었다가 다시 파급효과(Spread effects or Trickling-down Effects)에 의해서 주변지역으로 성장효과가 나가게 된다.

지역계획에서 성장거점이론은 낙후지역의 발전을 도모하기 위해서 많이 이용되었는데, 성장거점이론을 도입하기 위한 절차는 ① 낙후지역의 공간범위를 결정하고 이 지역이 갖는 문제의 특성을 파악, 정책목표를 확정하여야 하고, ② 성장거점을 선정하고 이들의 위계를 결정하여야 한다. 그리고 ③ 선정된 성장거점에서 우선 선도산업, 추진기업을 발전시키는 조치를 취하고, ④ 선도산업 또는 추진기업이 입지하였을 때, 이에 따른 성장의 파급효과를 극대화하기 위해서는 선도산업 및 추진기업과 연계를 가질 수 있는 지역산업 및 기업의 육성가 발전이 적극적으로 이루어질 수 있도록 한다. 마지막으로 ⑤ 제도적 장치를 마련한다.

성장거점이론의 문제점 및 한계점으로서는 첫째, 대규모 선도산업에 지나치게 의존적이고, 둘째, 선도산업 및 추진기업의 성장거점에서의 입지에 따라 극화현상이 일어나게 되는데, 규모의 불경제(diseconomies of scale)와 입지에 제약을 받는 기업들의 존재로 극화현상이 제약을 받게 되고, 셋째, 성장거점의 극화효과는 외부지역에서 새로운 산업 및 기업의 입지를 유도해서 나타나는 경우는 있지만 지역 내, 즉 성장거점의 주변지역에 있는 기존의 중소 제조업의 경제활동을 제약하면서 나타나기도 한다. 특히, 역류효과(backwash effects)가 나타나지만, 이를 주변지역으로 파급시키지는 못한다는 것이다.

<부표 1> 외국 국토계획제도의 총괄표

구분	근거법	계 획	기능·성격	수립주체	비 고
프랑스	국토정비 및 개발에 관한 기본법 (1995)	● 국가경제·사회 및 국토정비계획(프랑스의 기본계획) ● 국토개발정비지침 (SDADT) ● 레지옹계획 ● SD, POS	● 국가경제·사회·문화 발전 중기목표와 전략·수단(국토정비 부문) 국토개발관리지침 ● 국가계획을 지역화함. 지역경제·사회개발 및 국토정비에 관한 계획 ● 도시전략계획, 토지이용계획	국가(계획청) CIAT(DATAR) (DATAR) 레지옹 코 뮨	4~6년 계획, 국가경제계획의 일환으로 수립 95년 기본지침제정으로 시행 계약협약제도도입 POS 법적구속력
독일	국토공간 정비법 (1965)	● 국토공간보고서 ● 주 계획 (Landesplan) ● 광역권계획 (Regional plan) ● F-plan, B-plan	● 국토정비의 현황, 발전경향, 목표 등 제시(4년) ● 국토정비의 기존원칙에 부응한 기본방침과 계획 ● 주 계획의 지역별 구체화	국가(건설성) 주 주, 시군협의체 시군	보고서 성격 10~15년 기간 투자비 등 포함 사업의 상세한 제시 투자비계상 토지이용계획 및 발전계획
네덜란드	국토계획법 (1962)	● 국토계획서(4차, 1988) ● 지역계획 (streekplan) ● 토지이용계획 (bestemmingsplan)	● 국토정비시책, 기준제시 ● 공간계획측면의 지역 및 도시계획지침 ● 도시개발계획	(국가)주택, 계획 및 환경성 주정부 지자체	'60, '66, '78, '88 제4차 국회인준(93) 10년 단위 검토 5년 단위 검토
일본	국토총합 개발법 (1950)	● 전국총합개발계획 (4차) ● 도부현 총합개발계획 ● 지방총합개발계획 ● 특정지역총합개발계획(21지역)	● 국토개발방향제시, SOC건설 계획적 추진	국가(국토청)	5차 수립 중 4단계의 계획체계 설정 개별법 난립 체계복잡

제 8 장 도시계획제도

1. 도시계획제도

1) 도시계획제도의 연혁

우리나라의 근대적 도시계획제도의 시초는 1934년 「조선시가지계획령(朝鮮市街地計劃令)」의 제정공포(1934. 6. 20, 조선총독부 제령 제18호)라고 할 수 있다. 이 계획령에는 지역·지구의 지정과 건축물의 제한, 토지구획정리사업을 포함하고 있었다.

도시계획법이 1962년(1962. 1. 20. 법률 제983호)에 제정됨으로써 현재의 법적 체계를 갖추게 되었다. 이 당시 도시계획법에는 도시계획만이 아니라 토지구획정리사업에 관한 내용도 포함하고 있었다. 그리고 조선시가지계획령 중 건축분야는 별도로 「건축법」으로 분리하였다. 1966. 8. 3. 「토지구획정리사업법」이 따로 제정됨에 따라 토지구획정리에 관한 사항이 도시계획법에서 분리되었다.

1971. 1. 19. 도시계획법의 전문개정으로 개발제한구역의 도입과 특정시설제한구역의 지정과 도시개발예정지역을 지정토록 하였다. 1976. 12. 31. 도시계획법에서 규정하고 있는 재개발사업을 독자적으로 분리시켜 도시재개발법을 제정하고, 1981. 3. 31. 도시계획에 대한 지역주민의 참여기회보장, 도시계획의

효율성 및 전문성의 확보와 아울러 주민의 재산권에 대한 적절한 보호를 기함으로써 도시계획사업의 시행과 사유재산보호와의 조화를 강구하게 하여 도시계획에 대한 공신력을 제고시켰다. 그리고 도시기본계획제도를 도입함으로써 도시계획의 체계를 구축하고, 장기적 안목에서 도시계획을 다루고자 하였다.

1991년 12월 14일, 도로·철도 등을 광역적인 정비체계가 필요한 시설을 효율적으로 설치·관리하기 위하여 광역계획제도를 신설하고, 토지이용의 합리화 및 도시미관의 증진을 위하여 일정한 지역 안의 건축물에 대하여 도로·수도 등의 처리·수용·공급능력에 적합하도록 그 용적·용도를 정하는 상세계획제도를 도입하였다. 그리고 1999년 2월 8일, 이제까지 지정사례가 없었던 특정시설제한구역과 도시개발예정지구를 폐지하였다.[63]

2000. 1. 28.의 전면개정(2000. 7. 1. 시행)과 도시개발법, 개발제한구역의 지정 및 관리에 관한 특별조치법의 제정으로 도시관련 3법체계를 이루게 되었다. 도시개발법의 제정으로 토지구획정리사업법이 폐지되는 등, 장기적으로 보았을 때, 도시개발 및 토지개발관련법규는 도시개발법에 통합될 것으로 사료된다. 도시계획법의 개정은 시대적 변화와 여건변동에 부응하는 도시계획법제의 정비와 건축법과의 기능분담을 도모하기 위하여 개정되었다. 그리고 개발제한구역에 관한 사항과 도시개발에 관한 사항, 장기미집행시설에 대한 사항, 지구단위계획 등이 주요 개정내용이다.

2002. 12. 30. 국토의 계획 및 이용에 관한 법률의 제정은 기존의 도시계획법과 국토이용관리법의 국토와 도시 간 별도의 계획수립으로 인한 원활한 국토관리의 문제점을 극복하고자 이 법을 통합하여 국토 및 도시의 계획 및 이용을 일원화하였다. 용도지역을 통합 운영하고 지구단위계획제도를 제1종과 제2종으로 구분하여 도시지역뿐만 아니라 농촌지역에도 계획에 의한 개발을 추구하고자 하고 있다.

그리고 도시 및 주거환경정비법은 도시재개발법에 의한 '재개발사업', 도시저소득주민의주거환경개선을위한임시조치법에 의한 '주거환경개선사업'과 주택건설촉진법에 의한 '재건축사업'을 도시 및 주거환경정비사업으로 통합

---

63) 류해웅(2000), 도시계획과 도시개발법, 국토연구원, pp.4-6.

하였다. 주택법은 주택건설촉진법을 중심으로 주택관련법령을 통합하여 제정
되었다.

2) 도시계획제도의 특징

　우리나라 도시계획제도의 특징은 도시계획법과 관계법규로 법제가 다원화
되어 있고, 많은 특별법의 제정 등으로 체계적이지 못하다. 국토계획에서 지구
단위계획에 이르기까지 형식적 체계성은 갖추어져 있으나, 부문별 사업에 있
어 특별법이 우선 적용되는 등의 문제로 인하여 도시계획 및 개발에 있어 합
리적이고 체계적으로 사업이 시행되지 못하고 있다. 그러나 최근 법제 정비를
통하여 도시계획법제를 체계적으로 정립하고자 하고 있으며, 장기적으로 특별
법의 폐지 또는 통합 등을 통하여 도시계획법제의 정비가 이루어질 것으로 보
인다.

　이런 문제점을 해결하고자 하는 노력이 각종 법규의 통합 등으로 나타났다.
기존의 국토계획에 대하여 「국토기본법」으로 정리되었고, "도시지역과 농촌지
역의 분리 관리에 따른 난개발문제 등을 해결하기 위하여 기존의 국토이용관
리법과 도시계획법을 통합한 「국토의 계획 및 이용에 관한 법률(국토계획법)」
이 제정되어 국토차원에서부터 도시차원에 이르기까지 통합적 계획 및 관리를
위한 제도가 형태를 갖추게 되었다.

　그리고 시행상에서 정부 위주의 개발정책으로 인한 대규모 개발사업의 횡
행, 과도한 개발 등으로 환경의 파괴 및 민간참여의 저조 등의 문제점을 보완
하기 위한 법적 장치가 마련되고 있다. 그리고 「선계획 후개발」 체계를 구축
하고, 민간참여를 확대하는 방향으로 일부 정비되었고, 지속적으로 그렇게 이
루어질 것으로 보인다.

2. 국토기본법과 국토계획법

2000년에 제·개정된 도시관련 3법은 도시차원에서 계획적 접근 및 개발을 위한 토대를 마련하였다. 도시 3법은 도시계획법, 도시개발법, 개발제한구역의 지정 및 관리에 관한 특별조치법이 그것이다. 그러나 도시지역과 농촌지역의 계획 및 관리에 있어서의 문제점과 난개발방지 등 국토차원에서의 종합적 접근을 필요로 하는 새로운 법적 체계가 요구되었으며, 그 결과 기존의 국토건설종합계획법이 국토기본법으로, 국토이용관리법과 도시계획법이 통합되어 「국토의 계획 및 이용에 관한 법률」로 제정되어 최근 도시계획제도에 많은 변화를 가져오고 있다.

2000년 7월 1일자로 시행된 도시관련 3법의 제·개정 배경으로는 도시계획법에서의 개발제한구역에 대한 행위제한 등 관리에 관한 사항을 분리하여 별도의 법으로 제정하고, 장기미집행 도시계획시설의 관리 및 대책 마련과 광역도시권 등 효율적 도시관리와 여러 변화에 부응하기 위하여 도시계획법을 개정하고, 기존의 도시개발에서 단일 목적의 개발방식으로 인한 문제점의 극복과 도시개발에 민간참여를 확대하기 위하여 도시개발법을 제정하고, 개발제한구역제도의 개선과 기존 제도의 문제점을 해소하고, 헌법재판소의 헌법 불합치 판결 등 개발제한구역에 대한 전면적인 개선이 필요한바 법 제정에 이르렀다. 이처럼 도시관련 3법의 제·개정배경은 지방화·광역화·국제화 등 사회적 변화에 적절히 대응하고, 도시의 효율적이고 체계적인 관리와 주민들의 불편과 재산권에 대한 침해를 해소하고, 도시개발의 복합화와 민간참여를 확대하는 등 민주화와 효율적인 도시관리를 위한 것이라고 볼 수 있다.

2003년 7월 1일자로 시행되는 국토 및 도시관련법은 환경과 보전에 대한 국민적 욕구가 커지고 지속 가능한 개발이 국토이용의 새로운 패러다임으로 등장하면서 개발사업에 대한 부정적 인식이 높아져 국토 및 도시에 대한 계획적, 친환경적 개발을 위한 제도적 장치가 시급하게 되었다.(박헌주, 2002)

3. 국토의 계획 및 이용에 관한 법률

1) 제정 배경 및 특징

2000년 1월 28일의 전면개정은 시대의 변화와 여건변동에 부응하는 도시계획법제로 정비하고, 「건축법」과의 기능분담을 도모하기 위해 개정되었다. 즉 개발제한구역을 효율적으로 관리하기 위하여 이 구역의 관리에 관한 사항을 이 법에서 분리하여 따로 법률로 정하도록 하고, 도시계획시설로 결정된 후 10년이 경과될 때까지 도시계획사업이 시행되지 아니하는 경우에는 당해 도시계획시설의 부지로 되어 있는 대지의 소유자에게 매수청구권을 부여함으로써 도시계획사업의 장기 미집행으로 인한 주민의 불편을 해소하기 위해 개정이 이루어졌다. 그리고 광역도시권을 효율적으로 관리하기 위하여 광역도시계획제도를 활성화하는 등 지방화·광역화 등의 여건변화에 따라 도시계획제도를 전면 개편하기 위해서이다.[64]

국토차원에서의 새로운 계획체계를 마련하기 위해서 이러한 도시계획법 개정의 내용을 포함하면서 국토이용관리법을 통합한 국토의 계획 및 이용에 관한 법률이 제정되었다.

국토기본법은 국토관리의 이념과 국토계획의 실천력을 강화하기 위한 수단으로서 국토계획의 정기적 평가 및 재검토, 국토계획체계의 일원화 및 부문별 계획과의 연계 강화 등을 제시하고 있다. 그리고 국토계획법은 이원화되어 오던 국토이용체계를 통합하여 「선계획 후개발」 이용원칙을 확립하고 개발허가제 및 기반시설연동제를 도입하여 지속 가능한 국토이용체계를 구축하고자 하는 이유에서 제정되었으며, 국토이용에 관한 각종 행위를 실질적으로 구속하여 국토이용체계 개편방안을 실현하는 법률이다.

---

64) 류해웅(2000), 앞의 책, p.6.

2) 국토계획법의 주요내용

국토의계획 및 이용에관한법률의 제정과 관련된 주요내용은 다음과 같다.

① 국가와 주민의 의무 명시: 국가 및 지방자치단체는 건전하고 지속 가능
한 발전이 되도록 지역특성에 맞는 계획을 수립하고 토지소유자는 계획
에 맞게 토지를 이용하도록 국가와 주민의 의무를 명시한다.

② 선계획 후개발 체계 구축: [선계획-후개발] 국토이용체계를 구축하기 위
하여 모든 시·군에 대하여 도시계획(기본계획과 관리계획)을 수립하도록
한다.

③ 시·도지사의 도시관리계획결정: 도시관리계획은 시장·군수가 입안하여
시·도지사가 결정함을 원칙으로 하되, 도시지역의 확장 등 주요한 사항
은 건설교통부장관이 결정하도록 하고 입안권도 국가계획 등에 관련되는
경우에는 건설교통부장관이, 도지사가 직접 사업을 시행하는 경우에는
도지사가 입안할 수 있도록 한다.

④ 도시관리계획에 대한 지적고시가 비도시지역으로 확대되는 경우 불필요
한 비용·인력의 낭비가 초래될 수 있어 도시지역은 지적이 표시된 지형
도에, 비도시지역은 지형도에 고시할 수 있도록 한다.

⑤ 용도지역 개편: 용도지역은 4개 용도 9개 지역으로 나누고, 특히 준도
시·준농림지역은 관리지역으로 편입하여 생산관리, 보전관리, 계획관리
지역으로 세분하도록 한다.

⑥ 도시계획위원회 심의 강화: 토지이용에 관한 기본법적 성격을 강화하기
위하여 다른 법률에 의한 개발사업이 용도지역·지구 또는 구역의 변경
을 의제하는 경우와 다른 법률에 의하여 지역·지구·구역 또는 구획을
새로이 획정 또는 설치하고자 하는 경우에는 도시계획위원회의 심의를
거치도록 한다.

⑦ 제2종 지구단위계획제도 도입: 녹지지역이나 관리지역 등 개발압력이 있
는 지역을 체계적이고 계획적으로 관리하기 위하여 제2종 지구단위계획

제도를 도입하고 개발밀도와 행위제한 등에서 인센티브를 부여한다.

⑧ 개발행위허가제: 기반시설의 확보, 주변환경과의 조화여부 등을 고려하여 허가·불허가처분을 할 수 있도록 하는 개발허가제를 도입하고 규모에 따라 시장·군수가 직접 또는 도시계획위원회의 심의를 거쳐 허가요부를 결정하도록 한다.

⑨ 기반시설연동제: 도심 등 이미 개발된 지역은 기반시설의 추가설치가 어려운 만큼 필요한 경우 개발밀도를 제한하도록 하고 녹지지역, 관리지역 등 미개발지역에는 기반시설부담구역을 설정하여 개발사업자에게 부담금을 부과하는 기반시설연동제를 도입한다.

⑩ 용도지역 개편에 따른 행위제한 및 건폐율·용적률에 대하여 도시지역은 현행 도시계획수준으로, 관리지역은 도시의 녹지지역 수준으로, 보전지역은 현행 농림지역 수준으로, 보전지역은 농림지역과 자연환경 보전지역 수준으로서 정한다.

3) 법규해설

(1) 목적 및 정의

이 법의 목적은 국토의 이용·개발 및 보전을 위한 계획의 수립 및 집행에 관하여 필요한 사항을 정함으로써 공공복리의 증진과 국민의 삶의 질을 향상하는 데 있다.(법 제1조)

「도시계획」이라 함은 특별시·광역시·시 또는 군(이하 시·군)의 관할구역에 대하여 수립하는 공간구조와 발전방향에 대한 계획으로 도시기본계획과 도시관리계획으로 구분한다. 「도시기본계획」은 시·군의 관할구역에 대하여 기본적인 공간구조와 장기발전을 제시하는 종합계획으로서 도시관리계획수립의 지침이 되는 계획이다. 「도시관리계획」은 시·군의 개발·정비 및 보전을 위하여 수립하는 토지이용·교통·환경·경관·안전·산업·정보통신·보건·후생·안보·문화 등에 관한 다음의 사업을 말한다.

① 용도지역·용도지구의 지정 또는 변경에 관한 계획
② 개발제한구역·시가화조정구역·수산자원보호구역의 지정 또는 변경에 관한 계획
③ 기반시설의 설치·정비 또는 개량에 관한 계획
④ 도시개발사업 또는 정비사업에 관한 계획
⑤ 지구단위계획구역의 지정 또는 변경에 관한 계획과 지구단위계획

도시계획의 기본이념은 '도시기능의 조화 아래 주민의 편안하고 안전한 생활'과 '환경적으로 건전하고 지속 가능하게 발전하는 도시'에 두고 있다. 즉 도시계획은 도시의 주거기능·상업기능·공업기능 등이 조화를 이루고 주민이 편안하고 안전하게 생활할 수 있도록 이를 수립·집행하여야 하며(법 제2조제1항), 국가 및 지방자치단체와 주민은 도시가 환경적으로 건전하고 지속 가능하게 발전되도록 함께 노력하여야 한다.(동조 제2항)

(2) 광역도시계획

도시의 연담화·광역화가 급속히 진행됨에 따라 효율적인 광역도시의 관리가 중요하게 대두되고 있으며, 1991년 도시계획법 개정에서 광역도시계획구역 제도를 도입하였으나 광역시설의 설치와 관리에 중점이 주어져 활성화되지 못하였다. 광역도시계획은 광역계획권의 장기발전 방향을 제시하는 계획으로 성격을 명확히 하는 20년 단위의 장기계획이다.

건설교통부장관은 2이상의 도시의 공간구조 및 기능을 상호 연계시키고 환경을 보전하며 광역시설을 체계적으로 정비하기 위하여 필요한 경우에는 인접한 2이상의 특별시·광역시·시 또는 군의 관할구역의 전부 또는 일부를 광역계획권으로 지정할 수 있다.(법 제10조) 인접한 2이상의 특별시·광역시·시 또는 군의 관할구역의 일부를 광역계획권에 포함시키고자 하는 때에는 구·군(광역시의 관할구역에 있는 군)·읍 또는 면의 관할구역 단위로 하여야 한다.(령 제7조)

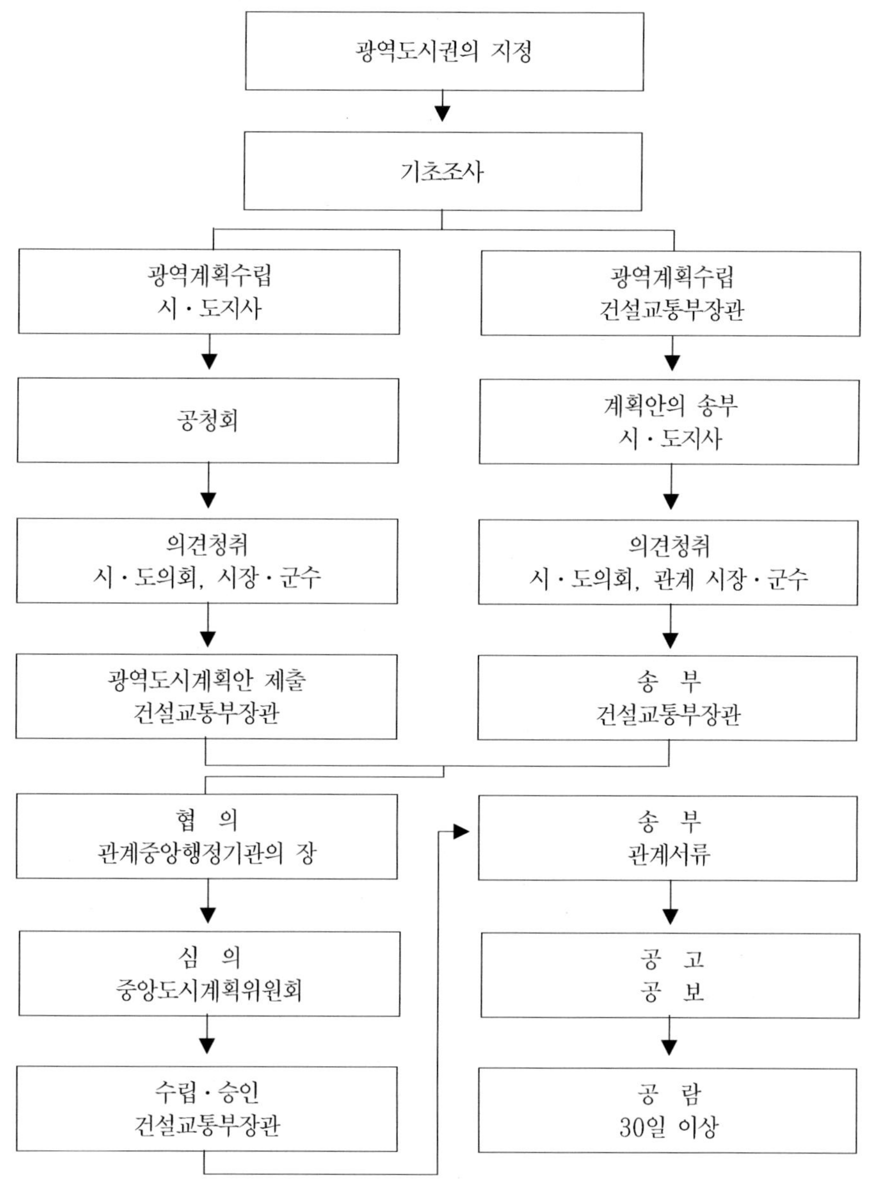

〈그림 8.1〉 광역도시계획의 수립절차

　광역도시계획은 건설교통부장관 또는 시·도지사가 수립하고, 건설교통부장관은 시·도지사의 요청이 있는 경우에는 공동으로 광역도시계획을 수립할 수 있다.(법 제11조)

① 광역계획권이 같은 도의 관할구역에 속하여 있는 경우: 관할 도지사 수립
② 광역계획권이 2이상의 특별시·광역시 또는 도의 관할구역에 걸치는 경우: 관할 시·도지사가 공동으로 수립
③ 국가계획과 관련되어 광역도시계획의 수립이 필요한 경우와 광역계획권을 지정한 날부터 3년이 경과될 때까지 관할 시·도지사로부터 광역도시계획에 대하여 승인신청이 없는 경우: 건설교통부장관 수립

광역도시계획은 20년 단위로 하여 다음 사항 중 당해 광역계획권의 지정목적의 달성에 대한 정책방향을 포함하여야 한다.(법 제12조)

① 광역계획권의 공간구조와 기능분담에 관한 사항
② 광역계획권의 녹지관리체계와 환경보전에 관한 사항
③ 광역시설의 배치·규모·설치에 관한 사항
④ 경관계획에 관한 사항
⑤ 기타 광역계획권에 속하는 도시 상호간의 기능연계에 관한 사항으로서 대통령령이 정하는 사항(령 제18조)
    -광역계획권의 교통 및 물류유통체계에 관한 사항
    -광역계획권의 문화·여가공간 및 방재에 관한 사항

(3) 도시기본계획

도시기본계획은 도시의 기본적인 공간구조와 장기발전 방향을 제시하는 종합계획으로서 도시계획수립의 지침이 되는 계획이다. 따라서 도시기본계획은 20년을 단위로 장기적인 도시개발의 지침으로서 가이드라인을 정하는 계획이다. 이것은 도시계획을 수립하는 행정청만을 구속하는 비구속적 계획으로서의 성질을 가지고 있다.

기존의 도시기본계획이 도면 위주의 규제계획으로 변질되어 도시계획과의 차별성이 부족하여 도면 위주의 규제계획에서 도시발전 방향을 서술하는 정책계획으로 바로잡아 장기발전계획으로서의 위상을 정립하였다.

특별시장·광역시장 또는 시장은 관할구역에 대하여 도시기본계획을 수립하여야 한다. 다만, 광역도시계획이 수립되어 있는 경우와 경기도 이외의 지역에 있는 시로서 인구 10만 명 이하인 시의 경우에는 그러하지 아니하다. 군수는 필요하다고 인정되는 때에는 관할구역에 대하여 도시기본계획을 수립할 수 있다. 이 경우 미리 건설교통부장관과 협의하여야 한다.(법 제18조) 특별시장·광역시장·시장 또는 군수(이하 시장·군수)는 지역여건상 필요하다고 인정되는 때에는 관할구역의 일부에 대하여 도시기본계획을 수립하거나 인접한 특별시·광역시·시 또는 군의 관할구역을 포함하여 도시기본계획을 수립할 수 있다. 시장·군수는 인접한 시장 또는 군수의 관할구역을 포함하여 도시기본계획을 수립하고자 하는 때에는 미리 당해 시장·군수와 협의하여야 한다.

도시기본계획은 다음의 정책방향을 정하여야 한다.(법 제19조)

1. 지역적 특성 및 계획의 방향·목표에 관한 사항
2. 공간구조, 생활권의 설정 및 인구의 배분에 관한 사항
3. 토지의 이용 및 개발에 관한 사항
4. 토지의 용도별 수요 및 공급에 관한 사항
5. 환경의 보전 및 관리에 관한 사항
6. 기반시설에 관한 사항
7. 공원·녹지에 관한 사항
8. 경관에 관한 사항
9. 1항 내지 8항에 규정된 사항의 단계별 추진에 관한 사항
10. 기타 대통령령이 정하는 사항
    ① 도심 및 주거환경의 정비·보전에 관한 사항
    ② 경제·산업·사회·문화의 개발 및 진흥에 관한 사항
    ③ 교통·물류체계의 개선과 정보통신의 발전에 관한 사항
    ④ 미관의 관리에 관한 사항
    ⑤ 방재 및 안전에 관한 사항
    ⑥ 재정확충 및 도시기본계획의 시행을 위하여 필요한 재원조달에 관한 사항

⑦ ①호 내지 ⑥호에 규정된 사항의 단계별 추진에 관한 사항

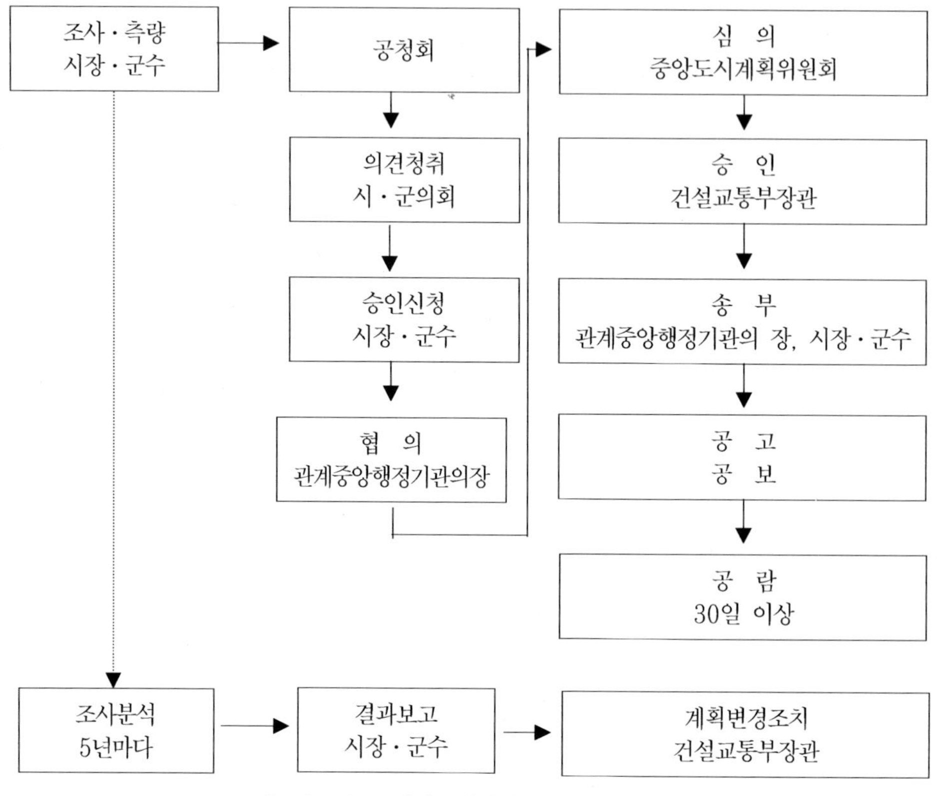

〈그림 8.2〉 도시기본계획의 작성·승인절차

(4) 도시관리계획

도시관리계획은 당해 관할구역을 관할하는 시장·군수가 입안하는 것을 원칙으로 하고, 건설교통부장관이 직접 입안하거나 도지사의 입안, 공동입안 등이 있다.(법 제24조)

건설교통부장관은 ① 국가계획과 관련된 경우, ② 2 이상의 시·도에 걸쳐 지정되는 용도지역·용도지구 또는 용도구역과 2 이상의 시·도에 걸쳐 이루어지는 사업의 계획 중 도시관리계획으로 결정하여야 할 사항이 있는 경우, ③ 시장·군수가 요구 기한까지 건설교통부장관의 도시관리계획의 조정요구에

따라 도시관리계획을 정비하지 아니하는 경우에 직접 또는 관계중앙행정기관의 장의 요청에 의하여 입안할 수 있고, 이 경우 관할 시·도지사 및 시장·군수의 의견을 들어야 한다.

그리고 도지사는 ① 2이상의 시·군에 걸쳐 지정되는 용도지역·용도지구 또는 용도구역과 2이상의 시·군에 걸쳐 이루어지는 사업의 계획 중 도시관리계획으로 결정하여야 할 사항이 포함되어 있는 경우, ② 도지사가 직접 수립하는 사업의 계획으로서 도시관리계획으로 결정하여야 할 사항이 포함되어 있는 경우에 직접 또는 시장·군수의 요청에 의하여 도시관리계획을 입안할 수 있다.

서로 인접한 시·군의 관할구역에 대한 도시관리계획은 관계 시장·군수가 협의하여 공동으로 입안하거나 입안할 자를 정한다. 이때 협의가 성립하지 않을 경우 입안하고자 하는 구역이 같은 도의 관할구역에 속하는 때에는 관할 도지사가, 2 이상의 시·도의 관할구역에 걸치는 때에는 건설교통부장관이 입안할 자를 지정하고 이를 고시하여야 한다.

도시관리계획은 시·도지사가 이를 결정하는 것을 원칙으로 하지만, 다음의 도시계획은 건설교통부장관이 결정하도록 하고 있다.(법 제29조)

① 건설교통부장관이 입안한 도시관리계획
② 일단의 토지 총면적 5㎢(도시기본계획이 수립되어 있지 않은 경우 1㎢) 이상에 해당하는 도시지역·관리지역·농림지역 또는 자연환경 보전지역 간의 용도지역의 지정 및 변경에 관한 도시관리계획
③ 도시기본계획이 수립되지 않는 지역의 녹지지역 50만㎡ 이상을 주거지역·상업지역 또는 공업지역으로 변경하는 사항에 관한 도시관리계획
④ 개발제한구역의 지정 및 변경에 관한 도시관리계획
⑤ 시가화조정구역의 지정 및 변경에 관한 도시관리계획
⑥ 수산자원보호구역의 지정 및 변경에 관한 도시관리계획
⑦ 1㎢ 이상의 제2종 지구단위계획구역의 지정 및 변경에 관한 도시관리계획

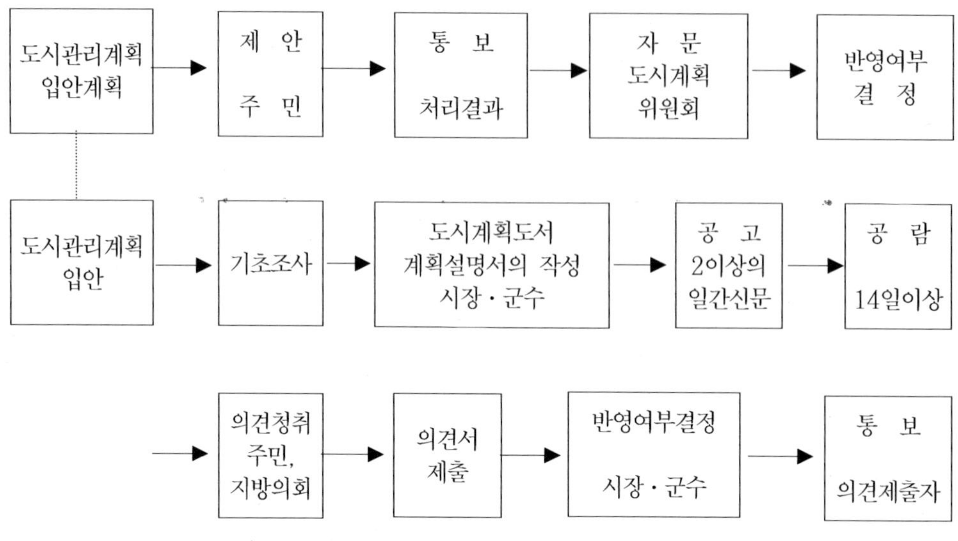

〈그림 8.3〉 도시관리계획의 입안제안 및 입안절차

도시관리계획결정의 고시일로부터 2년이 되는 날까지 지형도면의 고시가 없는 경우에는 그 2년이 되는 날의 다음 날에 그 도시관리계획결정은 효력을 상실한다.(법 제33조)

시장·군수는 도시관리계획결정의 고시가 있은 때에는 당해 구역 안의 토지에 관하여 지적이 표시된 지형도에 도시관리계획사항을 명시한 도면(지형도면)을 작성하여야 한다.(법 제32조)

지형도면은 축척 1/500 내지 1/1,500의 지형도(녹지지역 안의 임야, 관리지역, 농림지역 및 자연환경 보전지역은 축척 1/3,000 내지 1/6,000의 지형도로 할 수 있음)로 작성하여야 한다. 다만, 고시하고자 하는 토지의 경계가 행정구역의 경계와 일치하는 경우와 도시계획사업·산업단지조성사업 또는 택지개발사업이 완료된 구역인 경우에는 지적도 사본에 도시관리계획사항을 명시한 도면으로 갈음할 수 있다.(령 제27조) 지형도면을 작성하는 경우 지형도가 간행되어 있지 아니한 경우에는 해도·해저지형도 등의 도면으로 지형도에 갈음할 수 있다. 도면이 2매 이상인 경우에는 축척 1/5,000 내지 1/50,000의 총괄도를 따로 첨부할 수 있다.

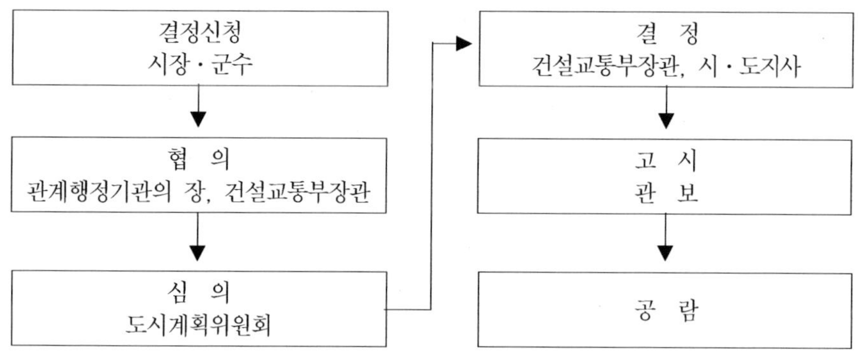

〈그림 8.4〉 도시관리계획의 결정절차

시장·군수는 5년마다 관할구역의 도시관리계획에 대하여 그 타당성 여부를 전반적으로 재검토하여 정비하여야 한다.(법 제34조)

(5) 용도지역·용도지구·용도구역

이 법에 의한 지역·지구·구역을 총칭하여 용도지역제(zoning)라고 한다. 용도지역제는 토지이용을 사적 자율에 맡기지 않고 공권력에 의해 유도하고 규제하는 수단에 의거하고 있다. 따라서 용도지역제는 공권력에 의해 토지를 각각 용도에 따라 구분함으로써 질서 있는 토지이용을 도모하기 위해 토지의 이용형태를 규제하는 일종의 공용제한에 해당한다.

토지이용을 토지소유자의 자의적 이용에 방임할 경우 한정된 토지이용이 무질서하게 될 우려가 있고, 또한 용도 간 토지이용의 경합으로 혼란이 초래될 우려가 있기 때문에 계획적인 이용이 불가결하다. 따라서 개별 토지가 갖는 지리적 여건이나 특성을 살림과 동시에 개개의 토지로 이루어진 지역공간에서 용도의 조합과 체계가 합리적으로 이루어질 수 있는 계획이 필요하다.

용도지역제는 이러한 요청에 부응하기 위해 토지이용제도로 채용되고 있는데, 도시의 현황조사 등을 통하여 장래 도시공간구조를 한정된 토지에 합리적으로 배치하고, 개발 또는 이용되도록 하는 역할을 한다.

용도지역제는 토지이용의 혼란과 비효율성을 사전에 배제하고, 합리적이고 능률적인 토지이용과 개발을 유도하여 쾌적한 도시환경을 만들기 위한 것이다. 이로써 토지이용의 규제와 유도로 부적합한 토지이용을 사전에 방지할 수 있을 뿐만 아니라 계획적인 토지이용을 도모할 수 있는 것이 용도지역제의 장점이다.

용도지역은 도시지역, 관리지역, 농림지역, 자연환경 보전지역의 4개 지역으로, 세분하여 9개 지역으로 지정을 도시관리계획으로 결정한다(법 제36조). 용도지구는 13개 지구로 지정할 수 있다. 그리고 용도구역은 개발제한구역, 시가화조정구역, 수산자원보호구역을 도시관리계획으로 결정할 수 있다.[65]

(6) 도시계획시설

지상·수상·공중·수중 또는 지하에 기반시설을 설치하고자 하는 때에는 그 시설의 종류·명칭·위치·규모 등을 미리 도시관리계획으로 결정하여야 한다. 도시계획시설은 「도시계획시설의 결정·구조 및 설치의 기준에 관한 규칙」에 의한다. 도시계획시설이 고시된 도시계획시설에 대하여 그 고시일부터 20년이 경과될 때까지 당해 시설의 설치에 관한 도시계획시설사업이 시행되지 아니하는 경우 그 도시계획시설결정은 그 고시일부터 20년이 되는 날의 다음 날에 그 효력을 상실한다.(법 제48조)[66]

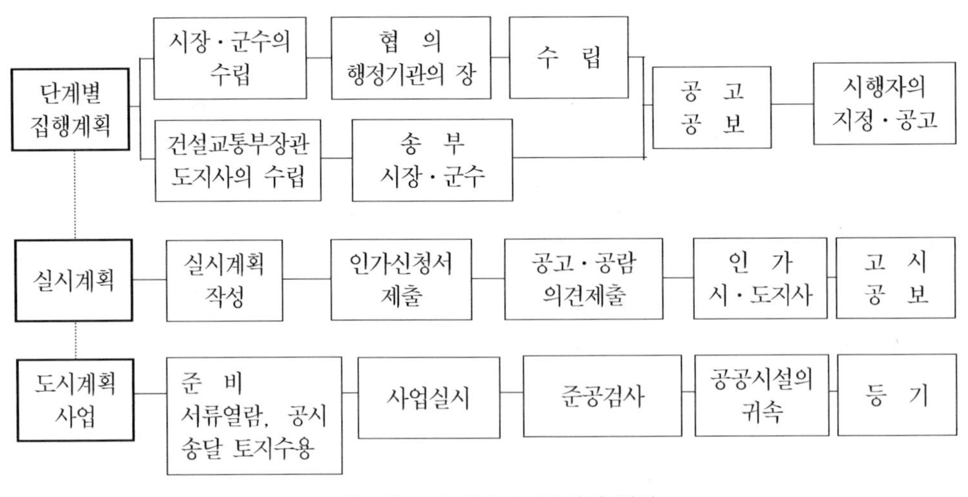

〈그림 8.5〉 도시계획시설사업의 절차

---

65) 용도지역은 제11장 토지이용계획의 용도지역제에서 자세하게 다룬다.
66) 도시계획시설은 제14장 도시계획시설에서 주요 도시계획시설에 대한 내용을 다루고 있다.

(7) 토지매수청구권

도시기반시설인 도시계획시설에 대한 설치사업은 지방자치단체의 재정사정 등으로 인해 장기간 추진이 미루어져 재산권행사의 제한을 받는 토지소유자로부터 많은 민원이 제기되고 있다. 그리고 기존에 아무런 보상 없이 사유재산을 제한하는 것이 법의 공익적 측면뿐만 아니라 도시계획시설을 장기미집행하게 되는 등 많은 문제가 발생하였으며, 1999년 헌법재판소의 헌법불합치 결정으로 이에 대한 문제해결방안이 강구되었다.

이러한 문제를 해결하기 위하여 기존의 장기미집행 도시계획시설을 가급적 신속하게 처리하도록 하고, 그렇지 못한 경우에 있어서는 지목이 대지인 경우 그 토지소유자에게 매수청구권을 부여하도록 하였다. 특별시장·광역시장·시장 또는 군수는 매수청구가 있은 날부터 2년 이내에 매수여부를 결정하여 토지소유자에게 통지하여야 하며, 매수하기로 결정한 토지는 매수결정을 통지한 날부터 2년 이내에 매수하여야 한다.(법 제40조제6항)

그리고 매수대금은 현금으로 지급하고, 다음의 경우에는 채권(도시계획시설채권)을 발행하여 지급할 수 있다.(법 제40조제2항)

① 토지소유자가 원하는 경우

② 부재부동산소유자의 토지 또는 비업무용토지로서 매수대금이 3,000만 원을 초과하는 경우 그 초과하는 금액에 대하여 지급하는 경우

(8) 지구단위계획

지구단위계획은 토지이용을 합리화·구체화하고, 도시 또는 농·산·어촌의 기능의 증진, 미관의 개선 및 양호한 환경을 확보하기 위하여 수립하는 제1종 지구단위계획과 계획관리지역 또는 개발진흥지구를 체계적·계획적으로 개발 또는 관리하기 위하여 용도지역의 건축물 그밖의 시설의 용도·종류 및 규모 등에 대한 제한을 완화하거나 건폐율 또는 용적률을 완화하여 수립하는 제2종 지구단위계획으로 구분한다.(법 제49조)[67] 제2종 지구단위계획은 국토계획법의 제정 당시 새로이 도입된 제도이다.

(9) 개발행위허가와 기반시설연동제

관할구역에서 다음의 개발행위를 위해서는 시장·군수의 개발행위허가를 받아야 한다.(법 제56조)

① 건축물의 건축 또는 공작물의 설치
② 토지의 형질 변경(경작을 위한 토지의 형질 변경 제외)
③ 토석의 채취
④ 도시지역에서의 토지분할
⑤ 녹지지역·관리지역 또는 자연환경 보전지역 안에 물건을 1월 이상 쌓아
  두는 행위

그리고 보전관리지역·생산관리지역·농림지역 및 자연환경 보전지역 안의 산림에서의 ①, ②, ③호의 개발행위는 산지관리법의 규정에 의한다.

개발행위는 도시관리계획의 내용과 배치되지 아니하고, 도시계획사업 등의 시행에 지장이 없어야 한다.

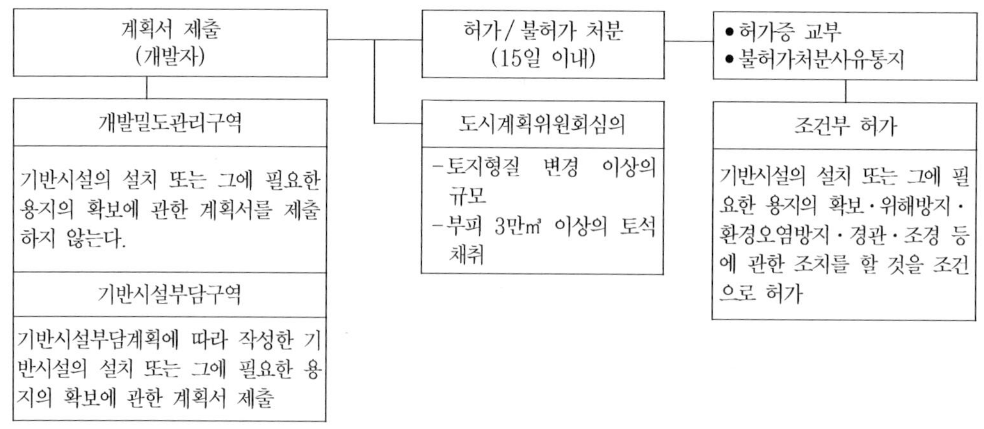

〈그림 8.6〉 개발행위절차

---

67) 지구단위계획에 대한 내용은 제20장 단지계획 및 지구단위계획에서 상세하게 다루고 있다.

토지형질 변경은 도시지역 내에서는 주거지역·상업지역·자연녹지지역·생산녹지지역은 1만㎡ 미만, 공업지역은 3만㎡ 미만, 보전녹지지역은 5천㎡ 미만, 관리지역 및 농림지역은 3만㎡ 미만, 자연환경 보전지역은 5천㎡ 미만 가능하다.

난개발로 인한 기반시설의 부족은 도시환경과 삶의 질을 저하시키게 되고 이로 인하여 거주민의 불만이 증대하여 사회적 문제로까지 비화되고 있다. 이런 문제점은 기반시설의 부족에서 비롯되므로 최근의 법령에서는 개발행위에 따른 기반시설 설치를 의무화하고 있다. 개발행위에 대한 기반시설의 설치 및 관리제도에는 「개발밀도관리구역」과 「기반시설부담구역」이 있다.

개발밀도관리구역은 주거·상업 또는 공업지역에서의 개발행위로 인하여 기반시설의 처리·공급 또는 수용능력이 부족할 것으로 예상되는 지역 중 기반시설의 설치가 곤란한 지역을 대상으로 지정된다.(법 제66조) 구체적으로 ① 도로, 상하수도, 학교 등 기반시설이 부족할 것으로 예상되는 지역, ② 재개발·재건축 등 대규모 개발사업이 집중되거나 집중될 것으로 예상되는 지역이다. 개발밀도관리구역 안에서는 5/10를 초과하지 않는 범위에서 기반시설의 부족 정도를 감안하여 건폐율 또는 용적률을 강화하여 적용한다.(령 제62조)

기반시설부담구역은 개발행위가 집중되는 지역과 대규모(10만㎡ 이상)의 토지형질 변경이 이루어지는 지역 및 그 주변지역으로서 기반시설의 용량이 부족할 것으로 예상되는 지역에 지정한다.(법 제67조) 기반시설부담구역의 지정 및 변경 시 지방도시계획위원회의 심의를 거쳐야 한다. 구체적인 지정대상은 ① 각종 법령의 제정 및 개정으로 인하여 행위제한이 완화되거나 해제되는 지역, ② 각종 법령에 의하여 지정된 용도지역 등이 변경되거나 해제되는 지역, ③ 대규모 개발사업이 시행되는 지역 및 그 주변지역, ④ 개발행위가 집중되거나 집중될 것으로 예상되는 지역 및 주변지역 등이다.

기반시설을 부담하는 방법으로는 첫째, 개발행위자가 기반시설을 설치하거나 그에 필요한 용지를 확보하는 방법과 둘째, 기반시설 설치에 필요한 비용(부담금)을 납부하는 방법이 있다.

(10) 도시계획위원회

각종 도시계획을 심의하기 위한 기구로서 중앙도시계획위원회와 지방도시계획위원회와 같은 도시계획위원회가 있다. 중앙도시계획위원회는 광역도시계획·도시계획·토지거래계약허가구역 등을 심의한다.(법 제106조) 중앙도시계획위원회는 위원장·부위원장 각 1인을 포함한 25인 이상 30인 이내의 위원으로 구성한다.

시·도지사가 결정하는 도시관리계획의 심의 등 시·도지사의 권한에 속하는 사항은 지방도시계획위원회가 심의한다. 시·도도시계획위원회는 위원장 및 부위원장 각 1인을 포함한 20인 이상 25인 이하의 위원으로 구성하고, 시·군·구 도시계획위원회는 위원장 및 부위원장을 포함한 15인 이상 25인 이하의 위원으로 구성한다. 다만, 2이상의 시·군 또는 구에 공동으로 시·군·구 도시계획위원회를 설치하는 경우에는 그 위원의 수를 30인까지 할 수 있다.

(11) 시범도시

건설교통부장관은 도시의 경제·사회·문화적인 특성을 살려 개성 있고 지속 가능한 발전을 촉진하기 위하여 필요한 때에는 직접 또는 관계 중앙행정기관의 장이나 시·도지사의 요청에 의하여 생태·정보통신·과학·문화·관광·교육·안전·교통 및 경관분야별로 시범도시(시범지구 또는 시범단지 포함)를 지정할 수 있다.(법 제127조)

건설교통부장관, 관계중앙행정기관의 장 또는 시·도지사는 시범도시에 대하여 예산·인력 등 필요한 지원을 할 수 있다. 건설교통부장관은 관계 중앙행정기관의 장 또는 시·도지사에게 시범도시의 지정 및 지원에 필요한 자료의 제출을 요청할 수 있다.

시범도시의 지정기준은 ① 시범도시의 지정이 지역균형발전에 기여할 수 있을 것, ② 시범도시의 지정에 대한 주민의 호응도가 높을 것, ③ 시범도시의 지정 목적달성에 필요한 사업에 주민이 참여할 수 있을 것, ④ 시범도시사업의 재원조달계획이 적정하고 실현가능할 것이다.(령 제127조)

시범도시로 지정되면 건설교통부장관, 관계중앙행정기관의 장 또는 시·도

지사는 예산·인력 등 필요한 지원을 할 수 있는데, 시범도시사업계획의 수립
에 소요되는 비용의 80% 이하와 시범도시사업의 수행에 소요되는 비용(보상
비 제외)의 50% 이하에서 보조 또는 융자할 수 있다.(법 제129조)

시범도시가 시·군(광역시의 관할구역 안에 있는 군을 포함) 또는 구의 관
할구역에 한정되어 있는 경우에는 관할시장·군수 또는 구청장이 시범도시사
업계획을 수립·시행하고, 기타의 경우는 특별시장 또는 광역시장이 수립·시
행한다.(령 제128조)

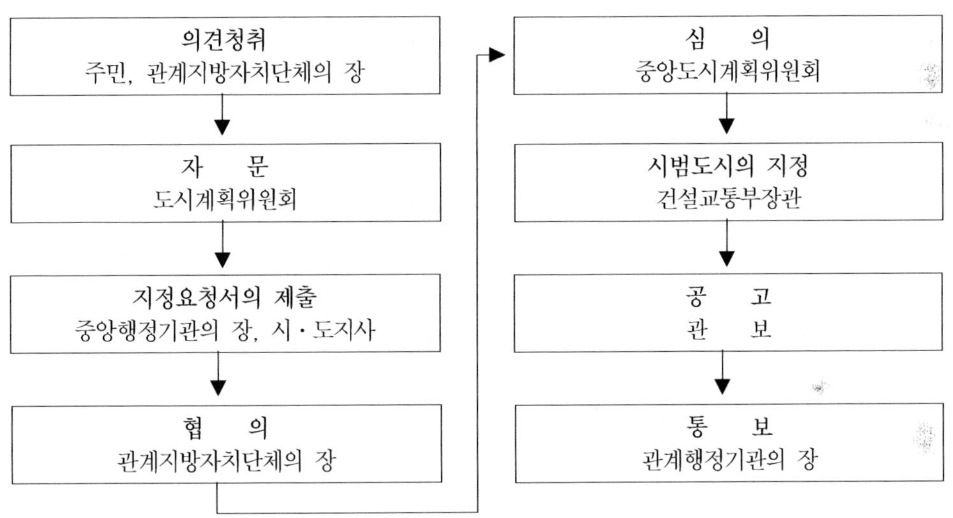

〈그림 8.7〉 시범도시의 지정요청과 지정절차

4. 도시개발법

1) 특 징

기존의 도시개발이 주택단지개발이나 산업단지개발 등 단일 목적으로 추진

되어 왔기 때문에 신도시나 복합적 기능을 갖는 도시를 개발하는 데는 한계를 가지고 있었고, 또한 기존의 도시개발사업이 대부분 관공서 중심으로 이루어져 경직된 개발이 이루어졌다. 이리하여 도시계획법의 도시개발사업과 토지구획정리사업법의 토지구획정리사업을 통합하여 새로운 법으로 제정하였다. 그리고 사회적 변화에 부응하고 다양하고 민주적인 도시개발을 위한 민간의 참여를 활성화하는 방안이 크게 요구되었다.

도시개발사업에 대한 주요 법의 연혁을 살펴보면, 1934년 조선시가지계획령의 구획정리사업에 의해 대부분의 기존 시가지가 개발되었다. 그 후 1962년 도시계획법이 제정되면서 도시계획 및 개발에 관한 사항이 포함되었으며, 토지구획정리사업도 도시계획법에 포함되었다. 1966년 토지구획정리사업법이 제정되어 독자적인 형태를 갖추게 되었다. 또한 1962년의 도시계획법은 토지개발사업과 관련하여 일단의 주택지경영과 일단의 공업용지조성사업을 도입하였고, 1971년 전면개정으로 일단의 주택지조성사업과 도시개발예정구역조성사업이 도입되었으며, 1991년에는 시가지조성사업이 도입되었다. 그러나 1999년 법 개정에서 도시개발예정지구조성사업은 폐지되었고, 일단의 주택지조성사업, 일단의 공업용지조성사업, 시가지조성사업으로 구성되어 있었다.

그러나 도시개발사업을 보다 원활히 하기 위하여 1999년 말 토지구획정리사업법에 의한 환지방식과 수용·사용방식을 바탕으로 하는 도시개발사업을 「도시개발법」으로 제정하여 도시계획법에 의한 각종 개발사업과 토지구획정리사업법에 의한 토지구획정리사업을 포함하였다. 이로써 토지구획정리사업법은 폐지되었다. 도시개발법이 제정됨으로써 도시개발사업에 대한 규정을 체계적으로 정비하였다.

2) 주요내용

도시개발법의 주요내용은 크게 8가지로 요약할 수 있다.

① 도시개발구역의 지정(시·도지사가 직권, 시장·군수·구청장의 요청, 건설교통부장관)

② 민간법인의 도시개발구역의 지정 제안(토지소유자 4/5 동의)

③ 도시개발사업의 시행자를 조합, 순수민간법인 또는 민관합동법인으로 확대

④ 도시개발사업: 수용 또는 사용에 의한 방식, 환지방식 또는 양자 혼용방식으로 자유롭게 선택가능

⑤ 민간사업시행자에게 토지수용권 부여(토지면적의 2/3 이상 매입, 토지소유자 2/3 이상의 동의)

⑥ 도시개발구역지정 시점을 토지수용법상의 사업인정 시점으로 봄(토지수용 또는 사용의 시기를 앞당김)

⑦ 토지상환채권 발행

⑧ 도시개발특별회계 설치

이처럼 도시개발법은 도시개발을 위한 구역지정과 도시개발사업에 민간의 참여확대와 다양한 개발방식 도입 및 재정지원 등이 주요내용이다.[68]

5. 개발제한구역의 지정 및 관리에 관한 특별조치법

1) 특 징

개발제한구역은 1971년 도시계획법의 전면개정에 의해 도입되었으며, 구역으로 지정된 토지에 대해서는 종래의 토지이용목적 이외의 건축적 토지이용을 금지하는 절대적 규제지역이었다. 그러나 1998년 12월 24일, 헌법재판소가 개발제한구역의 지정에 대한 헌법 불합치 결정을 내림에 따라 이 제도에 대한 전면적 재검토가 요구되었고, 마침내 2000년 1월 28일 법률 제6241호에 의거

---

68) 도시개발법에 대한 자세한 내용은 제15장 도시개발사업에서 설명한다.

법으로 제정되었다.

기존의 개발제한구역에 대한 지정과 관리는 도시계획법에서 규정하고 있었으나 개발제한구역 내의 주민들의 재산권 침해와 정부의 개발제한구역 조정에 따라 개발제한구역의 지정 및 관리에 대한 새로운 법적 근거가 요구되었다. 이 법이 제정됨으로서 개발제한구역에 대한 종합적·체계적인 관리를 위한 법적 기반이 마련되었고, 개발제한구역을 도시계획제도의 틀 속에 유지하면서 그 특수성을 감안하여 별도 법을 제정하여 효율적으로 관리할 수 있는 방안이 제기되었다. 즉 개발제한구역의 목적·지정절차는 종래처럼 도시계획법(현 국토의 계획 및 이용에 관한 법률)에 두되, 행위허가 등 관리에 관한 사항은 별도의 법인 「개발제한구역의 지정 및 관리에 관한 특별조치법」을 제정하도록 하였다.

법의 제정으로 헌법재판소의 헌법불합치 결정에 따른 위헌적 요소를 제거하는 데 이바지하고, 개발제한구역의 보전과 주민생활의 편익 간 조화를 도모하며, 개발제한구역으로 지정된 토지에 대하여 정부에게 매수청구권을 행사할 수 있어 국민의 재산권 보장에 크게 이바지할 것으로 기대된다.[69]

2) 주요내용

(1) 목 적

국토의 계획 및 이용에 관한 법률에 의한 개발제한구역의 지정과 개발제한구역에서의 행위제한, 주민에 대한 지원, 토지의 매수 기타 개발제한구역의 효율적인 관리를 위하여 필요한 사항을 정함으로써 도시의 무질서한 확산을 방지하고 도시주변의 자연환경을 보전하여 도시민의 건전한 생활환경을 확보하는 것이다.(법 제1조)

---

69) 류해웅(2000), 앞의 책, pp.265-266.

(2) 개발제한구역의 지정

개발제한구역은 ① 도시의 무질서한 확산을 방지하고 도시주변의 자연환경을 보전하여 도시민의 건전한 생활환경을 확보하기 위하여 도시의 개발을 제한할 필요가 있는 경우와 ② 국방부장관의 요청이 있어 보안상 도시의 개발을 제한할 필요가 있다고 인정되는 경우에는 도시관리계획으로 결정할 수 있다.(법 제3조) 개발제한구역은 도시의 무질서한 확산 또는 서로 인접한 도시의 시가지로의 연결을 방지하기 위하여 개발을 제한할 필요가 있는 지역, 도시주변의 자연환경 및 생태계를 보전하고 생활환경을 확보하기 위하여 개발을 제한할 필요가 있는 지역, 국가보안상 개발을 제한할 필요가 있는 지역, 도시의 정체성 확보 및 적정한 성장관리를 위하여 성장을 제한할 필요가 있는 지역을 대상으로 한다.

개발제한구역의 지정 및 해제기준은 대상도시의 인구·산업·교통 및 토지이용 등 경제·사회적 여건과 도시확산 추세, 기타 지형 등 자연환경여건을 종합적으로 감안하여 정한다. 만약, 개발제한구역이 위의 기준에 부합되지 아니하게 된 경우에는 이를 조정 또는 해제할 수 있다.(령 제2조제3항)

대법원은 이와 같은 지정기준에 따라 개발제한구역을 지정하는 것은 광범위한 형성의 자유를 가지는 계획재량처분에 해당하고, 재량권의 일탈·남용이 아니라고 보고 있다.[70]

(3) 도시관리계획의 입안

개발제한구역의 지정 및 해제에 관한 도시관리계획은 당해 관할구역을 관할하는 시장 또는 군수가 입안하고, 국가계획과 관련된 경우나 국토의 계획

---

[70] 개발제한구역 지정처분은 건설교통부장관이 법령의 범위 내에서 도시의 무질서한 확산 방지 등을 목적으로 도시정책상의 전문적·기술적 판단에 기초하여 행하는 일종의 행정계획으로서 그 입안·결정에 관하여 광범위한 형성의 자유를 가지는 계획재량처분이므로, 그 지정에 관련된 공익과 사익을 전혀 비교 교량하지 아니하였거나 비교 교량을 하였더라도 그 정당성과 객관성이 결여되어 비례의 원칙에 위반되었다고 볼 만한 사정이 없는 이상, 그 개발제한구역 지정처분은 재량권을 일탈·남용한 위법한 것이라고 할 수 없다.(대법 대법원 1997. 6. 24. 선고 96누1313판결)

및 이용에 관한 법률에 의한 광역도시계획과 관련된 경우에는 건설교통부장관
또는 도지사가 직접 도시계획을 입안할 수 있다.

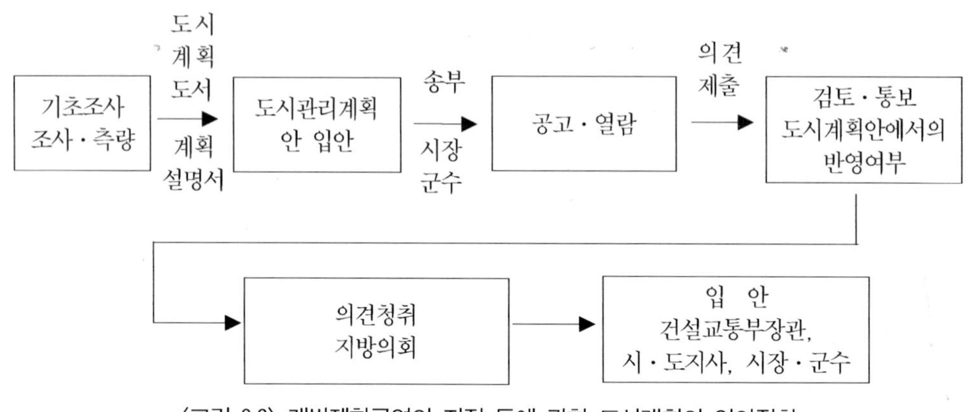

〈그림 8.8〉 개발제한구역의 지정 등에 관한 도시계획의 입안절차

(4) 개발제한구역관리계획

관할 특별시장·광역시장 또는 도지사는 개발제한구역을 종합적으로 관리하기
위하여 개발제한구역관리계획을 수립한다.(법 제10조제2항) 관리계획은 5년 단위
로 수립되며, 관리계획에 포함되어야 할 사항은 다음과 같다.(법 제10조제1항)

① 개발제한구역의 관리의 목표와 기본방향
② 개발제한구역의 현황 및 실태의 조사
③ 개발제한구역의 토지이용 및 보전
④ 개발제한구역안에서 국토의 계획 및 이용에 관한 법률의 규정에 의한 도
　시계획시설의 설치
⑤ 개발제한구역에서 다음 규모 이상의 건축물의 건축 및 토지의 형질 변경
　㉮ 연면적 3,000㎡ 이상(동일한 목적으로 수차에 걸쳐 부분적으로 건축하
　　거나 연접하여 건축하는 경우에는 그 전체 면적)인 건축물의 건축
　㉯ 10,000㎡ 이상(동일한 목적으로 수차에 걸쳐 부분적으로 형질 변경하
　　거나 연접하여 형질 변경하는 경우에는 그 전체 면적)의 토지의 형질

변경(토석의 채취 포함)

⑥ 제14조의 규정에 의한 취락지구의 지정 및 정비

⑦ 제15조의 규정에 의한 주민지원사업

⑧ 개발제한구역의 관리 및 주민지원사업에 필요한 재원조달 및 운용

⑨ 기타 개발제한구역의 합리적인 관리를 위하여 대통령령이 정하는 사항

  ㉮ 국토의 계획 및 이용에 관한 법률에 의한 도시기본계획 또는 광역도시계획에 의하여 개발제한구역의 해제대상으로 설정된 지역의 관리

  ㉯ 방치된 폐기물의 수거, 훼손된 환경의 복구 등 환경정비

  ㉰ 개발제한구역관리의 전산화

  ㉱ 개발제한구역의 경계선을 표시하기 위한 표석의 설치 및 관리

  ㉲ 기타 개발제한구역의 합리적인 관리를 위하여 건설교통부장관이 정하는 사항

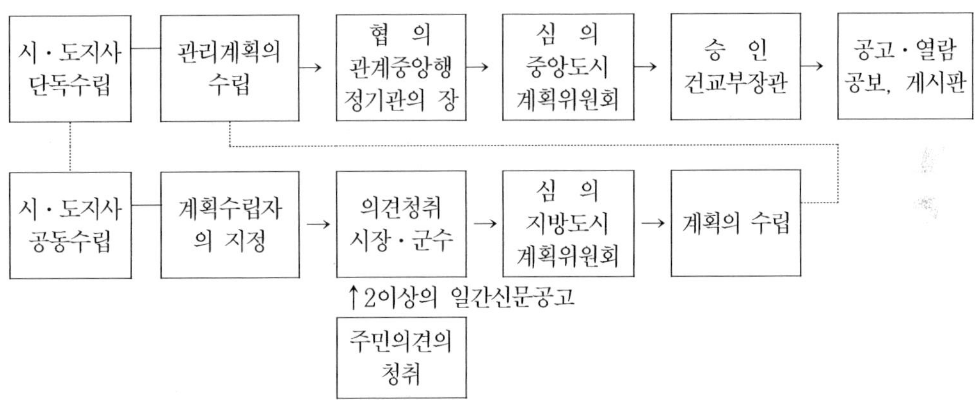

〈그림 8.9〉 개발제한구역관리계획의 수립 · 승인절차

(5) 개발제한구역안에서의 행위제한

개발제한구역에서는 ① 구역의 지정목적에 위배되는 건축물의 건축 및 용도변경, 공작물의 설치, 토지의 형질 변경, 죽목의 벌채, 토지의 분할, 물건을 쌓아두는 행위(건축물 또는 공작물의 종류와 건축 또는 설치의 범위는 령 제13조제1항 참조[71])와 ② 국토의 계획 및 이용에 관한 법률에 의한 도시계획사업

의 시행을 할 수 없다.(법 제11조)

 (6) 토지매수의 청구

 매수대상토지는 개발제한구역의 지정으로 인하여 개발제한구역안의 토지를 종래의 용도로 사용할 수 없어 그 효용이 현저히 감소된 토지 또는 당해 토지의 사용 및 수익이 사실상 불가능한 토지이다.
 매수청구권자는 매수대상토지의 소유자로서 다음 하나에 해당하는 자로 건설교통부장관에게 당해 토지의 매수를 청구할 수 있다.(법 제16조제1항)

 ① 개발제한구역의 지정당시부터 당해 토지를 계속 소유한 자
 ② 토지의 사용·수익이 사실상 불가능하게 되기 전에 당해 토지를 취득하여 계속 소유한 자
 ③ 위 ① 또는 ②의 자로부터 당해 토지를 상속받아 계속 소유한 자

 매수대상토지의 판정기준은 종래의 용도대로 사용할 수 없어 그 효용이 현저히 감소된 토지로 지정 이전의 토지용도(지목)대로 사용할 수 없고, 개별공시지가가 그 토지가 소재하고 있는 읍·면·동안에 지정된 개발제한구역안의 동일한 지목의 개별공시지가의 평균치의 50% 미만이어야 한다. 그리고 사용·수익이 사실상 불가능한 토지로 개발제한구역에서의 행위제한과 존속중인 건축물 등에 대한 특례규정에 의한 행위제한으로 인하여 당해 토지의 사용·수익이 불가능한 경우이다. 이때 건설교통부장관은 매수청구를 받은 때에는 이를 매수하여야 한다.(법 제16조제2항)

---

71) 개발제한구역에서의 행위제한 중 건축할 수 있는 시설의 범위는 령 제13조제1항의 별표1과 같다.

6. 외국의 도시계획제도

1) 독 일

(1) 건설법전

독일의 법체계에 있어서 「건설법(Baurecht)」은 토지의 건축적 이용의 종류 및 정도, 건설의 질서 위에 건축물의 건축에 관계되는 주체의 법률관계에 관한 사법 및 행정법으로 구성되어 있다. 공법상의 건설법으로서도 가장 중요한 법은 연방의 도시계획에 관한 법으로서 「건설법전(Baugesetzbuch)」과 개별 구체적인 건축물에 있어서 건축감독상 규제에 관한 법으로서 각 州의 「건축법(Bauordnung)」이 있다.

독일의 건설법전은 도시계획제도의 기본이 되는 것으로 전국적으로 적용되고 있으며, 계획법이자 건축법이기도 하다. 건설법전에서 토지이용은 물론 개별 건축물의 상세한 규제까지 포괄적으로 적용하고 있다. 그리고 계획고권(計劃高權)은 계획의 기본적 사항과 법적 절차는 연방이 권한을 가지지만, 계획내용과 그 집행은 시·읍·면(gemeinde, 게마인데)의 고유권한이다.

(2) 건설관리계획

독일에 있어서 건축적 토지이용 및 도시건설에 관한 가장 기초적인 계획은 게마인데가 정하는 건설관리계획(Bauleitpläne)이다. 건설관리계획은 우리나라의 도시계획에 해당하고, 토지이용계획(Flächennutzungsplan, F-plan)과 지구상세계획(Bebauungsplan, B-plan)으로 구성된다. 토지이용계획(F-plan, 국가·주·시·읍·면)은 우리나라의 도시기본계획과 성격이 비슷하여 직접 구속력은 없지만 지구상세계획에 대하여 구속력을 가진다. 지구상세계획(B-plan)은 종합적이고 상세한 계획으로 구속력을 가진다.

F-plan은 시 전역에 걸쳐 10~15년 정도의 장래 목표로써 「토지이용의 개요를 정하는 마스터플랜(master plan)」이다.(1 / 2,500 내지 1 / 1,000 도면과 설명서)

B-plan은 원칙적으로 F-plan을 기초로 해서 가구단위의 개별 소지구마다 정한다.(1 / 500 내지 1 / 2,500 도면과 설명서) 토지의 건축적 이용 구분과 도로·주차장 등의 지구 내 교통시설 및 기타 공공시설용지와 건축허용한도 등 일체적이고 종합적으로 정한다. 그리고 B-plan은 주민에게서 직접적인 구속력을 가진다. B-plan 중 ① 건축적 이용의 종류(건축물의 용도제한), ② 건축적 이용의 정도(건축물의 높이, 건폐율, 용적률 등의 밀도제한), ③ 지구 내 교통시설(도로, 주차장 등), ④ 건축되는 부지부분(건축선, 건축선 한계 등) 등 4개의 사항을 모두 정하는 것을 완전지구상세계획(완전 B-plan)이라고 한다.[72]

2) 미 국

(1) 도시계획의 체계

미국의 지자체수준에서 도시계획에 관련되는 공법으로서는 기본적으로 (도시)계획법(planning code), 지역제법(zoning code), 건축법(building code), 주택법(housing code)의 4계통이 있고, 이것들의 계통 내에서 지자체 회의에 의해 제정된 각각의 조례가 도시계획과 관련이 있다.

지자체의 도시계획 체계를 구성하는 제도수법으로서는 기본적으로 ⓐ 도시기본계획(general plan) / 마스터플랜(master plan), ⓑ 지역제(zoning), ⓒ 부지분할규제(subdivision control)[73], ⓓ 오피샬 맵핑(official mapping)[74], ⓔ 커브넌트(covenant)[75]의 5개가 있다.

---

72) 都市開發制度比較研究會(1993), 諸外國の都市計劃·都市開發, ぎょうせい, pp.125-126.
73) 부지분할규제(subdivision)는 1개의 부지를 양도 또는 개발하기 위해 2개 이상의 부지로 분할하는 행위이다. 지자체가 미리 정한 기준에 따라야 할 의무가 있고, 규모를 묻지 않고 부동산 등기제도와 연동하고 있는 등 철저한 규제 수법이다.
74) 오피샬 맵핑은 장래 건설되는 공공시설의 용지를 확보하기 위한 수단으로 기존 및 계획 중의 가로 등의 용지를 상세하고 정확히 기재한 official map이라고 불리는 도면을 지자체의 회의가 채택하고, 그 후 그 용지 내에서의 건축행위를 금지하는 것이다.

미국은 도시계획을 실시하기 위해 지자체는 일반적으로 정부의 공권력으로서 과세권(taxation power), 수용권(eminent domain), 경찰력(police power)의 3가지를 가지고 있다.

(2) 도시기본계획

도시기본계획은 장래의 바람직한 도시개발에 관해 지자체가 주요 정책을 공식으로 표명하는 것이다. 도시기본계획은 대략 20년의 계획기간을 가지는 장기계획이고, 토지이용, 교통시설, 각종공공시설, 오픈스페이스 등의 각 분야마다의 계획을 포함한다. 계획대상은 전통적으로 물적개발에 한정되지만, 최근에는 인적자원의 개발이나 상공업 활성화 등 지자체의 행정전반으로 대상이 확대되고 있다.

도시기본계획의 기능은 구체적으로 ⓐ 각종 공공사업 등의 조정에 있어서 지자체의 기본정책을 나타내고, ⓑ 지역제, 부지분할규제, 오피샬맵핑 등의 각종 규제수법의 근거이고, ⓒ 토지이용의 미래상을 나타내어 토지이용·개발행위를 유도한다.

도시기본계획(general plan, master plan)은 민간개발의 수준을 확보하기 위한 지역제(zoning), 부지분할규제(subdivision), 계획단위개발(PUD, Planned Unit Development) 등의 규제 수단과, 공중권(Air Rights: 타인의 토지의 상공을 이용할 수 있는 권리), 개발권이양제(TDR, Transferable Development Rights)가 있다.

3) 영 국

(1) 도시농촌계획법

영국에서는 도시계획에 관한 법률은 적지 않지만, 그중에서도 가장 중요한 것은 도시농촌계획법(Town and Country Planning Act)이다. 현행 도시농촌계획

---

75) 커브넌트는 기능적으로 보면 지역제를 엄격히 한 규제수법이다. covenant는 부동산소유자 간, 또는 개발업자와 구입자와의 사이에서 체결된 민사계획이고, 대개 토지·건물의 대장 및 권리서에 기재되고, 부동산의 매매에 의해 신규구입자에도 인계된다.

법의 원형은 1947년 도시농촌계획법이다. 영국은 지방계획적 수법으로 도농간의 통합을 통한 계획수립이 다양하게 나타나고 있다.

1990년 도시농촌계획법의 전 체계가 ① 1990년 도시농촌계획법(Town and Country Planning Act 1990), ② 1990년 계획(지정건조물 및 보전구역)법(Planning (Listed Buildings and Conservation Areas) Act 1990), ③ 1990년 계획(위험물질)법(Planning (Hazardous Substances) Act 1990), ④ 1990년 계획(개정에 따르는 규정)법(Planning(Consequential Provisions) Act 1990)의 4개의 법률로 정리되었다.[76]

(2) 도시계획체계

도시농촌계획법은 전국을 총괄하는 기본법이다. 이 법에는 법정 도시계획인 개발계획(development plan)이 있으며, 개발계획에는 구조계획(structure plan)과 지방계획(local plan), 통합개발계획(unitary development plan)을 책정하도록 되어 있다.[77]

개발계획은 10~20년의 장기계획으로 개별개발안건의 허가와 불허가 판단기준이 된다. 구조계획은 Metropolitan County(道)에서 책정되는 광역적 계획으로 ① 토지의 자연적 미관 및 어메니티 보존, ② 물리적 환경의 개선, ③ 교통관리에 관한 정책을 포함한다.

지방계획은 지자체의 구체적인 개발계획으로 정책은 구조계획과 동일하다. 통합개발계획은 대런던 및 대도시권 지역을 위해 도입된 계획으로 구조계획과 지방계획을 합한 것이다.

4) 프랑스

(1) 도시계획제도의 연혁

프랑스의 도시계획을 역사적으로 살펴보면, 도시의 토지이용에 관한 규제는

---

76) 中井檢裕·村木美貴(1998), 英國都市計劃とマスタープラン, 學芸出版社, pp.12-14
77) 都市開發制度國際比較硏究會(1993), 앞의 책, pp.12-13

20세기 초까지는 도로관리, 공중위생, 안전, 미적자산보호 등을 목적으로 하는 개별규제로서 전개되어왔지만 1919년 3월 14일 법률에 의해 도시의 전체적인 규제를 의도하는 도시계획제도가 새로이 도입되었다. 그 후 1943년 6월 15일 도시계획법에 의해 조닝이나 건축인가제도 등에 입각한 도시계획체계가 국가의 고유권한으로 확립되었다. 전후 급속한 도시화의 진전에 대응해서 1958년에는 공정인 토지정비수법으로서의 우선시가화구역 및 도시재개발제도가 제정되었고, 이러한 정비는 보다 유연한 협의정비구역(ZAC)으로 대표된다.

토지이용계획 및 규제에 관해서는 상황변화의 대응의 유연성을 확보하기 위해 전체적인 방향을 정하는 도시기본계획과 지구의 보다 상세한 토지이용규제를 정하는 도시상세계획의 제도가 1958년에 제정되었지만, 그 후 1967년에는 도시정비기본계획(SDAU)과 토지점용계획(POS) 제도로 전환되어 장기적인 정비방침을 정하는 마스터플랜과 구체적인 토지이용규제를 정하는 단기적인 상세계획과의 분리를 도모하는 현행 제도의 형태가 되었다. 1970년대 이후는 도시계획의 보전적 기능강화, 시가지개선법의 정비, 도시계획권한의 지방분권화, 도시계획의 시민참가절차의 확충 등을 도모해오고 있고, 최근에는 신도시법 등의 제정에 의해 도시의 사회적 분화에 따르는 황폐화 문제에 적극적으로 대처하고 있다.

(2) 토지이용규제

기본계획(SD)은 도시뿐만 아니라 농촌을 포함한 전국토를 대상으로 책정된다. 기본계획(SD)은 공동의 이해를 가지는 커뮤니티 집단을 대상으로 장래(대략 10~30년)의 토지이용의 기본방침, 즉 시가화대상구역이나 재개발대상구역, 보전대상지역의 설정, 교통체계, 상하수도시설, 쓰레기처리시설 등이 정해진다.

토지점용계획(POS)은 기본계획의 방침에 기초해서 토지이용 및 건축에 관한 규제 등을 정하는 도서이고, 코뮌(commune, 우리나라의 시·읍·면에 해당하는 지방자치단체)이 책정한다. 코뮌은 계획책정의 의무는 없지만 POS를 책정한 코뮌에게 건축허가권한 등을 위임하고, 계획미정 코뮌에 있어서 기성시가지 외에서의 건축행위를 제한하는 건축 가능성제한 원칙 등 계획의 책정을 촉진하는 조치가 이루어지고 있다.

POS는 건축에 관한 다양한 제한이 따르는 용도지역, 기타의 지역·지구, 공공시설예정지 등을 정하는 도서(圖書)이고, ⓐ 보고서(장래의 인구예측, 고용예측, 주택건설예측 등 포함), ⓑ 도면(토지이용계획도), ⓒ 규칙서로부터 성립하고 필요에 따라서 여기에 보조적 정보를 나타내는 ⓓ 부속서(장래 개발을 위한 보유지, 대규모 개발사업 등 포함)가 추가된다.

5) 일 본

도시계획은 도시차원에서 수립되고, 도시계획을 구체적으로 실현할 목적으로 토지이용계획, 도시시설정비계획, 시가지개발사업계획, 지구계획 등을 수립한다. 도시계획은 종합계획이고, 시읍면의 장기계획으로 지구계획에 지침을 주는 역할을 하며, 토지이용계획은 토지이용지침을 마련할 목적으로 수립되는 계획과 토지이용의 규제수단이 되는 지역지구제에 기인한 계획의 두 가지로 구분된다.

지구계획은 구체적인 개발행위에 대한 규제와 건축물의 높이·형태 등도 규제의 대상이 된다. 도시시설정비계획은 시가지 내 공공·공익시설의 적정 배치에 관한 것이고, 시가지개발사업계획은 시가화구역 내의 공공시설정비와 택지개발을 목적으로 수립되며, 각 사업마다 근거법이 있다.

제 9 장 도시조사 분석

1. 도시조사의 의의와 목적

도시조사의 의의는 도시가 나타내고 있는 여러 가지 현상과 그 도시만이 독자적으로 지니고 있는 특성을 파악하여 그 도시에 대한 보다 정확한 진단과 이해를 얻고, 도시계획이나 도시관리에 필요한 자료를 획득하고 저장하는데도 그 의의가 있다. 또한 축적된 자료를 바탕으로 도시계획 및 관리에 직접 사용할 수 있으므로 매우 중요하다.

히가사 다다시(日笠 端)는 도시조사를 다음과 같은 목적을 가지고 이루어진다고 정리하고 있다.

① 지역차원에서 도시의 역할을 명확히 해서 올바른 지위와 위치를 부여한다.
② 도시의 발전과정과 현재의 제 기능을 명확히 해서 그의 존립조건을 이해하며, 제 기능을 이어주는 사람과 물자의 움직임을 파악하고 그 법칙성을 밝힌다.
③ 현재 그 도시가 어떠한 문제에 당면해 있는가를 밝힘으로써 문제에 대한 정확한 인식을 갖게 하며, 그 요인과 해결방안을 찾는 기초가 된다.
④ 그 도시가 가지고 있는 양호한 자원(stock)과 보전해야 할 좋은 조건 등

을 명확히 한다.

⑤ 도시를 몇 개의 동질적인 지구로 구분해서 각각의 기능, 활동력, 환경수
준 등을 조사하고, 지구가 지니고 있는 문제를 명확히 해서 지구 상호
간의 관계와 도시전체의 구조를 이해한다.

⑥ 상기의 조사를 시계열적으로 분석하여 장래의 시가화 동향을 예측하고,
기성시가지의 기능 및 특성의 변화를 예측한다.

⑦ 기 구상되어 오고 있는 도시의 목표를 보다 구체적으로 설정한다.

⑧ 장래의 계획이론을 전개하고, 기술을 발전시키기 위해 체계적으로 자료
를 축적시켜 놓는다.

2. 도시조사의 범위와 내용

1) 일반적 범위와 내용

도시조사는 일반적으로 도시구성요소(인간, 활동, 토지와 시설)에 대한 것으로
그 범위와 항목은 사업이나 계획의 대상이나 목적 등에 의해 달라질 수 있다.

일반적인 조사항목은 크게 자연적 환경, 인문·사회적 환경, 관련계획 및 법
규 등으로 구분할 수 있다. 자연적 환경은 토지이용, 자연적 조건 등을 중심으
로 대상도시 및 지역의 경사, 표고, 토지이용현황 등을 조사하고, 인문·사회
적 환경은 인구와 산업·경제, 기타 사회적 요소에 대한 종합적 조사를 실시
한다. 그리고 관련계획 및 법규는 사업과 관련된 관계법규와 상위 및 관련계
획 등을 정리한다.

일반적으로 다루어지고 있는 도시조사의 항목은 <표 9.1>과 같이 구분할 수
있고, 범위나 대상에 따라 다시 세부항목을 정리하여 조사할 수 있다.

<표 9.1> 조사항목

학 자	조사항목	세부항목
秋 山 (Akiyama)	1. 도시영향조사 2. 토지이용조사 3. 도시시설조사 4. 시가지건물조사 5. 인구조사	총 38가지의 조사항목
日笠 端 (Higasa Tadashi)	1. 자연적 조건 2. 경제적·사회적 조건 3. 시설적 조건 4. 환경조건 5. 행·재정	지형, 지반, 기후, 자연재해, 식생 인구, 인구밀도, 산업구조 등 토지, 단지시설, 교통·통신시설, 공급처리시설, open space, 공공·일반·특수건축물, 권역 등 안전, 보건, 편리, 쾌적성 등 세입·세출, 투자적 경비, 보조금, 기채 등
대한국토·도시계획 학 회	1. 토지이용현황 2. 상위계획 및 법제 3. 자연환경 4. 사회경제환경 5. 환경여건	토지·건축물·기타 구조물에 관한 사항 상위계획, 기존계획, 관련계획 기후 및 기상, 지형 및 지세 인구, 산업개발 안전성, 보건성, 편리성, 쾌적성

2) 자료의 구분과 조사 방법

(1) 자료원(data source)의 접근에 따른 구분

1차적 자료(primary data)는 계획의 대상이 도는 지역이나 주민들로부터 현지조사나 관찰, 면접 등을 통해서 직접적으로 도출한 자료이고, 2차적 자료(secondary data)는 탐구하고자 하는 현상에 관한 정보를 담고 있는 기존의 여러 가지 기록을 통해서 간접적으로 문헌 등을 통하여 얻어지는 것으로 서적, 정기간행물, 각종 통계자료 등이 있다.

도시조사에서는 주로 2차적 자료를 이용하는데, 이것은 공간적 범위가 광범위하여 세부적 조사가 불가능하거나 공간적으로 멀리 떨어진 곳의 자료나 시간적으로 현재의 조사가 불가능한 과거의 자료를 비교적 적은 비용으로 이용할 수 있기 때문이다. 하지만 도시계획 등의 조사에서는 일반적으로 문헌조사와 현지조사가 병행되어 행해지는 것이 일반적이다.

<표 9.2> 자료의 구분과 특징

구 분	1차적 자료	2차적 자료
내 용	●당해 지역의 주민들로부터 현지조사나 관찰, 면접 등을 통해서 직접적으로 도출한 자료	●기록자료: 기존의 여러 가지 기록 의미 ●서적이나 정기간행물, 각종 통계자료 등
장 점	●계획가가 원하는 현실감 있는 정확한 정보 제공	●공간적·시간적으로 현재의 조사가 불가능한 자료 구득 시 용이 ●비교적 적은 노력과 비용으로 이용가능
단 점	●비용과 시간이 많이 소요 ●많은 노력과 비용을 투입하더라도 센서스 등의 전수조사 통계보다 좋은 결과를 얻기 어려움	●행정구역단위로 조사·정리되어 있어 조사하고자 하는 도시계획의 목적에 부합되지 않는 등의 한계

(2) 2차 자료의 구분

2차적 자료는 문헌자료로서, 각종 문헌이나 통계자료, 도면 등으로 논문, 보고서, 기타 관련서적 등의 문헌과, 인구주택총조사, 산업총조사, 총사업체통계조사, 광공업통계조사, 사업체기초 통계조사(전수조사)와 같은 각종 통계조사에 의한 자료가 있고, 센서스자료는 10년 단위의 정규센서스와 5년 단위의 간이센서스가 있다.

도면에는 지적도, 지번도, 지형도, 항공사진, 항측도, 도시계획도, 행정규제관련지도 등의 종류가 있으며, 계획이나 사업의 목적이나 성격에 따라서 대축척지도(1 / 500~1 / 2,500)나 소축척지도(1 / 25,000~1 / 100,000)를 활용할 수 있다.

이들 자료 중 공공기관에서 획득할 수 있는 자료는 크게 통계청자료와 지방자치단체(시·군·구)의 자료로 구분할 수 있는데, 일반적인 통계자료는 통계청에서, 토지(임야)대장, 토지특성조사표, 토지이용계획확인원, 건축물대장, 재산세 과세대장 등과 같은 자료는 지방자치단체 행정관리용으로 사용되는 자료가 있다. 도시계획의 조사를 위해서 이러한 자료들은 공신력을 가지는 자료로써 매우 용이하게 사용된다.

(3) 현지조사

보다 현실감 있고 정확한 정보를 얻기 위해서는 현지조사를 실시하는데, 현지조사의 방법으로는 관찰법, 면접법, 설문지법 등이 있다.

관찰법(observation)은 조사대상이 되는 지역이나 사물에 대해서 그 상태나 특색, 어떤 사상의 원인이나 결과, 사상들 간의 관계 등을 직접적인 관찰을 토대로 해서 사실을 기록하는 것이다. 예를 들어, 각 지역의 위치나 배치, 업종별 분화나 토지이용의 변화과정 등을 관찰할 수 있다. 실측법(measurement)은 수량적으로 사상을 측정하는 방법으로 대표적으로 교통량 조사 등에 많이 사용된다.

면접법(interview)은 개인이나 집단 등 조사대상을 면접을 통하여 얻는 것으로, 면접상황에 따라 개인면접법(personal interview), 전화면접법(telephone interview), 집단면접법(group interview), 집단면접조사법(group interview survey), 우편면접법(mail interview)등이 있다.

개인면접법은 시간과 비용이 많이 드는 단점이 있다. 전화면접법은 간편하고 시간과 비용을 절약할 수 있는 장점이 있으며, 여론조사나 시장조사에서 많이 채택되고 있다. 그러나 표본의 편의(bias) 야기 문제 발생과 질문을 단순하고 이해하기 쉬운 것으로만 한정함으로써 자세하고 심층적인 정보를 얻기가 어렵다.

집단면접법과 집단면접조사법은 집단을 상대로 하는 인터뷰로서 전자는 처음부터 잘 짜여진 면접자료 등으로 빈틈없이 질문을 해 나가는 것이 아니라 집단구성원들이 자유로운 대화를 해 나갈 수 있도록 유도한다. 때로는 개인과의 면접에서 얻을 정보를 예비적으로 탐색하는 데에도 활용된다. 후자는 피면접자를 일정한 장소에 모아 놓고 질문서를 나누어 주고 직접 기입하게 하는 방법이다.

우편면접법은 흔히 설문지법이라고 하는데, 면접지를 우편으로 이송하고 회수하는 방법으로 회수율이 낮다는 단점이 있다. 회수율을 높이기 위해서 응답 시간을 10분 내외로 작성하고, 반송용 봉투 동봉과 디자인 등의 변형, 금전적인 유인책, 마감일자를 적어 두는 방법이 있다.

설문지법은 집단면접조사나 우편조사법에서 많이 사용하는 방법이다. 비용이 적게 드는 큰 장점이 있으나, 회수율이 낮고, 비응답효과를 추정하는 것이 심각한 문제로 대두된다. 최근에 가장 많이 사용하는 방법이다.

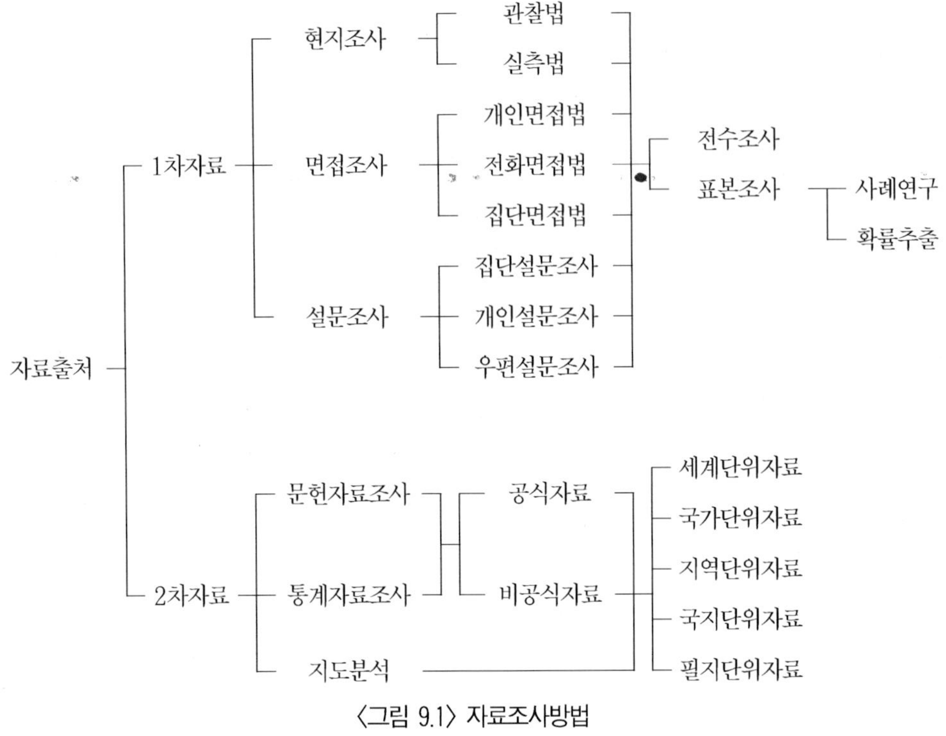

〈그림 9.1〉 자료조사방법

(4) 전수조사와 표본조사

설문조사는 조사대상 전체를 모두 조사하는 전수조사와 일부 표본을 추출하여 조사하는 표본조사의 2가지 방법이 있다.

조사지역이 매우 작은 도시나 도시 내 지역 혹은 특정의 소수대상에 한하는 경우에는 전수조사가 가능하다. 전수조사는 조사범위가 아주 적을 경우나 높은 신뢰도를 필요로 하는 경우에 실시하는 것이 효과적이다. 그러나 중대규모 도시전체의 조사는 조사인원, 경비, 시간관계상 전수조사를 취하기는 곤란하므로 표본조사를 실시할 수밖에 없다. 도시조사에서 일반적으로 표본조사를 많이 실시한다.

<표 9.3> 전수조사와 표본조사

구 분	전수조사 (compete enumeration)	표본조사 (sample survey)
장 점	● 표본오차가 없어 신뢰도 높음 ● 행정적 시책의 이용도 높음	● 경비가 적게 소요되고, 조사기간이 짧음 ● 조사원의 노력을 적게 하여 조사자의 오차를 줄일 수 있음
단 점	● 많은 비용과 노력이 필요	● 오차발생

각종 조사방법이나 통계처리 방법의 개발 등으로 오차가 매우 적어 표본조사를 많이 사용하고 있다. 대표적인 표본조사방법은 여론조사나 설문조사가 있다. 이 중 도시계획에서는 설문조사를 많이 활용한다.

표본조사는 표본(sample)의 선정이 가장 중요한 작업이다. 표본을 추출하는 데 있어 다양한 방법이 필요하며, 표본추출에서는 몇 가지 사항을 고려하여야 한다.

① 편견이 들어가지 않고 충실히 전체를 대표할 수 있는 표본을 얻도록 해야 한다.
② 비용이 허락하는 범위 내에서 가장 효과적으로 필요한 정보를 얻을 수 있어야 한다.
③ 표본이 어떤 층을 포함하는가 또는 포함하지 않는가를 분명히 알아야 한다.
④ 표본의 크기는 필요한 통계학적 신뢰도를 확보할 수 있을 만큼 커야 한다.
⑤ 표본은 현지에서 현지조사원이 뽑는 것보다 가급적 연구실에서 충분한 자료를 토대로 일정한 절차에 따라 뽑도록 하는 것이 좋다.
⑥ 조사대상이 어떤 특성을 가진 사람이며, 그에 따라서 어떤 유형의 표본을 뽑아야 하는가를 정해야 한다.

표본추출방법은 모집단을 구성하고 있는 각각의 요소들이 표본으로 선택될 가능성이 일정하다는 것을 전제로 하고 있기 때문에 확률표본추출이라고도 한다. 확률표본추출방법 중 가장 많이 사용되는 방법은 단순무작위추출(임의추출법), 층화추출, 집락추출, 계통적 추출, 단계적 추출이 있다.[78]

---

78) 이희연(1989), 지리통계학, 법문사, pp.168-173.

단순무작위추출방법(simple random sampling)은 모집단의 모든 표본이 동등하게 추출될 가능성이 높고, 또 모든 구성요소들의 성격이 모두 서로 비슷하며, 하나의 표본이 추출되는 것이 다른 표본이 추출될 확률에 아무런 영향을 주지 않는 경우나 모집단의 단일특성에 대해 분석하려는 경우에 사용된다. 도시민을 상대로 한 시정전반에 관한 설문조사에서 일반적으로 사용되는 방법이다.

층화추출방법(stratified sampling)은 모집단의 개개 구성요소들의 특성이 매우 이질적인 세부집단으로 구성되어 있는 경우에 이용하는 표본추출방법이다. 연령별 또는 성별, 지역별, 기업규모 등에 따라서 모집단을 세분화할 수 있다면 표본을 추출하기 전에 동질적인 여러 집단 또는 여러 층으로 분류한다. 비례적 층화추출방법과 비율을 달리하는 방법이 있다. 층화추출방법의 결과는 다양한 계층의 의사를 알 수 있으므로 도시정책에의 활용도가 높아진다.

집락추출방법(cluster sampling)은 모집단이 지리적으로 분리되어 있거나 또는 지역적으로 서로 다른 특성을 띠며 분포되어 있을 경우에 이용되는 방법이다. 즉 표본을 설정할 때 직접적으로 개별적인 구성요소를 추출하는 것이 아니라 자연적 또는 인위적으로 구분되어 있는 집단 가운데서 특정집단을 먼저 선정한 후 그 집단 내에서 필요한 크기만큼 표본을 추출하는 것이다.

계통적 추출방법(systematic sampling)은 모집단의 개개 구성요소가 무작위하게 배열되어 있을 때 난수표를 사용하여 추출하는 대신에 전화번호부, 주민등록대장 등의 기록대장부와 같은 목록표(checklist)를 사용하여 어떤 체계를 설정한 후, 이 체계에 맞추어 표본을 추출하는 것이다. 이 방법은 그 절차가 매우 간단하기 때문에 사회조사를 하는 경우에 많이 이용된다.

단계적 추출방법(stage sampling)은 여러 단계의 표본추출과정을 거쳐서 최종적으로 표본을 추출하는 방법이다. 단순무작위, 계층, 층화 등의 추출방법은 모집단의 모든 단위를 수록한 전체 목록을 기초로 하여 표본을 추출하는 방법들이다. 그러나 전국 가구를 대상으로 하는 대규모 표본조사를 시행할 경우 목록을 기초로 한 표본추출방법의 이용은 매우 어렵다. 이런 경우에 전국의 읍면동의 명칭만을 목록표에 작성한 후 그중에서 적당한 수만큼의 읍면동을 1차적 표본으로 추출한 다음 표본으로 추출된 읍면동지역에서 다시 표본가구를 추출하여 조사하는 것이다. 표본추출을 2단계로 나누어 실시하는 것을 2단 추출이라고 하며, 3단계 또는 4단계로 추출하는 경우도 있다.

(5) 델파이(Delphi)법

델파이는 고대 그리스에서 신탁을 행하던 아폴로 신전이 있던 도시의 이름으로서 신전의 여사제가 그리스 현인들의 의견을 널리 수집하였다는 데에서 이 방법의 이름이 연유되었다고 한다.

델파이법은 선정된 전문가들이 서로 누가 어떤 의견을 내는지 모르는 고립성, 한 번의 의견조사를 거치지 않고 의견이 수렴될 때까지 여러 차례 조사를 실시한다는 반복성, 반복 실시 때마다 전회의 조사 결과를 요약하여 응답자에게 제시해 준다는 환류성(feed-back)의 특징이 있다.

델파이법의 절차는 먼저 계획대안에 대한 설문을 작성하고, 다음 관계 전문가를 선정한다. 선정된 전문가에게 설문지를 보내 응답하도록 하고, 설문을 회수하여 정리한다. 최종 합의에 도달하지 못한 사항에 대해서는 다시 설문을 작성하여 전회의 응답의 집계 결과와 함께 전문가에게 보내 재응답을 시키며 합의에 도달할 때까지 반복한다. 델파이법은 주로 전문적 지식을 필요로 하는 조사나 평가에서 사용하고, 전문가를 대상으로 하는 특징이 있다. 제4차 국토종합계획의 수립 시 사용되었다.

3. 자료의 정리와 분석

1) 통계적 기법

도시조사에서 조사된 항목을 각종 통계적 기법을 이용하여 분석을 하게 되는데, 크게 기술적 통계와 추론적 통계로 대별된다.

(1) 기술적 통계

기술적 통계는 정보나 자료를 보다 유용한 방법으로 요약·정리해서 기술하고 분석하는 것일 뿐, 모집단에 대한 어떤 추론이나 결론을 도출하고자 하는 것이 아니다. 단순한 설문조사의 결과나 현황분석 등을 차트나 도표 등으로 나타내는 것이다. 이와 같은 방법은 일반적인 조사항목의 나열이나 설문조사 시의 성향이나 비율 등을 간단하게 나타낼 수 있어 조사결과를 분류하거나 간단하게 나타낼 때 많이 사용되고 있다.

기술적 통계에서는 대부분 설문항목에 대한 빈도분석 등에 의한 결과를 도표화하여 간략하게 나타내는 것이 일반적이다.

(2) 추론적 통계

추론적 통계는 기술적 통계와 달리 표본을 기초로 하여 모집단의 특성을 추정(estimating)하고, 일반화(generalizing)하며, 예측하는 방법이다. 표본을 추출하여 그것을 자세하게 조사함으로써 모집단의 성격을 추측하는 것이 훨씬 바람직하기 때문에 추론적 통계가 주류를 이루고 있다.

표본조사에 의한 가설검정, 비모수검정, 분산분석 등과 지역관련성과 공간관계 분석을 위한 상관관계, 회귀분석, 정준상관관계, 주성분분석, 요인분석, 군집분석 등 다양한 통계적 방법들이 이용되고 있으며, 회귀분석이나 요인분석과 군집분석 등이 도시공간구조나 예측을 위하여 일반적으로 사용되는 방법이다.

2) 분석결과의 표현

조사 및 분석결과를 표현하기 위해서는 도식화하여 나타내는 것이 가장 보편적인데, 최근에는 GIS(Geography Information System) 등을 이용하여 많이 전산화하고 있다.

도식화 기법은 조사된 사항을 알기 쉽게 기호나 도표를 사용하고, 또한 색채를 사용해서 도면화하는 것으로 도시의 물리적 공간계획에 도움이 되도록 도면 위에 표현하면 더욱 효과적이다.

도식화기법에는 각종 도표가 사용되는데, 도수분포표에는 방법에 따라 막대그래프(bar graph), 기둥그래프(histogram), 파이도표(pie chart), 도수다각형(frequency polygon), 누적도수곡선(cumulative frequency curve) 등이 있다. 조사된 자료의 특성에 따라 표현되어야 하는 도수분포표가 있으므로 이를 유의하여 사용하여야 한다.

지도화기법에는 행정단위 또는 메쉬(mesh)단위별로 지수를 면적으로 표시하는 방법이 가장 많이 활용되고, 점 또는 기호에 부가를 주어 분포도를 작성하는 점지도(dot map), 지가·인구밀도·강수량·소음도·대기오염도 등의 등가의 지점을 이어 선적으로 표시하는 등고선 지도(contour map), 지구 간의 선폭으로 표시하는 교통량도, 핵과 권역의 관계를 표시하는 권역도 등이 활용되고 있다.

4. 지리정보시스템(GIS)

1) GIS의 개념

최근 지형공간정보시스템을 이용하여 도시조사나 분석에 많이 사용하고 있고, 계속적으로 더욱 많이 이용될 전망이다. GIS(Geography Information System)는 지리적으로 배열된 모든 유형의 정보를 효율적으로 취득하여 저장, 갱신, 관리, 분석 및 출력이 가능하도록 조직화된 컴퓨터 하드웨어, 소프트웨어, 지리자료 및 인력 등의 집합체라고 할 수 있다.

GIS의 정보에는 크게 공간정보(spatial data)와 속성정보(attribution data)로 나뉘고, 공간정보는 공간좌표체계 또는 시간－공간좌표체계 내에서 위치관계를 나타내는 것이고, 속성정보는 공간정보가 가지는 속성(이름, 면적, 가격 등)을 나타낸다.

2) GIS의 활용과 문제점

도시계획을 위해서는 많은 공간정보를 활용하여야 하므로 GOS를 도입하여 사용하는 것이 기본이다. 공간정보의 자료형태별 유형과 자료특성별 유형은 <표 9.4>, <표 9.5>와 같이 구분할 수 있다.

<표 9.4> 공간정보의 자료형태별 유형

대분류	중분류	종　　　　류
도형 정보	일반도	지형도, 지적도, 해도
	주제도	국토종합개발계획도, 토지이용현황도, 도시계획도, 지하매설물도, 개발제한구역도, 수도권정비계획도, 토양·지질도, 지반현황도, 도로현황도, 산지이용계획도, 농지이용계획도, 농업진흥지역도, 임야도, 식생도, 상하수도보호구역도 등
속성 정보	통계자료	각종 통계자료
	도형설명자료	기본도 및 주제도의 도형특성관련 자료

자료: 정문섭 외(1995), 공간정보의 구축 및 활용, 국토정보, 국토개발연구원, p.14

<표 9.5> 공간정보의 자료특성별 유형

구　분	정보내용	종　　　　류
물리·환경적 자료	도시의 지리·자연적 특성에 관한 자료	지형도, 지세도, 지질도, 토양도, 식생도, 토지이용도, 녹지자연도 등
사회·경제적 자료	도시에서의 인구와 이들의 모든 활동에 관한 자료	인구, 고용, 경제, 산업, 토지, 주택, 교통, 통신, 기반시설, 문화활동 등에 관한 자료
정책적 자료	도시계획 및 개발에 관한 각종 계획 및 법규, 도면 및 계획자료	개발제한구역도, 도시계획도, 토지이용계획도, 국토이용계획도, 택지개발예정지구도, 공업단지도 등 제4차국토종합계획도, 국토계획법, 건축법, 도시개발법 등

GIS는 도시계획 및 관리에서 많은 유용성이 있는데, 먼저 각종 지도를 이용하여 자유로이 주제도를 작성할 수 있는 전자지도첩으로의 이용과 도시계획에 관련된 각종 정보 중 지도, 장부, 통계자료 등을 GIS를 도입함으로써 통합데이터베이스로 구축할 수 있다. 그리고 각종 분석을 통하여 의사결정을 위한 지원시스템으로 활용도가 높아지고 있다.

이처럼 GIS가 조사자료의 입력에서부터 출력까지 모든 과정을 전산화할 수 있고, 많은 양의 자료를 구축할 수도 있어 현재 전국적으로 GIS 구축작업이 진행되고 있으며(NGIS), 또한 각 지방자체단체별로 사업이 추진되고 있다. 그러나 현재 우리나라의 GIS의 문제점으로는 전문인력부족, 사업비과다, 기준 Code의 미마련, 기술적 처리문제, 지적도와 기타 지도와의 결합불가 등이 있어 아직 일부 국부적으로 상용화되고 있는 실정이다.

제 10 장 도시지표설정

1. 도시지표

　도시계획 및 개발을 위해서는 인구, 도시경제, 도시생활환경 등 도시에 대한 전반적인 사항을 총망라하여야 한다. 이러한 각종 지표는 계획의 기본적 체계를 마련하고 미래의 토지이용계획 및 시설계획을 위한 준거로 활용하게 된다.
　도시계획을 위한 지표로서 일반적으로 인구지표, 산업지표, 생활환경지표 등이 있으며, 이 중 가장 중요하게 다루어지는 것이 인구이다.

2. 인구추정

1) 인구추정의 의의와 필요성

　도시를 구성하는 가장 중요한 요소는 인간이다. 그래서 도시계획이 추구하

는 것이 도시의 바람직한 미래상을 창출해 내는 작업이므로 정확한 인구추정
은 도시계획의 기초가 되는 것이다. 이러한 인구추정을 통하여 미래의 도시공
간의 수요와 각종 공급시설의 규모나 개발의 우선순위까지 결정할 수 있다.

  인구예측은 도시계획을 수립함에 있어 무엇보다도 가장 중요한 기초가 되
므로 도시기반시설의 정비, 도시성장의 효율적인 관리, 각종 토지이용의 결정
등 도시계획의 기본을 이루는 작업으로 매우 신중하고 정확하게 이루어져야
한다.

  이와 같이 도시인구의 정확한 예측은 미래의 기능별 토지이용의 수요, 도시
시설의 규모 등과 같은 세부적 도시계획의 입안을 가능하게 한다는 점에서 도
시인구 추정의 필요성은 매우 강조되어야 한다.

2) 인구추정기법

  인구변화는 출생, 사망, 인구이동의 세 가지 요소로 이루어져 있다. 이러한
세 요소를 분리하여 예측하고 합산하는 것이 요소적 방법(component method)이
고, 도시총량 인구를 이용하여 예측하는 방법이 비요소적 방법(non-component
method)에 의한 인구추정이다.

  요소적 방법은 출생, 사망, 인구이동을 따로 분리하여 예측하기 때문에 자
료의 수집이나 분석에 있어서 고려하여야 할 사항이 많아 다소 까다롭다. 하
지만 보다 정확한 인구추정을 위해서는 비요소적 방법보다 더욱 효과적이다.
집단생잔법(Cohort-Survival Model)과 같이 연령별·성별, 인구이동 등을 분리하
여 예측하는 방법이 있다

  비요소적 방법은 과거추세에 의한 방법으로 등차급수법, 등비급수법, 지수
모형, 곰페르츠 모형, 로지스틱 모형 등이 있다. 또한 정주모형에 의한 방법이
나 사회경제적 요인에 의한 방법 등 인구추정기법은 매우 다양하다.

  일반적으로 인구추정은 먼저 비요소적 방법에 의해 과거의 자료를 이용하
여 과거추세에 의한 방법으로 인구를 추정하고, 다음에 요소적 방법을 이용하
는 것이 더욱 효과적이다. 최근 도시기본계획 등의 인구추정에서는 집단생잔

법에 의한 인구추정기법을 기본적으로 채택하고 있다.

3) 비요소적 방법

비요소적 방법에 의한 과거추세연장법은 장래의 인구성장이 과거와 같은 추세로 진행될 것이라는 가정하에서 장래 인구성장을 예측하는 방법이다. 이 방법이 보편적으로 많이 사용되는 가장 큰 이유는 추계에 사용되는 수식이 간단하다는 점이다. 일반적으로 이용되는 방법은 등차급수법, 등비급수법, 최소자승법, 지수모형, 곰페르츠모형, 로지스틱 모형 등이 있다.

(1) 등차급수

등차급수는 인구가 선형으로 일정한 규모로 증감하는 도시에 적용하기 쉬운 것으로 안정된 인구증가율을 유지하며 급격한 변동이 없는 기존도시(주로 지방중소도시)의 인구추정에 주로 이용된다.

$$P_n = P_0(1 + rn) \tag{1}$$

여기서, P_n: 목표연도의 인구

$\quad P_0$: 초기연도의 인구

$\quad r$: 인구증가율

$\quad n$: 초기연도로부터 목표연도까지 1년 단위로 하는 기간

인구성장률(r)은 $\quad r = \dfrac{(P_n/P_0) - 1}{n}$ 이다.

[예제] 1990년의 인구는 15만 명이고, 2000년의 인구가 20만 명일 때 2020년도의 인구는?

$$r = \frac{(P_{2000}/P_{1990}) - 1}{n} = \frac{(200,000/150,000) - 1}{10} = 0.033$$

$$P_{2020} = P_{1990}(1 + 0.033 \times 30) = 150,000(1 + 0.033 \times 30) = 300,000$$

(2) 등비급수

등비급수법은 인구증가가 급속하게 이루어지는 신공업도시나 광산도시 등에 적용할 수 있다.

$$P_n = P_0(1 + r)^n \tag{2}$$

인구증가율(r)은 $r = \sqrt[n]{\dfrac{P_n}{P_0}} - 1$ 이다.

위의 예제를 이용하여 2010년도의 인구를 추정하면,

$$r = \sqrt[10]{\frac{P_{2000}}{P_{1990}}} - 1 = \sqrt[10]{\frac{20}{15}} - 1 = 0.029$$

$$P_{2020} = P_{1990}(1 + 0.029)^{30} = 150,000(1 + 0.029)^{30} = 350,000$$

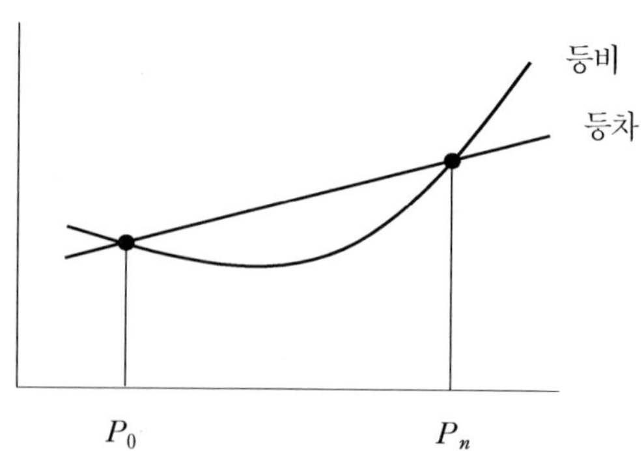

(3) 최소자승법

최소자승법은 인구추정에서 나타나는 오차(실측치-관측치)의 제곱의 합을 최소로 하는 기법이다. 앞의 등차급수법과 등비급수법이 초기연도와 최종연도만을 고려하였기 때문에 그 과정이 생략되는 결점이 있어서 인구의 증감이 교차되는 도시에는 적용하기 곤란하므로 이를 보완한 방법이 최소자승법이다.

$$P_n = \beta n + \alpha \ (y = bx + a) \tag{3}$$

여기서, $\beta = \dfrac{n \sum X_i Y_i - \sum X_i \sum Y_i}{n \sum X_i^2 - (\sum X_i)^2} = \dfrac{\sum (X_i - \overline{X})(Y_i - \overline{X})}{\sum (X_i - \overline{X})^2}$

$$\alpha = \frac{1}{n}(\sum Y_i - \beta \sum X_i) = \overline{Y} - \beta \overline{X}$$

[예제] 다음과 같이 인구가 주어졌을 때 선형식을 도출과 결정계수(R^2)를 구하시오. 도출된 식으로부터 2020년의 인구를 추정하시오.

연 도	인구(Y_i)	X_i	$X_i Y_i$	X_i^2	$\widehat{Y_i}$	$(Y_i - \overline{Y})^2$	$(Y_i - \widehat{Y})^2$
1990	66.6	0	0.0	0	75.2	806.6	74.0
1991	84.9	1	84.9	1	79.2	102.0	33.1
1992	88.6	2	177.2	4	83.1	41.0	30.2
1993	78.0	3	234.0	9	87.1	289.0	81.9
1994	96.8	4	387.2	16	91.0	3.2	33.6
1995	105.2	5	526.0	25	95.0	104.0	105.1
1996	93.2	6	559.2	36	98.9	3.2	32.5
1997	111.6	7	781.2	49	102.9	275.6	76.6
1998	88.3	8	706.4	64	106.8	44.9	342.3
1999	117.0	9	1053.0	81	110.8	484.0	39.1
2000	115.2	10	1152.0	100	114.7	408.0	0.3
$\sum$	1045.4	55	5661.1	385	1044.5	2561.5	848.5
평 균	95.0	5.5			추정치	SST	SSE

회귀식 추정을 위한 단계→ ←식의 검정을 위한 단계

$$\beta = \frac{11 \times 5661.1 - 55 \times 1045.4}{11 \times 385 - (55)^2} = 3.95$$

$$\alpha = \frac{1}{11}(1045.4 - 3.95 \times 55) = 75.2$$

따라서, $P_n = 3.95n + 75.2$(또는 $y = 3.95x + 75.2$)이다.

그리고, 결정계수 $R^2 = \dfrac{SSR}{SST} = 1 - \dfrac{SSE}{SST}$ 이다.[79]

$R^2 = 1 - \dfrac{848.5}{2561.5} = 0.67$로써 약 67% 정도의 설명력을 가진다.

2010년(n=30)의 인구는 $P_{2010} = 3.95 \times 30 + 75.2 = 193.7$(천 명)이다.

(4) 지수모형

지수모형은 연도의 경과에 따라 급격한 인구증가를 나타내는 경우에 사용된다.

$$P_n = ab^n \tag{4}$$

양변에 log를 취하면, $\log P_n = \log a + n \log b$이고, 다시 $\log P_n = y$, $\log a = A$, $\log b = B$로 두면 $y = Bx + A$의 최소자승법과 같은 식이 된다. 최소자승법과 같은 방법으로 B와 A를 구한 다음, 다시 b와 a를 구하면 된다.

(5) 곰페르츠 모형

곰페르츠모형(Gompertz model)은 인구성장의 상한성(K)이 있을 것으로 가정하고, S자형의 모양을 가진다.

$$P_{t+n} = Ka^{b^n} \tag{5}$$

곰페르츠모형은 연구대상 도시의 인구가 처음에는 완만하게 증가하다가 어느 시점을 지나면서 급격히 증가하다가 다시 완만하게 증가하는 것으로 가정

---

79) SST(total sum of squares)는 총변동이고, SSR(sum of squares due to regression)은 설명되는 변동, SSE(sum of squares due to errors)는 설명되지 않는 변동이다.

한다. 곰페르츠모형은 먼저 추계대상 도시 혹은 지역에 거주할 것으로 예상되는 최대포화인구를 상정하여야 한다.

(6) 로지스틱 모형

로지스틱 곡선은 인구성장이 초기에는 완만하다가 일정기간이 지나면 급속한 증가율을 나타내고, 또 일정기간이 지나면 그 증가율이 점차 감소하여 결국에는 인구가 일정수준을 유지하는 인구성장 경로를 분석하는 데 적합한 모델이다.

주로 대도시의 경우와 같이 인구성장이 한계에 달하였거나, 정부가 강력히 인구성장을 통제하고자 하는 상한선이 있거나 성장의 물리적 한계가 있는 지역에 적용이 가능하다.

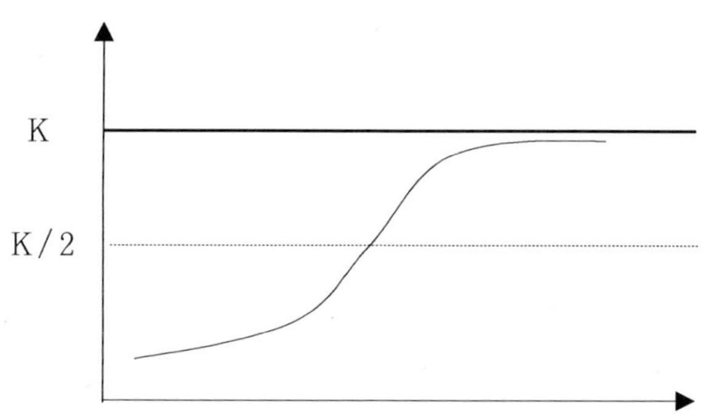

$$P_n = \frac{K}{1+e^{a+bn}} \tag{6}$$

여기서, K=극한인구

식(6)에서 $n \to x$, $P_n \to y$로 변환하면,

$$y = \frac{K}{1+e^{a+bx}} \tag{7}$$

계산식은 다음과 같은 순서로 한다.

① 계산을 간단히 하기 위해 Z라는 변수를 사용하면,

$$Z = \frac{P}{Y} \tag{8}$$

P값은 임의 수치로도 가능하나 일반적으로 10의 승수로서 주어진 자료의 자리수와 같은 단위인 10의 승수로 설정하는 것이 편리하다. 여기서는 P= 100,000으로 하는 것이 좋다.

식(7), (8)에서 $Z = A + BC^x$으로 바꿀 수 있다. 단, A, B, C는 상수이며, 여기서 표의 실제인구 (Y)를 식 (7)에 대입하여 Z를 구한다.

② 실제 값의 개수를 3등분한다.

여기서는 10개의 값을 3으로 나눈다. 3으로 나누어서 나머지가 나올 경우 시계열의 처음 또는 마지막 수치를 제외한다.

③ 기준연도(1955)를 0으로, 다음 조사연도인 1960년을 1로 하는 등 x값을 변환시킨다.

④ 항의 계수를 3등분함에 따라 Z값을 3분하여 $\sum_1$, $\sum_2$, $\sum_3$를 계산한다.

⑤ d_1, d_2라는 통계치를 설정한다. ($d_1 = \sum\nolimits^2 - \sum\nolimits^1$, $d_2 = \sum\nolimits^3 - \sum\nolimits^2$)

⑥ m이라는 통계치를 설정한다. $\sum_1$, $\sum_2$, $\sum_3$의 항수로서 여기서는 m = 9 / 3 = 3이다.

⑦ A, B, C를 구하기 위해 다음의 3방정식을 설정하고 값을 구한다.

$$C^m = \frac{d_2}{d_1}, \quad C^3 = \frac{-0.41}{-1.96} = 0.21, \quad C = 0.59$$

$$mA = \sum\nolimits_1 \frac{-d_1}{C^m - 1}, \quad 3A = 3.08 - \frac{-1.96}{0.20 - 1}, \quad A = 0.20$$

$$B = \frac{d_1(C-1)}{(C^m-1)^2}, \quad B = \frac{-1.96(0.59-1)}{(0.21-1)^2}, \quad B = 1.29$$

⑧ 위의 7에서 구한 A, B, C를 식 (7)에 대입하면

$$Z = 0.20 + 1.29(0.60)^x \tag{8}$$

⑨ 식 (6), (8)에서 Y는 다음과 같다.

$$Y = \frac{100,000}{0.20 + 1.29(0.59)^x} \tag{9}$$

⑩ 9를 (6)과 같은 형태로 변화하면 아래와 같다.

$$Y = \frac{\dfrac{100,000}{0.20}}{\dfrac{0.20}{0.20} + \dfrac{1.29}{0.20}(0.59)^x} = \frac{500,000}{1 + e^{1.86 - 0.53x}} \tag{10}$$

⑪ $K = 500,000$, $e^{a+bx} = 6.45(0.59)^x$이다.

⑫ 양변에 자연로그를 취하면,

$a + bx = 1.86 - 0.53x, \quad a = 1.86, \quad b = -0.53$이 된다.

그러므로 완성된 로지스틱 곡선식은 $Y = \dfrac{500,000}{1 + e^{1.86 - 0.53x}}$ 이다.

그러나 로지스틱 곡선법의 경우 극한값(K)이 일반적으로 주어진다. 이때 인구추정식을 구하는 식은 다음과 같다.

(6)식을 $K = y(1 + e^{a+bx})$로 고치고, 다시 $\dfrac{K}{y} - 1 = e^{a+bx}$로 놓고, 이때

양변에 자연로그(ln)를 취하면, $\ln K - \ln y = a + bx$이다.

$Y = \ln K - \ln y$로 하면, $Y = a + bx$로 되어 최소자승법과 같은 방법으로 a와 b를 구하면 된다.

연 도	x	인 구	z (100,000 / y)	z의 부분합	d1, d2	로지스틱곡선에 의한 추정치
1950		50,000	2.00			
1955	0	75,000	1.33			67,351
1960	1	105,000	0.95	$\sum_1 = 3.08$	d1 =−1.96	104,579
1965	2	125,000	0.80			155,013
1970	3	200,000	0.50			216,454
1975	4	290,000	0.34	$\sum_2 = 1.12$	d2 =−0.41	282,318
1980	5	360,000	0.28			343,916
1985	6	400,000	0.25			384,591
1990	7	425,000	0.24	$\sum_3 = 0.71$		432,064
1995	8	450,000	0.22			457,644

4) 요소적 방법

(1) 집단생잔법

집단생잔법(Cohort-survival model)에 의한 인구추정방법은 기준이 되는 연도의 인구가 시간이 경과하는 데 따라 얼마나 생존할 수 있는가를 생잔율(survival rate)에 의하여 생존자를 산정하여 인구를 추정하는 방법이다.

$$P_t = P_0 + B_{0-t} - D_{0-t} + I_{0-t} - O_{0-t} \tag{10}$$

여기서, P_t=시점 t의 인구

P_0=시점 0의 인구

B_{0-t}=시점 0와 t 사이의 출생인구

D_{0-t}=시점 0와 t 사이의 사망인구

I_{0-t}=시점 0와 t 사이의 전입인구

O_{0-t}=시점 0와 t 사이의 전출인구

출생, 사망 등 생물학적 요인에 의한 예측인구는 $P_0 + B_{0-t} - D_{0-t}$이고, 사회적 요인에 의한 예측인구는 $I_{0-t} - O_{0-t}$이다.

집단생잔법에서는 대체로 남녀를 각각 5세 단위로 16~18급간으로 구분한다(14급간으로 구분하기도 한다).[80] 그리고 출산율은 여성집단을 5년간으로 묶은 시계열에서 15세부터 49세까지를 가임인구로 가정하고, 15~19세, 20~24세,…… 45~49세까지의 출산율을 상, 중, 하로 구분하여 산출하며 여자 1,000인당 1년간의 출산아수로 표시된다.

집단생잔법에서는 5년 단위로 생물학적 요인에 의한 인구증가와 인구이동에 의한 사회적 요인에 의하여 인구를 예측하는 것으로 생잔율과 순인구이동율을 구하여 인구추정을 한다. 생잔율이나 순인구이동율은 개별도시별로 구하는 것이 어렵기 때문에 시·도 단위 또는 국가단위의 자료를 사용하면 편리하다.

급 간	남	여	비 고	
0~4				
5~9				
10~14				
15~19				
20~24				
24~29				
30~34				가임인구(여)
35~39				
40~44				
45~49				
50~54				
66~59				
60~64				
65~69				
70~74				
75~79				
80~84				
85세 이상				

---

80) 16급간으로 구분하는 것이 일반적이지만, 통계청의 각종 인구조사에서 0~4, ……, 85세 이상으로 구분하여 정리하고 있으므로 이것을 그대로 사용하면 편리하다.

집단생잔법에 의하여 다음 도시의 인구를 예측하여 보자. 1970년부터 1995년까지의 자료는 다음과 같다.

먼저 인구연령별 생산율과 출산율을 이용하여 생물학적 인구를 추정하고, 다음에 인구이동을 고려하여 최종 인구예측을 한다. 생잔율과 출산율, 순인구이동율 등은 기존의 연구자료(주로 통계청 자료) 등을 이용하는 것이 타당하다.[81]

<표 10.1> 성·연령별 생잔율(경남)

급 간	1995~2000		2000~2005		2005~2010		2010~2015		2015~2020	
	남	여	남	여	남	여	남	여	남	여
0~4	0.9955	0.9964	0.9962	0.9970	0.9967	0.9975	0.9972	0.9979	0.9975	0.9981
5~9	0.9978	0.9984	0.9982	0.9987	0.9986	0.9989	0.9988	0.9990	0.9990	0.9992
10~14	0.9963	0.9982	0.9970	0.9985	0.9976	0.9988	0.9980	0.9990	0.9983	0.9991
15~19	0.9942	0.9973	0.9953	0.9978	0.9961	0.9983	0.9968	0.9986	0.9973	0.9988
20~24	0.9926	0.9967	0.9939	0.9973	0.9950	0.9977	0.9959	0.9981	0.9965	0.9984
24~29	0.9897	0.9958	0.9916	0.9965	0.9931	0.9970	0.9943	0.9974	0.9952	0.9977
30~34	0.9852	0.9944	0.9879	0.9953	0.9901	0.9960	0.9919	0.9966	0.9931	0.9970
35~39	0.9785	0.9923	0.9824	0.9934	0.9855	0.9944	0.9881	0.9952	0.9899	0.9958
40~44	0.9698	0.9890	0.9751	0.9906	0.9795	0.9919	0.9830	0.9929	0.9855	0.9937
45~49	0.9537	0.9840	0.9610	0.9866	0.9672	0.9887	0.9722	0.9904	0.9757	0.9916
50~54	0.9320	0.9764	0.9411	0.9801	0.9490	0.9832	0.9556	0.9857	0.9602	0.9875
66~59	0.9067	0.9637	0.9160	0.9688	0.9244	0.9731	0.9316	0.9766	0.9363	0.9791
60~64	0.8640	0.9424	0.8740	0.9506	0.8833	0.9577	0.8914	0.9634	0.8960	0.9674
65~69	0.8000	0.9004	0.8125	0.9123	0.8244	0.9228	0.8348	0.9315	0.8403	0.9374
70~74	0.7163	0.8232	0.7318	0.8363	0.7466	0.8484	0.7597	0.8583	0.7661	0.8639
75세 이상	0.4664	0.5150	0.4796	0.5617	0.4921	0.5710	0.5032	0.5785	0.5094	0.5831

주: 통계청(1998), 시도별 인구추계(1970~2020), p.273 인용 후 재작성

---

81) 통계청(1998)의 「시도별 인구추계(1970~2020)」에서는 생잔법에 의한 인구를 시·도별로 추계하고 있어서, 이 자료를 이용하면 매우 유용하다. 최근 통계청에서 2005년 자료가 나왔으나 전국단위의 생잔율과 출산율 자료만 정리되어 있다.

〈표 10.2〉 경남의 모의 연령별 출산율 및 합계출산율

경 남	1995~2000	2000~2005	2005~2010	2010~2015	2015~2020
15~19	2.9	2.9	3.0	2.9	3.0
20~24	71.6	63.0	55.3	48.4	44.7
25~29	193.4	179.7	166.9	155.0	148.6
30~34	68.2	77.3	87.5	99.1	106.3
35~39	15.1	21.0	29.3	40.9	48.3
40~44	2.2	3.1	4.2	6.0	7.1
45~49	0.2	0.1	0.1	0.1	0.1
합계출산율	1.77	1.73	1.73	1.76	1.79

① 생물학적 요인에 의한 인구

위의 자료를 이용하여 진주시의 인구를 추정하면 다음 표와 같다. 생잔율과 출산율은 경남의 평균자료를 이용하였다.

〈표 10.3〉 생잔법에 의한 진주시 인구추정

구 분	1998		1995~2000		2000~2005		2005~2010		2010~2015		2015~2020	
	남	여	남	여	남	여	남	여	남	여	남	여
0~4	12185	10638	13440	12912	13157	12641	12676	12178	11408	10960	13333	12810
5~9	13496	11007	12130	10600	13389	12873	13114	12609	12641	12152	11379	10939
10~14	12870	11181	13466	10989	12108	10586	13370	12859	13098	12597	12628	12143
15~19	16592	15259	12822	11161	13426	10973	12079	10573	13343	12846	13076	12585
20~24	15919	14843	16496	15218	12762	11136	13374	10954	12041	10558	13307	12831
24~29	15906	15068	15801	14794	16395	15177	12698	11111	13319	10933	11998	10542
30~34	14466	14451	15742	15005	15668	14742	16282	15131	12626	11082	13255	10908
35~39	14775	15263	14252	14370	15552	14934	15513	14683	16150	15080	12539	11049
40~44	13793	14197	14457	15145	14001	14275	15326	14851	15329	14613	15987	15016
45~49	10176	10278	13376	14041	14097	15003	13714	14160	15066	14745	15106	14521
50~54	7969	8318	9705	10114	12855	13853	13635	14834	13333	14024	14700	14621
66~59	7185	8134	7427	8122	9133	9912	12199	13620	13030	14621	12802	13848
60~64	5798	7398	6515	7839	6803	7868	8443	9646	11365	13301	12200	14316
65~69	3603	6171	5009	6972	5694	7452	6009	7535	7526	9293	10183	12868
70~74	2387	4573	2882	5556	4070	6360	4694	6876	5017	7019	6324	8711
75세 이상	2232	5385	7095	9149	9204	13796	12243	19192	15809	21711	19652	27775
	169352	172164	180617	181987	188315	191582	195370	200813	201098	205536	208469	215483

② 사회적 요인에 의한 인구

사회적 요인에 의한 인구는 전입-전출인구로서 진주시의 경우 최근 인구이 동현황을 살펴보면, 거의 비슷한 수치를 나타내므로 고려하지 않아도 무방할 것으로 판단된다.

③ 인구추정결과

1998년의 진주시 인구(342,156인)를 사용하여 예측한 2020년의 인구는 425,000 인이다.

5) 기타 예측방법

(1) 정주모형에 의한 방법

도시인구를 변화시키는 경제·사회·문화의 구성요소들 사이에 존재하는 상 호인과관계를 방정식으로 표현하여 장래인구를 예측하는 수단으로 삼는 방법 이다. 도시인구의 주된 사회적 증가요인이 되고 있는 경제적 측면을 중점으로 다룰 수 있다.(인구경제학)

형식인구학은 인구규모, 연령구조, 출생, 사망 등 인구변수 중 인구의 절대 수에 관한 사항을 다루고, 실체인구학은 형식인구학에 영향을 미치는 외생변 수로서 사회, 경제, 문화, 자연환경 등의 상호관계성을 연구하는 것이다.

경제-인구모델(economic-demographic model)로는 다음과 같은 사례가 있다.

- 1950년대의 라이벤스타인(Leibenstein)
- 1958년 후버(Edgar M. Hoover)의 인도 인구추정
- 1960~1980년대 바츄모델(Bache model), 메도우스(Donella H. Meadows)

(2) 사회경제적 요인에 의한 방법

① 취업인구에 따른 예측

계획 대상지에서 앞으로 뚜렷한 산업구조의 변경이 예상될 때에 적용하는 방법으로 대규모 공업도시나 행정도시 등과 같은 뚜렷한 성격을 갖는 새로운 도시를 건설함에 있어서는 아주 유효한 방법이다.

이 방법은 먼저 예상 취업인구를 구하고, 다음 취업인구 1인당 부양인구를 곱하여 대략적으로 인구를 추정하는 방법이다.

② 지역 간 비교유추에 의한 방법

계획대상지의 행정구역단위가 너무 작거나 혹은 신도시와 같이 새로이 도시개발이 이루어진 지역의 경우에는 과거 계획대상지역의 인구변화에 대한 충분한 시계열 자료를 확보할 수 없을 때가 있다. 또한 급격한 사회적 인구변동 요인이 예상되어 인구예측이 곤란할 때가 있다.

비율법은 계획대상지역을 포함하는 보다 광범위한 지역의 인구변화로부터 계획대상지역의 인구변화를 예측해 보고자 하는 것으로, 소지역은 광범위한 지역의 비율로서 나타낼 수 있다. A가 읍이나 면을 대표한다면, B는 군, 또는 도를 대표한다고 볼 수 있다.

$$\frac{P_t^A}{P_t^B} \; = \; \frac{P_0^A}{P_0^B} \; = \; k \quad P_t^A \; = \; \frac{P_0^A}{P_0^B} \times P_t^B \; = \; k \cdot P_t^B$$

비교법은 전국의 도시에 대해 산업구조, 각종 가용자원, 입지요소 등을 조사·분석하여 계획대상이 되는 도시보다 규모 면에서 크나 앞서의 제반사항이 유사한 도시를 찾아내어 그 도시의 인구 성장과정을 계획대상도시에 적용하는 방법이다. 계획대상지역보다 물리적·사회경제적 제반 측면에서 가장 유사하다고 하는 특정지역을 선정하여 이 지역의 인구변화로부터 계획대상지역의 인구변화를 유추해 보는 방법이다.

$$P_t^A = P_{t-l}^C$$

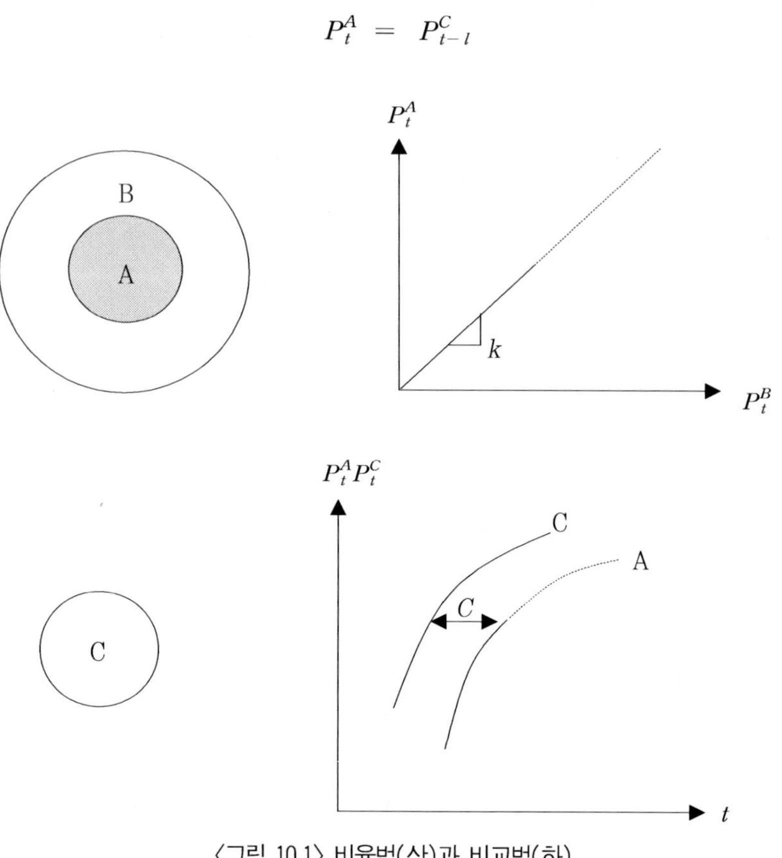

<그림 10.1> 비율법(상)과 비교법(하)

③ 토지이용계획에 의한 방법

계획 대상지의 가용용지에 대해서 토지이용계획을 세우고 각종 공공용지를 제외한 주거용지 부분에 대해 건폐율, 용적률, 밀도 등을 설정해서 수용인구를 산정하여 인구를 예측하는 방법이다. 택지개발 등 주거중심의 도시 인구예측에 유용하다.

이러한 사회경제적 요인에 의한 인구추정은 개괄적으로 이루어져, 계획도시의 초기 인구를 상정하거나 예측하는 데 도움이 되고, 이러한 목표설정 이후 세부적으로 인구를 추정하는 방법을 개발하면 더욱 효과적이다.

6) 인구계획

(1) 인구지표 결정

여러 가지 인구추정방법 중 하나의 방법에 의한 인구추정결과만을 사용하는 것은 무리가 있다. 그래서 여러 방법의 결과를 종합하여 평균치를 사용하는 경향이 많다. 이러한 평균치는 각 도시가 갖는 특성과 관련하여 각 공식들이 선별적으로 활용되었음을 의미하는 것이며 평균치야말로 불확실한 장래가 실제치에 접근하여 편차가 최소화할 수 있다고 판단된다.

평균치를 그대로 인구지표로 삼거나 상향조정하거나, 하향조정하는데 여기서 상하향 조정 시에는 1천 명 이하는 사사오입함으로써 인구지표는 1천 명 정도의 오차는 본원적으로 예견되고 있다.

(2) 인구구조지표

각종 인구지표를 이용하여 장래의 토지이용계획이나 교통계획, 산업개발계획, 도시계획시설계획 등을 수립하는데, 이때 성별, 연령별, 산업별, 직업별, 소득별 인구구조에 대한 목표연도 및 단계별 최종연도의 지표를 예측한다.

7) 주간인구와 야간인구

주간인구(활동인구)는 취업, 취학과 직접관계가 있기 때문에 일반적으로 야간인구(총인구)를 기초로 하여 통근·통학에 의한 유출입인구를 가감하여 계산하는 것이 보통이다.

대도시의 경우에는 주간(활동)인구와 야간(상주)인구의 차이가 크므로 각종 시설수요의 판단을 위해서는 별도로 주간생활인구(시설계획인구)를 추정해야 한다.

$$P_d = P_n + I_b - O_b$$

여기서, P_d: 주간인구

P_n: 야간인구

I_b: 시외에서의 통근·통학자 수

O_b: 시외로의 통근·통학자

도심의 활동인구는 주차공간, 오픈스페이스, 보행자공간, 도로면적 등 도심의 공간수요를 추계하는 데 주요한 자료가 된다. 상근인구(취업인구)와 시설이용인구는 용도별 단위면적당 인구를 기존의 유사한 도시의 자료에서 구하여 전체 면적을 곱하여 구할 수 있다.

3. 생활환경지표

생활환경지표는 쾌적한 도시환경의 조성과 도시인들의 건강한 삶을 위해 계속적으로 확대되고 있으며, 더욱 중요하게 고려되고 있는 지표이다. 특히 소득의 증가에 따른 주거환경의 질적 향상 측면에서 이러한 지표들은 더욱 중요하게 다루어지고 있다.

1) 생활환경지표

현재의 생활환경상황과 장래 재원의 투자가능성을 고려하여 시민생활의 문화적 수준이 확보될 수 있을 정도의 지표를 설정한다.[82]

---

82) 정삼석(1998), 도시계획, 기문당, pp.141-144.

생활환경관계지표는 공공투자와 민간투자를 함께 고려하여 주거환경의 양
적 확대뿐만 아니라 질적 개선도 추구해야 한다.

〈표 10.4〉 생활환경지표의 산식

종류 \ 구분	필요변수	산 식		
		명 칭	산 식	단 위
주택보유지표	• 주택 수(A) • 가구 수(B)	주택보급률 주택부족률	A / B (B-A) / B	% %
주택규모지표	• 총대지면적(A) • 총주택연건평(B) • 총방수(C) • 인 구(D) • 가구 수(E) • 총주택 수(F)	주택당 대지면적 주택당 건평 주택당 방수 가구당 대지면적 가구당 건평 가구당 방수 1인당 대지면적 1인당 건평 실당 거주인원	A / F B / F C / F A / E B / E C / E A / D B / D D / C	평 / 호 평 / 호 실 / 호 평 / 가구 평 / 가구 실 / 가구 평 / 인 평 / 인 인 / 실
상하수도 지표	• 상수도수혜가구(A) • 상수도1일 생산량(B) • 하수도수혜가구(C) • 쓰레기배출량(D) • 쓰레기수거량(E) • 총가구(F) • 인 구(G)	상수도보급률 하수도보급률 상수도1인1일급수량 쓰레기수거율	A / F C / F B / G D / E	% % 1 / 인 / 일 %
에너지도표	• 전기사용총량(A) • 도시가스공급가(B) • 총가구(C)	가구당 전기사용량 도시가스공급률	A / C B / C	KWH / 가구 %
교통지표	• 자동차대수(A) • 이용가능토지면적(B) • 도로연면적(C) • 시민교통총수요(D) • 승차총회수(E) • 인 구(F)	자동차보유율 도로율 1인당 교통시간 교통인구율	A / F C / B D / F E / F	대 / 천 / 인 % 시간 / 인 %

2) 복지환경지표

복지환경은 사회복지적 측면에서 강조되어야 할 부문이므로 장차 점진적으
로 확대시켜 나가야 하며, 공공투자뿐만 아니라 민간자본의 투입도 함께 고려

하여 시민소득과 비례하여 지표수준을 설정한다. 이들 지표는 인구규모의 함수로 나타나므로 도시성장의 단계별로 지속적으로 상향 설정되어야 한다.

<표 10.5> 복지환경지표의 산식

종류 \ 구분	필요변수	산 식 명 칭	산 식	단 위
의료시설지표	• 병원 수(A) • 병상 수(B) • 의사 수(C) • 인 구(D)	병원율 병상률 의사율	D / A B / A C / A	인 / 병원 상 / 만인 인 / 만인
문화시설지표	• 학급당 학생 수(A) • 교실 수(B) • 극장 수(C) • 문화회관 수(D) • 학생 수(E) • 인 구(F)	학급당 학생 수 실당 학생 수 극장당 인구 문화회관당 인구	E / A E / B F / C F / D	인 / 학교 인 / 학교 인 / 개 인 / 개
복지시설지표	• 양로원(A) • 고아원(B) • 모자원(C) • 복지센터(D) • 직업보도소(E) • 탁아소(F) • 인 구(G) • 노인인구(H) • 고아 수(I) • 여성인구(J) • 유아인구(K)	양로원당 인구 고아원당 인구 복지센터당 인구 직업보도소당 인구 모자학원 인구	H / A I / B G / D G / E (J+K) / C	인 / 개 인 / 개 인 / 개 인 / 개 인 / 개
환경정화지표	• 대기오염실제치(A) • 수질오염실제치(B) • 대기오염기준치(C) • 수질오염기준치(D)	대기오염률 수질오염률	A / C B / D	% %

3) 위락환경지표

위락환경은 시민의 육체적 건강과 정신적 휴양을 위한 자연적 및 인위적 요소이다. 위락환경지표는 도시의 토지이용과 주거분포를 고려하여 설정하여

야 하되 면적상의 확대뿐만 아니라 입지적 근린성과 이용상 편의성이 제고되
는 방향으로 설정되어야 한다.

<표 10.6> 위락환경지표의 산식

종류 \ 구분	필요변수	산 식		
		명 칭	산 식	단 위
운동장지표	• 운동장개수(A) • 운동장면적(B) • 인 구(C)	운동장당 인구 인구 1인당 운동장면적	C / A B / A	인 / 개 평 / 개
공원지표	• 공원총면적(A) • 도시면적(B) • 어린이공원면적(C) • 근린공원 수(D) • 근린공원면적(E) • 인 구(F) • 아동 수(G) • 근린주구 수(H)	공원율 인구 1인당 공원면적 근린주구당 공원 수 인구 1인당 근린공원면적 아동 1인당 어린이공원면적	A / B A / F D / A E / F C / G	% 평 / 인 개 / 주구 평 / 인 평 / 인

제 11 장 토지이용계획

1. 토지이용계획의 개념

1) 토지이용계획의 정의

  토지이용계획(land use planning)은 계획 대상지에서 예상되는 다양한 활동(activity)을 고려하여 각각의 활동별로 토지수요와 적정밀도를 예측하고, 이들 활동을 종합적이고 합리적으로 배분하는 일련의 과정을 의미한다.

  토지이용계획에 대한 협의의 개념으로서는 지역제(zoning)를 토지이용계획으로 보는 것이고 광의의 개념은 여기에 용도배분과 시설배치에 이르는 것을 포함한다. 또한 유럽형과 미국형의 토지이용계획에 대한 개념으로 구분할 수 있는데, 유럽형 토지이용계획은 광의의 개념으로 도시기본계획과 동일시하고 용도지역, 공공건축물계획, 교통시설 등의 도시개발사업계획까지 토지이용계획에 포함하는 포괄적 개념이다. 이에 반해 미국형 토지이용계획은 교통계획 등과 같이 도시계획의 하나의 부문계획으로 간주되는 협의의 개념으로 용도, 밀도, 입지배분 등의 계획을 세분하여 다룬다.

2) 토지이용계획의 목표

토지이용계획의 목표는 궁극적으로 공공의 이익을 위한 것이다. 공공이익의 요소로는 ① 안전성(safety), ② 보건성(health), ③ 편의성(convenience), ④ 쾌적성(amenity), ⑤ 공공의 경제성(economy) 등이 있다.

요소별 구체적 사항을 검토하여 보면, 안전성은 자연재해나 화재, 사고 등으로부터 안전해야 하고, 보건성은 육체적·정신적 건강을 유지하고 공해로부터 보호되어야 한다. 편의성은 토지이용의 각 기능 간의 편리성과 접근성의 향상하고, 쾌적성은 도시경관과 공원 등 도시민들에게 쾌적공간을 제공하며, 공공의 경제성은 사업의 경제성과 토지이용의 경제성(교통, 에너지 비용 등)을 통한 경제성의 확보이다.

3) 토지이용계획의 역할

좋은 토지이용계획이 좋은 도시환경을 유도한다는 것은 명확하다. 이러한 토지이용계획은 도시의 현재와 장래의 공간구성, 토지이용의 규제와 실행수단의 제시, 도시설계에 대한 지침제시(용도, 밀도, 형태 포함), 난개발의 방지, 장래를 위한 토지의 보존 등과 같은 역할을 담당한다.[83] 이처럼 토지이용계획을 통하여 도시는 계획되고 형성된다고 할 수 있다.

(1) 도시의 현재와 장래의 공간구성

토지이용계획은 도시계획에 있어서 매우 중요한 위치를 차지하고 있다. 토지이용계획을 통하여 도시의 현재와 장래의 공간구성과 토지이용형태가 결정된다.

토지라는 공간적 기반 위에 구축되어 있는 현재의 도시기능과 공간구조에 대한 미래를 결정하는 것도 토지이용계획을 통해서이다. 그리고 도로·공원·광장 등 도

---

83) 대한국토·도시계획학회(1996), 토지이용계획, 보성각 pp.7-8.

시의 기반시설이 배치되고 정비되는 데에도 토지이용계획은 주요한 인자가 된다.

(2) 토지이용의 규제와 실행수단의 제시

토지이용계획은 단순한 토지수요예측이나 배분만을 다루지 않고, 계획내용을 실현하기 위하여 토지이용을 구체적으로 규제하여야 할 수단을 제시한다. 토지이용의 규제, 개발의 억제와 권장, 공공투자계획 등의 정책수단의 수립까지 토지이용계획이 수행하게 된다.

그리고 변화하는 경제·사회여건에 따라 수시로 변경되어야 하는 용도지역 등 집행수단 운용의 근거를 제공할 수 있다.

(3) 도시설계에 대한 지침제시

토지이용계획은 도시가 아름답고 인간성을 유지할 수 있도록 도시공간의 성격과 기능을 조형예술의 관점에서도 다루어야 한다. 이러한 것은 주로 도시설계(urban design)에서 다루지만, 기본지침은 토지이용의 공간배치계획에 의해 미리 짜여져야 한다.

토지이용계획은 단순히 지상면만 아니라 공중이나 지하 등 3차원적으로 다루어져야 하고, 또한 기능배치는 용도뿐만 아니라 밀도와 형태까지 포함하는 종합적 계획이 되어야 한다. 최근의 토지이용계획은 기존의 평면적 토지이용체계에서 입체적 토지이용체계로 변화되고 있으므로 이를 반영한 계획은 도시설계에 대한 기본적 지침을 제시하는 역할을 담당한다.

(4) 난개발의 방지

토지의 개발은 단순히 개인의 재산적 가치에 의해서만 이루어져서는 안 된다. 이것은 개인의 토지이용이 공공비용의 증대를 가져올 수 있고, 체계적 개발을 방해할 수 있다. 이처럼 토지이용계획은 난개발을 방지하여 공공성과 경제성을 확보한다. 도시의 무질서한 확산이나 난개발로부터 발생하는 도시의 손실을 방지하는 것이 토지이용계획의 중요한 역할이다.

무질서한 도시개발로 인한 통행거리의 증가와 도시기반시설의 정비과다, 농경지 침범과 도심부의 무분별한 대형건축물의 개발로 인한 교통체증과 이로 인한 혼잡가중, 도시경관의 파괴 등 공공선(公共善)을 위하여 토지이용계획이 중요한 역할을 담당한다.

(5) 장래를 위한 토지의 보존

토지는 유한자원으로 환원이 되지 않는 희소자원이다. 이 자원을 무분별하게 사용하면 미래의 토지수요에 적절히 대처할 수 없게 된다. 이러한 토지는 토지이용계획을 수립하여 장래를 위하여 토지를 적절히 보존한다.

각 도시들이 토지에 대한 종합계획(comprehensive planning)을 통하여 시기별 토지의 수급대책을 마련하여 시설입지 결정을 하기 때문에 장래의 도시공간구조의 균형유지를 위한 토지자원의 보존역할을 토지이용계획이 담당하고 있다.

2. 토지이용계획과정

1) 계획과정

일반적으로 계획은 우선 현실을 바탕으로 바람직한 미래를 추구하는 것이기 때문에 현실에 대한 철저한 인식(현황분석)과 바람직한 상황에 대한 판단(목표설정)이 무엇보다 앞서 이루어져야 한다.

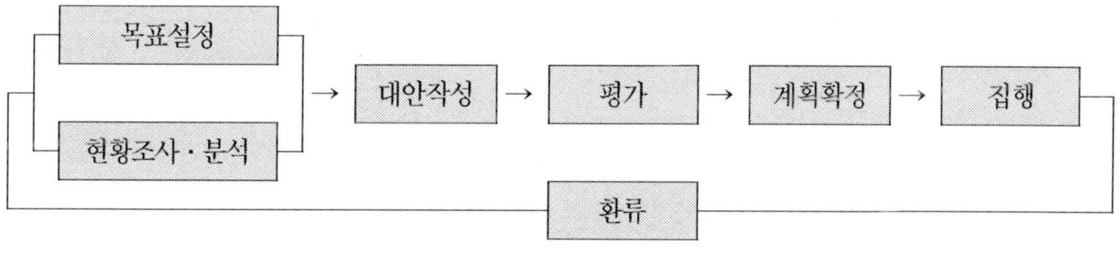

〈그림 11.1〉 계획과정

그 다음 현실과 목표를 이어 주는 가능한 방안들이 검토(대안작성)되어야 하고, 이들 방안을 객관적으로 상호 비교하여(평가) 최적의 방안을 도출(계획 확정)하는 과정을 거치게 된다. 이렇게 해서 계획이 확정되면 이 계획에 따라 집행(계획의 집행)이 이루어지게 되고, 집행결과를 사후 평가하여 원래의 계획을 수정·보완하는 과정(환류과정)이 이어진다.

2) 토지이용계획의 핵심적 내용

토지이용계획에서 핵심적으로 다루는 것은 현재의 인구나 도시개발 등 기존 여건의 종합적인 검토를 통하여 미래에 바람직한 토지이용 상태를 설정하고, 목표하는 시기까지 필요로 하는 토지의 용도와 각각의 수요를 추정하여 용도별 토지를 입지배분하는 것이다.

협의의 토지이용계획은 목표설정에서 계획을 확정하는 단계이고, 광의의 토지이용계획은 여기에다 지역제를 포함하는 것이다. 이처럼 토지이용계획은 토지이용 조사분석에서 계획을 확정하는 것뿐만 아니라 계획실행을 위한 규제를 제시하는 것까지 포함한다.

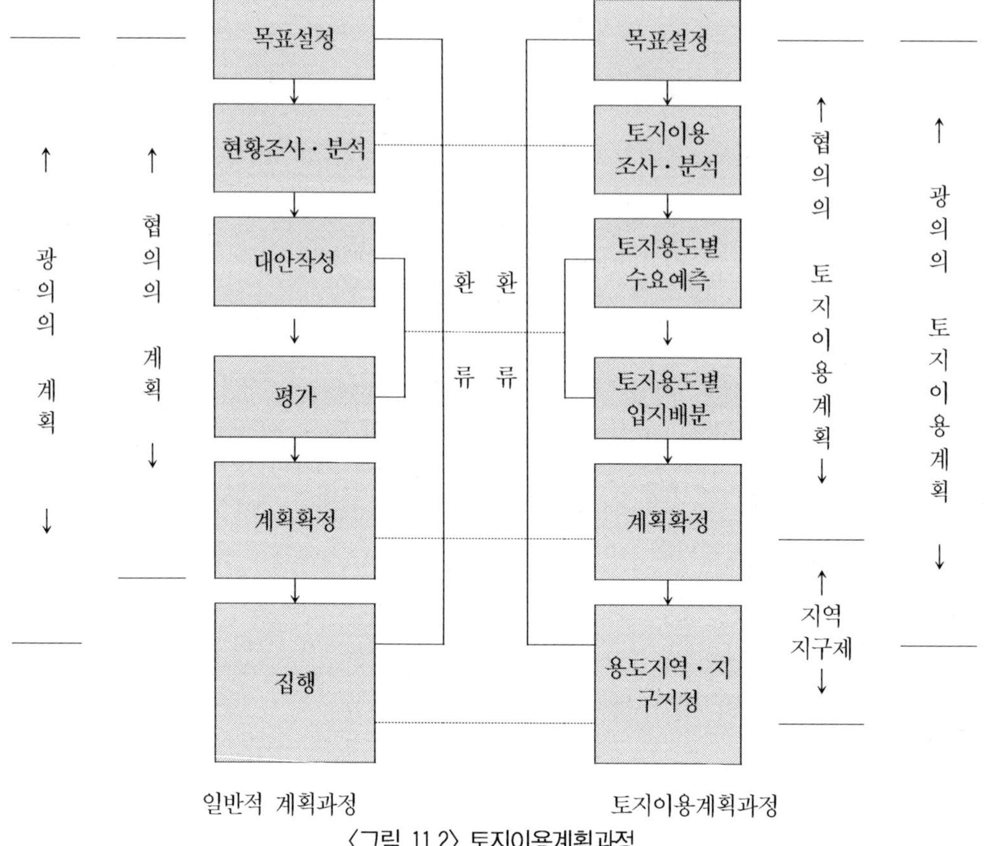

〈그림 11.2〉 토지이용계획과정

3. 토지수요예측

1) 토지이용밀도

 밀도는 시가화의 상황, 시가지의 환경 등을 판정·평가하는 척도로서 이용되며 인구와 공공시설 간의 균형을 도모하는 지표로 시가지 형성의 유도 혹은 규제의 수단으로 활용된다. 그래서 도시계획에서 조사, 계획의 입안, 제도 적용 등의 여러 가지 계획과정에서 밀도의 검토가 행하여지고 있다. 토지면적 수요전망의 일환으로서 밀도의 기본개념을 설명한다.

(1) 토지이용밀도 지표

도시계획에서 가장 많이 이용되는 토지이용밀도의 지표는 인구, 토지, 건물의 세 가지 요소의 관계에 의해 표현된다.

〈표 11.1〉 토지이용밀도의 유형

밀도유형	밀도지표	산 출 식	단 위
인구밀도	상주인구밀도	상주인구수 / 토지면적	인 / ha
	주간인구밀도	주간인구수 / 토지면적	인 / ha
이용밀도	1인당 주거면적	주거건물면적 / 인구수	㎡ / 인
	가구당 주거면적	주거건물면적 / 가구수	㎡ / 가구
건축밀도	용적률	건물면적 / 토지면적	%
	건폐율	건물바닥면적 / 토지면적	%
	호수밀도	주택수 / 토지면적	호 / ha

(2) 순밀도와 총밀도

밀도는 토지 또는 건물의 단위면적당 일어나는 도시활동을 나타내는 것이므로 토지와 건물의 내용을 어떻게 정의하느냐가 중요하다. 통상 밀도의 개념은 순밀도와 총밀도로 구분한다.

총밀도는 하천, 임야 등 지구전체 토지면적에 근거한 밀도의 산출이고 순밀도는 도시활동에 직접 이용되는 토지에 근거하여 산출하는 경우이다. 행정동 단위의 총인구밀도는 행정동 총면적에 대한 상주인구수로 산출하고 순인구밀도는 구역면적 중 주택부지면적에 근거하여 산출된 인구밀도이다.

(3) 밀도지표의 활용

도시계획에서 밀도지표는 다음의 제반 계획과정에서 이용되고 있다.

① 토지이용배분에서 시가화지역의 규모를 산정

인구밀도와 택지화율에 근거하여 기성시가지화 지역, 진행시가화 지역, 예정시가화지역으로 구분하고, 장래에 수용할 목표인구수와 계획적인 시가지정비의 전략에 따라 적정인구밀도의 기준을 설정하고 이에 근거하여 장래의 시가화지역 규모를 결정한다.

② 용도지역제에서 밀도지표의 이용

용도지역 및 지구에서는 지정 목적을 달성하기 위한 적정 건폐율 및 용적률의 규정을 적용한다. 특히, 고도지구 등에서는 층수와 용적률을 동시에 적용한다.

③ 도시시설을 밀도측면에서 검토

교육시설, 도로, 공원, 상하수도 등의 공공시설과 시가지 거주인구와의 검토를 통하여 주택단지개발에서 계획표준으로 건폐율, 용적률에 근거한 공공시설을 검토한다.

④ 시가지 개발사업에서 밀도의 적용

토지구획정리사업에서 표준적인 획지규모에 근거하여 인구밀도를 검토하고, 택지개발사업에서는 인구밀도를 적용한다. 그리고 재개발사업, 재건축사업에서는 용적률을 검토한다.

2) 토지수요예측

토지수요예측은 목표연도의 인구 및 경제활동규모를 예측하고, 토지이용 및 밀도기준을 설정하여 그 결과에 따라 각 토지용도별 수요를 산출하는 방법으로 먼저, 주거 및 상업용도, 공업용도를 예측하고 녹지지역은 최소한 이상 확보하는 방향으로 토지수요예측을 한다.

주거용 토지의 수요추정에서 저·중·고밀 주거지 등의 인구구성 비율은 결과적으로 계획대상지역의 단독주택, 연립주택, 아파트 등과 같은 주택유형의 구성비율과 밀접한 관계를 맺고 있으므로 계획가가 의도하는 도시공간구조 모습에 따라 그 기준이 달라진다.

상업 및 업무용 토지는 수직적 토지이용의 형태를 물리적으로 환산할 수 있는 용적률 또는 층수를 사용하는 것이 바람직하다. 상업용 건축면적의 규모는 인구규모 그 자체보다는 거주인구가 보유하고 있는 구매력, 즉 유효수요의 크기에 비례하고 이는 인구규모뿐만 아니라 소득수준이나 소비·지출패턴 등에 의해 변할 수 있다. 건축(매장)면적, 매출액, 종업원 수 간에는 단위 매장면적당 매출액, 종업원 1인당 매출액, 종업원 1인당 매장서비스면적 등의 원단위 지표에 의해 3자가 상호 전환이 가능하다.

업무용 토지는 사무실에 근무하는 고용인구의 규모가 토지수요를 결정하므로 사무실 근무자수를 추정한 후 1인당 사무실 점유면적을 곱해 업무용 건축 연면적을 산출한다.

공업용 토지는 제조업을 중심으로 한 2차 산업의 경제활동규모에 의해 직접적인 영향을 받게 된다. 경제활동규모는 일반적으로 총생산액(또는 매출액) 지표나 고용인구(취업인구) 지표를 통해 나타낼 수 있다. 보통 고용인구의 면적 / 인으로 원단위를 사용하면 편리하다.

공업지역의 토지이용은 주로 대량생산을 위한 포드주의(Fordism)의 영향으로 주로 평면적으로 일어나는 특성이 있어 용적률과 같은 밀도의 개념은 그렇게 중요하지 않다. 하지만 아파트형 공장과 같은 도시형공장이 많이 보급되는 경우에는 입체적 토지이용을 고려한 밀도지표의 개발이 필요하다.

녹지는 최근 소득의 향상으로 인한 여가 및 레크리에이션 활동의 증가로 녹지의 확대 공급이 이루어져야 한다. 녹지는 1인당 녹지수요 면적을 기준으로 하는 원단위법에 의해 수요를 추정할 수 있다. 우리나라에서는 도시공원 및 녹지 등에 관한 법률에 의해 도시공원의 면적을 도시계획구역 내 주민 1인당 최소한 6㎡, 그리고 개발제한구역, 자연·생산녹지지역을 제외할 경우에는 1인당 최소 3㎡만큼 확보하도록 되어 있다. 그러나 외국 선진국의 경우 주민 1인당 10㎡ 이상을 확보하고 있어 선진국에 비해 녹지의 양적인 측면과 활용도도 매우 낮다고 볼 수 있다.

〈표 11.2〉 용도별 토지면적 산정식

용도지역	면 적 산 정 식
주거지역	● 상정인구밀도에 의한 소요면적 산정방법 $$A = \sum_{i=1}^{n} \frac{P_i}{d_i}$$ A: 주거지역면적 Pi: 주거입지별로 배분된 상정인구 di: 주거입지별 상정인구밀도 i-n: 주거입지별 인구밀도 계층구분 ● 주택호수와 1호당 상정부지면적에 의한 방법 → 주택호수(A) = $\dfrac{계획인구}{가구당\ 가구원수}$ → 시가화계획구역 내에 수용될 주택호수(B): 0.8~0.9 → 주거지역에 수용될 주택호수(C): 0.8 → 순주택용지면적(D) = C × 주택 1호당 부지면적 → 총주택용지면적(E) = $D \times \dfrac{1}{1-공공용지율}$ → 주거지역면적(F) = $E \times \dfrac{1}{1-용도혼합율}$ ∴ 공공용지율(0.3~0.4), 용도혼합율(0.2~0.4)
상업지역	$$A = \frac{n \cdot a}{N \cdot r \cdot (1-e)}$$ A: 상업지역면적 n: 상업지역이용인구 a: 1인당 평균상면적 N: 평균층수 r: 건폐율: 0.7 e: 공공용지율
공업지역	$$A = \frac{n \cdot a \cdot r}{1-e}$$ A: 공업지역면적 n: 공업지역 수용인구 a: 1인당 부지면적 r: 공업용지율: 0.8 e: 공공용지율

4. 토지이용의 입지배분

1) 기본방향 및 기준

토지이용 입지배분의 초기단계에서 고려되어야 할 주요 기본지침은 ① 도시의 특성과 도시상에 부합되는 입지배분, ② 도시의 발전방향을 반영하는 입지배분, ③ 도시공간분화의 생태학적 특성에 맞는 입지배분, ④ 교통망과 조화되는 입지배분, ⑤ 장래의 도시공간구조를 이끄는 입지배분, ⑥ 주요 도시기반시설의 입지계획이 고려되는 입지배분, ⑦ 기존 시가화구역에 연계한 입지배분, ⑧ 직주근접의 원칙에 입각한 입지배분, ⑨ 환경적 요인을 감안한 입지배분 등이다.[84]

입지배분의 기본적 원칙은 편리한 근접성(proximity), 양호한 접근성(accessibility), 적절한 규모, 도보의 용이성, 개발의 경제성 및 바람직한 밀도이다. 합리적인 토지이용의 입지배분을 위한 이상의 원칙은 크게 편리성 기준(convenience standard)과 실행기준(performance standard)으로 나누어진다. 편리성 기준은 근접성, 편리성(보행을 위한 편리성, 자동차와 대중교통수단의 이용을 위한 편리성) 및 접근성 등에 의해 평가되고, 실행기준은 일반적으로 공공복리 차원의 건강, 안전성 및 쾌적성의 척도로 평가된다.

2) 기능별 입지조건

(1) 주거지역

주거지역은 일반적으로 주택과 함께 근린시설(학교, 구매시설, 운동시설 및

---

open space 등)로 구성된다. 이곳은 거주 기능 외에도 기본적인 개인적·사회적 욕구, 즉 안정성, 애착심, 자긍심 및 사회적 접촉요구 등을 충족시키는 기능을 가지고 있다.[85]

도시 내 주거지역의 입지조건은 입지인자 면에서 지형조건·접근성·주변환경·도시기반시설 등이 고려되어야 하고, 계획인자 면에서 거주밀도·주거형식·거주자의 소득계층 등이 고려되어야 한다.

지형조건은 평지보다는 재해의 위험(홍수, 붕괴 등)이 적고 저습지가 아닌 완만한 경사지가 좋다. 지형의 경사도는 4% 내외가 이상적이며, 25%까지도 개발이 가능하나 10%를 넘지 않는 것이 바람직하다. 접근성은 근린시설 및 기타 고용지(직장)와 접근이 용이한 곳이어야 하고, 간선도로와 연계되어 있거나 장차 연계될 예정으로 있는 지역이어야 한다. 주변환경은 공해로부터 안전해야 하고, 녹지나 좋은 경관, open space 등과 연계되는 것이 바람직하다. 도시기반시설이 잘 정비되어 있는 곳이 유리하다.

계획인자로서 거주밀도는 도심에서 교외로 갈수록 저밀도로 개발하는 것이 좋다. 지형을 무리하게 변형시키지 않도록 해야 한다. 주거형식은 주변환경과 잘 어울리고, 적정 밀도를 개발하는 데 적합해야 한다. 고소득층은 저밀도개발, 저소득층은 고밀도·집합주택지역에 입지배분시키는 것이 요구되고, 특히 저소득층은 대중교통수단과 잘 연계되어야 한다.

(2) 상업지역

상업지역은 도시의 각종 중심기능이 집합하므로 상업·업무·문화·위락기능 등을 집단적으로 입지하려는 경향이 있으며, 다른 기능에 비해 입지경쟁력이 강해 도시 내 지가가 높고 접근성이 가장 좋은 입지를 점유한다.

상업지역의 일반적인 입지조건은 ① 도시 내외에서 접근성이 양호한 지리적 조건(도시지역의 기하학적 중심, 지역중심 혹은 교통망의 중심 등)과 관련시설 및 교통시설이 집중하여 들어설 수 있는 지형조건(경사도 5% 이하의 평탄지

---

85) 대한국토·도시계획학회(1996), 앞의 책, pp.279-290.

확보)을 갖추고 있는 지역, ② 당해 도시의 경제권 및 생활권의 규모와 구조를 감안하되 상업·업무·사회·문화시설 등이 집적이 요구되는 지역, ③ 주거지역 및 공업지역과의 관련성을 기초로 하여 생활편익시설, 중심업무시설 등과 유기적으로 연결되고 시설이용의 편리성 및 업무수행의 능률성이 최대한 확보되는 지역이 우선적으로 고려되어야 한다.

(3) 공업지역

공업지역의 입지결정은 도시의 산업발전 측면과 환경보전 측면을 동시에 고려하여 이루어져야 한다. 장래의 공업지역은 산업시설 위주로 형성된 기존의 공업단지 개념을 탈피하여 산업공원(industrial park)의 성격을 지닌 지대로 조성될 수 있도록 입지결정 과정에서부터 적극적 자세로 접근하는 것이 요구된다.

공업지역의 입지는 도시 내 타 기능이나 여타 산업시설과의 관계 측면에서 도시전체의 공간구조와 조화를 이루어야 한다. 그 대상지역은 교통시설과 연결되어야 하고, 개발의 경제성을 지니면서 입지할 기능의 특수상황에 적응할 수 있는 부지조건을 지녀야 한다. 그 세부적인 조건은 다음과 같다.

① 경사도 5% 이하의 평탄한 지형조건을 가지는 것이 바람직하며, 제조활동에 필요한 기반시설이 들어서는 데 요구되는 최소규모 이상의 토지가 확보될 수 있는 지역
② 화물수송에 관련된 주요 교통수단과 직접적으로 연결이 가능한 지역
③ 도시 내 주요 주거지역과 간선교통수단을 통해 직접적인 연결이 가능하며, 지역 내에서 거주하는 고용자들의 출퇴근이 용이한 지역
④ 장래 시가화구역 확장 등의 도시발전에 지장을 초래하지 않을 지역, 이는 도시전체의 개발축과 기본골격을 파악하고 도시계획 등에 근거하여 앞으로의 도시발전 방향을 고려한 지역
⑤ 주변지역의 토지이용에 지장을 초래하지 않는 지역. 즉 계획대상부지의 주풍방향으로는 시가화구역이 일정거리 있어 떨어져 있거나 시가화구역

과의 사이에 완충녹지를 설치할 수 있는 등 인접한 주변지역에 부정적
영향을 최소화할 수 있는 지역
⑥ 토지가격 면에서 투자의 효율을 극대화할 수 있고, 단지조성과 시설물
설치에 경제적 이점을 기할 수 있는 지형조건을 지닌 지역
⑦ 부지주변에 고용자들의 수요를 충족시킬 수 있는 편익시설이 있거나 새
로운 편익시설 개발이 가능한 지역
⑧ 산업폐수·산업폐기물의 처리가 원활하고 공업용수와 동력의 확보가 용
이한 지역

(4) 녹지지역

녹지지역은 단순히 남아 있는 공지를 보전한다든가 개발을 위해 유보지역을
지정하는 등의 소극적 개념에서 탈피하여 녹지에 대한 적극적인 활용방안이
요구되고 있다. 녹지지역이 우선적으로 확보되어야 하는 사항은 다음과 같다.

① 지형·지반·식생·임상 등 자연조건에 대해 상세한 조사도를 작성하여
시가화에 부적당한 곳은 녹지지역으로 지정하여 관리
② 자연의 풍치를 보전해야 할 가치가 있다고 판단되는 곳과 기존의 양호한
산림은 적극적으로 보전
③ 문화재·사적·기념적 건조물·명승지 등과 같이 역사적 또는 문화적 의
의가 있는 곳과 그 주변은 시설보호 차원의 녹지공간 확보
④ 공업지역이나 공항과 시가지의 사이, 간선도로와 철도의 연변, 혹은 위험
시설물 주변은 완충녹지 설정
⑤ 도시 내 주요시설의 보호를 위해 필요한 곳과 교육시설과의 연계성이 좋
은 곳은 시설녹지 지정
⑥ 기타 녹지나 공지로 보전하는 것이 바람직한 곳은 녹지지역으로 지정·
관리

3) 기능별 입지배분

샤핀(Chapin)과 카이저(Kaiser)는 도시토지이용계획 과정에서 기능지역 간의 입지배분은 첫 단계에서 환경적 사항을 포함한 오픈스페이스를 검토하고, 두 번째 단계에서 지역차원의 도시토지이용과 시설을, 그리고 세 번째 단계에서 도시인구와 함께 주변의 주거환경을 고려하는 것이 바람직하다고 하였다.

(1) 녹지지역

녹지지역의 입지배분 작업순서는 첫째, 녹지지역을 지정하고자 하는 목적을 결정하고 지정목적별로 지정예정 녹지지역을 분류한다. 둘째, 앞에서 결정한 지정목적별로 입지원칙과 기준을 설정하며, 그 목적에 따른 보전과 이용의 형태를 분석·파악한다. 셋째, 목적별 각 녹지지역의 보전과 이용형태에 대한 분석결과에 준해 녹지지역으로 요구되는 공간수요량을 평가한다. 넷째, 앞에서 분석된 결과를 토대로 하여 녹지지역으로 우선 배치되어야 할 지역에 잠정적으로 녹지지역의 입지배분을 한다. 다섯째, 도시전체의 녹지체계에 대한 종합적인 시범배치안을 작성한다. 마지막으로 주거지역·상업지역·공업지역 등 도시 내 여타 기능지역과의 조정과정을 거쳐 최종적으로 결정한다.

(2) 공업지역

공업지역은 지역 간 화물유통에 적합한 교통조건을 가지면서 도시의 시가화구역과는 어느 정도 유리되어야 하는 등 입지상 특수한 조건을 요구한다는 점에서 다른 기능지역에 비해 비교적 독립적으로 입지가 결정될 수 있다.

공업지역의 입지결정과정은 일반적으로 첫째, 도시지역의 전반적인 토지이용, 기존 공업지역의 분포형태와 밀도 및 해당 도시의 장래 공업활동에 대한 현저한 특성을 파악한다. 둘째, 기존 시가화구역과 신개발지역의 각각에 대해 장래 공업활동의 유형을 설정한다. 셋째, 앞에서 설정된 유형에 의거하여 장래의 고용인구와 생산량에 대한 기존 시가화구역과 신개발지역의 예상 토지소요량을 산정한다. 넷째, 예상 소요토지량을 신개발지역과 재개발지역으로 나누어 공급량을 결정한다. 다섯째, 소요토지면적을 공급 가능한 토지에 분배·배치한다.

(3) 상업·업무지역

상업·업무기능은 도시기능 중 가장 복잡한 활동체계를 가지고 있다. 이 기능은 도시 내 타 기능, 특히 주거기능과의 교통체계에 매우 높은 의존성을 지니고 있으며 여타 상업·업무시설의 입지와도 높은 관계를 가지고 있다. 상업·업무기능이 집중된 지역에는 문화·위락·공공시설 등 각종 시설이 함께 입지하게 되어, 상업·업무지역(business center)에는 도시 내에서 건물과 사람이 가장 집중해 있고 높은 지가가 형성된다. 상업·업무지역 입지배분의 일반적 과정은 다음과 같다.

첫 째, 기존 상업·업무지역을 특성별로 분류한 후, 기존 상업·업무지역의 공간적 범역을 설정하고 공간이용·활동형태 및 경향성을 분석한다.

둘 째, 제1단계의 분석을 근거로 하여 장래의 상업·업무기능에 대한 공간수요를 산출하고, 그 결과를 중심부의 형태별로 배분한다.

셋 째, 기존 상업·업무지역과 새로 전망되는 입지에 대한 공급 가능 토지를 분석한다.

넷 째, 장래 상업·업무중심지의 위치와 크기를 결정한다.

(4) 주거지역

주거지역은 도시공간 중 가장 많은 수요를 갖고 있는 지역으로 거주를 위한 공간과 커뮤니티시설을 위한 공간으로 구성된다. 따라서 주거지역의 입지결정은 관련 커뮤니티시설, 즉 구매시설·교육시설·위락시설 및 공공서비스시설 등을 함께 고려하지 않고는 정상적으로 이루어질 수 없다. 주거지역 입지배분의 일반적 과정은 다음과 같다.

첫 째, 기존 주거지역의 밀도(인구밀도, 건축밀도)와 주거환경 상황에 관한 자료를 단위계획 지구별로 정리한다.

둘 째, 장래 주거지역의 개발형태에 대한 경향 및 정책과 관련하여 실행전제조건을 만들며, 그 전제조건하에서 주택에 대한 총수요를 장래의 주거형식과 주거밀도에 맞춰 어떻게 배분할 것인지에 대해 기본방향을 정한다.

셋 째, 주거지로 개발이 적합하거나 가능한 공지와 재개발대상 토지의 양을 산정한다.

넷 째, 제3단계에서 산정된 공급 가능한 공지와 재개발대상 토지의 양을 근거로 총주택 수요량을 주거형식과 밀도등급에 맞춰 각 단위계획지구(planning unit)에 배분한다.

다섯째, 계획단위지구별로 예상되는 주택과 인구수를 종합 정리한다.

5. 토지이용규제와 지역제

1) 토지이용규제수단

토지이용규제수단은 크게 직접적 규제수단과 간접적 규제수단으로 구분되고, 직접적 수단은 택지개발사업 등이고, 간접적 수단은 규제와 유도가 있다. 규제와 유도의 적절한 조화가 토지이용규제의 효율성을 더욱 높일 수 있다.

<표 11.3> 토지이용계획의 실현수단

간접적 실현	규 제	지역, 지구, 구역의 지정	주거·상업·공업지역 등 미관지구, 풍치지구 등 개발제한구역, 시가화조정구역
		지구단위계획	민간부문의 건축지침
		각종 행정지침	
	유 도	세금, 보조금 등 혜택	지방세 감면
		도시시설의 정비	도로정비
직접적 실현	개발사업	시가지 개발사업 등	토지구획정리사업, 도시재개발 사업 등의 각종 도시개발사업

2) 지역제

(1) 지역제의 유래

1573년 스페인의 필립(Philip)왕이 신세계(New World)에 길(바람에 휩쓸리지 않는 방향)과 도살장(도시의 외곽지역)의 입지를 명령한 것이 시초이다. 16세기 엘리자베스 1세도 지역사회에 해롭거나 지가를 하락시키는 토지이용행위는 공해법을 이용하여 제한했다.[86] 미국의 메사추세츠법(Massachusetts Law, 1692)에서도 도시지역 내의 특별지구에서 공해를 발생시키는 토지이용행위를 제한하도록 규정한 것이 나타나 있고, 보스턴에서는 화약저장고를 도시의 중심지로부터 격리시켰던 법이 있었다. 또한 나폴레옹은 1801년에 유해하거나 불쾌한 악취가 발생되는 토지이용행위는 특별허가를 받도록 법령(decree)을 발표했는데, 여기에는 세 가지 등급이 있어서 이 중 첫 번째 등급의 토지이용은 사람들의 주거지로부터 일정거리 내에서는 허용되지 못하도록 규제되었다. 이처럼 초기의 지역제는 도시계획적인 입장보다는 공해방지 목적이 근간을 이루었던 공해법(nuisance law)에서 발전되어 나온 것이라 볼 수 있다.(국토개발연구원, 1981)

현대적인 의미에서의 지역제는 독일에서 처음 등장하였다. 나폴레옹법령을 기초로 한 프러시아 공업법(Prussian Industrial Law, 1845)이 발표되고, 뒤에 북

---

86) 허재영(1993), 토지정책론, 법문사, p.176.

부독일연방의 공업법(1869)으로 확충되었다. 1909년에 이르러 밀도·고도·토지이용 성격 등에 대해서 규제하는 종합적인 지역제가 실시되었다.

미국은 1909년 LA시에서 최초의 지역제 조례가 통과되었고, 1922년 연방정부가 제정하였던 표준지역지구제법(Standard Zoning Enabling Act)과 1927년에 제정된 표준도시계획법(Standard City Planning Enabling Act)에 의해 토지용도의 지정권한이 지방정부에게로 대폭 위임되어 지방정부는 이 두 법을 기초로 지역제 조례를 제정하게 되었다.(국토개발연구원, 1981)

(2) 유클리드 지역제와 비유클리드 지역제

진정한 지역제는 1916년 뉴욕에서 지역제의 조례가 통과된 지 10년이 지난 후인 1926년 유클리드 마을(오하이오주 에리호 연안 클리블랜드)의 소송사건을 계기로 연방최고재판소에서 지역제를 합헌적으로 간주하면서 시작되었다. 2차 대전 이전의 지역제를 일반적으로 유클리드 지역제(Eculidean Zoning)라고 부르고, 그 특징은 크게 7가지를 들 수 있다.[87]

① 사전확정주의: 개발 및 토지이용은 사전에 예견할 수 있다고 하는 전제 아래 용도를 사전에 확정적으로 계획한다.

② 누적주의(적중주의, cumulative zoning): 상위용도(주거 등)를 하위용도로부터 보호하면 된다는 전제하에 누적적 지역제를 채택하고 있다. 누적식은 환경이 양호한 주택지를 '최상위' 용도지역으로 놓고 순차적으로 바람직하지 않은 용도가 허용되는 범위를 넓히면서 상업·공업 등의 순으로 용도지역의 등급을 낮추어 '최하위'의 용도지역에 이르는 방식이다.

③ 개발억제주의: 과도한 민간개발을 방지하기 위해 개발을 촉진하기보다 억제하는 데 비중을 둔다.

④ 형태규제주의(시방서규제주의): 주거, 상업, 공업 등의 용도에 따라 前庭의 규모와 형태 등을 '시방서(specification)'에 의해 단위별로 규제하는 방

---

87) 조재성(1997), 도시계획-제도와 규제-, 박영률출판사, pp.77-78.
　　노경수(1995), 도시토지이용규제에 관한 비교연구, 서울대 박사학위논문, pp.77-83.

식이다.

⑤ 부지주의(대지주의): 개별 부지를 토지이용의 규제단위로 규제시켜 양호
한 시가지를 형성하고자 한다.

⑥ 용도순화주의: 주택지에서는 공장, 아파트 등을 배제해서 용도의 순화를
이루고자 한다. 용도별로 토지이용을 분리하여 특정용도로의 개발을 하
고자 하는 것이다.

⑦ 지역주의(지역이익중심주의): 지역제의 목적이 지자체, 주민의 이익추구
에 있다고 보는 지방이익중심주의 등이다.

유클리드 지역제의 문제점은 사전에 토지이용을 결정하나 실제 개발에서
용도변경이 자주 일어난다. 그리고 토지이용을 분리시키고 개발을 억제함으로
써 교외지역의 개발이 이루어져 도시확산을 초래한다. 도시확산으로 인하여
농지나 농경지의 침식이 많아지고, 도시기반시설투자의 비효율화, 이동거리의
증가로 인한 교통문제의 발생과 이로 인한 환경의 악화가 일어난다. 또한 부
지주의나 형태규제주의에 의한 개발로 가로의 경관이 단순화되어지는 등 도시
개발에서의 창조성이 결여되는 문제점을 나타낸다.

이러한 유클리드 지역제가 가지는 경직성이나 누적성에 대한 여러 가지 문제
를 해결하기 위하여 1961년 뉴욕의 지역제에서 다양한 토지이용규제 방법이 마
련되고, 이후 여러 나라에서 유클리드 지역제의 보완을 위한 시도를 하고 있다.
유클리드 지역제에 대하여 새로운 규제방법을 비유클리드 지역제라고 한다.

〈표 11.4〉 유클리드 지역제와 비유클리드 지역제의 비교

유클리드 지역제	비유클리드 지역제
사전확정주의	유연한 수법
누적적 지역제(적중지역제)	전용지역제
개발억제주의	유도적 지역제
형태규제주의(시방서규제주의)	성능주의(Performance)
부지주의(대지주의)	PUD(계획단위계획개발)
용도순화주의	혼합적 토지이용
지역주의(지방이익중심주의)	지역주의

유클리드 지역제와 대비해서 비유클리드 지역제는 유연적 지역제(flexible zoning)이고 그 특징은 다음과 같다.

① 유연적 수법: 토지이용은 대규모로 이루어지며, 급격히 변화할 수 있는 것이라는 것이 인식되게 됨에 따라 사전확정적인 계획대신 변화에 적응할 수 있는 유연한 수법이 요구되었다.

② 전용지역제(exclusive zoning): 누적적 지역제에서 공업지역 등에 있어서의 주택의 혼재가 거주자뿐만 아니라 공업효율성 증대의 측면에서도 또 도시전체에 있어서도 문제가 된다. 그래서 주택지에 공장의 침입이 좋지 않을 뿐만 아니라 공장지대에 주택이 들어오는 것도 부적합하다라는 것으로, 이것을 극단적으로 진척시키면 '용도순화'가 될 수 있다.

③ 유도적 지역제: 대도시 등의 쇠퇴문제에의 대책으로서 또 도시경제의 기반강화를 위해 사무소, 주택 등을 도심으로 유도하기 위해서는 단순한 개발의 억제보다는 개발을 유도하는 기능이 요구된다. 예로서 미국의 뉴욕시 맨해튼 중심지구 미드지역제(midtown zoning)와 일본의 종합설계제도 등이 있다.

④ 성능주의(performance)규제: 주거·상업·공업 등의 용도에 따른 규제가 아니고 실제의 토지이용에 기초하여 발생하는 각종의 결과를 기준으로 주변에 대한 영향에 따라 규제하고자 하는 방식이다. 공해규제 등에 있어서는 각종 지표의 측정기술이 향상됨에 따라 성능(기준)에 착안한 규제도 일부 등장하고 있다. 성능주의는 주택지에서의 공업기능이 환경기준(소음, 진동, 매연, 화재, 폭발위험, 유해물 등)을 만족하면 입지할 수 있지만, 그렇지 못한 경우는 입지하지 못하도록 하는 제한적 운용방법이라고 할 수 있다. 하지만 아직까지 형태규제가 주류를 이루고 있다.

⑤ 단지개발주의: 대지주의에 의한 가로경관의 단조로움과 창의적 개발이 어려워서, 최근의 주택단지개발 등에서는 단지(site)전체를 규제단위로 하여 그 안에서 배치 등에 자유도를 부여하는 방법이 대두되고 있으며, 그 대표적인 예가 PUD(계획단위개발)이다.

⑥ 혼합적 토지이용: 최근에는 오히려 지나친 용도순화와 균질화로 인한 문

제가 비판되고 다른 용도를 적절히 조합하는 방안이 요구되고 있다.

⑦ 지역주의는 미국의 자치체의 본질을 반영한 것으로 그 조류는 크게 변화하지 않고 있다.

(3) 용도지역제와 형태지역제

용도지역제는 바람직하지 못한 토지이용을 방지하고, 토지를 효율적이고 합리적으로 이용하기 위하여 주거지역·상업지역·공업지역·녹지지역 등으로 구분하여 평면적으로 규제하는 지역제이다. 이에 반해 형태지역제는 단순한 평면적 규제인 용도지역제를 보다 구체적으로 실현하기 위하여 건축물의 높이, 형태, 용적률, 건폐율, 배치 등을 규제함으로써 토지이용의 효율성과 환경 조성을 목적으로 한다.

우리나라의 경우 용도지역제를 기본으로 하고, 특수한 상황이나 목적을 위하여 형태지역제가 도입되고 있다. 이러한 움직임의 결과 용도지역제와 형태지역제가 병합된 지구단위계획제도가 도입되었다. 최근 도시계획에서 신개발지에서의 지구단위계획구역 지정이 의무화되고 있다.

3) 우리나라의 지역제

(1) 우리나라 지역제의 연혁

우리나라의 지역제는 1934년에 제정·공포된 조선시가지계획령(1935. 9. 20. 시행)에 의한 것으로 1939년 9월 13일 서울에 주거, 상업, 공업지역이 지정된 것이 최초이다. 당시 지역·지구의 종류는 주거·상업·공업·녹지·혼합의 5개 지역과 위생·보안·경제 등에 관하여 필요한 때는 주거지역 내에 특별주거지구, 상업지역 내에 특별상업지구, 혼합지역 내에 특별지구, 공업지역 내에 특별공업지구 등 4종류의 특별지구를 설정할 수 있었다.

지구로서는 풍치·미관·방화·풍기(風紀)의 4지구가 있고, 서울, 인천, 부산, 신의주, 함흥, 원산, 흥남, 청진, 나진 등 10개 도읍에는 방공구역(防空區域)이 설정되었고, 해방 후 인천, 부산에서는 노선고도지역(路線高度地域)이라 하여 노선에 따라 건물 층수를 제한한 것이 있다.[88] 또한 서울시에서 제정한 것에 호당 택지의 최소한도를 25평으로 정하는 면적제한을 한 면적지역제(area district)가 있다.

(2) 국토계획법상의 용도지역

국토의 계획 및 이용에 관한 법률의 규정은 기존의 5개 용도지역(도시지역, 준도시지역, 농림지역, 준농림지역, 자연환경 보전지역)을 4개 용도로 축소하고, 국토와 도시차원을 달리 적용하던 것을 통합하여 국토·도시의 통합된 지역제를 이루었다.

<표 11.5> 용도지역 제도의 개편

기존 용도지역		개정 용도지역	
대분류	소분류	대분류	소분류
도시지역	주거지역	도시지역	주거지역
	상업지역		상업지역
	공업지역		공업지역
	녹지지역		녹지지역
준도시지역		관리지역	보전관리지역
준농림지역			생산관리지역
			계획관리지역
농림지역		농림지역	
자연환경 보전지역		자연환경 보전지역	

---

88) 고도지구는 노선에 따라 처마높이 또는 층수를 제한하는 노선식 고도지구와 일단의 토지전체를 고도화하는 집단식 고도지구 이외에 rotary 주변 일대를 고도화하는 주변식 고도지구 등이 있다.

　건설교통부장관, 시·도지사는 도시기본계획구역에 대하여 다음과 같이 4개 용도지역 중 1개의 용도지역의 지정 또는 변경을 도시관리계획으로 결정하여야 한다.(법 제36조) 용도지역 중 도시지역과 관리지역은 <표 11.7>과 같이 도시지역은 주거지역·상업지역·공업지역·녹지지역으로 세분하고, 관리지역은 보전관리지역, 생산관리지역, 계획관리지역으로 세분할 수 있다.

<표 11.6> 국토의 계획 및 이용에 관한 법률상의 용도지역

용도지역	내　　　용
도시지역	인구와 산업이 밀집되어 있거나 밀집이 예상되어 당해 지역에 대하여 체계적인 개발·정비·관리·보전 등이 필요한 지역
관리지역	도시지역의 인구와 산업을 수용하기 위하여 도시지역에 준하여 체계적으로 관리하거나 농림업의 진흥, 자연환경 또는 산림의 보전을 위하여 농림지역 또는 자연환경 보전지역에 준하여 관리가 필요한 지역
농림지역	도시지역에 속하지 아니하는 농업진흥지역 및 보전산지 등으로서 농림업의 진흥과 산림의 보전을 위하여 필요한 지역
자연환경 보전지역	자연환경·수자원·해안·생태계·상수원 및 문화재의 보전과 수산자원의 보호·육성을 위하여 필요한 지역

<표 11.7> 국토의 계획 및 이용에 관한 법률상의 용도지역의 세분

용도지역	용 도 지 역 의 세 분
도시지역	●주거지역: 거주의 안녕과 건전한 생활환경의 보호를 위하여 필요한 지역 ●상업지역: 상업 그 밖의 업무의 편익증진을 위하여 필요한 지역 ●공업지역: 공업의 편익증진을 위하여 필요한 지역 ●녹지지역: 자연환경·농지 및 산림의 보호, 보건위생, 보안과 도시의 무질서한 확산을 방지하기 위하여 녹지의 보전이 필요한 지역
관리지역	●보전관리지역: 자연환경보호, 산림보호, 수질오염방지, 녹지공간 확보 및 생태계 보전 등을 위하여 보전이 필요하나, 주변의 용도지역과의 관계 등을 고려할 때 자연환경 보전지역으로 지정하여 관리하기가 곤란한 지역 ●생산관리지역: 농업·임업·어업생산 등을 위하여 관리가 필요하나, 주변의 용도지역과의 관계 등을 고려할 때 농림지역으로 지정하여 관리하기가 곤란한 지역 ●계획관리지역: 도시지역으로의 편입이 예상되는 지역 또는 자연환경을 고려하여 제한적인 이용·개발을 하려는 지역으로 계획적·체계적인 관리가 필요한 지역
농림지역	－
자연환경 보전지역	－

〈표 11.8〉 국토의 계획 및 이용에 관한 법률상의 용도지역

용도지역	내용
주거지역	거주의 안녕과 건전한 생활환경의 보호를 위하여 필요한 지역
전용주거지역	●양호한 주거환경을 보호하기 위하여 필요한 지역
제1종전용주거지역	단독주택중심의 양호한 주거환경을 보호
제2종전용주거지역	공동주택중심의 양호한 주거환경을 보호
일반주거지역	●편리한 주거환경을 조성하기 위하여 필요한 지역
제1종일반주거지역	저층주택을 중심으로 편리한 주거환경을 조성
제2종일반주거지역	중층주택을 중심으로 편리한 주거환경을 조성
제3종일반주거지역	중고층주택을 중심으로 편리한 주거환경을 조성
준주거지역	●주거기능을 위주로 이를 지원하는 일부 상업·업무기능 보완
상업지역	상업과 기타 업무의 편익증진을 위하여 필요한 지역
중심상업지역	●도심·부도심의 업무 및 상업기능의 확충을 위해 필요한 지역
일반상업지역	●일반적인 상업 및 업무기능을 담당하게 하기 위하여 필요한 지역
근린상업지역	●근린지역에서의 일용품 및 서비스의 공급을 위해 필요한 지역
유통상업지역	●도시 내 및 지역 간 유통기능의 증진을 위하여 필요한 지역
공업지역	공업의 편익증진을 위하여 필요한 때
전용공업지역	●주로 중화학공업·공해성 공업 등을 수용하기 위하여 필요한 지역
일반공업지역	●환경을 저해하지 아니하는 공업의 배치를 위하여 필요한 지역
준공업지역	●경공업 기타 공업을 수용하되, 주거·상업·업무 기능의 보완이 필요한 지역
녹지지역	자연환경·농지 및 산림의 보호, 보건위생, 보안과 도시의 무질서한 확산방지를 위하여 녹지의 보전이 필요한 지역
보전녹지지역	●도시의 자연환경·경관·산림및녹지공간을 보전할 필요가 있는 지역
생산녹지지역	●주로 농업적 생산을 위하여 개발을 유보할 필요가 있는 지역
자연녹지지역	●도시의 녹지공간의 확보, 도시확산의 방지, 장래 도시용지의 공급 등을 위하여 보전할 필요가 있는 지역으로서 불가피한 경우에 한하여 제한적인 개발이 가능한 지역

　건설교통부장관은 구역 및 지구도 도시관리계획으로 결정할 수 있는데, 최근 도시계획법의 개정에서 구역은 기존의 6개의 구역에서 개발제한구역과 시가화조정구역의 2개의 구역으로 축소되었다가 최근 국토계획법에서는 수산자원보호구역이 추가되었다.[89]

　개발제한구역은 도시의 무질서한 확산을 방지하고 도시주변의 자연환경을

---

89) 기존의 도시계획법상의 구역은 특정시설제한구역, 시가화조정구역, 상세계획구역, 광역계획구역, 개발제한구역, 도시개발예정구역이었는데, 상세계획구역은 지구단위계획으로, 광역계획구역은 광역도시계획으로 각각 확대·통합되었다. 그리고 특정시설제한구역과 도시개발예정구역은 지정된 사례가 없어 폐지되었다.

보전하여 도시민의 건전한 생활환경을 확보하기 위하여 도시의 개발을 제한할 필요가 있거나 국방부장관의 요청이 있어 보안상 도시의 개발을 제한할 필요가 있다고 인정되는 경우에 건설교통부장관이 도시관리계획으로 결정할 수 있다. 개발제한구역에 대한 사항은 별도의 법(개발제한구역의 지정 및 관리에 관한 특별조치법)으로 제정되어 관리되고 있다.

시가화조정구역은 도시의 무질서한 시가화를 방지하고 도시의 계획적·단계적인 개발을 도모하기 위하여 일정기간 동안(5~20년) 시가화를 유보할 필요가 있다고 인정되는 경우에는 건설교통부장관이 도시관리계획으로 결정할 수 있다.

수산자원보호구역은 수산자원의 보호·육성을 위하여 필요한 공유수면이나 그에 인접한 토지에 대하여 도시관리계획으로 결정할 수 있다.

<표 11.9> 용도지구

용도지구	내용
경관지구	경관을 보호·형성하기 위하여 필요한 지구
자연경관지구	●산지·구릉지 등 자연경관의 보호 또는 도시의 자연풍치를 유지하기 위하여 필요한 지구
수변경관지구	●지역 내 주요 수계의 수변자연경관을 보호·유지하기 위하여 필요한 지구
시가지경관지구	●주거지역의 양호한 환경조성과 시가지의 도시경관을 보호하기 위하여 필요한 지구
미관지구	미관을 유지하기 위하여 필요한 지구
중심지미관지구	●토지이용도가 높은 지역의 미관을 유지·관리하기 위하여 필요한 지구
역사문화미관지구	●문화재와 문화적으로 보존가치가 큰 건축물 등의 미관을 유지·관리하기 위하여 필요한 지구
일반미관지구	●중심지미관지구 및 역사문화미관지구 이외의 지역으로서 미관을 유지·관리하기 위하여 필요한 지구
고도지구	쾌적한 환경조성 및 토지의 고도이용과 그 증진을 위하여 건축물의 높이의 최저한도 또는 최고한도를 규제할 필요가 있는 지구
최고고도지구	●환경과 경관을 보호하고 과밀을 방지하기 위하여 건축물 높이의 최고한도를 정할 필요가 있는 지구
최저고도지구	●토지이용을 고도화하고 경관을 보호하기 위하여 건축물 높이의 최저한도를 정할 필요가 있는 지구
방화지구	화재위험을 예방하기 위하여 필요한 지구
방재지구	풍수해, 산사태, 지반의 붕괴 기타 재해를 예방하기 위하여 필요한 지구
보존지구	문화재, 중요 시설물 및 문화적·생태적으로 보존가치가 큰 지역의 보호와 보존을 위하여 필요한 지구
문화자원보존지구	●문화재와 문화적으로 보존가치가 큰 지역의 보호 및 보존을 위하여 필요한 지구
중요시설물보존지구	●국방상/안보상 중요한 시설물의 보호와 보존을 위하여 필요한 지구
생태계보존지구	●야생동식물서식처 등 생태적으로 보존가치가 큰 지역의 보호와 보존을 위하여 필요한 지구

용도지구	내　　　용
시설보호지구	학교시설·공용시설·항만 또는 공항의 보호, 업무기능의 효율화, 항공기의 안전 운항 등을 위하여 필요한 지구
학교시설보호지구 　공용시설보호지구 　항만시설보호지구 　공항시설보호지구	●학교의 교육환경을 보호·유지하기 위하여 필요한 지구 ●공용시설을 보호하고 공공업무기능을 효율화하기 위하여 필요한 지구 ●항만기능을 효율화하고 항만시설의 관리·운영을 위하여 필요한 지구 ●공항시설의 보호와 항공기의 안전운항을 위하여 필요한 지구
취락지구	녹지지역·관리지역·농림지역·자연환경 보전지역 또는 개발제한구역안의 취락을 정비하기 위한 지구
자연취락지구 　집단취락지구	●녹지지역 안의 취락을 정비하기 위하여 필요한 지구 ●개발제한구역안의 취락을 정비하기 위하여 필요한 지구
개발진흥지구	주거기능·상업기능·공업기능·유통물류기능·관광기능·휴양기능 등을 집중적으로 개발·정비할 필요가 있는 지구
주거개발진흥지구 　산업개발진흥지구 　유통개발진흥지구 　관광/휴양진흥지구 　복합개발진흥지구	●주거기능을 중심으로 개발·정비할 필요가 있는 지구 ●공업기능을 중심으로 개발·정비할 필요가 있는 지구 ●유통·물류기능을 중심으로 개발·정비할 필요가 있는 지구 ●관광·휴양기능을 중심으로 개발·정비할 필요가 있는 지구 ●주거기능, 공업기능, 유통·물류기능 및 관광·휴양기능 중 2 이상의 기능을 중심으로 개발·정비할 필요가 있는 지구
특정용도제한지구	주거기능 보호 또는 청소년 보호 등의 목적으로 청소년 유해시설 등 특정시설의 입지를 제한할 필요가 있는 지구
아파트지구	주택건설촉진법의 규정에 의한 아파트지구개발사업에 의한 아파트의 집단적인 건설·관리를 위하여 필요한 지구
위락지구	위락시설을 집단화하여 다른 지역의 환경을 보호하기 위하여 필요한 지구
리모델링지구	노후된 공동주택 등 건축물이 밀집된 지역으로서 새로운 개발보다는 현재의 환경을 유지하면서 이를 정비할 수 있는 지구

〈표 11.10〉 용도지역별 건폐율과 용적률

용도지역		건폐율	용적률	비　고
도시지역	주거지역	70% 이하	500% 이하	
	상업지역	90% 이하	1500% 이하	
	공업지역	70% 이하	400% 이하	
	녹지지역	20% 이하	100% 이하	
관리지역	보전관리지역	20% 이하	80% 이하	대통령령이 정하는 기준에 따라 특별시·광역시·시 또는 군의 조례로 정함.
	생산관리지역	20% 이하	80% 이하	
	계획관리지역	40% 이하	100% 이하	
농림지역		20% 이하	80% 이하	
자연환경 보전지역		20% 이하	80% 이하	
예외	취락지구 개발진흥지구(비도시지역) 수산자원보호구역 자연공원 및 공원보호구역 농공단지 공업지역 내 국가/지방산업단지	80% 이하	200% 이하	

〈표 11.11〉 지역에서의 건축행위제한

용도＼지역	주거지역 전용 1종	주거지역 전용 2종	주거지역 일반 1종	주거지역 일반 2종	주거지역 일반 3종	주거지역 준	상업지역 중심	상업지역 일반	상업지역 근린	상업지역 유통	공업지역 전용	공업지역 일반	공업지역 준	녹지지역 보전	녹지지역 생산	녹지지역 자연
단독주택	●	●	●	●	●	●	■	■	●	×	×	■	■	■	●	●
공동주택	▲	●	●	●	●	●	■	○	●	×	×	×	■	×	▲	▲
기 숙 사	×	×	×	×	×	×	×	×	×	×	×	×	●	×	×	×
제1종 근린생활시설	○	○	●	●	●	●	●	●	●	●	●	●	●	○	●	●
제2종 근린생활시설	×	×	■	■	■	●	●	×	●	■	●	●	●	▲	▲	●
문화 및 집회시설	×	×	■	■	■	■	●	●	■	■	▲	○	■	▲	▲	■
종교시설	▲	▲	●	●	●	●	●	●	●	×	×	■	■	■	×	■
판매 및 영업시설	×	×	▲	▲	▲	■	●	●	○	●	▲	×	○	×	×	▲
의료시설	×	×	■	■	■	●	●	●	●	×	■	●	●	■	●	●
장례식장	×	×	×	×	×	■	■	●	●	■	×	×	×	×	×	●
교육연구 및 복지시설	×	×	■	■	■	●	■	■	●	■	▲	×	●	▲	▲	●
학교시설	■	■	●	●	●	×	×	■	●	×	▲	×	●	○	●	●
운동시설	×	×	■	■	■	●	■	●	●	×	×	×	■	×	●	●
업무시설	×	×	▲	▲	▲	■	×	●	■	■	×	×	■	×	×	×
숙박시설	×	×	×	×	×	×	●	●	●	■	×	×	■	×	×	▲
위락시설	×	×	×	×	×	×	●	●	■	■	×	×	×	×	×	×
공 장	×	×	▲	▲	▲	▲	▲	▲	▲	×	●	●	○	×	▲	▲
창고시설	×	×	■	■	■	■	●	■	●	●	●	●	●	○	●	●
위험물저장 및 처리시설	×	×	■	■	■	■	■	×	■	■	●	●	●	■	●	■
자동차관련시설	▲	▲	■	■	■	■	●	●	●	●	●	●	●	×	▲	■
동물 및 식물관련시설	×	×	■	■	■	■	×	■	■	×	×	■	■	■	●	●
분뇨 및 쓰레기처리시설	×	×	×	×	×	×	×	×	×	×	●	●	●	×	■	●
공공용시설	×	×	■	■	■	■	●	●	■	■	○	○	○	○	●	●
묘지관련시설	×	×	×	×	×	×	×	×	×	×	×	×	×	■	■	●
관광휴게시설	×	×	×	×	×	■	×	■	×	×	×	×	×	×	×	●

(●: 허용, ○: 조건부허용, ■: 조례에서 허용, ▲: 조례에서 조건부허용, ×: 불가)
개정 도시계획법, 건축법을 참고하여 재정리

(3) 우리나라 지역제의 문제점

우리나라의 지역제는 규제(행정)의 경직성을 가지고 있는데, 이에 대한 문제점을 토지이용규제를 중심으로 살펴보면 다음과 같다.[90]

첫　째, 지역제가 토지이용계획 자체로 인식되어 상위개념인 토지이용계획의 수립이 미비한 채로 용도지역이나 지구를 지정하게 됨에 따라 용도지역 혹은 지구지정의 근거가 불분명할 뿐 아니라 경우에 따라 임의적이고 산발적인 용도지역 혹은 지구의 변경사례가 종종 발생한다.

둘　째, 단위 용도지역의 면적이 지나치게 넓게 지정되어 있다. 주거지역의 경우 종세분화가 미약하여 단일 용도지역면적이 지나치게 넓어 토지이용규제의 실효성을 제대로 나타내지 못하고 있다.

셋　째, 각 도시의 규모·성격·여건 등에 차이가 심함에도 불구하고 전국적으로 획일적인 규제가 적용됨으로써 규제자체가 불명확하다.

넷　째, 바람직한 계획방향으로의 유도기능이 약하며, 부적격 용도에 대한 규제력이 불충분하여 그대로 방치되고 있는 예가 많아 커다란 문제로 대두되고 있다.

다섯째, 전통적 지역제는 부적합한 개발을 막는 데 효과적이지만, 필요한 개발을 유도할 수 있는 적극성을 갖지 못한다.

마지막으로 도시활동 및 토지이용의 상호보완적 기능을 무시한 채 토지용도의 지나친 분리로 인하여 불필요한 교통발생을 유도하고, 통행거리의 증가를 부채질하고 있다.

---

90) 우리나라 지역제의 일반적인 특징은 앞에서 설명한 유클리드 지역제의 특성을 가지고 있다.

4) 새로운 토지이용규제

위와 같이 기존 토지이용규제가 가지는 문제점을 해결하기 위하여 다양한 토지이용규제방안이 제시되고 있으며 실행되고 있다. 새로운 토지이용규제 방안으로는 유동지역제, 계획단위개발, 상여지구제, 이중지구지정제, 계약지구제, 개발권이양제, 복합용도개발, 혼합적 토지이용, 성과주의 지역제 등이 있다.[91)]

(1) 유동지역제

일반적으로 지역제는 일정지역에 대해 특정용도와 배치를 설정한다. 하지만 유동지역제(floating zoning)는 어느 특정지역이 용도상으로는 필요하다고 규정만 해두고 배치결정은 유보하는 기법으로 구체적인 지점을 지정하지 않다가 지구의 요건을 만족시키는 토지개발이용을 신청하면 자치체 의회와 협의를 거쳐 승인하면 승인시점에서 고정제(固定制)가 된다.

이 제도는 대형쇼핑센터, PUD 등 자치체로서 유연하고 상세한 대응이 필요한 용도지역의 경우 이용되는 방식으로 계획목적을 효과적으로 달성할 수 있는 장점이 있다.

(2) 계획단위개발

계획단위개발(PUD; Planned Unit Development)이란 토지이용규제 대상단위를 개별 필지나 기존의 지구로 하지 않고 일단의 사업지로 함으로써 기존에 고시된 용도지역제에 의해 제약을 받지 않고 일단의 지역(site)을 단일개발체계로 보아 용적률·건물형태·밀도·건폐율·공지율 등에 대하여 전체로서 허가만 받고 세부적인 것은 개발 주체가 재량권을 가지고 개발하는 방법이다. 즉 특정단위의 개발지를 필지단위로 계획·설계하여 개별적으로 개발하는 것이 아니

---

91) 정환용(1998), 도시계획학원론, 박영사, pp.240-242.
　　윤대식 외(1995), 지역개발론, 박영사, pp.507-511.
　　대한지방행정공제회, 도시문제, 용어설명 참고

라, 대상지 전체를 일체적이고 유기적으로 계획·설계하여 개발하게 된다. PUD기법으로 개발하게 되는 지역은 일반 용도지역제 혹은 획지분할규제 등의 제한 규정을 완화하여 적용받기 때문에 건물용도·용적률·건물의 형태·건물높이·최소대지면적 등의 계획설계에 있어서 창의성을 발휘할 수 있다.

따라서 다양한 건물형태와 자유로운 건물의 배치가 가능하고, 토지이용의 혼합이 허용되며, 전체적으로 동일한 밀도의 한도 내에서 부분적으로 고밀도의 주택군을 계획하고 주차장 등을 공동 이용하도록 하여 토지이용의 효율성을 높이고, 상당 부분의 토지를 자연상태로 보존할 수 있다. 이렇게 계획단위개발은 토지를 효율적으로 이용하고 공동의 편익과 환경의 질을 높일 수 있다는 장점이 있다.

계획단위개발의 주요특징은 특정 용도의 개발, 단일 개발주체에 의한 대규모 동시개발, 협의와 절충을 통한 관과 민의 상호의존성(교섭성), 사업지향적 중기계획규제, 근린생활권개념의 구현, 단계적 개발규제가 가능하다는 점 등이다.

정부는 계획단위개발의 최소면적, 개발자의 자격요건, 용적률, 건축물의 높이, 주차시설 등에 관한 일반지침을 정해주고, 개발자는 이 지침을 벗어나지 않는 범위 내에서 사업지역과 사업내용의 특성에 맞춰 토지이용계획과 단지계획을 수립하여 정부의 인가를 받은 후 개발하게 된다. 민간개발업자는 개발계획의 수립 시에 사업승인에 필요한 요건만 구비하면 각종 규제의 완화, 자유로운 건물 형태와 배치, 혼합적 토지이용 등에 따른 개발이익을 향유할 수 있다.

초기에는 주로 도시근교나 전원주택지의 개발방식으로 많이 사용되었으나, 최근에는 산업단지(industrial park), 업무단지(business park), 쇼핑센터 등 대규모 업무 및 상업단지 개발에도 이용되어 지역개발을 촉진하고 지자체에 높은 세수입을 가져다주는 기법으로 각광받고 있다.

계획단위개발(PUD)은 전통적인 용도지역제가 지닌 행정적인 경직성을 탈피하고, 일단의 토지를 단일개발체계로 쇄신적이고 효율적인 개발이 가능하게 하는 장점이 있다.

이러한 기법은 민간주도형 토지이용규제의 시도이고, 시장수요에 부응한 설계의 자유부여, 용도의 복합화, 대규모 동시개발 등으로 도시의 입체적·미관적 측면의 접근이라고 볼 수 있다.

(3) 상여지구제(보상지역제)

전통적인 지역제는 부적합한 개발을 막는 데 효과적이기는 하나 필요한 개발을 유도하는 데는 성공적이지 못하다는 점을 감안하여 상여지구제(또는 보상지역제: incentive zoning, bonus zoning)의 개념이 대두되었다. 1960년대 초부터 미국의 각 도시들이 전통적인 지역제를 보완하기 위해 사용한 개발규제의 수단으로서 전통적인 용도지역지구제의 피동성을 극복하기 위해 시도되었다.

상여지구제는 개발자에게 용도지역제상 허용된 개발한도 이상의 개발권을 추가로(인센티브, 보너스) 부여하는 대신에 공공에게 필요한 쾌적요소(amenity, 녹지공간 등)와 공공시설의 공급을 개발하도록 유도하는 제도이다. 즉 개발자가 개발허용한도 이상 토지를 이용함에 따른 외부효과(externality)에 대한 보상 대신 공공의 쾌적요소를 제공하게 하는 제도적 장치다. 한편 토지소유자나 개발자는 허용한도 이상의 토지이용이나 개발을 허용받게 되면, 이것이 개발자에게는 일종의 보너스로 개발자에게 용적률에 대한 규제완화를 허용할 수 있다.

이 제도는 공공(국가, 지자체)과 민간개발업자 간의 교역(trade)과 협상을 통해 운용된다. 지자체는 개발자를 통해 지자체가 공급해야 할 녹지공간·광장·보행로·아케이드 등의 공공시설을 확보, 개선하거나 특정 용도의 개발을 유도할 수 있으며, 개발자는 조례가 허용하는 것 이상의 고밀개발, 용도제한 완화, 형태규제 완화 등의 혜택을 누리게 된다. 일반적으로 교외지역보다 공공시설의 필요성은 높지만 확보가 어려운 도심지에 환경의 질을 향상시키기 위한 수단으로 많이 활용되고 있다.

이러한 상여지구제는 공공을 위한 쾌적요소의 개발을 유도할 수 있는 장점을 가지지만, 토지개발자에게 주어지는 보너스의 크기와 토지개발자가 공공을 위해 제공해야 하는 쾌적요소 간에 분명한 관계가 수립되어야 하고, 지자체와 개발자 간의 협의 과정을 공개하고 주민의 동의를 얻는 등 정책결정의 투명성을 확보하여 각종 규제완화에 대한 보너스의 내용을 둘러싼 특혜시비를 불식시켜야 한다.

(4) 이중지구지정제

하나의 토지에 대해 2개의 용도지구로 지정하여 규제를 강화함으로써 특정한 목적을 달성할 필요가 있을 때 지정한다. 이중지구지정제(overlay zoning)는 일반적으로 지리적 범역에서 전통적인 지역제와 동시에 일어나지 않는 특별한 공공의 관심에서 이용된다. 이것은 기존의 전통적 지역제에 강화하여 또는 완화하여 제한하는 것을 도면에 나타낸다.

새로운 지역제의 범주를 창조하는 시도라기보다는 기존의 전통적 지역제나 수립된 규칙에 걸쳐 덧붙인다. 또는 기존의 이용을 축소하거나 확대한다. 하지만 기존에 허가된 이용에 대해 디자인의 제한, 건축선후퇴, 기본적인 지구에 규정된 것에서 제외된 것을 제공할 수 있다.[92]

(5) 계약지구제

용도지역변경에 있어 토지소유자의 개발계획을 승인해주되 일정한 조건을 전제로 계약형식(contract zoning)을 갖추는 것을 의미한다. 토지소유자에게 받아들여진 구획을 위해 도심에 설정된 제한이나 한정의 규제에 대한 확실한 지역에 대하여 지방정부와 동의에 들어가기 전에 토지소유자에게 허락하는 것이다. 규제는 비슷한 또 다른 구획에 대해서 적용하는 것은 필요하지 않다.

(6) 개발권이양제

개발권은 지역제에 의하여 각 필지에 허용된 용량과 높이가 제한됨에 따라 발생하며, 모든 토지는 지역제에 의하여 사유개발권(개발밀도 등)을 제한받고 있다. 개발권이양제(TDR; Transfer of Development Right)는 토지소유권에서 토지이용에 대한 개발권을 분리할 수 있다는 점에 착안하여 고안된 기법이다.

개발권이양제도는 재산의 일부를 다른 곳으로 이전할 수 있다는 단순한 원

---

92) Common Questions about Planning in Arizona, 1997.

리에 근거하여, 토지에서 분리된 개발권을 다른 필지로 이전하여 추가 개발하는 것을 인정하는 제도이다. 이때 개발권의 지표로는 보통 용적률과 호수밀도가 사용되며, 다른 필지로 이전할 수 있는 용적률이나 호수밀도는 지역제로 정해진 개발허용한도 가운데 미이용부분(법정용적률과 현재 이용용적률의 차이)이 될 것이다.

개발권이양제(TDR)는 역사적 건물의 보존 및 보전을 위해 고안된 제도로서 미국에서 1970년을 전후해서 시행되었다. 개발권이양제는 어떤 토지에 대해 규정되어 있는 용적률의 허용기준 가운데 미이용되고 있는 부분만큼을 다른 토지에 이전하여 다른 토지의 개발허용한도와 합쳐 실현하는 권리라고 할 수 있다. 즉 개발획지에 대해서 실행 가능한 개발총량을 규제하는 대신 당해 획지에 있어서 미이용의 개발가용용량을 다른 획지로 이전하는 것을 인정하는 제도이다.

이 제도에 따라 토지소유자는 토지소유권을 보유한 채 자신이 사용하지 않는 개발권의 일부 또는 전부를 타인에게 매각할 수 있다. 물론 일단 개발권을 매각해 버리면 그 대지 내에서는 타인으로부터 개발권을 구입하지 않은 한 개발할 수 없다. 이러한 개발권의 이양은 시장 또는 지자체 등을 매개로 이루어지며 대지마다 개발권의 상황은 등기부상에 기록된다.

개발권이양제도는 기본적으로 지역제에 따라 명확한 밀도한계가 전제되어야 한다. 기존 지역제에 의해 이미 용적률이 지나치게 허용되어 있다면 아무도 추가 개발권을 매입하지 않을 것이기 때문이다. 그리고 개발권을 이전받은 지역에서는 지역제에 의한 용적률의 허용한계를 초과하여 용적률이 추가 개발될 수 있다는 전제가 있어야 한다. 즉 개발권이양제도는 개발권 이전에 의하여 용적률의 분포가 어떻게 되든 그 총량은 일정하다는 논리에 근거한다.

개발권이양제도는 1970년대 들어서면서 뉴욕시에서 고안되어 미국의 일부 도시에서 채용하고 있는 제도로서 주로 도시의 고밀도지역에서 역사적 구조물의 보존을 위해 사용되다가, 점차 교외나 농촌지역의 농지 혹은 환경적으로 민감한 습지 등 자연환경을 보존하기 위한 기법으로 제안되고 있다.

이 제도에 의해 개발권 거래시장이 성립하게 되며, 여기에는 개발권을 매각하는 측과 매입하는 측이 존재한다. 이것은 곧 개발의 억제와 촉진의 관계로 설명될 수 있는데, 전자에 주목하면 현 상태로 개발이 억제되는 데 비해, 후자는 개발밀도를 이전받아 고밀개발을 할 수 있다. 전자는 개발권을 이전하는 지역, 즉 보존지역(sending zone, preservation zone)이 되며 후자는 개발권을 이전받는 지역, 즉 개발(촉진)지역(receiving zone, development zone)이 된다. 보존지역의 토지소유자에게 잔여개발권을 팔도록 하여 기존 환경의 보존을 유도하게 되며, 개발(촉진)지역의 개발자에게는 건축물 보존구역의 토지소유주로부터 개발권을 사도록 장려하게 된다. 이렇게 개발권이양제도는 역사적 건축물이나 자연환경을 위한 보존지역과 개발이 요구되는 특정지역에서 유용하다.

개발권이양제도는 기존의 토지나 건축물의 보존가치와 상관없이 지역제에서 허용된 용도와 규모로 개발할 수 있다는 기존 용도지역제의 경직성을 보완하여 시장주도형 도시개발에 유연하게 대처할 수 있는 방식의 하나이다. 그리고 공공이 토지를 취득하지 않고서 공익적인 차원에서 사유재산의 보호, 즉 토지소유자 보상문제를 해결할 수 있는 수단이 된다.

그러나 개발권이양제는 미국의 경우에서도 실제로 적용된 사례가 그다지 많지 않으나, 보전과 개발 혹은 재개발과의 조화를 위한 새로운 제도로서 주목되고 있다. 하지만 개발권이양제는 역사적 건물의 보존 및 보전을 위해서는 의의가 있지만 개발원(용적률)이 주위의 건물에 이양됨에 따라 주위건물의 고층화로 결국 역사적 건물의 경관·채광·통풍 등의 측면에서 보존의 의미를 약화시킬 우려가 있다는 비판을 받고 있기도 하다.

또한 현실적으로 적용하는 데 있어서 많은 논쟁의 여지가 있으며 운용과정에서도 많은 어려움이 따른다. 계획기술적 측면에서 개발권을 어떻게 할당하고 규제할 것인지, 지자체의 허가뿐만 아니라 당사자 간의 계약을 통해 이루어져야 하기 때문에 매매시장이 제대로 성립될 수 있을지, 법적으로 TDR의 소유권과 세법상의 문제 등은 어떻게 해결할 것인지, TDR 허가절차상에 소요되는 많은 시간과 비용을 극복하고 보편화되어 사용할 수 있을지 등 많은 문제가 남아 있다.

(7) 복합용도개발

복합용도개발(MXD; Mixed Use Development)은 혼합적 토지이용의 개념에 근거하여 주거와 업무·상업·문화 등 상호보완이 가능한 용도를 합리적인 계획에 의해 서로 밀접한 관계를 가질 수 있도록 연계·개발하는 것을 말한다. 즉, 3개 이상의 토지이용을 추구하며 기능적인 면과 물리적인 면의 통합이 이루어진 관련계획과 조화가 이루어진 토지개발로 이의 논리적 바탕은 인간이 쉽게 다양한 활동들에 접근할 수 있도록 하는 인간척도에 바탕을 둔 설계, 도심의 활성화를 통해 도시전체를 활력 있는 생명체로 만드는 데 있다.

미국의 ULI(Urban Land Institute, 1976)에서 규정한 복합용도개발의 주요개념은, 첫째 독립적인 수익성을 지니는 3가지 이상의 용도를 수용해야 하며, 둘째 혼란스럽지 않은 보행동선체계로 모든 기능을 서로 연결하여 물리적·기능적으로 통합되어야 하고, 셋째 하나의 개발계획에 의하여 일관성 있게 개발되어야 한다.

종래에는 주거와 상업, 업무의 복합화로 이루어진 주상복합건물이나 주상복합단지 등 다소 소극적인 수준에서 복합개발이 이루어졌으나, 최근에는 도시계획적 차원에서 주거, 산업, 학술, 연구 등의 복합화로 이루어진 첨단과학단지, 연구학원도시, 테크노폴리스, 텔레포트, 인텔리전트시티 등 첨단기술과 연계된 적극적인 복합화, 혼합화가 구현되고 있다.

이러한 복합용도와 혼합적 토지이용의 기회는 주로 도심재개발사업에 의한 주상복합건물이나 단지개발(미국에서는 PUD기법 등)에 의한 공공편익시설 및 도시형공장 등의 혼합배치, 그리고 지금은 없지만 초기 도시계획제도의 노선상업지역의 지정 등을 통하여 제공되어 왔다. 아직까지 우리나라는 혼합용도지역제나 지역특성에 따라 용도지역이 세분되고 소규모로 분산 배치할 수 있는 적극적인 조치는 없는 실정이다. 그러나 우리나라나 유럽처럼 오랜 기간 동안 자연발생적으로 형성, 발전하여 온 기존 도시공간은 이미 복합적이고 혼합적인 토지이용이 고착화되어 있고 도시의 역사와 전통이 혼합된 토지이용 속에 잔존되어 있기 때문에, 기존시가지의 도시정비 및 관리에는 용도분리의 지역제보다는 혼합적 토지이용제도가 더욱 적합할 것으로 보인다.

혼합적 토지이용 및 복합용도개발은 도심지역의 평면적 확산의 방지, 토지이용효율 증진, 주차장의 시간대별 이용, 주거시설과 복합용도로 개발될 경우 도심공동화 방지, 직주근접으로 교통난 완화와 도시의 하부시설을 공유할 수 있고, 운영상 규모의 경제를 유도하는 등의 장점을 지니고 있다. 반면 단점으로 사업계획이 복잡하고 사업기간이 길며, 다양한 기능 혼합으로 이용자 동선의 혼란과 불필요한 동선이 발생할 우려가 있으며, 이용시간대가 다른 복합용도건물의 경우에는 건물의 유지 관리가 어렵고, 주거시설과 혼합 혹은 복합 개발할 경우 주거환경의 침해가 우려된다.

(8) 혼합적 토지이용

전통적인 지역제는 서론 다른 토지활동 간에 발생할 수 있는 상충을 방지하고 집적이익을 추구할 수 있다는 장점을 가진다. 이와 같은 장점에도 불구하고, 전통적인 지역제는 토지이용의 지나친 분리를 유도하여 시민들의 원거리 통행을 발생시키고, 교통비용의 확대, 하나의 지역 내 동일 용도의 토지이용에 따른 단조로운 도시경관과 획일적인 기능의 집적을 초래하였다. 이와 같은 전통적인 용도지역제의 문제점은 도시교통문제가 심각한 도시문제의 하나로 부각되면서 토지이용의 무분별한 분리보다는 혼합적 토지이용으로의 방향전환을 유도하게 되었다.

혼합적 토지이용은 1960년대 이후 대두되기 시작했는데, 이는 19세기 이전의 무질서한 도시토지이용으로의 회귀를 의미하는 것은 아니다. 혼합적 토지이용은 상충되는 토지이용의 분리를 꾀하되 가능한 한 단일토지이용의 집적규모를 축소하고 분산 입지시킴으로서 과도한 집적 또는 분리에 따르는 불합리를 최소화하고자 하는 것이다. 혼합적 토지이용의 제도화는 현행 도시계획법에 의한 용도지역분류를 조정하여 혼합용도지역을 추가하는 등의 제도적 근거를 마련하면 된다.

〈표 11.12〉 혼합적 토지이용의 적용가능성

대 상	적 용 방 법
재개발사업	단일기능보다는 상업, 업무, 주거, 문화기능을 다양하게 혼합배치
주택단지개발	주거기능 외에 상업, 공공편익시설, 무공해성 소규모 공업시설의 혼합배치
도시계획	●토지이용계획 수립 시 토지용도를 소규모 분산배치 ●혼합용도지역의 제도화
노선상업지역의 배치	도시의 주요도로변을 따라 노선상업지역을 지정하여 상업용 토지이용과 기타 토지이용 간의 원활한 상호작용 유도

(9) 성과주의 용도지역제

전통적인 지역제는 주어진 용도지역 내에서 허용되는 활동과 허용되지 않는 활동이 '전부 혹은 전무(All-or-Nothing)'의 형태로 규제된다. 예컨대 전통적인 지역제에서의 전용주거지역에서는 어떠한 종류의 의료시설의 건축도 허용되지 않는다. 전통적인 지역제가 가지는 이와 같은 일률적인 규제방식과는 달리 성과주의 용도지역제(performance zoning)는 전통적인 토지이용의 구분을 유지하되 그 토지이용에 따라 성과기준(performance standards)을 정해 놓고 이 기준에 부합하는 활동은 허용하고 그렇지 못한 활동은 허용하지 않는 토지이용 규제 방법이다. 예컨대 성과주의 용도지역제에 의하면 환경소음기준을 초과하는 공장은 주거지역에 허용되지 않지만 이 기준을 만족시키는 공장은 입지가 허용되게 된다. 이로써 새로운 개발로 인하여 주변지역에 미치는 물리·사회적·경제적·환경적 측면의 영향(가령 건물기능과 주민활동, 생활환경, 자연환경 등에 끼치는 영향)을 제어하게 된다.

성과기준이란 실제 개발로 인해 발생하는 위의 4가지 측면의 영향을 구체적인 항목으로 설정하여 최소 혹은 최대한의 허용한계로 제시하게 된다. 성과기준에 해당하는 항목은 소음(진동)·교통유발·매연·연기·현광·열·화재나 폭발위험물·쓰레기·방사능물질·산업폐수·미관 및 심리적 요소·시각적 요소 등이다. 이러한 항목별 성과기준에 따라 시설의 입지가 제한되며 그 기준을 충족시키지 못할 경우에는 입지할 시설이 주변에 끼치는 영향에 대한 완화대책을 마련토록 하기도 한다.

성과주의 지역제는 용도지역제의 근본취지를 더욱 충실히 만족시키면서 전통적인 지역제의 경직성에 융통성을 부여하는 새로운 토지이용 규제기법 중의 하나로써, 주거환경의 보호, 자연환경의 보전, 적정 개발수준 유지 등의 목표를 실현시키기 위해 마련되었다.

1950년 초 성과주의 지역제는 공업시설과 관련되는 소음·연기·먼지·기타 유해물 등을 규제하기 위해 도입되었으며, 특히 산업단지(industrial park)의 출현과 밀접한 관련이 있다. 산업공원은 공업용도이지만 건폐율이 낮고 녹지가 많아 외관상 공원과 거의 유사하기 때문에 주택지와 인접하여 있어도 문제가

되지 않을 수 있다. 즉 기존의 지역제는 주거지역에 공장이 들어설 수 없지만, 성과주의 지역제에서는 성과기준을 충족한다면 주거지역에도 공장이 들어설 수도 있고 만일 그 기준을 만족시키지 못하더라도 개발자가 완화할 수단을 제시한다면 승인될 수 있다.

1970년 이후 펜실바니아에서는 주거지개발에 대한 성과기준을 마련한 바 있는데, 여기에서는 대체로 공지율(open space ratio), 건페율(imperious surface ratio), 밀도(density), 용적률(floor area ratio) 등 4가지 항목에 대한 허용치를 제시하여 개발을 규제하고 있다. 이 중 공지율과 건페율은 모든 토지이용에 적용되지만 밀도는 주거용에 용적률은 비주거용에 적용되며, 일반적으로 미개발지역의 기준은 낮은 반면 기개발지역의 기준은 비교적 높게 책정되어 있다.

성과주의 지역제는 인근 주변지역에 미치는 실질적인 영향만을 규제하는 것으로서 충분하지, 전통적인 지역제와 같이 반드시 용도지역에 따라 허용용도나 밀도의 한계를 규제할 필요가 없으며, 주변에 영향을 끼치지 않는다면 용도와 밀도 등에 폭넓은 융통성을 부여할 수 있다. 때문에 성과주의 지역제는 토지이용의 조화를 극대화할 수 있는 방법일 뿐만 아니라 개발자에게 허용된 범위 내에서 주어진 토지를 더욱 다양한 형태로 개발할 수 있도록 설계의 융통성과 신축성을 부여할 수 있는 장점을 지닌다.

또 주목할 것은 자연환경훼손에 대한 규제를 넘어서 인간의 생활환경(인공환경)에 영향을 주는 문제까지 다루고 있다는 점과, 환경영향평가와 같이 개발에 따른 사후처리적인 대안을 제시하는 것이 아니라 개발 전 토지이용계획 단계에서 환경 보호를 고려할 수 있다는 것이다. 이러한 성과주의 용도지역제는 지역제의 근본취지를 더욱 충실히 만족시키면서, 아울러 토지개발자에게는 허용된 범위 내에서 주어진 토지를 보다 다양한 형태로 개발할 수 있도록 설계의 융통성과 신축성을 부여할 수 있는 장점이 있다.

부표. 도시계획법상의 지역제의 변천

지역 (columns 제정 34.6.20 · 개정 40.12.18) 은 「조선시가지 계획령」, 나머지 컬럼은 「도시계획법 및 동법 시행령」 에 해당한다.

구분	제정 34.6.20	개정 40.12.18	제정 62.1.20	시행령제정 62.4.30	법개정 63.4.11	시행령개정 62.4.30	법개정 71.1.19	시행령개정 71.7.22	시행령개정 71.10.7	법개정 71.12.30
지역	주거지역	주거지역	주거지역	주거전용지역 준주거지역	주거지역	주거전용지역 준주거지역	주거지역	주거전용지역 준주거지역	주거전용지역 준주거지역	주거지역
	상업지역	상업지역	상업지역	상업지역	상업지역	상업지역	상업지역	상업지역	상업지역	상업지역
	공업지역	공업지역	공업지역	공업전용지역 준공업지역	공업지역	공업전용지역 준공업지역	공업지역	공업전용지역 준공업지역	공업전용지역 준공업지역	공업지역
		녹지지역	녹지지역		녹지지역		녹지지역	생산녹지지역 자연녹지지역	생산녹지지역 자연녹지지역	녹지지역
		혼합지역			혼합지역					
지구	풍치지구		풍치지구		풍치지구		풍치지구			풍치지구
	미관지구		미관지구		미관지구		미관지구			미관지구
	방화지구		방화지구		방화지구		방화지구			방화지구
	풍기지구		교육지구		교육지구		교육 및 연구			교육 및 연구

구분	시행령개정 73.3.21	시행령개정 76.1.28	시행령개정 77.10.20	법개정 81.3.31	시행령개정 88.2	시행령개정 91.5	법개정 91.12	시행령개정 92.7	법개정 2000.1.28	시행령개정 2000.7.1
지역	주거전용지역 주거지역 준주거지역	주거전용지역 주거지역 준주거지역	주거전용지역 주거지역 준주거지역	주거지역	주거전용지역 일반주거지역 준주거지역	전용주거지역 일반주거지역 준주거지역	주거지역	전용주거지역 일반주거지역(1,2,3종) 준주거지역	주거지역	전용주거지역 (1,2종) 일반주거지역 (1,2,3종) 준주거지역
	상업지역	상업지역	상업지역	상업지역	근린상업지역 일반상업지역 중심상업지역	근린상업지역 일반상업지역 중심상업지역	상업지역	중심상업지역 일반상업지역 근린상업지역 유통상업지역	상업지역	중심상업지역 일반상업지역 근린상업지역 유통상업지역
	공업전용지역 공업지역 준공업지역	공업전용지역 공업지역 준공업지역	공업전용지역 공업지역 준공업지역	공업지역	공업전용지역 일반공업지역 준공업지역	공업전용지역 일반공업지역 준공업지역	공업지역	공업전용지역 일반공업지역 준공업지역	공업지역	공업전용지역 일반공업지역 준공업지역
	생산녹지지역 자연녹지지역	생산녹지지역 자연녹지지역	생산녹지지역 자연녹지지역	녹지지역	생산녹지지역 자연녹지지역 보전녹지지역	생산녹지지역 자연녹지지역 보전녹지지역	녹지지역	생산녹지지역 자연녹지지역 보전녹지지역	녹지지역	생산녹지지역 자연녹지지역 보전녹지지역
지구				풍치지구			풍치지구		경관지구	
	제1~5종			미관지구	제1~5종		미관지구	1종미관지구	미관지구	중심지미관지구
				방화지구				2종미관지구		역사문화미관
				교육 및 연구				3종미관지구		일반미관지구

	조선시가지 계획령		도시계획법 및 동법시행령																	
	제정 34.6.20	개정 40.12.18	제정 62.1.20	시행령제정 62.4.30	법개정 63.4.11	시행령개정 62.4.30	법개정 71.1.19	시행령개정 71.7.22	시행령개정 71.10.7	법개정 71.12.30	시행령개정 73.3.21	시행령개정 76.1.28	시행령개정 77.10.20	법개정 81.3.31	시행령개정 88.2	시행령개정 91.5	법개정 91.12	시행령개정 92.7	법개정 2000.1.28	시행령개정 2000.7.1
지구	특별지구		위생지구		위생지구															
			공지지구		공지지구		공지지구			공지지구				공지지구				4종미관지구		
																		5종미관지구		
							고도지구	제1~3종		고도지구	제1~3종			고도지구	제1~3종		고도지구(최저·최고)		고도지구	최고고도지구 최저고도지구
							임항지구			임항지구				임항지구			방화지구		방화지구	
							업무지구			업무지구							보존지구		방재지구	
							재개발지구			재개발지구				보존지구			주차장정비		보존지구	문화자원보존
							보존지구			보존지구							공항지구			중요시설물보존
							주차장정비			주차장정비				주차장정비			시설보호지구	학교시설보호		생태계보존지구
								공항지구		공항지구				공항지구				공용시설보호	시설보호	학교시설보호
										특별가구정비				특별가구정비				항만시설보호		공용시설보호
									자연환경보존			아파트지구	시가화조정		아파트지구			도시설계지구		항만시설보호
															방재지구			아파트지구		공항시설보호
																		방재지구	취락지구	자연취락지구
																		위락지구		집단취락지구
																		자연취락지구	개발촉진	
																			아파트지구	
																			위락지구	
구역							특정시설제한 개발제한구역 도시개발예정						시가화조정			상세계획구역 광역계획구역				

주: 노경수(1995), 도시토지이용규제에 관한 비교연구, 서울대 박사학위논문, p.18와 대한국토·도시계획학회(1996), 토지이용계획론, 보성각, p.342를 참고하여 재정리하였음

제 12 장 도시교통계획

1. 교통의 개념과 의의

1) 교통의 개념

(1) 교통의 정의

교통(transportation)의 개념을 한마디로 나타내기란 매우 어렵다. 일반적으로 교통의 개념은 사람이나 화물의 운반을 위하여 장소와 장소 간의 거리를 극복하기 위한 행위라고 할 수 있다.[93] 또 다른 교통의 개념은 인간의 공간적 활동범위와 규모가 커짐에 따라 필연적으로 요구되는 사람의 이동 및 상품의 유통을 총칭하는 것으로 넓은 의미에서의 정보의 이동도 포함한다.[94] 또한 교통은 출근·업무·쇼핑·친교 등과 같은 목적이나 기회를 충족시키기 위한 수단이다.

교통은 교통주체, 교통수단, 교통시설의 3대 요소에 의해 형성된다. 교통주체는 사람이나 물건·정보 등이고, 교통수단은 자동차·버스·지하철·철도·비행기·선박 등, 교통시설은 교통로(도로, 철도, 항로)와 역·주차장·공항·항

---

93) 원제무(1993), 도시교통론, 박영사, p.3.
94) 노정현(1999), 교통계획, 나남출판, p.15.

만 등이다.

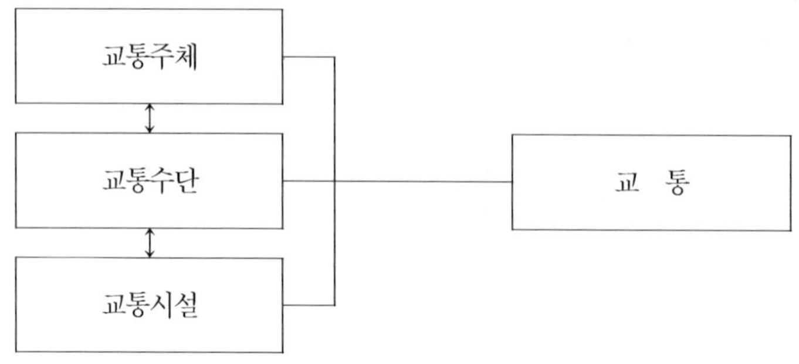

(2) 통행의 개념 및 목적

어떠한 목적을 가진 사람이 이동하기 시작하여 정지하기까지의 여행(journey)을 통행(trip)이라고 일컫는다. 다시 말해 통행이란 이동단위인 개인 또는 화물의 기종점 간 교통행위를 말하는데, '통행자(trip maker)가 어떤 목적(purpose)을 수행하기 위하여 어느 한 지점(기점, Origin)에서 출발하여 다른 지점(종점, Destination)까지 움직이는 행위'이다.

H군이 집에서 학교에 등교하기까지의 과정을 가지고 통행(trip), 통행목적, 통행수단(교통수단)에 대하여 간단히 그 개념을 설명하고자 한다.

H군은 아침에 등교하기 위해서 집을 나서 약 300m 떨어진 정류장에서 버스를 타고 가까운 전철역으로 갔다. 전철로 갈아타고 학교 앞에서 내려 강의실까지 600m를 걸어서 도착하였다.

이와 같은 경우에서 통행자인 H 군은 등교하기 위해서 (집) →(학교)까지의 1개의 목적통행을 위해서 버스·전철·도보와 같이 3개의 수단통행이 이용되었다.[95]

통행은 목적통행(linked trip)과 수단통행(unlinked trip)으로 구분할 수 있는데, 일반적으로 수단통행이 목적통행보다 많다. 통행의 목적은 출근통행, 등교통

---

95) 도보는 일반적으로 5분 이상, 400m 이상을 통행으로 본다.

행, 친교·여가통행, 업무통행 등으로 구분할 수 있고, 통근통행이 가장 많은 비중을 차지한다.

(3) 통행수단(교통수단)

어떠한 교통수단을 이용하여 목적지까지 가는가 하는 것으로 도보·자전거·승용차·택시·지하철·전철 등으로 구분되며, 이를 체계적으로 분류하면 다음과 같다.

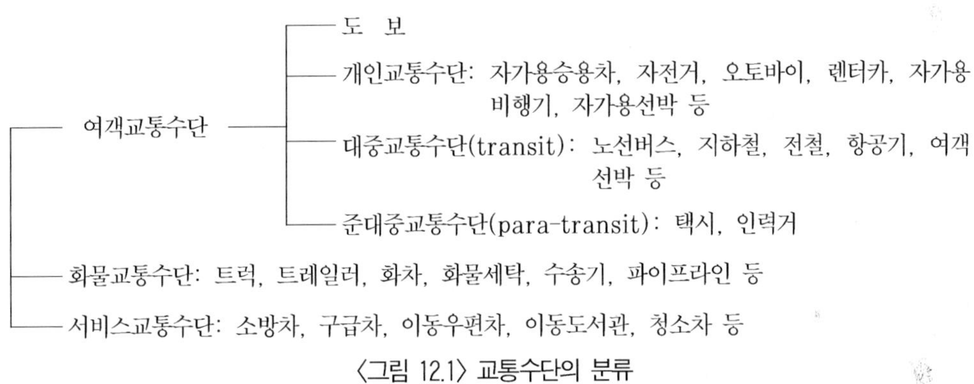

〈그림 12.1〉 교통수단의 분류

수송대상에 따라 여객, 화물, 서비스 교통수단으로 분류하고, 이 중 여객교통수단은 도보, 개인교통수단, 대중교통수단, 준대중교통수단으로 구분한다. 여기서 준대중교통수단(para-transit)은 버스·지하철·전철·정기항공여객기·정기여객선박 등으로 정해진 노선을 따라 일정한 시간계획에 의해 운행되는 대중교통수단과는 달리 고정적인 운행계획 없이 여객이 요구하는 교통서비스를 제공하고 서비스의 정도에 따라 요금을 지불하는 택시·인력거·콜택시(dial-a-ride) 등을 말한다.

화물교통수단은 화물수송기술에 따라 트럭·트레일러·화차·화물선박·수송기·파이프라인 등으로 나눈다. 또한 서비스 교통수단은 소방차·구급차·우편차·이동도서관, 청소차 등 서비스의 형태에 따라 분류한다.[96]

2) 교통체계와 토지이용체계와의 관계

　도시를 지탱시키고 유지시켜 주는 가장 중요한 두 가지 요소는 교통체계와 토지이용계획이다. 토지이용계획이 일정한 토지 위에서 일어나는 다양한 활동을 담는 그릇에 관한 계획이라면, 교통계획은 다양한 활동을 효과적으로 연결하는 계획이다. 즉, 토지이용과 교통체계는 서로 엇물려서 돌아가는 'chain'과 같다고 할 수 있다.[97]

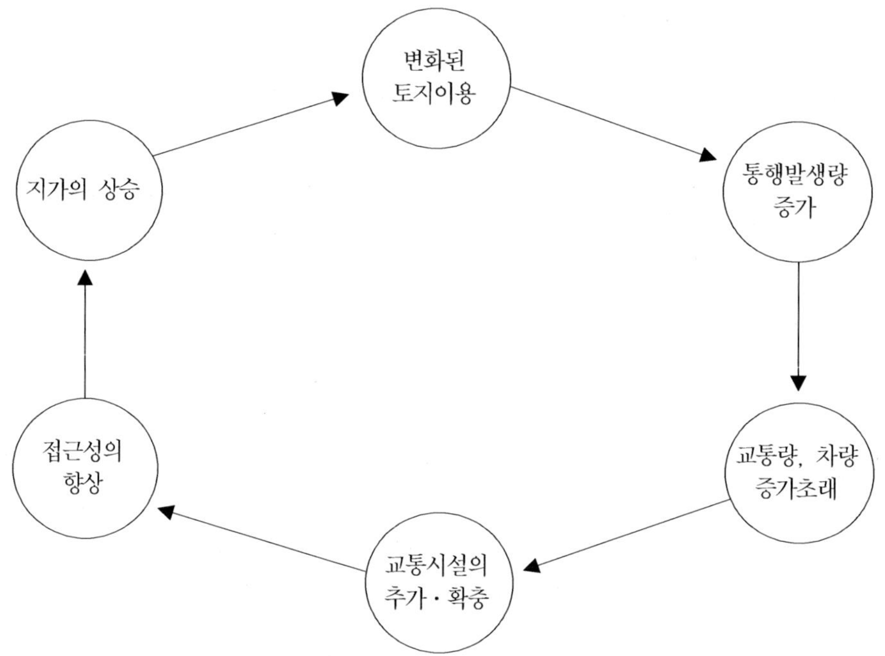

〈그림 12.2〉 토지이용과 교통체계 간의 연관성

---

96) 노정현(1999), 앞의 책, pp.40-41.
97) 대한국토 · 도시계획학회(1998), 도시계획론, 보성각, pp.363-364.

3) 교통계획의 의의와 목적

(1) 교통계획의 개념

교통계획의 개념을 여러 학자들이 정의하고 있는데, Wachs(1979)는 당면한 교통문제를 해결하기 위한 과학적 사고의 과정이라고 하였고, Grkenheimer(1976)는 교통문제에 대한 해결책을 공개적인 채널을 통해 모든 이익집단이 참여하여 합의점에 도달하는 과정이라고 하였다. 그리고 Homburger(1981)는 교통계획을 현재의 인구, 경제, 토지이용과 관련하여 현재의 교통체계를 연구하고, 이를 바탕으로 장래의 인구, 경제, 토지이용을 예측하여 교통사업대안을 설정·평가하고 집행계획 및 재정조달 등에 관한 제안을 포함하는 작업이라고 하였다.

이와 같은 개념들을 종합해 보면, 물리적, 사회적, 경제적 여건에 따라 변화하는 사회·경제활동체계를 구성하는 요소들을 종합적·체계적으로 조정·통제함으로써 교통서비스의 질을 제고하려는 일련의 계획과정을 교통계획이라고 할 수 있다.

(2) 교통계획의 목적

교통계획의 목적은 현재의 교통여건으로부터 당위성을 끌어내어 당면한 교통문제의 바람직한 미래상을 제시하는 규범이자 세부 실천과제를 작성하는 데 있다. 교통계획은 아래와 같은 몇 가지 구체적인 기능을 가진다.

① 근시안적인 교통계획의 장기적인 테두리를 설정해 준다.
② 즉흥적인 계획과 집행을 제어할 수 있다.
③ 교통행정의 지침을 제공할 수 있다.
④ 단기·중기·장기 교통정책의 조정과 상호연관성을 높여 준다.
⑤ 정책목표를 세울 수 있는 계기가 마련된다.
⑥ 재원의 투자우선순위를 설정해 준다.
⑦ 부문별 계획 간의 상충과 마찰을 방지해 준다.

⑧ 교통문제를 진단하고 인식할 수 있는 여건을 조성해 준다.

⑨ 세부계획(programming)을 수립할 수 있는 준거를 마련해 준다.

⑩ 집행된 교통정책을 점검(monitoring)해 줄 수 있는 틀을 제공한다.

⑪ 계획가가 의사결정자 및 계획의 수혜자인 시민과 상호교류와 사회학습의
   분위기를 조성해 준다.

2. 도시교통

1) 도시교통의 특성

도시교통의 특성을 살펴보면 다음과 같다.

① 도시교통은 통행목적을 달성하기 위해 도시 내의 각 지점(출발지와 목적
   지)을 연결해 주는 단거리 교통이다.

② 도시교통은 대량수송을 필요로 한다.

③ 도시교통은 하루 중 오전과 오후 2회에 걸쳐 피크현상이 발생한다.

④ 도시교통은 도심지와 같은 특정지역에 통행이 집중된다.

⑤ 도시교통은 통행로, 교통수단, 터미널 등에 의해서 승객에게 서비스를 제
   공한다.

2) 새로운 교통시스템

(1) 첨단교통체계

첨단교통체계(ITS; Intelligent Transport System)는 운전자, 차량, 대중교통이용

자들에게 매순간의 교통상황에 따른 적절한 대응책을 제시함으로써 교통소통과 안전문제를 동시에 해결하기 위한 기술체계라 정의될 수 있다. 이것은 첨단교통관리체계(ATMS), 첨단교통정보체계(ATIS), 첨단대중교통체계 / 상업용차량운영체계(APTS / CVOS), 첨단차량제어체계(AVCS)로 구성되어 있다. 이러한 ITS는 교통체증, 교통사고 등 교통문제의 완화를 위해서 중요할 뿐만 아니라 자동차 관련 산업에도 매우 큰 파급효과를 가져올 것이다.

(2) 녹색교통수단

지속 가능한 개발과 친환경적 개발에 대한 관심이 증대하고 있어 이제까지의 자동차 위주의 교통정책은 대중교통·보행·자전거와 같은 환경친화적인 녹색교통(green mode)을 중심으로 한 교통정책으로 많은 전환이 이루어질 것으로 예상된다. 예로서 대중교통에서 천연가스버스가 대부분의 도시에서 이용되고 있으며, 보행환경의 개선과 자전거 도로의 확보 등 환경친화적 교통으로의 변화를 시도하고 있다. 특히, 자전거 교통은 에너지 보존과 건강하고 공평하며 신뢰할 수 있고, 모두에게 친밀한 교통수단이다. 선진국에서는 자전거 교통을 활성화하기 위하여 자전거 도로의 정비와 자전거타기 운동 등을 통하여 더욱 활성화하고 있으며, 우리나라에서도 많은 도시에서 자전거 도로를 건설하고 있으며, 그러한 운동도 전개되고 있다.

(3) 새로운 대중교통수단

자동차의 급격한 증가로 인하여 도로교통문제는 날로 심각해지고 있고, 이러한 문제를 해결하기 위해서 대중교통 이용하기 운동 등이 진행되고 있으나, 아직은 그 효과가 미미한 실정이다. 그래서 새로운 대중교통수단의 도입을 통하여 교통문제를 해결하고자 하는 움직임이 일고 있다.

대중교통은 일반적으로 버스를 중심으로 이루어지고 있으며, 대도시권에는 지하철과 버스를 중심으로 한 대량수송체계를 갖추고 있다. 고속철도가 보급되면서 시간단축 등으로 지역 간 주요 교통수단이 될 전망이다.

중소도시의 경우 도입 가능한 새로운 교통시스템으로서는 첨단 경전철(LRT)이나 자기부상식 소규모 지하철의 도입이 거론되고 있다. 또한 항공수송의 경우 단거리 착륙형 항공기의 개발 및 컴뮤터(commuter)공항, 헬리포트의 정비촉진 등으로 자가용 수송이 크게 늘어질 것으로 보인다.

3) 도시교통문제

교통문제는 자동차의 급속한 증가로 인한 도로정체 및 혼잡으로 인한 문제가 가장 큰 주요 요인이다. 최근 20여 년 동안 우리나라의 자동차는 매년 약 25% 이상의 성장을 보여 날로 교통문제는 더욱 심각해질 것이다.

또한 교통문제는 도로구조, 시설관리, 교통계획 및 행정, 대중교통의 문제로 볼 수 있다. 도로구조는 기하구조의 불량, 시설관리는 도로표지판 또는 신호등의 문제, 교통계획 및 행정은 체계적 계획 및 행정의 미비, 대중교통은 대중교통수단의 불비와 관리소홀로 인하여 제 기능을 발휘하지 못하는 등의 문제가 있다.

교통문제는 단순히 혼잡의 문제뿐만 아니라 교통사고로 인한 각종 사회적 문제를 포함하고 있어 더욱 그 중요성이 확대되고 있다. 이러한 교통문제는 물리적인 도로구조나 도로공급에서 자동차 문화 운동과 같은 정신교육에 이르기까지 다양하게 이루어져야 한다.

3. 교통계획과정

1) 교통계획의 분류

교통계획은 계획기간에 따라 장기·중기·단기계획으로 나눌 수 있으며, 공간규모에 따라 지역교통계획·도시교통계획·지구교통계획·교통축계획 등으로 나눌 수 있다. 또한 목적에 따라 전략교통계획과 시설운영계획으로 나눌 수 있다. 그리고 대상에 따라 도로망 계획·대중교통망계획·주차계획·보행시설계획·자전거도로계획 등으로 나눌 수 있다.

  장기교통계획은 장기적 관점에서 목표연도를 10~20년 후로 정하고, 주로 도로·철도·지하철·항만·공항 등의 자본집약적 시설공급을 목표로 하는 반면에 단기교통계획은 단기적 관점에서 1~2년 이내의 사업기간을 가지고 도심통행속도 향상, 교차로 서비스 수준 제고 등의 서비스 향상을 목표로 한다. 장기교통계획은 주로 중앙정부기관에서 담당하며, 단기교통계획은 지방자치단체 또는 민간기업에서 담당한다. 아울러 장기교통계획에서는 장기적 안정상태(long-run steady state)의 통행수요를 예측하고 이를 해결하기 위한 대안을 설정·평가하며, 단기교통계획에서는 단기적 동적 상태(short-run dynamic state)의 통행수요를 추정하여 계획에 반영하는 것이 일반적이다.

<표 12.1> 장단기 교통계획의 비교

장기교통계획	단기교통계획
1. 소수의 대안	1. 다수의 대안
2. 유사한 대안	2. 서로 다른 대안
3. 교통수요가 비교적 고정	3. 교통수요가 변화가능
4. 단일 교통수단 위주	4. 많은 교통수단 동시 고려
5. 공공기관 정책	5. 공공기관 및 민간기관 정책
6. 장기적 관점	6. 단기적 관점
7. 시설지향적	7. 서비스 지향적
8. 자본집약적	8. 저자본비용
9. 추정지향적	9. 피드백지향적

  전략교통계획은 장기적 관점에서 대규모 교통시설의 건설 및 투자에 관련된 계획으로 토지이용과 교통체계의 상호작용, 교통망 구성 등을 고려하여 투자재원의 배분 및 투자우선순위 결정 등을 주 내용으로 한다. 이에 비해서 시설운영계획은 교통체계운영(TSM: Transport System Management), 대중교통 노선결정 등 구체적인 운영 및 관리계획을 대상으로 한다.

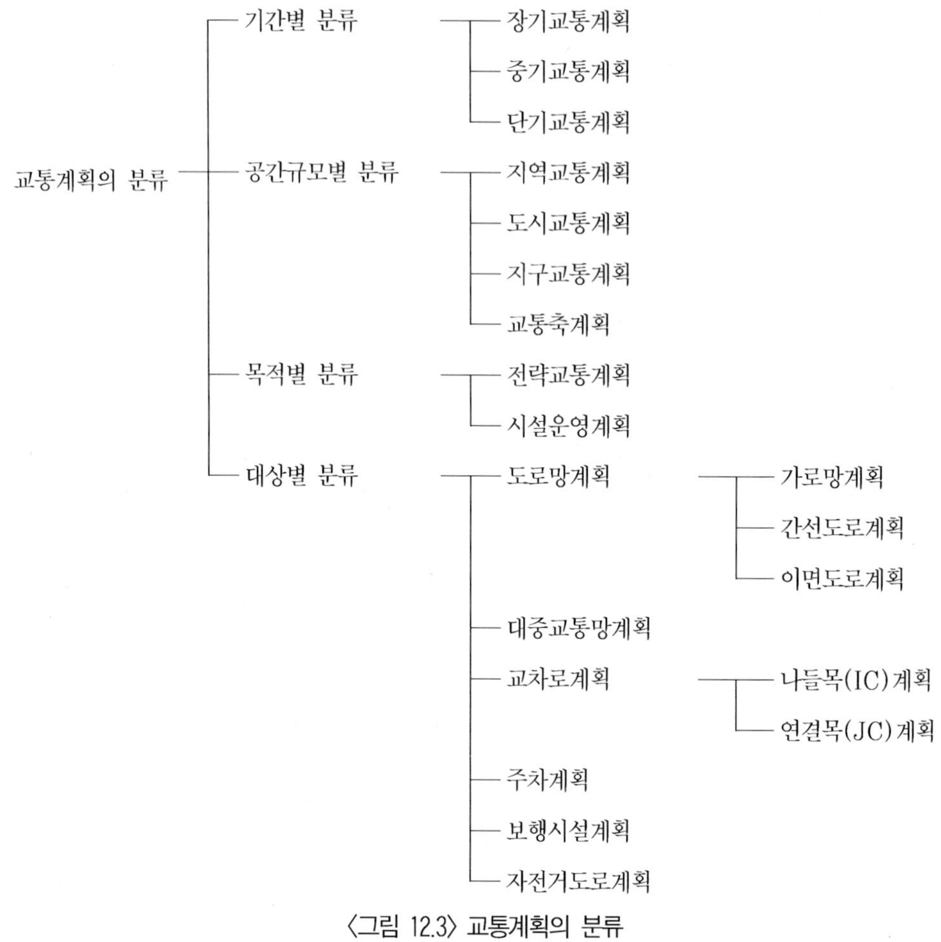

〈그림 12.3〉 교통계획의 분류

2) 교통계획 및 정책의 목표

교통계획 및 정책은 교통의 전체적 여건 가운데 나타나는 질적 또는 양적 모순을 계기로 그것에 대한 객관적이고 구체적인 목표를 세워 이를 실천하는 것이라고 볼 수 있다.

교통정책을 입안하고 집행하려면 교통정책의 좌표를 설정해 주고 나아갈 방향을 제시해 주는 정책목표를 설정해야 한다. 정책목표 중 중요한 것은 첫째, 교통체계의 효율성(efficiency), 둘째 교통서비스의 질적 향상, 셋째 교통서비스의 형평적 배분, 넷째, 다른 도시정책과의 조화성(compatibility), 다섯째, 환경적 악영향의 최소화이다. 이러한 정책에서는 효율성, 형평성, 실행 가능성이 동시에 고려되어야 한다.

3) 교통계획의 과정

종합적 도시교통계획의 과정은 문제의 인식, 진단 및 목표의 설정, 교통현황조사 및 분석, 관련계획의 검토, 교통체계 및 토지이용예측, 교통수요추정, 대안작성, 평가 및 최적안 선택, 실행계획 수립 및 집행의 여덟 단계로 구분하여 사람교통과 화물교통을 종합적인 안목에서 다루고 있다.

(1) 문제의 인식, 진단 및 목표설정

현재 또는 가까운 장래에 예상되는 교통문제를 인식하고, 그 문제를 진단하고, 이를 해결하기 위한 목표(objectives)를 설정한다. 결국 이 단계는 교통문제를 구체적으로 정의하는 것으로 계획목표뿐만 아니라 추구하고자 하는 기준 및 문제해결의 장애가 되는 제약조건들을 규명하는 것이다.

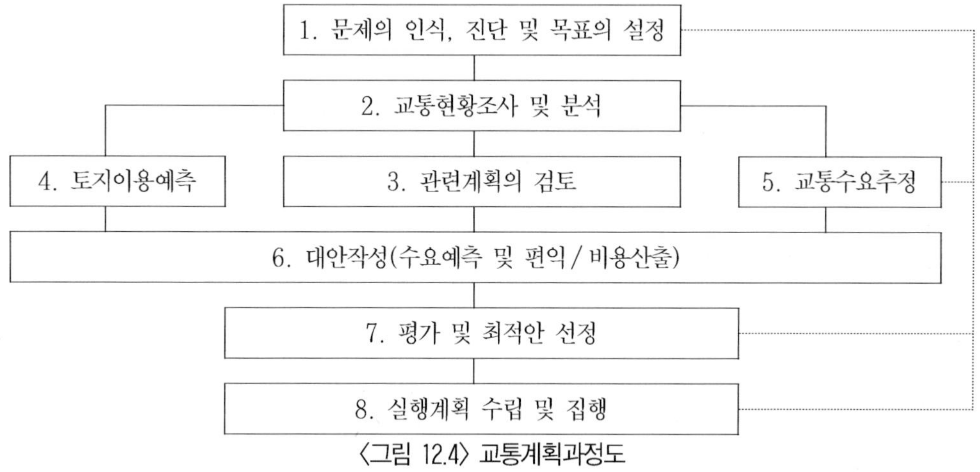

〈그림 12.4〉 교통계획과정도

(2) 교통현황조사 및 분석

교통현황조사 및 분석단계에서는 현재 또는 기준연도의 교통시설자료, 즉 교통망자료, 토지이용현황자료, 기종점 통행자료 및 교통량 조사자료 그리고 통행자의 소득, 승용차 보유율, 가구규모 및 구조 등 사회·경제적 자료 등에 대한 자료와 분석이 필요하다.

먼저 통행에 대한 자료를 구하기 위하여 단위공간을 설정하는데, 이를 교통존(traffic zone)이라고 한다. 다음은 기본지도의 작성으로 대개 1 / 5,000 ～1 / 100,000의 도면을 사용한다. 세 번째 단계는 기초자료의 조사로서 인구 등 경제·사회적 특성에 대한 종합적인 자료가 조사되어야 한다.

네 번째는 통행실태 조사로서 사람과 화물의 통행실태를 구분하여 조사한다. 사람통행조사는 기점(origin)과 종점(destination)을 O-D표를 작성하여 조사하고, 화물도 화물의 O-D와 사람의 O-D를 동시에 조사한다.

도시교통계획 수립에서 사용되는 사람통행조사의 방법은 아래와 같다.

- 가구방문조사(home interview survey)
- 영업용 차량조사(commercial vehicle survey)
- 노측면접조사(roadside survey)
- 대중교통수단 이용객조사(transit passenger survey)
- 터미널 승객조사(terminal passenger survey)
- 직장방문조사(office interview survey)
- 차량번호판 조사(license plate survey)
- 폐쇄선조사(cordon line survey)

화물교통실태조사의 내용은 다음과 같다.

- 물류시설: 유통관련시설 및 시설현황 파악
- 화물의 물동량: 화물운송회사 방문, 화물반입·출 현황 조사
- 화물차량 이동현황: 차량운행실태 조사

위와 같은 사람통행실태조사를 위한 표본의 추출은 대개 다음과 같은 미국의 자료를 이용한다.

〈표 12.2〉 인구규모에 따른 최소한의 표본율과 일반적인 표본율

대상지역의 인구	표 본 율	
	최소한의 표본율	일반적인 표본율
50,000 미만	10인당 1	5인당 1
50,000~150.000	20인당 1	8인당 1
150,000~300,000	35인당 1	10인당 1
300,000~500,000	50인당 1	15인당 1
500,000~1,000,000	70인당 1	20인당 1
1,000,000 이상	100인당 1	25인당 1

자료: M. J. Bruton, Introduction to Transportation Planning, 2nd ed., London, Huchinson, 1975

마지막으로 조사된 자료를 계속적이고 반복적인 검토를 통하여 전수화 과정을 거쳐 기본 O-D표를 구축하게 된다.

(3) 관련계획의 검토

도시교통계획은 도시계획을 전반적으로 면밀히 검토하여야 하고, 나아가서는 국토종합계획과 도종합개발계획 등의 상위계획까지도 고려하여야 한다. 그리고 대규모 교통시설계획 특히, 공항·터미널·산업단지조성·유통단지 등의 건설계획에 대한 분석도 포함된다.

(4) 교통체계 및 토지이용예측

토지이용패턴이 교통수요추정에 중요한 자료가 되고, 또한 교통수단별 분담구조를 파악하여 자가용, 택시, 버스, 지하철／철도, 기타로 구분하여 분석한다. 장래 토지이용의 추정결과에서 도출되는 각종 지표를 이용하여 도시전체의 통행유출입량을 산출하는 데 활용한다.

(5) 교통수요추정

교통수요추정은 장래의 교통체계에서 발생될 수요를 현재의 시점에서 예측하는 작업으로서 교통계획을 수립하는 데 중요한 자료가 된다.
수요추정과정은 일반적으로 통행발생, 통행배분, 교통수단선택, 노선배정으로 구분한 4단계 수요추정방법의 모형을 적용한다.(4절의 수요추정방법 참조)

(6) 대안작성

위의 과정에서 도출된 교통수요와 관련계획 등의 검토에 따라 몇 가지 대안을 수립하여야 한다. 교통체계에서 교통수단별 분담률, 노선결정, 시설계획 등을 포함한 대안을 작성한다. 이때 대안은 2~3개 정도로 하여 도면과 같이 작성하면 효과적이다.

(7) 평가 및 최적안의 선정

대안이 작성되면 각 대안에 평가가 이루어지는데, 일반적으로 순현재가치(NPV: net present value), 편익·비용비(B / C: benefit-cost ratio), 내부수익률(IRR: internal rate of return) 등을 이용한다. 이와 같은 방법은 교통투자에 대한 금전적 수익성을 가늠하는, 이른바 대안의 효율성을 평가하는 기법들이라 할 수 있다.
의사결정자가 최적안을 선정하기 쉽도록 각 대안에 대한 평가항목을 일목요연하게 정리해야 할 필요성이 있다. 단순히 효율성만을 평가기준으로 하지 말고, 각종 대안의 실행이나 집행에 대한 것도 비교·평가하여야 한다.

(8) 실행계획의 수립 및 집행

최적안이 선정되면 실행계획을 수립하고 집행하면 된다. 선정된 최적안에 대한 구체적 실천계획(program)을 마련하고 우선순위에 따라 실천계획을 집행하면 되는데, 사업을 집행하는 과정에서 각종 문제가 발생할 수 있다. 이때 피드백(feed back) 과정을 거쳐 계획과정 전반 또는 일부분을 반복하기도 한다.

4. 교통수요추정

1) 교통수요의 개념

　교통수요는 보편적으로 통행량으로 표현되는데, 이 통행량은 도로의 차량대수나 버스의 승객 혹은 화물의 물동량 등의 형태로 나타난다. 어느 교통시설(도로 혹은 지하철)의 통행량은 이 교통시설의 서비스 특성과 교통수요의 상호작용에 의해 파생되고, 교통시설의 서비스(공급)특성은 통행량에 직접 영향을 미치게 된다. 교통수요는 여러 비용수준에 따라 나타나는 통행량이라고 하는 정의가 가능하다. 비용수준은 시간비용과 운행비용을 포괄적으로 나타낸 개념으로 볼 수 있다.

2) 수요추정방법

　수요추정에는 개략적 수요추정방법, 직접수요추정방법, 4단계 수요추정방법이 사용된다. 일반적으로 이 방법들은 계획기간, 자료의 한계성, 분석정도 등을 감안하여 선택된다.[98]

---

[98] 대한국토·도시계획학회(1998), 앞의 책, pp.379-382.

(1) 개략적 수요추정방법

개략적 수요추정방법은 단기적인 교통계획이나 구체적이고 미시적인 분석이 필요하지 않거나 자료를 쉽게 구할 수 없는 경우에 이용할 수 있는 기법이다. 여기에는 과거추세연장법과 수요탄력성법(elasticity model)이 있다.

과거추세연장법은 변수가 수요에 미치는 영향을 내재화시킬 수 없는 단점이 있으나, 수요탄력성법은 어떤 변수가 교통수요에 긍정적 혹은 부정적 영향을 미치는지의 여부를 분석할 수 있기 때문에 과거추세 연장법보다는 보다 정밀화된 수요추정방법이라 하겠다.

(2) 직접수요추정방법

이 방법은 통행발생, 통행분포, 수단선택의 세 가지 과정을 하나의 수학공식에 의해 동시에 추정하는 방법이다. 즉 도시교통모형과정과 같은 연속적인 분석단계를 거치지 않고, 동일한 변수를 이용하여 통행자의 여러 가지 행태를 찾아내려고 시도한 수요추정방법이다.

① 추상수단모형(abstract model)

이 모형은 퀸드트(Quandt)와 바우몰(Baumol)에 의해 모형화된 직접수요모형의 전형적인 형태로서 미국북동부 교통축 연구를 위해 개발되었다. 이 모형의 특징은 몇 가지 설명변수에 의해 통행발생, 통행배분, 수단선택을 추정하는 방법이다. 이 모형은 최적 교통수단의 속성을 기준으로 설정하고, 고찰하고자 하는 교통수단의 속성을 상대적인 관점에서 비교·분석하는 방법이다. 추상수단모형은 사회경제변수 이외에도 분석하고자 하는 모든 교통수단의 통행시간과 통행비용을 설명변수로 선택하여 존 간 통행을 산출하는 방법이다.

② 통행수요모형(travel demand model)

Charles River Association에 의해 개발된 모형으로 t시간대에 교통목적 p를 위해 교통수단 m을 이용하여, 존 i와 존 j 간의 왕복통행량을 구하는 모형이다. 교통수요는 유출죤과 유입죤의 인구·고용·건물연면적과 같은 사회경제변수와 소득·자동차보유대수·가구규모 등과 같은 개인특성에 관련된 변수를 독립변수로 선정하여 측정된다. 또한 교통수요는 분석대상의 교통수단 m과 대표적인 교통수단의 통행시간, 통행비용, 서비스수준과 같은 통행저항(travel impedance)에 의해 결정된다.

3) 4단계 수요추정방법

이 방법은 교통수요추정에서 전통적으로 가장 많이 사용되어온 방법으로 도시교통모형과정의 골격을 이루고 있다. 이 방법은 통행발생, 통행배분, 교통수단선택, 노선배정의 4단계로 나누어 순서적으로 통행량을 구하는 기법이다.

우선 인구규모, 사회경제지표, 토지이용계획 등의 장래지표에 의해 대상지역의 죤별 통행유출량(trip production)과 통행유입량(trip attraction)을 구하게 되는데, 이것은 바로 통행발생량(trip generation)이 된다.

통행발생량이 산출되면 통행의 출발지와 목적지를 연결시켜 주는 통행배분의 단계로서 교통죤 간을 이동하는 통행을 밝혀내는 과정이라 하겠다.

교통수단선택은 배분된 죤 간 통행을 이용하는 교통수단으로 분류시키는 과정이다. 교통수단선택이 수행된 다음에는 마지막 단계인 노선배정단계에 이른다.

노선배정은 교통수단별 통행량을 각 죤 간의 개발 노선에 부하시키는 작업이다.

4단계 수요추정방법은 현재 교통여건을 지배하고 있는 교통체계의 메커니즘이 장래에도 크게 변하지 않는다는 기본적인 가정을 토대로 하고 있다. 즉, 현재 통행자의 행태나 패턴이 장래에도 그대로 존속된다는 가정이다. 교통에 변화가 일어난다면 교통자체에서 형성된 변화라기보다는 인구가 기타 사회활동체계라는 외생적인 영향에 의해 일어난다는 관점이다.

  따라서 4단계 수요추정방법은 각 단계별로 산출되는 분석결과에 대한 적절성을 검증하면서 순서적으로 추정해 가는 장점을 지니고 있다. 한편 단점으로는 첫째, 과거의 일정한 시점을 기초로 하여 구한 자료로서 모형화하기 때문에 장래를 추정하는 데 경직성을 드러낸다. 둘째, 어느 시점의 자료를 토대로 통행발생, 통행배분, 교통수단선택, 노선배정의 작업을 별개로 거치게 되므로 4단계를 거치는 동안 계획가나 분석가의 주관이 강하게 스며들 여지가 있다. 셋째, 총체적 자료에 의존하기 때문에 통행자의 총체적·평균적 특성만 산출될 뿐, 행태적 측면은 거의 무시된다.

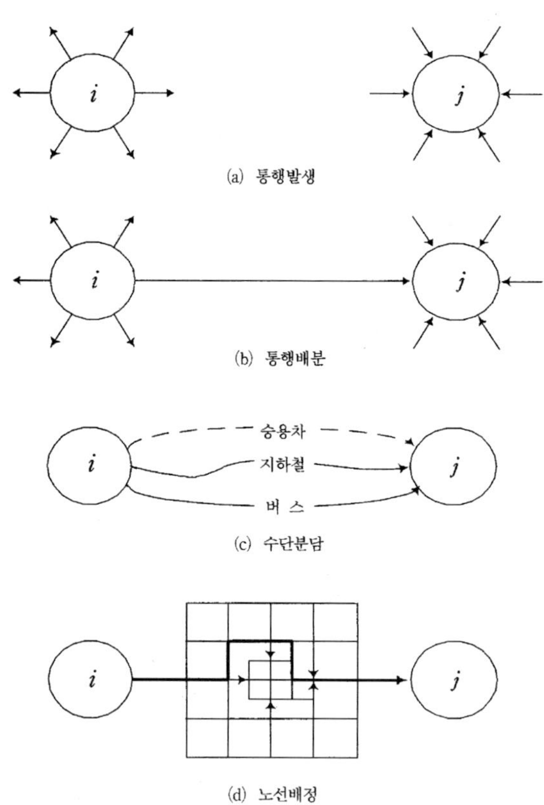

〈그림 12.5〉 4단계 수요추정법의 개념도

5. 도로계획

1) 도로의 분류와 기능

　도로는 위계와 기능에 따라 계층적 구조를 갖는데 도로가 위치하는 지역에 따라 그 기능이 상이하게 구분되기도 한다.

　도로는 크게 자동차전용도로와 일반도로로 구분된다. 자동차 전용도로는 지방지역에서는 고속도로, 도시지역에서 도시고속도로로 대별되고, 일반도로는 지방지역과 도시지역이 모두 주간선, 보조간선, 집산 및 국지도로로 구분된다.

　도로의 기능은 이동성, 접근성, 공간성을 가지며, 이동성과 접근성은 역관계로 이동성이 가장 높은 것은 고속도로이며, 다음이 도시고속도로, 외곽순환도로, 간선도로, 집산도로, 국지도로 순이다. 접근성은 이와 반대이다.

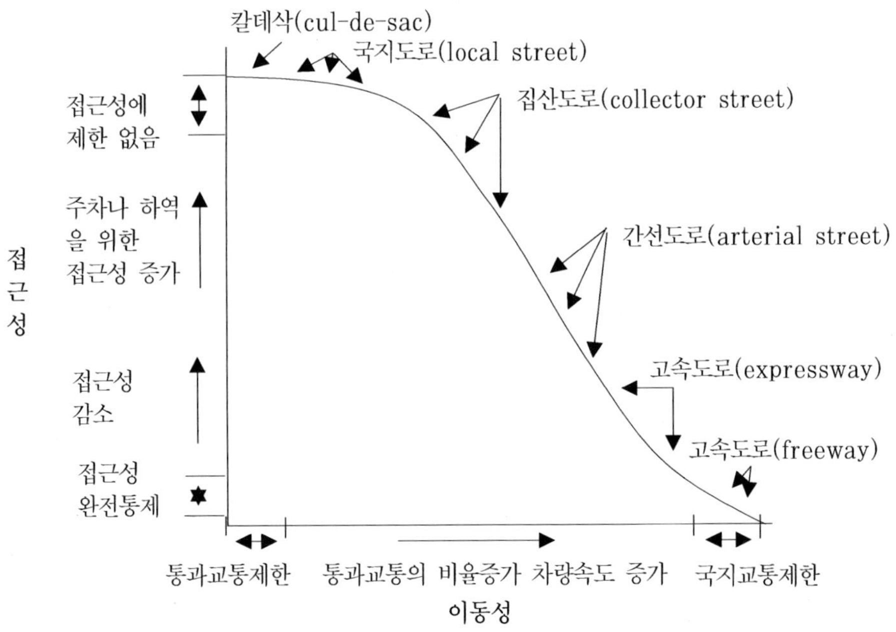

〈그림 12.6〉 도로의 기능

도로는 4m 이상으로서 일반의 교통에 공용되는 도로이다. 다만, 보행자 전용도로와 자전거 전용도로는 폭 1.5m 이상으로 한다. 도로의 사용 및 형태별 구분은 일반도로, 자동차 전용도로, 보행자 전용도로, 자전거 전용도로, 고가도로, 지하도로이다. 그리고 규모별 구분은 광로, 대로, 중로, 소로이고, 기능별 구분은 다음과 같다.[99]

<표 12.3> 도로의 사용 및 형태별 구분

구 분	특　　　징
일반도로	폭 4m 이상의 도로로서 통상의 교통소통을 위하여 설치하는 도로
자 동 차 전용도로	특별시·광역시·시 또는 군(이하 시·군)내 주요지역 간이나 시·군 상호간에 발생하는 대량교통량을 처리하기 위한 도로로서 자동차만을 통행할 수 있도록 하기 위하여 설치하는 도로
보 행 자 전용도로	폭 1.5m 이상의 도로로서 보행자의 안전하고 편리한 통행을 위하여 설치하는 도로
자 전 거 전용도로	폭 1.1m(길이가 100m 미만인 터널 및 교량의 경우에는 0.9m) 이상의 도로로서 자전거의 통행을 위하여 설치하는 도로
고가도로	시·군내 주요지역을 연결하거나 시·군 상호간을 연결하는 도로로서 지상교통의 원활한 소통을 위하여 공중에 설치하는 도로
지하도로	시·군내 주요지역을 연결하거나 시·군 상호간을 연결하는 도로로서 지상교통의 원활한 소통을 위하여 지하에 설치하는 도로

<표 12.4> 도로의 기능별 구분

구 분	특　　　징
주간선도로	시·군내 주요지역을 연결하거나 시·군 상호간을 연결하여 대량통과 교통을 처리하는 도로로서 시·군의 골격을 형성하는 도로
보조간선도로	주간선도로를 집산도로 또는 주요 교통발생원과 연결하여 시·군 교통의 집산기능을 하는 도로로서 근린주거생활권의 외곽을 형성하는 도로
집 산 도 로	근린주거구역의 교통을 보조간선도로에 연결하여 근린주거구역 내 교통의 집산기능을 하는 도로로서 근린주거구역의 내부를 구획하는 도로
국 지 도 로	가구(도로로 둘러싸인 일단의 지역)를 구획하는 도로
특 수 도 로	보행자 전용도로·자전거 전용도로 등 자동차 외의 교통에 전용되는 도로

---

99) 도시계획시설의 결정·구조 및 설치기준에 관한 규칙 제9조

<표 12.5> 도로의 규모별 구분

구 분	분 류	규 모(폭, m)	비 고	위계구분
광 로	1류	70 이상	도시 내 상징적 가로로서 도시지역의 중심부에 계획	주간선도로
	2류	50~70 미만		〃
	3류	40~50 미만		〃
대 로	1류	35~40 미만	대량 통과교통의 처리를 목적으로 하는 가로, 자동차 가로로서의 기능을 최대한 발휘할 수 있다.	주간선도로
	2류	30~35 미만		〃
	3류	25~30 미만		주간선 또는 보조간선도로
중 로	1류	20~25 미만	도시 내 생활권 연결가로로서 교통량이 많은 구간에 설치	보조간선도로
	2류	15~20 미만		집산도로
	3류	12~15 미만		〃
소 로	1류	10~12 미만	주거단위에 해당되는 구획가로로서 특히 지형, 방향, 규격 등을 고려	국지도로
	2류	8~10 미만		〃
	3류	8 미만		〃

2) 도로망 계획

(1) 도로의 기능별 배치기준

도로는 기능에 따라 배치간격이 다르다. 주간선도로와 주간선도로와의 간격은 1,000m 내외로, 주간선도로와 보조간선도로는 500m 이하, 보조간선도로와 집산도로는 250m 내외이며, 국지도로간은 장측은 90~150m 내외, 단측은 25~60m 내외이다.

도로의 기능별 배치기준을 그림으로 나타내면 다음과 같다.

구 분	배 치 간 격
주간선과 주간선의 간격	1,000m 내외
주간선과 보조간선의 간격	500m 이하
보조간선과 집산도로의 간격	250m 내외
국지도로 간의 간격	장측: 90~150m 단측: 25~60m

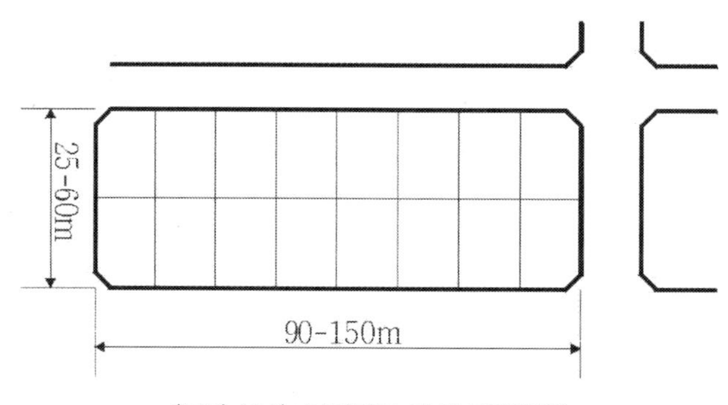

〈그림 12.7〉 가로의 기능별 배치기준

〈그림 12.8〉 국지가로 간의 배치간격

간선도로의 경우 주 기능이 상업 및 업무시설인 도심부에 있어서는 가구(block)의 효율적 이용이라는 측면에서 도로의 적정 배치간격은 1㎞ 내외이며, 도시외곽부에서는 도시의 규모에 따라 다르나 1~3㎞ 정도가 되도록 배치하는 것이 바람직하다.

보조간선도로는 시급이상의 도시에서 주간선도로 사이에 평행하게 1~3개 정도 배치하여 주구의 외곽을 형성하도록 하며, 주간선도로 상호간을 연결시킨다. 이의 적정구간은 도심에서 300~500m, 주거지역에서는 500~1,000m로 배치하는 것이 바람직하다.

집산도로는 지구 내에서 간선의 역할을 하는 도로로서 보조간선도로와 지구 내 도로 간의 집산기능을 담당한다. 집산도로는 지구 내에서 보조간선도로 간을 연결하며, 그 형태는 +자형, × 자형, □형 또는 井형 등으로 구성된다. 특히, 집산도로에는 통과교통이 과도하게 유입되지 않도록 해야 하며, 도심에서 100~300m, 주거지역에서는 250~500m 간격으로 배치하는 것이 바람직하다.

(2) 도로율과 도로폭

도로율은 시가지면적에 대한 도로의 면적으로 나타낸다.[100] 도로율이 높으면 도로가 차지하는 면적이 많아져 도로율이 낮은 도시보다 교통소통은 원활하지만, 도로율이 너무 높게 되면 시가화지역이 줄어들게 되므로 적정한 수준에서의 도로율이 요구된다. 우리나라 대부분의 도시들의 경우 20% 내외이고, 워싱턴은 40%에 이른다.

용도지역별로 도로율은 건축물의 용도·밀도, 주택의 형태 및 지역여건에 따라 적절히 증감할 수 있다.

<표 12.6> 용도지역별 도로율

구 분	합 계	주간선도로	국지도로
주거지역	20% 이상 30% 미만	10~15%	5~20%
상업지역	25% 이상 35% 미만	10~15%	10~25%
공업지역	10% 이상 20% 미만	5~10%	0~15%

도로모퉁이 부분의 보도와 차도의 경계선은 원호 또는 복합곡선이 되도록 하고, 곡선반경은 기능별 분류에 따라 구분하고, 교차하는 도로의 기능별 분류가 서로 다른 때에는 교차지점의 곡선반경은 큰 도로의 기준을 적용한다.

---

100) 도로율=4m 이상의 도로면적 / 시가화면적(상업, 주거, 공업지역) × 100(%)

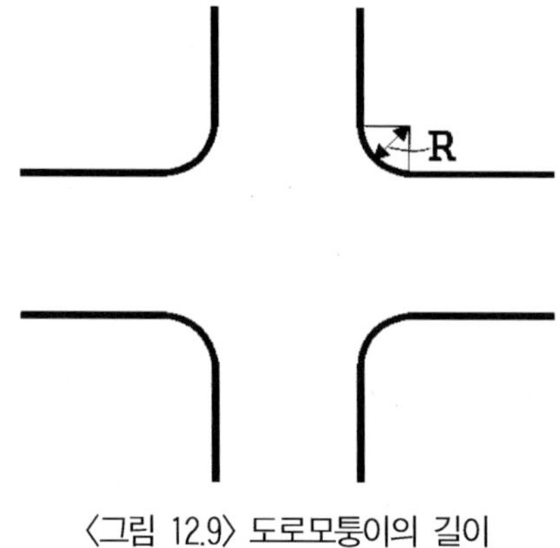

〈그림 12.9〉 도로모퉁이의 길이

주간선도로는 15m 이상, 보조간선도로는 12m 이상, 집단도로는 10m 이상, 국지도로는 6m 이상으로 한다.

도로에 대한 결정기준으로 차로의 폭은 설계속도가 80kph 이상일 경우 3.5m 이상, 설계속도가 60~80kph일 경우는 3.25m 이상, 설계속도가 60kph 미만일 경우에는 3.0m 이상이고, 회전 차로의 너비는 2.75m 이상으로 한다.

도로폭의 결정은 차선당 허용교통량을 이용하여 차선수를 산출해냄으로써 이루어진다. 즉, 차선수 $N = \dfrac{T}{C}$ (T:교통량, C: 차선당 허용 교통량)와 같이 계산된다. 또 차선당 폭은 보통 다음과 같은 식으로 산출된다.

$$B = H + S + \frac{V}{10}$$

B: 1차선당 폭(ft)
H: 차량의 폭(ft)
S: 인접한 두 차의 간격(0.5~1.0ft)
V: 속도(mile / hr)

따라서 도로폭 $W = (N \times B) + X$인데 여기서 X는 주차 등을 위하여 필요한 여유와 보도폭을 말한다. 도로 양측 보도폭의 합계는 보통 산정된 도로폭 W의 1 / 6 수준이며, 차도의 1 / 4 수준이다.

(3) 도로망의 형태

도로의 위치나 방향은 필지의 모양·지형·소음 및 사고의 가능성 등 여러 가지 요인들에 관계한다. 통행이나 접근에 대응하기 위해 도로망은 환경에 알맞아야 한다.

격자형은 사각형 블록을 생성하면서 직각으로 교차하는 일련의 평행한 가로망 체계이다. 격자형은 교통흐름의 분산으로 고밀도 개발에 가장 적합하다. 그리고 이용자가 쉽게 방향을 알 수 있으며, 그러한 접근의 단순성은 하나의 큰 장점이다. 또한 건축 가능한 필지를 만들기 위해 지형의 정지계획을 필요로 하므로 일반적으로 평탄한 지형에 가장 적합하다.

기복이 있는 지형에서 격자형 가로망을 적용할 시에서는 많은 토공작업이 필요하다. 가로의 단조로움이나 기능상 차이가 없는 것도 격자형의 단점이다.

격자형 가로망은 또한 통과교통을 유발하므로 형태를 일부 변경하여 보다 매력적인 환경을 만들기 위해 루프를 사용하여 변경한 격자형 가로망을 사용하는 것이 좋다.

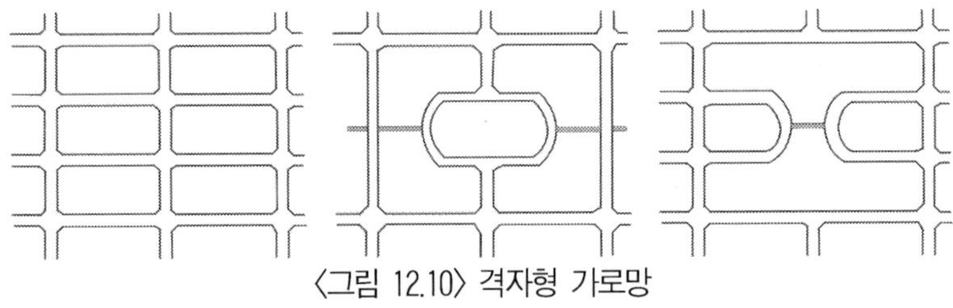

〈그림 12.10〉 격자형 가로망

미국이나 유럽 등의 택지개발사업에 있어서는 곡선형 가로망이 많이 사용된다. 곡선형 가로망은 통과교통을 줄이고 토지이용을 최적화하며 가로나 필지의 방향 및 형상과 같은 지역특성의 이점을 살림으로써 건설 중의 절·성토량을 최소화할 수 있다. 곡선형 가로망은 쿨데삭(cul-de-sac), 루프(loop)와 같은 보다 소규모의 가로망을 사용하여 필지를 소그룹화함으로써 이웃과의 연대감을 형성하는 이점을 지니고 있다. 그러나 통과교통이 있을 때 복잡하여 상업지역이나 산업단지에 있어서는 이러한 곡선형 가로망은 바람직하지 않다.

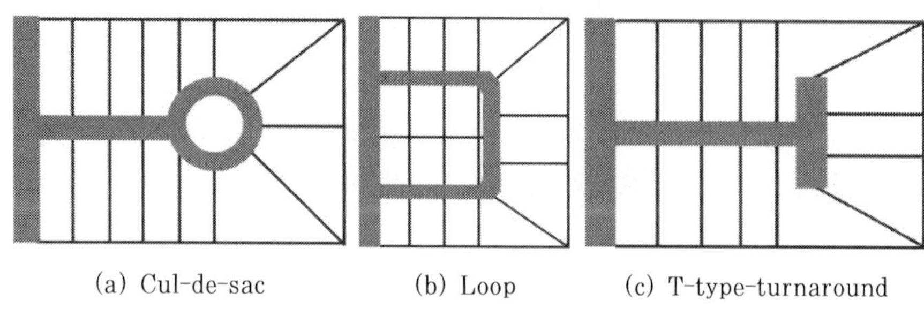

〈그림 12.11〉 곡선형 가로망

〈표 12.7〉 가로형태별 특성

특 성 \ 구 성	환상방사형	격자형	선 형	곡선형	부정형
경제성·편의성	●	●	●	○	×
접근성	●	○	●	×	×
성장변화에의 융통성	×	●	●	×	×
과밀화대책	×	●	○	○	○
과집중대책	×	●	×	×	×
하부구조의 경제성	×	○	●	×	×
보행환경조성의 가능성	○	×	●	●	●
경관의 다양성	×	×		●	●

주: ●=양호, ○=보통, ×=불량
자료: 양동양, 1992

제 13 장 도시공원·녹지계획

1. 도시공원녹지의 개념

1) 오픈스페이스

(1) 개념과 역할

오픈스페이스(open space)는 일반적으로 건축물이 없는 일정한 규모의 지역으로서 비건폐성, 식생, 수면 등을 통한 환경적 질의 향상을 꾀하거나, 주민의 레크리에이션 수요를 충족시키는 역할을 한다. 이러한 오픈스페이스는 넓은 개발지로서 무엇이든 행해질 수 있으며, 비건폐지이고, 주변경계가 유동적이라는 속성을 갖고 있다.

위락활동에 대한 물리적·심리적인 인간의 적극적인 욕구의 충족, 대기·물·토양·수목과 동물 등의 자원기반에 대한 증진과 보호, 관광·개발형태·고용·실제 부동산 가치와 같은 경제적 개발에 관련된 결정에의 영향 등과 같은 세 가지 기능을 가지고 있다.

(2) 분 류

　개방공간이란 광의로 건물이나 구조물로 사용되지 않는 공간으로 개발의 대상지이다. 즉 도시공간은 건축지와 비건축지로 나눌 수 있고, 비건축지는 교통용지와 공간지로 세분할 수 있다. 따라서 공간녹지란 비건축지 중 교통용지를 제외한 공간을 지칭하는 말이다. 공간녹지는 공적 녹지와 사적 녹지로 구분되고, 공적 녹지는 공공녹지·자연녹지·공개녹지로, 사적녹지는 공용녹지와 전용녹지로 구분된다.

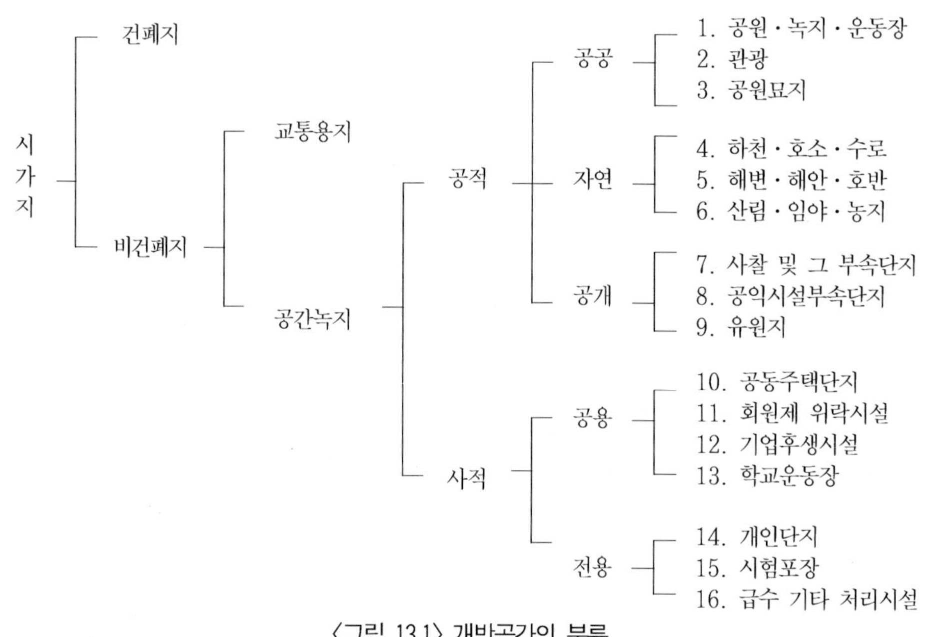

〈그림 13.1〉 개방공간의 분류

〈표 13.1〉 오픈스페이스의 유형

규 모 ＼ 유 형	공 원	광 장	녹 지	기 타
도시전체	● 도시자연공원 ● 중앙공원	● 여의도광장 ● 시청 앞 광장	● 자연녹지 ● 생산녹지 ● 보존녹지	● 운동장 ● 하천
지구단위	● 지구공원 ● 체육공원	● 놀이마당 ● 대학로		● 저수지 ● 유수지
근린단위	● 근린공원 ● 쌈지공원, 마을마당(주거) ● 미니파크, 공개공지(도심)	● 쌈지마당 ● 마을마당		● 도로 ● 개발제한구역

자료: 임승빈(1998), 조경이 만드는 도시, 서울대출판부, p.71.

2) 도시공원녹지

(1) 정 의

도시공원녹지는 협의로는 국토계획법과 도시공원 및 녹지 등에 관한 법률
에 지정된 공원과 녹지를 말하지만, 광의로는 이러한 법규상의 공원이나 녹지
뿐만 아니라 하천, 산림, 농경지, bio-tope(소생활권), 시민공원(분구원)까지 포
함한 오픈스페이스 또는 녹화된 공간 전부를 일컫는다.

(2) 기능과 효과

공원녹지의 기능은 일반적으로 위락성·안전성·쾌적성의 여러 가지 측면을
충족시키는 것이어야 한다. 과거에는 보다 자연적인 풍경 속에서 정적인 위락
제공 중심의 기능이었으나, 점차로 정적인 활동은 물론 동적이고 능동적인 위
락활동이 공원의 기능에 가미되었다. 최근에는 급증하는 도시공해에 따라 환
경보전 측면의 기능까지 포함되는 경향을 보이고 있다.

공원녹지의 기능은 그 공원녹지가 존재함으로써 어떤 효과가 기대되는가에
따라 달라진다. 오픈스페이스는 여가공간을 제공하고, 경제활성화를 촉진한다.
그리고 도시생태계의 건강성 유지와 사회적 교류확대, 도시경관의 향상, 피난처
의 제공, 경작지 제공의 기능을 함으로써 공원의 효과나 기능과 거의 유사하다.

〈표 13.2〉 공원녹지의 효과

대 구 분	상 세
심리적 효과	심미적 효과, 자연감 향수 효과, 정신적 완화 효과
환경보전효과	도시형태 규제·유도 효과
	지역생태계 보전효과, 미기후 조절효과
	공해방지·완충 효과, 시선유도·차단효과
방 재 효 과	재해방지 효과, 피난효과
이 용 효 과	레크리에이션 효과, 교육효과

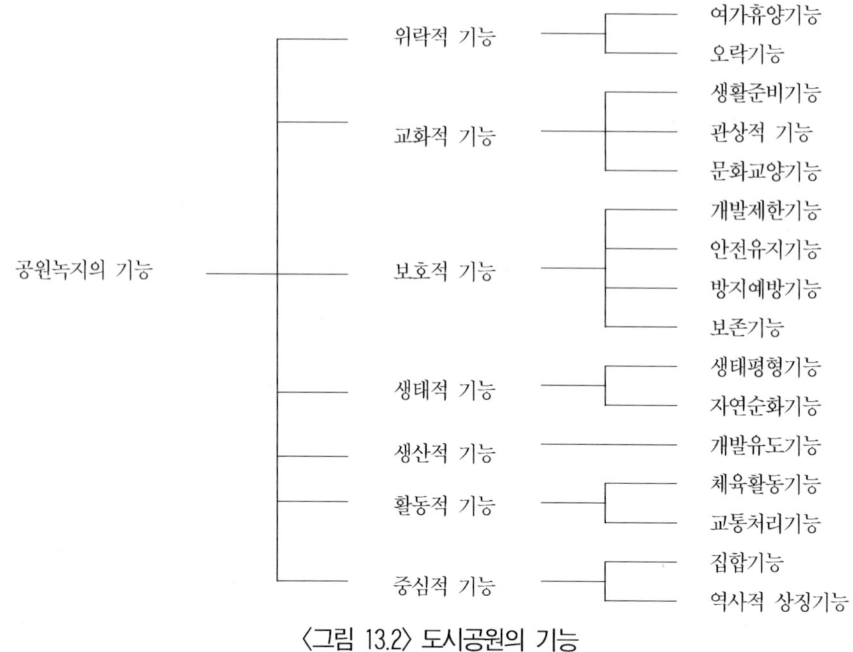

〈그림 13.2〉 도시공원의 기능

2. 도시공원녹지의 분류

1) 도시공원의 분류

도시공원을 분류하는 기준은 이용권, 목적이나 성격, 이용자의 구성과 행태 등이다. 이용권으로 보면, 보행권 이내의 근린단위에서 지구·도시·광역권 단위로 나누기도 하고, 목적이나 성격으로 보면, 이용 / 보전의 수준, 정적 / 동적 활동의 비중, 단일 목적 / 종합 내지 다목적 등으로 나눈다. 또 이용자의 구성에 있어 이용자 유형별로 특화된 공원을 두기도 하고, 모든 이용자가 함께 쓰는 일반공원으로 두기도 한다.

(1) 공원규모에 의한 분류

① 대공원

도시 거주자 전체에게 이용되는 것으로 교외지 혹은 상당히 거리가 떨어진 곳에 설치하며, 주로 천연적인 자연풍치를 보존하기 위한 삼림, 수원지 등에 다소의 인공적인 시설을 가미한 것을 말한다. 도시 내 대규모 산림도 여기에 해당하고, 체육시설이나 휴식시설 등을 설치하기도 한다.

- 보통공원: 면적 10ha 이상, 유치거리 2㎞, 유희, 운동, 관상용
- 운동공원: 면적 10ha 이상, 도달시간 30분 이내 운동용
- 자연공원: 면적 10ha 이상, 도달시간 1시간 이내 자연경관 보존용

② 소공원

인근 거주자에게 이용되는 것으로 시민이 쉽게 이용할 수 있도록 유치거리에 따라 적절히 배치하고 휴식, 위락용 시설의 설치가 필요하다. 비록 지가가 높은 지역이라 하더라도 삼각지 등 이용가치가 적은 장소나 가곽(街廓)의 중심지 등에 설치된 소공원은 밀폐된 도심공간에서 아주 효용성이 큰 오픈스페이스로서의 기능을 수행할 수가 있으며, 그 중요성은 대단위 시설을 갖춘 대공원에 비해 결코 뒤떨어지지 않는다.

- 근린공원: 면적 5ha 이상, 유치거리 1㎞, 가족 일반의 위락용
- 아동공원: 면적 5ha 이상, 유치거리 0.25~0.6㎞, 유희, 운동, 교육시설용이며 그 이용계층에 따라 소년·유년·유아공원 등으로 세분

<표 13.3> 아동공원의 분류

	소년공원	유년공원	유아공원
이용연령	12~14세	12세 미만	취학 전 어린이
시설규모	6,000~10,000인당 1개소	1,500~2,500명당 1개소	400~500인당 1개소
면 적	1.2ha 이상	2,500㎡ 이상	500㎡ 이상
유치거리	600m 이내	500m 이내	250m 이내
특 징	조직적인 스포츠 등 운동놀이 중심의 소공원	자유분방한 성향, 독창성 개발유도	어머니의 보호필요, 유치원정원공간과 맞추어 설계

(2) 도시공원 및 녹지 등에 관한 법률상의 분류

도시공원녹지법상 공원녹지는 생활권공원과 주제공원, 녹지로 구분된다.

협의의 도시공원녹지는 국토계획법과 도시공원 및 녹지 등에 관한 법률(이하 도시공원녹지법)에 의해 지정된 공원과 녹지를 일컫는다. 도시공원녹지는 국토계획법에 의해 도시계획시설로 지정되어 관리되고 있고, 그 종류에 대해서는 도시공원녹지법에서 다루어지고 있다.

도시공원녹지법에서 「공원녹지」는 쾌적한 도시환경을 조성하고 시민의 휴식과 정서함양에 기여하는 공간 또는 시설로서, ① 도시공원·녹지·유원지·공공공지 및 저수지, ② 도시자연공원구역, ③ 나무·잔디·꽃·지피식물 등의 식생이 자라는 공간, ④ 그밖에 쾌적한 도시환경을 조성하고 시민의 휴식과 정서함양에 기여하는 공간 또는 시설로서 건설교통부령이[101] 정하는 공간 또는 시설을 말한다.(법 제2조)

도시공원과 도시자연공원구역, 녹지는 국토계획법에 의한 도시관리계획으로 결정된 것을 말한다. 도시공원의 설치에 관한 도시관리계획결정은 그 고시일부터 10년이 되는 날까지 공원조성계획의 고시가 없는 경우에는 국토계획법의 규정에 불구하고 그 10년이 되는 날의 다음 날에 그 효력을 상실한다.[102]

---

101) 건설교통부장관이 정하는 공간 또는 시설은(시행규칙 제2조)
   1. 광장·보행자 전용도로·하천 등 녹지가 조성된 공간 또는 시설
   2. 옥상녹화·벽면녹화 등 특수한 공간에 식생을 조성하는 등의 녹화가 이루어진 공간 또는 시설
   3. 그 밖에 쾌적한 도시환경을 조성하고 시민의 휴식과 정서함양에 기여하는 공간 또는 시설로서 그 보전을 위하여 관리할 필요성이 있다고 시장·군수(광역시의 관할구역 안에 있는 군의 군수를 제외)가 인정하는 녹지가 조성된 공간 또는 시설

<표 13.4> 도시공원의 분류

분류		기 능	설 치 기 준				적용법규
			유치거리	면 적	시설률	건폐율	
생활권공원		도시생활권의 기반공원 성격으로 설치·관리					국토계획법
	소공원	도시민의 휴식 및 정서함양	–	–	20%	5%	
	어린이공원	어린이의 보건 및 정서함양	250m 이하	1500㎡ 이상	60%	5%	
	근린공원 근린생활권	근린거주자 또는 근린생활권으로 구성된 지역생활권 거주자의 보건·휴양 및 정서생활의 향상에 기여	500m 이하	1만㎡ 이상	40%	20%	
	근린공원 도 보 권		1000m 이하	3만㎡ 이상		15%	
	근린공원 도시지역권		–	10만㎡ 이상		10%	
	근린공원 광 역 권		–	100만㎡ 이상		10%	
주제공원		생활권 공원 외에 다양한 목적으로 설치					도시공원/녹지법
	역사공원	역사적 장소나·시설물, 유적·유물 등을 활용하여 도시민의 휴식·교육 목적	–	–	–	10% 8% 4%	
	문화공원	각종 문화적 특징을 활용하여 휴식·교육 목적	–	–	–	2%	
	수변공원	하천변·호수변 등 수변공간을 활용하여 여가·휴식 목적	–	–	40%	20%	
	묘지공원	묘지이용자에게 휴식제공	–	10만㎡ 이상	20%	2%	
	체육공원	운동경기, 야외활동 등 체육활동	–	1만㎡ 이상	50%	10~20	
	조례공원	시·도 조례가 정하는 공원	–	–	–	20%	
녹지	완충녹지	공장, 사업장의 공해차단 완화	녹화면적률 50% 이상				도시공원/녹지법
		재해발생시 피난	녹화면적률 70% 이상				
		보안, 접근억제, 토지이용조절	녹화면적률 80% 이상				
		철도, 고속도로의 제반공해방지	녹화면적률 80% 이상				
	경관녹지	도시 내 자연환경보전, 주민일상생활의 쾌적성, 안전성 확보	자연환경보전에 필요한 면적이내 화단, 분수, 조각 등의 공원시설을 도시공원과 기능상 상충되지 않도록 함				
	연결녹지	공원·하천·산지 등을 유기적으로 연결, 산책공간의 역할 등 선형녹지 공급	폭 10m 이상 녹지율 70% 이상				
기타	유원지	도시공간활용, 환경미화, 자연환경보전		6000㎡ 이상		10%	도시계획시설 설치기준
	고수부지 (둔치)	하천휴식공간의 활용, 경관미화, 시민 체력증진 장으로 조성	1m 이상의 고정시설물설치, 수목식제 불가				하천법
	어린이놀이터	어린이의 유희와 보건, 정서함양	면적: 20~100세대는 1세대당 3.3㎡설치, 100세대 초과 시 1세대당 1.1㎡ 추가 시설: 그네, 미끄럼틀, 철봉, 정글, 시소 종합놀이대, 의자, 사장 등				주택건설 촉진법

102) 국토계획법 제48조의 규정 도시계획시설결정의 실효에서 도시계획시설은 그 고시일부터 20년이 경과될 때까지 당해 시설의 설치에 관한 도시계획시설사업이 시행되지 아니하는 경우 그 도시계획시설결정은 그 고시일부터 20년이 되는 날의 다음 날에 그 효력을 상실한다.

(3) 공원시설

공원시설은 도시공원의 효용을 다 하기 위하여 설치하는 것으로, 많은 주민들의 자유로운 이용과 공원관리 등을 위하여 필요한 시설이다.

<표 13.5> 공원시설의 종류

공원시설	종 류
조경시설	관상용식수대·잔디밭·산울타리·그늘시렁·못 및 폭포 그 밖에 이와 유사한 시설로서 공원경관을 아름답게 꾸미기 위한 시설
휴양시설	가. 야유회장 및 야영장 그 밖에 이와 유사한 시설로서 자연공간과 어울려 도시민에게 휴식공간을 제공하기 위한 시설 나. 경로당, 노인복지회관
유희시설	시소·정글짐·사다리·순환회전차·모노레일·삭도·모험놀이장, 발물놀이터·배 놀이터 및 낚시터 그 밖에 이와 유사한 시설로서 도시민의 여가선용을 위한 놀이시설
운동시설	가. 「체육시설의 설치·이용에 관한 법률 시행령」 별표 1에서 정하는 운동종목을 위한 운동시설. 다만, 무도학원·무도장 및 자동차경주장은 제외하고, 사격장은 실내사격장에 한하며, 골프장은 6홀 이하의 규모에 한한다. 나. 자연체험장
교양시설	도서관, 독서실, 온실, 야외극장, 문화회관, 미술관, 과학관, 청소년수련시설(생활권 수련시설에 한한다), 보육시설(「영유아보육법」 제10조제1호의 규정에 의한 국·공립보육시설에 한한다), 천체 또는 기상관측시설, 기념비, 고분·성터·고옥 그 밖의 유적 등을 복원한 깃으로서 역사적·학술적 가치가 높은 시설, 공연장(「공연법」 제2조제4호의 규정에 의한 공연장을 말한다), 전시장, 어린이 교통안전교육장, 재난·재해 안전체험장, 생태학습원, 민속놀이마당 그 밖에 이와 유사한 시설로서 도시민의 교양함양을 위한 시설
편익시설	가. 우체통·공중전화실·휴게음식점·일반음식점·약국·수화물예치소·전망대·시계탑·음수장·다과점 및 사진관 그 밖에 이와 유사한 시설로서 공원이용객에게 편리함을 제공하는 시설 나. 유스호스텔
공원관리시설	창고·차고·게시판·표지·조명시설·쓰레기처리장·쓰레기통·수도 및 우물 그 밖에 이와 유사한 시설로서 공원관리에 필요한 시설
그 밖의 시설	납골시설·장례식장·화장장 및 묘지

2) 녹 지

도시공원녹지법에는 대기오염·소음·진동·악취 기타 이에 준하는 공해와 각종 사고나 자연재해 기타 이에 준하는 재해 등의 방지를 위하여 설치하는 「완충녹지」와 도시의 자연적 환경을 보전하거나 이를 개선하고 이미 자연이 훼손된 지역을 복원·개선함으로써 도시경관을 향상하기 위하여 설치하는 「경관녹지」, 그리고 도시 안의 공원·하천·산지 등을 유기적으로 연결하고 도시민에게 산책공간의 역할을 하는 등 여가·휴식을 제공하는 선형의 녹지인 「연결녹지」로 구분하고 있다.

완충녹지는 산업단지 또는 대규모 신시가지 조성의 경우와 철도, 고속도로의 건설 등이 기존의 환경에 급격한 변화를 초래하고 지속적으로 나쁜 영향을 주변에 미칠 만한 개발이 일어날 때 체계적이고, 의무적으로 조성된다. 완충녹지의 길이나 폭 등에 관한 규정은 없으나 일반적으로 도로변이나 산업단지 주변에 설치하고 폭은 대개 20~30m 정도이다. 설치 시에는 충분한 폭, 녹지 간의 연속성, 식생의 자연성 등이 강조된다.[103]

3. 도시공원계획

1) 도시공원녹지체계

(1) 배치유형 및 설치기준

도시 내의 공원녹지체계는 도시의 규모 및 물리적·생태적 특성과 시설물의 배치 여건에 따라 형성된다.[104]

---

103) 녹지의 설치기준에서는 최소 10m 이상이 되도록 하고 있다.
104) 임승빈(1998), 앞의 책, pp.75-81.

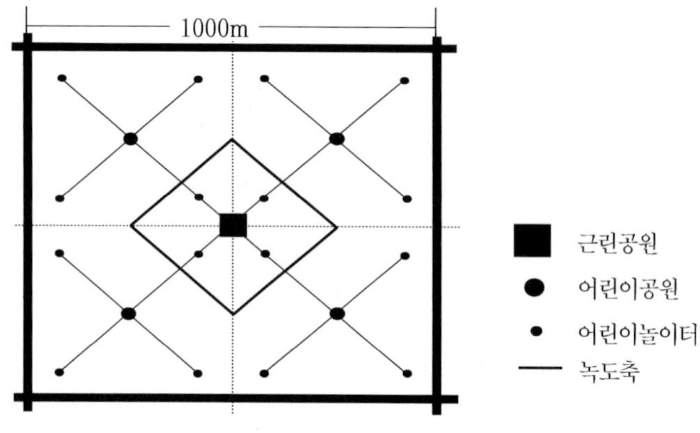

〈그림 13.3〉 공원배치의 기본개념

집중형	분산형	대상형	격자형
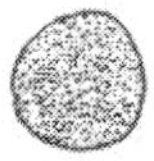	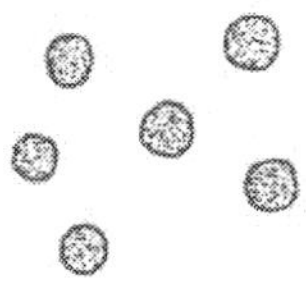	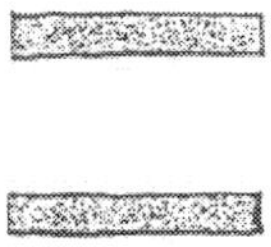	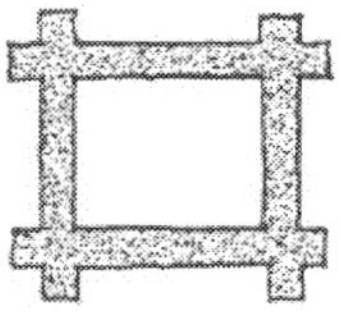
cluster형 주택개발 New York Sunnyside Garden(1924)	근린공원 우리나라의 주거단지 부천중동지구 등	완충녹지 Washington D. C의 Federal Mall	근린공원 간을 격자로 연결 미국의 Kansas(1915)
원호형	환상형	방사형	쐐기형
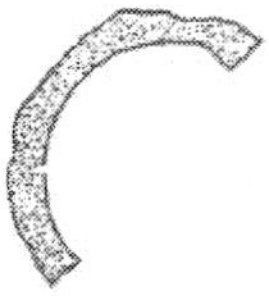	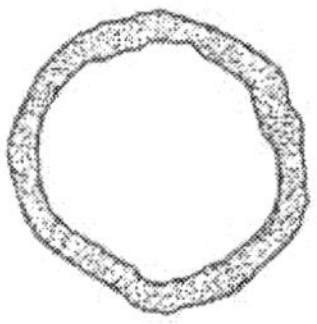	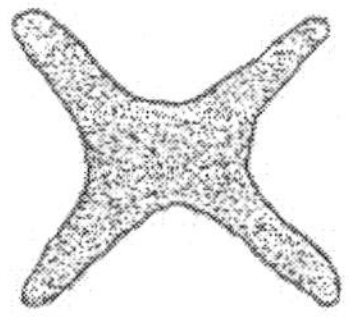	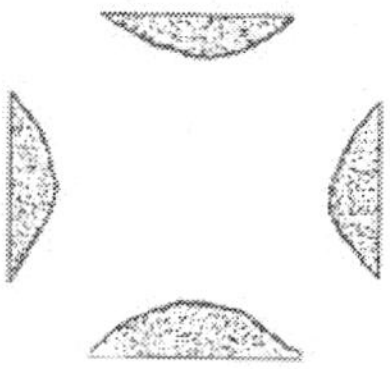
비정형적인 형태 보스톤의 녹지체계 수원의 동공원(성벽)	그린벨트 전원도시 동심원형	super-block 미국의 래드번 주거단지계획	이상도시형태

〈그림13.4〉 공원·녹지체계의 유형

(3) 공원면적

도시에 필요한 공원면적을 구하는 방법에는 ① 도시면적에 대한 비율(공원율)에 의한 것과, ② 도시인구에 대한 비율(인구 1인당 공원면적)에 의한 것 등 두 가지가 있다.

공원면적의 도시면적에 대한 비율로서 나타내며, 통계적으로 나타내는 것은 간단하나, 시역면적과 시가지 개발구역면적과는 다르므로 그 결과에는 대단한 차이가 있다. 공원율은 시역면적에 대한 공원면적의 비율로서 표시되어야 한다. 미국도시에서는 5% 전후가 많고, 유럽도시에서는 3~4%가 보통이다.

Charles Downing Lay는 이상공원면적으로 12.5%, Paul Wolf는 14%(운동장, 잔디평수 7%, 어린이놀이터 0.25%, 휴양공원 5.5%, 산책로 1.25%, 계 14%)를 각각 제시하였다. 영국에서는 표준 10%로 소규모의 토지구획정리사업에 있어서는 공원예정지로 8~10%가 적합하고 최소 5% 이상을 확보하도록 하였다. Stübben은 10%의 자유공지 중 5%를 공원으로 하라고 했다.

공원면적의 산정방식은

$$P = \sum \frac{N_i \times A_i \times S_i}{C_i}$$

여기서, P: 도시공원의 필요량

N_i: 도시공원 종류별 1일 이용인구

A_i: 도시공원 종류별 시간당 이용률

S_i: 도시공원 종류별 이용자 1인당 활동면적

C_i: 도시공원 종류별 유효면적률

<표 13.6> 도시공원면적 산정식의 표준계수

공 원	N_i	A_i	S_i	C_i
어린이공원	3~12세 인구의 80%	1 / 50	25	60
근린·지구공원	전인구	1 / 50	50	50
종합공원	전인구	1 / 100	80	50
운동공원	15~50세 인구의 30%	1 / 20	100	60

<표 13.7> 도시규모별 공원면적(예)

인 구	어린이공원		근린지구공원		운동공원		운동공원		합계
	개소	면적	개소	면적	개소	면적	개소	면적	(ha)
30,000	12	3	3	6	1	5	1	5	19
50,000	20	5	5	10	1	8	1	7	30
100,000	40	10	10	20	2	16	1	14	60
200,000	80	20	20	40	3	32	1	28	120
500,000	200	50	50	100	5	80	3	70	300
1,000,000	400	100	100	200	10	160	6	140	600

(4) 설계의 원칙

Rutledge는 공원의 계획과 설계에 있어서 종합적이며 일반적 고려(umbrella consideration), 시각적 고려(aesthetic consideration), 기능적 고려(functional consideration)를 해야 한다고 지적하였다. 또한 內山正雄 등은 도시공원녹지의 계획과 설계는 실용적인 측면(用), 내구성의 측면(强), 그리고 미적인 측면(美)에서 충분한 고려가 이루어져야 한다고 하였다.

2) 도시공원계획

(1) 공원녹지기본계획

공원녹지기본계획수립권자[105]는 10년을 단위로 하여 관할구역 안의 도시지역에 대하여 공원녹지의 확충·관리·이용방향을 종합적으로 제시하는 「공원녹지기본계획」을 수립하여야 한다. 공원녹지기본계획수립권자는 지역여건상 필요하다고 인정하는 때에는 인접한 시·군(광역시의 관할구역 안에 있는 군을 제외)의 관할구역의 일부를 포함하여 공원녹지기본계획을 수립할 수 있다. 이 경우 미리 당해 시장 또는 군수와 협의하여야 한다.

공원녹지기본계획은 도시기본계획에 부합되어야 하며, 공원녹지기본계획의 내용이 도시기본계획의 내용과 다른 때에는 도시기본계획의 내용이 우선한다.[106]

시장·군수는 쾌적한 도시환경의 조성을 위하여 건설교통부령이 정하는 도시공원 또는 녹지의 확보기준에 의하여 도시공원 또는 녹지를 확보하도록 노력하여야 한다.

<표 13.8> 개발계획 규모별 도시공원 또는 녹지의 확보기준

개발계획	도시공원 또는 녹지의 확보기준
도시개발법에 의한 개발계획	가. 1만㎡ 이상 30만㎡ 미만의 개발계획: 상주인구 1인당 3㎡ 이상 또는 개발 부지면적의 5% 이상 중 큰 면적 나. 30만㎡ 이상 100만㎡ 미만의 개발계획: 상주인구 1인당 6㎡ 이상 또는 개발 부지면적의 9% 이상 중 큰 면적 다. 100만㎡ 이상: 상주인구 1인당 9㎡ 이상 또는 개발 부지면적의 12% 이상 중 큰 면적
주택법에 의한 주택건설사업계획	1,000세대 이상의 주택건설사업계획: 1세대당 3㎡ 이상 또는 개발부지면적의 5% 이상 중 큰 면적
주택법에 의한 대지조성사업계획	10만㎡ 이상의 대지조성사업: 1세대당 3㎡ 이상 또는 개발부지면적의 5% 이상 중 큰 면적
도시및주거환경정비법에 의한 정비계획	5만㎡ 이상의 정비계획: 1세대당 2㎡ 이상 또는 개발부지면적의 5% 이상 중 큰 면적

---

105) 특별시장·광역시장 또는 대통령령이 정하는 시의 시장으로 대통령령이 정하는 시의 시장은 도시기본계획이 수립되어 있는 시의 시장을 말한다.
106) 공원녹지기본계획에는 다음 각 호의 사항이 포함되어야 한다.
  1. 지역적 특성 및 계획의 방향·목표에 관한 사항
  2. 인구·산업·경제·공간구조·토지이용 등의 변화에 따른 공원녹지의 여건변화에 관한 사항
  3. 공원녹지의 종합적 배치에 관한 사항
  4. 공원녹지의 축과 망에 관한 사항
  5. 공원녹지의 수요 및 공급에 관한 사항
  6. 공원녹지의 보전·관리·이용에 관한 사항
  7. 도시녹화에 관한 사항
  8. 그 밖에 공원녹지의 확충·관리·이용에 필요한 사항으로서 대통령령이 정하는 사항

개발계획	도시공원 또는 녹지의 확보기준
산업입지및개발에관한 법률에 의한 개발계획	전체계획구역에 대하여는 「기업활동 규제완화에 관한 특별조치법」 제21조의 규정에 의한 공공녹지 확보기준 적용
택지개발촉진법에 의한 택지개발계획	가. 10만㎡ 이상 30만㎡ 미만의 개발계획: 상주인구 1인당 6㎡ 이상 또는 개발 부지면적의 12% 이상 중 큰 면적 나. 30만㎡ 이상 100만㎡ 미만의 개발계획: 상주인구 1인당 7㎡ 이상 또는 개발 부지면적의 15% 이상 중 큰 면적 다. 100만㎡ 이상 330만㎡ 미만의 개발계획: 상주인구 1인당 9㎡ 이상 또는 개발 부지면적의 18% 이상 중 큰 면적 라. 330만㎡ 이상의 개발계획: 상주인구 1인당 12㎡ 이상 또는 개발 부지면적의 20% 이상 중 큰 면적
유통산업발전법에 의한 사업계획	가. 주거용도로 계획된 지역: 상주인구 1인당 3㎡ 이상 나. 전체계획구역에 대하여는 「산업입지 및 개발에 관한 법률」 제5조의 규정에 의하여 작성된 산업입지개발지침에서 정한 공공녹지 확보기준 적용
지역균형개발및지방 중소기업육성에관한 법률에 의한 개발계획	가. 주거용도로 계획된 지역: 상주인구 1인당 3㎡ 이상 나. 전체 계획구역에 대하여는 「산업입지 및 개발에 관한 법률」 제5조의 규정에 의하여 작성된 산업입지개발지침에서 정한 공공녹지 확보기준 적용

일정 규모 이상의 개발을 수반하는 개발계획을 수립하는 자는 <표 13.8>과 같이 도시공원 또는 녹지의 확보계획을 개발계획에 포함하여야 한다.(법 제14조) 개발계획에 포함되는 도시공원 또는 녹지는 당해 개발사업의 시행자가 자기의 부담으로 이를 조성한다.

(2) 도시공원계획

도시공원계획은 도시를 대상으로 질 높은 조경공간을 창출하는 계획기술이다. 이 계획의 목표는 다음과 같다.

① 아름답고 특색 있는 도시경관의 창출
② 도시형태의 규제, 유도
③ 안전하고 건강한 도시환경의 확보
④ 옥외 레크리에이션 장소의 제공

⑤ 도시 내에서 부족한 자연의 제공
⑥ 이들을 통한 향토의식의 함양과 인간성의 회복이다.

① 어린이공원

도시지역 어린이의 건강과 정서생활에 도움을 주기 위하여 설치된 공원이다. 어린이들이 자연스럽게 활용할 수 있는 공원으로 유희·운동 및 자연학습 등 어린이의 활동과 능력에 적용할 수 있도록 공원시설을 계획한다. 공원의 중심지에는 어린이가 자유스럽게 활동할 수 있는 광장과 놀이터를 배치하고, 주위에 적절한 운동용구와 휴식시설을 곁들이도록 한다. 공원이용거리는 인보구에서는 150m 이내로 하고, 분구인 경우 400~500m로 하며 부지면적은 0.2~0.3ha의 규모를 표준으로 한다.[107]

어린이공원의 이용은 주로 유아와 그의 보호자 그리고 유치원과 초등학교 취학아동을 대상으로 하고 있으므로, 도보에 의한 접근(accessibility)에 전혀 무리가 없도록 하며 5분 내외의 보행거리에 입지토록 할 것이다.

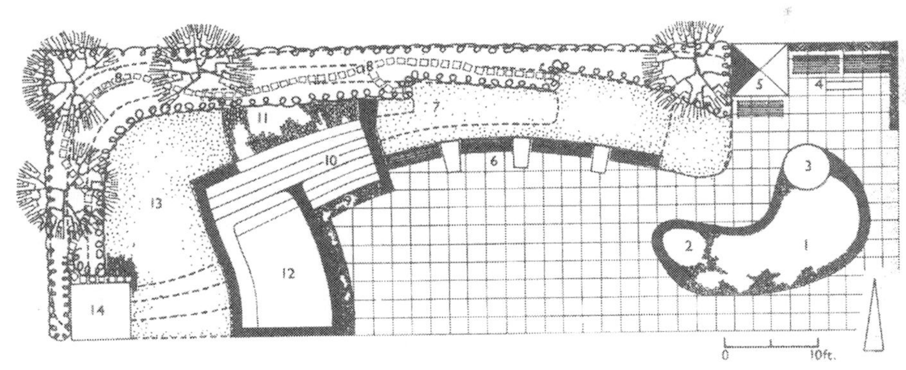

고밀도 기성 시가지의 어린이 놀이터(설계: John Brookes)

1. 자갈이 깔린 얕은 물보라 풀(splash pool)
2. 보다 깊은 풀로 가장 깊은 곳이 22㎝
3. 눈높이의 모형 보트 풀
4. 어머니들이 앉는 의자와 테이블
5. 창고
6. 테이블이 달린 목제 벤치
7. 굴곡이 잇는 잔디 동산
8. 관목 사이에 놓인 디딤돌
9. 구두창에 묻은 모래를 털어 내기 위해 깔아놓은 자갈
10. 모래밭으로 통하는 놀이 계단
11. 화강암 블록
12. 모래밭
13. 잔디 테라스
14. 전망대

〈그림 13.5〉 어린이공원 사례

---

107) 인보구(隣保區)는 어린이놀이터를 중심으로 한 유아들의 생활권역이고, 분구는 아동공원을 중심으로 한 아동들의 보행권역이다.

② 근린공원

근린주구에 거주하는 주민의 건강·휴양 그리고 정서생활의 향상을 위해 설치
된 공원이다. 근린공원에는 일상적인 옥외 레크리에이션에 적합한 시설과 휴양
및 휴식공간의 충분한 확보를 요한다. 1,000m 이내의 도보권에 거주하는 주민을
이용대상으로 하고, 공원의 규모는 면적 2ha를 표준으로 한다. 소요시설 내용에
는 놀이터·운동장·수영장·정구장·식물화단 및 사무소를 적절히 배치한다.

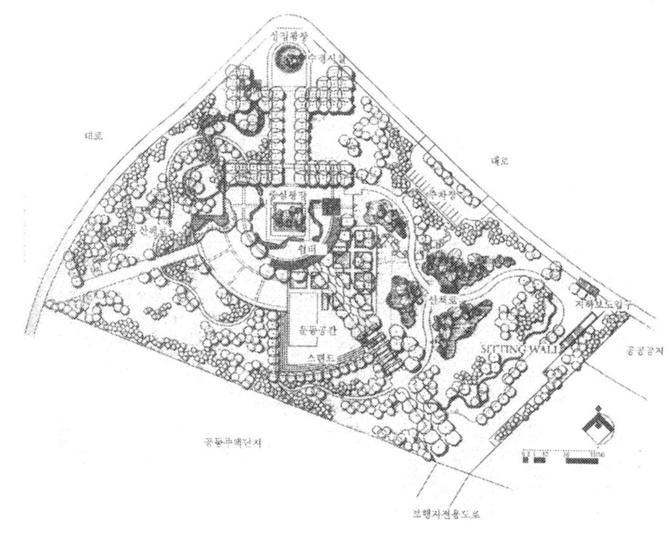

〈그림 13.6〉 근린공원 사례

③ 자연공원

자연경관지의 보존과 도시민의 건강·휴양 그리고 정서생활의 향상을 위해
설치한 공원이며, 도시종합공원과 대체로 성격을 같이 하고 있다. 도시자연공
원에는 특히 자연조건이나 역사적 의의가 있는 지역의 유지·보전과 함께 이
를 적합하게 활용하기 위해 소요시설을 설치한다.

공원규모는 도시종합공원은 50ha 이내가 적합하며, 도시자연공원의 경우는
대체로 100ha 이상으로 하고 있다. 주이용자는 가족·노장년 및 청소년과 같이
광범위하며 주생활권의 이용대상으로서 접근방법에는 대중교통기관이나 자동
차 및 자전거의 이용이 바람직하다.

④ 묘지공원

공동묘지를 주 대상으로 하여 공원시설을 설치한 것으로서 한적하고 음울한 인상을 주던 이제까지의 묘지개념을 탈피하여 보다 경건하고 친근감을 주며 밝은 장소를 대상으로 한다. 묘지공원은 중심 시가지에서 1.0~1.5시간 정도 거리에 위치하고 장래 시가화할 전망이 없는 위치를 선택하도록 하며, 묘지공원면적은 대체로 10ha 이상으로 하는 것이 바람직하다.[108]

〈표 13.9〉 기능별 공원면적

종 류	면 적	유치거리
운동공원	10ha 이상	30분 이내 도달거리
근린공원	2.0ha 이상, 5ha 기준	1.5km 이내, 1km 기준
소년공원	0.5ha 이상, 0.2ha 기준	0.8km 이내, 0.5km 기준
유년공원	0.03ha 이상, 0.2ha 기준	0.7km 이내, 0.5km 기준
유아공원	0.03ha 이상, 0.2ha 기준	0.5km 이내, 0.25km 기준

⑤ 체육공원

주로 운동경기나 야외활동 등 체육활동을 통하여 건전한 신체와 정신을 배양함을 목적으로 설치된 공원을 지칭한다.

주요시설로는 야구장·축구장·테니스코트·수영장 등이 설치되며 간단한 음식점·탈의장·수목·휴게소 등의 편익시설이 설치된다. 청소년의 신체단련과 시민의 건강증진을 위해 오늘날 그 중요성이 매우 크게 인식되고 있다.

⑥ 테마파크

테마파크(Theme Park)란 민속, 자연, 과학기술, 환상 등 다양한 분야에서 이용객들에게 감동과 즐거움을 줄 수 있는 소재를 발굴하여 위락과 레크리에이션, 교육, 체험 등의 기능에 맞도록 시설화하고 놀이프로그램, 캐릭터 등을 일체성 있게 계획하여 조성한 창의적인 레저공간으로서, 고부가가치의 차세대산업 혹은 21세기형 첨단문화산업으로 각광받고 있다.

---

108) 한근배(1993), 도시개발계획, 태림문화사, pp.61-62.

도시민의 생활패턴과 여가활동성향이 변하고 여가욕구가 다양해지면서 레저시설이 다양하고 고도화되기 시작하였으며, 테마파크는 이러한 여건변화에 대응하여 등장한 근대적인 개념의 공원이라 할 수 있다. 최초의 테마파크는 1971년 미국의 Walt Disney World로서 종래 단순한 형태의 공원을 혁신적인 레저시설로 바꾸어 놓았으며 그 이후 동경 디즈니랜드, 유로디즈니 등 세계 각국에서 다양한 주제로 다양한 입지에 본격적으로 개발되면서 사업성 높은 레저 및 관광자원으로 부상하게 되었다.

테마파크는 특정 주제를 가지고 공원전체를 조성한다는 점과 첨단기술과 디자인 등 다양한 분야의 기술을 종합한 장치산업이라는 점에서 일반적인 공원이나 관광시설과 다르며, 자연지리적 조건에 의한 특정입지에 구애받지 않는다는 점에서 여타 레저시설과 다르다.

우선 테마파크는 그 용어가 말해주듯이 특정한 주제(theme)를 선정하고, 그 주제와 연속성을 가지는 주제군에 맞도록 전시관람시설, 위락놀이시설, 식음료, 상품판매, 서비스시설 등을 전체적으로 기획하고 구성하게 된다. 이때 테마파크에 사용되는 주제는 다양한 분야에서 일반인의 관심을 끌 수 있는 것들이 채택되는데, 세계의 민속, 건축, 우주, 환상, 역사, 만화, 동화, 산업(광산, 지역산업, 꽃, 식물 등), 지역문화자원(유적) 등이 주류를 이룬다.

또 다른 특징으로 테마파크는 디자인, 도시계획, 환경설계, 건축, 조경, 첨단공학, 음악, 미술, 무용, 고고학 등 다양한 분야의 기술이 동원되는 종합적인 장치산업이며 공연산업이다. 테마파크가 유치하고 조악한 집단놀이시설로 전락하여 상업적 가치를 잃지 않으려면 선정된 주제가 사람들에게 생생한 흥미와 감동을 줄 수 있는 전시관람, 위락, 서비스 등의 시설과 퍼레이드나 쇼 등의 프로그램으로 제작되어야 한다. 이를 위해서는 다양한 분야의 기술 및 예술과 조화를 이루어야 하고 고도의 정교한 기술이 필요하며 충분한 비용투자가 전제되어야 한다.

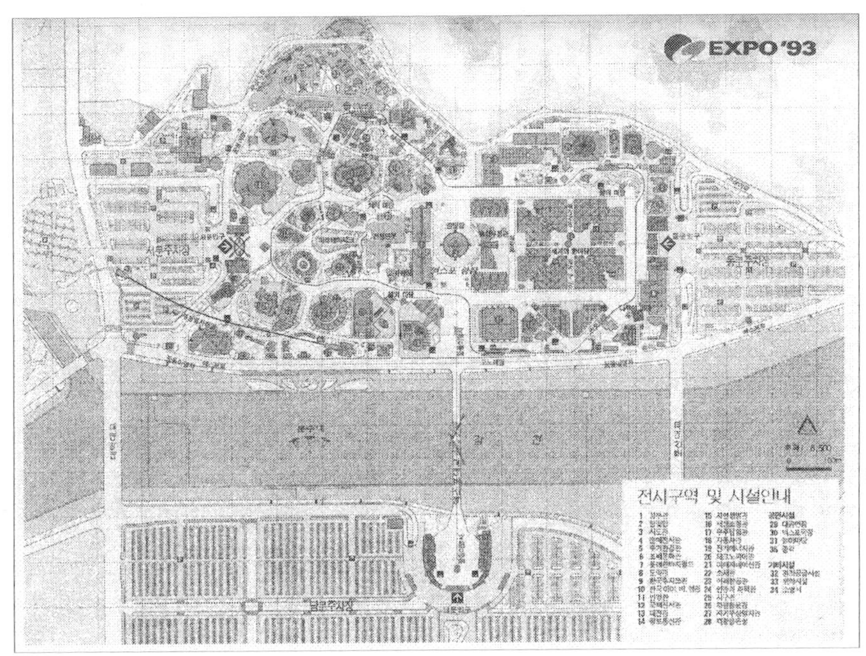

<그림 13.7> 대전엑스포 배치도

입지특성으로 보면, 테마파크는 자연조건에 따른 지리적 입지에 크게 구애
됨이 없이 프로젝트 규모나 구성에 따라 어떤 지역에도 가능하다. 스키장이나
마리나, 골프장 등의 레저시설은 특정한 자연자원을 활용한 시설이기 때문에
지리적 입지가 국한되지만, 테마파크의 입지변수는 배후시장의 크기에 있으며
이는 도로나 철도 등 교통수단에 의한 접근성에 좌우된다.

테마파크는 상업성이 짙은 위락시설로서 지역경제를 활성화시킬 목적으로
개발된다. 최근 테마파크의 개발양상은 테마파크 자체만을 개발하는 단순한
형태에서 벗어나 주변지역에 호텔이나 상업시설 그리고 영상산업 등 관련산업
과의 연계개발을 통해 지역의 거점산업으로 추진되고 있다. 따라서 테마파크
는 그 자체에서 유발되는 경제적 효과뿐만 아니라 관련되는 관광이나 기타 산
업을 육성시킴으로써 지역소득증대와 고용창출 등 지역경제를 활성화시키는
파급효과가 있다. 워낙 시설 및 운영 면에 투자되는 시간과 비용이 많기 때문
에 최근에는 제3섹터 등 다양한 방식으로 민자유치를 도모하고 있다.

지방화시대를 맞이하여 다양한 지역활성화 정책이 요구되고 있는데, 테마파

크도 그중 하나의 대안으로 주목받고 있다. 테마파크가 지자체의 개발목적에 맞는 성과를 거두기 위해서는 주이용객이 될 것으로 보이는 해당 지역주민들의 정서와 놀이행태에 부응해야 하며, 한국의 고유한 역사, 문화, 민속 등 전통과 지역성을 잘 활용함으로써 내국인뿐만 아니라 외국인을 대상으로 경쟁력을 갖추어 나가야 할 것이다.(도시문제 용어사전)

〔참고〕 도시미운동(city beautiful movement)

　산업혁명을 일찍 경험한 서구 여러 나라들이 도시토지이용에 있어서 기능적 효율성에 치중하게 되어 도시의 경관이 점점 인간화함에 따라 인간성 회복을 위한 도시건설을 제창한 것이 도시미운동으로 발전 19세기 말부터 20세기 초에 이르기까지 활발하게 전개되었다. 도시계획에 있어서 CBD 건축예술의 창조, 가로, 광장 등의 문화적 조형도시공원의 건설 등이다. 그 대표적인 예가 미국의 조경전문가인 F. L. Olmsted가 주동이 되어 대대적으로 전개한 시카고시의 도시미운동이다. 그는 1910년에 개최된 미국최대의 시카고박람회의 기회를 잘 활용하였던 것이다(황용주(1992), 도시학사전, 녹원출판사, p.135.)

부록: 개발제한구역

1. 개발제한구역의 개념

1) 연혁 및 현황

　우리나라의 개발제한구역은 영국의 그린벨트(Green Belt)제도를 모델로 1970년 초에 도입되었다. 1970년대의 경제개발과 수도권의 인구집중 등 도시의 무질서한 확산을 방지하고 도시주변의 자연환경을 보호하기 위한 목적으로 1971년 도시계획법 개정에 의해 개발제한구역제도가 도입되었다.

〈부표 1〉 개발제한구역 지정현황 및 목적

권역별	지정일자	지정면적	지정 사유
수 도 권		1,566.8㎢	
	(1차 1971. 7. 30.)	(463.8)	서울의 확산방지
	(2차 1971. 12. 29.)	(86.8)	안양, 수원권의 연담화방지
	(3차 1972. 8. 25.)	(768.6)	상수원보호 및 도시연담화방지
	(4차 1976. 12. 4.)	(247.6)	안산신도시주변 투기방지
부 산 권	1971. 12. 29.	597.1㎢	부산의 시가지확산 방지
대 구 권	1972. 8. 25.	536.5㎢	대구의 시가지확산 방지
광 주 권	1973. 1. 17.	554.7㎢	광주의 시가지확산 방지
제 주 권	1973. 3. 5.	82.6㎢	신제주의 연담화방지
대 전 권	1973. 6. 27.	441.1㎢	대전의 시가지확산 방지
춘 천 권	1973. 6. 27.	294.4㎢	도청소재지의 시가지확산 방지
청 주 권	1973. 6. 27.	180.1㎢	도청소재지의 시가지확산 방지
전 주 권	1973. 6. 27.	225.4㎢	도청소재지의 시가지확산 방지
울 산 권	1973. 6. 27.	283.6㎢	공업도시의 시가지확산 방지
마창진권	1973. 6. 27.	314.2㎢	도시연담화방지, 산업도시주변 보전
진 주 권	1973. 6. 27.	203.0㎢	관광도시주변 자연환경보전
통 영 권	1973. 6. 27.	30.0㎢	관광도시주변 자연환경보전
여 수 권	1977. 4. 18.	87.6㎢	도시연담화 방지, 산업도시주변 보전
계14권역	－	5,397.1㎢	

자료: 국토개발연구원 편(1997), 국토 50년, p.4640.

　1971년부터 1978년까지에 8차에 걸쳐 전국 14개 도시권에 개발제한구역을 지정하게 되었다. 지정도시권을 살펴보면 수도권, 부산권, 대구권, 광주권, 대전권, 울산권, 청주권, 전주권, 마창진권, 여수권, 제주권, 춘천권, 진주권, 통영권으로 총면적 5,397㎢(전국토의 5.4%)에 이른다. 또한 개발제한구역 내 거주인구는 245,000가구에 742,000명(전국인구의 1.6%)이고, 토지이용현황은 임야(61.6%), 농지(24.0%), 대지(1.6%), 잡종지(1.4%) 순이다. 개발제한구역의 토지이용은 대부분 임야 및 농지로서 개발 가능한 토지는 약 3% 수준으로 매우 낮다.

　우리나라 개발제한구역은 전체 14개 권역으로 대도시권이 6개권(수도권, 부산권, 대구권, 광주권, 대전권, 울산권)과 중소도시권 8개권(청주권, 전주권, 마창진권, 진주권, 제주권, 통영권, 여수권, 춘천권)으로 도시권은 도시의 시가지확산 방지가 목적이고, 중소도시권은 주로 도청소재지의 시가지확산이 목적이다. 그리고 제주권과 여수권, 진주권과 통영권은 도시연담화방지와 관광도시주변 자연환경보전이 목적이었다. 마창진권은 산업도시주변 보전이 목적이다.

　개발제한구역은 임야가 전체의 61.6%를 차지하고 농지 등 농업생산(전, 답, 과수원)을 위한 것이 25%, 그리고 개발 가능지인 대지와 잡종지 등이 13% 수준으로 대부분 개발 불가능지역이거나 환경보전이나 농업적 생산지역을 보전하기 위한 것이라고 볼 수 있다. 특히, 대지의 경우 1.6%밖에 되지 않아 개발제한구역 내 기존마을 제외하면 주택지 가능지역은 더욱 적어진다. 또한 개발제한구역은 도시주변을 완전히 벨트 모양으로 둘러싸고 있는 동심원 형태와 일부지역만 둘러싸는 편중형이 있는데, 대부분 동심원 형태로 도시의 확산을 방지하는 효과를 가지고 있다. 이러한 형태는 도시의 확산을 대부분의 권역에서 효과적으로 도시확산을 방지하는 결과를 가져왔다. 그러나 수도권의 경우 인구집중과 과밀로 많은 신도시가 개발제한구역 밖에 건설 개발되는 문제점을 야기하고 있는 경우도 있다.

　개발제한구역 내 거주인구는 전국 74만여 명이고 이 중 대도시권이 61만 명(81%), 중소도시권이 13만 명(19%)이고, 원주민은 15만여 명(21%), 전입자는 59만여 명(79%)으로 구역지정 후 전입자가 훨씬 많다. 거주형태를 보면 자가거주자가 34.5%이고 세입자는 65.5%로 구역 내 거주자는 전입자와 세입자 대부분이다.

구역 내 토지소유자를 보면 전체 토지소유자중 45% 정도가 외지인 소유로 나타나 구역 내 토지투기문제가 심각하게 제기될 수 있다. 이들은 대부분 투기를 목적으로 토지를 소유하고 있는 것으로 사료된다. 또한 개발제한구역 내 각종 건축물이 불법·탈법적으로 건축되고 있으며, 각종 규제완화를 통하여 공공건축물과 위락시설, 축사 등이 난립하고 있어 제도의 관리 및 운영에 있어 큰 문제점으로 지적되고 있다. 이처럼 우리나라 개발제한구역은 많은 긍정적 효과와 부정적 측면 등이 공존하지만 국토의 개발과 보전에 있어 중요한 계기를 마련한 것임에는 틀림없다. 30여 년간의 일관된 정책 및 공익적 측면 등은 우리나라 개발제한구역이 가지는 가장 큰 의의라고 볼 수 있다.

2) 효과 및 문제점

개발제한구역은 지정 이후 28여 년에 걸쳐 총 47여 차례의 개발제한구역 규제완화를 거쳤고, 문민정부 등 역대 정권에서 개발제한구역에 대한 제도적 조정에 대한 논의가 있었으나 이제까지 정책적으로 금기된 사항이었기 때문에 약간의 손질(규제완화)에 그쳤다. 그러나 1999년 7월 전면해제 지역과 부분해제 지역으로 구분하는 개발제한구역의 전면적인 제도적 정비가 이루어졌다. 우리나라의 개발제한구역은 지정된 이래 일관되고 지속적인 관리와 통제로 각종 개발행위를 원천적으로 봉쇄하는 등 그 제도는 매우 강력하게 이루어졌다. 그러나 사회적 변화에 따른 개발제한구역 내 토지소유자들의 재산권 행사에 대한 민원발생과 일부 지역의 개발압력에 의한 개발제한구역 해제 논의가 일기 시작하였고, 특히 1997년 대선공약 등의 이유로 개발제한구역 해제에 대한 전면적인 문제제기가 있었다.[109] 국민의 정부는 집권 초 개발제한구역 해제를 위한 각종 조사 및 공청회를 거쳐 지난 7월 22일 수도권 등 7개 대도시는 부분해제하고, 나머지 7개 중소도시 권역은 전면해제가 발표되었다.

　30여 년 동안 지속된 개발제한구역에 대한 논의는 여러 가지 관점에서 여러 가지 평가를 할 수 있다. 행정적인 측면에서 이렇게 오래토록 일관되고 지

---

109) 영국도시·농촌계획학회(1999), 한국의 개발제한구역제도 개선안에 대한 평가 보고서, 건설교통부

속적으로 하나의 정책을 편 데에 대해서는 세계적으로 유래를 찾아보기 힘들 정도다. 그러나 문제점 또한 많다. 긍정적 측면과 부정적 측면을 검토하면 다음과 같다.

〈부표 2〉 개발제한구역에 대한 평가

긍정적 측면(공익적 측면)	부정적 측면(사익적 측면)
• 일관된 정책(28년)	• 인구의 불균등 분포와 비정상적인 인구이동 유발
• 근교녹지와 자연환경의 보전	• 구역 밖의 토지 훼손
• 토지이용의 고도화	• 민원야기(토지소유자)
• 대도시 인구증가 억제	• 관리소홀로 인한 불법·탈법행위 증가
• 대도시와 주변도시의 연담화 방지	• 지방도시의 성장제약
• 미래 가용토지의 보전	

개발제한구역에 대한 긍정적 효과는 도시인구 집중방지, 자연환경보전, 도시공해문제 심화방지, 안보상 중요시설물 보호 등과 같은 사회공익에 크게 이바지한 것을 들 수 있고, 부정적인 측면은 개발행위에 대한 원천봉쇄로 인한 토지소유자들의 재산권 침해와 해당지역의 지역개발 위축, 그리고 구역 내 각종 불법·탈법 행위로 인한 제도관리의 문제점 등이 있다.

그리고 개발제한구역의 전면해제나 부분해제로 인하여 예상되는 문제점은 부동산투기, 환경오염, 지방자치단체에 의한 무분별한 개발 및 주민들에 의한 난개발 등이 새로이 부각되고 있다. 실제로 기존 구역 내에서의 개발은 주로 공공부문에 의해 이루어졌고, 또한 축사 등 농업용 건축물과 각종 위락시설 등에 의해 훼손이 많이 일어났다.

부동산투기문제는 전체 구역 중 44.4%가 외지인 소유로 많은 이들이 부동산 가격의 폭등을 노린 것으로 볼 수 있다. 또한 구역지정 이후 전입인구가 전체의 79%이고, 세입자는 65.5%를 차지하고 있다.

이러한 제도가 가지는 문제점과 다양한 사회적 변화로 인하여 더 이상 개발제한구역이 그대로 존속되어서는 안 된다는 논의가 일기 시작하였고, 특히 토지소유자들의 재산권 행사에 대한 민원발생과 구역지정 지역의 지역개발에 대한 요구 등 제도개선을 요구하는 분위기 한층 고조되고 있다. 특히 사회적 변화와 도시개발에 대한 새로운 도시계획의 패러다임의 전환이 요구되는 등 미래 사회에 능동적이고 합리적으로 대처하기 위하여 제도개선은 필요하다.

제도가 가지는 문제점을 바탕으로 제도개선이 이루어져야 하는 이유는 첫째, 지정당시 무질서한 확산이 우려되거나 주변도시와의 연담화 가능성이 있는 도시를 중심으로 지정하였으나 지방도시의 경우 시가지에 대한 개발압력이 그리 크지 않고 자연환경 훼손우려가 적어 개발제한구역의 필요성이 감소되고 있어 도시성장을 제약하고 있다. 둘째, 지정당시 불합리하게 지정된 취락지구 등의 문제가 있다. 셋째, 구역 안팎의 가격이 급격히 차이가 있어 주민들의 요구가 빈번하였다. 넷째, 50여 차례에 걸친 규제완화가 이루어졌으나 규제완화 만으로 이러한 문제를 해결하기 어려우므로 근본적인 제도개선이 필요하다. 또한 사회적 변화와 새로운 도시계획의 패러다임의 전환으로 제도개선이 필요한 이유는 이제는 단순히 개발을 억제하는 것보다는 개발을 유도(그리고 제도의 경직성을 유연성으로)함으로써 각종 사회적 변화를 받아들일 수 있는 계기를 마련하는 것이다.

2. 도시공간구조와의 관계

도시성장과 개발제한구역은 매우 중요한 관계를 가지고 있다. 구역이 지정되어 있는 권역은 도시성장에 있어 구역지정이 매우 큰 제약요건이 되었다. 특히 중대도시권에서 평면적 도시확산을 방지하는 등 그 영향력은 매우 크다.[110]

---

110) Choi, Mack Joong(1999), Greenbelt and Dynamic Urban Development Strategies, The Journal of Korea Planner Association Vol.34, No.5

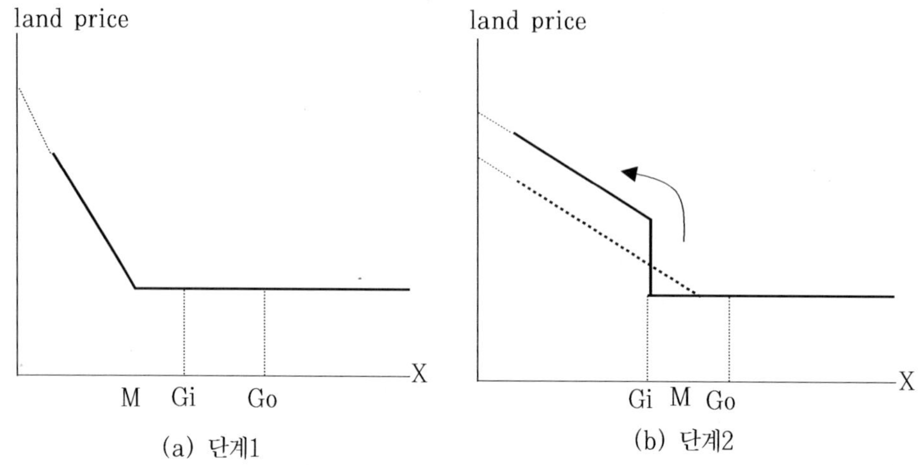

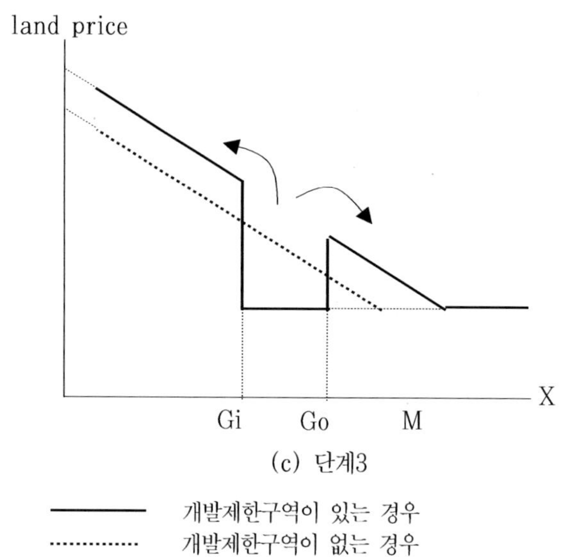

개발제한구역이 있는 경우
개발제한구역이 없는 경우

M: 도시의 시장경계, Gi: 개발제한구역 내경계, Go:
개발제한구역 외경계

〈부도 1〉 도시성장단계와 개발제한구역의 관계

　개발제한구역과 도시성장의 관계를 보면, 크게 다음 그림과 같이 3단계로 나
누어 볼 수 있고, 각각의 단계에 따라 개발제한구역의 해제 및 조정, 관리에 대
하여 고찰할 수 있다. 먼저 1단계의 경우는 도시의 시장크기가 개발제한구역

내경계보다 작은 경우($M \leq Gi$)로 개발제한구역이 있으나 없으나 도시성장에 별다른 영향을 끼치지 않는다. 주로 매우 작은 규모의 도시가 여기에 해당된다.

단계 2는 도시시장의 규모가 개발제한구역 내경계와 외경계 내에 존재하는 경우($Gi \leq M \leq Go$)로 개발제한구역이 주변지역의 도시용 토지공급과 도시확산을 제한하는 효과를 가져온다. 이 단계는 중소도시규모에 효과적으로 적용되는 유형이다. 7대 도시권을 제외한 중소도시권이 여기에 해당된다고 볼 수 있다.

단계 3은 도시개발이 개발제한구역 밖에서 이루어지기 때문에 개발제한구역의 편익/비용을 분석하는 데 가장 복잡한 경우이다. 비지적 개발(frog-leap)과 도시성장에 의해 개발제한구역 내보다는 개발제한구역 외 지역에 도시개발이 이루어지는 유형으로 대도시지역의 경우를 설명하고 있다. 특히, 수도권의 경우 많은 신도시개발과 신시가지 등으로 개발제한구역을 넘어 도시개발이 이루어지고 있는 상황이다.

단계별 개발제한구역의 사회적 비용 및 편익을 재산가치, 교통비용, 환경비용으로 종합하여 분석해 보면 다음과 같다.

〈부표 3〉 개발제한구역의 사회적 비용 및 편익

편익/비용	성장단계와 도시전략 단 계 2	단 계 3	
		자족적 신도시 개발	침상도시 개발+분산화
재산가치	(−)	(−)	(−)
교통비용	(+)	(+)	(+)〈(−)
환경비용	(+)	(+)(−)	(+)〈(−)

주: (+)welfare gain, (−)welfare loss

앞의 결과를 보면 단계 2에서는 개발제한구역의 재산가치는 떨어지지만 교통비용과 환경비용이 모두 좋다. 그러나 단계 3에서는 자족적 신도시개발과 침상도시 개발이 매우 다르게 나타났다. 두 가지 경우 모두 재산적 가치는 떨어지지만 자족적 신도시 개발의 경우 교통은 좋아지고, 환경비용은 좋을 때도 있고, 그렇지 않을 경우도 있다.

침상도시의 개발이나 도심의 분산화는 재산가치뿐만 아니라 교통비용, 환경비용 모두 좋지 않은 것으로 나타났다. 이로써 대도시의 경우 자족적 신도시 개발이 보다 좋은 도시개발전략이다.

진주시는 이 3단계 중 2단계에 해당된다고 볼 수 있다. 동지역을 중심으로 한 시가화지역은 이제 개발수요에 따른 개발압력으로 점차 도시가 확산되는 상황이므로 현재 진주권의 개발제한구역은 보존가치가 있다고 판단된다.[111] 그러나 단순히 개발제한구역의 존치보다는 개발을 유도할 지역과 보전해야 할 지역을 구분하여 관리하는 것이 타당하다.

3. 개발제한구역의 개선방안

개발제한구역은 국민적 자산이기 때문에 정부는 민원해소차원에서 개발제한구역을 해제 일변도의 정책적 과오를 범하지 말고, 국가와 국민과 다음세대를 위하여 국토를 보전해야 할 의무를 가지고 있다. 그리고 불합리하게 지정된 곳은 그 골격을 손상시키지 않는 범위로 한정하되, 국민의 환경권과 국토의 사회적인 제약의 범위를 벗어나지 않도록 국민적 합의를 거친 제도라고 볼 수 있다. 자연환경이 우수한 기존의 지역은 확보하고 전원개발을 적극적으로 추진할 수 있는 잠재성을 지닌 것으로도 볼 수 있고, 개발에 대한 환경평가는 필수적으로 이루어져야 할 것이다. 또한, 개발제한구역의 조정은 국토계획적인 관점에서, 광역적인 전략계획의 차원에서 신중하게 검토되어야 하는 특성을 지니며, 관리에 대한 책임은 전면적으로 국가에 있으며, 구역의 지정·관리권을 지방자치단체장에게 이양하거나 과도하게 위임하여서는 안 될 것이다. 마지막으로 해제로 인한 개발이익은 사적 소유의 전유물이 아니라 사회적인 환수가 전제되어야 하며, 형평성을 이루어야 한다.

TCPA의 「한국의 개발제한구역의 제도개선안에 대한 평가보고서」에 의하면 개발제한구역제도에 대한 구체적인 방향을 <부표 4>와 같이 크게 7가지로 제시하고 있다.[112]

---

111) 위의 결과를 보면, 중규모도시는 대부분 현재 1단계에서 2단계로 거의 넘어간 상태이므로 중규모도시의 경우에는 미래의 도시성장예측에서 개발제한구역을 그대로 유지하는 것이 좋다고 사료된다.

<부표 4> 개발제한구역 제도개선의 기본방향과 세부내용

기본방향	내 용
개발제한구역의 전면해제	- 도시의 무질서한 확산과 주변 자연환경 훼손의 우려가 적은 도시권 - 자연환경보전을 위하여 필요한 경우 보전녹지지역으로 지정
개발제한구역의 부분해제	- 시가지·집단취락 등 환경적 보전가치가 낮은 지역을 환경평가 - 표고 등 12개 항목 조사 후 보전가치를 등급화한 후 보전가치가 낮은 지역을 해제하되 도시권별로 해제 폭을 차등화 - 보전등급이 높게 나타난 지역도 도시의 적정한 발전을 위해 일부 해제가 필요한 경우 대체 지정조건으로 해제 가능
해제지역의 관리와 난개발 방지	- 전면해제되는 도시별로 도시기본계획과 도시계획변경 - 도시기본계획과 도시계획 수립 시 환경적 측면 충분히 고려
구역해제로 인한 개발이익환수	- 해제로 인한 지가상승분은 현행제도로 최대한 환수 - 구역조정부담금 제도 도입 검토
존치지역의 관리	- 철저히 보전, 지정목적을 손상하지 않는 범위 내에서 주민불편 최소화 - 공공시설과 공익적 시설의 설치 최대한 억제 - 보전·생산·자연녹지지역 등으로 세분화하여 관리
존치지역에 대한 지원	- 단계적 매입 - 공공사업시행 편입토지의 정당한 가격 보상 - 구역 내 주민에 대한 지원 확대
부동산 투자억제대책	- 토지거래허가구역으로 지정 - 합동조사, 실거래 가격수준으로 양도소득세 중과

---

112) TCPA(1999), 앞의 보고서, pp.16-61.

제 14 장   도시시설계획

1. 도시시설계획의 개념

1) 도시시설의 정의

도시에서의 공동생활을 영위하기 위해서는 도로·상수도·시장·학교 등 여러 가지 시설이 제공되어야 하는데 이와 같이 도시활동에 필요한 모든 물리적 시설을 총칭하여 「도시시설」이라고 하고, 도시시설은 「시민의 공동생활과 도시의 경제·사회활동을 원활하게 지원하기 위하여 정부가 직접 설치하거나 민간이 정부의 지원 또는 자력으로 설치하되 도시전체의 발전 및 여타 시설의 기능적 조화를 도모하도록 법정 도시계획에 의하여 설치되는 물리적 시설」이다. 이러한 도시시설은 공공성과 외부경제성이 크기 때문에 공공의 개입이 필요하지만, 민간부문에서 설치 가능한 시설도 있다. 그래서 도시시설을 구체적으로 도시계획시설이라고 부를 수 있다.[113]

---

113) 도시시설이란 도시공간에 입지하는 건축물이나 구조물을 총칭하여 도시시설이라고 하는데(계기석·변홍수(1998), 사회변화에 따른 도시시설 전망과 계획적 입지방안 연구, 국토연구원, p.21.), 최근에는 주로 도시계획시설 등의 공공재적 성격을 가지는 시설을 도시시설이라고 부르고 있다.

2) 도시시설의 공공재적 특성

(1) 공공재와 사적재

모든 재화는 경합성의 유무와 배제가능성[114]을 가지고 있고, 그 특성에 따라 공공재(public goods)와 사적재(private goods)로 구분할 수 있다.

공공재가 가지는 성질은 첫째, 비경합성으로 한 개인이 소비에 참여함으로서 얻는 이익이 다른 개인들이 얻는 이익을 감소시키지 않는다는 점이다. 둘째, 비배제성으로 특정재화의 소비에서 얻는 혜택을 특정 그룹의 사람들로부터 배제할 수 없는 점이다.

〈표 14.1〉 공공재와 사적재

경합여부 \ 배제여부	배제가능	배제불가능
경 합	A(민간재)	B(요금재)
비경합	C(공동소유재)	D(공공재)

A는 경합과 배제가 가능하기 때문에 시장에 의해 공급하는 것이 가능하고, D는 비경합성과 배제불가능으로 인하여 시장에서의 공급이 불가능하다. 그래서 공공의 개입이 필요하다. B와 C는 일반적으로 준공공재로 볼 수 있으며, 여기서 엄밀하게 C와 D만을 공공재라고 할 수 있다.

순수공공재는 비배제성과 비경합성으로 인해 시장기구가 그 재화를 공급할 수 없기 때문에 공급의 문제가 심각하다. 시장기구에 의해 공급될 수 있는 요금재는 비교적 최소한도의 공공개입이 필요한 반면 공동소유재와 공공재는 공공의 개입이 불가피하게 된다. 이러한 공공개입의 하나가 도시계획이라고 할 수 있다. 그러나 공공재의 경우 비경합성과 비배제성이 지배적이지만 일부 공공재에서는 경합성이 나타나고, 기술의 발달에 의해서 배제성이 나타나기도

---

114) 경합은 어떤 사람이 특정시설을 이용·소비함에 의해 다른 사람이 이용·소비량이 감소되는 것을 말하고, 시설을 이용하는 사람들이 그 이용대가를 지불하는지의 여부에 따라 배제가능시설과 배제불가능시설로 구분된다.

한다. 그래서 일부는 민간화(privatization)되는 경향을 나타내기도 한다.[115]

공공재 초기의 속성	
비경합성	비배제성
규모의 비경제	기술의 발달
경합성	배제성

〈그림 14.1〉 공공재의 배제성과 경합성의 변화

(2) 도시계획시설의 지정 필요성

도시계획시설(기반시설)은 시설의 효율적인 공급과 도시의 토지이용이나 교통체계, 환경 등에 미치는 외부효과를 고려하여 시설의 입지, 규모, 형태 등을 계획·관리할 필요가 있다. 도시계획시설을 도시관리계획으로 설치하게 되는 이유는 다음과 같다.(국토개발연구원, 1996)

① 공공시설용지의 효율적 확보: 도시시설은 시민 공동생활에 필수적인 시설이지만 시장을 통한 공급이 거의 불가능하여 공공시설용 토지수요와 공급이 균형을 이룰 수 없다. 그러므로 공공시설의 효율적 공급을 위하여 토지수용이나 행위제한 등의 공공개입이 필요하다.
② 외부불경제 방지: 토지는 위치가 고정되어 있고 상호 연접되어 개별토지의 이용효과가 다른 토지에 영향을 미치므로 도시시설의 입지에 있어서 인접토지와 도시전체에 미치는 외부불경제를 예방하고 외부경제를 극대화하기 위하여 도시계획으로 설치해야 한다.
③ 미래에 대비한 효율적인 토지이용 도모: 토지이용은 주변의 여건에 의해 영향을 받기 때문에 여건이 달라지면 효율적 이용방법도 다르게 되는데, 현재의 단기적인 시설수요에만 맞춘다면 장래에는 시설용지의 부족으로 도시공공시설을 설치할 수 없게 되거나 많은 비용이 소요되는 부작용이 발생한다. 이러한 부작용을 미연에 방지하기 위하여 정부는 장래에 필요

---

115) 원제무(1998), 도시시설론, 보성각, pp.67-70.

한 용지를 미리 확보하는 것이 필요하다.

도시시설을 설치하는 데 많은 비용이 필요하기 때문에 정부가 항상 공급하는 것은 옳지 않다. 시장경제원리로서 설치 가능한 시설은 민간부문에서 설치·관리하는 것이 좋다. 그래서 공공시설에 대한 민자유치가 필요한데, 이것은 정부의 재정적 압박을 덜어주고 보다 높은 효율성을 가질 수 있다.

(3) 공공시설에 대한 민간투자

2004. 12. 31. 「사회기반시설에대한민자유치법」이 개정되면서 기존 방식에 BTL (Build-Transfer-Lease) 방식이 추가 도입되어 다양한 형태의 사회간접자본에 대한 민간투자가 가능해졌다.

민간투자방식으로서는 ① 사회기반시설의 준공과 동시에 당해시설의 소유권이 국가 또는 지방자치단체에 귀속되며 사업시행자에게 일정기간의 시설관리운영권을 인정하는 방식(BTO; Build-Transfer-Own), ② 사회기반시설의 준공과 동시에 당해 시설의 소유권이 국가 또는 지방자치단체에 귀속되며, 사업시행자에게 일정기간의 시설관리운영권을 인정하되, 그 시설을 국가 또는 지방자치단체 등이 협약에서 정한 기간 동안 임차하여 사용·수익하는 방식(BTL; Build-Transfer-Lease), ③ 사회기반시설의 준공 후 일정기간 동안 사업시행자에게 당해시설의 소유권이 인정되며 그 기간의 만료 시 시설소유권이 국가 또는 지방자치단체에 귀속되는 방식(BOT; Build-Own-Transfer), ④ 사회기반시설의 준공과 동시에 사업시행자에게 당해시설의 소유권이 인정되는 방식(BOO; Build-Own-Operate) 등이 있다.

공공시설(SOC 등)에 대한 정부의 전적인 재정부담은 크게 재정압박과 비효율적 운영이라는 문제를 가져오고 있다. 따라서 SOC 건설 등에서는 이미 민간투자 유치가 크게 이루어지고 있고, 특히 고속도로·철도·터널 등의 SOC 건설에는 12% 이상을 민간이 담당하고 있는 실정이다. 주로 BTO 방식의 사업이 대부분이다.

그러나 최근 행정서비스에 대한 수요의 증대와 정부의 재정압박 등 다각적인 측면에서 새로운 민간투자방식을 요구하게 됨으로써, 교육·문화시설 등의 복지 분야에서도 민간투자를 위한 여러 가지 방안이 마련되고 있다. 대표적인 것이 BTL 방식의 도입이다.

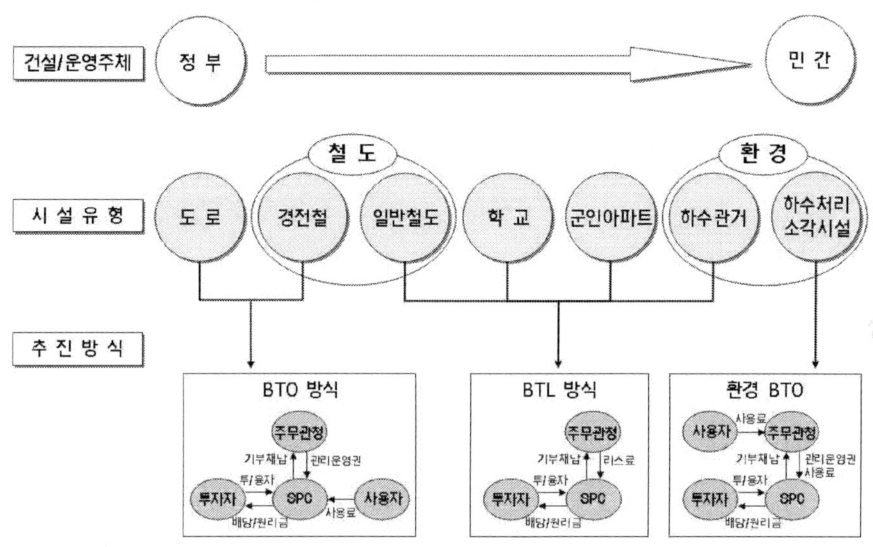

〈그림 14.2〉 민간투자사업의 개념도

    BTL 방식은 기존 정부차원의 재정사업과는 달리 시설의 건설 및 운영에 민간의 창의와 경영기법을 활용할 수 있어 공공투자의 효율을 높일 수 있으며, 운영성과에 대한 평가를 통해 운영비를 차등 지급함으로써 서비스 수준을 유지할 수 있다. 그리고 정부로부터 임대료를 수취하여 투자비를 회수함으로써 운영위험(시설수요위험) 없이 투자비 회수가 가능하다는 장점이 있어 BTL 펀드 등의 조성과 이를 바탕으로 한 교육·문화시설 등의 복지 분야에 지속적인 증가가 예상된다.[116)]

---

116) 2007년에는 약 10조원 정도의 BTL 투자가 예상된다.

<표 14.2> BTO 방식과 BTL 방식의 비교

구 분	BTO 방식	BTL 방식
용어풀이	Build-Transfer-Operate (건설-소유권이전-운영)	Build-Transfer-Lease (건설-소유권이전-임대)
대상시설	최종 사용자에게 사용료 부과를 통하여 투자비 회수가 가능한 시설(독립채산형)	최종 사용자에게 사용료 부과를 통하여 투 자비 회수가 어려운 시설(서비스 구매형)
투자비 회수	최종 사용자의 사용료 (수익자부담원칙)	정부의 시설임대료 (정부재정부담원칙)
운영기간	최장 50년	10~30년(보통 20년)
사업리스크	민간 사업자의 수요 위험 부담: 수익률 변동 위험	민간 사업자의 수요 위험 배제: 협약을 통한 수익률 사전 확정

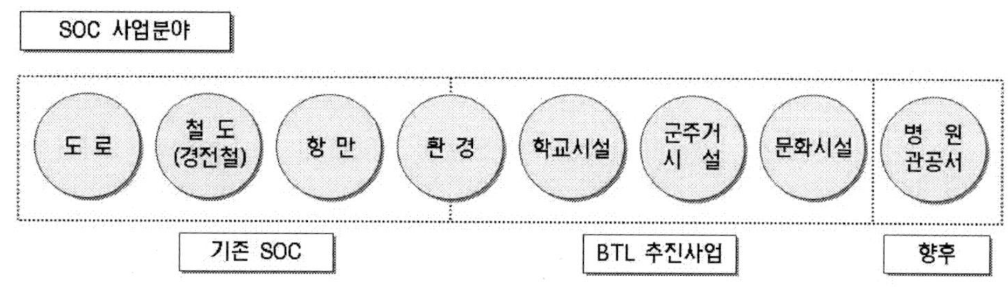

<그림 14.3> SOC 사업 분야 흐름도

2. 도시시설의 분류

1) 도시시설의 기능에 따른 분류

　도시시설은 기능에 따라 크게 생산·소비시설로 분류하고 이를 다시 세분할 수 있다. 그리고 단일기준에 의한 분류에서는 서비스의 기본성, 서비스제공 의무성 등과 같은 기준으로 <표 14.3>과 같이 구분할 수 있다.

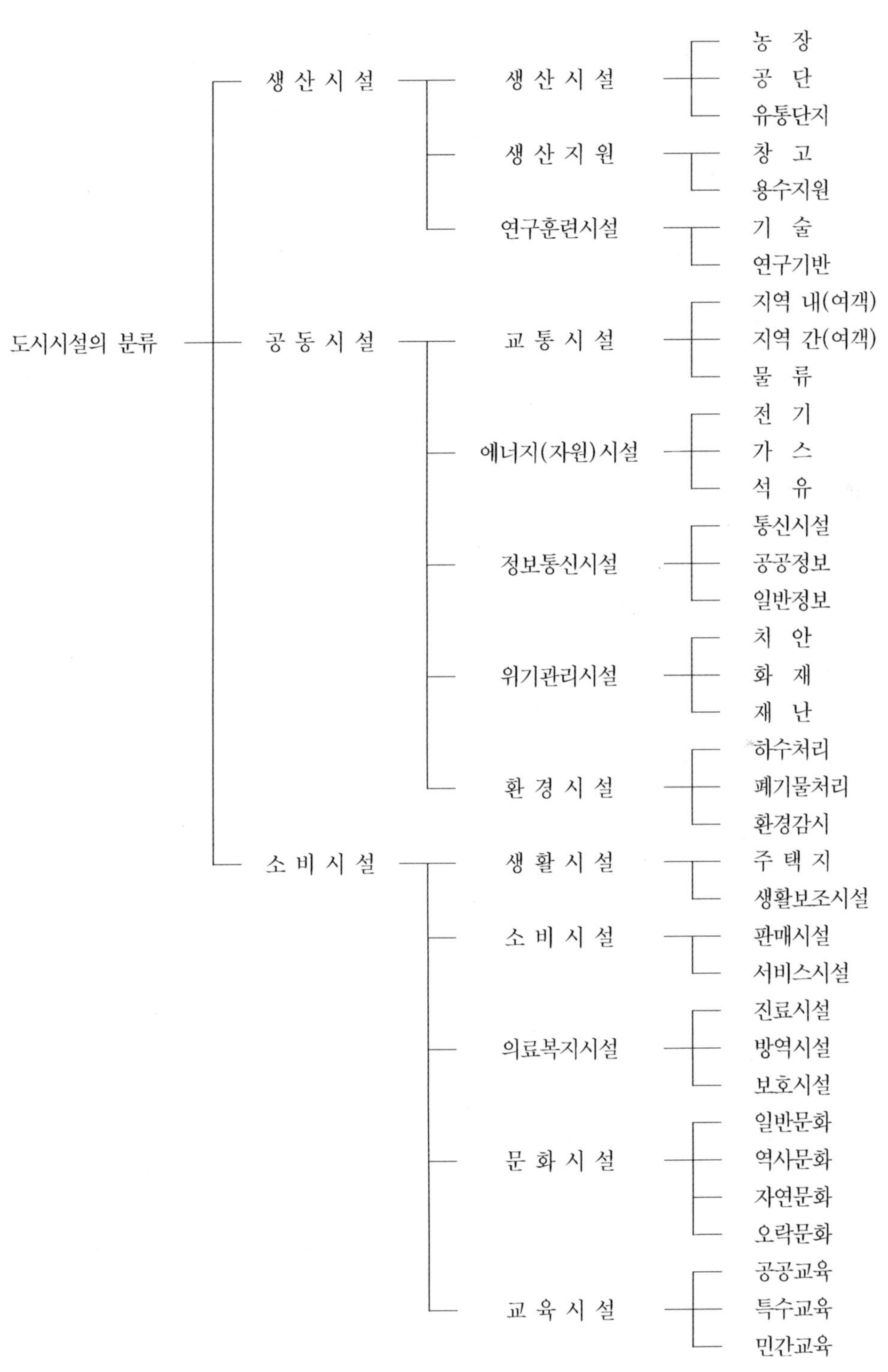

<그림 14.4> 도시시설의 기능적인 분류

<표 14.3> 단일기준에 의한 분류

분류기준	시설분류		의의 또는 시사점
서비스의 기본성	기본적 시설	도로, 상수도	●도시시설 설치의 우선순위부여 ●쾌적 서비스시설의 미흡우려
	쾌적 시설	공원, 도서관	
서비스제공 의무성	의무적 시설	소방서, 경찰서	●선택적인 시설은 정부의 재정능력, 지역 사회특성에 영향받기 쉬움
	선택적 시설	운동장, 유원지	
물리적 배치구조	점형 시설	우체국, 도서관	●점형시설은 공간적인 균형배치 ●선형시설은 지역 간 연결성이 중요
	선형 시설	상하수도, 전기	
	면형 시설	자연공원	
서비스 집분산체계	시설위치에서 제공	학교, 병원	●서비스의 집분산체계에 부합되는 시설의 적정배치 필요
	수요지에 서비스 전달	쓰레기 수거	
	구역단위 서비스	하수종말처리장	
시설이용 배제가능성	배제 가능	철도, 학교, 병원	●공공재의 개념화 기준 ●공공부문과 민간부문의 역할분담가능
	배제 불가능	도로, 하천, 제방	
비경합성 시설이용	배타적(경합성)	상수도, 주차장	●공공재의 개념화 기준 ●공공부문과 민간부문의 역할분담가능
	비배타적(비경합성)	도로, 방제시설	
주변지역에 대한 부의 영향	혐오시설	공동묘지, 분뇨처리장	●입지주변지역의 주민의 반발 야기 ●시설의 수혜지와 입지가 상이할 경우 관할 지자체 간의 분쟁유발
	비혐오시설	병원, 공원, 학교	

복합기준에 의한 분류 중 공익성과 필수성에 의한 분류는 공익성-사익성 기준과 필수성-선택성 기준을 중첩하여 다음과 같이 유형을 분류할 수 있다.

<표 14.4> 복합기준에 의한 분류(공익성과 필수성에 의한 분류)

구 분	필수성	선택성
공익성	〈공익적 필수적 서비스〉 ●편익의 사회적 귀속성이 있어 공공부문이 공급을 담당하고 조세를 통해 서비스비용을 부담 ●도로, 공원, 학교 등	〈공익적 선택적 서비스〉 ●편익이 주로 특정지역에 귀속되므로 준공부문이 공급을 담당하며 수익자 부담원칙에 의해 서비스 비용 부담 ●문화시설, 광장 등
사익성	〈사익적 필수적 서비스〉 ●필수적 서비스이나 편익이 개인에게 귀속되므로 공공부문뿐만 아니라 다양한 방법에 의해 공급될 수 있으며, 서비스 비용은 수익자부담원칙에 의해 부담 ●종합의료시설, 사회복지시설 등	〈사익적 선택적 서비스〉 ●편익이 개인에 귀속되므로 민간부문에 의해 공급되면 개인이 서비스 비용 부담 ●주차장, 수영장 등

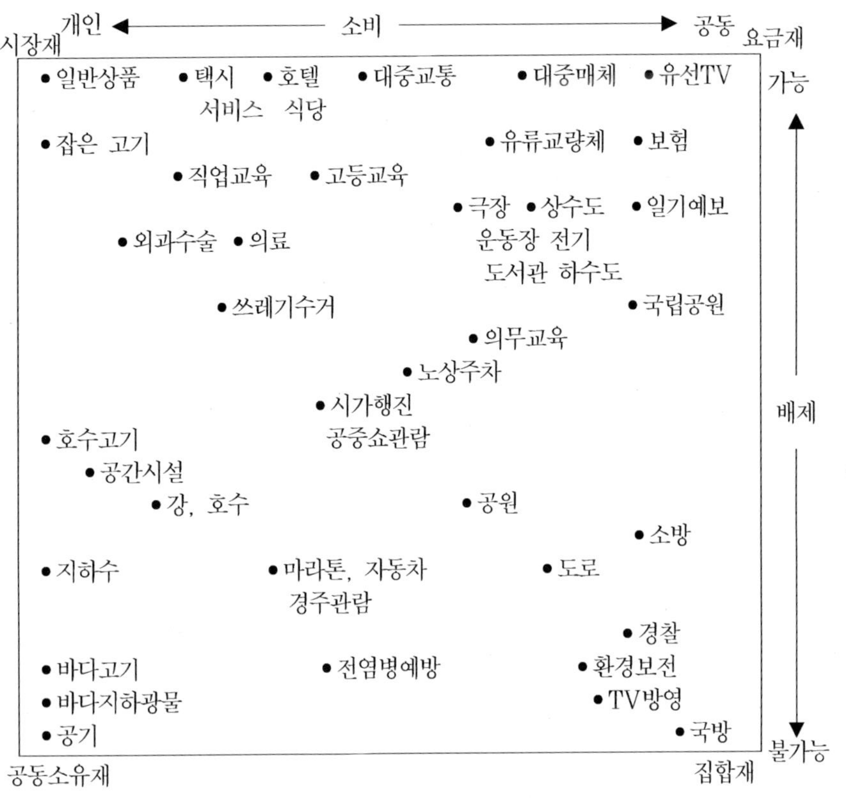

자료: E. S. Savas(1987), Privatization: The Key to Better Government(Chata-
m, N. J.: Chatham House Publisher), p.34.

〈그림 14.5〉 공공재적 성격에 의한 서비스구분

　시설의 고유한 물리적·기능적 특성에 의하여 도시계획시설(광역시설)을 구분하면, 주변요소의존형, 지역연결형, 기능의 지역연결형, 입지제한형, 기반규모의존형 등 5가지 유형으로 분류할 수 있다.[117]

① 주변요소 의존형 시설: 하수종말처리장(지자체 간 광역적 하수처리체계 필요), 저수지, 유수지 등
② 지역연결성 시설: 도로, 상수도, 철도, 궤도, 삭도, 고속철도, 하천, 운하, 상수도, 하수도, 공동구, 전기공급설비, 가스공급설비, 유류저장 및 송유

---

117) 국토개발연구원(1988), 광역도시시설의 입지 및 관리에 관한 연구, pp.30-33.

설비 등(지자체 간의 협의, 조정)

③ 기능의 지역연결형 시설: 자동차정류장, 항만, 공항, 도매시장, 유통업무
   설비 등(지자체 간의 기능연결)

④ 입지제한형 시설: 공동묘지, 화장장, 쓰레기 및 오물처리장, 취수장 등(관
   련주체 간의 설치 및 이용분담, 보상)

⑤ 기반규모 의존형 시설: 학교, 공용청사, 도서관, 도축장, 연구시설, 문화시
   설, 종합의료시설, 사회복지시설, 통신시설, 종합운동장, 자동차검사시설,
   정수장 / 배수장, 공공직업훈련시설 등(과소지역의 지원시설)

2) 국토계획법에 의한 분류

(1) 도시계획시설의 종류

도시계획시설은 국토계획법에 의한 기반시설 중 도시관리계획으로 결정된
시설을 말한다.(총 52종)

<표 14.5> 기반시설

대분류	시설
교 통 시 설	도로, 철도, 항만, 공항, 주차장, 자동차정류장, 궤도, 삭도, 운하, 자동차 및 건설기계검사시설, 자동차 및 건설기계운전학원
공 간 시 설	광장, 공원, 녹지, 유원지, 공공공지
유통·공급시설	유통업무설비, 수도·전기·가스·열공급설비, 방송·통신시설, 공동구·시장, 유류저장 및 송유설비
공공·문화 체육시설	학교, 운동장, 공공청사, 문화시설, 체육시설, 도서관, 연구시설, 사회복지시설, 공공직업훈련시설, 청소년수련시설
방 재 시 설	하천, 유수지, 저수지, 방화설비, 방풍설비, 방수설비, 사방설비, 방조설비
보건위생시설	화장장·공동묘지·납골시설·장례식장·도축장·종합의료시설
환경기초시설	하수도·폐기물처리시설·수질오염방지시설·폐차장

국토계획법의 기반시설은 <표 14.5>와 같이 교통시설, 도시공간시설, 유통·공
급시설, 공공·문화시설, 방재시설, 보건위생시설 등 7가지로 대분류하고 있다.

공공시설은 공공부문이 주체가 되어 설치해야 하는 것으로 25개 시설이 있다. 국토계획법에서 국가의 경제발전과 도시경쟁력 제고에 필수적인 사회간접자본이나 민간의 자율시장경제를 통해 설치하기 어려운 시설과 공공용시설에 대해 공공시설로 지정하고 있다.

<표 14.6> 공공시설

공 공 시 설
1. 도로, 공원, 철도, 수도, 항만, 공항, 운하, 광장, 녹지, 공공공지, 공동구, 하천, 유수지, 방화설비, 방풍설비, 사방설비, 방조설비, 하수도, 구거
2. 행정청이 설치하는 주차장, 운동장, 저수지, 화장장, 공동묘지, 납골시설

기반시설 중 도로, 자동차정류장, 광장 등은 다음과 같이 세분할 수 있다. (령 제2조)

<표 14.7> 도로 등의 시설 세분

기반시설	세 분	기반시설	세 분
도 로	일반도로	자동차정류장	여객자동차터미널
	자동차전용도로		화물터미널
	보행자 전용도로		공영차고지
	자전거전용도로	광 장	교통광장
	고가도로		일반광장
	지하도로		경관광장
			지하광장
			건축물부설광장

(2) 광역시설

광역시설은 기반시설 중 광역적인 정비체계가 필요한 시설로서 2 이상의 지역에 걸치는 시설은 도로, 철도, 운하, 광장, 녹지, 수도·전기·가스·열공급설비, 방송·통신시설, 공동구, 유류저장 및 송유설비, 열공급설비, 하천, 하수도(하수종말처리시설 제외)가 있다. 그리고 2 이상 지역이 공동으로 이용하는 시설은 항만, 공항, 자동차정류장, 공원, 유원지, 유통업무설비, 운동장, 문화시설, 체육시설, 사회복지시설, 공공직업훈련시설, 청소년수련시설, 유수지, 화장장, 공동묘지, 납골시설, 도축장, 하수도(하수종말처리시설), 폐기물처리시설, 수질오염방지시설, 폐차장 등이 있다.

(3) 이용특성에 의한 분류

도시계획시설을 경합성과 비경합성을 기준으로 분류하면, 공공이 설치해야 하는 시설(비경합, 배제불가능), 민간부문에서 설치 가능한 시설(경합, 배제가능)을 파악할 수 있다. 그래서 도로나 광장 등은 공공부문이 반면에 유통업무설비나 시장은 민간부문에 의해 공급이 가능하다.

<표 14.8> 이용특성에 의한 도시계획시설의 분류

경합성 배제성	경 합	반경합	비경합
배제가능	• 자동차 및 건설기계운전학원 • 유통업무설비, 시장	• 주차장, 궤도, 삭도 • 유원지, 관망탑, 청소년시설 • 도살장, 공공묘지, 폐차장, 장례식장, 종합의료시설	• 수도, 전기공급설비, 가스공급설비
중 간		• 자동차정류장 • 방송통신시설, 열공급설비, 유류저장 및 송유설비 • 학교, 도서관, 연구시설, 문화시설, 사회복지시설, 공공직업훈련시설, 운동장 • 화장장, 폐기물처리장	• 철도, 운하, 항만, 공항, 자동차 및 건설기계검사시설 • 공동구
배제 불가능	• 저수지, 하천		• 도로 • 광장, 공원, 녹지, 공공공지 • 방풍설비, 방수설비, 방화설비, 사방설비, 방조설비, 유수지 시설 • 하수도, 수질오염방지시설

자료: 국토개발연구원(1996), 도시계획시설의 설치 및 관리개선방안, p.33.

3. 도시계획시설의 결정기준

1) 설치기준 및 원칙

　도시계획시설의 결정·구조 및 설치의 기준과 도시기반시설의 범위에 관한 사항은 도시계획시설의 결정·구조 및 시설설치 기준에 관한 규칙에 의한다.

　도시계획시설 결정의 범위·중복결정·입체적 이용·규모 등에 관한 원칙은 다음과 같다. 먼저 도시계획시설결정은 당해 도시계획시설의 종류와 기능에 따라 그 위치·면적 등을 결정하고, 건축물인 도시계획시설의 경우에는 건폐율·용적률 및 높이의 범위를 함께 결정하여야 한다. 또한 항만·공항·유원지·유통업무설비·학교(대학교) 및 운동장(종합운동장)에 대하여 도시계획시설결정을 하는 경우에는 그 시설의 기능발휘를 위하여 설치하는 중요한 세부시설에 대한 조성계획을 함께 결정하여야 한다.

　둘째, 토지를 합리적으로 이용하기 위하여 필요한 경우에는 2 이상의 도시계획시설을 같은 토지의 지하·지상·수중·수상 및 공중에 함께 결정할 수 있고, 이 경우 각 도시계획시설의 이용에 지장이 없어야 하고, 장래의 확장가능성을 고려하여야 한다.

　셋째, 도시계획시설이 위치하는 지역의 적정하고 합리적인 토지이용을 촉진하기 위하여 필요한 경우에는 도시계획시설이 위치하는 공간(입체구역)을 특정한 방식으로 도시계획시설결정을 할 수 있다. 이 경우 당해 도시계획시설의 보전, 장래의 확장가능성, 주변의 도시계획시설 등을 고려하여 필요한 공간이 충분히 확보되도록 하여야 한다. 도시관리계획의 입안권자는 도시계획시설의 입체구역을 특정한 방식으로 도시계획시설결정을 하고자 하는 때에는 미리 토지소유자, 토지에 관한 소유권 외의 권리를 가진 자 및 그 토지에 있는 물건에 관하여 소유권 기타의 권리를 가진 자와 구분 지상권의 설정 또는 이전 등을 위한 협의를 하여야 한다.

　넷째, 도시계획시설은 도시기능의 유지 및 증진에 기여할 수 있도록 장래의 수요를 고려하여 적정한 규모로 결정하여야 하며, 부당하게 과대하거나 과소한 규모로 결정하여서는 아니 된다.

다섯째, 건축물인 도시계획시설은 그 구조 및 설비가 건축법에 적합하여야 하고, 도시계획시설에는 장애인·노인·임산부 등의 편의증진보장에 관한 법률이 정하는 바에 따라 장애인·노인·임산부 등을 위한 각종 편익시설을 우선적으로 설치하여야 한다.

마지막으로 도시계획시설결정을 하는 때에는 역사적·문화적 또는 향토적 의의가 있는 지역을 보전할 수 있도록 하여야 한다.

2) 공급처리시설계획

(1) 상수도

도시의 기원이 물을 근원으로 하고 있다는 것에서 수자원에 대한 관심은 예로부터 매우 높았다. 동양에서는 국토개발을 치산치수에 두었고, 이집트의 고대도시에서는 나일강의 범람에 따른 피해를 줄이기 위해 제방이나 관개시설이 발달하였고, 로마시대에는 대규모의 수도가 건설되어 백만에 가까운 도시인구를 포용할 수 있었다고 전해진다.

근대적 의미에서의 상수도는 1412년 독일에서 처음 설치되었고, 미국 보스톤市에는 1652년에 설치하였다. 우리나라는 1908년 뚝섬에 조선수도회사가 정수장 공사를 준공하여 급수를 시작하였다.

상수도는 도시공급시설 중 가장 중요한 것으로 생활용수뿐만 아니라 산업용수에 이르기까지 다양하게 이용되고 있다. 일반적으로 상수도는 취수(집수), 도수(송수), 정수, 배수(송수)의 단계를 거쳐 도시민에게 공급된다. 상수도계획을 위해서 1인당 급수량, 급수인구, 급수율 등을 결정하여야 한다.

① 계획급수량

1인당 급수량은 문화수준, 산업규모, 도시의 규모 등에 따라 차이가 있다. 우리나라의 계획급수량은 도시규모가 클수록 더욱 커지고 있다. 계획급수량은 계획급수인구와 1인당 계획급수량으로 결정한다. 1인 1일당 최대급수량은 다음과 같다.

<표 14.9> 급수인구에 따른 1인당 1일 최대급수량

계획급수인구(人)	계획 1인 1일당 최대급수량
10,000 이하	100~150 ℓ
50,000 이하	150~250 ℓ
500,000 이하	250~350 ℓ
500,000 이상	350 ℓ 이상

우리나라의 평균 사용량은 395 ℓ / 人 / 日(1998년)인데, 이것은 선진국 독일 (300 ℓ), 영국(330 ℓ), 일본(390 ℓ)에 비해 매우 높은 수치이다. 그러나 우리나라의 연간 물사용 가능량은 세계평균의 11%에 불과하다. 그리고 진주시 등의 2016년 목표 급수량은 500 ℓ / 人 / 日로서 수자원 절약을 위해 목표 급수량을 하향 조정해야 한다.[118]

② 계획급수량을 정하는 기준식

계획급수량은 급수인구 등을 산정하고 다음과 기준으로 산정한다.

계획 1일 최대급수량 = 계획 1인 1일 최대급수량 × 계획급수인구

계획 1일 평균급수량 = 계획 1일 최대급수량 × 0.7(중소도시)

---

118) UN의 워싱턴 소재 국제 인구행동연구소(PAI)에서 발표한 개인 물사용 가능량 국가별 분류

분 류	국 가
물기근국가	지부티, 쿠웨이트, 몰타, 바레인, 바베이도스, 싱가포르, 사우디아라비아, 아랍에미리트연방, 요르단, 예멘, 이스라엘, 튀니지, 카포베르데, 케냐, 부룬디, 알제리, 르완다, 밀라위, 소말리아
물부족국가	리비아, 모로코, 이집트, 오만, 키프로스, 남아프리카, 한국, 폴란드 벨기에, 하이티
물풍요국가	미국, 영국, 일본 등 119개국

계획 1일 평균급수량＝계획 1일 최대급수량× 0.8(대도시 · 공업도시)

계획 1일 최대급수량＝계획 1일 평균급수량 × 1.5(중소도시)

계획 1일 최대급수량＝계획 1일 평균급수량 × 1.3(대도시 · 공업도시)

급수인구는 급수구역을 예정한 뒤 상주인구와 이용인구의 차이를 감안하여 급수인구를 결정하여야 하는데, 일반도시에서는 상주인구의 60~90%, 관광도시에서는 120~150%를 급수인구로 보는 것이 좋다. 우리나라의 경우 급수율은 거의 100%에 가까운 수준이다.

(2) 하수도

하수도는 각종 도시활동에서 생겨난 생활하수, 산업용 오수 등을 가능한 한 신속하게 계통적으로 처리하여 생활환경의 개선과 강우 시 침수방지를 목적으로 설치된 도시시설이다. 따라서 위생적이고 쾌적한 도시환경을 조성하기 위해서는 하수도의 정비가 매우 중요하다. 근대적인 하수도는 18세기 영국에서 처음 실시되어 그 후 1832년에 파리의 대하수도공사가 시작되는 등 대부분의 국가에서 하수도 시설을 갖추고 있다.

① 배수방식

배수방식은 우수와 오수의 배제에는 동일관거에 배제하는 합류식(Combined System)과 각각 별도의 관거에 배체하는 분류식(Separate System)으로 구분된다. 합류식은 설치비용이 적게 들고 하수량이 적은 중소도시에 채택하지만 환경오염의 단점이 있다. 분류식은 수질보전에 용이하고, 환경위생상 이상적이지만 설치비용이 많이 든다.

② 배수계통

배수계통에는 직각식(Rectangular or Perpendicular System), 차집식(Intercepting System), 선형식(Fan System), 방사식(Radial System), 평행식(Parallel or Zone System), 집중식(Centralization System)이 있다.

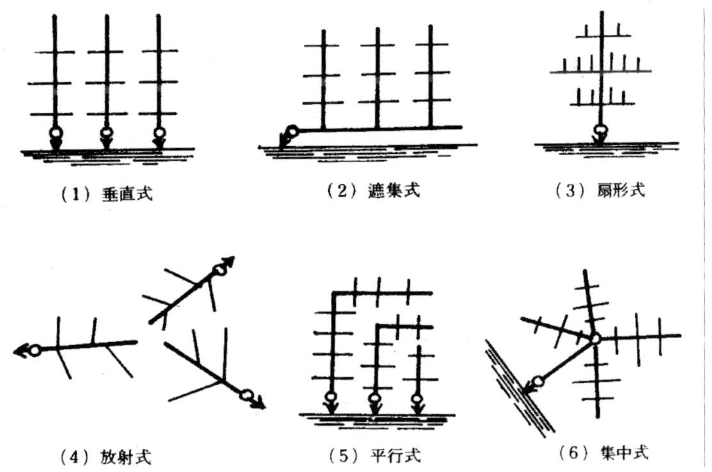

〈그림 14.6〉 하수도의 배수계통

〈표 14.10〉 1인 1일 계획오수량 표준

계획배수인구(人)	계획 1인 1일당 최대오수량
10,000 이하	180 ℓ 이하
50,000 이하	250~300 ℓ
500,000 이하	350~400 ℓ
500,000 이상	400 ℓ 이상

③ 계획 1일 최대오수량

계획 1일 평균오수량＝계획 1일 최대오수량 × 0.7(중소도시)

계획 1일 평균오수량＝계획 1일 최대오수량 × 0.7(중소도시) × 0.8(대도시·공업도시)

계획 1일 최대급수량＝계획 1일 평균급수량 × 1.5(중소도시)

$$계획\ 시간당\ 최대오수량 = \frac{1인\ 1일\ 최대오수량 \times 인구밀도 \times 배수면적}{26 \times 60 \times 60}$$

$$\times\ 증가배수 + 공장폐수 + 지하수$$

여기서, 증가배수는 중소도시의 경우 1.5

　　　　　　대도시·공업도시의 경우 1.3

　　　　　　집단주택지의 경우 1.8~2.0

④ 유출계수

유출계수(Run-off Coefficient)는 하수관거에 유입되는 우수유출량과 전체 강수량의 비를 말하는데, 도심은 0.7~0.9, 주택지는 0.5~0.7, 공원 등 공지는 0.1~0.3으로 도시의 오픈스페이스가 많으면 유출량을 크게 줄일 수 있어 홍수피해를 줄일 수 있다.

미국토목학회의 자료를 살펴보면, 상업지역은 0.5~0.95, 주거지역은 0.3~0.7, 공업지역은 0.5~0.9로 높은 편이며, 공원이나 놀이터, 미개발지구는 0.1~0.35 내외로 유출계수가 낮다. 포장재료에 따라서도 많은 차이를 나타내는데, 포장된 도로인 경우는 0.7~0.95, 잔디 등은 0.1~0.2 내외이다.[119]

(3) 공동구(共同溝)

도시의 공급시설이 대량으로 공급되고, 각종 시설물이 지상에 설치됨으로써 도시공간의 효율적 이용과 도시미관상 매우 좋지 않다. 이러한 문제점을 해결하고 공급시설의 통합적 공급과 관리를 위하여 공동공급시스템이 요구되었다. 이러한 공동 공급 및 관리를 토지이용의 효율성과 관리의 효율성, 그리고 도시미관의 향상 등 현대 도시관리에 있어 필수적 요소가 되었다.

공동구는 19세기 중엽에 파리의 대규모적인 하수도사업이 실시되면서 그 내부에 수도관 및 전선을 수용한 것이 시초이며 그 후 각 도시의 지하철공사 등과 함께 급속히 보급되었다.

공동구는 수용되는 시설의 설치현황, 장기수요예측 및 경제적 타당성과 주변시설물에 미치는 영향을 충분히 조사·검토하여야 한다. 공동구의 단면은 장차 수용할 관류와 전선의 유지 및 보수용의 통로, 조명, 배수, 환기 등 부대설비의 설치가 가능하도록 해야 한다. 통로의 높이는 1.8m 이상을 원칙으로 하고 환기구, 출입구, 재료반입구 등을 적당한 간격으로 설치한다.[120]

---

119) B. C. Colley(1993), Practical Manual of Land Development
120) 공동구의 구조 및 설치기준은 도시계획시설의 결정·구조 및 시설설치 기준에 관한 규칙 제82조, 제83조

3) 공공건축물계획

(1) 공공건축물의 종류

① 기능별 구분

공공건축물을 기능별로 행정시설, 문교시설, 후생시설, 운영시설, 생활시설과 같이 구분할 수 있고, 다시 이것을 세분하여 구분할 수도 있다.

〈표 14.11〉 공공건축물의 기능별 분류

구 분		시 설
행정시설	국가행정시설	중앙관청, 동출장관청, 법원
	지방행정시설	지방관청, 지방의회
	도시자치시설	시청, 경찰서, 소방서
문교시설	교 육 시 설	대학, 고등학교, 중학교, 초등학교
	연 구 시 설	연구소, 시험소, 관상대, 측우소
	문 화 시 설	도서관, 미술관, 박물관, 공회당
	종 교 시 설	사원, 교회, 사당
	기 념 시 설	국보보존건축물
후생시설	의 료 시 설	병원, 진료소, 요양소, 보건소
	체 육 시 설	경기장, 체육관, 수영장
	오 락 시 설	극장, 영화관, 흥행장, 경마장
운영시설	운 수 시 설	정거장, 자동차차고, 공항시설
	통 신 시 설	우체국, 전화국, 방송국
	공 급 시 설	도매시장, 변전소, 급수장시설
	처 리 시 설	분뇨처리장, 도살장, 화장장
생활시설	숙 박 시 설	호텔, 여관
	사 회 시 설	노동자 숙박소
	보 건 시 설	보육원, 탁아소, 양로원, 모자원, 고아원
	위 생 시 설	공중목욕탕, 공중변소
	복 리 시 설	공중식당, 수산장

② 위치별 구분

도시의 중심적인 역할을 하는 시설은 도시의 중앙 교통중심지 및 상업지에 근접하여 설치한다. 예를 들어 시청사, 의사당, 법원, 등기소, 거래소, 경찰서, 우체국, 은행, 호텔, 도서관, 공회당, 미술관, 박물관 등이 있다.

그리고 분산되어도 되는 지방적 시설은 각지에 분산되나, 가로에 좌우되는 경우가 많다. 시설로는 우체국, 통신분국, 사원, 학교, 지방행정청, 시장, 극장, 공동목욕탕, 소방파출소, 운동장, 체육관, 양로원 등이 있다.

(2) 공공건축물의 분포형태

공공건축물의 분포형태는 크게 단독형, 분산형, 결절형, 집합형이 있는데, 단독형은 주로 광역적인 전시적(全市的) 시설로서 이 시설은 다른 시설과는 관계없이 독립하여 존재하는 것으로 도청, 시청 등이 있다.

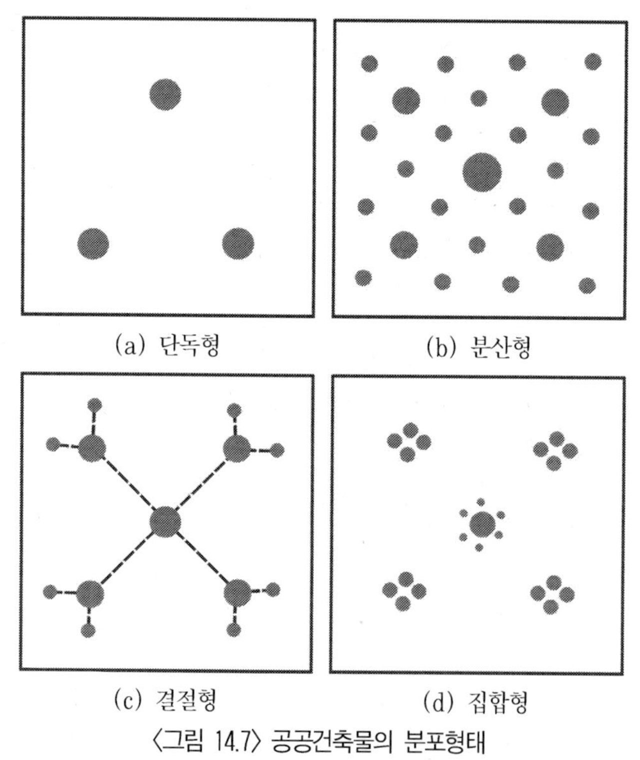

〈그림 14.7〉 공공건축물의 분포형태

분산형은 일상생활에 밀접한 관계가 있는 국지적 시설로서 시도내의 각 지구에 분포된다. 동사무소, 파출소 등이 여기에 해당한다.

결절형은 도로의 결절점에 분포하고, 조직계통상 분산형 내에 결절형이 있다. 마지막으로 집합형은 다른 관계시설과 함께 한곳에 모이는 형태로서 법원이나 검찰청 등이 여기에 포함된다.

(3) 학 교

초등학교는 근린주거구역단위[121]로 설치하되, 근린주거구역의 중심시설이 되도록 하여야 하나, 관할교육장이 필요하다고 인정하여 요청하는 경우에는 근린주거구역단위 미만인 경우에도 초등학교를 설치할 수 있다. 초등학교의 통학거리는 1,000m 이내로 하되, 학생들이 안전하고 편리하게 통학할 수 있도록 다른 공공시설의 이용관계를 고려한다.

중학교 및 고등학교는 2개의 근린주거구역단위에 1개의 비율로 배치하되, 당해 지역의 인구밀도·가구당 인구수·진학률·주거형태 등과 설치하고자 하는 학교의 규모에 따라 적절히 조정하여야 한다. 대학은 당해 대학의 기능과 특성에 적합하도록 하여야 하며, 대학의 배치에 관한 도시전체의 기본계획을 고려한다. 학교의 주요 결정기준은 다음과 같다.

① 건전한 교육목적을 달성할 수 있도록 통학권의 범위, 주변환경의 정비상태 등을 종합적으로 검토하여 시민의 문화교육향상에 기여할 수 있는 중심시설이 되도록 하여야 한다.
② 도시 전체의 인구규모 및 취학률을 감안한 학생 수를 추정하여 지역별 인구밀도에 따라 적절한 배치간격을 유지한다.
③ 급경사지·저지대 등 재해발생의 우려가 있는 지역에는 설치하지 아니한다.
④ 위생·교육·보안상 지장을 초래하는 공장·쓰레기처리장·유흥업소 및 관람장과 소음·진동 등으로 정온을 요하는 교육활동에 장애가 되는 고속도로·철도 등에 근접한 지역에서 설치하지 아니하여야 한다.

---

121) 새로이 개발되는 지역은 2,000세대 내지 3,000세대를 1개의 근린구역으로 본다.

⑤ 통학에 위험하거나 지장이 되는 요인이 없어야 하며, 교통이 빈번한 도로·철도 등이 관통하지 아니하고, 일조·통풍 및 배수가 잘 되는 지역에 설치한다.

⑥ 학교주변에는 녹지 등 차단공간을 두고, 옥외체육장은 원칙적으로 교사부지와 연접된 곳에 설치한다.

⑦ 도서관·강당 등 일반시민들이 사용할 수 있는 시설을 설치하는 경우에는 관리상 또는 방화상 지장이 없도록 한다.

(4) 공공청사

공공청사는 공공업무를 수행하기 위하여 설치·관리하는 국가 또는 지방자치단체의 청사와 우리나라와 외교관계를 수립한 나라의 외교업무수행을 위하여 정부가 설치하여 주한외교관에게 빌려주는 공관, 그리고 교정시설(교도소·구치소·소년원 및 소년분류심사원)을 말한다.

공공청사의 결정은 교통을 편리하게 하여 이용자가 쉽게 접근할 수 있고 직원이 원활하게 업무를 수행할 수 있도록 하기 위하여 각종 교통수단의 배치상황을 고려하여야 한다. 교통이 혼잡한 상점가나 번화가에 설치하여서는 아니 되며, 공무집행에 적합한 환경을 유지할 수 있도록 인근의 토지이용현황을 고려한다.

중추적인 시설은 도심지에 단독형으로 설치하고, 국지적인 시설은 이용자의 분포상황을 고려하여 분산형으로 하며, 유사한 기능의 공공청사는 일정한 지역에 집단화할 수 있도록 기존 공공청사의 배치상황을 고려한다.

주차장·휴게소·공중전화실·구내매점 등 이용자를 위한 편익시설과 안내실·업무대기실·화장실 등 부대시설을 충분히 확보하고, 장래의 업무수요의 증가에 대비하여 시설확충이 가능하도록 하여야 한다.

도시의 개발

제 15 장 도시개발사업

1. 도시개발사업의 정의

1) 도시개발법의 제정

(1) 도시개발법의 제정배경

인구 및 산업이 도시에 집중하고, 이에 따라 도시화가 급격하게 이루어지면서 주택지 및 공장용지의 수요가 급증하였으나, 기존의 도시계획법에 의한 각종 조성사업과 토지구획정리사업으로 신속하게 대지를 공급하는 데에는 한계가 있었다. 그래서 주택건설촉진법, 택지개발촉진법 및 산업입지 및 개발에 관한 법률 등이 제정되어 주택지 및 산업단지 등이 조성·공급되어 왔다.

하지만 이러한 법률은 개발사업법으로 주택단지개발, 산업단지개발 등과 같은 단일목적의 개발방식으로 추진되어 신도시의 개발 등 복합적 기능을 갖는 도시를 종합적·체계적으로 개발하는 데는 한계가 있었는바, 종전의 도시계획법의 도시계획사업에 관한 부분과 토지구획정리사업법을 통합·보완하여 도시개발에 관한 기본법으로서의 도시개발법을 제정함으로써 종합적·체계적인 도시개발을 위한 법적 기반을 마련하는 한편, 도시개발에 대한 민간부문의 참여를 활성화함으로써 다양한 형태의 도시개발이 가능하도록 하려는 것이다.

도시개발사업에 대한 종합적인 법체계를 정비함으로써 도시개발에 대한 체계적 계획수립과 실시계획을 도모할 수 있게 되었으나 아직 특별법 등이 그대로 존속하고 있어 장기적으로 통합하여 관리하게 될 것이다.

(2) 도시개발법의 주요내용

2003년 7월 도시개발법 및 시행령, 시행규칙이 정비되어 시행되고 있는데 도시개발법의 주요내용은 다음과 같다.

첫   째, 도시개발구역은 원칙적으로 시·도지사가 직권으로 지정하거나 시장·군수·구청장의 요청을 받아 지정하도록 하되, 국가가 도시개발사업을 시행하는 경우에는 건설교통부장관이 도시개발구역을 제정하도록 한다.

둘   째, 다양한 도시개발수요에 부응하기 위하여 개발대상 토지면적의 4/5 이상에 해당하는 토지의 소유자의 동의를 받으면 민간법인도 도시개발구역의 지정을 제안할 수 있도록 한다.

셋   째, 도시개발사업에 민간의 자본·기술을 활용하기 위하여 민간도 조합, 순수민간법인 또는 민관합동법인 등의 형태로 도시개발사업의 시행자가 될 수 있도록 한다.

넷   째, 도시개발사업의 성격에 따라 사업의 시행방식을 수용 또는 사용에 의한 방식, 환지방식 또는 양자 혼용방식으로 자유롭게 선택할 수 있도록 하여 도시개발사업을 탄력적으로 시행할 수 있도록 한다.

다섯째, 도시개발사업이 원활하게 진행되도록 민간사업시행자에게 토지수용권을 부여하되, 사업대상 토지면적의 2/3 이상을 매입하고 토지소유자 2/3 이상의 동의를 받는 경우에 한하여 수용권을 갖게 함으로써 수용권의 행사로 인한 토지소유자의 재산권을 침해할 소지를 최소화하도록 한다.

여섯째, 도시개발구역을 지정한 후 토지를 수용 또는 사용하는 때까지 장기간이

소요되는 경우에는 개발에 대한 기대이익이 지가에 반영되어 토지소유
자는 아무런 노력 없이 개발이익을 갖게 되는 문제점이 있으므로 도시
개발구역지정 시점을 토지수용법상의 사업인정 시점으로 보아 토지의
수용 또는 사용의 시기를 앞당김으로써 개발구역의 지정으로 인한 기대
이익이 지가에 반영되기 전의 가격으로 토지를 매수할 수 있도록 한다.
일곱째, 도시개발사업의 시행자는 토지소유자가 원하는 경우 토지의 매수대
금의 일부를 사업시행으로 조성된 토지소유자에게 지급하는 토지상
환채권을 발행할 수 있도록 한다.
여덟째, 지방자치단체에 도시개발채권의 발행으로 조성된 자금과 개발부담
금 등을 재원으로 하는 도시개발특별회계를 설치하여 도시개발사업
을 지원할 수 있도록 하고, 도시개발사업의 시행자는 지방자치단체
가 발행하는 도시개발채권을 의무적으로 매입하도록 한다.

(3) 도시개발법의 목적 및 도시개발사업

도시개발법은 계획적이고 체계적인 도시개발을 도모하고 쾌적한 도시환경
의 조성과 공공복리의 증진에 기여함을 목적으로 하고 있으며(법 제1조), 도시
개발사업은 도시계획시설사업, 재개발사업과 함께 도시계획사업의 하나이며,
도시개발구역 안에서 주거·상업·산업·유통·정보통신·생태·문화 ·보건
및 복지 등의 기능을 가지는 단지 또는 시가지를 조성하기 위하여 시행하는
사업을 말한다(법 제2조2항).

2. 도시개발구역

1) 도시개발구역의 지정

도시개발구역은 해당 도시기본계획 및 도시관리계획에 부합하여야 하며, 기타 법령에서 개발을 제한하고 있는 지역은 제외하는 것을 원칙으로 한다.

시·도지사는 계획적인 도시개발이 필요하다고 인정되는 때에는 도시개발구역을 지정할 수 있는데, 도시개발구역의 면적이 100만㎡ 이상인 경우에는 건설교통부장관의 승인을 얻어야 한다. 도시개발구역으로 지정할 수 있는 규모는 도시지역인 경우 주거지역 및 상업지역은 1만㎡ 이상, 공업지역은 3만㎡ 이상, 자연녹지지역(건축물의 건축을 위한 경우에 한함)은 1만㎡ 이상이고, 비도시지역은 33만㎡ 이상이다(법 제3조, 령 제2조 제3조).[122] 도시개발구역이 지정·고시된 경우 국토계획법의 도시지역 및 제1종 지구단위계획구역으로 결정·고시된 것으로 본다.

도시개발구역으로 지정하고자 하는 지역이 2 이상의 용도지역에 걸치는 경우에는 다음 각 목의 구분에 따라 도시개발구역으로 지정하여야 한다.

① 도시지역 안에서 2이상의 용도지역에 걸치는 경우에는 다음이 산식에 의한 면적이 1만㎡ 이상일 것

$$A = \text{주거 및 상업지역면적} + \text{공업지역면적의 } 1/3 + \text{자연녹지지역면적}$$

② 도시지역 밖에서 2이상의 용도지역에 걸치는 경우에는 총면적이 33만㎡ 이상일 것

③ 도시지역 안과 도시지역 밖에 걸치는 경우에는 다음의 1에 해당할 것

　　㉠ 도시지역 안의 면적(위의 산식)이 1만㎡ 이상이고 도시지역 밖의 면적

---

122) 기존의 도시계획법의 도시개발사업인 일단의 주택지 조성사업(1만㎡), 시가지 조성사업(3만㎡), 일단의 공업용지조성사업(3만㎡)이 도시개발법에서 도시개발사업으로 일원화되었다.

이 5천㎡ 이하로서 도시지역 밖의 면적을 공공시설용지로 사용하기 위하여 개발하는 경우일 것
ⓛ 총면적이 33만㎡ 이상이고 도시지역 밖의 면적이 30만㎡ 이상인 경우일 것

동일한 목적으로 수차에 걸쳐 부분적으로 개발하거나 연접하여 개발하는 경우로서 다음 각목의 요건을 모두 갖춘 때에는 개발 중인 구역과 새로 개발하고자 하는 구역을 하나의 도시개발구역으로 지정하여야 한다.

① 개발 중인 구역과 새로 개발하고자 하는 구역의 면적으로 합한 면적이 구역지정면적 이상일 것
② 개발 중인 구역과 새로 개발하고자 하는 구역의 시행자가 같은 자일 것

또한 도시개발사업이 필요하다고 인정되는 지역이 2이상의 특별시·광역시 또는 도의 행정구역에 걸치는 경우에는 관계 시·도지사가 협의하여 도시개발구역을 지정할 자를 정할 수 있고, 국가가 도시개발사업을 실시할 필요가 있는 경우와 관계중앙행정기관의 장이 요청하는 경우, 그리고 시·도지사의 협의가 성립하지 아니하는 경우에는 건설교통부장관이 도시개발구역을 지정할 수 있다. 시장·군수 또는 구청장은 시·군·구 도시계획위원회의 자문을 거쳐 시·도지사에게 도시개발구역의 지정을 요청할 수 있다.

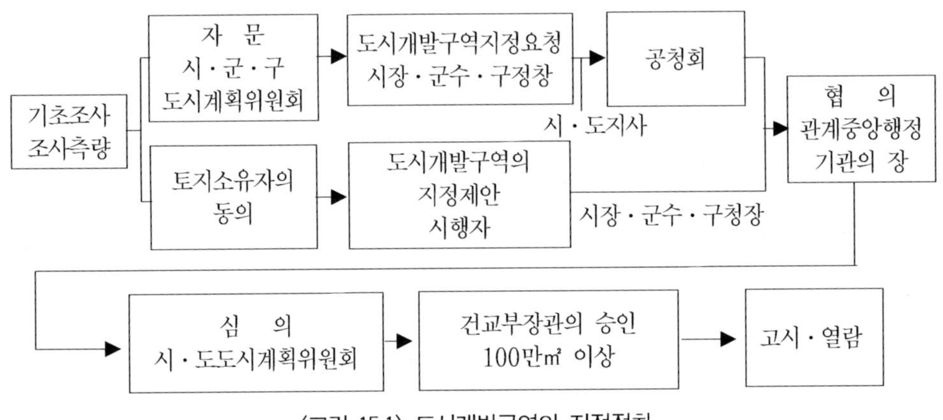

〈그림 15.1〉 도시개발구역의 지정절차

2) 개발계획의 수립

도시개발구역을 지정하는 자는 개발계획을 수립해야 하는데, 지정권자는 관계중앙행정기관의 장 또는 시장·군수·구청장의 요청을 받아 개발계획을 변경할 수 있다. 그리고 지정권자가 도시개발사업을 환지방식으로 시행하고자 하는 경우 개발계획을 수립하는 때에는 환지방식이 적용되는 지역의 토지면적의 3분의 2이상에 해당하는 토지소유자와 그 지역의 토지소유자 총수의 2분의 1 이상의 동의를 얻어야 한다.[123]

녹지지역 안 또는 도시지역 외의 지역에 도시개발구역을 지정하는 경우 환경보전계획에는 환경성검토 결과가 포함되어야 한다.(령 제7조2항) 개발계획의 내용은 광역도시계획 및 도시기본계획에 부합되어야 하며, 복합기능을 갖는 도시규모(330만㎡ 이상)의 도시개발구역에 관한 개발계획을 수립함에 있어서 당해 구역 안에서 주거·생산·교육·유통·위락 등의 기능이 상호조화를 이루도록 노력하여야 한다.

개발계획에 포함되어야 할 사항은 다음과 같다. 단, 13호와 14호는 포함할 수 있다.

1. 도시개발구역의 명칭·위치와 면적
2. 도시개발구역의 지정목적 및 도시개발사업의 시행기간
3. 도시개발구역을 2 이상의 사업시행지구로 분할하여 도시개발사업을 시행하는 경우에는 그 지구분할에 관한 사항
4. 도시개발사업의 시행자에 관한 사항
5. 도시개발사업의 시행방식
6. 인구수용계획
7. 토지이용계획
8. 교통처리계획
9. 환경보전계획
10. 보건의료 및 복지시설의 설치계획

---

123) 기존의 토지구획정리사업을 말하고, 토지구획정리사업법은 도시개발법의 제정으로 폐지되었다.

11. 도로, 상하수도 등 주요 도시기반시설의 설치계획

12. 재원조달계획

13. 도시개발구역 밖의 지역에 도시기반시설을 설치하여야 하는 경우에는 당해 시설의 설치에 필요한 비용의 부담계획

14. 수용 또는 사용의 대상이 되는 토지·건축물 또는 토지에 정착한 물건과 이에 관한 소유권 외의 권리, 광업권, 어업권, 물의 사용에 관한 권리가 있는 경우에는 그 세목

15. 기타 대통령이 정하는 사항

　－학교시설계획

　－문화재 보호계획

　－초고속 정보통신망계획

　－공동구 등 지하매설물계획

　－존치하는 기존 건축물 및 공작물 등에 관한 계획

　－산업의 유치업종 및 배치계획

　－국토이용계획 및 도시계획에 관한 사항

　－집단에너지 공급계획

　－전시장·공연장 등의 문화시설계획

　－보육시설계획

　－기타 건설교통부령이 정하는 사항

도시개발구역이 지정·고시된 날부터 3년이 되는 날까지 도시개발사업에 관한 실시계획의 인가를 신청하지 아니하는 경우에는 그 3년이 되는 날, 도시개발사업의 공사완료(환지방식은 환지처분)의 공고일에 도시개발구역지정은 해제된다.(법 제10조) 이와 같은 규정에도 불구하고 도시개발구역지정 후 개발계획을 수립하는 경우, ① 도시개발구역을 지정·고시한 날부터 2년이 되는 날까지 개발계획을 수립·고시하지 아니하는 경우에는 그 2년이 되는 날, 다만 도시개발구역의 면적이 100만㎡ 이상인 경우에는 5년, ② 개발계획을 수립·고시한 날부터 3년이 되는 날까지 실시계획의 인가를 신청하지 아니하는 경우에는 3년이 되는 날, 다만 도시개발구역의 면적이 100㎡ 이상인 경우에는 5년 다음 날에 도시개발구역 지정이 해제된다.(법 제10조)

3) 도시개발사업

도시개발사업의 시행자는 국가 또는 지방자치단체, 한국토지공사, 주택공사, 수자원공사, 농업기반공사, 한국관광공사 등의 정부투자기관, 지방공사, 법인 및 토지소유자 또는 조합과 토목건설회사 등 공공기관뿐만 아니라 민간기관(인)도 사업시행자가 될 수 있다. 환지방식사업은 토지소유자 또는 조합이 시행하는 것을 원칙으로 한다. 정부투자기관 및 토목건설회사 중 대상구역의 토지면적의 4 / 5 이상에 해당하는 토지소유자의 동의를 얻으면 도시개발구역의 지정을 제안할 수 있다.

도시개발법에 의한 도시개발사업은 크게 수용 또는 사용방식, 환지방식으로 구분되고, 이 두 방식을 혼용하는 방식이 있다.

① 수용 또는 사용방식은 당해 도시의 주택건설에 필요한 택지 등의 집단적인 조성 또는 공급이 필요한 경우에 택지개발촉진법과 같이 전면매수 또는 토지수용을 통하여 사업을 시행할 수 있다.
② 환지방식은 대지로서의 효용증진과 공공시설의 정비를 위하여 토지의 교환·분합 기타의 구획변경, 지목 또는 형질의 변경이나 공동시설의 설치·변경이 필요한 경우 또는 도시개발사업을 시행하는 지역의 지가가 인근의 다른 지역에 비하여 현저히 높아 수용 또는 사용방식으로 시행하는 것이 어려운 경우에 시행할 수 있다.
③ 혼용방식은 도시개발구역으로 지정하고자 하는 지역이 부분적으로 위의 두 조건에 해당하는 경우에 두 방식을 혼용하여 사업을 시행할 수 있다.

〈표 15.1〉 도시개발사업 시행방식의 기준

구 분	기 준
수용 또는 사용방식	해당 도시의 주택건설에 필요한 택지 등의 집단적인 조성 또는 공급이 필요한 경우
환지방식	대지로서의 효용증진과 공공시설의 정비를 위하여 토지의 교환·분합 기타의 구획변경, 지목 또는 형질의 변경이나 공공시설의 설치·변경이 필요한 경우 또는 도시개발사업을 시행하는 지역의 지가가 인근의 다른 지역에 비해 현저히 높아 수용 또는 사용하는 방식으로 시행하는 것이 어려운 경우
혼용방식	도시개발구역으로 지정하고자 하는 지역이 부분적으로 위의 경우에 해당하는 경우

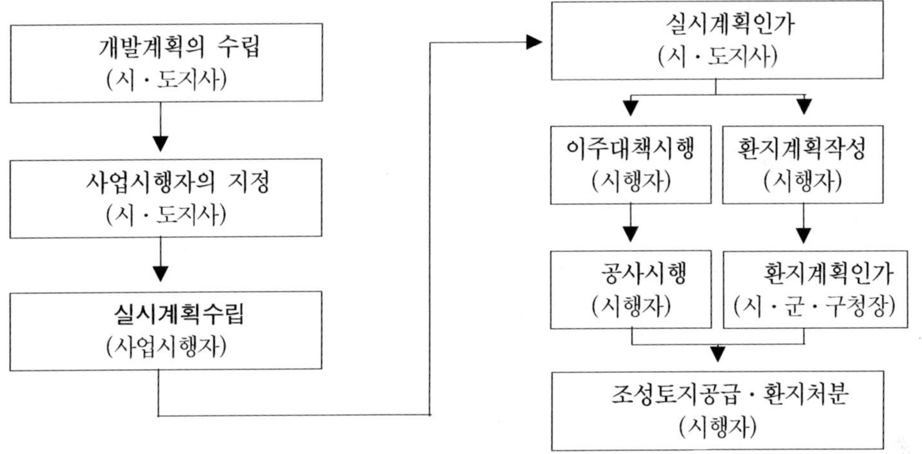

〈그림 15.2〉 도시개발사업의 시행절차

3. 개발사업

1) 토지개발사업

도시개발사업은 주거·상업·산업·유통·정보통신·생태·문화·보건 및 복지 등의 기능을 가지는 단지 또는 시가지를 조성하기 위한 것으로 다양한 토지개발사업이 요구된다. 대부분 시가지를 개발·계획하기 위한 것이지만, 산업용지, 유통단지 등 시가지지역뿐만 아니라 관리지역 중 계획관리지역에 의해 추진되는 경우도 있다.

2) 시가지개발사업

최근의 국토계획법 제정 이전의 시가지개발사업은 도시계획법의 규정에 의한 토지구획정리사업, 재개발사업, 일단의 주택지조성사업, 일단의 공업용지조성사업, 시가지조성사업으로 구분되어 있었다. 이 밖에 도시계획법상의 도시개발예정구역 지정에 의한 사업과 택지개발촉진법·주택건설촉진법·산업입지및개발에관한법률·도시저소득층 주민의 주거환경개선을 위한 임시조치법 등에 의해 이루어지는 개발사업들이 있다. 그러나 최근 도시개발법제의 정비로 인하여 도시개발 분야는 도시개발법으로 일원화되었으며, 최근의 각종 도시개발사업 방식도 상당히 크게 변화되고 있다.

<표 15.2> 공급토지의 용도별 토지개발사업과 관련법규

구 분	토 지 개 발 사 업	관 련 법 규
주거 및 상업·업무용지	• 도시개발사업	도시개발법
	• 아파트지구 지정에 의한 사업	국토계획법, 주택법
	• 도시개발예정구역 조성사업	국토계획법
	• 택지개발 예정지구 지정에 의한 사업	택지개발촉진법
	• 도심재개발 사업	도시 및 주거환경정비법
	• 주택재개발사업	도시 및 주거환경정비법
	• 일반적인 토지형질변경에 의한 사업	국토계획법
산업용지	• 국가·지방산업단지개발사업, 농공단지 개발사업, 특수지역개발사업	산업입지및개발에관한법률 농어촌발전 특별조치법
	• 중소기업협동화단지조성사업	중소기업진흥법
	• 수출자유지역조성사업	수출자유지역설치법
	• 공유수면매립사업	공유수면매립법
	• 외국인전용단지	공업배치및공장설립에관한법률
	• 벤처단지	벤처기업육성에관한특별조치법
농업용지	• 농지개량사업	농촌근대화촉진법
	• 농지개발촉진지역 지정에 의한 사업	농지확대개발촉진법
	• 초지조성지구 지정에 의한 사업	초지법
	• 낙농지대 지정에 의한 사업	낙농진흥법
관광용지	• 관광단지조성사업	관광진흥법
	• 도시개발예정구역 지정에 의한 사업	국토계획법
	• 온천개발사업	온천법

〈표 15.3〉 시가지개발사업의 종류

사업법	근거법	사업규모	시행주체	토지취득방식
도시개발사업	도시개발법	도시지역 안 -1만㎡ 이상(주거, 상업) -3만㎡ 이상(공업) -1만㎡ 이상(자연녹지지역) 도시지역 밖 -33만㎡ 이상	●국가, 지자체 ●정부투자기관 ●지방공사 ●조합 ●건설업자(요건)	전면 매수 또는 환지
택지개발예정지구 지정에 의한 사업	택지개발 촉진법	-10만㎡ 이상	●국가, 지자체 ●주택공사, 토지공사	전면 매수
아파트지구 개발사업	주택법	-도시관리계획상 아파트지구지정 규모	●국가, 지자체 ●주공, 토공 ●지방공사 ●지정업자	전면 매수 또는 환지
국민주택용 대지조성사업		-단독주택 20호 이상, 공동주택 20세대 이상 -대지면적 10,000㎡ 이상	●국가, 지자체 ●주공, 토공 ●등록업체	
산업단지개발사업 (국가, 지방산단 및 농공단지)	산업입지 및 개발에 관한 법률	제한 없음	●국가, 지자체 ●정부투자기관 ●지방공기업, 기타	전면 매수
재개발사업	도시 및 주거환경 정비법	-도시관리계획으로 지정·고시된 재개발 사업구역	●토지 등의 소유자 ●재개발 조합 ●건설업자 주택건설 사업자 ●지방자치단체 ●주공, 토공, 지방공사	전면 매수 또는 환지

4. 도시개발사업

1) 수용·사용방식

(1) 수용·사용방식의 요건

시행자는 도시개발사업에 필요한 토지 등을 수용 또는 사용할 수 있는데, 사업시행자(토지소유자, 조합, 민간법인 등)는 토지면적의 2/3 이상에 해당하는 토지를 매입하고 토지소유자 총수의 2/3 이상에 해당하는 자의 동의를 얻어야 하며, 토지 등의 수용 또는 사용에 관하여는 공익사업을위한토지등의취득및보상에관한법률을 준용한다. 이 방식은 전면매수에 의한 사업방식으로 기존의 택지개발촉진법에 의한 택지개발사업에서 많이 활용되었다.

수용 또는 사용의 대상이 되는 토지의 세목을 고시한 때에는 공익사업을위한토지등의취득및보상에관한법률에 의한 사업인정 및 그 고시가 있은 것으로 본다.

(2) 토지상환채권

시행자는 토지소유자가 원하는 경우에는 토지 등의 매수대금의 일부를 지급하기 위하여 사업시행으로 조성된 토지·건축물로 상환하는 채권(토지상환채권)을 발행할 수 있다. 토지상환채권은 분양토지 또는 분양건축물의 1/2을 초과하지 않아야 한다. 채권발행 시 발행계획을 작성하여 미리 지정권자의 승인을 얻어야 한다.

토지상환채권제도는 개발사업의 원활하고 안정적인 사업추진을 위해 도입된 것으로, 초기 토지 매입비의 과다로 인한 사업시행의 어려움과 기존 소유자가 계속 토지를 점유함으로써 안정적인 사업을 시행할 수 있다.

2) 환지방식

(1) 환지방식 사업의 개념

① 환지방식 사업의 정의

환지방식에 의한 도시개발사업은 토지를 합리적으로 이용하고 지역생활환경을 향상시키기 위하여 도로, 공원 상하수도, 광장 등의 공공시설을 설치·변경하거나, 토지를 교환·분합·구획변경하고 지목·형질을 변경하는 사업이다. 이 과정에서 사업시행 이전에 존재하던 토지와 관련된 권리관계를 변동시키지 아니하고, 각 토지의 위치·지목·면적·토질·수리·이용상황·환경 등을 이동 또는 변경시켜 효용을 증진시키는 방법이다.

② 환지방식의 개념

이 사업은 공공시설의 정비개선 및 택지의 이용증진을 도모하기 위해 토지의 구획·형질 변경 등을 행하는 사업이다. 건전한 시가지를 조성하기 위해서는 도로·공원·광장·하천 등의 공공시설을 충분히 확보함과 동시에 토지를 정리하여 가구의 정비를 통해 택지의 이용도를 향상시키는 것이 불가결하다. 따라서 환지방식에 의한 도시개발사업은 이들을 실현하는 수단이라 할 수 있다. 환지방식은 사업의 대상이 되는 시행지구 내의 토지를 매수·수용하는 것이 아니라, 환지처분에 의해 행하는 점이 특징이다.[124]

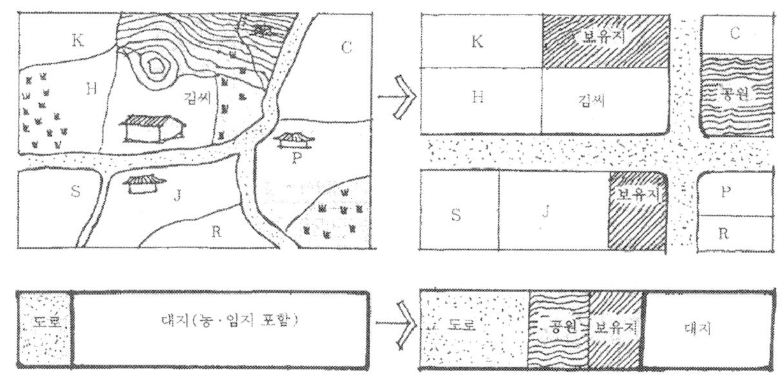

〈그림 15.3〉 환지에 의한 도시개발사업의 개념도

이 사업은 도시지역 내의 토지에 대하여 행하는 사업이다. 환지방식에 의한 도시개발사업이 궁극적으로 건전한 시가지의 조성을 목적으로 하는 것이기 때문에 하나의 도시로서 종합적으로 정비하고 개발 및 보전할 필요가 있는 도시지역 내 행해지는 것이 원칙이다.

토지의 구획·형질의 변경 및 공공시설의 신설 또는 변경과 함께 행하는 일

---

124) 류해웅(2000), 앞의 책, p.216.

정한 공작물의 설치 등도 환지방식사업에 포함된다. 종래의 「토지구획정리사업」은 토지구획정리사업과 병행하여 시행하는 부대사업도 토지구획정리사업으로 간주하고 있었다.

(2) 연 혁

프러시아에서는 구획정리의 선구가 된 아딕케스法(Les Adickes)의 전신이라고 할 수 있는 것을 이미 1807년에 내어놓았다. 1891년에는 독일의 핫센市에서 토지구획정리를 시행할 토지에 대해서는 건축을 금지하는 법을 제정했다. 1892년에는 역시 함부르크市에서도 같은 취지의 법을 제정하였다. 1893년에는 스위스 츄리히에서 건축법의 일부로서 일정한 지역에서는 관청이나 민간부문에서 자발적으로 토지구획정리를 실시하도록 규정하였다.

1896년 민유지에서 그 33%까지 공공용지를 무상으로 제공하도록 하는 바아텐法이 제정되었고, 1900년에는 일반건축법으로 알려져 있는 작센法이 제정되었다. 이어서 1902년에는 아딕케스法이 공포되어 공공용지 조성을 위한 감보율을 약 35~40%로 규정하여 시행되었다.

일본, 대만, 인도 등지에서 많이 실시되고 있다. 일본은 1919년(大正 8년)의 구도시계획법에 의해 이 사업을 시행하기 시작하여 1987년까지 전국 시가화구역 면적의 23%에 해당하는 약 32만ha를 공급하였다.

우리나라에서는 일제시대인 1934년 6월 20일에 제정·공포된 조선시가지계획령이 그 효시이다. 그 후 1962년 1월 20일에 제정된 도시계획법에 토지구획정리사업에 관한 조항이 들어가면서 본격적으로 시행하게 되었고, 도시계획법 이외의 내용은 농지개량에 관한 법령을 준용토록 하였다. 그러다가 1966년 8월 3일 토지구획정리사업법이 도시계획법에서 분리되어 제정됨으로써 독자적인 법체제를 갖게 되었다.

(3) 대상지역 및 시행자

환지방식에 의한 도시개발사업은 원칙적으로 도시지역 내의 토지에서 시행하고, 시행자는 원칙적으로 토지소유자 또는 조합이고, 국가 또는 지방자치단체, 대한주택공사, 한국토지공사, 한국수자원공사, 농업기반공사, 한국관광공사, 지방공사, 민간법인 등인데, 대부분 조합과 지방자치단체에 의해 사업이 시행되어 왔다.

(4) 특 징

도시계획에 있어서 토지구획정리사업(환지방식사업)은 매우 중요한 수단 중의 하나였다. 이 사업의 특징은 다음과 같다.

첫 째, 환지방식사업은 일정한 지역 내에 필요한 모든 공공시설을 동시에 정비할 수 있는 장점을 가지고 있다.

둘 째, 환지방식은 용지를 매입할 필요가 없고 감보로 인한 손실분을 토지개량으로 인한 지가상승분을 보충할 수 있어, 용지를 매입하여 공공시설을 설치하는 매수방식에 비해 적은 경비로 공공시설을 정비할 수가 있다.

셋 째, 용지의 취득을 수반하는 토지개발사업은 어떤 방법에 의하든지 토지를 취득하기 위해 상당한 곤란을 겪어야 하는 데 비해, 환지방식에 의한 도시개발사업은 개발토지를 종전의 토지에 상응토록 환지하고, 개발비의 부담이나 수익은 토지소유자에게 공평하게 배분함으로써 토지소유자의 동의를 비교적 쉽게 얻을 수 있다.

(5) 환 지

환지는 사업초기의 토지를 그 위치·면적·이용상황 등에 따라 교환·분합하는 행위이다. 환지방식에 의한 도시개발사업은 토지소유자로부터의 토지를 조금씩 제공받아(감보) 공공시설용지나 사업비를 충당하는 것으로 사업시행 후 토지소유자의 토지는 위치와 면적이 달라진다. 환지방식에는 동의에 의해 환지를 제외하거나 토지면적으로 환지를 하는 경우, 그리고 입체환지 등이 있다.

① 동의 등에 의한 환지의 제외: 토지소유자의 신청 또는 동의가 있는 때에는 당해 토지의 전부 또는 일부에 대하여 환지를 정하지 않을 수 있고, 임차권자 등이 있는 때에는 그 동의를 얻어야 한다.

② 토지면적을 고려한 환지[125]

　－증환지: 토지면적의 규모를 조정할 특별한 필요가 있는 때에는 면적이 작은 토지에 대하여는 과소토지[126]가 되지 아니하도록 면적을 증가하여 환지를 정하거나 환지대상에서 제외할 수 있다.

　－감환지: 면적이 넓은 토지에 대하여는 그 면적을 감소하여 환지를 정할 수 있다.

③ 입체환지

　－시행자는 도시개발사업의 원활한 시행을 위하여 특히 필요한 때에는 토지소유자의 동의를 얻어 환지의 목적인 토지에 갈음하여 시행자에게 처분할 권한이 있는 건축물의 일부와 당해 건축물이 있는 토지의 공유지분을 부여할 수 있다.

　－주택으로 환지하는 경우에 동 주택에 대하여는 주택법 규정에 의한 주택의 공급에 관한 기준을 적용하지 아니한다.

감보율[127]은 대부분 50% 내외에서 결정되고, 환지는 기존 시가지·주택밀집지역 및 지목별 이용현황과 공공시설의 이용도 등을 고려하여 결정하고, 환지면적의 계산방식에는 평가식(도시개발사업 시행 전후의 토지평가가액에 비례하여 환지를 결정하는 방식)을 원칙으로 한다.

---

125) 토지면적의 규모를 고려하여 면적이 작은 토지에 대하여는 과소토지가 되지 아니하도록 면적을 증가(증환지)하여 정하거나 환지대상에서 제외할 수 있고, 면적의 규모가 큰 토지에 대해서는 그 면적을 감소하여 환지(감환지)를 정할 수 있다.

126) 과소토지의 규모

　1. 토지이용계획상의 주거용지: 165제곱미터 이상으로서 규약·시행규정 또는 정관이 정하는 면적(건축법, 주거: 60, 상업 / 공업: 150㎡)
　2. 토지이용계획상의 상업용지·공업용지 또는 기타 용지: 국토계획법시행령 별표 1 제2호라목(1)의 규정에 의한 도시계획조례에서 정하는 면적 이상으로서 규약·시행규정 또는 정관이 정하는 면적

127) 감보율은 토지부담률이라고도 하며, 평균부담률은 50%를 초과할 수 없으나, 지정권자가 인정하는 경우에는 60%까지, 토지소유자 전원이 동의하는 경우에는 60%를 초과할 수 있다.

〈표 15.4〉 환지면적 계산방식 비교

방법＼항목	기 준	환지면적 산출방식	특 징 장 점	특 징 단 점
평가식 (평가주의)	정리 전의 토지 평가액을 기준 하여 비례적으 로 정리 후의 택지에 배분	● 정리 전 토지가 〈 정리 후의 토지평가액 $$E_i = \dfrac{aA_i \cdot a_i}{e_i}$$ ● 정리 전 토지가 = 정리 후의 토지평가액 $$E_i = \dfrac{A_i}{r_i}$$ ● 정리 전 토지가 〉 정리 후의 토지평가액 $$E_i = \dfrac{A_i \cdot a_i - (A_i 감가보상금)}{e_i}$$	- 계산방법이 논리적이며 이해가 용이 - 택지이용 증 진율이 비교 적 낮은 시가 지에서의 사 업에 적합 - 각 필지의 토 지조건이 유사 하여 단가차가 크지 않은 지 역에 적합	- 계산 번잡으 로 환지계산 에 많은 시간 소요 - 평가에 있어 주 관적 요소의 개 재가능성이 큼 - 청산금 조정곤란 - 환지지적 결정 곤란
면적식 (지적·면적 주의)	종전 택지의 지 적 및 위치를 기 준으로 환지결 정(원위치 중심 분배)	● 보유지를 책정하지 않을 때 $$E = A_w - B - C$$ ● 보유지를 책정할 때 $$E = A_w - B - C - R$$	- 계산방법 간편 - 지구 전체의 환지상태에 대한 예상이 용이	- 연도부담평가 의 어려움 - 지가 차이가 큰 지구에는 적용 불합리
절충식 (절충주의)	상기 개별 방법 들이 갖는 문제 점을 제거하고 보다 합리적이며 균형된 계산방식 으로서 면적식에 평가식 절충	● 면적식에 평가식 가미 $$E_i = \dfrac{A_i a_i + Z(E_i' e_i' - A_i a_i)}{e_i'}$$	- 논리적으로 설 득력이 있음	- 계산이 복잡

주: E_i 정리 후 i획지의 지적 E: 정리 후의 획지총면적
    A_i 정리 전 i획지의 지적 A: 정리 전의 대지총면적
    ai: 정리 전 i획지의 단가 ei: 정리 후 i획지의 단가
    a: 사업시행에 따른 지구전체의 평균택지가 상승(또는하락)률 $= \dfrac{\sum E_i \cdot ei}{\sum A_i \cdot ai}$
    A_w: 정리 전의기준면적합계 $= A + w$(정리 전의 도로가산면적)
    Z: 증가배당률(가산율) $= \dfrac{\sum(E_i \cdot ei - A_i ai)}{\sum(E_i' \cdot ei - A_i' \cdot ai)}$
    B: 연도감소면적 R: 보유지의 총가액
    C: 공공용지 공통감보면적 $= (P_e - B) - (P_a - w)$
    P_a: 정리 전의 공공용지 총면적 P_e: 정리 후의 공공용지 총면적
    E_i' : i획지 감정환지 면적 e_i' : i획지 감정환지의 단가
    ri : i획지 등귀율(증진율) $= \dfrac{e_i}{a_i}$
자료: 정삼석(1998), 도시계획, 기문당, pp.226-227.

그리고 면적식(도시개발사업 시행 전의 토지의 면적 및 위치를 기준으로 환

지를 결정하는 방법) 및 절충식(평가식과 면적을 혼합한 방식) 중에서 적합한 방식으로 할 수 있으며, 동일한 환지계획구역 안에서는 동일한 방식을 적용하여야 한다.[128]

도시개발사업에 필요한 경비에 충당하거나 규약·정관·시행규정 또는 실시계획이 정하는 목적을 위하여 일정한 토지를 환지로 정하지 아니하고 이를 체비지 또는 보유지로 정할 수 있다.

(6) 환지예정지 지정 및 환지처분

① 환지예정지의 지정

시행자는 도시개발사업의 시행을 위하여 필요한 때에는 도시개발구역 안의 토지에 대하여 환지예정지를 지정할 수 있다. 이 경우 종전의 토지에 대한 임차권자 등이 있는 경우에는 당해 환지예정지에 대하여 당해 권리의 목적인 토지 또는 그 부분을 아울러 지정하여야 한다. 시행자가 환지예정지를 지정하고자 하는 경우에는 관계토지소유자와 임차권자 등에게 환지예정지의 위치·면적과 환지예정지 지정의 효력발생시기를 통지하여야 헌다.

② 환지예정지 지정의 효과

환지예정지가 지정된 경우에는 종전의 토지에 관한 토지소유자 및 임차권자 등은 환지예정지의 지정의 효력발생일부터 환지처분의 공고가 있는 날까지 환지예정지 또는 당해 부분에 대하여 종전과 동일한 내용의 권리를 행사할 수 있으며 종전의 토지에 대하여는 이를 사용하거나 수익할 수 없다. 시행자는 환지예정지를 지정한 때에 당해 토지에 사용 또는 수익의 장애가 될 물건이 있거나 기타 특별한 사유가 있는 경우에는 환지예정지의 사용 또는 수익을 개시할 날을 따로 정할 수 있다.

환지예정지의 지정의 효력이 발생하거나 환지예정지의 사용 또는 수익을 개시하는 때에 당해 환지예정지의 종전의 소유자 또는 임차권자 등은 이를 사용하거나 수익할 수 없으며, 권리의 행사를 방해할 수 없다. 시행자는 체비지

---

128) 환지는 평가식이 원칙이지만, 종전의 토지에 지정하는 것을 원칙으로 한다.(평가식＋면적식)

의 용도로 환지예정지가 지정된 때에는 도시개발사업에 소요되는 비용을 충당하기 위하여 이를 사용 또는 수익하게 하거나 처분할 수 있다. 임차권 등의 목적인 토지에 관하여 환지예정지가 지정된 경우 임대료·지료 기타 사용료 등의 증감이나 권리의 포기 등에 관하여 이를 준용한다.

③ 환지처분

시행자는 환지방식에 의하여 도시개발사업에 관한 공사를 완료한 때에는 지체 없이 대통령령이 정하는 바에 따라 이를 공고하고 공사관계서류를 일반에게 공람시켜야 한다. 도시개발구역 안의 토지소유자 또는 이해관계인은 공람기간 내에 시행자에게 의견서를 제출할 수 있으며, 그 의견서의 제출을 받은 시행자는 공사결과와 실시계획내용과의 적합여부를 확인하여 필요한 조치를 하여야 한다. 시행자는 공람기간 내에 의견서의 제출이 없거나 제출된 의견서에 따라 필요한 조치를 한 때에는 지정권자에 의한 준공검사를 신청하거나 도시개발사업의 공사를 완료하여야 한다.

시행자는 지정권자에 의한 준공검사를 받은 때(지정권자가 시행자인 경우에는 공사완료공고가 있는 때)에는 60일 이내에 환지처분을 하여야 한다. 시행자는 환지처분을 하고자 하는 때에는 환지계획에서 정한 사항을 토지소유자에게 통지하고 이를 공고하여야 한다.

④ 환지처분효과

환지계획에서 정하여진 환지는 그 환지처분의 공고가 있은 날의 다음 날부터 종전의 토지로 보며, 환지계획에서 환지를 정하지 아니하는 종전의 토지에 존재하던 권리는 그 환지처분의 공고가 있은 날이 종료하는 때에 소멸한다. 환지처분 규정은 행정상 또는 재판상의 처분으로서 종전의 토지에 전속하는 것에 관하여는 영향을 미치지 아니한다.

도시개발구역 안의 토지에 대한 지역권은 환지처분의 규정에도 불구하고 종전의 토지에 존속한다. 다만, 도시개발사업의 시행으로 인하여 행사할 이익이 없어진 지역권은 환지처분의 공고가 있은 날이 종료하는 때에 소멸한다.

환지계획에 따라 환지처분을 받은 자는 환지처분이 공고된 날의 다음 날에 환지계획에서 정하는 바에 따라 건축물의 일부와 당해 건축물이 있는 토지의 공유지분을 취득한다. 이 경우 종전의 토지에 대한 저당권은 환지처분의 공고가 있은 날의 다음 날부터 당해 건축물의 일부와 당해 건축물이 있는 토지의 공유지분에 존재하는 것으로 본다.

체비지는 시행자가, 보유지는 환지계획에서 정한 자가 각각 환지처분의 공고가 있은 날의 다음 날에 당해 소유권을 취득한다. 다만, 이미 처분된 체비지는 당해 체비지를 매입한 자가 소유권 이전 등기를 마친 때에 이를 취득한다. 청산금은 환지처분의 공고가 있은 날의 다음 날에 확정된다.

(7) 문제점

기존의 토지구획정리사업은 원래 지주들의 토지소유권의 보호, 공공용지확보의 용이성, 저렴한 토지개발비용으로 말미암아 도시토지의 개발을 위해 시행되어 왔으나 다음과 같은 문제점을 가진다.

첫 째, 토지구획정리사업에서 발생하는 개발이익의 배분은 환지방식에 따라 달라지는데, 우리나라에서 많이 이용되어 온 면적식 환지방식은 토지소유자들 사이에 개발이익배분의 불공평성을 초래할 소지가 크다. 이러한 개발이익배분의 불공평성문제는 토지의 위치에 따라 사업 전·후의 지가의 차이가 다르다는 점에 기인하는 것이다.

둘 째, 토지소유자의 반발을 염려하여 사업시행자가 최소한의 체비지와 보유지만을 확보할 경우 토지소유자에게 지나친 개발이익을 허용하게 할 뿐만 아니라 학교, 공원 등의 공공시설의 부족을 초래하기 쉽다.

셋 째, 토지구획정리사업의 사업비를 충당하기 위하여 확보한 체비지를 매각하여 발생한 사업잉여금은 당해 사업지구에 재투자되거나 토지소유자들에게 재분배되지 않고 다른 용도로 전용되기도 한다.

넷 째, 토지구획정리사업의 시행자가 재원조달의 어려움 때문에 시가지를 조성하기도 전에 높은 가격으로 체비지를 매각할 경우 토지가격의 상승과 부동산 투기를 조장하게 된다.

3) 혼용방식

　도시개발구역으로 지정하고자 하는 지역이 부분적으로 수용 또는 사용 방식과 환지방식사업이 동시에 요구되는 지역에서는 이를 혼용하여 사업을 시행할 수 있다.

　이 경우에는 수용 또는 사용방식에 의한 방식이 적용되는 구역과 환지방식이 적용되는 구역으로 구분하여 사업시행지구로 분할하여 시행하여야 한다. 사업시행지구를 분할하여 시행하는 경우에는 각 사업지구에서 부담하여야 하는 도시기반시설의 설치비용 등을 명확히 구분하여 실시계획에 반영하여야 한다.

4) 공영개발사업

(1) 공영개발사업의 의의

　택지개발촉진법에 의한 택지개발사업(공영개발사업)은 도시지역의 심각한 주택난을 해소하기 위하여 주택건설에 필요한 택지의 개발·공급 및 관리 등에 관하여 특례를 규정함으로써 국민주거생활의 안정과 복지향상에 기여하는데 목적이 있다. 이 사업의 시행자는 국가, 지방자치단체, 한국토지공사, 대한주택공사 중에서 건설교통부장관이 지정하는 자만이 될 수 있어 민간부문의 참여를 원칙적으로 배제하고 있다.

　공영개발사업은 토지를 전면매수법에 의해 사업주체가 토지를 매입하여 개발하기 때문에 원칙적으로 사전에 협의매수를 거쳐 토지를 취득하고 있으나, 택지개발예정지구 안에서 택지 개발사업의 시행을 위하여 필요한 때에는 토지수용법에서 정하는 바에 따라 수용도 가능하다. 개발토지의 공급가격은 주택건설촉진법에 의한 국민주택용지는 조성원가 이하로 공급하도록 규정하고 있어 저소득층에게 값싼 택지를 공급할 수 있도록 하고 있다.

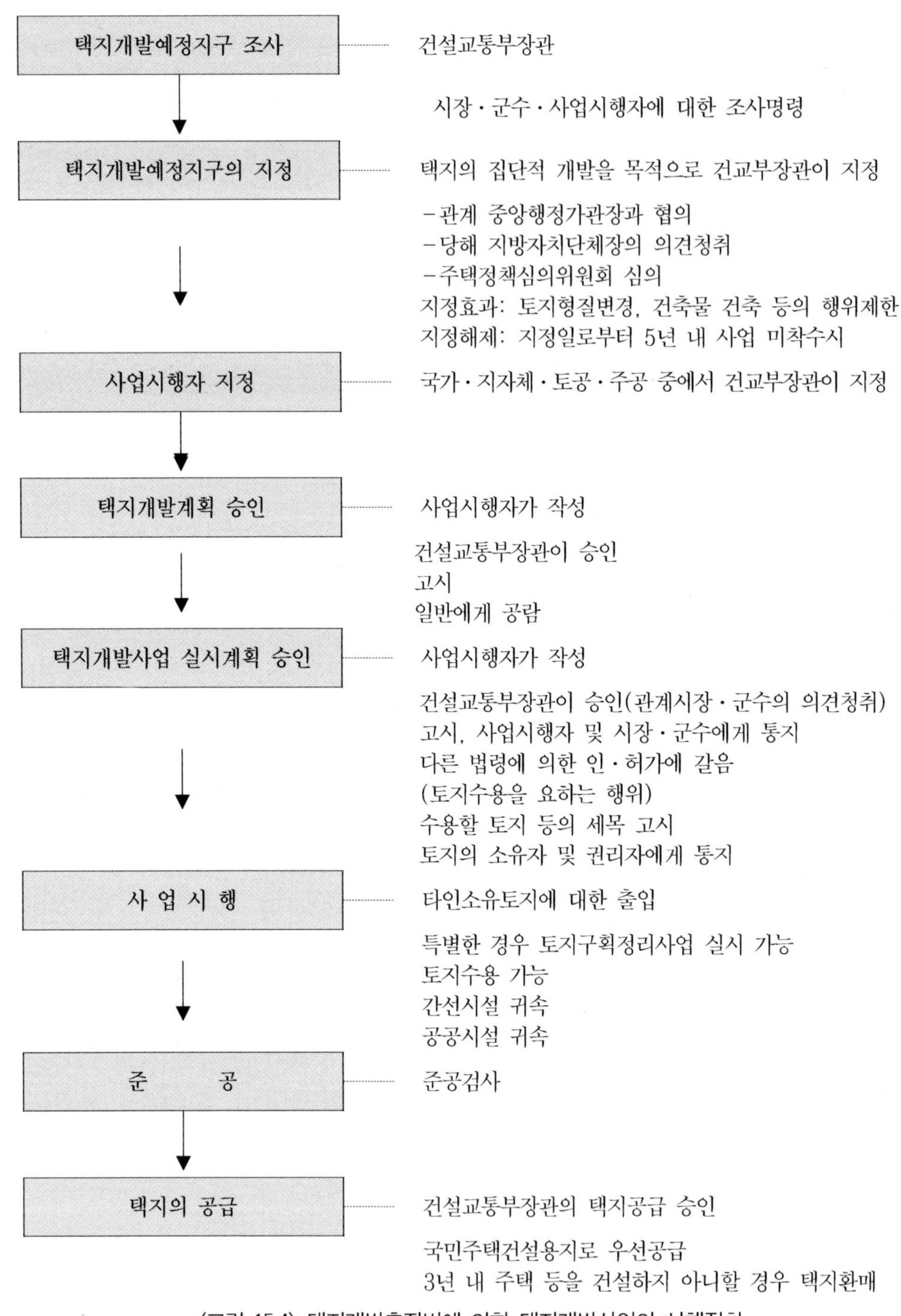

〈그림 15.4〉 택지개발촉진법에 의한 택지개발사업의 시행절차

(2) 시행과정상의 특성

공영개발방식은 택지개발예정지구의 지정, 토지의 취득, 토지의 개발 및 택지공급, 사후관리의 네 단계로 구분할 수 있다.

택지개발예정지구의 지정은 국토계획법상의 용도지역지구에 관계없이 택지개발예정지구를 지정할 수 있다. 원칙적으로 협의매수이지만 협의매수가 원활히 이루어지지 않게 되면 수용에 의하여 취득한다. 그리고 필요한 사유가 있을 경우에는 환지방식사업을 통해 사업지구의 토지를 개발할 수 있도록 예외규정을 두고 있다.

공영개발방식으로 개발한 토지는 주택건설촉진법에 의한 국민주택건설용지, 주택건설용지, 공공시설용지로 구분하여 공급하도록 규정하고 있다. 공급된 토지가 당초의 토지공급 목적 및 조건과 다르게 이용되는 경우 개발주체가 공급한 토지를 환매할 수 있게 하였다.

(3) 공영개발사업의 유형

공영개발사업은 크게 4가지 유형으로 구분할 수 있으며, 우리나라에서는 두 번째와 세 번째 유형의 공영개발사업이 많이 시행되고 있다.

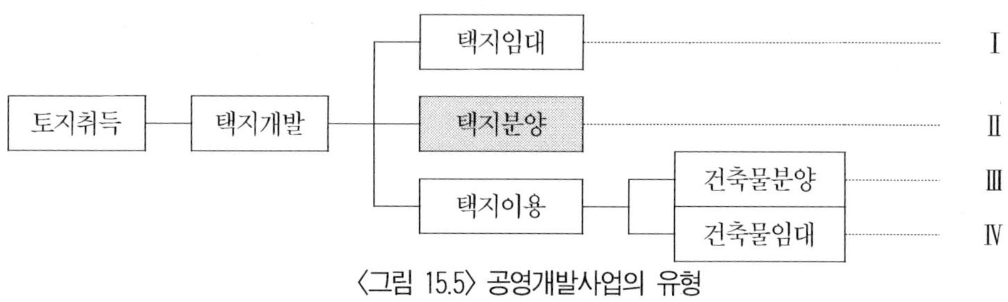

〈그림 15.5〉 공영개발사업의 유형

토지취득 및 택지개발 후 택지를 임대, 분양, 이용하는 방식으로 일반적으로 택지분양을 통하여 사업비를 충당하는 형태를 사용한다. 하지만 일부 택지에 대해서는 택지를 이용하여 건축물을 분양하는 형태도 일부 사용되고 있다.

최근에는 택지개발사업의 공공적 측면에서 택지를 개발한 후 임대하는 방식을
채택하고자 하는 논의가 일고 있다.

(4) 문제점

공영개발사업은 개발이익의 사유화를 방지하고 계획적인 도시개발을 이룰
수 있다는 장점에도 불구하고 다음과 같은 문제점을 가진다.

첫　째, 공영개발사업은 막대한 투자자금이 소요된다. 따라서 재정자립도가
　　　　낮은 지방자치단체는 국가적 지원 없이 사업을 수행하기가 어렵다.
둘　째, 공영개발사업은 토지의 취득을 위하여 주로 전면매수의 방식을 취
　　　　하게 되는데, 이때 해당토지를 공공사업용 토지에 대한 보상액산정
　　　　의 기준이 되는 기준지가로 매입할 경우 토지소유자들의 반발이 생
　　　　겨날 소지가 크다.
셋　째, 택지 등을 임대 혹은 분양할 경우 개발주체가 의도한 바의 용도와 시
　　　　기에 맞는 건축물의 개발이 일어나지 않는 사례가 발생하기도 한다.

5) 환지방식과 공영개발사업의 비교

환지방식에 의한 도시개발사업(기존의 토지구획정리사업)과 공영개발사업(택
촉법에 의한 택지개발사업)을 비교해 보면 다음과 같다.

첫　째, 토지구획정리사업은 토지소유권이 변화됨이 없이 토지의 교환, 분
　　　　합, 구획, 형질 변경, 공공시설의 설치로 토지의 효용을 증진시키는
　　　　반면 공영개발사업은 사업시행주체가 토지를 협의매수 혹은 수용
　　　　매입하여 공공시설을 설치하고 택지로 개발한다.
둘　째, 토지구획정리사업은 토지소유자 또는 조합이 시행하는 것을 원칙으

로 하면서 사업시행 후 건축행위를 소유자 스스로가 하는 것으로 민간의 자발적인 참여에 의한 토지개발사업이지만, 공영개발사업은 국가나 지방자치단체 등의 공공기관에 의해서만 사업이 시행된다.

셋 째, 토지구획정리사업은 감보제에 의해 공공용지 및 사업비를 토지소유자가 부담하게 되고, 개발에 따른 수익도 공공과 토지소유자가 공유하게 된다. 반면에 공영개발사업은 사업의 시행주체가 토지매입을 한 후 개발사업을 시행한 후에 다시 매각하거나 임대한다. 따라서 공영개발사업에서는 원래의 토지소유자에게 개발이익이 귀속되지 않는다.

넷 째, 토지구획정리사업은 사유지의 정리를 전제로 하여 개발하기 때문에 일반적으로 계획구상과정에서 제한을 받게 되나 공영개발사업의 경우에는 토지를 매입하여 자유롭게 개발계획을 수립하여 시행할 수 있다. 따라서 도시기반시설의 설치가 용이하고 수준 높은 시가지로 개발할 수 있다.

다섯째, 토지구획정리사업에 비해 공영개발사업은 용지구입비, 건축공사비 등으로 인하여 초기사업비가 막대하게 소요되며, 토지 및 건물의 공유화를 확대시킬 경우에는 자금회수가 장기화된다.

5. 도시개발사업의 방향

오늘날 도시환경여건이 급속하게 변화하고 있으며, 지방화, 세계화, 정보화 추세에 따른 미래지향적 도시개발전략이 요구되는 등 도시개발환경이 이전에 비해 매우 많은 변화를 요구하고 있다. 이러한 환경변화는 자연적으로 도시개발의 패러다임에 대한 변화도 크게 요구하고 있다.

앞으로의 도시개발사업의 방향은 지방분권에 의한 지방의 개발과 정보화에 따른 기반구축, 개발에 따른 심각한 환경오염의 예방 등의 지속 가능한 개발 등 다양한 방향으로 새로이 구축되어야 한다.

1) 도시개발법제의 정비방안

(1) 새로운 도시계획체계 마련

여러 가지 도시환경의 변화에 따라 우리나라도 도시개발법제가 정비됨으로써 새로운 도시계획체계를 마련하는 계기를 마련하였다. 아직 법적 정비가 완벽한 것은 아니지만 도시개발에 관한 사항을 별도의 법으로 규정함으로써 도시개발에 있어서 새로운 전환기를 맞이할 것으로 판단된다.

현재 진행되고 있는 도시계획법과 국토이용관리법 등과의 통합작업은 이제까지의 개발관련법규가 산만하게 산재되어 있는 것을 하나의 일원화된 체계로 정립하고자 하는 방향에서 올바른 형태로 받아들여지고 있으며, 개발법에 의한 지나친 개발로 인한 난개발을 방지하고 체계적인 개발을 위해서는 도시관련법제의 정비가 시급하다. 그리고 도시개발법제의 경우도 가급적 통합하여 운영함으로써 법제 간의 상충에서 오는 모순을 완화해야 한다.

(2) 주민참여의 확대

도시환경변화의 여건 중 가장 큰 변화는 주민참여의 활성화이다. 기존의 개발이 공공부문의 전유물이었다면 이제부터는 민간부문(주민) 위주의 계획이다. 도시개발법에서도 민간참여를 확대하는 조항이 삽입되었으며, 많은 부문에서 민간이 직접 개발에 참여하는 경우가 늘고 있다.

아직 민간참여는 제한적이어서 그 역할을 다 하지 못하고 있다. 이에 법적 체계도 민간참여가 확대될 수 있도록 조정하여 민간부문의 참여가 확대될 수 있는 여건을 조성해야 한다. 앞으로의 개발은 민간부문의 역할이 더욱 강조되고 실제 참여도 상당 부분 증가할 것이다.

(3) 지방자치단체의 역할 증대

민간부문의 참여와 함께 지방화에 따른 지방자치단체의 역할 증대이다. 현재 각종 법규에서 지자체로의 권한 위임이 진행되고 있으나, 아직 중앙 위주의 체제로 인하여 실효성은 그렇지 크게 못한 실정이다. 특히, 도시계획이나 도시개발 등 지자체와 직접 연관되고, 지역적 특수성을 감안한다면 지자체로의 권한위임은 당연한 귀결일 것이다.

현재의 체계를 수정하여 중앙정부는 감독 및 지원체계로, 지자체는 실제 사업기관으로서의 체계마련을 법적 정비가 가속화되어야 하고, 지자체의 경우 각종 개발관련법제에 대한 조례를 지역적 특수성을 살릴 수 있도록 제정하여야 할 것이다.

2) 도시개발사업의 방향

향후 도시개발사업의 방향은 도시환경여건 변화를 적절히 수용할 수 있는 형태로의 전환이 요구된다. 지방화, 국제화, 정보화, 노령화 등 다양한 변화를 수용하고, 민간참여의 확대와 지방자치단체의 역할 증대 등 민주적이고 효율적인 개발사업을 하여야 한다.

앞으로의 도시개발사업은 각 지역이 가지고 있는 지역적 특수성을 가장 잘 살릴 수 있는 형태로의 개발이 되어야 하고, 그렇게 됨으로써 그 목적을 달성할 수 있을 것이다.

제 16 장 도시재개발

1. 재개발의 개념

1) 재개발의 정의 및 개념

도시가 형성된 이후 도시는 지속적인 인구의 증가로 인한 환경의 오염, 과밀화, 교통혼잡 및 주택부족 등 여러 가지 도시문제는 단순한 평면적 확산만으로 대처할 수 없을 정도로 많은 심각한 상황에 부딪치게 되었다. 역사적으로 도시재개발은 2000년 전 네로에 의한 로마대개혁, 17세기 런던 대화재에 의한 도시재정비, 19세기 Hausmann에 의한 파리개조계획, 1980년을 유럽의 도시재정비의 해로 정했던 것 외에도 도시재개발은 꾸준히 이루어지고 있다.

도시는 생명체와 같은 유기체이므로 계속해서 개조계획을 수립하여 도시재생(urban regenerating)을 통한 도시의 환경정비를 함으로써 도시의 제반 환경을 보다 쾌적하게 만들 수 있다.

최근 도시관련법규의 제정 및 개정으로 대폭적인 법규가 정비되었으며, 또한 정비되고 있다. 기존의 도시재개발사업에 관한 규정은 도시 및 주거환경정비법이 제정됨으로써 이 법에 포함되고 도시재개발법은 폐지되었다.

도시및주거환경정비법[129]상의 정비사업 중 재개발에 대한 내용이 있는데,

이 법에 의한 재개발사업에는 주택재개발사업과 도시환경정비사업(기존의 도심재개발사업과 공장재개발사업 포함)이 있고, 그 외에 주거환경개선사업, 주택재건축사업이 있다.

이 법의 목적은 도시기능의 회복이 필요하거나 주거환경이 불량한 지역을 계획적으로 정비하고 노후·불량건축물을 효율적으로 개량하기 위하여 필요한 사항을 규정함으로써 도시환경을 개선하고 주거생활의 질을 높이는 데 있다. 단순히 시설개선 및 설치를 통한 물리적 환경의 개선뿐만 아니라 도시기능회복 등 사회적 환경의 개선에 이르기까지 광범위하다.[130]

2) 불량지구

재개발사업에 있어서 주로 대상이 되는 곳은 "불량지구(또는 노후화지역)"이다. 불량지구는 물리적으로 노후화되어 있고, 사회적으로 범죄나 열악한 환경 등의 특징을 가지고 있어 재개발을 통한 개선이 요구되는 곳이다. 불량지구에는 대표적으로 슬럼과 스퀘터, 게토 등이 있다.[131]

로덴베르그(Rothenberg)는 노후지구가 발생하는 원인은 도시공간의 토지경제구조가 변화함에 따라 도심지의 정상적 주택가에 대한 유지, 보수가 방치된 결과로 보고 있다. 즉, 도시규모가 확대되고 시가지가 확산되어 도심지의 주거활동에 토지이용상 가장 경쟁력이 높은 업무·상업 활동이 침입하게 되면 도심지의 그 주택가가 업무·상업용으로 전환되어 그 주택가에 자리한 정상적인 주택은 적절한 유지관리가 이루어지지 못해 불량주거지역으로 바뀐다는 것이다.[132]

---

129) 도시및주거환경정비법은 기존의 도시재개발법과 도시저소득층의 주거환경개선을 위한 임시조치법, 주택건설촉진법의 재건축사업 등을 통합하여 제정되었다.

130) 최근 도시재생(urban regeneration)이라는 용어가 통용적으로 사용되고 있는데, 도시재생의 개념은 크게 도시의 낙후된 지역을 물리적 환경의 개선에 초점을 맞춤과 동시에 저소득층이나 사회계층에 대한 재활과 같은 사회적 프로그램도 함께 포함하는 것으로 일반적인 재개발에 비해 광의의 개념으로 해석된다.

131) 김 원(1993), 도시행정론, 박영사, pp.247-249.

132) 김형국(1989), 불량촌과 재개발, 나남출판사, pp.22-24.

(1) 슬 럼

슬럼(slum)은 우리말로 '불량지구'라고 번역되며 이것은 도심부에 많이 형성된다. 특히 구도심부에 형성되는데 중심업무지구의 주위에 형성하게 된다. 버제스의 동심원이론에서 전이지대로 침입(천이)과 승계가 계속해서 일어나는 지대이다. 이 지대는 불량주택 등 도시빈민가의 특징을 가지고 있고, 여기는 불량의 정도가 더해져서 물리적으로 퇴폐화 또는 황폐화되어 각종 사회병리현상을 내포한 개인해체와 사회해체의 과정을 밝히고 있는 지대이다.

슬럼의 일반적인 특징은 ① 주거의 황폐성(blighted area), ② 비정상적인 가족구성(broken family), ③ 낮은 교육수준과 연대성 결여(high rate of illiteracy and unemployment), ④ 주거정착 및 연대성 결여(low of mobility and participation), ⑤ 높은 사망률(high mortality rate) 들이다. 이들 지역에는 주거환경이 과밀화되고 매우 노후화되어 있으며, 비위생적(환경적으로 매우 열악)이고 특정사회계층(특히, 빈민층)이 집단적으로 생활하고 있어 물리적 문제뿐만 아니라 사회문제화되고 있다.

슬럼지대에 살고 있는 사람들의 유형은 영구형과 임시형이 있다. 영구형에 속하는 사람들은 슬럼을 벗어나서는 살 수 없는 사람들로 마약밀매자, 마약중독자 등이 있다. 이들은 슬럼이 있음으로써 존재할 수 있고, 이 지역은 이러한 사람들에게 각종 범죄의 은신처 역할을 한다. 또한 이들을 대상으로 '교화사업'을 벌이는 각종 종교포교업이 성행되는 곳이기도 하다.

임시형 거주자들은 어쩌다 그곳에 살게 된 선의의 주민들과 그곳의 주택소유자들이다. 이들은 기회만 있으면 다른 곳으로 이주할 수 있는 주민들로 주택 및 교통의 비용에 대한 지출을 줄이기 위한 젊은 층(신혼부부나 독신자)이나 노년층의 주택소유자가 여기에 해당된다.

〈표 16.1〉 슬럼지대의 거주인

유형구분	거주성	기회성
영구형	●비진취적 주민 ●영양실조민 ●마약중독자 ●마약밀매자	●도피행각장 ●주거부정 ●교회선교장
임시형	●존경받는 서민 ●주택소유자	●취업기회 입문 ●야심 있는 주민 ●투자가

　우리나라의 슬럼지대는 미국 등의 선진국과는 조금의 차이를 나타내는데, 이 지역에 거주하는 사람들은 영구형보다는 임시형이 많으며, 대부분의 거주자들은 노년층과 젊은층으로, 노년층은 주택소유자로서 경제활동에서 은퇴한 사람들이고, 젊은층은 도심에 직장을 두고 교통비를 절약하기 위한 신혼부부나 독신자들이다. 하지만 극도로 노후화되어 있고, 빈민층이 집중하여 사는 달동네와 같은 지역도 일부 존재한다. 최근 경제불황으로 인하여 노숙자가 늘고, 빈민층이 양산되면서 이러한 불량지구에 빈민층이 집중하는 경향을 나타내기도 하고 있다.

　이런 지역들은 환경적으로나 물리적으로나 열악한 환경이 계속하여 악화되고 있으며, 점차 사회문제화되는 과정에 있다. 그러나 외국의 경우처럼 범죄의 은닉처나 불법행위가 지속적으로 발생하는 곳은 거의 없다.

(2) 스쿼터

　스쿼터(squatter)는 슬럼의 형성과정과는 상당히 다른 특징을 가지고 있으며, 오늘날 후진국의 대도시주변에서 많이 나타나고 있다. 스쿼터는 도심부의 슬럼과 상반되는 형성과정을 가지고, 슬럼과 더불어 도시재개발의 주요한 대상이다.

　스쿼터는 무허가주택지인데 주로 후진국에서 도시화가 급격히 진행되면서 이농인들이 도시주변의 공유지나 공원용지, 또는 개인 사유지에 대규모적으로 불법주택지를 개발·점유하는 형태이다.[133] 후진국에서는 1960년대에 와서 무

---

133) 슬럼과 스쿼터의 가장 큰 차이점은 슬럼이 정상적인 도시성장과정에서 나타나는 불량지구인 데 반하여 스쿼터는 불법적이고 과도한 이농으로 인한 국유지 등을 점유하여 불법 불량주거환경이 조성

허가불량주택지의 형성이 급진적으로 팽창을 하여 하나의 큰 사회문제가 되었
다. 터키의 앙카라市는 50%, 이스탄불은 20% 이상, 베네수엘라의 수도 카라카
스市는 1/3이 불법무허가 주택지에서 생활하고 있다.

스퀘터는 물리적으로 열악한 환경을 조성하는 등 많은 문제점을 가지고 있
지만 사회적으로 꼭 나쁜 것은 아니다. 이것으로부터 도시의 저임금 노동력이
공급되며, 산업화에도 많은 도움을 주고 있다. 그러나 불법적인 점유와 낙후된
환경으로 도시정비차원에서 개조되어야 할 부분이다.

(3) 게 토

케토(ghetto)는 산업화과정에서 나타난 슬럼과 도시화과정에서 형성된 스퀘
터와는 달리 19세기 독일이 유태인들을 집단으로 일정지역에 생활하도록 강요
함으로써 과밀, 비위생시설, 환경의 악화 등이 나타난 지역을 가리킨다. 이것
역시 통틀어 불량지구에 속하고 있다. 단지 그것의 형성과정, 주민구성의 특성
에 있어서 앞의 두 가지 도시문제와 구별되지만 도시재개발 대상지역이다.

2. 도시재개발의 필요성

도시재개발의 궁극적인 목표는 인간적인 도시환경의 재창출에 있다. 도시재
개발을 하는 목적은 시대에 따른 도시민의 요구내용을 도시지역에 반영함으로
써 시가지 내 단위토지의 생산성을 향상시켜 도시경제의 활성화를 가져오고,
공공시설 및 노후건물·지역 등을 개선하고 정비함으로써 양호한 주거환경과
도시미관을 창출하고, 범죄발생예방 및 도시방재에 기여하는 등 도시지역의
인간적 환경창조에 그 바탕을 두고 있다.

되는 것이다.

1) 도시공간구조의 개조

산업정보화 사회의 현대도시는 인구와 산업 및 다양한 기능의 집중으로 지속적인 도시지역의 확대가 이루어지고 있으며, 이러한 도시는 다양하고 수준 높고 효율적인 기능을 처리하지 않으면 안 된다. 그러나 기존의 도시구조는 시대적 변화에 적절하게 대응하지 못하거나 발전을 지속하는 사회의 욕구를 수용하고 처리하는 한계에 직면하고 있다.

또한 도시지역 내에서 비효율적으로 변화된 공간구조를 도시재개발사업을 통하여 건축물의 고밀화·공공시설의 확충 등을 통하여 쾌적한 도시공간구조를 창조해 낼 수 있게 된다. 단순한 물리적 개선뿐만 아니라 도시기능의 확충과 재편을 통한 효율적인 도시공간구조의 개편이 필요하다.

2) 공급처리시설의 정비

도시민의 일상생활에 가장 중요한 시설인 상하수도·전기·전화·도시가스·지역냉난방·오물 및 쓰레기처리장 등은 도시에서 기본적으로 필요한 시설로서 이러한 시설의 미비·혼재 또는 불합리한 배치는 기존도시가 발전하는데 저해요인으로 제기되고 있다. 도시 내의 공간구조의 변화에 따라 적절한 공급처리시설의 배치가 이루어져야 하고, 특히 기존 도심지역의 공간변화에 따른 시설의 노후화 및 불비는 쾌적한 도시환경을 조성하는데 한계를 가진다.

이러한 도시문제의 해결방안은 도시재개발을 시행함으로써 에너지의 광역적 처리 및 각종 공급처리시설의 공동구에 의한 공동화 등 체계화가 가능하여 도시의 유지향상에 큰 역할을 수행하게 된다.

3) 공공시설의 정비 및 시가지 환경개선

인구 및 각종 기능의 도시집중으로 과밀한 대도시가 출현하면서 다양한 교통혼재로 인한 교통혼란의 야기, 공공시설인 도로·광장·공원녹지지역의 면적 축소 등 불량한 도시환경 등은 현대의 심각한 도시문제로 나타났다.

이러한 당면 도시문제의 해결방안의 일환인 도시재개발사업이 점진적이고 체계적으로 시행되어 인도·차도의 입체적 분리에 의한 교통문제 처리, 건축물과 공공시설을 동시에 정비하는 입체적 처리, 주거와 업무 및 생산기능의 분리에 의한 용도순화 등으로 능률적이고 쾌적한 도시환경을 창출해 낼 수 있다.

4) 사회공동체의 형성 및 경제활성화

노후 불량화된 불량주거지역에서의 사회적 일탈행위가 증가하고, 이로 인한 사회적 문제는 도심주거의 큰 특징이다. 이와 같은 문제는 불량주택재개발사업 등을 통하여 불량주거지역의 물리적 개선과 더불어 새로운 사회공동체로 형성할 수 있다.

그리고 재개발사업을 통한 고용창출, 지역 내 경제순환체계 강화 등 경제활성화도 도시에 있어서 매우 중요하다. 이러한 재개발사업을 통하여 고용을 창출하고, 도시경제를 활성화할 수 있는 계기를 마련함으로써 도시정비와 도시의 안정적인 성장을 동시에 추구할 수 있다.

3. 재개발의 종류

도시재개발은 도시 내의 상업 및 공업지역의 기능회복과 공간재편, 그리고 주택지의 주거환경개선을 위한 사업으로 크게 구분할 수 있다. 법령에서는 도시지역의 효율적인 토지이용과 기능회복과 노후·불량한 건축물의 주거환경정비를 위한 사업으로 구분되어 있다.

도시기능의 회복이나 주거환경정비가 도시재개발이 추구하는 목적이므로 「재개발」이란 용어로 통용하여 사용하는 것이 무방할 것이다. 재개발은 법령에 의한 도심지 재개발과 주택지재개발, 개발방법에 의한 슬럼철거, 도시재개발, 종합재개발로 구분할 수 있다.

1) 법령에 의한 재개발사업의 구분

(1) 도심지 재개발

도심지의 재개발사업(도시 및 주거환경정비법의 도시환경정비사업에 해당)은 상업지역·공업지역 등으로서 토지의 효율적 이용과 도심 또는 부도심 등 도시기능의 회복이 필요한 지역에서 도시환경을 개선하기 위하여 시행하는 사업이다. 주로 간선도로변의 기능이 쇠퇴해진 시가지를 대상으로 그 기능을 회복 또는 전환하기 위하여 시행하고, 도시 내 노후·불량한 공장 등이 있는 공업지역의 공업기능 회복을 위해 시행한다.

상업지역의 재개발사업은 주로 대도시(특히, 서울)를 중심으로 실시되고 있다. 서울시의 도심지역 재개발 사례[134]를 보면, 전체 424개 지구 중 완료지구는 118개 지구(27.83%), 42개 지구(9.91%), 미시행지구는 264개 지구(62.26%)이다. 부산의 경우 현재 1개 지구만이 사업이 완료된 실정이므로 서울을 제외한 도시에서는 현재까지 거의 실시되지 않고 있다. 그러나 도심부의 슬럼문제 해결과 도시기능회복, 도시 내 공장지대의 기능회복을 위해서 대도시뿐만 아니라 중소도시에서도 관심이 많이 증가하고 있다.

---

134) 구체적인 자료는 서울시(1996), 도심재개발연혁지와 하창현(1998)의 중소도시의 도심재개발 대상구역 선정, pp.6-14 참고

(2) 주택지 재개발

도심지역은 토지의 효율적 이용과 도시기능의 회복이 주요 쟁점이 되고 있는 데 반해, 주택지는 기반시설 부족과 주거환경의 황폐화에 따른 주거환경의 정비가 중요하게 다루어진다.

최근 제정된 법에서는 기존의 도시재개발법상의 주택재개발사업과 도시 저소득층의 주거환경개선을 위한 임시조치법상의 주거환경개선사업, 주택건설촉진법상의 재건축사업을 이 범주에 포함하고 있어 노후·불량한 주택이 밀집되어 있거나 공공시설의 정비가 불량한 주거지역의 주거환경을 개선하기 위한 사업이 체계적으로 이루어질 수 있을 것이다.

이 법에 의한 사업의 종류를 살펴보면, ① 「주거환경개선사업」은 도시저소득 주민이 집단으로 거주하는 지역으로서 정비기반시설이 극히 열악하고 노후·불량건축물이 과도하게 밀집한 지역에서, ② 「주택재개발사업」은 정비기반시설이 열악하고 노후·불량건축물이 과도하게 밀집한 지역에서, ③ 「주택재건축사업」은 정비기반시설은 양호하나 노후·불량건축물이 과도하게 밀집한 지역에서 주거환경개선을 위하여 시행하는 사업이 있다.

주거환경개선사업은 소위 달동네를 중심으로 무허가 건물이나 주거환경이 불량한 지역뿐만 아니라 도시 내 위치한 지역으로 노후·불량건축물이 과도하게 밀집된 지역에 이르기까지 폭넓게 이루어진다.

2) 개발방법에 의한 분류

(1) 슬럼철거

슬럼철거(Slum Clearance) 이론은 1930년부터 1950년까지 미국의 주요 재개발이론이었다. 슬럼지구를 전면매수하여 전면철거하는 수법으로 전면매입이 불가능할 때는 이를 강제수용을 한다. 그리고 지구 내의 건물은 모두 철거하고 또한 주민들도 강제 이주시킨다.

전면철거 후 새로이 개발된 공영주택은 선착순으로 민간인들에 분양하는데, 이 결과 부유한 백인이 분양을 받게 되므로 기존의 흑인을 몰아내고 백인으로 가득차게 하였다. 그래서 이 기법은 도시 내에서 흑인을 의도적으로 몰아내기 위하여 실시되는 경우도 있어 이 슬럼철거가 흑인철거(black clearance)로 바뀌었다고 지적되었다.

우리나라의 주택재개발방식은 대부분 이와 같은 방식에 의해 이루어졌다. 전면철거방식은 도시 내에서 불량지구에 대하여 새로운 주거환경을 도입하는 데 가장 효과적이지만 시행에 있어서 세입자 등 거주자와의 마찰, 그리고 재개발 후의 재정착 등이 큰 문제점으로 지적되고 있다.

(2) 도시재개발

초기 슬럼철거의 문제점을 1960년대부터는 이를 수정·보완하였다. 이 기법은 원칙적으로 건물의 파괴, 주민의 철거를 최대한으로 줄이고 주위환경의 개선 및 보존을 통해 재개발을 추진하려는 것이다. 도시재개발(Urban Renewal)은 사업의 정도와 접근방법에 따라 4가지로 구분할 수 있다.

완전철거를 지양하고 불가피한 건물에 대해서만 철거한 후 이를 재개발한다. 이것을 가리켜 철거재개발(Redevelopment, Renewal)이라고 한다. 그리고 건물의 구조상태가 양호한 것은 철거하지 않고 시설 등을 개조하거나 보완하는 수복재개발(Rehabilitation), 그리고 개발도상국의 대도시주변에서 나타나고 있는 스퀘터(squatter)에 대하여 무조건적으로 불량주택을 헐고 재개발하지 않고, 현지개량이나 재건축 등의 방법을 사용하는 방법을 불량주택 개량재개발(Improvement)이라고 한다.

① 철거재개발

대상구역 내의 도시시설 및 건축물을 비롯한 구조물이 전체적으로 노후화되고 그로 인한 도시환경이 극도로 불량하다고 인정될 때에 기존의 시설을 전면적으로 철거하고 새로운 시설물로 대체시켜 쾌적하고 능률적이며 기능적인 도시환경을 창출해 내는 재개발 방법으로서, 우리나라의 불량주택 재개발은 이러한 유형에 의하고 있다.

철거재개발(renewal) 방법은 전면적인 개발방식이므로 계획초기에 합리적인 토지이용계획을 수립하여 가로·주차장 등의 교통시설, 상하수도, 도시가스, 전기·전화·도시냉난방·쓰레기 처리시설 등 도시공급시설, 공원·녹지, 건축물을 비롯한 도시 구조물 등에 대한 도시생활 및 환경시설을 종합적이고 계통적으로 정비하여야 한다.

② 수복재개발

수복재개발(rehabilitation)은 도시지역에서 이용상 내지는 관리상 부실로 인하여 도시환경이 악화될 우려가 예견되거나 이미 악화된 지역에 대하여 기존 시설을 보존하면서 노후 및 불량화 요인만을 제거한다. 즉, 부분적인 철거재개발 형식에 의한 방법으로 구역전체의 기능과 환경을 회복·개선시키는 소극적인 재개발 방법이다.

이 방법은 기존의 토지이용형태 혹은 그 목적을 크게 변경하지 않아도 되기 때문에 단순하고 간결하며, 사업기간이 단축되어 경제적이며, 주민 등 관련인과의 마찰·피해로 인한 민원을 최소화할 수 있어 최근의 선진국의 재개발 사업에 많이 채택되고 있다.

③ 보존재개발

보존재개발(conservation)은 도시환경 및 시설에 있어 불량 또는 노후화 현상이 현재까지는 발생되지 않았으나 현 상태로 방치할 경우 환경악화가 예상되는 지역에 예방적인 조처로 시행하는 재개발 방법이다.

이 방법은 역사적 혹은 문화적인 가치를 보존해야 할 시설물이 존재하는 지역에서 건축물을 비롯한 시설물을 악화시킬 수 있는 요인을 제거하거나 부분적인 보수·정비·유지 관리를 하는 등의 예방 조치적 차원의 재개발 유형이다.

④ 개량재개발

개량재개발(improvement) 방식은 자연발생적으로 성장한 도시, 특히 개발도

상국가와 같은 저소득 국가의 재개발에서 주로 채택되는 방법으로, 낙후되고 노후화된 불량한 기존의 도시시설지역의 시설을 보수·확장하고, 새로운 시설을 첨가하는 방법을 통하여 도시환경의 개선을 달성하려는 재개발 방법이다.

이 방법은 기존의 토지이용형태의 변경을 필요로 하지 않아도 되고, 공사방법이 단순하고, 사업기간의 단축과 저렴한 공사비 등과 같은 특징을 가진다. 위의 수복재개발과 비슷한 유형의 재개발 방식이다.

(3) 종합재개발

1960년대 이후부터 재개발은 포괄성을 띠게 되었다. 철거·보수·보존을 함께 포함하는 개념상의 변화를 가져왔는데 이를 「종합재개발(Urban Redevelopment)」이라고 한다. 종합재개발은 물리적 환경개선의 물리적인 재개발(Physical Redevelopment)과 주민의 참여·기대·만족 등을 충족 실현시켜 주어 복지를 증진시키는 사회적 재개발(Social Redevelopment)이 있고, 주민의 고용, 소득, 경제기반 등의 개선을 추구하여 기대 충족을 이루는 경제적 재개발(Economic Redevelopment)로 구분되는데 이들을 종합적으로 실현시켜 '종합적 재개발'이라고 한다.

〈표 16.2〉 재개발 이론형성 과정과 특성

관　　계	재개발 형태	특　　징
초기(1940)	Slum Clearance	● 불량지구수용 → 강제철거 → 단지조성 → 민간분양 → 개발 → 입주
중기(1960)	Urban Renewal	● 철거재개발(Renewal) ● 수복재개발(Rehabilitation) ● 보존재개발(Conservation) ● 개량재개발(Improvement)
후기(1980)	Urban Redevelopment	● 물리적재개발 ● 사회적재개발 ● 경제적재개발

4. 재개발사업의 주요내용

1) 도시 및 주거환경정비법

(1) 도시 및 주거환경정비법 도입의 필요성

재개발, 재건축, 주거환경개선사업은 유사한 노후 불량주택을 대상으로 하는 정비사업임에도 불구하고 3개의 서로 다른 법령에 의해 사업이 추진되고 있다. 이에 따라 각 사업 간 상호 연계성과 종합계획이 없이 추진되어 도시교통이나 미관 등 도시공간문제 해결에 효율성이 저하되고 있으며, 일부 지역의 경우는 제각기 사업이 추진되면서 오히려 상호 연계성을 단절시키는 부작용을 노정하기도 하였다.

이러한 문제점을 해결하기 위하여 재개발사업, 재건축사업 및 주거환경개선사업이 각각 개별법으로 규정되어 이에 관한 제도적 뒷받침이 미흡하므로 이를 보완할 새로운 통합법의 제정이 요구된다. 이에 따라 도시 및 주거환경정비사업의 통합 및 종합관리로 '선계획-후개발'에 입각한 도시관리를 도모하고자 하였으며, 조합운영의 전문성 및 조합원 권익의 보호를 강화하였으며, 특히 재건축사업은 주택정책적 측면에서 도시계획적 차원에서 관리가 가능하게 되었다.

(2) 도시·주거환경정비기본계획

시장은 다음의 사항이 포함된 도시·주거환경정비기본계획을 10년 단위로 수립하여야 한다.(법 제3조)

① 정비사업의 기본방향
② 정비사업의 계획기간
③ 인구·건축물·토지이용·정비기반시설·지형 및 환경 등의 현황

④ 주거지관리계획

⑤ 토지이용계획 · 정비기반시설계획 · 공동이용시설설치계획 및 교통계획

⑥ 녹지 · 조경 · 에너지공급 · 폐기물처리 등에 관한 환경계획

⑦ 사회복지시설 및 주민문화시설 등의 설치계획

⑧ 정비구역으로 지정할 예정인 구역의 개략적 범위

⑨ 단계별 정비사업추진계획

⑩ 건폐율 · 용적률 등에 관한 건축물의 밀도계획

⑪ 세입자에 대한 주거안정대책

⑫ 그 밖에 주거환경 등을 개선하기 위하여 필요한 사항

기본계획을 수립하고자 할 때 시장 · 군수는 정비계획을 수립하고 14일간 주민에게 공람하고, 지방의회의 의견을 들은 후 시 · 도지사에게 정비구역지정신청을 하여야 한다. 정비구역지정 시 공청회를 개최하고 지방도시계획위원회의 심의를 거쳐 건설교통부장관에게 보고하여야 한다. 정비구역 및 정비계획중 국토의 계획 및 이용에 관한 법률 중 지구단위계획의 내용에 포함되면 제1종 지구단위계획 및 제1종 지구단위계획구역으로 결정 · 고시된 것으로 본다. (법 제4조)

(3) 정비구역

정비구역은 정비사업을 계획적으로 시행하기 위하여 지정 · 고시된 구역으로 시 · 도지사는 관할 시장 · 군수의 신청을 받아 지정한다. 정비구역의 지정요건은 다음 표와 같이 각각 구분되고, 노후 · 불량건축물의 수, 무허가주택의 수, 호수밀도, 토지의 형상, 주민의 소득수준 등을 고려하여 정비구역의 지정요건을 시 · 도의 조례로 정할 수 있다. 그리고 건축법상의 재해관리구역으로 지정된 지역은 정비구역으로 지정하여야 하며, 이 경우 지역의 성격에 따라 주거환경개선사업 · 재개발사업 또는 재건축사업을 위한 정비구역으로 구분하여야 한다.(영 별표1)

<표 16.3> 정비구역의 지정요건

구분	정비구역 지정요건
주거 환경 개선 사업	면적이 2천㎡ 이상일 것(1천㎡ 이상의 범위 안에서 당해 시·도의 조례가 대상지역의 면적을 따로 정하는 경우에는 그 면적). 다만, 3월 이상 거주하고 있는 세입자세대수 총수의 50% 이상의 동의를 얻어야 하되, 시장·군수가 당해 지역 안에 세입자를 위한 주택의 건설·공급이 불가능하다고 판단하는 경우와 당해 지역 안의 세입자세대수 총수가 토지 또는 건축물을 소유하고 있는 자 총수의 50% 미만인 경우에는 그러하지 아니함 가. 정비구역 안에 1985. 6. 30 이전에 건축된 특정건축물정리에관한특별조치법의 규정에 의한 무허가건축물 또는 위법시공건축물로서 노후·불량건축물에 해당되는 건축물의 수가 당해 정비구역 안의 건축물총수의 1 / 2 이상인 지역 나. 개발제한구역으로서 그 구역지정이전에 건축된 노후·불량건축물의 총수가 당해 정비구역 안의 건축물 총수의 50% 이상인 지역 다. 주택재개발사업을 위한 정비구역 안의 토지면적의 50% 이상의 소유자와 토지 또는 건축물을 소유하고 있는 자 총수의 50% 이상이 각각 주택재개발사업의 시행을 원하지 아니하는 지역 라. 철거민이 50세대 이상 규모로 정착한 지역이거나 인구밀도가 1천㎡당 100인 이상인 지역으로서 인구가 과도하게 밀집되어 있고 공공시설의 정비가 불량하여 주거환경이 열악하고 그 개선이 시급한 지역
주택 재개발 사업	가. 정비기반시설의 정비에 따라 토지가 건축대지로서의 효용을 다할 수 없게 되거나 과소토지로 되어 도시의 환경이 현저히 불량하게 될 우려가 있는 지역 나. 건축물이 노후·불량하여 그 기능을 다할 수 없거나 건축물이 과도하게 밀집되어 있어 그 구역 안의 토지의 합리적인 이용과 가치의 증진을 도모하기 곤란한 지역 다. 순환용 주택을 건설하기 위하여 필요한 지역
주택 재건축 사업	가. 기존의 공동주택을 재건축하고자 하는 경우에는 다음 1에 해당하는 지역 　(1) 건축물의 일부가 멸실되어 붕괴, 그 밖의 안전사고의 우려가 있거나 재해 등으로 신속히 정비사업을 추진할 필요가 있는 지역 　(2) 기존의 공동주택이 준공된 후 20년(시·도의 조례로 20년 이상으로 정하는 경우에는 그 연수로 한다)이 지났고, 규모가 300세대 이상 또는 그 부지면적이 1만㎡ 이상인 지역 나. 기존의 단독주택지를 재건축하고자 하는 경우에는 기존의 단독주택이 300세대 이상 또는 1만㎡ 이상인 지역으로서 다음의 1에 해당하는 지역 　(1) 당해 지역의 주변에 도로 등 정비기반시설이 충분히 갖추어져 있어 당해 지역을 개발하더라도 인근지역에 정비기반시설을 추가로 설치할 필요가 없을 것. 다만, 추가로 설치할 필요가 있는 정비기반시설을 정비사업시행자가 부담하는 경우는 그러하지 아니하다. 　(2) 준공된 후 20년(시·도의 조례로 20년 이상 정하는 경우에 그 연수)을 노후·불량건축물이 당해 지역에 있는 건축물의 총수의 2 / 3 이상으로 밀집되어 있을 것 　(3) 당해 지역 안에서 도로의 면적비율이 당해 지역 전체 면적의 20% 이상이고 사업시행 후 그 도로의 면적비율이 감소되지 아니할 것 　(4) 당해 지역 안의 건축물의 상당수가 붕괴, 그 밖의 안전사고의 우려가 있거나 재해 등으로 신속히 정비사업을 추진할 필요가 있는 지역

구분	정비구역 지정요건
도시 환경 정비 사업	가. 정비기반시설의 정비에 따라 토지가 건축대지로서의 효용을 다할 수 없게 되거나 과소토지로 되어 도시의 환경이 현저히 불량하게 될 우려가 있는 지역 나. 건축물이 노후·불량하여 그 기능을 다할 수 없거나 건축물이 과도하게 밀집되어 있어 그 구역 안의 토지의 합리적인 이용과 가치의 증진을 도모하기 곤란한 지역 다. 인구·산업 등이 과도하게 집중되어 있어 도시기능의 회복을 위하여 토지의 합리적인 이용이 요청되는 지역 라. 당해 지역 안의 토지(정비기반시설용지를 제외한다)면적의 1/2을 초과하는 부분이 최저고도지구이고, 그 최저고도에 미달하는 건축물이 당해 지역 안의 건축물의 바닥면적합계의 2/3 이상인 지역 마. 공장의 매연·소음 등으로 인접지역에 보건위생상 위해를 초래할 우려가 있는 공업지역 또는 산업집적활성화및공장설립에관한법률에 의한 도시형업종이나 공해발생정도가 낮은 업종으로 전환하고자 하는 공업지역

(4) 정비사업의 시행

정비사업의 시행방법에서 먼저, 주거환경개선사업은 ① 시장·군수가 정비구역 안에서 정비기반시설을 새로이 설치하거나 확대하고 토지 등 소유자가 스스로 주택을 개량하는 방법, ② 시행자가 정비구역의 전부 또는 일부를 수용하여 주택을 건설한 후 토지 등 소유자에게 우선 공급하는 방법, ③ 시행자가 환지로 공급하는 방법 중 택한다.(법 제6조)

둘째, 주택재개발사업은 정비구역 안에서 인가받은 관리처분계획에 따라 주택 및 부대·복리시설을 건설하여 공급하거나 환지로 공급하는 방법에 의한다.

셋째, 주택재건축사업은 정비구역 안 또는 정비구역이 아닌 구역에서 인가받은 관리처분계획에 따라 공동주택 및 부대·복리시설을 건설하여 공급하는 방법에 의한다. 다만, 주택단지 안에 있지 아니하는 건축물의 경우에는 지형여건·주변의 환경으로 보아 사업시행상 불가피한 경우와 정비구역 안에서 시행하는 사업에 한한다.

넷째, 도시환경정비사업은 정비구역 안에서 인가받은 관리처분계획에 따라 건축물을 건설하여 공급하는 방법 또는 환지로 공급하는 방법에 의한다.

(5) 시행자

주거환경개선사업은 정비구역 안의 토지 등 소유자의 2/3 이상의 동의를 얻어 시장·군수가 직접 시행하거나 주택공사 등을 사업시행자로 지정할 수 있다. 그리고 천재·지변 등 긴급히 정비사업을 시행할 필요가 있는 경우에는 토지 등 소유자의 동의 없이 시장·군수가 직접 시행하거나 주택공사 등을 사업시행자로 지정하여 시행하게 할 수 있다.(법 제7조)

주택재개발사업 및 주택재건축사업은 조합이 시행하는 것을 원칙으로 하고, 조합원의 1/2 이상이 동의를 얻어 조합은 시장·군수 또는 대한주택공사 등과 공동으로 이를 시행할 수 있다.

도시환경정비사업은 조합이나 토지 등 소유자가 시행하거나 조합 또는 토지 등 소유자가 조합 또는 토지 등 소유자의 1/2 이상의 동의를 얻어 시장·군수, 대한주택공사 또는 한국토지공사와 공동으로 이를 시행할 수 있다.

시장·군수는 ① 천재·지변 등으로 긴급히 정비사업을 시행할 필요가 있는 경우, ② 조합이 정비구역의 지정고시가 있은 날로부터 2년 이내 사업시행인가를 신청하지 않는 경우, ③ 지방자치단체장이 시행하는 도시계획사업과 병행하여 정비사업을 시행할 필요가 있는 경우, ④ 순환정비방식에 의하여 정비사업을 시행할 필요가 있는 경우, ⑤ 사업시행인가가 취소된 때, ⑥ 정비구역 안의 국공유지면적이 전체 토지면적의 1/2 이상인 때, ⑦ 토지면적 1/2 이상의 토지소유자와 토지 등 소유자의 2/3 이상이 시장·군수 또는 주택공사 등을 사업시행자로 지정할 것을 요청한 때에는 주거환경개선사업을 제외하고 직접 정비사업을 시행하거나 시행자를 정할 수 있다.

(6) 사업시행절차

정비사업의 절차는 기본계획의 수립에서 정비사업의 시행인가 단계와 사업인가 신청부터 사업완료까지의 2단계로 나누어 볼 수 있다.

1단계에서는 계획단계로서 도시·주거환경정비기본계획의 작성과 기본계획의 승인 및 확정공고, 정비구역지정신청 및 지정·고시 등이 이루어진다.

2단계에서는 사업시행인가 신청 및 인가·고시, 분양신청, 관리처분계획의 수립 및 인가, 사업의 완료, 확정측량, 분양처분고시 및 권리확정이 이루어지고 나면 마지막으로 소유권 등기 및 청산이 이루어져 사업이 완료된다.

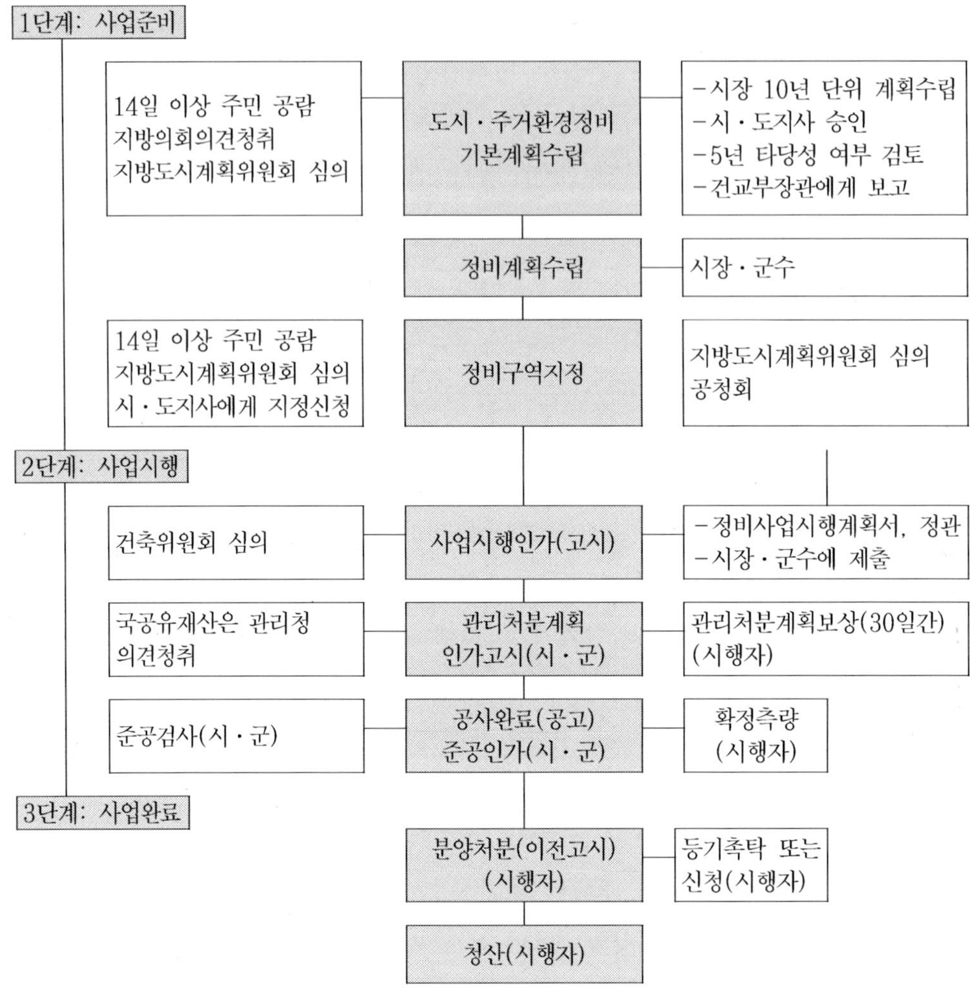

〈그림 16.1〉 도시정비사업의 시행절차

2) 재개발 대상구역선정기준

일반적으로 재개발대상구역의 선정기준[135]은 크게 물리적 기준, 경제적 기준, 사회적 및 정책적 요소 등에 의한 기타의 기준으로 나누어 볼 수 있다.

---

135) 제정된 도시 및 주거환경정비법에 의한 정비사업의 경우도 이와 유사한 기준으로 삼을 수 있다.

<표 16.4> 재개발사업의 구역지정 평가기준

구 분			평 가 요 소	평 가 기 준
현실적 요소	물리적 요소	토지이용	용도(부적격)	부적격 용도의 종류 및 면적비율
			토지소유	소유형태 및 면적 비율, 부재지주비율
		대 지	대지형태	고도이용에 부적합한 부정형대지 비율
			대지규모	건축법상 대지면적 최소한도 미달비율
		건 축 물	구조 및 연도	구조, 연도의 등급화, 비방화건물비율
			용적률	지구용적률, 필지용적률
			건폐율	과다건폐건물(상업, 업무시가지의 적정선: 40~50%)
		교 통	도로율	적정도로율 기준으로 등급화
			도로체계	도로기능측면의 평가
			보행환경	적정보행밀도기준으로 등급화
			주차장	적정수준기준대비 주차장 부족률
	사회적 요소	경 관	가로경관	경관수준의 설정, 등급화
			건물외관	경관수준의 설정, 등급화
		공공시설	공급처리시설	시설의 노후도, 처리량의 적정선 설정비교
			공원	활동인구대비 공간수요추정비교
		인구특성	인구동태	상주인구의 동태, 주간활동인구의 동태
			인구구조	성비, 비노동인구비율, 교육수준
		주민의식	환경만족도	만족도 조사에 의한 등급화
			재개발참여의향	–
			소요자금력	–
	경제적 요소	지역특성	특정활동집중 성행지역	–
		사회특성	실업률	등급화
			범죄율	등급화
			사회문제발생	–
		재산가치	지가	현지가, 지가변화조사, 경제성 분석
			건물가	건물구조별, 연도별단위면적당 가격조사
			임대료	업종별, 층별 단위면적당 가격조사
		경제활동	소득수준	가구당 소득, 업체당 소득
			경제활성화 정도	업종, 주 업종, 상권, 업체수입, 활기정도
		도시재정	시세수입	재산세 분포 및 변화추이조사
계획적 요소	정책적 요소	도시개발 및 재개발정책	도시공간구조(도심, 부도심, 지역, 지구중심), 접근성(지하철, 간선도로 등), 대규모 공공시설입지여부, 역세권지역	도시정책이 확정된 곳 상위계획의 방침 수용
정치적 요소	주민요구		지역민원, 숙원사업	

자료: 시정개발연구원(1995), 도심재개발 구역설정에 관한 연구

<표 16.5> 재개발구역의 설정기준 예시

구 분	활용자료	항 목	검 토 내 용
1단계 물리적 기준 (도시계획차원)	지번도	필지규모	건축법상 대지면적 최소한도의 60㎡ 이하인 필지가 밀집된 지구
		필지형상	주택을 건축하기에 부적합한 부정형의 필지가 밀집된 지구
		도로체계	주변도로체계가 정비되어 있지 않은 지구 내부가로망패턴이 불규칙하며, 막다른 골목이 주를 이루는 지구 각 필지가 소방도로(6m)와 연계되어 있지 않은 지구
		도로폭원	비상시 차량의 진입이 불가능한 정도로 협소한 지구
	항측도	건물구조	목조, 블록조가 대부분인 지구
		건물층수	1~2층 규모로 저층이 대부분인 지구
		건축밀도	건축물이 과도하게 밀집되어 있는 지구(건폐율 60% 이상)
		주택입지	경사지에 입지하여 재해의 위험이 있고, 진출입이 불편할 것으로 판단되는 지구(항측도에 계단표시로 확인)
2단계 물리적 기준 (주거환경차원)	현장조사	주거면적	최저주거기준 이하의 주택이 밀집한 지구
		주거시설	식구 수에 따른 방수, 목욕탕, 화장실, 상하수도, 난방시설 등이 기준 이하인 지구
		주거상태	구조, 재료, 노후도(건축연수), 부위별 부패정도 및 파손상태
		재해위험	축·대위치, 건물구조 등이 붕괴위험 등으로 불안을 주는 경우
3단계 사회 / 경제적 기준	건축물 관리대장	건축연수	20년 이상 경과주택이 밀집한 경우
		허가유무	무허가건물이 밀집한 경우
	토지대장	소 유 권	국공유지 비율이 높은 경우
	공시지가	공시지가	주변지역 및 유사지역과 비교하여 지가가 현저히 낮은 곳
	센서스	인구밀도	인구밀도가 현저히 높은 경우
		주택밀도	단위면적당 주택밀도가 높은 경우
	설문조사	편의시설수준	공공시설(교육, 공원 등)과 생활편의시설이 부족한 지구
		세입자비율	세입자의 비율이 높은 지구(50% 이상)
		임대료수준	인접 및 유사지역보다 저렴한 지구(불량주거지의 특성)
		직 업	도시근로자에 비하여 임시적이고 불안정한 직업을 가지고 있는 비율이 높은 지구
		소득수준	가구당 평균소득이 도시근로자 가구소득보다 현저히 낮은 가구의 비율이 높은 지구

자료: 부산발전연구원

5. 도시재개발사례

1) 외국의 도시재개발사례

(1) 파리의 라 데팡스

라 데팡스(la Defence) 지구는 파리 서쪽 상제리제 가의 축선상에 있다. 이곳은 과거 중소공장군과 노후화된 주택군이 혼재된 지구였다. 1930년대부터 이 지구를 포함해서 파리시의 혼란을 해소하려고 여러 번 계획하였지만 모두 실현되지 못했다. 그러나 1956년에 정비지구로 지정하여 파리시내에 산재해 있는 중추업무시설을 이곳으로 이전함으로써 파리의 도시기능을 회복시킬 것을 목표로 하여 재개발을 추진하기로 하고 데팡스 지구정비공사(EPAD)를 발족시켰다.

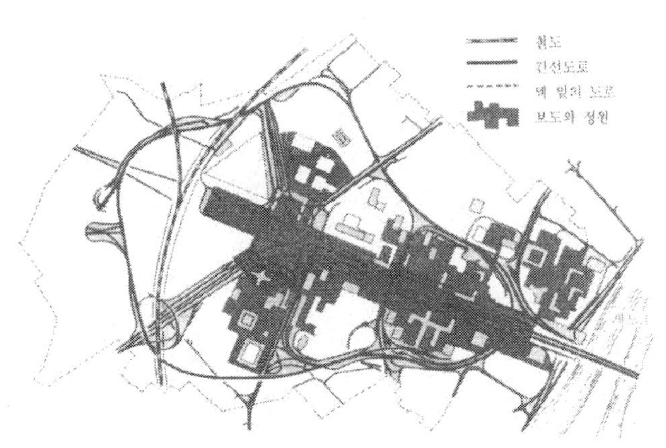

〈그림 16.2〉 La Defence 재개발 계획도

계획의 주요내용을 보면, 전체지구는 A존(115ha)과 B존(700ha)으로 구분된다. A존은 연면적 1,400,000㎡의 고층사무소건물을 중심으로 인공바닥·보행자 데크(deck)에 의한 공간의 입체적 이용이 계획되고, 지하철(REP)과 자동차도로 및 주차장 등 교통시설이 정비되며, 중앙부에는 쉘(shell)형의 국립공업기술센터(CNIT)가 있어 탑상고층건물군과 경관상의 대조(contrast)를 이루고 있다. 또한 B존은 주로 고층주택이 배치되어 있다. 재개발사업이 소요되는 자금은 약 25억 프랑인데 이 중 84%는 채권으로 나머지 16%는 국가와 지방자치단체의 출자로 충당되도록 되어 있다.[136]

〈그림 16.3〉 라 데팡스 전경

(2) 런던 도크랜드 재개발

① 도크랜드 지역의 입지적 특성

Docklands는 런던 템즈 강 북안의 22㎢(660만 평)에 달하는 조선 및 계류장 (docks)과 Isle of Dogs(Royal Docks)를 포함하는 광범위한 지역이다. 이 지역은 1970년 London Docks와 Surrey Docks 폐쇄 이후 지속적인 쇠락으로 산업쇠퇴지역으로 전락하였다.[137]

도크랜드 지역의 산업은 주로 선박건조와 수리, 수입품 가공, 의류, 가구, 인쇄업 등 제조업부문이 소규모 워크숍을 중심으로 형성되어 있었다. 19세기 후반 이래 이 지역의 남성들은 주로 부두노동과 공장노동에 종사하였고, 여성들도 상당부분 가내노동을 통해서 생계를 꾸려나가고 있었다.[138]

---

136) 박병주 · 김철수(2001), 신편 도시계획, 형설출판사, pp.303-304.
137) 김용웅 · 차미숙(2000), 유럽의 지역개발 성공사례와 동향, 국토연구원

1981년 London Docklands Development Corporation 설치 이래 본격적인 재개발이 이루어져 현재는 런던의 새로운 상업, 주거 및 여가의 중심지로 부상하고 있으며, 강 건너 Greenwich반도의 밀레니엄 돔을 비롯하여 광역적 재개발 또는 부흥이 이루어지고 있는 지역이다.

② 개발전략

런던 도크랜드 재개발은 업무공간의 창출과 고소득층 위주의 자가소유주택 공급을 중심으로 이루어져 왔다. Docklands는 런던도심에서 5마일(8㎞) 정도 떨어진 테임즈강 북안에 위치하고 테임즈강 건너 그린위치와 인접해 있다. 런던과는 페리 여객선, 25분이 소요되는 경전철(light railways) 및 간선도로망(M25, A406 North Circular Road)이 발달되어 있고, 유럽 23개 지역과 연결된 런던도시공항(London City Airport) 및 유로터널과도 인접해 있다. 이 지역은 산업 및 경제 부활을 위하여 기업지구(Enterprise Zone)를 설치하고 각종 간선교통, 교역전시시설, 위락시설 및 주택건설을 추진하고 있다.

〈그림 16.4〉 Canary Riverside 사업이 완성된 모습

자료출처: 국토연구원(2000)

---

138) 윤일성(1997), 시장주도적 도시개발의 가능성과 한계; 영국 런던 도크랜드 재개발을 중심으로, 한국사회학, 제31집, pp.389-392.

English Partnerships이 추진 중인 도크랜드 내 사업지구로 면적은 267 ha(80만 평)이며 지역 내 학생 2,400명의 동런던대학 캠퍼스 개교(99 / 2000), 런던최대의 전시센터(65,000㎡, 2만 평)를 지니고 있다. 지역연계 도로망의 구축에만 1.2억 파운드(약 2000억 원)의 투자비가 소요되었고, 향후 5년간 2,800동의 주택이 건설될 예정이다.

Docklands의 강남 쪽 반도지역으로 Docklands 개발의 파급효과로 발전잠재력이 커지고 있고, 특히 밀레니엄 돔의 건설로 런던의 새로운 여가 및 관광지대로 등장하고 있다. Millenium Village의 건설, 3000동의 신규주택, 도시재개발사업을 지역산업발전이라는 전략적 차원에서 추진 중이다. 특히 녹지확충, 공원화, 첨단정보 및 교통망 구축에 치중하고 있다. 현재 사업지구는 총 121 ha(36만 평), 6,500개의 새로운 취업기회(7,500명 인구수용) 창출을 위하여 English Partnerships에서 Master plan을 작성하여 사업을 추진 중이다.(토지정비 및 기초시설비: 1.8억 파운드(3000억 원) 23개 주건설업자, 150개 하도급업체가 참가하여 다양한 사업을 추진 중이다)

Docklands 개발은 테임즈강 연안의 재부흥을 가져오고 있으며, 주변에 다양한 business, 주거 및 위락시설이 들어서 있다. 이들의 특징은 건물설계의 미적 감각과 개발, 조경의 질이 높아 향후 도시환경 창출에서 양적인 것보다는 국제수준의 질의 확보가 필요함을 시사하고 있다. 연안의 많은 주거시설이 건설되고 있었으나 동일한 설계는 거의 없이 독창적이고, 품격이 높은 시설과 환경을 보여주고 있어 미래를 위한 투자 차원에서 인상적이었다.

〈그림 16.5〉 도크랜드 인접 주거지개발: 개성적 설계와 쾌적성을 중시한 아파트 개발

자료출처: 국토연구원(2000)

(3) 영국 쉐필드시의 도심재생

쉐필드(Sheffield)시는 런던 북쪽 약 250㎞ 지점에 위치한 요크셔(Yorkshire) 지방의 중심도시로서, 인구 56만 명의 영국 제5위의 도시이다.

1970년대 이후부터 전통산업인 철강산업의 쇠퇴, 맨체스터(Manchester), 리즈 (Leeds) 등 주변 대도시와의 경쟁력 약화, 도시 외곽지역의 무분별한 개발로 인한 개발여력의 상실 등으로 심각한 도심부 쇠퇴와 함께 도시의 급격한 경쟁력 약화를 경험하였다.[139]

〈표 16.6〉 쉐필드시 도심재생 및 내용

기 본 전 략		계 획 내 용
역사 · 문화 환경조성	역사 · 문화 요소의 보존 · 활용	• 전통건축물, 문화재의 보존: 자원목록의 구축 • 역사적 도시경관 및 가로경관 보존 • 역사적 건축물의 외관 개선 • 주변시설가의 연계활용방안 모색
	역사 · 문화 공간 및 시설의 확충	• Millennium Gallery, Peace Garden, Winter Garden 조성 • 카페, 바, 음식점, 특별선매품점 등 편익시설의 확충 • 도서관, 공공시설 등 문화시설의 확충
	생활문화의 장 제공	• 시청사, 의회 등을 도시활동의 구심점으로 활용 • Tudor 광장 등을 활용한 재즈 페스티벌, 아동 페스티벌 등 축제, 이벤트 행사 개최
보행자 공간의 확충	장소성 강화	• 소매상점가 등 특화거리의 육성 • 역사 · 문화지구, 소매지구, 복합용도지구와의 연계성 강화
	보행접근성 강화	• 보행자 전용도로의 확충 및 시설 개선 • 보행환경 개선 및 대중교통 접근체계 정비 • 도심부 외곽에 공동주차장 건설 • 다양한 버스노선 운영 및 숍모빌리티 설치 • 경전철(Supertram) 운행
	효율적 개발 패턴	• 기초조사에 근거한 기존 도시조직(urban tissue)의 보전 및 활용 • 상업과 역사 · 문화시설의 복합화 • Fargate-Moor, Midland 역-시청 간 기능적 연계성 강화

---

139) 김영환(2004), 외국의 도심재생사례: 영국 쉐필드시, Urban Review, pp.9-11.

기 본 전 략		계 획 내 용
도심주거의 확보	주거유형 및 형태의 다양화	● 아파트, 주상복합, 도심형 주거의 입지 ● 저소득층 주거의 확보(Devonshire Green Urban Village, The Crescent Bldg.)
	개발유형 및 수법의 다양화	● EU 지역개발기금, 중앙정부기금 등 다양한 도심재생기금의 확보 ● English Partnership, 민간개발 등 다양한 개발방식 도입
	주거환경의 개선	● Castlegate 주거지 재개발 등을 통한 주거환경의 개선 ● 도심연계 보행자도로 개설 ● 소공원, 광장 등 오픈스페이스 확보
복합용도 개발의 활성화	다양한 기능 수용	● 호텔, 헬스클럽, 업무시설 유치 ● 도심주거 입지
	복합적 상업 활성화	● Sheffield Hallam Univ와 첨단중소기업의 기능적 연계를 통한 벤처기업 육성 ● IT · 영상 · 음반 등 첨단산업의 유치 ● 하계 유니버시아드 시설물인 국제 스포츠센터의 활용
	환경개선	● 시의회 건물 외관의 개선 ● 기존공장 · 창고 · 사무소의 개수 및 적응적 재사용
소매업 활성화	기능 및 공간연계	● 기존상점가와 연계된 선형 소매상점가의 육성 ● 복합용도지구와의 기능성 연계 ● 기초조사에 근거한 적정 소매업종의 선정 및 유치
	가로경관 개선	● 노후건축물 및 시설물의 개 · 보수 ● 건축물의 규모, 높이, 건축선, 형태규제 강화 ● 다양한 공공설비 구축
	접근성 강화	● 기존 보행자도로의 확장 ● 대중교통 연결수단의 강화 ● 주차장 · 자전거보관소 설치 ● 버스노선 조정

출처: 김영환(2004), 외국의 도심재생사례: 영국 쉐필드시, Urban Review, p.11.

　　1984년 철강산업을 대체할 새로운 미래형 산업으로서 지식정보산업(IT), 정밀기계산업, 관광 · 문화산업, 그리고 현대형 레저산업을 선정하여 이를 집중 육성하는 신산업 전략을 주요 도시정책으로 수립하였다. 이를 위하여 1980년대 후반에는 교외형 대형쇼핑센터인 메도우홀(Meadowhall) 유치, 도심부 외곽의 유휴산업지구인 로어 돈 벨리지구(Lower Don Valley) 재개발을 포함하는 4개의 기함 프로젝트(flagship project)를 추진함과 동시에 1991년도에는 하계 유니버시아드 대회를 유치하여 도심부 내의 물리적 환경을 개선하고 도시 이미지를 쇄신하고자 하였으나 제한적인 성과만을 얻는 데 그치고 말았다.

2) 우리나라의 도시재개발

기존의 법령에서의 재개발사업은 도심재개발, 주택재개발, 공장재개발제도로 구분되어 있었으나, 주거환경개선사업이나 재건축사업도 이와 유사하게 취급되었다.

재개발 중 불량주택재개발은 대도시를 중심으로 시작되었으며, 대부분 달동네를 중심으로 한 불량주거지역을 대상으로 공동주택의 공급이 이루어지고 있다. 대부분의 도시지역에서는 재건축이 활발하게 이루어지고 있다. 그러나 도심재개발은 대부분 서울시를 중심으로 사업이 대부분 시행되었고, 많은 도시에서 도시·주거환경정비기본계획을 수립하고 있다.

6. 재개발사업의 효과 및 문제점

1) 재개발사업의 효과

재개발사업은 물리적 환경의 개선은 물론 사회경제적 측면까지 도시에 있어서 큰 효과를 나타내고 있다. J. 로텐베르그(Jerome Rothenberg)는 재개발사업의 파급효과를 다음과 같이 여덟 가지로 언급하였다.

① 황폐화된 건물의 제거
② 빈곤의 감소

③ 쾌적하고 개선된 주거환경의 제공

④ 도심상업기능의 유치 및 활성화

⑤ 도심지의 공공편익시설 강화

⑥ 도심지에 중산계층 유치: 젠트리피케이션(gentrification)

⑦ 도시형 경공업 유치

⑧ 새로운 기반조성

도시재개발을 통하여 경제적 기반이 되는 중심상업기능과 경공업기능을 유치하여 도시경제를 활성화함으로써 빈곤의 감소를 달성할 수 있다.

2) 문제점과 개선방향

(1) 문제점

재개발지구의 주민과 영세 중소기업들은 재개발을 통하여 토지이용의 고도화는 되었으나 외곽지로 강제 이주된다. 이로써 중소기업은 거의 대부분 폐업을 하게 되고, 주민은 다시 불량지구로의 이주가 일어난다. 이 지구는 대기업과 부유층에게 많은 재산적 가치를 준다. 또한 주거기능의 분산으로 도시의 평면적 확산이 조장되고 직주의 근접이 아니라, 직주가 분리되어 교통혼잡, 체증 등의 부작용도 또한 가져온다. 앞의 슬럼철거에서와 같은 영세민의 철거로 나타난다.

토지이용측면에서 도심부는 고층·고밀화되고, 대부분 상업이나 업무기능 위주의 개발이 이루어짐으로써 도심의 황폐화 및 다양성의 상실을 가져왔다. 그리고 단일 대형건물이 들어섬으로써 도심부가 가지고 있는 역사적 특성과 장소적 매력이 훼손되고, 가로변의 활발한 보행활동이 저하되고, 이질적인 건물크기와 형태로 주변 건물 및 자연환경과 부조화가 초래되어 도심부는 도시로서의 공간적 매력을 상실하고 있다. 또한 장기간 사업이 추진되지 않아 노후시가지의 정체되거나 방치되고, 개발을 대부분 민간부문에 의존함으로써 민간개발자의 사업성이 확보(경제성 위주의 개발)될 수 있는 높은 개발밀도를 제공하여야 하며, 이로써 고층개발이 되어 도시경관문제가 발생하기도 한다.

주택재개발의 경우는 경제적 측면에서의 고밀도 개발로 인하여 정주환경이 악화되고, 사업기간의 과다와 장기 미시행으로 인하여 주거환경이 더욱 악화되는 문제점을 나타내고 있다. 그리고 고층아파트 위주의 개발로 인하여 도시경관을 파괴하는 등 물리적으로 개선되었으나 오히려 주거환경은 더욱 악화되는 현상을 나타내었다.

세입자 문제 등이 사회문제화되고, 저소득층의 다른 지역으로 이전하면서 새로운 불량지구를 양산하고 딱지 등 불법적 부동산거래의 증가와 열악한 환경이 계속하여 이전하는 악순환을 가져왔다.

(2) 재개발사업의 개선방향

세계 제2차대전 후 1960년대까지는 세계 각국에서 기존시설을 철거하고 새로운 시설을 계획하는 소위 전면재개발 혹은 철거재개발 일변도의 개발이 주를 이루었다. 그러나 전면(철거)재개발 위주의 재개발사업은 기존의 시가지를 해체시킴으로써 생활의 터전이 해체되어 주민들의 불만과 사회의 비난이 고조되어 사회문제로 대두하게 되자 관련자들의 인식도 차츰 변하게 되었다.

많은 연구결과에 따라 시행방법을 수복과 보존의 방법을 병행하여 다양화해야 한다는 의견이 지배적이었으며, 그것은 유럽 등의 선진국에서는 오래전부터 시행해온 일반화된 방법이다.

재개발사업은 불량지구에 대한 재인식을 필요로 하며 도시영세민의 복지향상을 위한 정책정립, 공익성이 강조된 개발방식, 불량지구의 공공시설 지원책 강화 및 사회개발 의미의 강화가 재개발에서 강조되어야 한다. 또한 과학적이고 철저한 현황분석을 통한 사회계획수립의 평가기준을 마련하여 토지취득과 관리처분의 합리성을 부여하고, 사업시행을 촉진시킬 수 있도록 공공시설의 우선 설치 또는 금융지원제도 등을 강화하며 더 나아가 사업주체에 따라 적합한 개발방식을 운영하여야 한다. 아울러 가능한 한 복합기능의 유지가 가능하도록 하고 지구단위의 계획수립에서 구역단위의 계획 및 집행체계로 유도하고 재개발사업에 따른 인구 및 환경영향평가를 해당구역보다 넓게 시행하며, 정부시책이나 상위계획의 지침과의 상충을 사전에 방지하도록 하고, 재개발구역 지정을 합리화하고, 타 지역과의 연계성을 강화하여야 한다. 특히 주민이나 해당 소유자가 모든 과정을 정확히 알아서 확실히 참여할 수 있는 장치와 계획과정의 민주화가 재개발사업을 더욱 올바르게 이룰 수 있을 것이다.

제 17 장 신도시개발

1. 신도시의 개념

1) 신도시의 정의와 개념

신도시는 일반적으로 새로이 계획된 도시형 정주공간을 일컫는 말이다. 기존도시가 자연형성에 의한 도시형성 배경을 가지는 반면에 신도시는 처음부터 계획에 의해서 형성된다.

신도시의 규모에 대해서는 크게 정확히 규정되어 있는 것이 없고, 최소 1만 명 정도의 신도심 또는 주택지계획에서부터 100만 명에 이르는 대도시까지 매우 다양하다. 신도시의 개념[140]은 아직까지 학문적으로나 제도적으로 정립되어 있지 못하고, 각 연구기관마다 그 정의가 다르다.[141]

각 연구기관에서 정의하고 있는 것을 종합하면, 신도시는 새로이 계획되고 개발된 곳으로 규모는 신시가지에서부터 하나의 행정기능을 가진 독립된 도시에 이르기까지 모두 포함하고, 기능적·행정적·경제적으로 자족적이든 비자족

---

140) 신정철(1997), 신도시개발정책 개선방안 연구, 국토개발연구원, pp.19-22.
141) 신도시에 대한 정의는 아직 명확하게 정립되어 있지 못하고, 개발주체 및 개발의도에 따라 신도시로 구분하는 경우가 많고, 특히 수도권에서 이러한 신도시의 개념이 널리 통용되고 있다.

적이든 모두 여기에 포함이 된다고 할 수 있을 것이다.

〈표 17.1〉 신도시의 정의

연구기관	신도시의 정의	비 고
국토연구원	계획적으로 개발되는 신시가지 유형으로 자족성을 어느 정도 유지할 수 있는 인구규모와 기능을 수용하는 신시가지	분당, 일산, 중동, 산본신도시 등
대한국토·도시계획학회	새롭게 건설되는 도시형 정주공간으로 자족형 정주공간은 물론 위성도시, 교외주택도시와 기성내부도시에 건설되는 신시가지 등 다양한 형태의 비자족형 정주공간도 포함	
한국토지공사	도시라고 부를 수 있을 만한 규모와 기능을 갖춘 정주공간의 한 단위라고 규정될 때 사용하고, 행정적으로나 물리적으로 독립된 도시의 형태	과천, 창원, 안산신도시 등

자족성: ① 독립적 행정기구의 존재여부, ② 경제적 자족성, ③ 주변시가지와의 구별성

2) 신도시개발의 목적

(1) 일반적 분류

신도시개발의 국가정책상 목적은 매우 다양하게 이루어진다. ① 국가안보를 위한 인구와 산업의 분산, ② 사회분위기 쇄신을 통한 국민 일체감의 조성, ③ 대도시 증가인구의 계획적 수용, ④ 대도시 주택부족 완화, ⑤ 대도시로 집중하는 인구 및 산업의 분산, ⑥ 지역발전 촉진을 통한 지역격차의 해소, ⑦ 천연자원 및 에너지 개발 또는 공업발전을 위한 기지나 거점의 구축, ⑧ 국토의 효율적 이용을 통한 인구 재배치 등 나라마다 도시마다 그 개발목적은 매우 다양하게 나타나 있다.

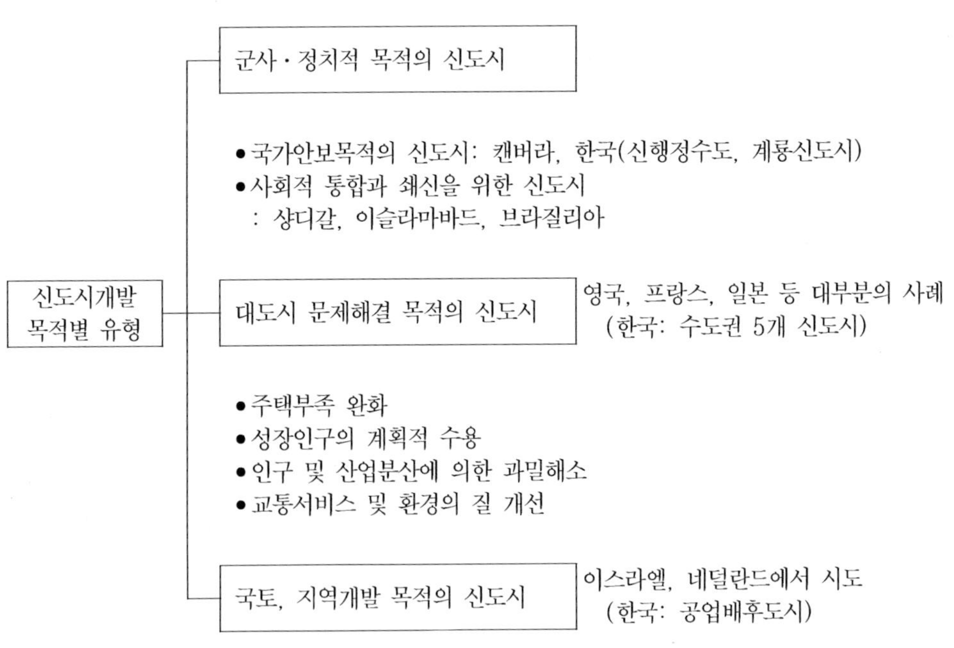

자료: 국토개발연구원(1988), 도시정책의 전개와 과제, p.215 정리인용

〈그림 17.1〉 신도시개발의 목적별 유형

Golany Gideon(1976)[142]에 의하면 세계 각국의 신도시개발사례를 검토하여 자족성 여부[143]에 따라 15개의 유형으로 구분하고 유형별 개발목적을 다음과 같이 분류하였다. 여기서 대표적으로 6가지 유형이 일반적으로 통용되고 있다.

●자급자족적 신도시

●모도시 의존형 반독립적 신도시

●기존 모도시에 거의 모든 기능을 의존하는 신도시

---

142) G. Golany(1976), New Town Planning, John Wiley & Sons, Inc, p.24.

143) E. Howard는 자족적 전원도시를 구상하였고, Taylor는 비자족적인 위성도시를, Feder는 신
    도시를 주창하였다.

- 대도시주변 기존 소도시를 확장 개발한 확장신도시
- 기존 대도시의 교외지역의 개발을 통한 대규모 주거단지
- 재개발을 통한 대단위 주거지역으로 도시속의 신도시(new town in town)

〈표 17.2〉 신도시의 유형

신도시 유형	자족적 신도시										비자족적 신도시				
개발목적	컴퍼니타운	뉴커뮤니티	도시내신도시	지역성장거점	독립신도시	신시가지	자유입지도시	성장촉진거점	수직도시	수평도시	위성도시	토지구획지구	매트로타운	시가지내신도시	계획단위개발지구
과밀도시화, 인구폭증 극복		O		O	O	O	O	O	O	O	O		O	O	
주택 수요 대응		O	O				O	O	O	O	O	O	O	O	O
주택 수요 및 사회·문화적 동질감 조성		O	O		O	O		O	O				O	O	O
교통혼잡 완화		O	O		O	O	O	O	O		O	O	O	O	O
행정센터건설 및 국가위상 제고			O		O	O	O								
자연자원개발	O			O											
신규지역개발				O	O	O	O						O		
인구 및 사회 경제활동의 재배치				O	O	O	O	O	O						
낙후 침체지역개발				O	O	O	O		O						
토지, 용수, 조경 등 물리적 자원개발	O			O	O	O									
잠재인구증가 대비 불모지 개발				O	O	O	O		O						
인구통합달성			O	O	O	O	O	O	O						
군사적 수요 대응	O							O							
사회분위기 쇄신		O	O	O	O	O	O			O	O			O	

<표 17.3> 신도시의 명칭의 배경요소

구 분	경제적 측면		사회성	지리성	계획수법	도시기능	도시형태	특 징
	자족	비자족						
New Town	◎			○		○		완전한 자립자족도시 (영국)
New Community	◎			○		○		미국의 뉴타운
New City	◎			○		○		미국의 대규모 뉴타운
Development Town	○		◎					인구재배치를 위한 도시 (이스라엘)
Freestanding Community	○			◎				대도시와 멀리 떨어진 New Community
Satellite Town		○		○		◎		모체도시의 기능보완
Metro Town		○		◎				대도시권의 분산 개발, 대도시와의 밀접한 관계
Newtown in Town		○		◎				도시 속의 신도시 개량개발
Expanding Town		○		◎				기존도시의 확장
Company Town		○			○	◎		특수사업을 위한 신도시
Land Subdivision		○			◎			토지분할개발기법
Planned Unit Development		○			◎			계획단위개발수법, 도시내부지역에 활용
Industrial Town	○					◎		산업위주 개발
Garden City	◎			○		○		전원적 성격과 경제적 자립 강조
Capital City	○					◎		행정수도
Regional Growth City	◎							지역거점개발 국토개발의 일환
Accelerated Growth Center	◎							가속성장거점개발 낙후지역개발
Horizontal City	○						◎	수평적 거대도시 Ecumenopolis
Vertical City	○						◎	고밀 압축된 수직적 거대도시

주) ◎: 신도시 명칭의 주된 배경, ○: 신도시 명칭의 부차적 배경

(2) 우리나라의 경우

우리나라의 경우 신도시(신시가지)의 개발목적을 다음과 같이 분류해 볼 수 있으나 대부분의 신도시들은 단일목적이 아닌 여러 가지 목적을 염두에 두고 개발이 이루어졌다고 할 수 있다.

① 국가개발차원에서의 산업단지 및 배후도시

1970년대 이후 국가중공업의 경제성장 정책에 따라 공업단지나 산업단지의 건설과 이들 도시의 배후지역에 각종 도시서비스 기능을 제공(산업신도시)하기 위한 목적하에서 개발하였다.(울산, 포항, 구미, 창원, 여천, 광양)

② 서울의 도심기능분산 및 주택공급

산업화 및 도시화 과정에서 서울시 인구집중에 따른 주택부족을 해결하고, 도심기능을 분산하기 위하여 신시가지를 개발하였다. 도시 내 신도시(newtown in town)가 여기에 해당된다.(영동, 여의도, 잠실, 목동, 상계)

③ 대도시의 인구분산과 주택공급

서울의 불법주택지 철거이전으로 인한 개발, 공해공장의 이전, 그리고 서울의 행정기능분산을 목적으로 신도시를 개발하였다. 이것은 주택공급을 주목적으로 하였으나 이는 서울인구의 분산과 지역균형개발로서의 역할도 수행할 목적이었다고 할 수 있다.(성남, 반월, 과천, 대전둔산, 계룡, 평촌, 산본, 중동)

그리고 수도권의 부족한 주택을 공급하는 목적하에 대규모 택지와 주택을 공급하기 위한 수단으로 서울 주변에 베드타운(bed-town)의 성격을 갖는 주택도시가 만들어졌다. 이들 대부분은 양적 공급 목표달성을 위해 주거지는 고밀고층화하였다.(분당, 일산, 평촌, 산본, 중동)

④ 낙후지역거점 및 연구거점 확보

관광기반을 확보함으로써 관광활동의 효율화와 관광객의 편리를 도모(관광신도시)하고, 연구시설을 집적시킴으로써 두뇌집단을 한곳에 두어 상호교류·

상승효과를 도모(연구 / 학문도시)하는 등의 목적하에서 신도시를 개발하였다. (신제주, 대덕, 동해)

3) 신도시의 역사

역사적으로 도시는 다양한 목적과 동기에 의해 건설되었다. 때로는 군사적, 경제적, 교통적, 종교적인 목적에서, 혹은 자연자원의 개발, 신수도의 건설, 지역개발의 촉진, 기존 대도시의 과밀완화, 사회적·경제적·물리적 환경의 개선 등 다양한 동기에 의해서 신도시 건설이 이루어졌다.

이러한 신도시의 개념은 1898년 영국의 E. Howard가 이제까지의 이상도시(공업도시)안의 장점을 통합하여 전원도시 구상을 제안하면서 전환기를 마련한다.

E. Howard의 제안에 의해 세계 최초의 신도시 Letchworth(1903)와 Welwyn(1919)이 건설되기 시작하였다. 영국에서는 1945년 신도시법(New Town Act)을 공포하여 기존 대도시 지역의 과밀완화, 경제적으로 자립자족하는 정주단위의 건설, 그리고 사회적으로 조화를 이룬 커뮤니티의 개발에 기본목표를 두고 있다.

이처럼 영국에서 비롯된 신도시 개발정책은 대도시의 과밀을 해소하기 위한 거시적 도시정책으로, 특히 1960년대 이후 유럽의 여러 나라는 물론 미국, 러시아, 일본 등 많은 나라에 파급되기에 이르렀다.

2. 신도시의 유형

1) 입지유형에 따른 신도시

신도시의 입지(위치)는 크게 모도시 내부입지형, 모도시 인접형 / 연결형, 독립 개발형의 3가지 유형으로 구분할 수 있다.

첫째 유형은 모도시 내부입지형으로 대부분 기존 모도시 내의 대규모 주거단지계획이나 신시가지 조성(new town in town)이 여기에 해당되며, 주로 서울과 같은 대도시를 중심으로 계획되었다.

둘째 유형은 모도시에 인접하여 위치하는 유형으로 대도시권의 기능분산과 인구배분을 위한 위성도시적 성격을 지니고 있다.

셋째 유형은 모도시나 대도시와는 상관없이 독자적으로 입지하는 유형으로 대부분의 산업도시와 같은 자급자족적 신도시가 여기에 해당된다.

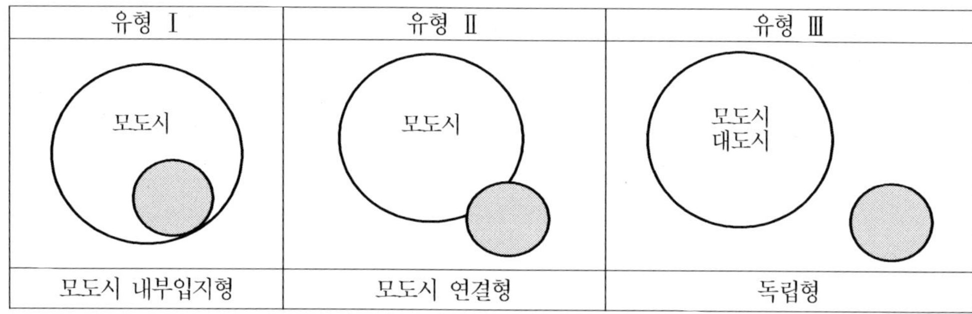

〈그림 17.2〉 신도시의 유형분류

유형 Ⅰ은 대부분 기존도시 내의 신시가지조성이나 신주택지건설 등에 의해 이루어지는 것으로 수도권 중심의 신도시가 많고, 도시재개발 등을 통한 개발도 여기에 포함된다고 볼 수 있다. 평촌(안양시), 산본(군포시), 중동(부천시) 등의 신도시가 여기에 해당된다.

유형 Ⅱ는 bed-town으로 조성되는 경우가 많다. 유형 Ⅰ도 비슷한 성격을 가지지만 모도시로부터 지리적으로 떨어졌거나 인접하여 있는 경우가 여기 해당된다. 분당(성남시), 일산(고양시) 신도시가 여기에 포함된다. 대부분의 수도권의 신도시가 서울을 모도시로 하는 경우가 많다.

유형 Ⅲ은 대부분 지리적으로 수도권과 떨어져 있고, 다른 유형과는 달리 모도시라는 것이 없거나 매우 미약하여 자체적으로 독립된 신도시로 계획된 경우이다. 우리나라의 경우 전략적으로 공업육성을 위해 계획한 공업도시가 여기에 해당된다. 창원, 여천, 광양, 안산, 포항, 울산시가 여기에 포함된다고 할 수 있다.[144)

위의 3가지 유형은 기능적으로 크게 2가지로 구분하여 설명할 수 있다. 유형 Ⅰ과 유형 Ⅲ은 대도시권 내의 신도시로 모도시와의 연계 및 대도시와 통근가능권 내의 입지를 의미한다. 영국, 스웨덴, 덴마크, 핀란드 등의 대부분 신도시들이 수도권 혹은 대도시권 내에 입지하여 위성도시적 성격을 지니고 있는 경우가 많다. 이들 신도시들은 대도시와의 대중교통수단(전철, 철도 등)이 연결되어 통근권 내의 입지라는 이점을 지니고 있다. 그러나 위성도시적 신도시는 자족성의 결여, 주택도시로의 기능적 한계, 그리고 모도시와의 교통수요 증대로 인한 막대한 재정투자 등이 전제되는 문제점을 안고 있다.[145]

이와는 반대로 대도시권 내를 벗어나 입지하는 신도시는 주로 독립적이고 자족성이 강화된 신도시로서 낙후지역의 개발을 위한 성장거점도시이거나 특정산업개발을 위한 산업도시, 자원개발을 위한 도시 등이 여기에 해당한다. 1960년대 초반 프랑스의 4개 신도시, 폴란드와 여러 유럽 국가들이 1960~1970년대에 건설한 신도시들 중 성장거점형 신도시들이 많다. 영국의 경우도 1960년대 개발된 Londonderry, Washington, Newtown 등이 대표적 지역개발목적의 성장거점 신도시이고, 우리나라의 경우는 산업도시와 동해시가 여기에 해당된다.

2) 개발정책에 따른 신도시

개발정책에 따른 분류는 크게 bed-town과 같이 모도시의 인구분산이나 주거환경개선을 목적으로 하는 것과 국가산업단지개발과 같이 지역거점도시개발을 목적으로 하는 것으로 분류할 수 있다. 전자의 경우는 주로 우리나라의 수도권지역의 신도시가 여기에 해당되고, 후자는 공업도시와 같은 지역적·경제적 특징을 가지는 신도시를 말한다.

또한 기술개발을 위한 기술도시(techno-polis)도 국가의 개발정책에 의한 신도시라고 볼 수 있다. 테크노폴리스는 미국의 실리콘밸리, 일본의 쯔쿠바, 우

144) 전략형 신도시란 국가의 특정목표를 위해 만들어진 신도시로, 자족형 도시이며 공업도시 이외에도 낙후지역의 개발이나 자원개발을 위하여 건설하는 경우도 있다.
145) 하성규·김재익(1998), 도시관리론, 형설출판사, p.581.

리나라의 대덕연구단지 등이 있다.

3. 우리나라의 신도시

1) 신도시 정책

우리나라의 신도시정책은 1960년대 산업화·공업화를 위한 국가공업단지조성과 그 배후지역 건설을 위한 공업도시계획이 신도시계획의 시초였다. 울산시는 중화학공업, 포항시는 제철공업을 중심으로 개발되었다. 그리고 산업화에 따른 수도권인구의 증가를 해소하고 불법주택 철거이전을 위하여 성남신도시, 여의도는 서울의 도심기능과 주택공급을 위하여 계획되었다.

<표 17.4> 신도시의 시기별 개발목적(연도 착공년 기준)

개발목적 \ 개발시기		1960	1970	1980	1990	2000
산업도시건설 산업기지 배후도시		울산·포항 (62)(68)	구미·창원 (73)(77)	여천 (82)	광양 (91)	
대도시문제해결	서울의 불법주택 철거이전	성남 (68)				
	서울의 공해공장 이전		반월 (77)		광양 (91)	
	서울의 행정기능 분산		과천 (79)	둔산·계룡 (88)(89)		
	수도권 주택공급 및 인구분산			분당·일산·평촌·산본·중동 (89) (90)		동탄·판교 (01)(03)
	서울의 도심기능 분산 및 주택공급	영동·여의도 (67)	잠실 (71)	목동·상계 (83)(86)		
낙후지역 거점개발			동해 (78)			
연구학원단지			대덕 (74)			

1970년대에 들어 계속적으로 추진되어온 공업화는 구미전자단지, 창원기계공업단지의 새로운 공업단지조성과 반월신도시의 건설 등 신도시정책은 대부분 공업화에 있었다. 그 후 수도권의 인구집중으로 인한 주택부족을 해결하기 위하여 잠실, 목동, 상계 등의 신시가지와 신주택지가 조성되었고, 행정기능을 분산하기 위하여 과천(제2정부종합청사)과 둔산(제3정부종합청사)이 계획되어 건설되고, 연구단지로는 대덕단지가 계획되었다.

계속적인 수도권의 집중으로 인한 도시문제와 주택 200만호 건설계획 등으로 분당, 일산, 평촌, 산본, 중동신도시가 각각 건설되었다. 1990년대 초에 완공된 이 신도시들은 대부분 체계적이고 종합적으로 계획되었다는 평을 받고 있다.

2) 신도시의 유형별 특성

우리나라 신도시는 크게 1980년대까지의 신도시를 전반기신도시로, 그 후의 신도시를 후반기 신도시로 구분할 수 있다.

〈표 17.5〉 전반기 신도시의 유형별 특성

신도시	개 요
울산 신시가지	● 1962. 1월 특정공업지구로 지정·공포, 2월 공업지구 기공식 ● 배후도시건설계획은 울산개발계획본부에서 현상공모하여 국토건설청에 의해 결정·고시하여 신도시개발을 구체화 ● 목표인구를 15만 명으로 계획하고, 공업지역과 주거지역의 격리, 공해문제의 고려, 근린주구개념의 도입, 통과교통처리, 녹지체계조성 등 현대적 도시계획 시도들이 많이 수용
광주 대단지 (성남시)	● 1960년대 초 서울 인근지역에 무허가 주택의 방지하기 위하여 신도시개발 검토 ● 1968. 5월 서울시가 건설부로부터 광주군 일대에 주택단지 경영사업에 대한 인가를 받아 사업 시작 ● 초기구상에서는 250만 평에 인구 50만 명 수용 계획 ● 1968년에 토지매입을 시작한 후 3년간 기반시설 설치를 완료하여 입주시키도록 추진 ● 기반시설이 거의 갖춰지지 않은 상태에서 주민들을 이주시키는 바람에 주민폭동이 일어나게 되어 그 후 본격적인 기반시설설치가 이루어짐

신도시	개　　　　　　　요
반월 신도시	● 근대적 의미로 우리나라 최초의 계획적 신도시라고 할 수 있음 ● 울산, 성남보다는 늦게 착수되었지만, 정부가 처음부터 기존시가지가 없는 곳에 독립된 신도시를 개발하겠다는 의도를 가지고 계획하였다는 점이 큰 특징임 ● 수도권에 신공업도시를 건설하여 서울의 인구 및 공업을 분산시키고자 하는 것이 개발목적 ● 1976. 12월에 도시계획결정, 계획대상지 1,275만 평, 목표인구 20만 명, 건설기간은 1977년부터 1986년까지 10년간으로 설정하여 추진 ● 1984년 도시계획변경을 통해서 계획인구가 30만 명으로 늘어났으며, 변경된 계획에 따라 기반시설조성이 1993년 말에 완료
창원 신도시	● 1974년 산업기지개발구역으로 지정·고시되어 공업단지 조성 착수 ● 1977. 4월에 신도시에 대한 도시계획이 확정, 산업기지개발촉진법에 근거하여 개발 추진 ● 전체 시가지 개발면적 635만 평, 목표인구 30만 명으로 설정되었지만 1989년에 이미 목표인구를 초과하여 개발될 정도로 도청의 이전과 80년대의 경제호황이 도시발전의 성공요인이 되었음
구미 신도시	● 1973년 1단지의 일반공업단지와 전자공업단지 조성 완료 ● 공업단지가 가동되면서 인구가 증가하여 무질서한 택지개발이 일어날 것을 우려하여 기존시가지 인근에 신공업도시를 계획 ● 1977년 도시계획법에 의한 일단의 주택지조성사업으로 착수하여 1985년까지 8년간 개발기간을 설정하였으며 당초 계획에서는 계획면적 107만 평에 목표인구 5만 4천 명으로 설정하여 추진
여천 신도시	● 국가의 산업정책이 중화학 공업화로 전환됨에 따라 석유화학단지의 적지로 선정되어 종합적인 석유화학단지 개발계획 수립 ● 1974. 4 공업단지 주변지역을 포함하여 산업기지개발구역으로 지정·고시
과천 신도시	● 공업도시가 아닌 신도시로서는 최초의 계획적 신도시 ● 중앙행정기관의 이전에 따른 배후도시이며, 개발목적은 계획으로 그친 신행정수도로의 행정기능 이전에 앞서 과도기적 수용을 전제 ● 1980. 3월에 기공식을 치르고 연이어 토목공사가 착공되었으며, 개발제한구역으로 둘러싸인 개발면적은 90만 평이며 수용목표인구는 4만 5천 명으로 비교적 저밀도로 계획된 신도시

〈표 17.6〉 후반기 신도시

신도시	개발목표	수용인구(세대수)	사업기간	사업시행자
분　당	서울의 강남지역과 함께 수도권의 중심 상업업무지역의 기능을 수행할 수 있는 자족적인 도시의 건설	390,350(97,580) 단독: 12,040(3,010) 공동: 78,280(94,570)	1989~ 1996	한국토지공사
일　산	-예술, 문화시설이 완비된 전원도시 -자급자족의 기능을 갖춘 수도권 서부의 중심도시 -남북교류협력의 전진기지	276,000(69,000) 단독: 23,480(5,780) 연립: 20,488(5,122) 공동: 32,032(58,008)	1990~ 1995	한국토지공사

신도시	개발목표	수용인구(세대수)	사업기간	사업시행자
평 촌	-안양시의 새로운 중심업무지역 조성 -도시 내의 신시가지 형성	168,200(42,000) 단독: 2,600(600) 공동: 65,600(41,400)	1989~ 1995	한국토지공사
산 본	-군포시의 새로운 중심업무지역 조성 -도시 내의 신시가지 형성 -수려한 자연환경을 가진 전원도시의 건설	170,000(42,500) 단독: 2,000(500) 공동: 68,000(42,000)	1989~ 1996	대한주택공사
중 동	-부천시의 새로운 중심업무지역 조성 -서울~인천 간 공업지역의 중심에 위 치한 도시근교주거지 -도시 내 신시가지 형성	170,000(42,500) 단독: 7,500(1,800) 공동: 62,500(40,700)	1990~ 1996	대한주택공사 한국토지공사 부천시

<표 17.7> 수도권 신도시의 시기별 특성구분

구 분	연 대	특성과 기능	신도시
제1기	1960~1970년대	●서울의 불법주택 철거이전 ●서울의 공해공장 이전 ●수도의 행정기능 분산	성남(1968) 반월(1977) 과천(1979)
제2기	1980~1990년대 중반	●수도권 주택공급확대 ●부동산투기억제 ●서울의 인구분산	분당 등 5개 신도시 (1989~1993)
제3기	1990년대 후반~2000년대	●서울의 기능분산 ●수도권 다핵화 전략 ●자족성, 사회적 균형성 유지	추진 중 (판교, 화성, 천안)

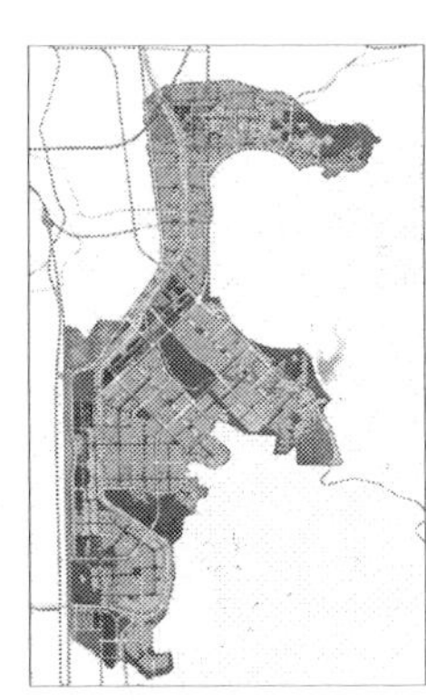

분당신도시

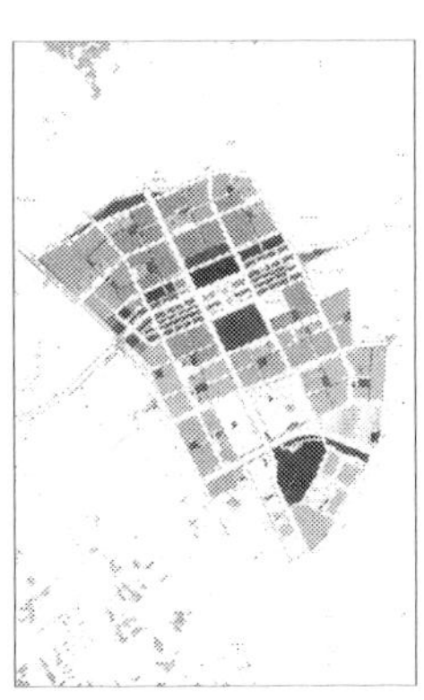

평촌신도시

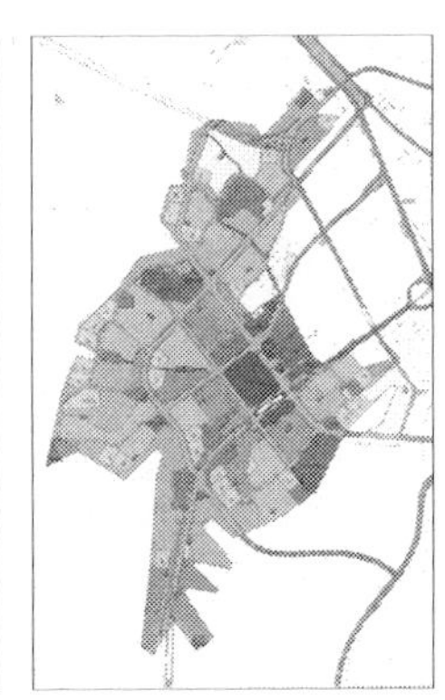

산본신도시

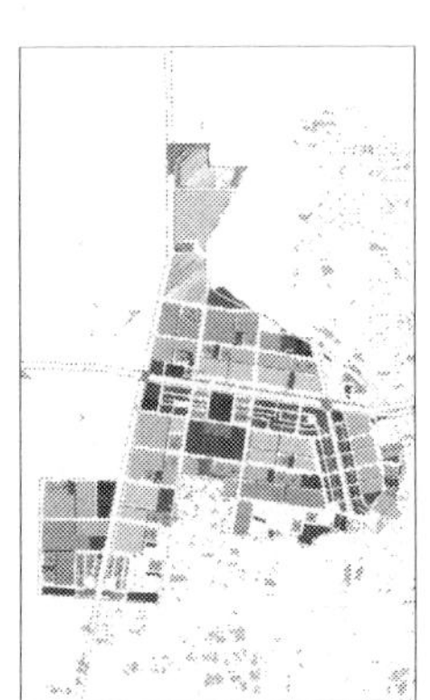

중동신도시

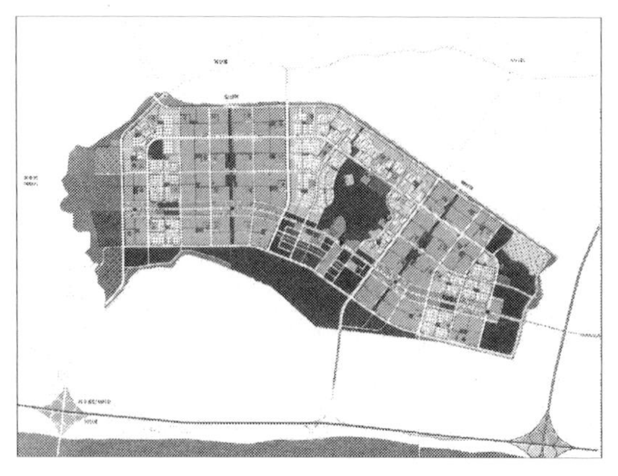

일산신도시

최근 수도권을 중심으로 여러 개의 신도시가 개발되고 있는데, 그 배경으로서는 주택부족 및 잠재수요의 대기, 주택공급의 촉진, 주택가격의 폭등과 부동산 투기, 200만 호 주택건설계획의 추진 등으로 주로 서울의 과밀을 완화하고 주택공급을 촉진하기 위한 것이다.

수도권의 신도시개발은 수도권으로의 집중으로 인한 인구를 수용하고, 급등하는 수도권의 부동산가격을 잡기 위한 한 방편으로 추진되고 있다. 이러한 신도시개발로 인하여 수도권은 더욱 확대되어 광역화되고 있다.[146]

4. 외국의 신도시

1) 영국의 신도시

(1) 신도시 건설배경

영국 신도시의 출발은 19세기 말 산업화로 인한 도시의 급격한 팽창에 따른 주거환경의 악화를 개선하고자 하는 이상주의 운동에서 시작되었다. E. Howard는 전원도시(garden city)를 제창하였으며, 이 전원도시는 농촌과 도시의 장점을 결합시킨 형태의 이상주의적 아이디어였다. 전원도시 운동에 의해 Letchworth(1903)와

---

146) 수도권 신도시개발은 택지개발사업으로 이미 완료되었거나, 사업이 진행 또는 추진되고 있는 사업을 통틀어 이르는 말이다.

Welwyn(1919)이 직주근접의 원리로 계획인구 약 3만 명으로 농촌과 도시의 장점을 살린 전원도시 형태로 건설되었던 것이 최초의 신도시이다.[147]

1944년 수립된 애버크롬비(Pattrick Abercrombie)의 '대런던계획(Greater London Plan, 1944)은 신도시 개발을 위한 직접적인 계기를 마련하였으며, 세계 2차대전 후 시가지 복구문제의 해결책으로 오스만은 신도시를 주장하게 되었다. 1944년 광역런던계획이 작성되면서 대도시 인구과밀억제와 도시권의 광역적 정비를 뒷받침하는 수단으로 신도시는 새로운 각광을 받게 되었다.

1944년 신도시위원회가 정부에 의해 발족되었으며 신도시건설을 위한 입법 및 개발방식 등에 대한 연구가 활발히 진행되었고 1946년 영국의 신도시건설을 뒷받침하는 신도시법(New Town Act, 1946)이 제정되어 무분별하게 진행되던 비자족적 형태의 전원교외지 개발을 방지하고 정부주도하에 신도시 개발을 적극적으로 추진할 수 있는 법과 제도적인 틀을 마련하였다.

(2) 신도시 건설현황

영국의 신도시는 제2차 세계대전 직후인 1946~1971년까지 25년간 총 32개의 신도시들이 건설되었는데, 시기별 구분은 1946~1950년을 제1세대, 그 이후를 제2세대로 구분한다.[148]

제1세대의 신도시는 14개가 건설되었는데, 런던주변에 8개, 스코틀랜드 주변에 2개, 웨일즈에 1개가 건설되었다. 이들 신도시는 비교적 중·소규모 신도시로서 주민들이 도보와 자전거로 편리하게 직장에 접근할 수 있도록 하였고, 자가용의 보유율을 낮춰 쾌적한 전원주거지가 되도록 계획하였다.

제2세대는 수용인구가 25만 명까지 이르는 대규모 신도시들이다. 제2세대는 다시 제2기와 제3기로 구분된다. 제2기 신도시들은 주로 중부 및 북부 잉글랜드의 실업문제를 해결하기 위해 연담대도시지역으로부터 산업과 인구를 분산할 수 있도록 계획되었다. 제1기와 다른 점은 도시규모가 비교적 크고 압축적이며, 대중교통지향적으로 설계되어 자동차 교통에 대한 배려가 많이 적용했다는 점이다.

---

147) 신정철(1997), 앞의 책 pp.101-112.
148) 국토연구원(2002), "세계의 도시" 중 김영환의 '영국의 신도시', 도서출판 한울, pp.507-509.

제3기 신도시들은 지역정책적 차원에서 최소 15만 이상의 인구를 가진 지역 혹은 준지역 중심도시(regional or sub-regional centers)가 되도록 계획되었는데, 기존의 도시를 확장 개발하거나 완전히 새로 개발하되 도시형태와 입지에 영향을 미치는 대규모 기존 도시조직이나 자연환경적 조건을 설계에 최대한 반영하였다.

영국의 신도시정책은 초창기 신도시의 적정인구가 3~5만이던 것이 1970년대 들어서서는 Telford는 22만 명, Milton Keynes는 25만 명, Central Lancashire는 50만 명 수준에 육박하고 있는데 과거의 신도시 건설경험과

〈그림 17.3〉 Letchworth

1960년대 이후의 도시개발 여건에서 볼 때 소규모보다는 중대규모의 신도시 건설이 더 유리하다는 것을 인식하게 된 것으로 볼 수 있다.

〈표 17.8〉 영국 신도시의 시기별 구분 및 주요 특징

시 기	신도시	주요 특징	비 고
제1기 (1946~1950)	Srevenage(1946), Crawley(1947) Hemel Hempstead(1947) Harlow(1947),Newton Aycliffe(1947) East Kildride(1947), Welwyn(1948) Basildon(1949), Cembran(1949) Brackknell(1949), Corby(1950)	●14개의 신도시 ●비교적 소규모・저밀도 ●전원도시형 개발 ●대중교통(철도, 버스) 중심의 교통체계	제1세대 신도시
제2기 (1951~1964)	Cumbernauld(1955) Skelmersdale(1961) Livingston(1962), Telford(1963) Runcorn(1964), Redditch(1964) Washigton(1964)	●7개의 신도시 ●잉글랜드 중부 및 북부에 집중적으로 건설 ●1기에 비해 대규모・고밀도 ●자동차중심의 교통체계	제2세대 신도시
제3기 (1965~1971)	Cragavan(1956), Antrim(1966) Irvine(1966), Ballymena(1967) Milton keynes(1967) Peterborough(1967) New Town(1967), Warrington(1968) North hampton(1968) Londonderry(1969) Central Lancashire(1971)	●11개의 신도시 ●대부분 런던외곽 건설 ●지역개발의 거점으로 육성하기 위해 대규모로 개발 ●자족성 제고에 주력	제2세대 신도시

<표 17.9> 런던광역도시권의 신도시현황

구 분	지 정 일	계획 인구	국제조사연구
Stevenage	1946. 11	105,000	74,000
Crawley	1947. 1	75,000	47,000
Hemel Hempstead	1947. 2	80,000	76,000
Harlow	1947. 3	90,000	79,000
Hatfield	1948. 5	29,000	25,000
Welwyn	1948. 5	50,000	50,000
Basildon	1949. 1	140,000	94,000
Bracknell	1949. 6	60,000	48,000

자료: 국토개발연구원(1996), 외국의 도시계획·개발제도

(3) 개발제도

2차 세계대전 이후 영국은 신도시개발을 전후복구사업의 획기적인 해결책으로 보고 신도시위원회를 발족하여 신도시에 관한 연구를 하게 하였으며 여기에서 영국신도시제도의 근간이 되는 주요 입법(신도시법 등)과 제도가 골격을 갖추게 되었다.

영국의 신도시건설은 1946년에 제정된 신도시법에 의해서이고, 이 법은 신도시개발정책 및 각종 지원 장치를 마련하고 있었다. 신도시개발공사(New Town Development Corporation)는 신도시법에 의해 설치되었으며 이후 영국신도시건설을 주도하게 되었다.

자금조달에 있어서 신도시개발공사는 대부분의 건설비용을 환경부와 재무부의 결정에 따라 중앙정부로부터 장기에 걸쳐 상환하는 자금으로 지원받는 바, 1980년대 후반까지는 5%의 고정이자에 1960년 상환의 정부대금을 지원받았으나 1980년대 말 이후에는 15%에 이르렀다. 이외에도 의료, 교육, 수도 등을 담당하는 기관들은 의무부담을 원칙으로 하였다.

(4) 신도시개발의 특징

영국의 신도시들은 대부분이 기반시설과 사회시설들이 구비되어 있으며 조

경경관이 조성되어진 주택, 공장 및 상업부지가 혼합되어 있고 신도시의 대부분의 주택들은 사회주택으로서 일반분양의 비율은 약 30% 내외에 불과하다.

신도시건설 후 지자체에 모든 자산을 이양할 때 지속적인 관리비가 소요되는 시설을 위해 지자체의 수입원이 되는 산업 또는 상업자산과 균형을 이루도록 했다

자금조달에 있어 1970년대 약 15% 정도만의 민간자금이 신도시건설에 유입되었으나 1985년 밀턴케인즈의 경우 민간부문의 투자가 81%에 달했다. 후반기에 접어들면서 영국의 신도시는 초기 하워드의 자족성이 강한 소규모도시에서 중심도시나 주변 다른 도시를 잇는 통근망의 일부가 되도록 하는 성격의 도시로 탈바꿈하였으며 그 규모도 큰 유형으로 바뀌어 갔다.

(5) 평 가

영국의 신도시는 농촌지역에 산업적 투자를 유치하기 위하여 매력적인 환경을 제공함으로써 밀집도시의 과밀을 완화하기 위해서뿐만 아니라 퇴락하는 농촌지역의 인구를 유지하기 위한 시도도 하였다.

런던주변 신도시에서의 가장 긍정적인 평가는 제조업 등 고용창출을 통해 지역경제기반을 높여 주어 단순한 주택제고를 늘리는 효과뿐만 아니라 당시 높은 실업률을 해결하는 데도 많은 도움을 주었다는 것이다.

그러나 런던 이외 지역에서의 신도시는 주택재고를 늘리는 데 효과는 주지만 높은 실업률과 소득기반의 한계 때문에 자족성을 지닌 도시건설이라는 의도한 목적을 달성하지 못한 것으로 평가되고 있다. 런던주변의 신도시들은 런던내부의 고용과 산업을 신도시로 유출시킴으로써 런던시내의 저소득층의 사회·경제적 지위를 약화시켰다는 부정적인 평가도 있다.

1970년대를 계기로 영국의 신도시는 모도시의 산업 및 고용을 유출시킴으로써 모도시의 실업과 산업일탈, 빈곤을 야기시켰다는 여론과 인구성장의 둔화, 신도시건설에 필요한 자원동원의 어려움으로 인해 신도시건설에 대한 재조명을 시작했고 그 결과 기존도시에 대한 재정비와 기능보강에 역점을 두는 정책으로 방향선회가 이루어지기 시작했다. (Regenerating 개념의 확산)

2) 프랑스의 신도시

(1) 배 경

프랑스는 세계 1, 2차 대전을 거치는 동안 파리를 중심으로 교외지역이 급속하게 발전됨으로써 교외거주인구가 크게 늘어나게 되었다. 제조업, 자동차, 항공기 등의 공장들이 세금부담이 적은 파리외곽으로 옮김에 따라 노동자계층이 대거 몰려들었고 주택난과 도시공공시설의 불비가 심각한 수준에 이르렀다. 따라서 파리시와 인근지역을 묶는 파리권을 대상으로 광역도시권개발개념의 등장과 함께 파리권 과밀완화가 프랑스 국토정책의 주요내용으로 부각되었고 1934년에 입안을 시작한 프로스계획(Prost Plan)은 파리권을 계획적으로 개발하기 위하여 작성되었으나 그 협의과정에서 너무 많은 시간을 지체하였고 2차 대전의 발발로 무산되고 말았다.

2차 대전 후 파리지역을 대상으로 한 최초의 본격적인 계획인 파리지역정비계획(PADOG)은 계획적인 개발이 필요한 위성도시를 제외하고 파리대도시권의 범역을 넘어서는 지역은 농촌지역으로 무분별한 개발을 억제하였으며 신규도시건설업을 제시하고 라 데팡스(La Défense) 같은 대규모 오피스단지를 중심으로 한 도시구조의 개편을 제시하고 있다.

그 이후 1965년에 시작되어 1976년에서야 정식승인을 받은 파리권종합계획(Schéma Directeur: SD)은 도시지역의 성장패턴을 기존의 남쪽과 북쪽에 평행하게 두 개의 도시축, 즉 신도시 2개를 포함하는 북쪽의 도시축과 3개의 신도시를 포함하는 남쪽의 도시축을 새롭게 하고, 이 축선상에서 도심의 과밀을 완화시킬 수 있는 신도시를 건설하는 것을 골자로 하고 있다. 그중 5개는 파리시 외곽에 건설하여 파리시의 주택난과 교외지역의 계획적인 관리를 목적으로 하고 나머지 4개 신도시들은 지방에 건설하여 지역의 균형발전을 도모하였다.

(2) 신도시 건설현황

파리주변에 건설된 신도시는 세르쥐 뽕뚜아제, 에브리, 마르네 라 발레, 멜렁 세나흐프, 셍 꽝뗑 앙 이벨린느 등 5개로서 계획인구를 살펴보면 모두 30만 이상의 대규모 신도시들임을 알 수 있다. 가장 큰 면적을 차지하고 있는 마르네 라 발레의 경우 모두 4단계로 나누어 건설되어 지고 있는데 단계마다 특정된 개념을 안고 있으며 마지막 4단계는 유러디즈니랜드가 건설되는 곳이기도 하다. 이들 5개 신도시는 파리 시가지의 메트로와 연결된 광역전철(RER)로 접근이 용이하게 계획되어 있다.

파리의 신도시는 파리의 과밀·혼잡문제와 그로 인한 개발압력 문제를 해결하기 위한 전략적 수단으로 활용되고 있다. 그래서 입지선정에서 신도시들은 모도시로부터 일상적 통근이 가능한 가까운 위치하고 있다. 파리의 신도시는 모도시에 과도하게 집중되어 있는 기능을 신도시에 분산시키되 모도시와 신도시의 연계를 강화하여 대도시권 전체의 역량은 오히려 증대시키려는 전략이다.[149]

세르쥐 퐁투아즈 토지이용계획(좌), 전체전경(우)

지방의 경우 대도시권정비계획위원회가 설치되어 지역개발계획을 수립하게 되면서 지방균형개발 거점도시개발정책이 본격화되었고, 리용, 마르세이유, 릴르 및 루아의 4개 지방대도시에 각각 신도시건설을 추진하게 되었다.

---

149) 국토연구원(2002), "세계의 도시" 중 온영태의 '프랑스의 신도시', 도서출판 한울, pp.531-535.

<표 17.10> 파리권 5개 신도시 건설현황

구 분	Cergy-Pontoise	Every	Marne-la-Vallée	Melun-Sénart	St. Quentin-en-Yvelines
면적(ha)	8,000	4,100	15,000	11,800	6,300
계획인구	300,000	500,000	400,000	300,000	320,000
관련꼼뮨수	11	4	21	10	7
EPA설치연일	69.4.16	69.4.12	72.8.17	73.10.15	70.10.21
현재인구	140,000	65,000	193,800	72,000	117,600
건설호수	40,275	21,870	36,683	13,811	38,500
고용자수	65,000	37,000	588,500	16,000	45,500

자료: Roullier, Jean-Eudes(1993), 25 years of French New Towns

(3) 개발제도

프랑스는 영세한 지방자치단체들의 규모 때문에 9개의 신도시를 건설하는데 100여 개의 기초지방자치단체의 관할권이 관련되는 문제를 안고 있어 지자체 간의 협의와 사무조정이 최대의 난관으로 작용하였고 이의 조정을 위하여 조직한 단체들의 활동이 용이하지 못하자 'Loi Boscher법(1970)'이 제정되기에 이르렀다.

SAC(syndicat communautaire d'aménagement)는 Loi Boscher법에 의해 구성된 조직으로서 지자체가 협의 없이 신도시지역을 지정할 수 있으며 개발에 필요한 관련지자체의 협조를 구할 수 있게 되어 있었다. 그러나 SAC는 지방자치단체로서의 기능과 권한이 한정되어 있어 도시 하부시설을 비롯한 공공시설을 설치할 수가 없으므로 신도시관리를 맡은 EPA(établissement publique d'aménagement)가 공공서비스 제공 등 기술적인 업무를 담당하게 되었다.

신도시 개발 시 자금조달은 두 가지로 나누어지는데 EPA를 통한 국고의 지원금과 공공단체나 기타조직에서 조달되는 융자를 비롯한 토지매각대금 등이 여기에 속하고 개발된 토지는 상업지나 도시의 중심부분의 임대와 택지나 그 이외의 토지는 매각을 원칙으로 하고 있다. 신도시 개발 예정지역이 ZAD(장기개발구역)로 지정되면 개발공사는 이 지역 내의 토지에 대한 우선구매권을 갖게 되며, ZAD로 지정되기 1년 전의 시장가격을 지불하고 토지를 구입하게 된다.

(4) 신도시개발의 특징

프랑스의 신도시 경우 입주자들의 주택확보에 있어서 자가나 임대 모두 공공의 지원을 많이 받고 있는바, 83%에 달하는 주택에 혜택을 주고 있다.

주택유형을 보면 공업지역이나 도심에 근접한 세르쥐 뽕뚜아제, 마르네 라 발레 등은 고밀도로 아파트의 비율이 높고 임대가 많은 반면, 외곽에 위치한 신도시의 경우는 단독주택이 대부분을 차지하고 있고 전체적으로 공동주택이 전체의 2/3로서 대부분을 차지하고 있지만 저층·저밀도개발로 쾌적한 질적 주거환경을 가지고 있다.

산업유치를 통한 자족적인 부분에 있어서 프랑스 신도시는 그 기본 이념을 2·3차 산업의 유치에 있으며 파리지역의 경우 희망한다면 경제활동인구의 80%가 그 지역 내에서 취업할 수 있도록 하기 위해 노력 중이며 에브리의 경우 이미 도시 내 취업인구의 65%를 수용하고 있으며 이러한 일자리는 계속 늘어나고 있는 추세이다.

<표 17.11> 프랑스 신도시 주택유형별 건설현황

(단위: %)

구 분	Paris지역신도시		지방신도시		신도시전체	
	단독주택	아파트	단독주택	아파트	단독주택	아파트
자 가	90	44	74	20	86	39
임 대	10	56	26	80	14	61

(5) 평 가

파리도시권의 공간구조를 개편하고 토지이용을 효율적으로 이용·관리한다는 부분에 있어서는 일단 긍정적인 것으로 판단하고 있다. 그러나 신도시가 파리권의 공간구조를 개편하자는 의도와는 달리 계획이 지나치게 의욕적이고 개별신도시마다 여러 가지 구조상, 건설과정상 많은 문제점이 노출되었다고 보여진다. 그 대표적인 예가 마르네 라 발레로서 파리의 동부외곽 쪽의 개발을 촉진하기 위해 건설하였으나 다른 지역과의 연계가 부족하고 후속적인 개발이 계획대로 이루지지 않아 도시권 구조개편이 제대로 일어나지 못했다는 비판을 받고 있다.

또한 1960·1970년대 강력한 정부의 뒷받침으로 추진되던 신도시건설사업은 오일쇼크 이후 경제퇴조와 함께 힘을 잃게 되었고 계속 성장하리라던 파리지역의 인구도 정체상태에 빠지게 됨으로써 신도시건설에 전면적인 검토가 이루어지게 되었다.

3) 일본의 신도시

(1) 배 경

일본의 경우 1950년대 들어서 도시집중이 심해지고 대도시권의 주택수급의 균형이 무너지면서 지가가 급등하였다. 1950·1960년대 지가상승은 도매물가지수의 6배에 이르는 등 대량의 택지를 공급하는 일이 주요과제로 떠올랐다. 또한 대규모 택지수요를 공급하면서 나타나는 부실공사나 위험성을 가진 택지조성사례와 함께 용지취득에 어려움과 소규모 단지개발로 인한 여러 가지 모순점들이 드러남에 따라 대규모 단지개발의 필요성이 대두되었다.

1919년부터 제정되어 약 50년 동안이나 일본도시계획의 근간이 되었던 도시계획법은 이러한 시대적 요청에 적절히 부응하지 못하였고, 1968년 신도시계획법이 제정되었다.

이 법을 바탕으로 신도시개발을 할 수 있는 여러 가지 사업들이 시행되기 시작되었는데, 토지구획정리사업, 신주택시가지개발법에 의한 신시가지개발사업, 신도시계획법의 개발허가제 등이 여기에 속한다. 그러나 이러한 법들은 토지매수의 어려움이나 지가앙등 등 신도시건설시 나타나는 문제점을 그대로 안고 있어서 1972년 이러한 문제점들을 일부 보완한 '신도시기반정비법'이 제정되기 이르렀다.

(2) 신도시 건설현황

일본에서 본격적인 신도시개발은 신주택시가지개발법의 제정과 함께 시작되었는데, 1963년 센리(千里)신도시를 시작으로 東京 및 大阪권의 대도시지역을 중심으로 박차를 가하기 시작하여 1,000ha 이상의 대규모 신도시개발이 1970년 초까지 이어지게 되었다.

이러한 신도시건설은 1970년 초 오일쇼크로 인해 일본경제가 저성장 안정세로 돌아설 때까지 계속 되었으며 오일쇼크 이후 대도시로의 인구유입이 감소하고 됨으로써 100ha 미만의 소규모 개발 위주로 택지개발의 명맥을 유지하게 되었다. 이러한 추세는 경제적 이유 외에도 사업추진상의 문제나 택지가격의 상승 등에 기인한 영향도 있는 것으로 분석되고 있다.

〈표 17.12〉 일본의 대규모 신도시 건설현황(1960~1980년대)

구 분	多摩	千葉	港北	筑波學園都市	千里	泉北	高藏寺
모도시	東京	東京	東京	東京	大阪	大阪	名古屋
모도시와의 거리	서쪽 35km	북동 40km	서남 25km	북동 60km	북쪽 15km	남쪽 20km	북동 20km
사업방식	전면매수 환지방식	전면매수	환지방식	전면매수 환지방식	전면매수	전면매수	환지방식
사업주체	東京道 주택공단	千葉縣	일본주택 공단	일본주택 공단	大阪府	大阪府	일본주택 공단
사업연도	1966~1995	1969~	1974~2000	1968~	1961~1968	1964~1970	1961~1970
계획면적(㎢)	30.6	33.0	25.3	27	11.5	15.2	7.0
계획인구	40만	36만	22만	22만	15만	19만	7만
인구총밀도 (인/ha)	100	120	90	80	130	120	150

자료: 국토연구원(2002), "세계의 도시" 중 박재길, '일본의 신도시', 한울, p.545

(3) 개발제도

일본의 신도시개발에 있어 대표적인 사업의 근거는 신주택시가지개발법인

데, 종래의 도시계획법에 근거한 택지조성사업이나 토지구획정리사업이 토지를 전면매수 또는 부분 매수하는 단계에서 주민간의 마찰, 지가앙등 등에 능률적으로 대처할 수 없는 한계 극복을 위해 제정되었다.

이 제도는 공공성이 인정되어 수용권이 부여되고, 토지 등의 선매가 가능하게 되었다는 것이고 토지구획정리사업과는 다른 교육시설, 의료시설, 구매시설 등 거주자의 공동의 복지 또는 편의성을 위해 필요한 공익시설의 건축에 관해서도 규정되어 있다.

신도시기반정비법의 경우는 용지취득을 위해 개발이익을 개발자와 토지소유자 간에 적정하게 분배할 수 있도록 하였으며 각 토지소유주로부터 공평하게 일부씩을 수용하여 토지구획정리사업에 준하는 토지정리를 행할 수 있는 수법이다. 또한 개발구역을 다단계로 나누어 한꺼번에 개발하지 않고 다단계로 나누어 개발하게 함으로써 재원조달에 효율성을 기할 수 있게 하였다.

(4) 신도시개발의 특징

일본도시개발의 특징은 수익자 부담 원칙에 철저하며 항상 수익자가 부담할 수 있는 범위 내에서 신도시를 건설하였다. 이러한 상황은 지가상승, 임금상승으로 인한 매년 공사비의 단가가 상승하고 관련 공공시설 부담금이 그만큼 늘어났다. 그로 인하여 조정단계에서 많은 시간이 소요되었고 금리부담도 증가되는 경향을 보였다. 또한 각종 기반시설 및 공공편익시설 등의 부담 등으로 인해 시행자의 선투자 부분이 매년 증가되는 현상을 보였다. 그러나 70년대 후반 산업의 첨단화와 정보화가 가속화되면서 이에 맞는 복합화와 다기능화를 특징으로 하는 소규모 신도시개발을 유도하고 있다.

(5) 평 가

신도시개발로 이해서 대도시주변에 무질서하게 집중되던 인구를 효과적으로 수용할 수 있었고 철저한 기반시설을 제공하여 이들에게 만족할 만한 편의를 제공하였다는 것은 일단 가장 긍정적인 평가로 보인다.

　그러나 국가적 차원에서의 적극적인 지방분산정책과 연계되지 않았기 때문에 대도시의 확산을 초래하여 인구유입을 촉진하는 결과를 낳았다는 비판을 받고 있고 짧은 기간에 대규모개발에 따른 지자체의 재정부담과 매장문화재 발굴문제가 대두되었다. 결국 이러한 문제들로 인해 신도시개발의 추진속도에 대한 이의가 제기되었다.

4) 외국의 신도시개발 사례

(1) 밀턴 케인즈

　밀턴 케인즈는 1967년부터 3년간 계획되고 1970년에 개발이 시작된 영국의 30번째 신도시로서, 이전의 신도시 개발 노하우를 바탕으로 신도시개발을 추진하였으며, 그 결과 기존의 오래된 영국 도시에 비해 조용하고 쾌적하면서도 활동적이고 자족적인 도시로 개발되었다는 평가를 받고 있다.[150]

　런던으로부터 약 72㎞의 거리에 위치하고 있는 밀턴 케인즈(Milton Keynes) 계획은 1968년에 시작되어 1970년에 완성되었으며, 총면적은 8,870ha이다. 계획인구는 기존의 인구 약 4만 명을 포함하여 15만 명으로 설정하였으나 20세기 말에는 최대 25만 명이 될 것으로 기대되고 있다.

<표 17.13> 밀턴 케인즈 신도시의 일반 현황

면　적	약 2,670만 평
현재인구(계획인구)	235,000명(250,000명)
인구구조	30세 이하 전체 인구의 46%(영국전체 평균은 41%) 65세 이상 전체 인구의 14.6%(영국전체 평균 약 20%)
진출기업 수	총 7,091개소(외국업체는 500여 개로 전체의 8%)
산업구조	농업 1%, 제조업 19.3%, 건설업 3.6%, 서비스업 76.1%
고용인력	약 12만 명(정규직 94,665명, 임시직 24,305명 / 1998년 기준)

---

150) 국토연구원(2002), "세계의 도시" 이영아의 '밀턴 케인즈', 한울, pp.431-440.

계획개념은 훌륭한 조경과 '오픈스페이스'의 전개에 중점을 두고 있어 전원도시개념에 회귀하고 있는데, 그 의도는 주민들에게 그들이 원하는 것을 제공하고, 각 계층에의 사회참여를 장려하여 시민의 열망을 가능한 표상하려고 노력하고 있다.[151]

밀턴 케인즈는 다양한 기회와 선택의 자유 제공, 용이한 이동과 접근의 보장, 균형과 다양성, 매력적인 도시창조, 적극적인 참여, 자원의 효율적인 이용 등 6개의 계획목표를 가지고 있었으며, 밀턴 케인즈 토지이용계획은 크게 8가지 원칙하에 이루어졌다.

첫째는 토지이용 분산을 위하여 주요 도로를 격자형으로 개발했으며, 둘째 쇼핑센터, 문화 및 여가시설, 사무실 등이 입지되는 도심은 어디에서나 접근이 용이하게 중심에 길게 배치시켰다. 세 번째는 기존 하천과 계곡을 따라 선형 공원으로 조성하여 기존 지형을 최대한 보전하였다. 네 번째는 근린주구시설을 배치할 때 세력권이 겹쳐지도록 하여 근린주구 간 연계가 이루어질 수 있도록 하였다. 다섯 번째는 근린주구단위의 편의시설을 도보접근이 용이하도록 배치시켰다. 여섯 번째는 주요 도로와 보행자도로를 분리시켜 안전을 도모했다. 일곱 번째는 기존의 거주지를 보전한 상태로 개발하고 기존 거주지역과의 연계를 도모하였고, 마지막으로 저밀개발을 위해 대부분의 건물을 3층 이하도 건설하였다.

도시의 평면형태는 약간 불규칙한 정사각형으로 되어 있으며, 따라서 간선 가로망도 사방 약 1km의 격자형으로 구성되어 있다. 이들 100~120ha 크기의 정방형의 주구에는 소위 거주환경지역(environmental area)이라고 불리는 5,000명을 위한 주거지역이 있다.

주거지역을 연결하는 구획도로(estate road)의 지선은 격자형으로 되어 있으나 보행자도로는 사방의 측면의 중간이나 모퉁이에서 고가 또는 지하로 입체교차되고 있다. 이 지점은 활동중심(activity center)으로서 상점·초등학교·퍼브(pubs)·교회당·도서관 등 생활편익시설이 집중되어 있으며, 이 커뮤니티센터는 모든 주택으로부터 500m를 넘지 않게 계획되어 보행하기에 편하게 접근

---

151) 박병주·김철수(2001), 앞의 책, pp.278-286.

하도록 하고 있다.

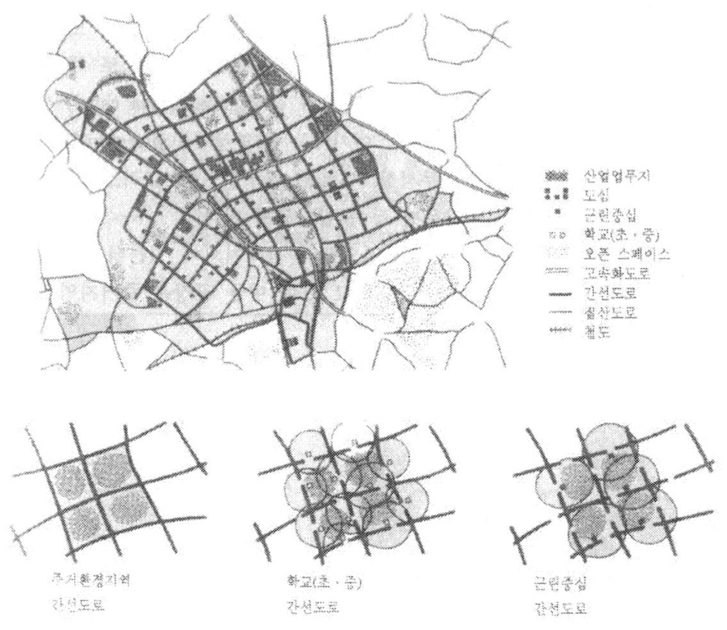

〈그림 17.4〉 Milton Keynes 신도시계획

또한 밀턴 케인즈에 있어서의 주구구성의 특징은 초기의 뉴타운에서와 같이 내부로 향하는 내향적 근린주구로서 계획된 것이 아니라 도시의 각 지역에 급속하게 연결할 수 있는 교통노선을 향해 외향적으로 계획된 것이다. 약 200 ha에 달하는 도심부는 철도와 운하(grand union canal) 사이의 지리적 중심에 입지하고 있는데, 여기에는 지역상업중심(regional center), 위락 및 문화시설, 도시 업무시설, 새로운 내부철도역, 그리고 이 도시에 입지하는 새로운 기업의 사무실 등이 입지하게 된다.

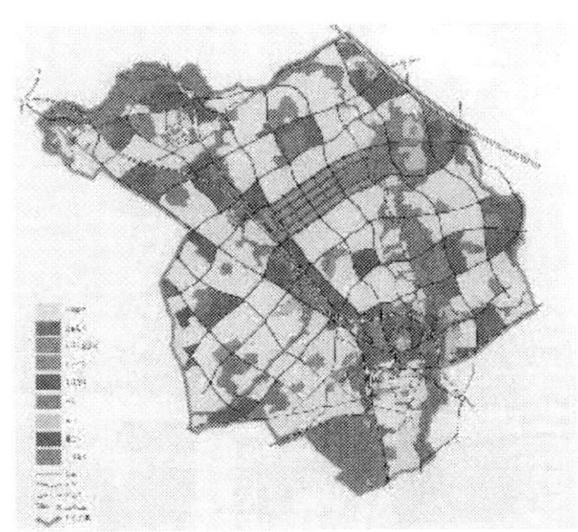

Milton Keynes

　　공업지역은 도시의 몇 개의 지역으로 분산 배치되어 있는데, 대부분 여성노동자와 시간제 노동자를 고용하고 있는 이들 공장은 주거지역 내 또는 주거지역 가까이에 입지하고 있다. 도시는 매우 매력적인 오픈스페이스 체계에 의해 표현되고 있다. 즉, 도시의 남과 북을 관통하는 하나의 큰 선상공원이 운하와 강을 따라 연결되어 개발하도록 되어 있다.

밀턴 케인즈

(2) 타피올라(Tapiola)

　　타피올라는 핀란드의 헬싱키에서 서쪽으로 10㎞의 교외에 위치하고 있으며, 이 단지는 남쪽이 바다에 면해 있고 아름다운 삼림으로 덮여 있다.

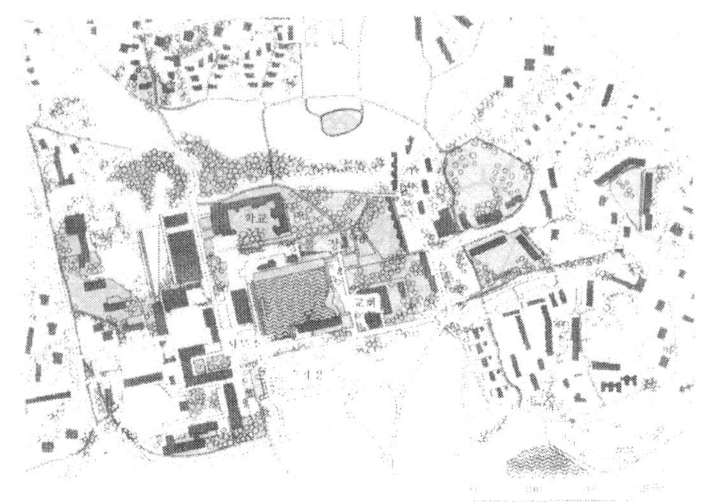

<그림 17.5> 타피올라 기본계획도

1952년 6개의 사회사업단체가 출자한 주택공사에 의해 계획된 이 도시는 면적 243ha에 인구 17,000명으로 계획되어 있다. 도시개발은 아름다운 자연경관을 손상시키지 않도록 될 수 있는 대로 수림을 보존하고 필요한 부분만 택지로 조성하였으며, 따라서 인구밀도는 65인/ha로서 매우 낮다. 각 주구에 부중심과 학교 및 난방시설이 있다. 이 도시는 당초에는 통근주택도시였지만 지금은 북부를 개발할 때 경공업을 도입해서 반신도시(semi new town)적 성격을 띠고 있다. 중심에 있는 연못은 건설에 필요한 골재를 채취한 뒷자리를 이용한 것이다.

(3) 다 마

다마(多摩) 뉴타운은 동경 서남쪽 25~40km에 위치한 계획인구 30만에 면적 3,014ha의 일본 최대의 신도시로서, 동서 15km, 남북 1~3km의 기다란 형태로 이루어져 있다. 신도시의 개발은 동경 주변의 급격한 시가지 확산과 동경권의 대규모 주택 수요문제를 동시에 해결하기 위해 1960년대 초부터 시작되었다.

주구는 23개로 구성되어 있으며, 100ha의 면적에 8,000명의 인구를 수용하는 각각의 주구에는 초등학교와 중학교를 포함한다. 하나의 주구는 철도역을 중심으로 5개의 지구로 통합되는데, 각 지구 내에는 지구중심 시설이 위치하며, 철저하게 보·차가 분리된 보행자 전용도로가 공원 및 녹지와 유기적으로 연결되고 있다.

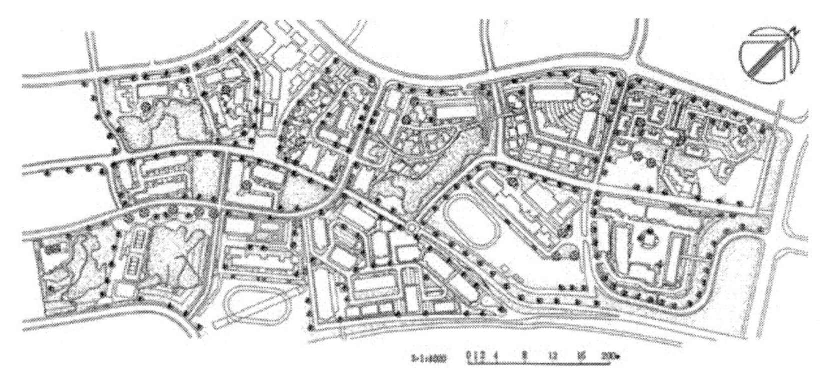

〈그림 17.6〉 벨콜린 미나미오사와의 단지배치도

5. 우리나라 신도시의 평가

1) 산업도시

우리나라의 산업도시는 1960년대 울산을 시작으로 포항, 구미, 창원, 여천, 안산(반월), 광양 신도시가 건설되었다. 공업도시는 그 목적상 국가 공업정책을 수반하기 위한 시책으로 실시되어 대부분 독립적인 도시로서의 면모를 지니고 있다.

그러나 산업도시는 도시계획부터 건설에 이르기까지 도시계획법이 아닌 산업기지개발촉진법(산업입지 및 개발에 관한 법률)에 의해 이루어졌다. 그래서 도시계획으로 전환하는 데 많은 문제점을 나타내고 있다. 기존의 토지개발과 분양단계에서 이루어진 많은 규제로 인하여 도시개발은 이루어지지 않고, 많은 민원이 발생하고 있다. 특히, 창원시의 경우 '산입법'에 의한 계획체계를 도시계획체계로 전환하고 있는 시점이므로 도시관리에 대한 문제점은 심각하다고 볼 수 있다.

산업도시는 그 기능적 측면으로는 매우 성공할 만한 성과를 가져왔다고 할 수 있다. 그러나 공해문제 등의 환경문제, 도시기반시설정비 문제 등 사회적으로 매우 열악한 도시이기도 하다. 대도시화된 울산이나 포항 등은 단일기능(공업)을 가진 도시이기는 하지만, 종합적 계획을 수립함으로써 새로운 전환을 하여야 한다. 그리고 후기 산업도시들은 계획도로서 면모를 갖추기 위하여 도시기반시설정비와 산업정책의 변화 등을 통하여 환경적으로 우수한 계획도시가 되어야 한다.

2) 수도권 주변 신도시

수도권 주변 신도시는 서울의 인구분산, 서울도심기능분산, 수도권 주택공급을 목적으로 건설되었다. 잠실, 목동, 상계 등 서울내부의 신도시와 분당, 일산, 평촌, 산본, 중동 등 서울 인접지역의 신도시는 서울의 중심기능(특히 인구)을 많이 분산시켰다. 그러나 대부분 서울에 의존적인 형태로 건설되었기 때문에 서울로 집중하는 교통량으로 많은 문제점이 발생한다.

독립적 신도시의 개발을 통한 서울의 인구 및 기능완화를 이루는 것이 중요하다. 의존적 신도시는 결국 수도권이라는 아주 큰 연담도시를 형성하게 됨으로써 현재의 서울에 대한 도시문제가 더 크게 나타날 수도 있다.

그리고 개발사업은 주로 택지개발사업을 위주로 이루어졌기 때문에 대부분 공동주택 위주의 개발로 아파트촌을 만드는 결과를 낳았다. 이러한 고밀아파트촌은 교통문제, 주거환경문제 등 많은 문제점이 나타나고 있다. 이와 같은 문제점을 해결하기 위하여 다양한 사업개발방식과 지원 제도의 정비를 통하여 도시의 형태나 사업의 기간도 적절히 조절되어야 한다.

6. 미래의 신도시

우리나라의 신도시가 계획기간에서부터 완공에 이르기까지 너무 단기간에 이루어져 제대로 국토공간구조와 도시공간구조를 이해하지 못하였다. 그래서 계획당시의 계획인구를 이미 상회하는가 하면, 도시기반시설이 정비되어 있지 않거나, 체계적으로 계획되지 않아 계획도시임에도 불구하고 많은 문제점을 가지고 있다.

그래서 미래의 신도시는 지역적 특성을 고려하고, 도시공간구조를 파악하여 이루어져야 하고 가급적 독립적 기능을 가진 신도시를 건설하고, 계획단계부터 완공단계까지 장기간에 걸쳐 문제점을 해결하면서 이루어져야 한다. 또한 기술집약도시, 환경도시(생태도시) 등과 같은 주제를 가진 신도시개발도 고려해 볼 만하다. 이제까지의 단순한 양적 위주의 신도시건설에서 환경적으로 안정되고 좋은 신도시를 건설해야 할 것이다.

제 18 장 도시개발사례

1. 도시개발사례의 고찰

　도시개발에 대한 사례는 매우 다양하지만 도시구조적 측면에서 영향력이 지대한 대규모 도시개발사업은 워터프론트개발, 복합단지개발, 역세권개발, 컨벤션센터 등이 있다. 이러한 개발들은 최근 많은 국가에서 관심을 가지고 있으며 점차 새로운 개발수법으로 소개될 것으로 사료된다. 우리나라의 경우 아직 이러한 사례는 많지 않으므로, 외국의 사례를 중심으로 고찰해 봄으로써 적절한 개발수법을 개발하고 이를 적용하고자 하는 것이다.

2. 워터프론트개발

1) 워터프론트개발의 정의와 유형

(1) 수변개발의 정의

도시에서의 수변공간은 규모나 계획대상에 따라 연안역(costal zone), 워터프론트(waterfront), 수변(waterside)으로 구분한다. 연안역은 항만개발이나 연안개발로 국토정책이나 계획적 차원에서의 접근이 이루어지고 있으며, 워터프론트는 도심재개발 등을 통한 주거나 상업, 레크리에이션시설 등 도시계획차원에서의 관점에서, 수변은 친수성이나 휴식을 위한 공간으로서 지구차원에서의 접근이 요구된다. 이처럼 도시계획차원에서의 수변공간개발은 바로 워터프론트를 지칭하는 것으로 받아들여지고 있으며, 최근 많은 국가의 도시들에서 이러한 개발에 대한 관심이 고조되고 있다. 세계의 유명 대도시들은 대부분 물 위에 건설되었다. 바다에 연한 항구도시로서, 강이 흐르는 자연발생도시로서 대부분의 도시가 이러한 자연환경을 지니고 있다. 그래서 이러한 워터프론트개발은 당연한 귀결일 것이다.

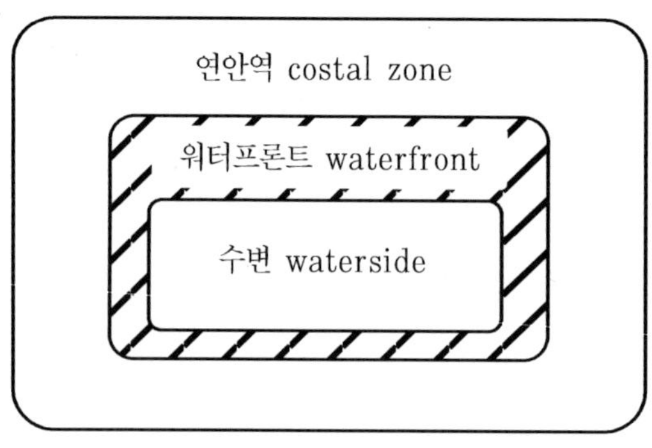

〈그림 18.1〉 수변공간의 범위

워터프론트개발은 교외에서 발견할 수 없는 어메니티를 제공한다. 매력적인 수변공간은 도심지에 활력을 준다. 수변수족관이나 수변시청, 수변공원 등의 수변개발이 도심재개발, 부흥의 촉매역할을 하고 있다.[152]

(2) 워터프론트의 특성과 개발유형[153]

기존의 워터프론트는 주로 생산과 유통(수송)을 담당하였고, 거주 및 상업기능과 같은 생활공간은 매우 부족하였다. 그러나 현대에 들어 수변공간이 가지는 매력이 증대하였고, 어메니티나 주거·상업/업무공간으로도 높은 활용도가 요구되어 도시개발에서 큰 관심을 가지게 되었다.

橫內憲久는 「워터프론트개발수법」에서 수변개발의 유형을 개발목적의 관점에 따라 ① 어메니티 활용형 개발, ② 도시문제 해결형 개발, ③ 황폐지 재생형 개발, ④ 시장성 착안형 개발, ⑤ 기반정비개발로 구분하고 있으며, 브린과 리그비(Ann Breen & Dick Rigby, 1996)는 「새로운 수변공간(The New Waterfront)」에서 도시수변개발의 유형을 개발의 내용에 따라 ① 상업용도 수변개발, ② 문화, 교육 및 환경의 수변개발, ③ 역사적 수변개발, ④ 레크리에이션의 수변개발, ⑤ 주거의 수변개발, ⑥ 산업활동 수변개발로 구분하고 있다.

워터프론트개발 유형은 다시 개발방식에 따라 재개발기법과 유사하게 수복재개발, 전면재개발, 그리고 신개발로 구분될 수 있다.[154] 워터프론트에서의 수복재개발은 역사적 가치가 있는 건축물을 정비·보존하고 항만, 철도 등을 원래의 형태로 가급적 유지하면서 도시개발의 활성화를 하기 위해 적용된다. 특히 주제박물관, 레스토랑, 쇼핑몰, 해양센터 등의 다양하고 새로운 기능을 부여함으로써 활성화된 공간을 창출할 수 있게 된다. 대표적인 사례는 Boston의 Charlstown Navy Yard, Baltimore의 Inner Harbor, Sydney의 Circular Quay 등을 들 수 있다.

워터프론트에서의 전면재개발은 기존 수변공간의 매립 등을 통해 대폭적으

---

152) 조대성 외(1999), 도시수변공간개발의 형태적 이미지와 디자인 패턴에 관한 연구, 국토계획 제34권 제3호(통권102호), p.74.
153) 조대성(1999), 도시 수변공간 개발, 누리에, p.15.
154) 변홍수(1999), 알기쉬운 도시계획, 은혜기획, pp.191-192.

로 변형시킨다. 이것은 특정한 도시개발 목표를 달성하기 위해 실시되는 수법으로 오래된 항만도시를 대상으로 시행하는 사업이다. 기존의 항만도시는 무역형태의 변화로 인한 입지조건이 제한되자 기존 항만기능이 쇠퇴하여 새로운 개발이 요구된다. 이러한 곳에서의 재개발은 새로운 상업시설과 주거단지의 확충, 친환경적 시설유치 등과 함께 항만용도를 전환하면서 도시기능을 존속시키기 위한 것이다. 신개발은 가장 적극적인 개발로 연안매립과 인공섬을 만들어 적극적으로 대처하는 방식으로 이 개발방식은 사업비와 사업기간이 많이 소요되며, 특정한 개발목표를 달성하는 데 효과적이다.

(3) 워터프론트개발 사례

조대성의 연구에서 세계 도시수변개발의 모범사례를 외형적 특성의 형태 패턴에 따라 10가지 유형으로 구분하여 설명하고 있다.

〈표 18.1〉 세계의 도시수변개발 모범사례

유　　　형	특　　　징	사　　　례
도심지 연결형 모델 (CBD-Linkage)	기존의 도심부를 강 건너 연결 확대하는 수변개발	• KOP VAN ZUID, Rotterdam(네) • Ceramique Project, Maastricht(네) • Des Moines Vision Plan, Des Moines, Iowa(미)
Harbor front 모델	도심지 항만의 대형복합수변개발-레크리에이션, 쇼핑, 사무소, 호텔 등 혼합토지이용 개발(MXD)	• Inner Harbor, Baltimore • Darling Harbor, Sydney • Battery Park, New York
Canal City 모델	물을 도심지에 끌어들여 물의 환경을 밀도 있게 공급하는 수변개발	• Paseo del Rio, San Antonio • Canal City Hakata, Fukuoka • Orestad, Copenhagen
Riverside 모델	도시강변에 나란히 개발하는 도시변 개발의 전형적 모델	• Oranje Nassau Barracks, Amsterdam • Riverplace, Portland, Oregon • Riverside South, New York
Island 모델	도심지 수역에 붙은 섬의 수변개발	• Granville Island, Vancouver • KNSM Island, Amsterdam • Mud Island, Memphis, Tennessee

유 형	특 징	사 례
Harbor-Canal 모델	도시하천이나 호수와 붙은 부두 캐널의 수변개발	• Tegal Harbor, Berlin • Old Harbor, Blaak, Rotterdam • Entrepot West, Amsterdam
Waterfront Park 모델	도시수변의 공원화 개발	• Tom McCall Waterfront Park, Portland, Oregon • Parc Citroen, Paris • Seattle Commons, Seattle • 天神 中央公園, 福岡, 日本
River Green way 모델	강변녹지화의 시스템	• New York State canal Recreationway Plan • Hudson River Greenway, New York
Promenade Terrace 모델	수변산책 테라스 공간 개발	• Wandelterras Zuid, Antwerp, Belgium • Seine Promenade Architecture, Paris • London Libo, London
Architectural Landmark 모델	건축적인 랜드마크의 수변개발	• Guggenheim Museum, Bilbao, Spain • New Metropolis, National Science & Technology Center, Amsterdam • Exhibition Center, Melbourne, Australia • Ⅱ Palazzo Hotel, Fukuoka, Japan

자료: 조대성 외 5인(1999), 도시수변공간개발의 형태적 이미지와 디자인 패턴에 관한 연구, 국토계획 제34권 제3호(통권 102호), pp.75-76.

Darling Harbor, Sydney

Inner Harbor, Baltimore

3. 복합단지개발

1) 복합용도개발의 개념과 필요성

(1) 복합용도개발의 개념

복합용도개발(Mixed-Use Development; MXD)은 토지의 이용가치를 높이기 위하여 사무실, 호텔, 아파트, 쇼핑센터 등 상호 지원하는 여러 가지 용도를 합리적인 계획에 의해서 다른 기능을 해치지 않으면서 상호보완적으로 상승효과를 발휘토록 하는 것이며 더 나아가 문화적 기능, 오락 그리고 공공시설 등을 집약적으로 개발하는 방식이다.

위더스푼(Witherspoon)은 복합용도 건축의 기본적인 요건을 첫째, 각기 독립적인 수익성 내지 경제적 타당성을 가지는 3개 이상의 용도를 수용하여야 하고, 둘째, 모든 기능이 보행동선을 통해서 상호 연결되고 건축적인 연계성을 지녀야 한다. 마지막으로 하나의 마스터플랜에 의해 일관성 있는 계획하에서 건설 및 임대가 진행되어 단일 건축물과 유사한 모습을 나타내어야 한다고 들고 있다.

주상(住商)복합은 복합용도개발의 한 부분으로 받아들여 질 수 있으며, 엄격한 의미에서는 다소 기능적으로 부족한 면이 있으나, 우리나라에서는 주로 주상복합 건축이 대부분을 차지하고 있어 이 부분도 포함하여 다루는 것이 타당할 것이다.

복합화는 크게 3단계에 걸쳐 발전하는데, 주상복합, 다기능복합, 정보화복합 단계로 발전하여 간다. 복합화의 발전유형과 특성을 각 유형들이 수용할 수 있는 기능요소는 다음과 같다.155)

---

155) 오덕성 외(1995), 도시개발의 방식과 실제, 충남대출판부, p.84.

〈표 18.2〉 복합화 발전유형의 비교: 수용기능

구분	형태	생활기능					생산기능				여가기능				연계기능		
	기능	주거	의료	구매	복지	교육	업무	제조	서비스	연구	문화	공원	체육	위락	공급처리	교통	정보
1단계: 주상복합	단일 고층건물형	●		●			○		○				○	○		○	
	다발형 Complex	●	○	●	○	○	●		○		○		○	●		●	
	도시블럭 연계형	●	○	●	○	○	●		○		○		○			●	
2단계: 다기능 복합	건물형: Incubator Center	○					○	●	●	●							○
	단지형: 과학단지		○	○	○	○	○	○	●	●	○	○	○	○			○
	도시형: 연구학원도시 / Technopolis	●	○		●	●	○	○	○	●	●	○	○	○			○
3단계: 정보화 복합	텔레포트 / Intelligent City	○	○	○	○	○	●		●		○	○	○	○	●	●	●

주: ●: 핵심기능, ○: 지원기능

(2) 복합용도개발의 필요성

복합용도개발은 지역제에 의한 기능의 분리로 인한 도심공동화 문제의 발생과 교통혼잡과 그에 따른 환경오염, 도심주변의 상업 및 서비스 기능에 의한 주거환경의 질적 저하와 도시중간지대의 전이화에 따른 도시문제점을 해결하기 위해 발생되었다.

지역제에 의해 도심에는 상업업무기능만이 급격히 증가하여 점유함으로써 도시의 균형 있는 발전을 도모할 수 없고, 그로 인한 주택의 부족은 도심인구의 교외 이주를 가속화시켜 도심공동화의 심화를 가져와 도심의 황폐화가 시작되었다. 또한 교외 이주로 인한 직주거리의 증가와 교통혼잡 가속과 이로 인한 매연 등 환경오염 심화를 새로운 개발방식에 의해 해결하고자 하는 의미에서 복합용도개발의 필요성이 대두되었다. 이러한 도심의 문제는 복합용도개발을 통하여 주거용도를 중심으로 상업과 업무 등의 기능이 상호보완적으로 배치되어 도시균형발전을 도모할 수 있는 새로운 아이디어를 제공하였다.

복합용도개발의 이점은 그 필요성에서 짐작할 수 있다. 도심부에 양질의 주택을 공급함으로써 도심공동화를 방지하고 나아가 도심의 재활성화(regenerating)를 도모하며, 직주거리를 단축함으로써 교통혼잡을 완화하고 이로 인한 매연감소와 도시 내 도로의 효율적 이용을 할 수 있다. 또한 기존의 도시기반시설과 사회간접자본을 이용함으로써 경제적이고 효율적인 도시관리가 가능하다. 대부분의 복합용도개발이 고층 고밀화되어 녹지공간을 충분히 확보할 수 있어 도심부의 문제해결에 큰 이점을 제공하고 있다.

2) 복합용도개발 사례

(1) 주상복합개발

주상복합개발은 앞에서 언급하였듯이 도시성장과정에서 도심부의 쇠퇴와 교통문제의 심화, 도시주변 중간지대의 기능저하 등의 문제해결을 위한 도심부의 인구유인 정책 중의 하나이다. 주상복합개발의 의의는 도심공동화 방지, 교통혼잡 및 주차문제의 완화, 다기능복합에 따른 에너지효과 등이다.

〈표 18.3〉 발전단계에 따른 주상복합개발

발전기본형	초　　　　　기	발전단계
단일 고층건물형	−기단부(Base): 상가, 주차장 −Tower: 주거, 업무	−기단부: 반공용 −초고층타워(마천루): 지가 감안한 수직팽창
다발형 Complex	−기단부: 상가 및 공용공간 −타워: 주거, 업무, 호텔	−대규모 메가스트럭춰(Unitary mixed use Structure): 공간 내에 주·상·업무와 기타 다양한 기능이 집적되어 자급자족의 지구형성
도시블럭 연계형	−과도기 유형: 소규모의 복합건물을 지구단위로 묶어 Complex화 하려는 시도(저층화, 외부공간 형성)	−기존 도시블럭 내에 연계화된 복합용도 Complex: 전통적인 도시구성요소(중정아케이드 등 반공용공간)들이 도시블럭 내에 적극적으로 수용되는 지구단위의 개발유형

〈표 18.4〉 주상복합개발의 유형별·입지별 특성 및 평가

구 분		입지	주기능	평 가	공공적 성격	실 례
단순중첩형 단일건물내	단순중첩 (업무 위주)	도심	업무	−주거기능의 침해 (업무기능과의 상충)	없 음	−500 Park Tower(미) −광화문 Bldg. −성지 Bldg.
	저층 기단부의 단일 타워 (업무+주거)	도심	업무 + 상업	−상업·서비스 공간의 경제적인 규모 확보 −주거기능의 최소한 독립성	−공용지하주차장 −지하쇼핑몰 (반공용공간) −Base상부의 인공대지(녹지 등)	−Midtown Plaza Rochester(미)
	초고층 건축물 (저층부개방)	도심	주거 + 업무	−적주성 확보: 주거의 질 −소매 및 서비스 공간의 형성(경제적인 관점) −반공용공간의 제공 (저층부 개방)	−지하층 및 지상 base부의 공용성 (아트리움, 식재 공간 등) −문화 및 휴게시설 확보	−Trump Tower N. Y. (미) −Coin Centre Portland(미)
다발형 콤	기능 간의 수직분리 (주 거동, 업무 등의 기본적 분리와 하층부의 기단부 처리)	도심	주거 + 상업	−기능 간의 상충방지 −다양한 상업시설의 배치 (경제적 이익) −일부의 공공시설 수용 (스포츠, 문화 등)	−임대형 주거 −공용주차장 −문화·체육시설 일반 개발	−Marina City, Chicago(미) −Galiter Plaza, St. Paul(미) −Columbus Center(독일) −세운상가
플렉스	메가 스트럭춰	중간지대, 신도심	상업	−다양한 용도의 배치 (city in the city concept) −판매기능의 다양화(경제적 이익) −주거기능의 침해 가능성	−공용주차장 −보행자 몰 −편익 서비스시설	−Galleria, Huston(미) −Ihmezentrum, Hannover (독일)
	저층 도시블럭 연계형(단지형)	중소도시, 도심부/ 신주거지	주거 + 상업	−주거의 적주성 확보 −외부공간의 조성 −다양한 소매공간배치 (도시적 성격부여)	−공용주차장 −보행자 몰	−Writer Square, Denver(미) −Mixed-use Center, Fellbach(독)

자료: 오덕성, 앞의 책, p.87.

도심부에 활발한 단순중첩형(단일건물형)은 반드시 업무용도를 주 기능으로

포함하는 반면에 중간지대, 시가지 중심에 건립되는 다발형은 상업용도에 주
거와 복합되는 양상을 보인다. 두 유형이 공통적으로 공용주차장, 공용 mall,
문화시설에 대한 배려가 있다는 점에서 복합화의 공익적 역할을 시사하고 있
어 지속적으로 반영되어야 할 것이다.(오덕성, 1996)

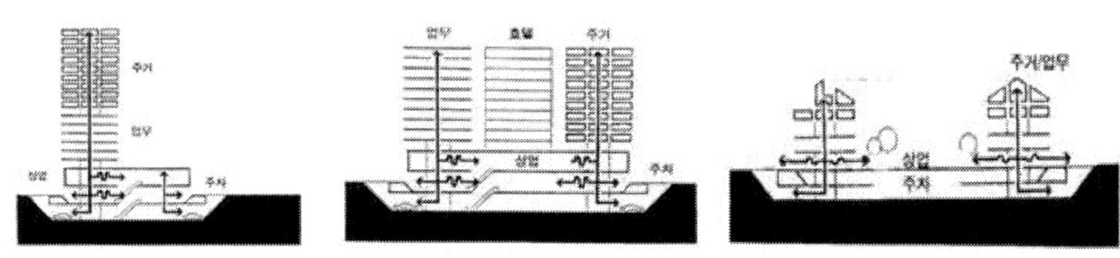

〈그림 18.2〉 주상복합개발 유형

(2) 복합산업단지(산업 - 연구 - 주거)

과학기술을 기반으로 한 다기능 복합화 유형(복합화 2단계)은 연구학원도시,
테크노폴리스와 같은 도시형 모델, 과학단지, 연구단지, 기술단지 등의 단지형
모델, 기술창업보육센터, 혁신센터와 같은 건물형 모델 등 3가지 개발유형으로
구분할 수 있다.(오덕성, 1996)

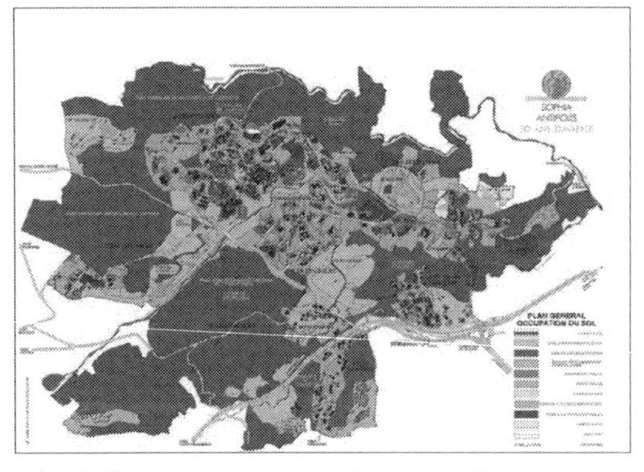
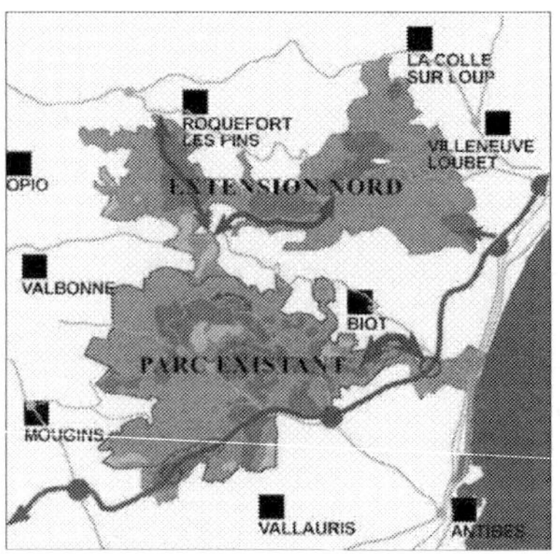

자료출처: www.saem-sophia-antipolis.fr

소피아 - 앙티 폴리스

<표 18.5> 개발규모에 따른 다기능(産·學·住) 복합의 개발유형

구분	도시형		단지형		건물형
	연구학원도시	테크노폴리스	연구 / 과학단지	기술단지	기술혁신 / 업보육센터
설치목적	－産學住 연계 －신도시개발 위주 －産學住를 묶는 쾌적한 과학기술 〈도시형 개발〉		－産研學 협동을 위한 〈단지형 개발〉		－기술집약적 중소기업의 창업을 촉진하는 〈건물단위형 개발〉
수용기능	－교육: 대학교 －연구개발: 연구소 －주거(모도시) 및 연구지원 시설	－대학 및 연구기능 －연구지원기능 －주거단지 / 모도시 －생산화 기능 (High-tech oriented, industrial Complex)	－연구용지 －Innovation Center －연구지원기능	－연구용지 －창업보육용지 －연구·기술개발 지원시설용지	－창업보육공간(임대형 연구실, pilot plant) －업무지원공간(공용서비스) －편익시설(식당, 회의실 등) －공용기기실
사례	－일본: 쯔꾸바 연구학원도시 －한국: 대덕연구단지	－일본: 테크노폴리스(하마마쓰, 구마모토 등) －프랑스: 소피아 앙티 폴리스 －대만: 新竹科學工業區域 －한국: 광주첨단산업기지	－영국: 캠브리지 과학단지 －미국: R.T.P.	－독일: 도르트문트기술단지	－미국: Fulton B.I. －영국: Manchester S.P. －독일: Berlin I.C. －한국: 중부창업보육센터, 서울시 중소기업보육센터, KAIST B.I.

(3) 정보단지(텔리포트)

텔리포트(teleport)는 정보항의 원거리통신(telecommunication)과 항구(port)의 합성어로서 위성통신을 이용한 세계적 규모의 고도정보통신망을 갖춘 기지를 의미하지만, 현재 널리 인식되는 개념으로는 위성통신의 송·수신기능과 정보의 처리, 초고속통신망을 통한 정보의 배분 등을 목적으로 한 본래의 의미와 더불어 오피스, 주거단지, 위락 스포츠시설 등이 복합적으로 개발된 단지개발을 가리킨다.(변흥수, 1999)

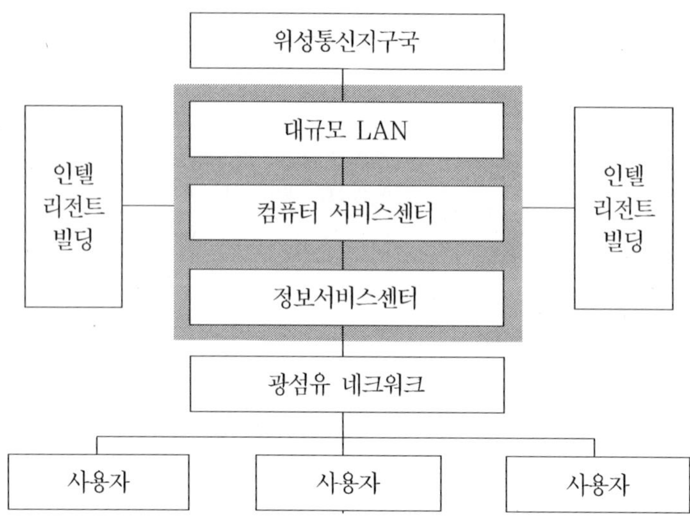

자료: 오덕성·이영근, 정보화 미래도시 개발

〈그림 18.3〉 텔리포트의 구성도

　정보화 사회로의 진입은 대용량의 정보이동과 신속한 정보처리 등 고도의 정보통신기술을 요구하고 있다. 그 결과 나타난 인텔리전트 빌딩은 정보통신의 용이하고 저렴한 이용을 가능케 하였으며, 연관 도시들의 파급효과로 도시 및 지역의 개발효과를 얻고 도시환경의 정비와 쾌적한 환경조성에 기여하고 있다.(오덕성, 1996)

　텔리포트(정보단지)개발계획은 당해 지구에 종사하는 인력을 위한 주거, 관련지원 기능으로서 호텔, 컨벤션센터, 휴게시설 등이 함께 묶여 종합지구단위의 개발형태로 구체화되고 기존도시의 CBD와 모노레일(monorail), 지하 고속화도로 등을 통해 연결되며, 일부의 경우 소규모 공항까지 입지시킴으로써 완전한 21세기의 도시개발 모형으로 추진되고 있다.

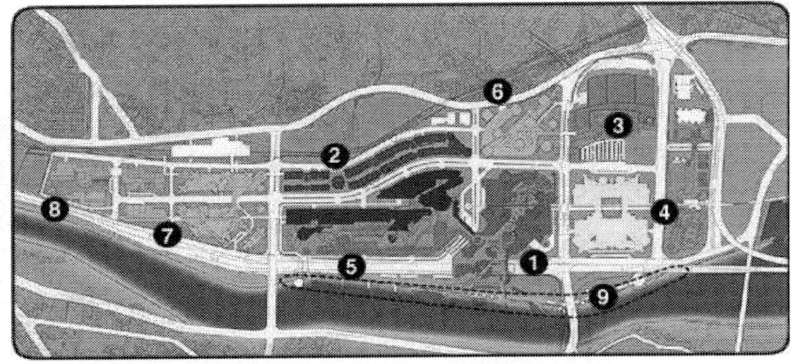

1. 도심 엔터테인먼트 지역
2. 디지털 미디어 존
3. 부산전시 / 컨벤션센터(BEXCO)
4. 국제업무지역
5. 테마파크
6. 복합업무지역 1
7. 복합업무지역 2
8. 공공청사지역
9. 워터프론트(점선지역)

자료출처: www.centumcity.com

〈그림 18.4〉 센텀시티 마스터플랜

〈표 18.6〉 텔리포트 개발사례

	사 례	목 적	특 성	개발주체	현 황
미 국	뉴욕, 뉴저지 텔리포트 (뉴욕 스텐턴섬)	정보 네트워크에 의한 핵심업무지 구개발과 인근지 역 연계	-다수의 저층 오피스 군과 텔리센터를 묶는 지구형 개발 -텔리포트-맨허탄-주변도시와 연결하는 광섬유 네트워크 -24시간 가동체제 -17기 지상국, 차폐된 지역 내에 입지	지방자치단체(뉴욕 뉴저지 항만국, 뉴욕시)	-면적: 140ha -1985년 제3기 지상국 건설 -1985년 전장 2500마일, 52루트의 광케이블 부설
	베이 애어리어 텔리포트 (샌프란시스코 알메다 지구)	신연안지역 업무단지 (Business Park)개발과 정보화 연계	-하버 베이 비즈니스 파크 용지의 일부에 할애 -10년간 개발 예정 -약 2만 명 고용창출 효과(기대) -샌프란시스코 산호세 및 연안 마이크로 무선 네트워크 형성 -이용자에게 고도통신서비스 제공	민간기업주체 (Bay Area Telecommuni-c ation Inc.)	-투자액: 비즈니스 파크 개발 전체 4억 5천만 달러 -면적: 510ha(지구구용지 비즈니스 파크 포함)

	사 례	목 적	특 성	개발주체	현 황
영국	런던 도크랜드 텔리포트 (런던외곽 도크랜드 재개발 지구)	노후 항만시설 재개발 단계에서 국제적 업무, 주거복합화단지 추진	-지상국 각종 통신 기능 외에 오피스군, 오락시설, 쇼핑센터, 주택, 비행장, 신교통시스템 등 -개발공사는 용지, 도로, 교통접근체제 등의 기반구조를 정비하고 건물은 모두 민간이 정비 -런던시내 시티와 도크랜드 내 오피스지구를 연결하는 광섬유를 포함하는 통신망 건설(2개사)	관민합동 (런던 도크랜드 개발공사)	-투자액: 매년 1억 5천만 달러(10년간 15억 5천만 달러) -면적: 2050ha(각종 기능포함)
네덜란드	암스테르담 텔리포트(스토텔다이크 부도심)	도시정비차원의 부도심개발 구상(정보거점, 업무시설연계, 주상복합)	-시중심부 5부도심으로 이루어지는 개발구상의 일부 -스토텔다니크 부도심을 정부통신센터로 지정하여 텔리포트 건설	암스테르담시	-면적: 35ha
일본	요코하마 텔리포트(MM21)	국제화에 대비한 도시정보 거점 형성	-새로운 도심건설계획 -업무핵 도시로서의 기능과 중추관리 기능강화 -행정기관, 제3섹터, 민간기업 등이 구축 운영하는 복합적 경제정보 시스템 -시스템구축: 다목적 국제정보 네트워크 시스템, MM21 데이터베이스 서비스시스템, 도시형 영상정보시스템, 도시관리 정보통신 시스템	민간주도 (주)요코하마항구미래21	-투자액: 411억 앤 -면적: 186ha(토지 110ha+매립지76ha)
	오사카 텔리포트(테크노포트 오사카)	도시재활성화를 위한 정보 및 신산업거점 도시기반구조 구축	-핵심기능: 첨단기술개발기능, 국제교역기능, 정보통신기능 -계획적 특징: 통신기반과 정보거점(파라볼라 안테나 4기 건설), 최신 정보시스템	관민합동	-면적: 700ha

자료: 오덕성 외(1995), 앞의 책, pp.104-105.

4. 역세권개발

1) 역세권의 개념

(1) 역세권의 개념

역세권은 활동체계를 공간적 거리로 환산하여 이용권을 설정하는 방법으로 주로 보행거리를 중심으로 설정한다. 그 공간적 범역은 지하철역을 중심으로 반경 500m 내외를 1차 역세권, 반경 1,000m 내외지역을 2차 역세권이라 하며, 또한 역의 중심부로부터 역연접권, 직접영향권(1차 세력권), 간접영향권(2차 세력권) 등으로 구분하기도 한다.

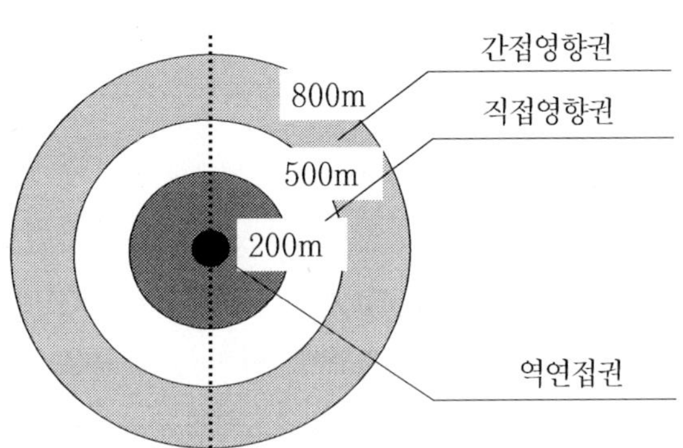

자료: 부산시(1981), 지하철 1호선 정거장 종합개발계획, p.2.

〈그림 18.5〉 역세권 개념도

역연접권은 지하철/전철역과 연접한 지역으로 지상·지하의 연계개발이 가능할 수 있는 지역으로 대략 200m 내외에 위치한 지역이다. 직접영향권은 도보로 5분 이내에 접근이 가능한 반경 500m 내외의 지역이다. 간접영향권은 도보 10분 정도 소요거리와 버스, 택시, 승용차 등의 교통수단을 이용한 반경 약 1㎞ 내외 지역이다.

외국의 역세권의 범위는 국내와 다소 차이를 보이는데, 일본의 경우 자연적, 인위적 요소를 고려하여 역세권의 형태를 정방형 또는 장방형 형태로 설정하고 있으며, 오사카(大阪)에서는 역사의 등급을 구분하여 360, 540, 750m로 역세권의 범위를 서로 달리 설정하고 있다.

〈표 18.7〉 각국의 역세권 비교

구 분	역세권(m)	비 고
오사카(일본)	360, 540, 720	• 역사등급별 구분
발티모어(미국)	600	
로스엔젤리스(미국)	530(비도심), 800(도심)	• 도심지역과 비도심지역으로 구분
한 국	500	• 상세계획구역의 도보 한계권

미국 로스엔젤리스에서는 도심(CBD)의 경우 800m, 도심 외 지역은 530m를 기본으로 하고 가로형태, 보행 장애물의 위치 등을 감안하여 구역을 설정하고 있으며, 실제 볼티모어는 600m 범위로 역세권이 개발되었다.

(2) 역세권의 개발유형 및 수용기능

역세권개발은 대상구역의 범위, 공간적 위상(지상, 지하), 개발의도 등에 따라 그 개발유형이 구분된다.

대상구역의 범위는 대상행위가 주로 역사 그 자체에 국한되는 경우와 역사 인접 혹은 역세권이 미치는 경우 등을 설정할 수 있다. 그리고 개발구역의 공간적 위상은 개발구역의 지하시설물의 개발에 미치는 경우와 지하철 역사시설과 입체식으로 구성되는 지상시설물의 개발에 목표를 두는 경우들로 대별할 수 있다. 마지막으로 개발의 적극성 정도는 개발의 양상이 역사주변 환경에 대한 보완적인 개선의 차원에 머무르는 경우와 신축, 재건축, 재개발 등과 같이 혁신적인 변형을 꾀하는 경우들로 구분할 수 있다.

<표 18.8> 역세권개발유형

개발대상 시설의 성격	지하시설	지상시설	
		소극적 개발	적극적 개발
역사개발	지하보도 및 상가 지하광장, 지하주차장	역사출입구 주변 썬큰 광장	역사상부에 유통, 주택, 상업업무, 주차 등 대형복합용도 시설계획
연접권 개발	지하보도 및 상가, 지하주차장, 인접대형건물의 연결통로 및 아케이드	공용주차장, 보행광장 및 가로공원, 연계교통 및 환승시설	역사연접권에 상시시설계획
역세권개발	지하보도 및 상가 지하주차장	시가지 정비차원에서의 역세권 지구개발 유도	도심재개발, 도시설계 등에 의해 역세권 타운센터 개념의 지구차원 개발계획

자료: 명지대 부설 한국건축문화연구소(1992. 6), 제3기 지하철 기본계획수립

〈표 18.9〉 역세권의 수용기능: 입지별

구 분		역사개발	입지별 도심	부도심	지구중심	인접지개발: 1차 영향권	입지별 도심	부도심	지구중심	역세권개발: 2차 영향권	입지별 도심	부도심	지구중심
지하시설		지하보도/상가	■	■	■	지하보도/상가	■	■		지하보도/상가	■		
		지하상가	■	■		지하주차장	■	■					
		지하주차장	■	■		인접건물 연결통로/아케이드	■	■		지하주차장	■	■	
지상시설	소극개발	출입구 주변 선큰 광장	■	■		공용주차장		■	■	시가지정비 차원의 시설	■		
						보행광장/가로광장	■	■					
						연계교통 환승시설	■	■	■				
	적극개발	상업 위주의 편익시설	■			상업, 업무, 문화 주상복합시설	■	■		상업, 업무, 주거 재개발, 지구 상세계획 등에 의한 지구개발 차원의 시설	■	■	

주: 인접지: 역사 출입구로부터 반경 200m 이내의 구역
　　역세권: 역사 중심으로부터 반경 500m 이내의 구역
자료: 오덕성(1999), 앞의 책, p.120.

(3) 기대효과

역세권개발에 따른 직·간접적 효과는 크게 대중교통이용의 활성화, 역세권 개발사업에 따른 사업비 조달을 통한 공공재정 부담의 경감, 역세권을 중심으로 한 도심서비스시설의 제공 등이 있다.(Brotchie, 1991)

역세권개발을 통하여 이용자가 안전하고 편리하게 역사에 접근할 수 있도록 하여 이용도를 높이고, 지상과 지하의 보행자도로체계를 정비하여 보행교통 문제를 해결하며, 또한 노선 간, 노선과 기타 교통시설과의 환승 및 연계교통시설을 구비하여 도시철도의 이용도를 높임으로써 교통체계의 합리화를 도모할 수 있다.

공공재정부담은 역세권개발이 갖는 높은 개발잠재력을 활용하여 민간자본

을 유치하거나, 공공과 민간의 합동개발을 유도함으로써 공공교통시설을 위한 비용부담을 경감할 수 있다. 아울러 역세권의 토지이용을 합리화하거나, 대규모 민간개발 혹은 공영개발을 통하여 발생하는 개발이익을 환수하여 공공기반시설에 대한 투자에 충당할 수 있다.

마지막으로 역세권개발은 도시철도 이용자, 특히 신개발지 또는 시 외곽부 지역의 주민들에 대해서 다양하고 양질의 도심서비스시설로의 접근 가능성 및 이용기회를 높여주게 된다.

2) 역세권개발 사례

(1) 일 본

일본의 역세권개발에 의한 부대사업의 유형은 크게 버스사업, 부동산개발, 부동산 임대업, 관광레저산업, 소매유통업의 5가지 부문으로 정리된다. 먼저 버스사업은 가장 일반적인 부대사업으로서 직영 또는 사철기업 산하에 버스회사를 소유하며, 주로 철도역까지의 접근교통(feeder)확보 측면에서 사업을 하고 있다.

부동산개발은 주로 철도주변 개발사업으로 철도수송수요 증가와 개발이익 확보의 두 가지 측면에서 사업을 시행하고 있다. 부동산 임대업의 형태는 터미널 빌딩 및 백화점 임대 경영, 중간터미널의 역빌딩 임대사업 등으로 나타나고 있다.

특수한 경우 관광레저사업까지를 시행하는 경우도 있으나 대개 사설철도 회사가 백화점을 건설하여 운영하고 터미널빌딩을 임대해 주며 소매유통업에 진출하고 있다

(2) 홍 콩

홍콩의 지하철은 내륙과 도서를 연결하는 3개 기본노선을 주축으로 하며, 각

노선은 공통적으로 인구밀집지역을 통과하고 있다. 노선경유 지하철역을 중심
으로 역세권개발의 내용을 살펴보면 주거용 빌딩, 사무실, 상업시설, 정부기관
등의 복합건물건설의 대규모 부대사업을 시행하고 있다. 도시철도는 정부가 전
액출자한 MTRC(Mass Transit Railway Corp.)가 건설 및 운영을 담당하고 있다.

도시철도사업과 연관된 역세권개발은 MTRC는 개발에 필요한 토지를 정부
로부터 매입하여 부동산 개발업자와 공동개발방식을 취하였다. 개인기업 형식
과 마찬가지로 수익성 위주의 접근방식을 추구하고 있다.

MTRC가 수행한 역세권개발 사업의 실적을 보면, 주거용 빌딩 개발을 중심
으로 Telford Gardens를 비롯하여 총 19개소를 개발하였으며 1990년 말까지의
개발이익은 약 4,000억 원에 달해 이를 모두 건설비용 상환에 충당하고 있다.
특히 구룡만역과 인접된 차량기지 상부에는 총 10ha의 면적에 주거 및 상업 복
합용으로 11~26층의 건물 41동을 건립하였다. 지역 내 함께 건립된 편의시설
로서 병원, 학교, 스포츠센터, 극장, 백화점 등 25개 동을 신설하여 총 25,000명
을 수용한 대규모 역세권개발 사업을 수행하였다.

(3) 미 국

미국에서 역세권개발에 따른 부대사업은 민간이 시행하고, 지하철 시설만
정부가 투자를 하는 방식을 취하고 있다. 역세권개발에 따른 부대사업은 주로
지하철역과 연계한 도심재개발사업을 통해 이루어지고 있다.

주요한 역세권개발은 도심환승역 주변의 집중개발과 복합용도건축물, 노선
의 종착점에 위치한 차량기지 건설, 주변부 재개발사업 등이 있다. 이들 중 재
개발사업은 주거기능의 유지 및 지역중심 특성 강화 등이 포함된다.

대표적인 사례로서 Farragut North 지역 역세권개발사업을 살펴보면 지상 12
층, 지하 2층에 역사 이외에 업무시설(14,400㎡), 상업시설(54,000㎡)을 포함시
켜 부동산 개발에 따른 부대수익을 추구하고 있다. 본 사업을 위해 토지소유
주인 지하철공사(WMATA)는 Miller / Connetcut Associate에 역세권개발 부대사
업을 위탁하였다. 토지사용시설은 지은 후 개발위탁회사에게 이용권을 부여하
는 방식을 취하였다. 따라서 역세권개발지역 내에서 시설을 임대하고자 하는

경우 지하철 공사는 임대기간의 범위인 50~99년을 설정해 주고 입주기업은 이 기간 내에서 기한 선택토록 하였다. M/C Associate는 일종의 중간사업자적 역할로서 개발사업을 실시하고 임대자와 개별계약을 한 후 이를 지하철공사에 보고하는 형식을 밟고 있다.

5. 컨벤션센터

1) 컨벤션센터의 개념과 효과

(1) 컨벤션센터의 개념

대단위 컨벤션센터는 같은 건물에서 회의와 전시를 개최하도록 설계된 공공집회장소이다. 그러므로 대부분 연회, 식음료, 구내서비스 등을 제공하는 설비를 갖추고 있다. 대부분의 컨벤션센터는 시·군 혹은 도 등 지방자치단체에서 소유하여 관리 운영되고 있다. 어떤 경우는 공공소유의 시설이 민간소유의 운영기업에 의해 운영되는 경우도 있다.

컨벤션센터의 주요 목적으로는 다양한 모임의 장을 마련, 지속적이며 정기적인 기업의 전시·홍보의 장을 마련, 도시문화의 활성화를 위한 동호인들의 행사, 지역문화 활동을 위한 이벤트의 장 마련 등을 들 수 있다.

컨벤션센터는 업계의 전시회를 개최하기 위해 대규모로 유연성 있는 공간을 제공하는 것은 물론이고 연회·회의 그리고 협회의 리셉션 등을 위한 소규모 공간도 제공한다. 일반적으로 미국의 경우 CVB가 컨벤션센터의 판매를 지원하지만, 몇 몇 컨벤션센터는 자체적으로 판매사원을 고용하여 운영하고 있다.

역사적으로 컨벤션센터는 지역사회에 주요한 공헌을 하는 것으로 나타났으며 최근의 경향분석에는 수익창조적인 컨벤션센터가 되도록 많은 압력을 받는 것으로 나타났다.

　대부분의 시설이 전시나 회의 공간의 임대를 통하여 수익을 발생시킨다. 다른 수익원으로는 식음료 케이터링, 구내서비스시설과 판매 등을 통하여 이루어지고 있다. 컨벤션센터는 또한 컨벤션센터의 시설에는 전시를 하는 전시자들에게 전문적인 서비스를 제공하기도 한다. Rutherford는 가장 흔한 서비스 수입원은 전기, 전화, 무대장식 / 조명, 배관, 방송과 음향을 통하여 이루어진다고 한다.

　컨벤션센터는 숙박시설이 없는 회의와 박람회를 위한 시설이다. 컨벤션센터는 일반적으로 지방정부의 자금지원을 받고 시와 지역 호텔업자 그리고 상인들의 수입을 위하여 활용된다. 컨벤션센터는 지역사회가 지역경제를 재활성화시키기 위하여 노력하던 때인 1960년대와 1970년대 동안 인기가 있었던 시의 프로젝트였다. 1960년대 후반에는 대부분의 주요 도시들이 컨벤션센터 혹은 이를 절대적으로 원했다. 결국 센터는 컨벤션을 의미했고 컨벤션은 방문객과 돈을 의미했다.

　컨벤션센터는 해를 거듭하며 제공되는 서비스 시설의 전반적인 면적을 수반해 왔다. 초기에는 컨벤션센터는 콘크리트 블록과 강철 빔 등으로 건축된 것이 고작이었다. 이는 기능만을 위해 설계되었고 미적인 의미는 두지 않았다. 그러나 오늘날의 컨벤션센터는 지역사회의 건축으로서 관심이 높아지고 있다. 컨벤션센터는 일반적으로 호텔이나 다른 숙박시설에 매우 근접되어 있으므로 참가자들이 숙박시설로 접근하기 용이하다.

　전형적인 컨벤션센터로의 시설은 회의와 컨벤션 참가자 그리고 박람회 참가자와 전시자들을 위한 전시, 다양한 형태의 회의장, 식음료서비스를 포함한다. 왜냐하면 컨벤션센터는 회의, 컨벤션, 박람회 개최를 위한 특별한 목적으로 설계되었기 때문에 컨벤션센터는 동일한 날에 컨벤션 시설을 사용하는 다른 회의단체들이 등록이 용이하도록 전체시설을 전반에 걸쳐 등록장소를 갖추고 있다. 또한 회의 간에 휴식과 담소를 나눌 수 있도록 공동의 장소를 마련해 두고 있다.

(2) 구성요소

컨벤션 구성요소는 전시시설(트레이드 쇼, 기업소개), 회의시설(회의장에 의한 상품의 홍보), 이벤트시설(지역문화행사, 각종 예술제)이 있으며, 컨벤션 기능은 컨벤션 성격을 부각시킬 수 있는 기간기능, 그리고 앞의 기간기능의 활발한 수행을 도와주는 보완기능, 컨벤션 활동의 결과에 따라 일어나게 되는 유발기능, 그리고 전체의 원활한 운영이나 개최를 위해 필요로 하는 지원기능 등을 들 수 있다.

① 기간기능: 컨벤션 파크는 회의를 위한 사람들의 모임의 장으로서 존재 의의를 가지게 하는 가장 중요한 기능으로써, 사람들의 모임에 관련되는 기능이 여기에 해당된다. 이것은 다시 회의, 행사, 전시 등으로 세분된다.
② 기간보완기능: 컨벤션 파크의 기간적 역할을 하면서도 위 기간기능의 발휘를 보완하는 기능이 여기에 해당된다. 이것은 다시 교육, 문화, 정보 등으로 세분된다.
③ 유발기능: 기간기능의 수행이나 그로 인해 사후에 발생하게 되는 여러 가지 기능들로 컨벤션 파크를 하나의 공원이라고 느낄 수 있는 이미지를 강하게 부각시킨다. 관광, 위락, 휴식 등으로 세분된다.
④ 지원기능: 위에 열거한 기능들의 발휘를 전적으로 지원해 주는 기능으로 관리, 업무, 교통, 식음 등으로 세분된다.
⑤ 보완기능: 컨벤션 파크의 수준이 보다 고차원적에 이르도록 해주는 기능으로써 영상, 음향, 광고 등으로 컨벤션 개최와 관련되는 매체를 다루는 기능으로 세분된다.

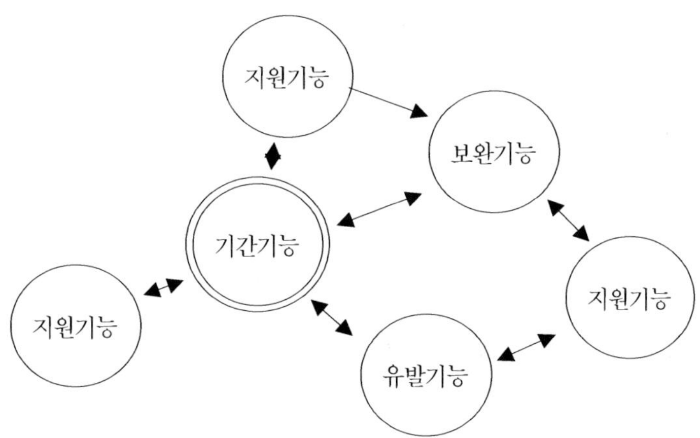

자료: 김종원(1991), 이리 컨벤션 파크 기본계획, 서울대 환경대학원
석사논문, p.11.

〈그림 18.6〉 컨벤션 기능구분도

(3) 입지 및 파급효과

컨벤션의 입지는 경제적 조건, 교통조건, 문화적 조건, 그리고 환경적 조건
을 들 수 있으며 각각의 내용은 다음과 같다.

① 경제적 조건: 다양한 업종별 시장의 중심, 금융의 중심, 소매서비스업의
중심, 제조업의 중심, 첨단산업의 중심이 되는 도시를 기반으로 하여야
한다. 특히 참가자들이 본연의 비즈니스 이외의 활동을 위해 원하는 음
식서비스, 위락, 관광, 구매 등의 조건이 갖추어져야 한다.

② 교통조건: 광역교통체계가 완벽하게 갖추어져 있어야만 외부로부터 많은
참가자들이 신속·쾌적하게 접근할 수 있다. 이를 위해서는 철도, 자동차,
도로, 항공, 항만 등 다양한 교통수단을 위한 교통시설 수준이 높은 도시
가 바람직하다.

③ 문화적 조건: 역사·예술·체육·종교 등 다양한 문화적 자원이 문화관광
자원으로 전환할 수 있는 조건이 구비되어야 한다.

④ 환경적 조건: 모도시와 격리되지 않으면서도 대단위시설을 입지하기 위
한 넓고 평탄한 부지가 확보되어야 한다. 단지화하거나 즉 '도시 내 도

시'로서 특성화할 수 있도록 기존도시와의 지형적·교통적 관계가 분절되면서도 연계되어야 하며 내부 또는 인접지에 공원 등 쾌적한 환경이 있으면 더욱 좋다

또한 컨벤션의 입지로 인한 파급효과는 크게 국가홍보측면, 사회경제적 측면, 관광측면을 들 수 있으며, 특히 국제이미지 개선, 외화획득, 고용증대, 관광산업, 국제정보 교류에 지대한 공헌이 기대되고 있다.

<표 18.10> 컨벤션의 파급효과

구 분	기 대 효 과
국가홍보측면	• 국제적인 인적교류의 증대 및 상호이해증진을 도모 • 컨벤션 개최에 따른 국제적 지위 향상 및 이미지 개선 • 민간 외교차원에서의 국가홍보 확산에 일조
사회·경제적 측면	• 외화획득에 따른 국제수지의 개선 및 개최지역의 경제활성화 (지역소득 증대 및 세수증대 효과) • 컨벤션 산업과 관련한 신산업의 육성으로 고용증대 도모 • 국제 간 정보 및 지식의 교류활성화에 따른 기존산업의 국제경쟁력 제고 • 개최지역 기반환경의 정비촉진 및 당해 지역민의 의식수준 향상
관광측면	• 컨벤션 전후방관광을 통한 한국관광의 홍보효과 제고 • 항공, 위락, 쇼핑 등 관광관련산업의 발전에 기여 • 대규모 관광객의 유치, 체제기간의 연장 등에 따른 외화가득률 제고 • 외래관광객 유치의 지역적 편재현상과 관광비수기 타개에 기여 • 호텔 등 숙박객실 판매증대와 숙박시설 공급과잉을 해결할 수 있는 수단으로 새로운 시장개척 대상으로서의 의의

자료: 최승담(1996.5), 컨벤션센터 건립방안, 도시문제

2) 컨벤션센터 사례

우리나라의 컨벤션센터는 최근 들어 서울을 비롯한 대도시를 중심으로 건설이 가속화되고 있으며, 정보단지 및 유통단지 등의 건설에서 컨벤션센터가 속속 건립되고 있다. 초기의 컨벤션센터는 KOEX나 국제행사를 위한 국제회

의용으로 서울지역에 일부 건설되었으나, 최근 지방대도시에서도 그 필요성이 부각되면서 컨벤션센터 등이 건설되고 있다.

대표적으로 2005년 APEC 회의가 열렸던 부산의 BEXCO와 각종 지역행사가 개최되는 대구의 EXCO, 2008년 세계람사총회가 열리는 창원의 CECO 등이 있다.

〈그림 18.7〉 대구컨벤션센터

제 19 장 도시계획 및 개발의 평가

1. 계획평가

1) 계획평가의 필요성

계획평가(plan evaluation)는 '여러 가지 계획 대안들의 상대적인 장단점을 찾아내고 이러한 작업을 논리적인 틀 속에 담아내기 위하여 계획안을 분석하는 작업'이다. 계획평가는 다양한 이해집단에 관련된 계획의 파급영향을 예측하고 부정적인 영향을 적절한 수준까지 감소시키는 역할을 한다.

계획평가는 계획안의 집행여부를 기준으로 하여 사전평가(preadoption evaluation)와 사후평가(post-adoption evaluation)로 나누어 볼 수 있다. 사전평가는 제안된 대안들 간의 선택이나 혹은 계획안과 현재 추세의 연장 상황 간의 비교에 유용하므로 계획가는 사전평가를 통하여 설계 대안을 비교하거나 개선안을 제시할 수 있다.

사후평가는 실행의 효과성(implementation effectiveness)을 평가하기 위한 것으로서, 처음에 의도했던 목표의 실제적인 달성여부와 정도를 검토하기 위하여 수행된다.[156]

---

156) 대한국토·도시계획학회(1998), 도시계획론, 보성각, pp.547-548.

2) 평가방법의 선정

도시계획이나 도시개발에 관한 평가는 일반적으로 경제적인 특성(비용 / 편익, 이익, 손실 등)과 환경특성(소음, 진동, 대기오염, 안개, 일조 등), 물리적인 특성(범위, 시간 등)을 평가기준으로 하여 평가한다.[157)

도시계획 및 개발사업에 대한 평가방법의 선정에 있어서는 목적의 적절성(appropriateness for purpose), 결과의 신빙성(credibility of outcomes), 실행의 타당성(feasibility of application), 지역주민에의 수용성(acceptability to the community) 등을 고려해야 한다.

2. 편익비용분석

비용편익분석법으로 널리 활용되는 기법으로는 편익비용분석(B / C분석; Benefit / Cost Ratio), 내부수익률법(Internal Rate of Return: IRR), 투자가치의 환산, 투자가치의 평가기법 등이 있다.[158)

1) 편익비용분석

편익비용분석은 편익을 비용으로 나눈 비율로서 높은 값을 나타내는 사업이 경제적인 편익을 보다 많이 창출하는 사업이 되는 것이다.

이와 같은 편익비용분석에서는 비용과 편익을 현재가치로 환산하여 동일한 시간선상에서 비용과 편익의 특성을 평가하는 것이 필요하다. 편익비용 분석

---

157) 원제무(1998), 도시시설론, 보성각, pp.204-205.
158) 원제무(1998), 위의 책, pp.221-222.

력과 편익비용비가 1 이상인 경우에 경제적으로 타당하다고 인정된다. 또한 똑같이 비용을 투자하여도 보다 큰 편익효과를 기대할 수 있기 때문에 보다 선호도가 높게 된다.

아래 식은 도시시설사업의 경제적인 특성을 평가하는 데 활용될 수 있는 현재가치로 환산된 편익비용비 산출식이다.

$$B/C = \left\{ \sum_{t=0}^{n} \frac{B_t}{(1+r)^t} \right\} \Big/ \left\{ \sum_{t=0}^{n} \frac{C_t}{(1+r)^t} \right\}$$

여기서, B_t: t시점에서의 편익

C_t: t시점에서의 비용

r: 이자율

2) 순현재가치

편익비용분석은 비교적 규모가 같은 도시시설사업 대안에 적용하는 경우에 순편익의 규모가 큰 동일한 대안을 선택하는 평가기법이다. 그러나 규모가 다른 도시시설사업을 수행할 때 얻어지는 순편익의 규모에 근거한 사업의 평가는 편익비용분석만을 통해서는 올바른 해법을 찾을 수 없다. 이때 활용할 수 있는 기법이 순현재가치(Net Present Value: NPV)이다.

순현재가치 평가방법은 여러 시점의 투자비용과 편익발생의 이자율을 고려하여 현재가치로 환산한 값의 총합을 구하여 이를 비교척도로 활용하는 것이다. 즉 순현재가치가 0보다 크면 사업은 경제적으로 타당하다고 볼 수 있다. 또한 0보다 큰 사업 중에서도 순현재가치가 보다 큰 사업이 전체적인 투자수익 면에서 보다 경제적으로 가치 있는 사업으로 평가할 수 있다.

다음 식은 n년간 투자사업에 대한 순현재가치를 산출하는 것이다.

$$NPV = \sum_{t=0}^{n} \frac{(B_t - C_t)}{(1+r)^t} = \left\{ \sum_{t=0}^{n} \frac{B_t}{(1+r)^t} \right\} - \left\{ \sum_{t=0}^{n} \frac{C_t}{(1+r)^t} \right\}$$

여기서, B_t: t시점에서의 편익

C_t: t시점에서의 비용

r: 이자율

3) 내부수익률

위에서 살펴본 편익비용비와 순현재가치는 일정한 이자율(할인율)을 기준으로 도시시설사업의 편익의 비용에 대한 비율과 순편익의 크기를 산정하는 것이었다. 그러면 근원적으로 사업이 타당성을 갖게 되는 이자율(할인율)은 얼마나 될까? 이 물음에 대한 답을 주는 것이 내부수익률(Internal Rate of Return: IRR)이다. 내부수익률은 투자의 타당성 분석에 널리 쓰이고 있는 편익효과지수로서 일련의 편익·비용의 균형점을 보여주는 할인율을 산출하는 방법이다. 즉 내부수익률은 B / C 비가 1 또는 순현재가치가 0이 되는 이자율을 의미한다. 이를 수식으로 나타내면 다음 식과 같다. 즉 아래 식을 만족시키는 i가 내부수익률이 된다.

$$\sum_{t=0}^{n} \frac{B_t}{(1+i)^t} = \sum_{t=0}^{n} \frac{C_t}{(1+i)^t}$$

여기서, B_t: t시점에서의 편익

C_t: t시점에서의 비용

i: 이자율

4) 할인율의 결정

경제성 분석에서는 적절한 할인율을 적용하여 현재가치로 나타내는 것이 필요하다. 할인율은 여러 가지 측면에서 고려하여 결정하여야 하는데, 그 종류는 다음과 같이 구분할 수 있다.

① 시장이자율(Market Interest Rate): 민간자본시장의 이자율

② 투자의 한계생산성(Marginal Productivity of Investment): 투자로 인해 새롭게 발생하는 수익으로 투자에 대한 수익의 비율

③ 기업할인율(Corporate Discount Rate): 기업이 잠재적 투자사업 평가 시 사용되는 할인율, 기업이 민간에서 차입할 때 제시하는 이자율(정부차입이자율＋위험프리미엄) × {1 / (1 － 법인세율)}

④ 정부차입(공제) 이자율(Government Borrowing Rate): 정부가 발행하는 채권에 적용되는 이자율

⑤ 사회적 할인율: 위의 각 이자율에 사회적 요소를 고려한 개념의 할인율

<표 19.1> 할인율 및 경제분석

할인율	경 제 분 석	할인율	경 제 분 석
2.5%	예금 실질 금리	10.0%	민간자본 적정 할인율
5.0%	정부 융자사업 중 가장 최저의 이자율	12.5%	무담보 대출금리
7.5%	민간＋정부융자사업의 중간 이자율	15.0%	사채시장 이자율

적정할인율의 산정은 은행이자율에 따라 결정하되, 다음의 단계에 따라 구분하여 적정 할인율을 산정한다. 먼저, 2.5%, 5.0%, 7.5%, 10.0%, 12.5%, 15.0%와 같이 6단계로 구분한다. 민간자본의 적정할인율은 1차 10%로 설정하고, 은행금리 저하에 따라 다소 낮은 수치를 적용하도록 한다. 하지만, 위의 6단계 검토를 통하여 경제성 분석 후 시점 간의 적정 이자율에 따라 달리 적용하는 것이 가능하다.[159]

---

159) 정부는 공공시설에 대하여 할인율은 7.5%를 기준으로 적용하여 타당성 분석을 실시하고 있다.

5) 편익비용분석의 역할과 한계

편익비용분석에서의 가치판단이란 결국 개개인의 지불용의의사(支拂用意意思, willingness to pay)를 판단하는 문제인데, 이에는 개인의 선호를 평가의 목적에 접근시키는 일과 또 시장가격에 의하여 영향을 받는 이 지불의사를 실제로 측정하는 문제가 있다. 그러나 소득계층에 따라 지불용의의사는 다르게 나타나므로 형평성의 문제를 나타내고 경제성만으로 판단할 수밖에 없는 한계를 보여준다.

이외에도 화폐단위로 환산이 곤란한 사회, 환경적인 평가항목을 제외하고 화폐단위로 환산이 용이한 항목만을 다루기 때문에 대안 평가에서 경제적인 측면만 강조되며, 계획안 전체로서의 편익과 비용을 구하기 때문에 각 평가주체에 대한 편익의 귀속을 고려한다는 형평성이란 기준이 결여되어 있다. 또한 각 평가항목에 관한 효과의 평가는 다른 항목에 관한 효과의 정도와는 무관하게 존재한다. 즉 효과의 크기와 평가가치와의 사이에 선형인 평가함수가 존재한다는 것을 상정하고 있어 평가항목 간의 상충(trade off) 관계를 반영해 주지 못하고 있다.

그러나 편익비용분석은 대안의 절대적인 가치를 평가하기보다는 동일한 목적을 가진 대안들을 비교하는 데에 유용하며 일반적으로 인식되고 있는 공공투자분석의 기준으로서는 한계가 있다. 예를 들면, 어떤 예산의 제약조건하에서 동일한 비용을 소요하는 교육사업과 도로투자사업을 비용편익분석으로 판단하는 것은 명백한 오류이다. 결론적으로 편익비용분석은 하나의 동일한 목적을 대상으로 하는 대안들의 경제성 평가에는 여전히 유용하다.[160]

---

160) 대한국토 · 도시계획학회(1998), 앞의 책 p.555.

3. 다판단 기준평가

1) 비용효과분석

비용효과분석(Cost-Effectiveness Analysis)은 비용편익분석기법의 정량분석과 정량분석이 불가능한 부분에 대한 비정량분석을 동시에 실시하는 다판단평가 기법의 일종이다. 비용효과분석은 비용과 편익의 상쇄(trade off)관계에 경제적인 타당성만을 평가의 대상으로 하는 경제성평가에 계량적인 수치로 나타낼 수 있지만 정량화가 어려운 사항도 평가의 근거로 활용하는 것이다. 또한 비용효과분석에서는 일정한 도시사업으로 인한 1차적인 영향 이외에도 이로 인해 발생되는 2차적인 영향도 평가의 근거로 활용하기 때문에 평가의 범위 및 내용 면에서 이원적인 특성을 가지게 된다.[161]

단순히 경제적인 요인으로 설명될 수 없는 많은 사항들도 사업의 결정 및 실행에 중요한 역할을 하기 때문에 앞으로 단순한 경제성 분석기법보다는 비용효과분석과 같은 다판단분석의 활용이 더욱 두드러지게 될 것이다.

2) 대차대조법

대차대조표는 회계업무에서 활용되는 대차대조표에 착안하여 Lichfield (1966)에 의하여 처음 이론적인 체계가 정립되기 시작하였다. 초기에는 금전적인 분야에 주로 활용되어 왔지만 비금전적인 부분에 대해서도 활용이 활발해지고 있다. 따라서 영향의 범위 및 영향의 대상자와 영향의 유형이 다양한 도시시설부문에서는 이와 같이 대차대조표를 이용한 평가가 비교적 설득력이 있는 기법으로 자리잡게 될 수 있을 것이다.

---

161) 원제무(1998), 앞의 책, pp.229-232.

<표 19.2> 대차대조표를 이용한 도시시설평가

평가특성 대상자		M(금전)		T(시간)		P(영향)		I(기타)		종 합
		+	−	+	−	+	−	+	−	
대안 Ⅰ	대상자 1									
	대상자 2									
	대상자 3									
대안 Ⅱ	대상자 1									
	대상자 2									
	대상자 3									
⋮	⋮	⋮	⋮	⋮	⋮	⋮	⋮	⋮	⋮	⋮

위의 대차대조표를 이용하면 대안별 대상자들에 대한 개별평가 항목의 긍정적인(+) 부문의 평가치와 부정적인(−) 부문의 평가치, 그리고 이들의 상쇄에 근거한 종합적인 평가치를 체크할 수 있다.

대차대조표를 이용하면 도시시설 대안의 다양한 효과를 전체적으로 살펴볼 수 있다. 따라서 사업의 실행에 따라 이익을 받는 대상들과 그렇지 못한 대상들 간에 공정한 배분이 이루어졌는지를 파악할 수 있다. 또한 단순한 비용편익평가에서 찾을 수 없는 다양한 영향을 종합적으로 볼 수 있다. 그러나 대차대조표를 이용하려면 평가에 영향을 받는 많은 대상자들을 고려하고, 평가항목들을 몇 가지로 종합하기 위해 모든 대안을 분석하고 종합하는 데 많은 시간과 비용이 소요된다.

3) 목표달성행렬법

목표달성행렬법(Goal-Achievement matrix: GAM)은 경제성 분석기법과 대차대조표작성법의 단점을 보완하기 위해 Morris Hill(1968)에 의해서 개발된 방법이다. 목표달성행렬법은 정책목표설정, 목표의 달성지표와 목표달성지표 합산을 통한 총 목표달성지표(grand index)를 구하는 일련의 과정을 통하여 그 해를 구할 수 있다.

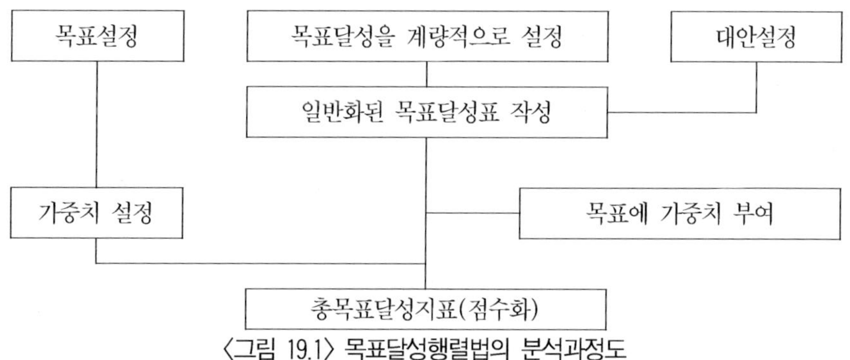

<그림 19.1> 목표달성행렬법의 분석과정도

목표달성행렬법의 분석결과는 정(+)의 효과와 부(-)의 효과, 그리고 이들 목표에 대한 가중치와 가중치를 통하여 파악되는 실제 영향의 총량을 꼽을 수 있다.

4. 간단한 대안평가

1) 우월법

우월법은 여러 가지 대안을 상대적으로 평가할 때 활용하는 방법으로, 평가하여야 할 대안이 많을 때 이를 선별하는 과정에서 적용된다. 우월법의 기본원리는 평가의 기본원리로서 어떤 대안이 타 대안에 비하여 상대적으로 열악하면 대안선택과정에서 배제한다는 것이다. 그러나 실제로 우월법만을 이용하여 신뢰성 있고 객관적인 평가를 하는 데 어려움이 있기 때문에 다른 평가기법의 보완적인 수단으로 활용된다.[162]

---

162) 원제무(1998), 앞의 책, pp.236-237.

2) 상쇄법

도시사업 대안들을 평가하는 경우에 평가기준은 상호배타적이고 동시에 성취하기 힘든 경우가 있다. 이때 평가항목에 대한 상쇄성(trade-off) 여부를 파악하는 것이 평가를 원활히 하기 위해서는 필요하다. 즉, 도시사업에 투자되는 비용과 시간이 평가항목으로 활용할 때 시간과 비용의 상쇄성을 알게 되면 평가는 보다 원활해질 수 있다.

<표 19.3> 도시사업 평가 항목 간의 상쇄성

평가항목		개략적인 관계 설명	관계
소요시간	소요비용	도시사업에 소요되는 시간절감 위해 비용 소요	부(−)
도시사업 서비스	소요비용	서비스의 양과 질을 향상하기 위해 비용 소요	정(−)
사업비용	사업이익	보다 많은 사업이익 위해 보다 많은 사업비용 투자	부(+)
이용요금	이용수요	시설이용료를 증가하면 이용수요가 감소 (수요 탄력적인 경우)	부(−)
⋮	⋮	⋮	⋮

시간, 비용과 같이 평가항목 중 상쇄성이 있을 수 있는 것은 요금과 수요, 시간과 비용, 도로에 대한 접근성과 환경문제(소음, 공해, 진동, 일조 등) 등 실로 많은 상쇄적인 특성이 있을 수 있는 항목들이 산재하여 있다. 이같이 상쇄관계에 있는 평가항목 일부를 정리하면 <표 19.3>과 같다.

3) 최소목표달성법

우월법은 대안 간 평가치를 비교하여 평가치가 전체적으로 낮은 대안을 추려내는 방법으로, 평가의 기준이 대안내부에 있다. 이와는 달리 대안을 추려내는 평가기준을 대안의 외부에 설정하는 방법이 최소목표달성법이다. 최소목표달성법(minimum attainment guidelines)은 평가항목에 최소허용기준을 설정하여 이와 같은 기준을 충족하지 못하는 대안을 평가선에서 제외하는 방법이다.

일부 최소기준 한계를 넘지 못하는 대안들 중에 다른 특성치들이 뛰어난 대안이 있을 수 있다. 최소목표달성법은 일괄적인 최소기준 한계를 통하여 대안을 선별하기 때문에 이와 같은 뛰어난 대안을 평가의 대상에서 제외될 수 있는 문제가 있다.

IV 도시의 관리

제 20 장 단지계획 및 지구단위계획

1. 단지계획

1) 단지계획의 개념

단지계획은 인간이 행동을 하는 데 불편함이 없도록 외부의 물리적인 환경을 조성하는 기술로서 건축, 토목, 조경, 도시계획 등의 경계영역에 속하며 이러한 전문가집단에 의해 행해진다.[163]

단지(site)는 특정하게 정의되어 있지 않으나 일단의 개발에 사용되는 부지를 말한다. 일단의 개발은 동일한 목표 / 목적을 달성하기 위하여 또는 사업체계상 일관된 개발을 위하여 일체적인 개발이 동시에 이루어지는 개발을 의미한다. 따라서 단지는 단순한 빌딩과 가로의 결합이라기보다는 구조물, 지면, 공간, 생활계, 기후, 세부 등의 조직체계로 볼 수 있다.

단지계획은 주택, 공장, 쇼핑센터, 공공시설, 문화시설 등의 실재하는 건물군을 지을 때는 항상 필요한 것이며, 공원, 농장, 산림, 고속도로, 도시적 시설 등의 대규모 조경개발까지도 포함할 수 있다. 그리고 단지계획은 건축과 도시

---

163) K. Lynch 저, 주종원 역(1983), 단지계획, 동명사, p.4.

차원의 중간적 위치를 차지하고 있어, 물적·기능적 측면에서부터 경제·사회적 측면을 모두 포함하는 구체적이고 사업지향적인 계획이다.

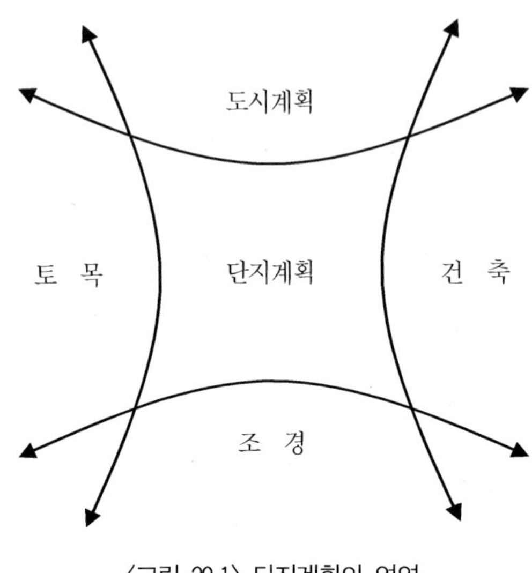

〈그림 20.1〉 단지계획의 영역

2) 단지계획의 종류

일반적으로 단지계획이라 함은 주거단지계획(고층공동주택, 저층연립주택 또는 단독주택)을 말한다. 그러나 최근 주거단지 외에 다양한 목적으로 개발되는 단지들이 많아지고 있으며, 이런 측면에서 단지계획은 폭넓은 의미를 가지고 종류도 매우 다양하다.

개발목적이나 특성에 따라 주거단지 외에 상업 및 업무단지, 복합용도단지, 여가 및 운동시설단지 등의 특수한 목적으로 계획, 개발되는 단지가 있고, 개발사업 관련법규의 측면에서 단지계획은 주거단지(택지개발), 복합단지, 산업단지(국가, 지방), 농공단지, 유통단지, 관광단지 등이 있다.

따라서 단지계획은 단지계획사업의 내용에 따라 주거단지, 상업·업무단지, 복합용도단지, 유통 및 교통시설단지, 산업단지, 관광단지, 여가 및 운동시설단지 등으로 다양하게 구분할 수 있다.

(1) 주거단지

주거단지는 주택유형별 특징에 의해 단독주택단지, 타운하우스단지, 연속주택단지, 중정형 주택단지, 고밀도 아파트단지로 구분된다. 주로 우리나라에서는 단독주택단지계획 및 고밀도 아파트단지계획이 주로 이루어지고 있다.

주거단지는 일반적으로 도시민이 생활하고 활동하는 단지이기 때문에 일반적으로 단지계획이라 함은 주거단지계획을 일컫기도 한다. 주거단지는 토지구획정리사업 및 택지개발사업 등에 이루어지는 사업이 대부분을 차지하고 있으며, 전자는 주로 단독주택단지조성이고 후자는 주로 대단위 아파트 단지건설이다. 또한 주택재개발사업과 재건축에 의한 주거단지건설도 계속적으로 이루어지고 있다. 규모면으로 볼 경우 토지구획정리사업이나 택지개발사업은 대규모로 이루어지는 반면, 재개발이나 재건축에 의한 주택단지는 규모가 비교적 작다.

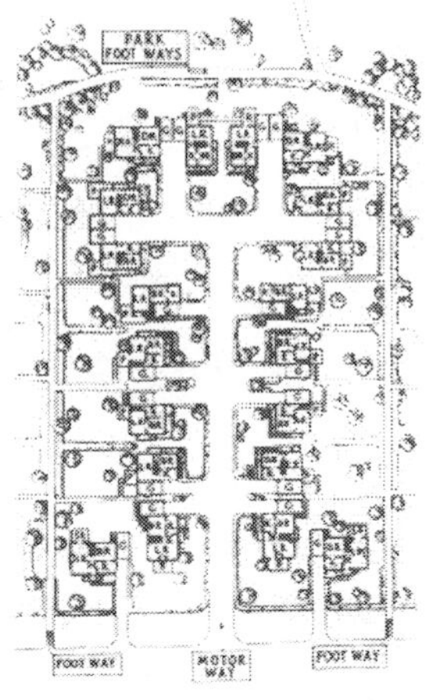

〈그림 20.2〉 Radburn 계획

(2) 상업·업무단지

상업·업무단지는 도시중심지에 계획되는 단지로 도시중심지가 가지고 있는 성격하에 도시의 중심서비스 제공, 사회활동의 장, 교통의 결절지, 도시의 상징성 부여, 도시다운 분위기 형성 등을 고려하여 계획되어야 한다.

도시중심지의 가구는 조직의 연속성, 단순성, 활력성, 융통성, 전면성, 적정성, 방향성, 보행환경의 확보를 고려하여 구성되어야 한다. 또한 상업·업무단지는 복합용도단지를 포함한 계획이어야 하고, 도시에서 중심기능을 수행하는 곳이기 때문에 개별 건축물 계획이나 시설계획에서 종합성을 가져야 한다.

(3) 복합단지

기존의 단지는 단일 기능을 가지는 것이 일반적인 데 반해, 복합단지는 여러 가지 기능이 혼재되어 복합적으로 이용되는 단지이다. 기능분리에 의한 도시구조가 도심의 공동화 현상을 심화시키고, 도심 주거환경의 저하, 직주분리에 의한 교통문제 등을 발생시켜 이에 대한 문제점을 해결하고자 하는 움직임에서 일고 있는 새로운 접근이 복합단지이다.

일반적으로 복합단지는 협의로는 주상복합형태를 말하고, 광의로는 인텔리전트빌딩이나 정보단지 등 더욱 복합화된 용도를 가진 단지를 말한다. 이 복합단지 내에는 주거기능뿐만 아니라 상업·업무기능, 교육·문화·위락 등이 혼재되어 있고, 고층·고밀개발이 이루어지는 것이 특징이다.

(4) 산업단지

산업단지는 전통적인 공업단지에서 업무 등의 기능이 추가된 업무단지로 이에 과학단지나 첨단산업단지로 점차 기능이 확대되고 있다. 과학단지나 첨단산업단지는 넓은 공원녹지공간의 확보와 쾌적한 단지조성으로 기존의 공업단지 개념을 완전히 탈피한 곳이다. 이를 산업공원(industrial park)이라 부른다.

2. 근린주구이론

1) 근린주구

(1) 근린주구이론의 배경과 개념

19세기 말 산업화로 인한 공업도시의 등장과 도시로의 폭발적인 인구유입의 가중은 기존의 도시에서 경험하지 못한 여러 가지 심각한 도시문제를 등장시켰다. 특히, 주거환경의 문제가 심각하였다. 농촌인구가 도시로 집중하면서 주거환경은 매우 열악하게 되었고, 특히 노동자들의 주거환경은 더욱 열악하였으며 계속 악화되어가고 있었다. 또한 인구의 도시집중은 각종 도시문제로 발전되었는데, 특히, 위생, 환경적 측면에서 많은 문제점을 나타내었다. 그 결과 이러한 도시문제를 해결하고자 하는 움직임이 일어났는데, 공장 주변 노동자들의 주거지의 열악한 환경을 개선하기 위한 여러 가지 이상도시안(理想都市案)들이 제시되었다. 이것이 근대적 도시계획의 출발이었다고 볼 수 있다.

하워드(E. W. Howard)는 전원도시구상을 통하여 현대도시계획에 있어서 중요한 이슈를 제기하였고, 많은 이상주의적 계획안을 정리하였다. 전원도시운동(田園都市運動)이 현대도시계획의 시작이라고 할 수 있으며 많은 국가들에서 이 원칙을 적용하였다.

근린주구의 개념은 E. Howard(1898) 이후 여러 나라에서 많은 관심을 가지게 되었다. 근대적 근린주구에 대한 정의는 C. A. Perry(1929)에 의해 이루어졌으며, L. Mumford, Le Corbusier, C. Stein, F. L. Wright 등에 의해 보편화되었다.[164]

(2) 근린주구의 정의 및 의의

근린주구란 어떤 사회학적 현상이나 사회과학의 특수이론을 포함한 것이

---

164) J. Douglas Porteous(1986), 환경과 행태, 신학사, pp.74-78.

아니라 계획의 한 단위를 사회학적 개념으로 사용했던 용어로 주거단지를 의미하며 어린 아동들이 위험한 큰 도로를 건너지 않고서 멀지 않는 곳에 위치한 초등학교에 통학할 수 있는 단지규모의 물리적 주거생활환경을 말한다.[165]

근린주구에 대한 정의는 학자에 따라 조금씩 다르게 정의되고 있고 있다. 근린주구는 인문사회적 측면에서의 개념을 물리적 공간으로 구체화한 것으로 정의내릴 수 있다. 다시 말하면, 근린주구란 동질적인 공동체로서의 개념이 강조되는 사회단위로서 이 안에서 지역의식의 형성을 가능하게 하고, 공동서비스나 사회활동을 영위하는 데 필요한 각종 시설을 주변에 확보·활용할 수 있는 지역적·공간적 범위라고 말할 수 있다.[166]

C. A. Perry는 이상적인 근린의 규모를 산출하기 위하여 초등학교를 지원하는 데 필요한 시설 수에 근거하고 있다. 그래서 근린(neighbor)의 규모는 대략 65ha의 면적에 5,000~6,000명의 주민이 살고 1,000~2,000명의 학생 수를 가진 초등학교가 있는 구역을 말한다. 또한 도보에 의해 사람들이 언제든지 갈 수 있는 5분 이내의 반경 1/2mile (800m) 규모이다. 밀도는 100인/ha 이하의 저밀도이고, 단지는 간선도로, 공원에 의하여 타 지역과 구분되고, 단지 내 도로는 주로 거주자의 접근성을 위한 쿨데삭(cul-de-sac) 이나 루프(loop)형으로 또한 단지 내 통과교통을 배제하기 위한 체계로 구성하였다. 중심시설인 학교까지는 어린이들이 도로를 횡단하지 않고 도보로 통학할 수 있고, 주구센터까지는 단지 내에 초등학교, 근린생활시설, 녹지 등을 갖추도록 구상하였다. 그 이외에도 Clarence Stein의 구상, Jose Sert의 제안, N. L Engelhrdt의 제안 등도 있다.

페리(C. A. Perry)는 근린주구단위의 설계에 있어 다음과 같은 여섯 가지 원칙을 제시하였다.

① 규모는 초등학교 하나를 유치할 수 있는 정도가 되어야 한다. 따라서 인구는 5,000명 정도가 될 것이며, 면적은 주택유형에 따라 다를 수 있다.
② 간선도로가 경계가 되며 통과교통은 근린주구 안으로 들어오지 못하고 우회한다.

---

165) 대한국토·도시계획학회(1991), 도시계획론, 형설출판사, pp.380-381.
166) 김철수(1996), 단지계획, 기문당, p.128.

③ 오픈스페이스는 전체 면적의 10% 정도를 차지한다.

④ 학교와 기타 공공시설은 근린주구단위의 중앙에 위치한다.

⑤ 상점은 근린주구의 주변부나 상업기회가 가장 큰 간선도로의 교차점에 위치하는 것이 좋다.

⑥ 내부의 가로체계는 교통량의 비중에 맞는 다양한 위계를 갖고 있어야 한다.

근린주구의 의의는 사회적 측면에서 하나의 생활공동체(community)로서 주민들의 사회적 상호작용을 도모하고, 공동유대(common ties)를 강화하며, 영역성을 제고하고 나아가서 주민들이 보다 지역에 대한 긍지를 갖게 하는 것이다. 그리고 물리적·공간적 측면에서는 인간척도(보행생활권)와 주민활동의 주기성(반복이용)이라는 두 가지의 기본척도에 알맞게 각종 편의시설을 확보·배치함으로써 생활을 편리하게 하고, 또한 기계문명의 침해로부터 보호하여 안전·쾌적한 일상생활의 장을 조성하며, 아울러 관리가 용이한 공간과 시설 단위를 만들어 준다는 데 의의가 있다.[167]

그리고 사회학자들이 지적하는 근린주거단위는 주구 내 주민들의 문화관과 경험 및 그들의 활동 등이 공감대를 이룸으로써 사회적 공동체임을 느낄 수 있어야 하며 가치관을 공유하고 커뮤니티에 대한 애착심을 가질 수 있는 단위여야 한다고 주장한다. 이러한 사회적 측면의 주장은 인간 위주의 환경조성에 큰 의미를 부여하며, 지역의 특수성과 주민의 생활공간을 연결하는 지역상의 근본적인 문제를 이해하고 계획하여야 함을 의미한다. 이와 같이 사회적 의미는 문화적 측면 외에 주민의 참여를 유도한다는 점에서 그 의의가 크다.

(3) 근린주구의 효과

근린주구의 효과는 무엇보다도 사회적 의미에서의 공동체 형성의 기회를 제공하여 주민들 간의 유대감을 높이고, 마을(neighbor)의 기능을 강화하는 데 있다. 그리고 물리적 측면에서는 보행생활에 알맞은 규모로 계획함으로써 적

---

167) 김철수(1996), 앞의 책, p.128.

절한 인간 스케일을 담을 수 있는 장점이 있다.

G. Golany는 일반적으로 근린주구에서 다음과 같은 효과가 기대된다고 보고 있다.[168]

① 무질서하고 단편적인 도시집중에 물리적인 질서를 부여한다.
② 익명의 도시사회에 지방의 대면(對面)집단의 재도입으로 도시민에게 커뮤니티의 감각을 회복시킨다.
③ 광범위한 사회적 주거 이동성에 의한 개인의 고립을 상쇄하는 지역적 유대감과 소속감을 고양시킨다.
④ 위협적인 세계에 정체성과 안전성, 지속성 그리고 확고함(rooted-ness)을 자극시킨다.
⑤ 도시와 국가에 대한 유대감 증진을 위한 자치성을 제공한다.

이러한 근린주구의 효과로 인하여 근린주구의 개념은 대량시대의 주택단지 개발에 가장 폭넓게 채택되고 적용된 계획이념 중의 하나이며, 유럽이나 미국의 교외지역의 주거지계획에 많이 사용되었다.

2) 근린주구 밀도 및 생활권

사람이 거주하는 지역의 크기와 경계는 주거밀도와 관련되는데 서구의 도시계획가들의 단지에 대한 표준인구밀도는 보통 75~250인 / ha(총밀도)이며 인구밀도가 360~500인 / ha 정도로 고밀도화되면 인간적인 규모를 상실한다고 했다. 이러한 일반적인 사정에 따라 한국의 인구가 서양보다 밀집된 것을 고려한다면 한국의 인구밀도에 있어 100인 / ha(순밀도 ha당 200인) 이하는 토지이용상 대도시지역에서는 어렵지만 농촌과 지방에서는 권장할 수 있고, 400인 / ha 이상은 환경이 악화되므로 대도시 고밀집 지역인 상업지역에서 예외적으로 취급할

---

168) Gideon Golany(1976), New-Town Planning, John Wiley & Sons, p.181.

수도 있다.

주거공간을 중심으로 한 최소한의 사회생활단위인 근린생활권의 위계는 인보구, 근린분구, 근린주구의 3단계로 나눌 수 있다.

<표 20.1> 근린생활권의 위계

구 분	개 요
인 보 구	이웃에 살기 때문이라는 이유만으로 가까운 친분관계를 유지하는 공간적 범위이며, 반경 100m 정도를 기준으로 하는 가장 작은 생활권 단위로서 어린이 놀이터·구멍가게 등이 있는 범위이다.
근린분구	주민 간에 면식이 가능한 최소단위의 생활권이라 할 수 있고, 진입로·오픈스페이스 등을 공유하고, 보행권이 설정기준이 된다.
근린주구	보행으로 중심부와 연결이 가능하며, 초등학교·상가 등의 공동서비스시설을 공유하는 규모로서 주민간의 동질성이 강조된다.

생활권은 규모에 따라 1차 생활권(소생활권), 2차 생활권(중생활권), 3차 생활권(대생활권)으로 구분할 수 있다. 소생활권은 근린주구 규모의 단위로 인구 10,000명 내외이고, 지역 간 도로 또는 간선도로로 구획되어 있고 주거지의 밀도는 [표 2.6]과 같다. 중생활권은 3~5개의 근린생활권을 이루고 인구는 5~10만 명 정도이다. 대생활권은 주로 區단위의 행정구역과 일치시키는 것이 생활권형성에 유리하며 인구는 20~30만 명 정도이다.

<표 20.2> 소생활권의 밀도

구 분	근린밀도(인 / ha)	총 밀 도(인 / ha)
고밀주거지	200~250	400~500
중밀주거지	150~200	250~350
저밀주거지	100~150	200~250

근린생활권에서의 근린주구와 근린분구의 생활권 설정기준을 살펴보면, 근린주구(neighborhood unit)의 인구규모는 약 10,000~20,000인 정도이고 초등학교와 근린상가를 포함한다. 간선도로와 녹지 등에 의해서 다른 지역과 구별되고, 중심과의 거리는 300~400m, 면적은 30~50ha 정도이다. 근린분구(neighborhood precinct)

는 약 3,000~5,000인 정도의 인구규모에, 근린상점을 포함한다. 그리고 어린이 놀이터·정원 등을 공유하고 중심과의 거리는 150~200m, 면적은 7~12ha 정도이다.

우리나라의 아파트지구 개발기본계획 수립에 관한 규정에서는 근린주구를 반경 400m 이내 공동주택의 경우 1,000~3,000세대를 기준으로 구분하고 있다. 이것은 거리와 규모면에서 C. A. Perry의 근린주구개념과 유사하다.

<그림 20.3>은 근린주구와 관련된 규모를 구상한 것으로 한국의 대도시의 경우를 미국의 2.5배 밀집된 것으로 생각하고 근린주구의 규모를 100ha(1㎢)로 해본 예이다. 주민의 생활향상과 환경에 대한 인식으로 점차 점일화를 원하게 된다.

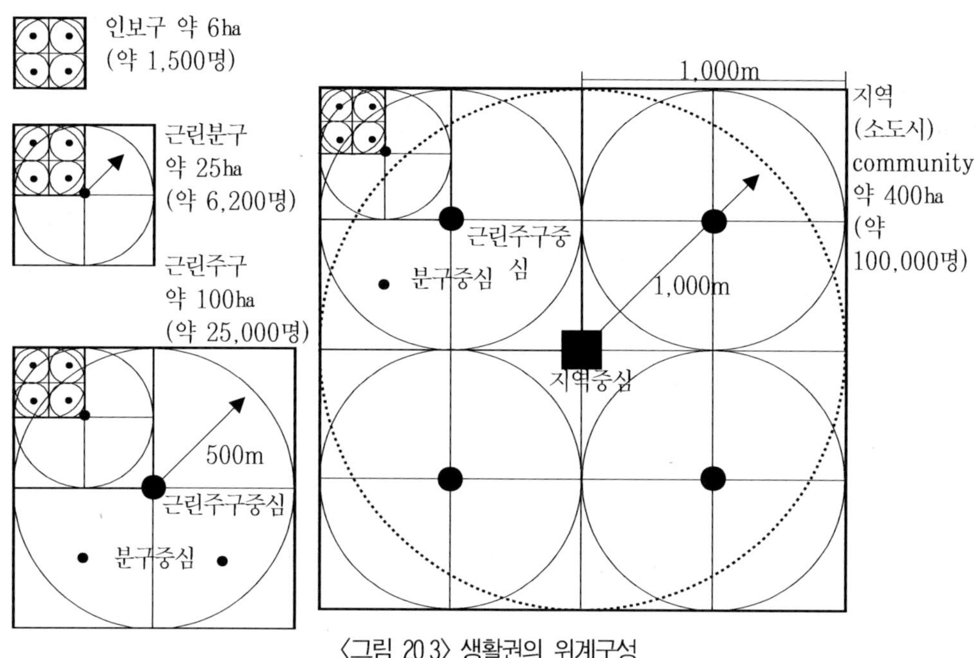

〈그림 20.3〉 생활권의 위계구성

근린주구의 생활권은 대개 근린주구이론에 준하여 초등학교 단위를 근린주구 생활권으로 한다. 근린주구 생활권이 몇 개 되면 도시생활권이 형성되고 반대로 근린생활권을 몇 개로 세분하면 근린분구가 형성된다.

3. 지구단위계획

1) 지구계획의 정의

지구계획(district planning)이란 도시의 어느 한정된 범위(지구)를 대상으로 계획적인 토지이용 및 시설정비를 도모하는 목적으로 실시되는 종합적 계획이다. 이를 위해 지구의 공공시설, 가로, open space, 주택 등을 종합적으로 배치해서 각 기능을 발휘함과 동시에 그 지구가 가지는 독자환경을 구성하는 것과 같은 목적을 가지는 계획이다.[169]

지구계획의 요점은 도시계획이 도시전체의 토지이용이나 시설정비를 중심으로 입안된 계획인 데 반하여 지구계획은 지구라는 한정된 범위에서의 토지이용과 시설계획의 동시 정비를 목적으로 하고 있기 때문에, 지구주민의 적극적인 계획참가가 요구되고, 자율적인 도시설계 등 다양한 개발시스템을 필요로 한다.

2) 지구단위계획의 성립배경

도시전체를 대상으로 하는 도시계획은 매우 광범위하고 포괄적이고, 평면적 계획 위주이기 때문에 지구의 상세한 특성을 제대로 살리기가 매우 어렵다. 또한 각종 규제가 기존의 도시계획법과 건축법으로 이원화되어 있어 도시계획을 제대로 실현하기가 어려웠다.

지구단위계획은 주민의 일상적 생활과 직접적으로 연관되어 있는 지구단위를 범위로 하여 보다 지역적 특수성을 살리고, 쾌적한 환경을 도출하는 데 목적이 있다. 이러한 지구단위계획은 경관계획 등 도시환경적 측면과 토지이용 측면의 부분을 모두 포함하고, 건축물 규제에 대한 상세한 부분까지 다룬다.

---

169) 加藤 晃(1997), 都市計劃槪論, 共立出版株式會社, p.303.

　우리나라의 지구단위계획은 도시계획법에 의한 상세계획과 건축법에 의한 도시설계제도로 양분되는데, 두 제도가 유사한 성격으로 이원화되어 있어 기능을 제대로 발휘할 수 없었다. 그래서 최근의 2000년의 도시계획법 개정을 통하여 도시계획법에 의한 상세계획과 건축법에 의한 도시설계제도를 지구단위계획제도로 통합하여 도시계획체계로 흡수함으로써 유사한 제도의 중복운영에 따른 혼선과 불편을 해소하도록 하였다.

　2002. 12. 24. 국토계획법의 제정으로 기존의 도시계획법과 국토이용관리법의 통합으로 도시지역의 계획 위주의 도시계획체계가 농촌지역을 포함하는 국토계획체계로 전환되면서 이 법에서 지구단위계획은 제1종지구단위계획과 제2종지구단위계획으로 구분되었다.

　제1종지구단위계획은 토지이용을 합리화·구체화하고, 도시 또는 농·산·어촌의 기능의 증진, 미관의 개선 및 양호한 환경을 확보하기 위하여 수립하는 계획이고, 제2종지구단위계획은 계획관리지역 또는 개발진흥지구를 체계적·계획적으로 개발 또는 관리하기 위하여 용도지역의 건축물 그 밖의 시설의 용도·종류 및 규모 등에 대한 제한을 완화하거나 건폐율 또는 용적률을 완화하여 수립하는 계획으로 정리되었다.

3) 지구단위계획의 내용

(1) 지구단위계획구역의 지정

　건설교통부장관 또는 시·도지사는 다음의 사항에 해당하는 지역의 전부 또는 일부를 제1종 지구단위계획구역의 지정으로 지정할 수 있다.(법 제51조)
　1. 국토계획법의 규정에 의하여 지정된 용도지구
　2. 기반시설부담구역
　3. 도시개발법의 규정에 의하여 지정된 도시개발구역
　4. 도시 및 주거환경정법의 규정에 의하여 지정된 정비구역

　5. 택지개발촉진법의 규정에 의하여 지정된 택지개발예정지구

　6. 주택건설촉진법의 규정에 의한 대지조성사업지구

　7. 산업입지 및 개발에 관한 법률의 규정에 의하여 지정된 산업단지

　8. 관광진흥법의 규정에 의하여 지정된 관광특구

　9. 개발제한구역·시가화조정구역 또는 공원에서 해제되는 구역, 녹지지역에서 주거·상업·공업지역으로 변경되는 구역과 새로이 도시지역으로 편입되는 구역 중 계획적인 개발 또는 관리가 필요한 지역

　10. 기타 양호한 환경의 확보 또는 기능 및 미관의 증진과 양호한 환경의 확보를 위하여 필요한 지역으로서 대통령령이 정하는 지역

　　-시범도시

　　-개발행위허가제한구역

　　-지하 및 공중공간을 효율적으로 개발하고자 하는 지역

　　-용도지역의 지정·변경에 관한 도시관리계획을 입안하기 위하여 열람공고된 지역

　　-공장·학교·군부대·시장 등 대규모 시설물의 이전 또는 폐지로 인하여 발생하는 부지와 그 주변주역

　　-재건축사업에 의하여 공동주택을 건축하는 지역

　　-그 외 필요하다고 인정되어 도시계획조례로 정하는 지역

　건설교통부장관 또는 시·도지사는 용도지구나 정비사업이 완료된 후 10년이 경과된 지역과 위의 사업 중 면적이 30만㎡ 이상의 사업 시에는 이를 제1종 지구단위계획구역으로 지정하여야 한다.

　제2종지구단위계획은 계획관리지역 중 다음의 요건에 해당하는 지역을 지정할 수 있다.

　1. 지정하고자 하는 지역에 공동주택 중 아파트 또는 연립주택의 건설계획이 포함되는 경우에는 30만㎡(수도권정비계획법상 자연보전권역은 10만㎡) 이상일 것.

　　-아파트 또는 연립주택의 건설계획이 포함되는 각각의 토지의 면적이

　　10만㎡ 이상이고, 그 총면적이 30만㎡ 이상일 것.
　　－건설교통부장관이 정하는 규모 이상의 도로로 서로 연결되어 있거나 연결도로의 설치가 가능할 것.
　　－위 사항을 제외하고 3만㎡ 이상일 것.
2. 당해 지역에 도로·수도공급설비·하수도 등 기반시설을 공급할 수 있을 것
3. 자연환경·경관·미관 등을 해치지 아니하고 문화재의 훼손우려가 없을 것

그리고 개발진흥지구로서 계획관리지역의 지정요건에 해당해야 하며, 개발진흥지구가 다음의 지역에 위치해야 한다.

1. 주거개발진흥지구 및 복합개발진흥지구(주거기능이 포함된 경우에 한함): 계획관리지역
2. 산업개발진흥지구·유통개발진흥지구 및 복합개발진흥지구(주거기능이 포함되지 않은 경우 한함): 계획관리지역·생산관리지역 또는 농림지역
3. 관광·휴양개발진흥지구: 도시지역 외의 지역

(2) 지구단위계획의 내용

지구단위계획구역의 지정목적을 달성하기 위해서 다음 <표 20.3>의 제1종은 1호 이상, 제2종은 2, 4, 7호를 포함한 4호 이상의 사항이 포함되어야 한다.

지구단위계획은 도로, 상·하수도 등 도시계획시설의 처리·공급 및 수용능력이 지구단위계획구역 안에 있는 건축물의 연면적, 수용인구 등 개발밀도와 적정한 조화를 이루어야 하며, 건축물의 건폐율이나 용적률 등을 완화하여 적용할 수 있다. 지구단위계획의 작성기준 및 작성방법은 건설교통부장관이 정한다.

〈표 20.3〉 지구단위계획의 내용

구 분	내　　　　용
용도지역	1. 용도지역 또는 용도지구의 세분 및 변경
기반시설	2. 기반시설의 배치와 규모 　－도시개발사업으로 설치하는 기반시설 　－도로·주차장·광장·공원(도시자연공원　및　묘지공원　제외)·녹지·공공공지·수도공급설비·공동구·시장·학교(대학교　제외)·공공청사·문화시설·도서관·연구시설·사회복지·공공직업훈련시설·청소년수련시설·종합의료시설·하수도·폐기물처리시설 　－기반시설부담지역의 기반시설
토지 등	3. 도로로 둘러싸인 일단의 지역 또는 계획적인 개발·정비를 위하여 구획된 일단의 토지의 규모와 조성계획
건축물계획	4. 건축물의 용도제한·건폐율·용적률·높이의 최고 / 최저한도 5. 건축물의 배치·형태·색채 또는 건축선에 관한 계획
환경계획 등	6. 환경관리계획 또는 경관계획 7. 교통처리계획
토지이용	8. 토지이용 합리화, 도시 또는 농·산·어촌의 기능증진 등에 필요한 사항 　－지하 또는 공중공간에 설치할 시설물의 높이·깊이·배치·규모 　－대문·담 또는 울타리의 형태 또는 색채 　－간판의 크기·형태·색채 또는 재질 　－장애인·노약자 등을 위한 편의시설계획 　－에너지 및 자원의 절약과 재활용에 관한 계획 　－생물서식공간의 보호·조성·연결 및 물과 공기의 순환 등에 관한 계획

　　지구단위계획구역의 지정에 관한 도시관리계획결정의 고시일부터 3년 이내에 당해 지구단위계획구역에 관한 지구단위계획이 결정·고시되지 아니하는 경우에는 그 3년이 되는 날의 다음 날에 당해 지구단위계획구역의 지정에 관한 도시계획결정은 그 효력을 상실한다. 그리고 시·도지사는 지구단위계획구역 지정의 효력이 상실된 때에는 지체 없이 그 사실을 고시하여야 한다.(법 제53조)

〈표 20.4〉 제1종 및 제2종지구단위계획의 비교

구 분	제2종지구단위계획	제1종지구단위계획
수립목적	무질서한 개발의 방지 및 계획적 개발의 유도	토지이용의 합리화·구체화 및 기능·미관의 증진
대상지역	계획관리지역, 개발진흥지구	도시지역, 농촌·산촌·어촌지역
지정면적	최소면적 제시	최소면적 기준 없음
계획내용	도로 등 기반시설과 건축물 용도제한, 건폐율, 용적률, 높이, 교통처리계획 등 계획 필수	필수계획사항에 관한 규정은 없음

구 분	제2종지구단위계획	제1종지구단위계획
대상지역 여건	소규모 저밀개발지역 또는 미개발지역으로 기반시설의 설치 또는 설치방향 등이 정하여져 있지 않음	기반시설의 골격은 조성되거나 계획되어 있으나 세부적인 내용은 미흡
용도제한	지역에 규정된 허용용도의 범위를 넘어 용도부여 가능	지역 내에 규정된 허용용도의 범위 내에서 용도부여
인센티브	•특정용도 외의 건축물 모두 허용 가능 •용도지역 허용범위를 넘어 건폐율, 용적률 완화 •용도지역에서 적용하는 건폐율(40%)과 용적률(100%)의 1.5배 범위 내에서 완화	•법에서 정한 용도지역 허용용도 중 조례로 정하지 아니한 용도까지 허용가능 •up-zoning이 아닌 경우에 한하여 도로, 공원 등 공공시설을 제공한 비율에 따라 건폐율, 용적률 및 건축물의 높이 완화
기반시설 설치주체	공공 또는 민간(사업과 연계)	공 공
실현성	직접 개발사업과 연계	관리차원의 계획

<표 20.5> 제2종지구단위계획 대상사업 유형

사업명	주택건설사업	대지조성 사업	토지형질변경사업	
			농지전용허가사업	산림전용허가사업
근거법	주촉법	주촉법	농지법	산림법
목 적	주택공급	주택공급	토지의 합리적 이용	토지의 합리적 이용
위 치	위치기준 없음	위치기준 없음	농 지	보전임지(준보전임지는 보전임지에 준함)
사업규모	•단독주택 20호 이상 •공동주택 20호 이상	•1만㎡ 이상	•공동주택(기숙사): 1만 5천㎡ 미만 (7천5백㎡ 미만 •단독주택, 1, 2종 근린시설: 1천㎡ 미만	•1만㎡ 미만의 농림어업용시설, 진입로 등 •1,500㎡ 미만의 주택 및 부대시설 •부지 1만㎡ 미만의 복지시설, 근로자시설, 농촌휴양지 시설 등 •종교시설 •기타
시행자	•국가, 지방자치단체, 주공, 토공, 주택건설사업사업자 등	•국가, 지방자치단체, 주공, 토공, 대지조성사업자 등	토지소유자	토지소유자
사업시행 방법	•매수방식(주택건설사업자를 제외하고는 수용가능)	•매수방식(대지조성사업자를 제외하고는 수용가능)	–	–

자료: 안정근 외(2002. 6), 제2종 지구단위계획제도의 의의와 성격, 도시정보

4. 도시설계

1) 도시설계의 의의

도시계획에 의해 도시가 평면적으로 계획되고 난 후 개인이나 기업 등의 개발자에 의해 지구는 각각 개발된다. 이때 개발행위는 주로 경제원칙에 의해 이루어지기 때문에 사적 이익을 최대로 하는 토지이용이나 개발을 할 것이다. 이렇게 사적 이익을 최대로 하게 되면 공익적 측면이 무시되는 결과를 가져와 도시는 무질서하고 기형적으로 개발되어 많은 도시문제를 나타내게 될 것이다. 이러한 문제를 해결하기 위하여 사적 이익을 제한하여 공익적 측면을 중시할 수 있도록 하여 도시의 일반 시민을 비롯한 특정 이용자 및 공공주체 등 개발에 관계된 여러 부류의 사람들 간의 입장과 함께 개발비용과 그에 따른 개발이익의 분배를 고려한 도시개발이 이루어질 수 있도록 조정되어야 한다.

넓은 의미에서 도시설계는 도시의 물적 환경을 조성하는 비의도적 혹은 의도적인 도시설계 행위를 모두 포함하고, 좁은 의미에서의 도시설계는 도시의 물리적 환경의 질을 향상시키기 위해 의도적으로 도시형태를 조성하는 행위를 말한다.[170] 일반적으로 도시계획을 도시의 물리적 측면뿐만 아니라 사회, 경제, 문화 및 행정적 측면을 다루는 종합적 계획으로 본다면, 도시설계는 그중 도시의 물리적 환경을 구성하는 데에 직접적 영향을 주는 계획이라고 말할 수 있다.

2) 도시설계의 요소

(1) 물리적인 설계대상

도시설계(urban design)는 도시계획과 같은 거시적인 측면에서부터 단지설계,

---

170) 오덕성·문홍길(2000), 도시설계, 기문당, p.11.

지구설계, 더 나아가 단위 대지 및 건축물의 규제 등 미시적인 측면에 이르기까지 포괄적인 내용을 다루고 있기 때문에 그 대상이나 깊이, 범위에 상관없이 다루는 설계요소와 이들이 갖는 목적은 공통적인 성격을 가지고 있다.

따라서 도시환경은 수많은 구성요소를 효과적으로 조작하여 환경의 질을 높이는 과정도 도시설계의 주요한 관심분야가 된다. 넓은 의미에서 보면, 도시설계의 성패는 이러한 구성요소를 어떻게 잘 조작하느냐에 달려 있도록 할 수 있다.

<표 20.6> 도시설계의 대상별 설계요소

설계대상	물리적 대상별 설계요소
건물주변공간	대지 내 공지, 인동간격 등
도시공간	광장, 쇼핑몰, 건물 통과도로, 보행자 데크, 보도 등 공공시설과 공공공간 등
도시패턴	동선체계(보행자·자동차·자전거동선 등), 토지이용패턴, 가구 / 획지분할 등
도시경관	가로시설물, 가로수, 보행노면, 스카이라인, 간판, 건물외관, 담장 등
건축적 요소	건물의 위치, 규모, 높이, 지역 내에서 그 건물의 역할(결절점, 랜드마크, 단부 등) 등
기 타	개인과 공공활동, 환경조절, 환경보전 등

자료: 주종원(1998), 도시설계, 문운당

(2) 대상별 도시설계 제어요소

도시의 토지나 공간구조를 얼마나 합리적으로 결정하는가 하는 것은 도시설계에 있어서 최대의 과제이다. 이러한 개개의 시설물이나 디자인 등을 제어할 수 있는 직접적인 규제나 유도사항을 작성하여야 한다.

도시설계의 제어요소는 다음과 같이 크게 네 가지로 구분될 수 있다.

① 공공시설에 관한 설계요소: 기반시설(공급처리시설, 도로 등)과 생활편익시설(공원, 교육, 사회복지, 문화시설 등)의 면적, 위치, 배치방법 등
② 건축물과 대지에 관한 설계요소: 용도, 용적률, 건폐율, 부지면적, 건축면적, 높이, 벽면의 위치, 의장, 구조와 설비, 광고간판, 주차장, 기타 부대시설물
③ 토지이용에 관한 설계요소: 주택지, 공업지, 상업지 및 녹지의 규모, 위

   치, 이들의 분포비율

④ 기타 대상지역의 특성을 부각시키기 위한 설계요소 등

〈표 20.7〉 도시설계의 물리적 대상별 제어요소

물리적 대상 (관계자)	설계요소	도시설계의 물리적 대상별 제어요소			
			민간부문	공공부문	
건물 주변 공간 (건축주)	대지 대지 내 공지 대지 내 공개공지	대 지	규모, 형상 ,용도, 분할	–	–
		대지 내 공지	공지율, 공지면적, 공지의부분한정, 연 상면적, 공지율, 전 면공지폭, 측면공지 폭, 배후공지폭		
	인동간격	건축물	사선제한		
도시공간 (공공)	공원 상징공간 어린이놀이터	–	–	공원녹지	근린공원 어린이공원 시설녹지 경관녹지 공공공지 광장 운동장 유원지
	쇼핑몰 보행자 전용도로 보도 보행자데크 건물통과도로 아케이드	보행동선	공개공간 보행자통로 보행자출입구 아케이드	도로시설물	보행자 전용도로
	지하가로			도로시설물	지하보도
도시패턴 (공공)	도로망패턴	자동차동선	–	도로시설물	자동차전용도로 버스정차대 좌우회전차선 교차로 중앙분리대 신호등
		보행자동선	유개보행통로 보행자통로 보행자출입구	도로시설물	보행자 전용도로 보차겸용도로 횡단보도 보행육교

물리적 대상 (관계자)	설계요소	도시설계의 물리적 대상별 제어요소			
		민간부문		공공부문	
도시패턴 (공공)	도로망패턴	자전거도로	–	도로시설물	자전거도로
		주차장	주차장 위치 주차진입위치 주차장방식 차량진출입통로 차량출입구분리 공동주차장	도로시설물	노외주차장 (공공지하주차장)
	토지이용패턴 가구분할 / 획지분할	대 지	필지분할가능선 필지분할권장선 공동개발	–	–
도시경관 (건축주, 공공)	가로벽의 형성 건물의 높이 외벽의 형태 건물의 외벽재료 건물의 색채 지붕의 형태화 옥상의 이용 담장의 형태 광고간판	건물외관	투시형 셔터 1층 바닥높이 1층 개구부높이 벽면(외벽)처리 투시벽 색채 지붕 / 옥상 담장 광고물, 안내판설치 계단 대문	–	–
	조 경	대지 내 조경	옥상조경 대지경계선 조경	공공조경	위치, 수종, 시설물의 종류 등
	스카이라인	건축물	건축물 높이제한 고층건물의 고지대 입지제한	–	–
	가로시설물 대중교통시설	–	–	옥외가로시설 휴식편익시설	벤치, 쉘터, 휴지통
				옥외가로시설 교통시설	노상주차, post, 택시, 정차대, 볼라드
				옥외가로시설 정보판매시설	kiosk, Sales Stand, 공중전화, 교통표지판
				옥외가로시설 조형시설	환경조형물, 플랜터, 화분, 경계시설
				옥외가로시설 조명시설	가로등, 보행등

물리적 대상 (관계자)	설계요소	도시설계의 물리적 대상별 제어요소				
		민간부문			공공부문	
도시경관 (건축주, 공공)	교통 및 안내표지판	–	–		차량안내 체계	명명체계 명명원칙
					보행자안내 체계	안내유형별설치
	가로수	–	–		식 재	가로수, 중앙분리대, 가로식수대
건축물 (건축주)	건물의 규모 건물의 높이 건물의 용도 혼합용도 건물의 위치 건물의 형태 결절점 랜드마크	건 축 물	규 모	용적률, 건폐율 평형(면적) 높이 / 층수	–	–
			용 도	용도 부대복리 / 구매시설		
			위 치	건축한계선 건축지정선 벽면한계선 벽면지정선		
			형 태	건물전면방향 배치, 길이 건물의 형태 건축선 / 외벽거리		

3) 도시설계이론

도시설계이론은 도시경관의 구성이론, 환경심리학, 미학이론, 장소이론, 연결이론 등이 있으나 도시경관의 구성이론만 간략히 살펴보기로 한다. 도시경관 구성이론은 K. Lynch의 도시의 물리적 구성요소에 의해 기본적으로 다루어졌다.[171]

(1) Paths

Paths는 관찰자가 습관적으로 우연히 또는 잠재적으로 움직이는 것을 따르는 통로(channel)이다. 그것들은 가로(streets), 산책로(walkways), 운송로(transit lines),

---

171) Kevin Lynch(1960), The Image of the City

수로(canals), 철도(railroads) 등이다.

많은 사람들에게 있어서 이것들은 그들의 이미지에서 지배적인 요소이다. 사람들은 그것들의 움직임을 통하여 도시를 관찰한다. 그리고 이런 통로를 따라 다른 환경요소는 배열되고 관련된다.

(2) Edges

Edges는 이용되지 않는 선형요소이다. 또는 관찰자에 의해 paths와 같이 고려된다. 그것은 두 像 사이의 경계이고, 연속성을 끊는 선형이다: 해안(shores), 잘린 철도, 개발의 끝, 벽. 그것은 좌표축보다는 오히려 측면과의 관련이 있다.

이러한 edges는 장벽이 되고, 관통할 수도 있고, 다른 것으로부터 한 지역이 둘러싸여 막힌다, 또는 두 지역이 함께 관련되고 연결된 것을 따르는 선, 접합된 곳이 된다. 이러한 edges의 구성요소는 비록 paths와 같이 지배되지 않더라도, 특히 물이나 벽에 의한 도시의 윤곽에서와 같이 일반화된 지역을 유지하는 역할에서 많은 사람들에게 중요하게 구성되는 특징이 있다.

(3) Districts

Districts는 도시의 중 - 상위 부분이다. 2차원을 가지는 것과 같이 이해되고 관찰자가 심적으로 '～의 내부'로 이해하고, 몇몇 상식과 같이 동일한 특징으로 인식된다. 내부로부터 동일시되고, 또한 만약 외부로부터 보이면 외부의 참고(외부로부터의 구분되는 것)로 이용된다. 대부분 사람들은 이런 방법에서 paths 또는 districts가 지배적인 구성요소이든지 간에 개인적인 차이로 몇몇의 범위에 대하여 도시를 구성한다. 그것은 개인적인 것뿐 아니라 주어진 도시에서 종속의 것으로 보인다.

(4) Nodes

Nodes는 관찰자가 받아들일 수 있는 것에서 도시에서의 점, 전략적인 지점이다. 그리고 이것은 관찰자가 이동하는 것으로부터의 강렬한 초점들이다. 이 것은 주로 교통에서의 단절되는 접합점(junction), 장소, paths의 교차나 집합점, 하나의 구조에서 다른 것으로 이동하는 것의 모멘트이다. 또는 nodes는 가로 코너의 집합소나 광장을 에워싸는 것과 같이 몇몇 이용의 농축이나 물리적 특 징으로부터 중요하게 받아들여지는 단순한 집중이다. 이런 집중 nodes는 몇몇 은 영향을 미치고 상징과 같이 지탱하는 것에 걸쳐서 구역의 개요이고 초점이 다. core라고 불린다.

많은 nodes, 물론 두 접합점이나 집중점은 일반적으로 paths의 집합점이고 여행상의 사건이다. 그것은 district의 개념과 비슷한 관계를 가지고 있다. 왜냐 하면 core는 일반적으로 districts의 강력한 초점들이고, 그들의 극화된 센터이 다. 어떤 사건에서 몇몇 노드는 거의 모든 이미지에서 발견되고 확실한 경우 에서 그것들은 지배적인 특징이 될 것이다.

(5) Landmark

Landmark는 점과 관련된 것의 또 다른 형태이다. 그러나 이 경우에서 관찰 자는 point-reference 내에서 받아들이지 못하는 외부의 것이다. 보통 그것들은 약간 물리적 대상으로 정의된다: 건물, sigh(간판), 가게 또는 산, 이들의 이용 은 가능성(possibilities)의 무리로부터 한 요소 중에서 단일의 것을 포함한다.

몇몇 landmark는 일반적으로 많은 시각과 거리로부터 보이는 것, 작은 요소 의 꼭대기와 직경의 관계와 같이 이용되는 것에 관하여 거리가 멀다. 그것들 은 도시 내 또는 모든 실제의 목적물이 일정한 방향을 상징하는 개개의 거리 일 것이다. 그런 것들은 고립된 탑, golden domes, great hills이다. 오히려 태양 과 같이 움직이는 점의 이동은 충분히 천천히 그리고 규칙적으로 소비된다. 다른 landmark는 주로 지역적이고 제한된 지역과 어떤 접근으로부터만 보인 다. 이들은 무수한 간판, 가게전면, 나무, 문손잡이 그리고 대부분의 관찰자의 이미지에 가득찬 또 다른 도시의 상세한 것이다. 그것들은 독자성의 실마리와 구조로 자주 이용되고 여행이 더욱더 친밀하게 되는 것과 같이 점점 의존하게 된다.

4) 도시경관계획

(1) 도시경관계획의 개념과 목표

도시경관계획은 기존의 인공시설 중심의 도시계획을 자연적 요소와의 균형을 추구하는 생태적 계획으로, 평면적인 도시계획을 입체적인 계획으로, 기능과 효율중심의 도시계획을 심미적 계획으로, 몰개성적인 도시계획을 지구별 특성을 살리는 다양성 계획으로, 과거와 단절된 계획으로부터 역사적 맥락을 이어 줄 수 있는 역사성 계획으로, 그리고 양적인 도시계획을 질적인 계획으로 전환함을 추구한다.[172]

(2) 도시경관계획의 내용

도시경관은 거시적 계획과 미시적 계획으로 크게 나누어 볼 수 있다. 거시적 계획은 도시 외부에서 조망되는 도시 전체의 경관을 계획하는 것이고, 미시적 계획은 도시내부에서 눈높이로 조망되는 경관을 계획하는 것이다. 따라서 거시적 경관계획에서는 도시전체의 스카이라인을 주변자연과 조화롭게 구성하는 방안을 강구하며, 도시전체의 녹지, 하천 등을 고려한 경관축 및 시각회랑의 형성계획을 다룬다. 미시적 경관계획은 도시내부에서 일상적으로 조망되는 경관을 계획하는 것으로서 건물 높이·색채·가로수 및 가로장치물의 배치 등을 통한 가로경관의 형성, 그리고 주변녹지로의 시선의 개발, 방향성 부여, 고유 이미지의 창출 등을 다룬다.

(3) 도시경관계획의 내용적 체계

도시경관계획의 체계는 도시계획의 체계와 관련시켜 도시경관기본계획, 경관형성·정비계획, 경관상세계획, 대지별 경관계획으로 구분하는 것이 개념적

---

172) 임승빈(1998), 조경이 만드는 도시, 서울대학교출판부, p.261.

으로 실행적인 측면에서 바람직하다.

도시경관기본계획은 도시기본계획에 대응되는 것으로서 도시경관계획의 기본적 이념과 방향을 제시한다. 경관형성·정비계획은 도시재정비계획에 대응되는 것으로서 도시경관계획의 구체적 목표와 계획안을 제시한다.

경관상세계획은 지구단위계획에 대응되는 것으로서 도시 내 주요 지구에 대하여 스카이라인, 건축물 볼륨, 역사경관, 공원 및 녹지, 도시색채, 옥외시설물, 가로 및 광장 등에 관한 지침을 제시한다.

마지막으로 대지별 경관계획은 건축계획과 대응되는 것으로 개별 대지내의 건물외관·색채, 외부공간조성, 바닥조성, 바닥포장, 식재계획 등을 포함한다.

5) 도시경관관리방법

도시경관관리방법은 도시적 차원에서의 관리(거시적 측면)와 지구적 차원에서의 관리 및 가로 및 건축물차원(미시적 측면)에서의 관리로 구분할 수 있다. 도시적 차원에서의 관리는 스카이라인이나 경관축 형성계획을 중심으로 하는 경관관리방법이고, 지구적 차원에서의 관리는 용도지역이나 택지개발사업지구 등 지구단위에서, 마지막으로 가로 및 건축물 차원에서의 관리는 주로 근경에 의해 이루어지고 가로시설물이나 간판 등 세밀한 부분까지 관리한다.

도시경관관리는 도시적 차원에서부터 가로 및 건축물차원에서의 관리까지 체계적으로 이루어져야 한다.(거시적 측면에서 미시적 측면에서 이르기까지 체계적이고 종합적으로 다루어져야 한다.)

(1) 스카이라인

스카이라인(skyline)은 일정경관을 바라볼 때에 지상에 있는 지형지물과 하늘의 경계선을 말하는 것으로 상호 이질적인 질감을 지닌 경관요소 간의 경계선이 되므로 지각 강도가 매우 높다.

스카이라인은 경관을 구성하는 하나의 요소에 지나지 않으므로 스카이라인만을 가지고 경관의 질을 평가하기는 어렵다고 할 수 있으나 고층건물이 증가하고 있는 현대 도시의 경관구성에서 스카이라인이 차지하는 비중은 점점 증대되고 있다.

스카이라인의 형성기준을 마련하고자 한다면 고층건물의 높이, 형태, 위치 등에 관한 기준을 정하는 것이 필요하다. 일반적인 스카이라인 형성기준은 다음 <그림 20.4>와 같고, 다음과 같은 일반적인 기준을 제시할 수 있다.[173]

① 단일 고층건물의 배경에 산이 있을 경우 건물높이가 산 높이의 60~70% 정도일 때 경관선호도가 가장 높다. 건물높이가 산의 능선과 비슷할 경우에 경관의 질이 가장 낮아진다.

② 고층건물주변에 일정한 높이의 건물이 있을 경우 고층건물높이가 주변건물높이의 160~170% 정도일 때 경관선호도가 가장 높다. 이보다 낮거나 높을 경우에는 경관선호도가 낮아진다.

③ 주변건물에 비하여 현저히 높은 건물은 위로 갈수록 좁아지는 피라미드 형태 혹은 첨탑 형태가 바람직하다.

④ 평슬라브 지붕보다는 경사진 지붕이 스카이라인 형성에 유리하다.

⑤ 신도시와 같이 고층건물을 집합적으로 계획할 경우에는 주요 조망점에서 볼 때 고층건물들이 모두 겹쳐 보이지 않고 몇 개의 그룹을 형성하도록 하여 고층건물 사이로 주변녹지가 보이도록 하는 것이 바람직하다.

⑥ 고층건물을 주요 조망점으로부터 멀리, 그리고 배경이 되는 산과 가까이 배치하면 배경산의 스카이라인 조망기회가 많아진다.

---

173) 대한국토·도시계획학회(1997), 단지계획, 보성각, pp220-221.

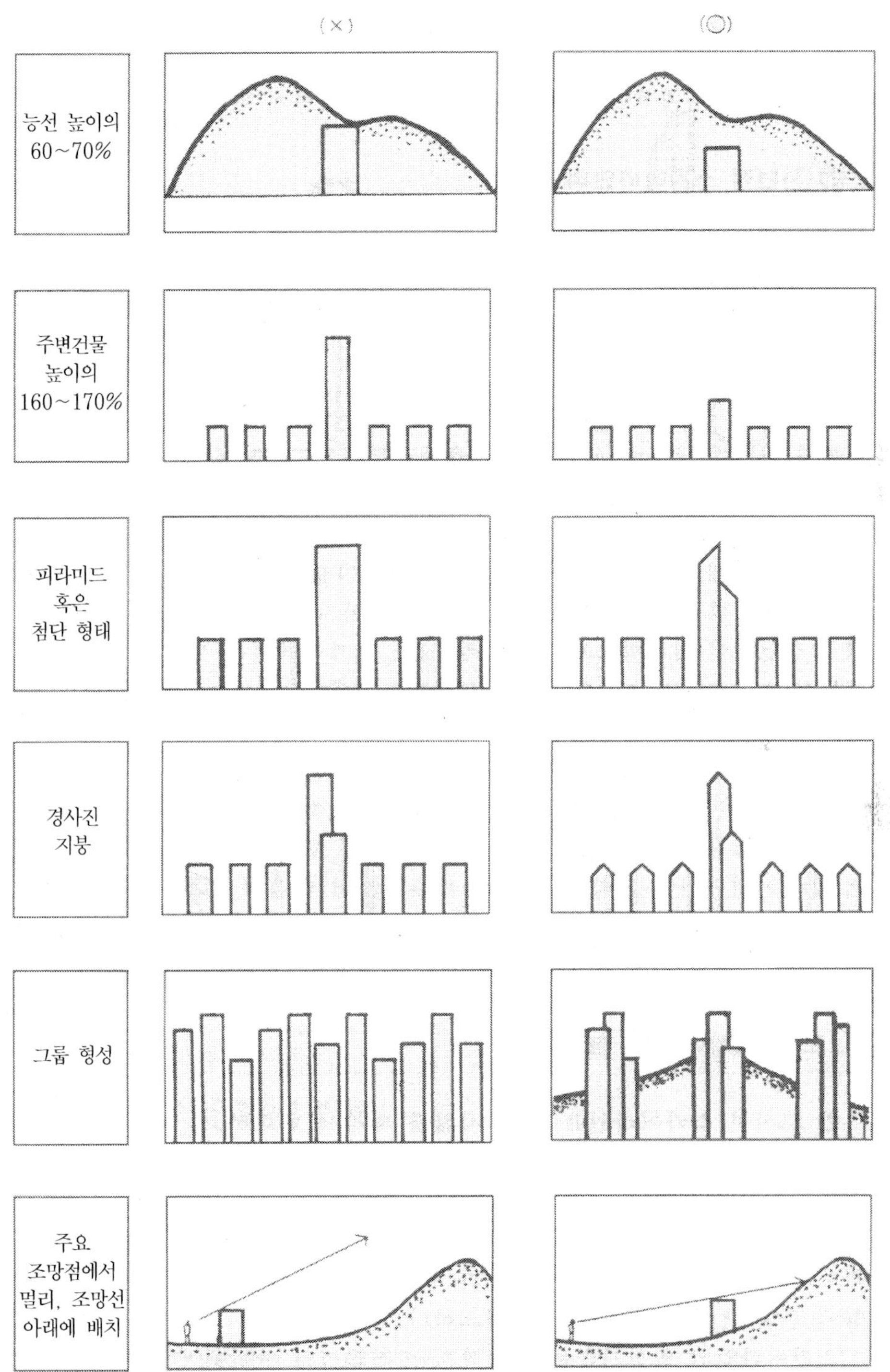

〈그림 20.4〉 스카이라인의 일반적 형성기준

(2) 가로경관

예로서 매력적인 상가 조성을 위한 보행자 공간의 가로경관 형성방법으로 노선식 상가를 가로경관 및 기능을 보강한 것이다.174)

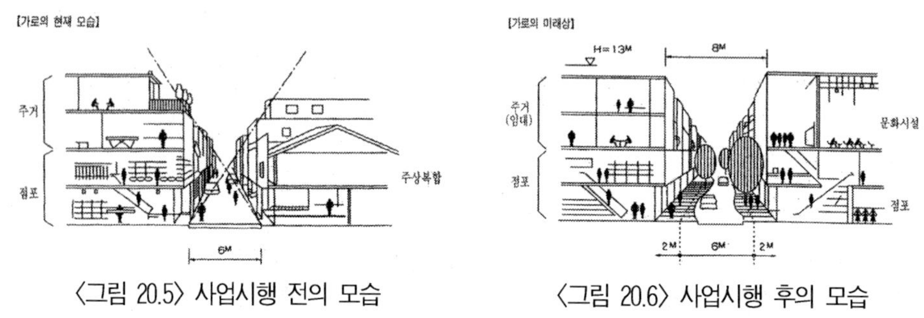

〈그림 20.5〉 사업시행 전의 모습
〈그림 20.6〉 사업시행 후의 모습

(3) 경관영향저감대책

여기서는 사례로서 경관영향 저감대책은 다음과 같다.

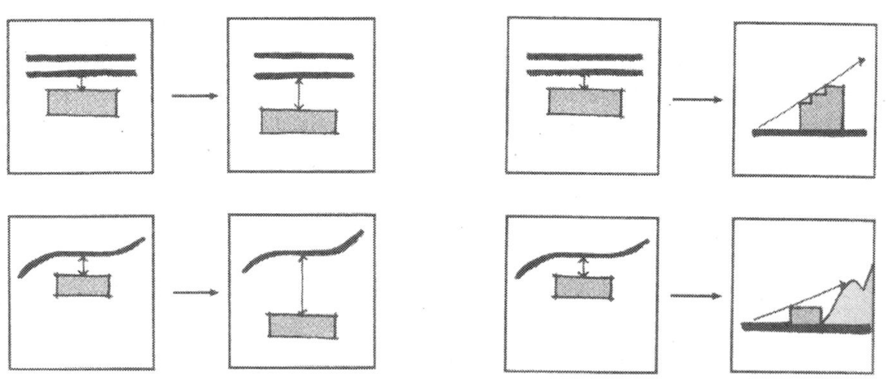

1. 건물 배치 조정: 간선도로, 해안선에서 후퇴
2. 건물 규모 축소: 높이 조절, 계단식 처리

---

174) 김형보(2000), 지구단위계획, 태림문화사, pp.43-52.

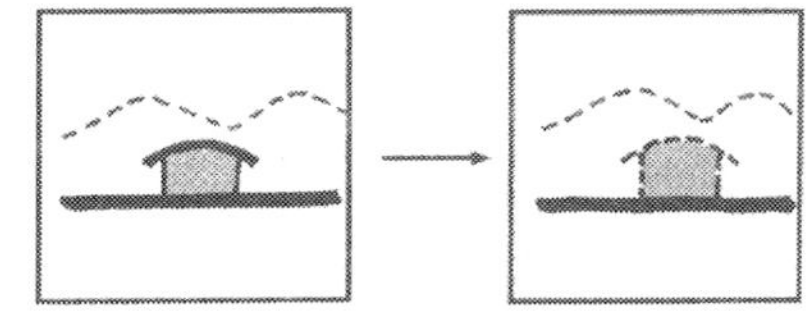

3. 건물 형태 조정: 주변경관과 조화되는 지붕 형태

4. 색채조화: 조화된 색채

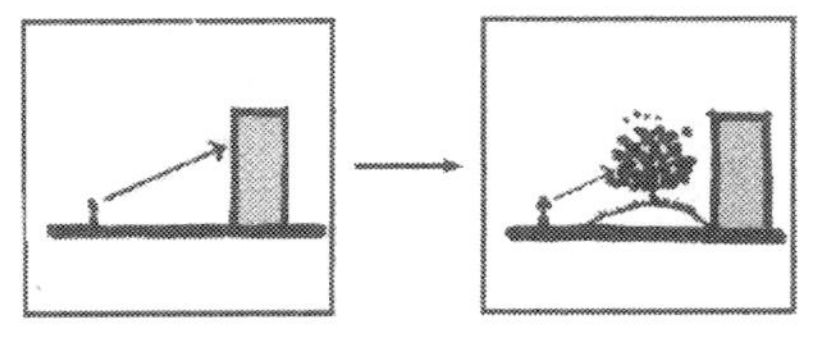

5. 차폐: 마운딩·식재 이용

〈그림 20.7〉 경관영향 저감대책

6) 도시설계의 새로운 동향

(1) 주민참여에 의한 도시설계

도시계획이나 각종 도시개발에 관련하여 최근 각종 시민단체를 중심으로 한 주민참여가 활발히 이루어지고 있다. 이러한 주민참여는 행정에 대한 감시와 민주적 절차에 의한 시행 등 매우 많은 장점을 가지고 있다. 특히, 주민참여에 의해 많은 부분이 공개적이고 민주적으로 정착되어 가고 있다. 이러한 주민참여는 도시설계에서 예외가 아니다. 더욱더 주민참여가 활발히 일어나야 하는 것이 바로 도시설계분야이다.

도시설계는 공공이익을 위하여 각종 행위를 제한할 수도 있고, 유도할 수도 있다. 이러한 문제는 바로 주민들의 재산권을 수행하는 데 매우 중요한 것으로 주민참여가 기본적으로 정착되지 않으면 성공하기 힘든 것이다.

주민참여를 통하여 민간주도형 도시설계를 활성화하고, 계획을 위한 의사결정의 합리화, 계획의 정당성 확보, 시민의 건전성 확보, 시민의 건전성 향상 등과 같은 효과가 있다.

(2) 환경친화적 도시설계

최근 도시환경문제뿐만 아니라 지구환경문제가 매우 중요하게 다루어지고, 세계적으로 지속 가능한 개발에 대한 관심이 크게 증대됨으로써 도시계획뿐만 아니라 도시설계도 환경친화적인 도시설계로의 변모를 꾀하지 않으면 안 된다.

지속 가능한 개발(ESSD)에 따라 각종 계획이나 개발에서 환경의 보전과 개발을 동시에 추구하고 모든 계획 및 개발은 친환경적으로 이루어져야 한다는 주류 속에 도시설계도 예외는 아니다.

도시설계도 이러한 경향을 십분 받아들여, 도시를 하나의 유기적으로 체계로 보고 도시에 있어서의 다양한 활동이나 구조를 자연의 생태계가 갖고 있는 다양성, 자립성, 안정성, 그리고 순환성에 가깝도록 계획하고, 설계하는 환경정책을 확립할 필요가 있는 것이다. 즉 환경오염을 방지하고 쾌적한 도시생활환경 창출을 위해서 기존 도시설계를 환경친화적 도시설계의 개념으로 전환하지 않으면 안 된다. 그리하여 다가오는 21세기는 지구환경문제의 해결책으로서 대량생산과 대량소비를 지향해온 기계론적 산업화의 패러다임이 '지속 가능한 개발'의 패러다임으로 변환됨에 따라, 환경의 보전과 개발이라는 두 경쟁적 요소 사이의 관계를 가장 높은 수준에서 인식하는 지속 가능성 실현 수단으로서의 환경친화적인 도시설계가 요구되고 있다.

따라서 환경친화적 도시설계는 이러한 세계적 흐름을 받아들이고, 지금까지의 기존 도시조성 방식의 문제를 해결할 수 있는 가장 적합한 대안으로 발전되어야 한다.

제 21 장 도시환경 및 방재

1. 도시와 환경

환경(environment)은 주체를 둘러싸고 있는 모든 것으로 정의할 수 있으며, 생물 특히 우리를 둘러싸고 있는 사물과 조건 및 이들 사이의 상호관계(interaction)를 의미한다.

도시는 인구, 생산활동, 토지이용밀도 등이 높은 개발된 지역으로서 자연환경의 비중이 낮은 반면 인공환경의 비중이 높은 특징이 있다. 도시 내에서 집약적으로 일어나는 생산과 소비활동은 유해가스, 폐수, 폐기물 등의 부산물을 발생시키기 때문에 도시는 대기, 수질, 토양오염 등 각종 환경오염으로 이하여 중병을 앓게 된다. 우리나라는 특히 고도의 경제성장, 급속한 도시화로 인하여 그만큼 도시환경문제가 심각한 실정이다.[175]

최근 이러한 도시환경에 대한 관심이 증대되고 있어서 다양한 환경을 고려한 개발 즉, 지속 가능한 개발이 주요 패러다임으로 부상하고 있다. 친환경적 도시가 될 수 있도록 환경에 대한 전반적인 내용을 고찰하여야 할 것이다.

---

175) 하성규·김재익(1998), 도시관리론, 형설출판사, p.327.

1) 대　기

　도시의 대기오염은 주로 공장의 매연, 난방 및 취사연료의 가스, 차량의 배기가스 등 인위적인 원인으로 발생한다. 대기오염을 유발하는 물질은 다양하고 그에 따른 환경기준치를 설정하고 있는데 그중 대표적인 위해가스는 아황산가스(SO_2)이다.
　도시의 대기오염은 실외의 문제뿐만 아니라 지하철, 지하주차장, 터널 등 지하공간의 오염이 심각한 실정이다. 또 주거지와 작업장 내의 실내공기에 대한 문제점도 제기되고 있는 등 문제의 범위도 확대되는 추세에 있다.

2) 수　질

　인간의 소비활동과 생산활동이 공간적으로 분리되어 있더라도 낙동강 페놀오염사고가 대변해 주듯이 물은 광범위한 공간을 이동하기 때문에 식수와 폐수는 불가분의 관계를 갖는다. 즉, 폐수를 적절히 관리하지 않으면 먹는 물이 오염되는 것이다. 특히 도시지역은 대량의 물을 사용하기 때문에 도시자체 내에서 물을 자급자족하지 못하여 인근지역의 강과 저수지(댐)로부터 끌어 사용하고 있다.
　따라서 도시 수질오염은 도시의 상수공급원의 오염정도를 지표로 삼고 있다. 상수원의 오염정도는 상수원의 수를 하천과 호소로 나누어 측정하되 생활환경기준인 생물화학적 산소요구량(BOD), 화학적 산소요구량(COD), 부유물질량(SS) 등의 8개 항목과 인체건강보호기준인 9개 항목을 기준으로 5개 등급으로 나눈다.
　수질개선은 문제의 특성상 국가 혹은 광역자치단체 차원의 대책이 필요하다. 그러나 도시지역이 주된 사용자인 동시에 오염원이라는 점을 고려하면 시민과 기초자치단체의 수질개선을 위한 노력도 매우 중요하다고 할 수 있다.

3) 폐기물

  폐기물은 생활폐기물과 사업장폐기물로 분류되고 이 중 사업장 폐기물은 다시 사업장일반폐기물과 지정폐기물로 분류된다. 우리나라의 폐기물 중 생활폐기물은 쓰레기종량제(pay per bag)를 실시한 후 버리는 쓰레기는 줄고 재활용품은 증가하는 효과를 거두고 있으나, 사업장 폐기물은 증가하고 있다.

  폐기물 중 생활폐기물은 절반 이상을 지방자치단체가 처리하고 나머지는 재활용되거나 대행업소가 처리하고 있다. 생활폐기물은 1995년 현재 72.3%가 매립에 의해 처리되고 23.7%는 재활용되고 4.0%는 소각처리되고 있다. 이러한 쓰레기 처리방식으로 인하여 쓰레기매립장과 소각장의 건립과 운영을 두고 지방자치단체와 주민, 주민 간 또는 지방자치단체 간에 갈등으로 나타나기도 한다. 혐오시설에 대한 님비현상(NIMBY: Not In My Back Yard, 지역이기주의 또는 지역갈등)이 매우 심각하다.[176)]

2. 도시방재

1) 재 난

(1) 재난의 유형 및 특성

  재난의 유형은 일반적으로 자연재난과 인위재난으로 나누어질 수 있으나

---

176) 쓰레기소각장, 핵폐기물처리장, 화장장 등과 같은 공익시설의 필요성은 인정하지만 자기 지역 내의 설치는 기피하는 지역주민들의 지역이기주의 현상을 말한다. 국민들의 환경의식이 높아짐에 따라 이러한 현상이 증가되고 있으며 특히 지방자치제 시행 이후 급증, 국가차원의 관련사업 시행에 많은 차질을 빚고 있다. 이와 유사한 개념으로는 LULU's(Locally Unwanted Land Uses)가 있고, 이와 반대 개념으로는 PIMFY(Please In My Front Yard)로 선호시설 등에 대해서는 서로 유치하고자 하는 것을 말한다.

분류기준과 목적에 따라 매우 다양하게 설정될 수 있고, 재난발생원인, 재난발생장소, 재난의 대상, 재난의 직·간접적 영향, 재난발생과정의 진행속도 등의 기준에 의하여 분류할 수 있다.[177)178]

전통적으로 재난은 발생원(source)에 따라 홍수, 지진, 화산물 폭발사고, 핵방사능사고 등으로 대부분 자연재해가 해당되고, 대형 사고도 해당된다고 볼 수 있다.

재난은 크게 자연재해와 인위적 재해(준자연재해 포함)로 구분되고, 자연재해는 지질학적, 지형학적, 기상학적, 생물학적 재난으로, 인위적 재해는 사고 등과 같은 직접적 재해와 기타 인위적 작용으로 인한 것으로 분류할 수 있다.

<표 21.1> 재난(hazards)의 유형

재난(hazards)					
자연재해(natural hazards)				준자연재해 (인위촉진)	인위적 재해 (인위유발)
지구물리학적			생물학적	스모그 온난화 염수화 눈사태 산사태 산성화 토양침식 홍수 등	공 해 광화학연무 폭 동 교통사고 태 업 전쟁 등
지질학적	지형학적	기상학적			
지 진 화산폭발 쓰 나 미 등	산 사 태 모래둑이동 염수토양 등	안개, 눈 해일, 번개 회오리바람 폭풍, 태풍 이상기온 가뭄 등	세균질병 유독동물 유독식물 등		

자료: David K. C. Jones(1993), "Environmental Hazards", p.35.

자연재해는 크게 기상요인에 의한 기상재해와 지진·화산활동 등에 의한 지질재해로 구분된다. 대체로 거의 모든 인위재난에 기술적 요인이 관여되어 있다는 점에서 인위재난은 기술적 재난과 특별한 구분 없이 사용될 수 있다. 즉, 인위재난과 기술적 재난은 각각 "전쟁, 시민폭동 또는 전쟁의 결과로서 발생하는 일반적인 사망, 재산피해, 기본설비, 생활시설 등으로 고통받는 상황"으

---

177) 「재난」과 「재해」의 개념은 차이가 있는데, 재난이라 함은 화재·붕괴·폭발·교통사고·화생방사고·환경오염사고 등 국민의 생명과 재산에 피해를 줄 수 있는 사고로서 자연재해가 아닌 것을 말하고(재난관리법 제2조), 재해는 자연재해이다.

178) 김영수(1993), 국가재난관리 행정체제의 구축방안, 한국지방행정연구원, p.7.

로 "사람, 재산, 사회간접자본 또는 경제활동이 대형공장사고, 극심한 오염사고, 핵사고, 항공사고, 대형화재나 폭발 등 기술요인과 결부된 사고에 의해 직·간접적으로 영향을 받는 상황"으로 정의될 수 있으나 근본적으로 인위재난이란 인간의 잘못된 기술이용에 의한 것이기에 인위재난과 기술적 재난을 구분 없이 사용하는 것이 타당할 것이다.[179]

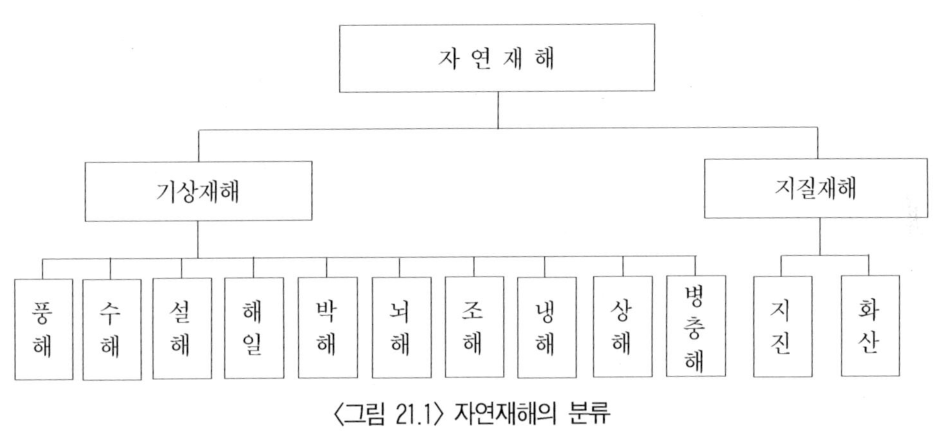

〈그림 21.1〉 자연재해의 분류

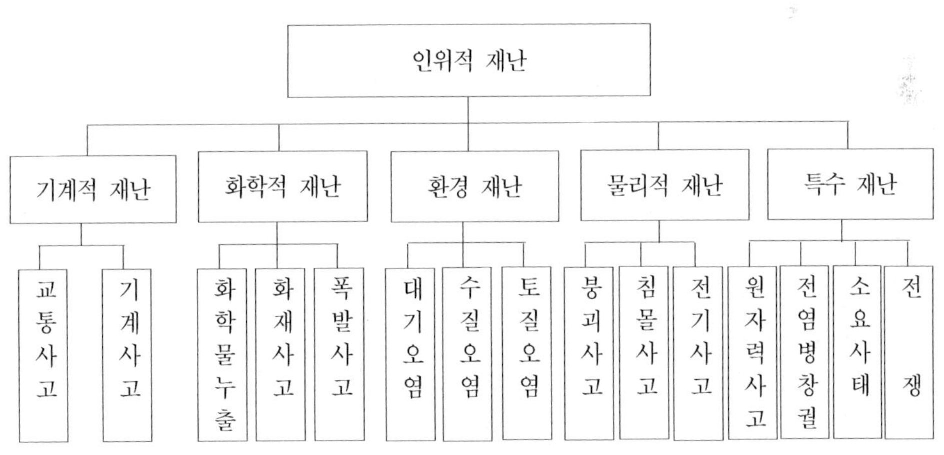

〈그림 21.2〉 인위적 재난의 종류

인위재난의 유형은 크게 기계적 재난, 화학적 재난, 환경재난, 물리적 재난, 특수재난으로 구별될 수 있다.

179) 서울시정개발연구원(1994), 서울시 위기관리체계 구축에 관한 기초연구

재해(또는 재난)의 특징은 대부분 규모가 크고 재산피해 및 인명피해가 매우 크다는 특징을 가지고 있다. 자연재해는 지역적으로 매우 폭넓게 나타나고 재산피해액이 매우 크지만, 인위적 재해는 지역적으로 좁은 면적이지만 반면에 대규모 인명피해를 나타내는 것이 특징이라고 볼 수 있다. 최근의 성수대교 붕괴, 삼풍백화점 붕괴, 대구지하철 화재 등의 인위적 재해로부터 수천 명의 인명피해가 나타난 것을 보면 그 특징을 쉽게 알 수 있다.

인위재난의 경우 인간의 면밀한 노력이나 철저한 관리, 기술의 발달에 의해 상당부분 근절시킬 수 있는 측면이 있는 반면, 자연재난은 인위적인 노력으로는 근절시킬 수 없는 불가항력적인 요소를 지니고 있다. 인위재난은 시간과 경제·사회의 발전에 따라 발생빈도나 피해규모가 커지는 경향을 갖는 반면, 자연재난은 불규칙적인 발생특성을 갖는다.[180] 그리고 자연재난은 재난발생가능성과 상황변화를 예측할 수 있지만, 인위재난은 예측하기 어려우며 지속되는 기간과 통제능력에 있어서도 차이를 보인다.

〈표 21.2〉 자연재난과 인위적 재난의 특성

특 성	자연재난	인위적 재난
발생과정	돌발적	돌발적
충격정도	강력	강력
피해의 가시성	보통 가시적으로 환경의 손상 초래	가시적으로 피해가 나타나지 않는 경우 존재
예측 가능성	어느 정도 예측 가능 어느 정도 경고 가능	예측 불가능 피난의 여지가 거의 없음
상황의 전환점 (Low Point)	보통 식별 가능한 분명한 Low Point 존재, 이 시점 이후 시간을 경과함에 따라 상황이 개선되는 경향 있음	분명한 Low Point가 존재할 수도 있으나, 유독물질사고의 경우 시간경과에 따라 상황이 호전되지 않는 수도 있음
통제에 대한 인식	통제 불가능한 것으로 인식	통제 가능한 것으로 인식
영향의 범위	보통 재난의 희생자에 국한	직접적으로 피해를 받지 않은 사람들에게도 영향
영향의 지속성	비교적 단기간 지속	단기적 또는 장기적 지속 화학사고의 경우 장기적 영향

---

180) 임송태(1997), 재난유형별 대응계획수립에 관한 연구, 한국지방행정연구원, p.12.

2) 방 재

(1) 방재의 개념

방재는 재해방지를 의미한다. 즉 재해로 발생하는 피해를 최소화하거나 피해가 확대되는 것을 방지하는 것을 말한다. 특히 인구와 산업이 집중되어 있는 도시에 있어서는 매우 중요하며, 도시개발의 방향을 제시하는 도시계획에서는 도시안전과 관련하여 방재계획을 중요하게 고려하도록 하고 있다.

방재도시의 개념은 재해에 강한 도시, 다시 말해서 재해에 대처할 수 있는 능력을 갖춘 도시를 말한다. 마치 전쟁 시 적의 공습으로부터 대비할 수 있는 도시를 방공도시라고 부르는 것과 같은 의미이다.

현대도시는 급속한 도시화에 따른 인구밀집 등으로 재해에 취약한 구조를 갖고 있기 때문에 재해로부터 인명과 재산을 보호하는 것이 중앙정부 또는 지방정부의 최대 과제가 되고 있다. 이들 노력의 궁극적인 목표는 재해에 강한 국가 또는 도시만들기에 있다고 할 수 있을 것이다.

도시계획적 측면에서의 도시방재의 목적은 도시에서 발생할 수 있는 여러 가지 재해를 예측하고 그 피해를 최소화하기 위한 것이며, 도시 내에 잠재하고 있는 재해요인을 방재차원에서 접근하여 안전도를 높이는 한편 쾌적한 환경을 창출하려는 데 있다. 도시계획에서의 방재계획은 다음과 같이 크게 두 가지로 구분할 수 있다.

첫 째, 도시의 장기적인 발전방향과 지침을 제시하는 도시기본계획이다. 도시기본계획에는 방재계획을 필수적인 내용항목의 하나로 포함시켜 ① 당해 도시의 과거 재해사항을 재해내용, 규모, 장소, 복구사항 등으로 구분하고, ② 방재의 기본방향을 설정하며, ③ 이를 토대로 일반적인 재해대책과 재해상습지역에 대한 특별대책을 수립하며, ④ 재해대책에 필요한 행정적, 재정적 지원방안을 제시하도록 하고 있다.

둘 째, 도시계획에서는 ① 용도지역·지구 및 구역의 합리적인 지정과 이에 부수되는 교통·녹지계획 등을 통하여 사전에 재해를 예방하는 대책을 수립하도록 하고, ② 도시계획시설로서의 도시방재시설에 대한 입지 및 시설기준을 규정함으로써 안전을 확보하고 재해에 대처하도록 하고 있다.

(2) 우리나라의 방재계획

우리나라는 1988년 서울올림픽을 계기로 '119 구조대'를 창설해 긴급구조체계로 활용하고 있다. 또 서울시는 종합방재센터를 가동하고 있다. 서울시는 1998년부터 추진해 온 재난관리 통합운영시스템 구축과 시범운영 등을 거쳐 2002년 2월 서울종합방재센터를 창설, 운영하기로 하고, 이 센터에서는 그동안 유형별로 운영되던 119 종합상황실과 재난종합상황실, 재해대책본부상황실, 민방위경보통제상황실 등 4개 상황실을 일원화, 통합 관리하게 된다. 이에 따라 이 센터가 가동되면 모든 재난 관련 신고는 119로 일원화된다. 특히 센터에서는 신고자에 대한 위치정보시스템과 첨단 전산·통신시스템 등을 도입, 신고와 동시에 각종 재난 현장에 출동함으로써 신속한 대응이 가능할 것으로 보인다.

2004년 6월 행정자치부 '민방위재난통제본부'를 전신으로 하여 1990년대 이후 해마다 되풀이되는 대형재난으로부터 국민의 생명과 재산을 보호하기 위해 소방방재청이 개청되었다. 신설목적은 각종 재난으로부터 국민의 생명과 재산 보호, 사회 안전망 구축이고, 그 주요업무는 재난대책 종합 관리 및 총괄 조정, 각종 재난 예방·대응·복구에 주력하고 있다.

그리고 각 지방자치단체별로 재해대책본부를 두어 재해예방 및 대책에 대한 기능을 하고 있지만, 상시체제가 아닌 일시적인 체제여서 방재시스템이 제대로 기능을 수행하고 있지 않다. 하지만 소방방재청을 중심으로 대형사고나 자연재해 등의 재난에 적극적으로 대처하고 있어 방재에 대한 체계적인 정비가 이루어지고 있다.

(3) 외국의 방재계획 및 사례

① 미 국

미국의 재해관리체계는 크게 두 가지로 요약될 수 있는데, 하나는 연방재난관리청(FEMA: Federal Emergency Management Agency)을 중심으로 한 재해관리 대비체계이고, 다른 하나는 산업화의 필수적인 부산물인 인위재해(technological disaster), 그중에서도 특히 화학 공정사고나 화학물질 등의 운반 시 생기는 사고를 담당하는 연방환경보호청(EPA: Environmental Protection Agency)이 주관하는 재해대비체계이다.

FEMA는 1961년 옛 소련의 위협에 대응하기 위해 국무부 산하기관인 민방위청으로 설립됐다가 1979년 대통령 직속기관으로 독립, 각종 재난에 대처하고 있다.

미국 전역에 10개 지방청을 둔 FEMA는 핵공격에 대비한 민방위활동의 통합 조정, 화재 및 기상재해 대처, 홍수위험도 평가 등을 맡고 있다. 특히 FEMA는 재해가 선포되면 곧바로 현장에 재해접수센터를 설치해 주거비, 생활비 등 비상자금을 지원하고 세금경감, 사회보장대책 등에 관한 상담서비스를 제공한다. (동아일보, 2001. 9. 21)

미국의 재해관리의 특징은 과학화와 정보화를 통한 관리시스템을 구축하고 있는데, 지방정부에서의 관리·운영되는 비상활동본부는 재난관리정보시스템(EMIS: Emergency Management Information System)을 구축하여 활용하고 있다.

재난관리정보시스템의 목적과 기능은 첫째, 방재활동에 필요한 문서정보를 신속하고 정확하게 전달·저장하고, 둘째, 재해상황을 신속하게 전달하고 자료를 수집·관리하여 재해관리 데이터베이스를 구축한다. 셋째, 지리정보시스템(GIS)을 활용하여 구난활동을 지원하고, 넷째, 주정부와 연방정부의 정보시스템과 연결하여 정부 간의 지원활동을 원활하게 한다. 마지막으로 수록된 재해관련자료를 분석하여 안전정책과 재해대응 전략을 수립하는데 활용한다.

② 일 본

일본은 자연환경적으로 지진이나 태풍이 잦아 재해발생이 빈번한 나라이다.

따라서 이러한 재해발생에 대한 국가의 안전과 국민생활보호 및 시설물의 안전을 확보하기 위하여 방재계획에 많은 노력을 기울이고 있다.

일본의 재해관리는 국토청 방재국을 중심으로 각 省, 廳에서 각각의 관련업무를 추진하고 있다. 중앙방재회의, 도도부현(道都府縣)방재회의 시정촌(市町村)방재회의 등의 관련기구가 있으며, 재해 대응에 있어서는 긴급조치계획의 실시를 담당하고 관련기관 및 단체는 방재계획에 따라 업무를 수행하게 되며 실질적인 현장활동은 소방, 경찰, 자위대를 중심으로 이루어진다.

일본은 소방청을 중심으로 도시재해를 맡는 특별구조대, 선박사고 해일 등 자연재해를 담당하는 수난구조대, 산악구조대, 독극물 방사성물질 누출 등을 처리하는 화학기동중대를 운영하고 있다. 소방업무와 재난방지 업무가 합쳐진 한국과는 달리 일본은 각 현(縣)마다 재난방지 업무만을 담당하는 독자적인 방재본부를 운영하고 있다.(동아일보, 2001. 9. 21.)

3) 재해관리시스템

재해관리정보시스템은 각종 재해와 위기상황에 대하여 이를 미연에 방지하고 일단 발생하였을 때 신속하게 대응하여 효과적인 사후 수습을 수행하는 데 필요한 정보를 종합 관리하는 시스템이라고 할 수 있다. 따라서 재해관리정보시스템은 각종 재해를 예측할 수 있는 데이터베이스(data base), 재해 발생시 사고 현장의 정확한 파악을 위한 판독시스템, 사고의 수습과 사후처리를 위한 구호 및 복구시스템이 총체적으로 가동될 수 있는 종합적인 시스템이다.[181]

---

181) 대한국토·도시계획학회(1997), 앞의 책, pp.646-652.

재해국면	시 스 템
위기인식	• 재해정보 데이터베이스시스템 • 재해활동 종합감시(관측체제확립) • 재해예측지원 시스템(예측기초연구)
준비대책	• 예측시뮬레이션 시스템(예측과 대책) • 조기전달시스템 • 재해발생 후 정보시스템
응급대책	• 구조·응급대책 시스템
복구대책	• 최적화 복구계획 작성지원 시스템

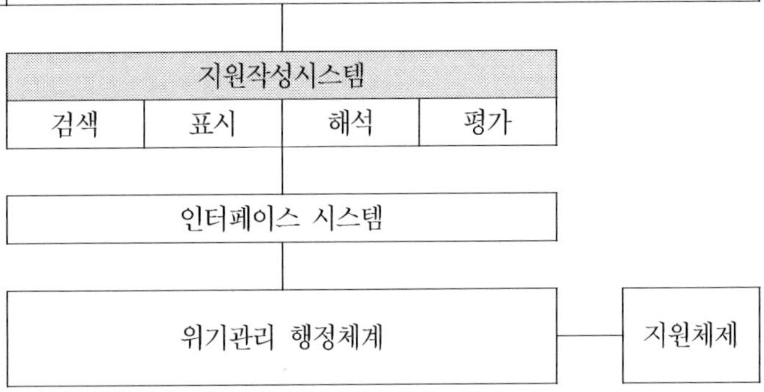

지원작성시스템			
검색	표시	해석	평가

인터페이스 시스템

위기관리 행정체계	지원체제

〈그림 21.3〉 재해관리정보시스템의 구성

(1) 재해관리정보시스템 구축을 위한 조사

재해관리정보시스템을 체계적으로 구축하기 위한 사전 업무분석을 수행하고, 시스템 구축 시 필요한 표준안과 각종 세부지침을 작성한다.

방재와 관련하여 전산화가 요구되는 업무에 관하여 그 유형별 특성을 분석하고 방재시스템에서 활용할 수 있는 데이터베이스화하는 방안을 모색하는데, 소방서, 경찰서, 가스회사, 통신회사 등과의 업무협조방안과 정보교환 방안을 마련한다.

업무분석을 통하여 전체시스템을 운영할 수 있는 데이터베이스의 기본개념을 설정하고 운용방안을 제시한다. 다음 재해관리정보시스템의 구축을 위해 이미 추진 중에 있는 시스템에 대한 연계방안을 제시하고, 각종 운영시스템 및 소프트웨어 등에 관한 표준규격 및 도입지침을 작성하여 데이터의 입력 지침 및 활용지침에 대한 구체적인 방안을 제시하도록 한다.

(2) 재해관리정보시스템 구축

기본조사와 시범연구를 바탕으로 재해관리정보시스템 구축사업을 수행하는데, 특히 시스템의 기본이 되는 지리정보시스템과 방재관련 데이터베이스를 구축하고, 이미 발생한 재해에 대한 검토를 수행함으로써 방재업무를 효율적으로 수행할 수 있는 기반을 조성한다.

재해관리정보시스템의 기본도는 행정구역 및 주변지역을 수치지도화하고, 각종 주요시설물(예, 도로, 지하철, 상하수도 등)을 포함한 종합현황도로 작성한다. 기본도에 각종 정보를 종합하여 방재관련 각종 데이터베이스를 구축하고, 이미 발생한 재해상황에 대한 분석을 통하여 데이터베이스화하여 각종 정보를 수치지도화한 기본도에 중첩(overlay)한다.[182]

관리 및 운영을 위한 관리시스템은 재해 관련 부서 간 네트워킹 체계 및 업무협조체계를 구축하고, 서브시스템(sub-system)의 개발과 가동을 통하여 재해관리정보시스템의 총괄 체계를 마련한다. 마지막으로 실무자에 대한 교육과 장비유지 보수를 통하여 지속적인 시스템의 운영이 가능하도록 한다.

---

182) 최근 GIS 시스템을 활용한 각종 방재관련 프로그램이 구축되고 있다.

제 22 장 지속 가능한 개발

1. 지속 가능한 개발

1) 개념과 의의

1972년 6월 유엔인간환경회의(United Nations Conference on the Human Envi-ronment, 스톡홀롬회의)가 스웨덴의 스톡홀롬에서 개최되었다. 유엔인간환경회의에서 처음으로 환경문제에 대한 의제를 제시하고, 지구환경보전을 위한 국제적 협력과 의무를 밝힌 스톡홀롬 원칙을 선언하였다.

그 후 유엔인간환경회의는 1983년 세계환경 및 개발위원회를 설립하여 2000년대를 향한 장기 지구환경보전전략을 수립하도록 하였다. 1986년 Our Common Future(브룬트란트 보고서)로 환경적으로 건전하며 지속 가능한 개발(ESSD, Environmentally Sound and Sustainable Development)의 개념이 전세계적으로 확산되었다.

1992년 스톡홀롬회의(1972년) 20주년을 기념하여 브라질의 리우에서 개최된 UN환경개발회의(지구정상회담, 리우회담)는 의제 21을 채택하였다. 「의제 21(Agenda 21)」은 보전과 개발의 균형에 대한 국제적인 관심을 획기적으로 증가시키게 되었으며 「의제 21」의 이행을 점검하고 추진상황을 평가하기 위한 지속개발위원회

(SCD)를 설치하게 되었다.

1990년대 후반부터 전세계적으로 지속 가능한 개발에 대한 관심이 크게 고조되고 있으며, 우리나라에서도 각종 개발계획수립 시 지속 가능한 개발 및 환경친화적 개발을 하도록 하고 있으며, 최근 제정된 국토계획법에서는 도시기본계획을 수립할 때 환경친화적 개발을 위한 내용을 규정하고 있다.

지속 가능한 개발의 개념이 공식어로 등장한 것은 1979년 유엔 심포지엄의 주제로 선택된 뒤부터이며 널리 사용되기 시작한 것은 세계 환경 및 개발위원회(WCED, 브란트란트 위원회)의 1986년 Our Common Future, 일명 브룬트란트 보고서 이후였다. 이를 바탕으로 한 지속 가능한 개발의 개념은 Caring for the Earth(1991)와 Agenda 21(1992)에 의해 더욱 정교하게 발전되었다.

지금까지 널리 인용되고 있는 지속 가능한 개발의 개념은 브룬트란트 보고서와 Caring for the Earth(1991)에서 사용된 개념으로 브룬트란트 보고서는 지속 가능한 개발이란 "미래 세대가 그들 스스로의 필요를 충족시킬 수 있도록 하는 능력을 저해하지 않으면서 현재 세대의 필요를 충족시키는 개발", "자원의 이용, 투자의 방향, 기술의 발전, 그리고 제도의 변화가 서로 조화를 이루며 현재와 미래의 모든 세대의 필요와 욕구를 증진시키는 변화의 과정"으로 정의되고 있다. Caring for the Earth(1991)에서는 지속 가능한 개발을 "생태계의 환경용량 내에서 인간생활의 질을 향상시키는 개발"로 정의하고 있다.

이제까지 지속 가능한 개발에 대한 개념은 명확하게 이론화되어 있지 못하다. 막연하게 환경 및 지속성에 대한 의미로 사용되고 있는 수준으로 실제적으로 개발계획을 수립하는 데 있어 큰 역할을 담당하지 못하고 있다.

우리나라에서는 1990년 후반부터 본격적으로 지속 가능한 개발에 대해서 논의가 시작되었고, 전국 지방자치단체를 중심으로 한 Agenda 21이 그 효시라고 볼 수 있다. 최근 각종 개발계획수립 시 지속 가능한 개발, 친환경적 개발 등이 수식 문구처럼 되어 있지만, 그 의미와 개념은 사람에 따라 매우 다양하게 나타나고 있다. 그러나 대체로 환경보전 및 지속성에 대한 개념으로 통일되고 있는 것 같다.

지속 가능한 개발에 대한 개념을 종합해 보면, 성장과 보전의 단순한 조화가 아닌 「환경용량 내」라는 제약조건이 첨부된 상태하에서 성장과 보전의 조화와 환경용량의 증대를 지향하는 적극적인 개념으로 이해하는 것이 타당하다고 할 수 있다. 이러한 견해는 국내학자들에 의해서도 공유되고 있다. 양병이 교수는 "지속 가능한 개발은 인구의 크기와 성장이 생태계의 생산능력의 한계 안에서 조화를 이룰 때 추구될 수 있으며, 그 한계는 자원탐사, 기술발전의 방향, 투자방향, 제도변화, 인식변화 등을 통하여 달라질 수 있음"을 주장하고 있다.(양병이, 1995)

지속 가능한 개발의 개념이 소극적 차원에서 적극적 차원으로 확대될 것으로 예상되며, 특히 환경용량 내의 개발측면에서 크게 다루어지게 될 것이다. 환경용량 내 개발은 에너지 자원의 활용과 환경용량, 환경오염 및 환경보전 등 구체적으로 환경적 측면에서의 접근이 강화될 것으로 판단된다.

지속 가능한 개발은 기존의 개발 위주의 정책에서 환경에 대한 인식의 폭을 넓게 하였고, 환경용량 내에서의 개발이라는 소극적 개발과 환경에 대한 최대한의 배려를 통하여 인간이 환경을 떠나서 살 수 없고, 환경보전을 위한 인간활동의 중심을 마련하였다는 데 큰 의의가 있다.

2. 에너지절약형 도시개발

1) 에너지절약형 도시개발에 대한 논의

지속 가능한 개발을 위하여 지구환경문제와 에너지소비에 대한 문제가 큰 관심을 가지게 되었으며, 특히 에너지절약을 위한 도시개발에 대한 필요성이 크게 부각되고 있다.

에너지절약형 도시개발은 도시형태에서 주거단지, 교통계획, 건축물계획에 이르기까지 다양하게 나타나고 있으며, 도시공간구조와 에너지 절약과의 관계를 규명하고 적절한 도시형태를 개발하고자 하는 연구가 이루어지고 있다.

2) 도시형태와 에너지사용

일반적으로 도시의 형태, 크기, 주거밀도, 배치, 입지는 에너지 수요변이가 150%까지 이르며 연구결과 저밀도시가 고밀도시보다 2배의 에너지를 쓰며 기후와 소득의 변이를 가져온다. 또한 도시의 공공교통증대는 에너지 절감, 오염 배출 억제를 가져온다.[183] 그러나 인구밀도에 의한 에너지 수요변화가 획일적으로 나타나는 것이 아니다.

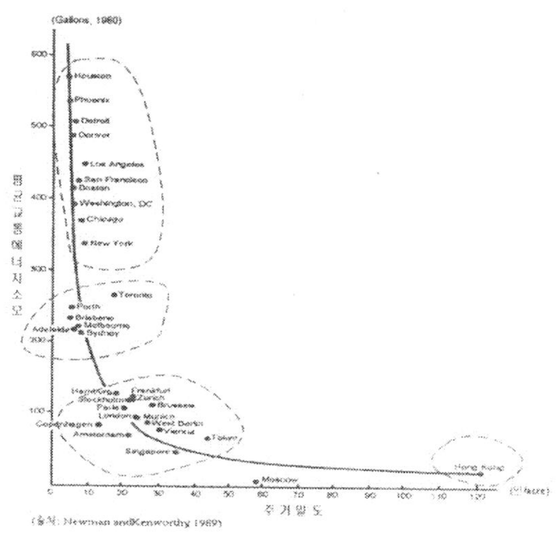

〈그림 22.1〉 인구밀도와 에너지사용과의 관계

에너지절약을 위한 도시개발에서 현재 세계적으로 콤팩트(compact) 개발에 대해 공감하고 있다. 콤팩트개발은 적정한 수준에서의 고밀개발과 직주근접의 토지이용형태를 구축하여 도시의 오픈스페이스를 확보함과 동시에 자동차이용에 대한 수요 및 교통거리를 감소시키고, 대중교통과 보행 및 자전거이용을 촉진시킴으로써 에너지 소비절약 및 환경오염의 저감을 달성하고자 제안된 계획개념으로 이의 타당성이 널리 인식되고 있다.[184]

---

183) 정철모(2000), 21세를 향한 도시개발, 전주대학교출판부, p.47.
184) 안건혁(2000), 도시형태와 에너지활용과의 관계 연구, 국토계획 제35권 제2호, p.10.

〈표 22.1〉 도시형태와 에너지 사용에 대한 연구

학 자	연 구 내 용
Rickaby (1987)	• 다섯 가지 장래 도시개발패턴의 가정적 모델과 기존도시와의 비교연구 • 토지이용과 교통구조의 변화에 따른 상대적인 에너지소비량 비교 • 중심도시 집중형 개발패턴 또는 중심도시 및 몇 개의 주변 소규모 정주로의 분산개발이 가장 에너지 효율적임
Newman & Kenworthy (1989)	• 미국 및 세계 32도시 대상 • 자동차 연료소비와 도시특성과의 관련 • 도시밀도가 높을수록 또한 대중교통수단이 갖추어져 있을수록, 인당 에너지 소비량이 감소한다. • 도심의 강화, 도시내부적 토지이용의 향상, 대중교통수단의 확충, 자동차를 위한 기반시설 확충의 제한
Banister (1992)	• 영국도시를 대상으로 도시규모에 따른 에너지 효율성 분석 • 교통에너지는 규모가 작고 중심도시에서 가장 먼 도시에서 소비량이 가장 많았으며, 인구규모가 250,000명 이상이고 런던보다 규모가 작은 도시들이 에너지 효율성이 가장 크다.
Owens (1991)	• energy-conscious planing • 계획은 저밀의 분산된 개발 또는 지나친 자동차 의존적 개발을 방지하도록 해야 하며, 하나의 중심에 집중된 개발은 아니지만 어느 정도 집중된 개발, 즉 집중분산이 필요하다.

이상의 연구를 종합해 보면, 다음과 같이 정리할 수 있다.

첫 째, 도시형상은 원형의 도시보다는 격자형 또는 선형의 도시가 교통 및 여타 에너지 소비에서 효율적이라는 것이 일반적으로 받아들여지고 있으나, 도시형상은 도시활동의 분포 특성 또는 비물리적 요인보다 비교적 적게 영향을 미친다.

둘 째, 밀도는 교통에너지 소비와 어느 정도 부(-)의 경향을 보이나 고밀이 반드시 교통에너지 소비에 효율적이지 않다.

셋 째, 토지이용의 분포는 직주근접의 decentralized-concentration(집중분산) 형태가 단일 중심의 집중개발보다 에너지 효율적이다.

넷 째, 도시의 단위 지구의 형태는 격자선형(linear cruciform)이 공공교통 및 열병합발전 또는 지역난방에 효율적이며, 고밀개발과 녹지로의 접근성을 동시에 확보할 수 있는 형태이다.

3) Compact City

위에서 언급하였듯이 에너지절약형 도시개발은 compact city(고밀집약도시)로의 개발을 의미하는데, compact city가 단순히 고밀도의 개발을 의미하는 것은 아니다. 이것은 도시의 자연적 여건과 사회적 여건 등을 고려하여 알맞은 형태의 고밀개발을 필요로 한다는 것을 인식하여야 한다.

(1) 고밀집약도시의 장점

집약도시를 선호하는 주장은 이상적 도시로 보이는 고밀개발 중심지를 갖는 유럽의 역사적 도시에 영향을 받은 것으로 집약도시가 갖는 환경적인 측면과 에너지 측면에서의 이점과 사회적 이익을 강조한다.[185]

① 고밀도 도시개발은 기존도심지의 기반시설을 재이용하여 기존 도시지역을 재활성화한다.
② 일상적인 자가용 이용이 없는 대다수의 도시인구의 수요에 맞는 적정한 공공교통으로 전반적인 접근성과 이동성을 제고한다.
③ 공공교통은 결과적으로 차량통행량을 감소시키고 교통비용의 저감은 오염감소와 교통시간을 단축시킨다.
④ 전반적인 고밀도 개발은 혼합이용을 가능케 하며 교통거리를 단축시킬 뿐만 아니라 도보와 사이클 등 에너지 효율적 녹색교통수단의 이용으로 자동차에 대한 의존을 감소시킨다.
⑤ 환경오염 감소로 쾌적한 환경을 조성하게 되어 건강한 도시생활을 가능케 한다.
⑥ 고밀도지역은 난방비용을 절감시켜 에너지사용량의 절감과 오염감소를 촉진한다.
⑦ 다양한 주거와 임대유형의 복합화를 통하여 사회적 혼합의 잠재력을 증

---

185) 정철모(2000), 앞의 책, pp.43-45.

대시킨다.

⑧ 지역사회와 근린 내 지방적 활동의 집중은 사람의 질을 높이고 보다 안
전하고 활력 있는 환경을 조성하며 비즈니스와 교역활동을 증가시킨다.

(2) 고밀집약도시의 단점

한편 이와 같은 집약도시에 대한 반론으로는 집약도시의 개념이 명확하게
증명되지 않은 것으로 에너지사용도 단순한 고밀도 개발에서 낮아지는 것이
아니다. 또한 분산화에 의한 도시개발의 여러 가지 효과를 간과함으로써 오히
려 역기능을 초래할 수 있다는 것이다.

① 집약도시개념은 도시의 교외와 반농촌적 삶을 원하는 뿌리깊은 소망에
모순된다.(텔레커뮤니케이션의 활성화)
② 녹색도시(green city)의 개념은 집약도시와 모순된다. 즉 도시의 공개공지
가 흡수되면 도시환경의 질이 악화된다.
③ 집약도시정책은 농촌지역사회와 분산정책하에 조성된 기존 성장거점을
간과하여 농촌 및 지방경제가 위협을 받게 된다.
④ 집약도시는 혼잡과 오염을 증가시켜 쾌적한 공간을 잠식하며 사생활을
침해한다.
⑤ 집약도시에 있어서 도심내 거주비용의 증대로 사회적 분리를 진전시키며
보다 선택된 외부교외지역을 만들게 될 것이다. 집약도시는 사회적으로
배타적이다.
⑥ 집중에 따른 에너지 절감의 규모는 인기 없는 이동제한 등에 따른 불이
익에 비교할 때 사소한 것에 불과하다.
⑦ 태양열의 적정이용은 가장 에너지절감이 잘되는 분리된 집이나 반분리된
집과 같은 저밀주거를 필요로 한다. 테라하우스나 아파트는 덜 절약적이다.
⑧ 고밀정책의 집약도시는 인구성장의 불확실성과 분산을 고려치 못하고 있
다. 즉, 집약도시는 예측된 주택 수요증가에 대처할 수가 없다.
⑨ 지방적 의사결정에 영향을 미치는 힘과 지역사회시설 적정배분의 지속

가능성은 집약도시의 증가규모에 따라 감소된다.

⑩ 집약도시는 거대한 재정적 유인을 의미하며, 이것은 경제적으로나 사회적으로 강한 통제가 예견되나 이는 정치적으로 받아들여지지 않을 것이다.

⑪ 고밀집약도시는 도심지가의 상승으로 도시 내 토지를 소유한 기득권자의 이익에 기여한다.

⑫ 분산은 깨끗하고 혼합하지 않은 공공교통에 의해 가능하며 시설에 대한 접근성은 근접성에 의해서라기보다는 속도에 의존한다.

(3) 에너지절약형 고밀분산도시의 개발

고밀집약도시의 장단점에 대해서 살펴보았다. 그럼 에너지 절약을 위한 도시개발은 어떠한 도시개발이어야 하는가? 고밀집약도시의 변형이 필요하다. 그래서 고밀 분산도시의 개발이 적절할 것이다.

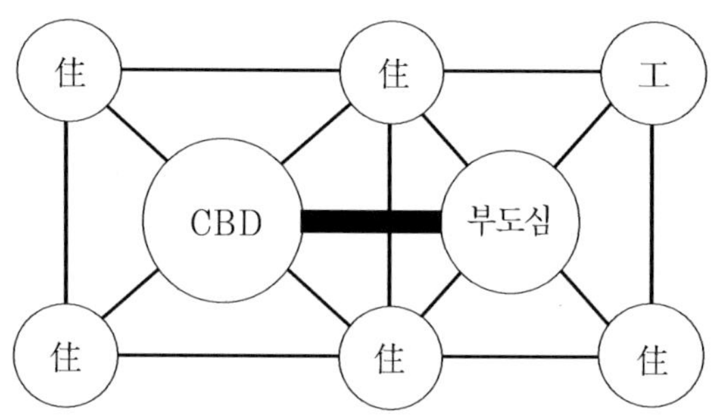

〈그림 22.2〉 고밀분산도시의 유형

분산적인 집중화는 고밀의 효과와 분산에 의한 효과를 취하고, 분산은 공공교통으로 연결시켜 에너지절약을 극대화할 수 있다. 다핵적 개발로 핵의 네트워크화하면 더욱 효율적이다.

3. 도시성장관리

1) 도시성장관리의 개념 및 의의

(1) 도시성장관리의 개념

성장관리라는 용어는 미국 도시토지연구소(Urban Land Institute)의 「성장관리와 규제(management and control of growth)」에서 처음으로 등장하였다(DeGrove, 1992). 그리고 원래의 의미는 개발총량에 대한 억제와 상한선의 설정 등과 같은 엄격한 성장규제(growth control)와 비슷하였으나, 1970년대 중반 이후부터는 종전의 「반성장(anti-growth)」의 의미가 아닌, 성장의 물리적 영향과 경제·사회·환경적 영향 모두에 관심을 두는 종합적인 개념으로 발전하였다.[186]

학자들의 성장관리에 대한 개념정의를 살펴보면, 치니쯔는 "성장관리는 도시공간구조 체계에 있어 시기적으로 제한된 용량의 한계 내에서 인구성장을 균형화시키려는 수단으로 등장한 개념이다. 즉 도시정부의 목표를 도시환경의 질을 유지시키기 위해서 도시경제력의 범위 내에서 토지의 이용 및 개발, 그리고 공공서비스를 균형화시키는데 그 목적이 있다고 할 수 있다(Chinitz, 1990)"고 하였으며, 임태의는 도시성장관리의 통상적이고 일반적인 정의는 "성장의 정도와 시간을 조절하는 것(growth management regulates the rate and timing of growth)"으로서, D. Godshalk는 州 및 지방자치단체가 자신의 행정구역에 있어서 "장래 개발의 속도, 양, 형태, 위치, 질에 의도적인 영향을 주고자 하는 것"으로 성장관리를 정의하였다.

이와 같은 개념들을 종합해 볼 때 미국의 도시성장관리란 관리되지 않은 성장을 배제하고 관리된 성장으로 도모하는 것으로 ① 도시 내 일정지역 혹은 도시전역 또는 광역적인 지역을 대상으로 하며, ② 종합적인 계획에 기초하며, ③ 그 계획의 추진에 걸맞은 수법으로 ④ 개발의 억제 혹은 유도, 또는 개발에

---

186) 이양재(1999), 도시성장관리의 의의와 발전과정, 도시문제, p.10.

따르는 폐해의 방지를 행하는 ⑤ 균형된 성장, 생활의 질의 향상을 실현하고 자 하는 노력이라고 정의될 수 있다.(大野輝之, 1995)

도시성장관리(urban growth management)와 반대의 의미는 도시성장조정(urban growth accommodation)인데, 전자가 도시의 관리 측면을 중심으로 하는 반면, 후 자는 도시성장을 중심으로 한다. 낙후된 지역의 경우 도시성장에 중심을 둔다.[187]

(2) 도시성장관리의 필요성

도시화의 진전에 따라 도시개발은 주로 부족한 주택용지를 공급하는 데 주 안점을 두었다. 또한 도시의 관리보다는 개발 위주의 정책으로 도시는 평면적 확산이 가중되고, 도심부의 고밀화는 더욱 확대되어 토지이용의 한계에 부딪 히게 되었다.

도시의 평면적 확산으로 인한 통행거리의 증가, 우수한 농경지의 잠식, 환 경오염문제와 공급 위주의 토지정책으로 인한 토지자원고갈의 문제가 심각하 게 대두되었다. 이러한 기존의 도시개발방식으로는 더 이상 도시 내 토지자원 뿐만 아니라 여러 가지 제약에 의해 도시를 개발할 수 없게 되었다. 따라서 기존의 도시개발을 도시성장관리로 전환하지 않을 수 없었다. 특히, 수도권이 나 대도시와 같이 개발압력이 가중되는 곳은 더욱 성장관리의 필요성이 부각 되었다.

현대도시에 있어서 도시성장관리가 도시정책과제로 대두된 몇 가지 배경을 살펴보면 다음과 같이 정리할 수 있다.[188]

첫　째, 도시내부적으로는 기존의 도시생활환경을 보전개선하고 도시외부적 으로는 미래의 도시개발수요에 부응하는 바람직한 토지개발패턴을 유도하기 위한 도시성장관리의 등장의 필요성이다.

둘　째, 특히 대도시의 경우 고밀화와 교통문제 등에 따른 환경오염으로 인

---

187) E. J. Kasier & Godshalk & F. S. Chapin Jr(1995), Urban Land Use Planning, University of Illinois Press. pp.13-14.
188) 정철모(2000), 앞의 책, pp.170-171.

한 도시환경의 악화와 환경문제에 대한 민감성의 증대가 도시성장
관리의 대두를 촉진시키고 있다.
셋 째, 도시개발에 따른 신규기반시설 등의 투자비용증대로 인한 도시재정
의 악화를 고려한 도시성장의 제한 추세도 나타나고 있다.
넷 째, 도시성장관리는 정체된 오래된 중심도시에서 야기되기보다는 대부
분 대도시권 주변의 성장잠재력이 큰 교외지역이나 도시에서 그
필요성이 공통적으로 나타난다.

이처럼 도시성장관리는 수도권이나 대도시권의 주변지역에서 나타나는 도
시의 확산(특히, 주거지역)으로 인한 환경오염문제와 기반시설투자비용의 과다
등으로 인한 도시의 삶의 질 저하에 따른 향상 방안으로 강구되고 있으며, 그
필요성이 있다고 할 수 있다.

(3) 도시성장관리정책의 특징

도시성장관리정책이 미국을 중심으로 시작되었기 때문에 미국의 현대도시들
이 가지는 특징을 살펴보면, 개발부담권의 강화, 용적률의 하향조정(down zoning)
의 확대, 역사적인 건축물의 보전 등에서 단적으로 볼 수 있는 바와 같이 재산권
에 대한 제약이 강화되고 있다. 그리고 주정부의 역할 확대 및 광역적 도시계획
의 진전으로서 광역적인 조사를 행하기 위하여, 혹은 특별히 환경에 민감한 지
역을 보전하기 위하여 주정부가 토지이용규제분야에서의 역할을 강화시키고 있
어 토지이용규제와 기반시설의 정비에 한정되었다. 근대도시계획에 비하여 사
회·경제적인 요소가 중시되고 있으며, 주택공급에 있어 개인의 지불능력을 고
려한 주택정책(affordable housing)의 중시라고 하는 특색도 발견된다.
그리고 도시계획과정의 민주화로서 보다 광범위한 주민참여와 정보공개가
행하여지고, 의사결정과정이 보다 공정하고 투명하게 되고 있다. 또한 도시계
획의 재량화가 진전되는 가운데 그 근거로서 도시기본계획의 위상이 높아지고
있다. 결국 도시성장관리정책도 이러한 현대도시계획이 갖는 특징의 상당부분
을 포함하고 있는 것이라 할 수 있다.

(4) 도시성장관리의 목적

근본적으로 도시성장관리는 규제되지 않는 토지시장에서 나타나는 어떤 불완전성을 상쇄하려는 데 그 목적이 있으며, 이것은 성장관리를 통하여 효율적인 도시형태를 추구하고자 하는 것이다. 그리고 궁극적으로 좋은 계획을 통해 삶의 질을 향상시키기 위한 것으로서, 넬슨(Arthur C. Nelson)과 듀칸(James B. Ducan)은 도시성장관리의 목적을 5가지로 정의하고 있다.

① 도시의 무분별한 확산(urban sprawl)의 방지: 개구리 뜀뛰기식(leap-frog)이나 고속도로를 따른 리본형태(highway ribbon)의 분산된 형태의 개발로 인한 토지자원의 소모, 주변 토지의 연관성부족, 고비용, 도시환경의 악화 등을 방지하기 위하여 도심부의 재개발과 재생을 통하여 거주자들을 이롭게 하고, 농업용 토지와 오픈스페이스의 보존과 환경보전, 에너지소비의 절감 등 교외화에 대한 서비스비용을 줄이고 지방정부의 재정지불능력을 보조한다.

② 납세자의 보호(taxpayer protection): 민간부문에서의 과잉건설은 지방정부의 기반시설에 대한 효율적인 투자결정을 초래하여 자원을 낭비하는 결과를 가져온다. 이러한 민간부문의 과잉건설을 초래하는 사적인 투자결정으로부터 납세자를 보호하기 위한 중요한 방법이다.

③ 성장관리의 경제적 목적(the economic purpose of growth management): 민간에 의한 토지이용은 결코 도시차원에서의 효율적인 개발패턴을 제공할 수 없으므로 공공의 개입이 필요하다. 도시성장관리를 통하여 토지이용 간 상호의존으로부터 기인하는 부정적인 외부효과를 감소시키고, 공공재의 공급수준을 적정히 규정하며 공공서비스를 제공하는 비용을 감소시키는 등 경제적인 효율성 제고에 그 목적을 두고 있다.

④ 효율적인 도시형태의 구축(issues of efficient urban form): 도시성장관리가 보다 효율적인 개발패턴을 구축하기 위하여 다음과 같은 것을 포함하고 있다. 첫째, 직업과 주택이 균형(job-housing balance)을 이루고 둘째, 사회·경제적 계층이 통합을 이루고(저소득 근로자와 고소득 근로자 모두

같은 장소에서 일함) 셋째, 교통용량의 확장의 필요성을 줄이고 넷째, 재개발을 강화하고 다섯째, 환경오염을 최소화하고 여섯째, 비용이 많이 들고 용도 간 상충을 일으키는 토지이용패턴을 방지하고 일곱째, 공공시설 비용을 최소화하는 것이다.

⑤ 삶의 질 향상(relation to quality of life): 도시개발에서 이상적인 형태는 적당한 고밀도로 개발되고 적당한 규모를 갖추고, 직장과 주거지가 가까이 위치하며, 실제적인 지방자치로서의 행정체계의 구축, 기반시설의 안정적 투자 등과 같이 이러한 시각에 의할 때 삶의 질이 향상될 수 있다.

2) 미국의 도시성장관리정책[189]

(1) 성장관리정책

전통적인 zoning 수법은 성장관리사상을 처음부터 내재하는 것이었다. 즉, zoning은 본래 교외의 자치단체가 쾌적한 주거환경을 지키기 위해 개발밀도를 억제할 필요가 있어서 도입된 것이고, 급속한 「성장」은 zoning을 다시 수정하지 않으면 실현되지 않는 것이었다. 「성장관리정책」이란 개발을 억제하거나 무질서가 아닌 단계적인 성장을 유도하는 등의 지침을 명시하는 것이다. 「성장관리정책」이라고 말하면, down zoning 등의 수법을 가리킨다고 이해하기 쉽지만, 그것은 아니고 「자치체의 성장에 관한 이념」을 제시하는 것이다. 따라서 전통적인 zoning이란 수법을 이용해서 「인구를 억제한다.」는 정책을 취하는 것이 「성장관리정책」의 원초형태이다.

오늘날에는 전통적 수법 외에 다양한 수법을 이용해서 단순한 「인구억제」뿐만 아니라 「적절한 성장속도와 도시규모를 유지하고 양호한 생활환경을 창조한다.」는 것이 성장관리정책의 목표로 되고 있는 경우가 많다. 또, 교외의 자치체뿐만 아니라 대도시에서도 도입되고 있는 것이 특징이다. 지금부터 원초형태를

---

189) 都市開發制度比較研究會(1993), 諸外國の都市計劃・都市開發, ぎょうせい, pp.72-82.

비롯하여, 역사적으로 「성장관리정책」에 대해서 어떤 의논이 있는지 판례를 중심으로 개관하고, 그것과 같이 현재의 과제에 대해서도 소개하는 것으로 한다.

(2) 전통적인 성장관리정책

Case 1. 개발의 일시동결(moratorium)

개발의 물결에 직면한 자치체가 개발이나 성장에 관한 어떤 계획을 정책할 필요성을 인식하고, 그때까지 받아들이지 않았던 개발의 물결을 정지시키는 것이 「성장관리정책」의 시초였다. 수법으로서는 개발에 필요한 건축허가, 택지분할허가, zoning 혹은 공공투자를 일시동결(freeze)하는 것이다.

미네소타주 최고재판소는 자치체의 이와 같은 수법이 인정되는 요건을 그때까지의 예를 정리해서 다음의 4가지로 요약하고 있다.

(a) 자치체에 악의가 없는(good faith) 것
(b) 차별적(discrimination)이지 아닌 것
(c) 잠정적인 것
(d) 포괄적 zoning plan(comprehensive zoning plan)을 조속히 책정하는 것

Case 2. 단계적 성장(phased growth)

New York시 교외의 Ramapo라는 도시는(그 주변을 포함해서) 인구가 급증하고(1940년부터 1968년까지 286% 증가), 무질서한 주택개발을 억제하기 위해 1966년에 도시 마스터플랜 및 zoning 조례를 책정하는 동시에 향후 18년간의 공공투자계획을 책정했다. 그렇지만, 그 후 예상을 훨씬 넘는 인구증가가 있고 sprawl 현상이나 공공투자의 부족 등 주거환경의 악화가 현저했기 때문에 주택개발의 속도, 규모, 구역을 도시가 결정한 공공투자계획에 맞도록 억제한 것, 결국 성장을 급격하게 하지 않는 단계적인 것으로 하고자 하는 「성장관리정책」이 1969년에 채용되었다. 구체적으로는 zoning 조례를 개정해서 zoning은 변경하지 않고, 미래 주택개발이 인정되는 주택지 zoning에 있어서 개발을 하는 경우, 가까운 기간에 하수도나 소방서 등의 공공시설이 정비되지 않으면 zoning 조례상

의 허가를 주지 않는 것이다. 연방최고재판소는 새로운 도시에 살고 싶다고 생각하는 사람들의 권리도 해치지 않고 있고, 그래서 이미 도시에 살고 있는 사람들의 「쾌적한 주거환경에서 살고 싶다(in search of a comfortable place to live)」라는 권리를 해치는 것은 가능하지 않다고 한 가운데, 이 규제는 전면적 또는 항구적인 것은 아니므로 합헌이라고 판결한 것이다.(Golden vs. Ramapo Planning Board, 1972)

Case 3. 주택호수규제(population cap)

샌프란시스코市 교외의 Petaluma市는 인구급증으로 상하수도나 학교의 정비가 되지 않아 1972년에 「Pataluma Plan」이라고 불리는 향후 5년간의 「성장관리정책」을 도입하였다. 이 plan은 성장관리정책의 대표사례로 여겨진다. 계획의 목적은 「개발이 합리적으로 질서 있는 매력적인 방법(in a reasonable, orderly, attractive manner)으로 행해지는 것」과 같이 되고 있다. 구체적인 수법은 다음과 같은 종류가 있다.

① 주택신축호수를 연간 500호로 제한(당시는 연간 1,000호 정도): 이 호수 제한은 Petaluma의 「소도시로서의 성격을 잃지 않기 위하여(to protect its small town character)」라고 설명되고 있다.

② 위의 건축허가기준이 되는 point제의 도입: 시에서는 호수를 규제하는 것뿐만 아니라 근린환경과의 조화나 성장지역의 균형을 생각하고(도너츠 현상이나 동부에 있어서의 스프롤이 이미 발생하고 있다.), 몇 개의 평가 포인트를 설정해서 많은 개발계획안으로부터 우량한 것을 선택해서 허가하는 것이었다.

③ 도시성장경계라인의 설정: 미국의 시에 있어서는 시역내의 개발뿐만 아니라 시역의 외부가 개발되어 그것을 시역에 편입하는 것도 성장의 하나의 패턴으로 되고 있다. Petaluma市에서는 「주변환경을 보전」하기 위하여 기존시역의 외측 0.25mile에 그린벨트를 설정해서 그것을 가지고 이미 개발이 진행되고 있는 동부에 있어서도 장기적인 성장경계(라인외측에는 수도를 깔지 않는다)로 하고, 타구역에 있어서도 단기적인(5년) 성장경계

로 하였다.

이 계획 중 ③은 「사실상 성장관리」이지만, 조례상의 근거를 가지고 권력적으로 이루어진 것은 ①과 ②이다. 후자에 대해서 연방최고재판소는 당초 zoning의 목적은 「농촌적 환경의 보호(preservation of a rural environment)」였고, 계획은 그 목적에 합치하는 것, 개발자와 항구적, 차별적으로 배제하는 것은 아니므로 합헌이라고 판결하였다.

(3) 전통적 정책에 대한 비판

이와 같은 전통적인 zoning에 기초한 성장관리정책은 교외의 소도시가 그 양호한 생활환경을 유지하는 것을 목적으로 도입한 것이고, 급격한 성장에 의해 생활환경이 악화하는 것을 방지하기 위한 것이 많다. 그러나 교외의 도시에 있어서 보호해야 할 「농촌적 환경」이란 집을 지어 주택에 사는 고소득층의 주거환경인 것이 많고, 이와 같은 성장관리정책은 저소득층의 배제와 관련이 있다는 비판이 있다. 실제 Ramapo는 그 후 1982년에 성장관리정책을 방치하고 있다. 전통적인 성장관리정책은 저소득층의 주거환경을 새롭게 창출하고자 하는 것은 아니고, 그 의미로 대도시에서 도입되는 것은 없었다.

이와 같은 비판은 전통적인 zoning제도에 내재하는 사상이 zoning을 수법으로 하는 성장관리정책에 의해 현재화한 것에 의한 것이라고 말할 수 있다. 상기 라마포(Ramapo)의 판결에서는 중·저소득층의 주택 수요에 어떻게 대처해야 하는가는 한 자치체인 도시(町)가 고려해야 하는 내용은 아니라고 판결하였지만, 그것을 대도시에서만 인식되는 것에 따르는 여러 문제가 너무나도 크기 때문에 각 자치체에 있어서 zoning의 본래 형태가 고쳐지기 시작한 것이다. 뉴저지州 최고재판소는 이미 1975년에 도시의 zoning에 있어서도 저소득층의 현재 및 장래의 주택 수요를 고려해서 도시에 있어서 그들에게 당연히 주어야 하는 주택취득기회의 「공평한 배분(fair-share)」이 중요한 요소로 되고 있다. 소위 「Mt. Laurel 이론」을 판결하고 있다.(S. Burlington County N. A. A. C. P. vs. Township of Mt. Laurel, 1975) 동 재판소는 새로이 1984년에 이 「Mt. Laurel이론」을 보충하여 중·저소득층의 주택 수요에 대응하기 위해서는 zoning규제의 완화뿐만 아니라 용적률 보너스 등의 적극적인 유도도 zoning 제도의 목적상 가능하다고 판결하였다.(소위, Mt. Laurel Ⅱ판결) zoning이라는 제도의 목적이 기존의 주거환경의 유지에서 전망이 좋은 도시환경의 창출로 변화하기 시작한 것이다. 이것이 대도시를 중심으로 하는 새로운 「성장관리정책」의 도입과 관계를 가지게 된다.

(4) 새로운 성장관리정책(특히 1980년대 후반 이후)

전통적인 성장관리정책이 중·저소득층의 주택 수요의 배제라는 관점에서 비판되었기 때문에 도시에 있어서 중·저소득층의 주택공급이 1980년대의 도시정책에 있어서 큰 과제로 되었다. 그런데 대도시에 눈을 돌리면 주택문제뿐만 아니라 도심부의 오피스 등의 증가에 따라 과밀이나 교통혼잡 등의 도시구조상의 문제해결이 지금 하나의 중요한 과제이다. 그리고 이와 같은 문제를 해결하는 것만 아니라 종합적으로 주거환경을 도시디자인 측면에서도 향상시켜야 한다는 의논이 일기 시작했다.

이들 문제에 대해서 생각할 수 있는 것은 개개의 대책을 생각하는 것만이 아니라 넓은 의미에서 「도시만들기(都市づくり)」에 대한 이념을 제시하는 것이라고 말할 수 있다. 도시에 있어서 「성장이란 무엇인가(Growth for what?)」, 「어떤 성장이 기대되는 것인가」라는 물음에 대응하는 것을 찾는 것이다. 보스톤 시장이 「성장을 촉진하기 위하여 도시를 파괴할 필요는 없고, 또 도시를 지키기 위하여 경제성장을 방치할 필요도 없다.」라고 말하고 있는 것처럼 이미 기존의 가치를 지킨다는 「성장관리」는 아니고, 새로운 가치를 창조하는 성장관리정책이 이야기되기 시작했다.

(업무용 빌딩(오피스)의 규제)

구체적으로 먼저 도심부의 오피스 대책이고, 과밀해소와 분산 유도를 위해 zoning에 의한 컨트롤이 이용되고 있다. 예를 들어, New York시에서는 1982년에 zoning 조례를 재개정하고, 즉 midtown zoning을 도입하고 있다. 이것은 도심부의 midtown 특별구에 성장지구, 안정지구, 보존지구의 3개의 구분을 설정하고, 지역전체의 개발을 성장지구로 유도하고자 하는 것이다. 구체적으로 더 이상 무질서한 성장을 허용하면 오피스건설 붐에 의해 도시환경이 악화된다고 생각되는 midtown의 동측 지구에 대해서는 안정지구로서 midtown zoning(18배→16배)이 행해지고 있다. 한편, 지역적으로 계속 쇠퇴하는 서측 지구에서는 성장지구로서 up zoning(15배→18배)을 실시하는 것에 의하여 새로운 오피스건설의 바탕이 되는 것으로 기대되고 있다. 또, 근대미술관 주변 등 매력적인 가로를 보존해야 할 지구에 대해서는 보존지구로 지정하고, 대폭적인 midtown zoning(12배→8배)을 실시하고 있다.

이 수법은 Petaluma에 있어서 주택개발규제·유도의 대도시·오피스版에서도 있다고 생각되고, 같은 형태의 계획은 Boston시 등에서도 보여진다. 또, 이들 지구설정은 반드시 경직적인 것은 아니고, up zoning의 효과가 「지나칠」 경우에는 용적률을 낮추는 등의 변경이 이루어지고 있다. 판례상 midtown zoning은 특정개발(예를 들어 중·저소득층용 주택)을 배제하는 등의 차별적인 목적이 없는 범위에서 적법하다고 되어 있다.

또, San Francisco나 Seattle에서는 midtown zoning에 있어서 신규 오피스의 총량규제를 하고 있다. 예를 들어 San Francisco시에서는 1985년에 오피스지구의 용적률을 14배에서 9배로 내리고, 당시 전미에서 가장 엄격한 midtown을 제정하고 있지만, 더욱이 다음 해 오피스건설을 더욱 억제하기 위해 연간 신규 오피스건설을 95만 $feet^2$로 제한하는 제안(proportion M)이 주민투표를 거쳐 51%의 지지율로 성립되었다. 또 Seattle시에서는 1989년에 down zoning(도심부의 오피스지구의 용적률 20배→14배)과 오피스 총량규제(1994년까지 연간 50만 feet2로 제한)에 관한 제안이 주민투표에 의해 가결되었다.

이와 같은 총량규제도 Petaluma에 있어서 주택개발의 총량규제의 오피스版이라고 말할 수 있다. 오피스 입지에 의한 「경제적 성장」이 가져오는 「과밀」문제를 해결하기 위해서 「성장」의 방법을 고치지 않으면 안 된다.

〈표 22.2〉 down zoning과 고도규제 강화구역

대상지역	규제내용	1985년 zoning	CAP
DOC-1 (도심업무지역1)	기준용적	1,000%	500%
	최고용적	2,000%	1,400%
	고도제한	제한 없음	450 feet
DOC-2 (도심업무지역2)	기준용적	800%	400%
	최고용적	1,400%	1,000%
	고도제한	400 feet	300 feet
DRC (도심상업지역)	기준용적	500%	250%
	최고용적	1,200%	600%
	고도제한	Bonus에 의해 400 feet	65 feet(Bonus에 의해)

주: CAP=Citizen Alternative Plan
Source: City of Seattle · Office for Long-range Planning

〈표 22.3〉 Housing-Linkage 정책의 구체적인 예

자 치 체	창설년도	방식	부담내용	실적
San Francisco	1980년 guideline 1985년 조례	강제	도심부의 5만 feet^2 이상의 오피스건설, 대폭적인 수선을 하는 건설업자는 1,000 feet^{2}당 0.386호의 주택건설, 또는 1 feet^{2}오피스당 $5.34의 부담금 지불을 해야 한다. 개발업자가 부담하는 시설에 당초의 주택에 다른 새로운 보육시설, 교통개량 등이 추가되어 있다.	4,975호의 주택공급, 그중 3,093호는 신축 부담금 누계 $2,700만 ※부담금은 건설비용에 대해 매년 조정된다(88년 $5.69)
Santa Monica	1981년 창설	강제	1.5만 feet^2 오피스건설, 1만 feet^2 이상의 오피스면적의 증가가 있는 건설업자는 최초 1.5만 feet^{2}까지는 1만 feet^{2}당 $2.25, 나머지의 상면적에는 1 feet^{2}당 $5의 부담금을 지불해야 한다.	부담금 누계 $30만, $10만가 부담 수속 중
Boston	1983년 창설 1986년 확충	강제	10만 feet^2(9,300㎡) 이상의 오피스, 호텔, 상점 등을 건설하는 건설업자는 도심부에서 1 feet^{2}당 $6, 기타 지역에서는 $5를 12년간에 나누어 주택기금에 대한 부담금을 지불해야 한다. 기타 고용개발의 부담금도 존재한다.	부담금 누계 $3,500만 ※당초 12년간이었지만 5년간으로 단축되고 있다.
Miami	1983년	유도	비주택개발을 하는 개발업자는 1 feet^{2}당 $4부터 $6.67의 부담금을 지불한 경우, 또는 1 feet^{2}당 $0.15의 주택건설을 한 경우에는 용적률의 증가가 적용된다.	부담금 누계 $20만
Seattle	1984년	유도	도심부의 개발을 하는 개발업자는 공공적 시설이나 주택을 공급하는 경우에 용적률의 할증을 받는 것이 가능하다(건설된 주택의 상면적의 3.0에서 7.6배의 할증 상면적이 주어진다.)	

자 치 체	창설년도	방식	부담내용	실적
Jersey City	1985년	교섭	상업개발을 하는 개발업자는 저가격주택의 건설·수선을 직접 하는지, 건설에 재정지원을 하는지, 주택지기금에 부담금을 지불하는 것이 요구된다.	250호가 건설 중 1,150호의 재정지원
Cambridge	1985년	교섭	모든 개발업자는 시의 linkage 기금의 기부 도는 저가격주택의 건설이 요구된다.	3개 사업으로 $70만 기부, 30호의 개발에서 3호의 저가격주택 공급
Heart Ford	1986년	강제 유도	면세 채 융자 등에 의해 공적으로 보조된 사업은 시내 건설업자의 고용에 대해서 의무를 진다. 주택의 건설, 보육시설의 건설 등에 의해 개발업자는 용적률의 할증을 받는 것이 가능하다.	

Source: 佐々木晶「アメリカの住宅·都市政策」

(주택대책 ① Housing Linkage)

도심부의 오피스규제는 오피스건설의 경제적 활력을 규제·유도하는 것이지만, 이 활력을 개발이익이 상대적으로 작은 것을 정책적으로 중요하게 하는 영역으로 이용하는 것을 Linkage 정책이라고 한다. 주택개발에 따라 필요한 공공시설의 부담을 요구하는 개발자 부담제도가 Linkage의 대표적이지만, 오피스건설에 의해 취업자 주택이 필요하기 때문에 오피스개발자에게 주택공급을 합해서 하도록 요구하는 것이 오늘 「Housing Linkage 정책」이라고 불려지고 있다. San Francisco나 Boston, New York 등 많은 도시에서 도입되고 있지만, 조례에 의한 강제방식(San Francisco시)과 협의(혹은 교섭)방식에 의한 것(Boston시, New York시)이 있다. 이것들은 도시의 특정지구에 개발이 과밀로 집중하지 않도록 컨트롤하는 성장관리이고, 「주택대책」보다도 오피스와 주택과의 균형 있는 개발이 조화를 이루는 정책이념에 기초한 것이라고 말할 수 있다.

(주택정책 ② 혼합 zoning)

중·저소득층의 주택문제는 「Mt. Laurel 이론」의 확립 이후 대도시에서도 큰 과제가 되었다. 「인구증가」 즉, 「성장」이라고 하는 단순한 생각은 전통적인 zoning의 적용에 의해 고소득층의 주거지구와 중·저소득층의 주거지구로 도시를 양분하였다. 전자가 주로 민간개발에 의해 어메니티의 풍부함을 형성하고 있는 것에 대해, 후자의 황폐화가 큰 사회문제로 되고 있기 때문에 도시정책에 있어서 주택정책의 위치를 정하는 일본 이상으로 복잡한 것이다. 「Mt. Laurel 이론」은 교외도시의 중·저소득층의 해방(opening up the suburbs)을 의미했지만 대도시에 있어서 양극 구조의 해소는 중·저소득층 주거지구를 황폐한 대로 확대시키는 「성장」에 대하여 다시 수정하여 고치는 의미였다. 이 문제를 해결하기 위한 것만은 아니고, 공적 주택건설의 재원부족이라는 재정상의 요청도 있어 도입된 것 중 하나가 위의 「Housing-Linkage」 외에 「혼합 zoning (inclusionary zoning)」이라는 것이다.

혼합 zoning이란 개발자가 고소득층 주거지구에 있어서 고급타워·아파트 등을 건설하는 경우에 그 근린지구에서 중·저소득층의 주택건설도 같이 하면, 용적률 등의 bonus를 주고자 하는 것으로 New York시 등에서 도입되고 있다. Housing-Linkage가 주택건설지구를 특정하지 않는 경우가 있는 데 대하여 바로 「혼합」 그것을 정책이념으로 하고 있는 점이 특징이다. 그러나 Housing-Linkage에 비해서 경제적 이유에만 기초한 것은 아닌 것, 「혼합」을 가치로 하는 것에 반드시 합의를 얻지 않아도 되기 때문에 효과를 의문시하는 의견도 많다. 「Mt. Laurel 이론」도 저소득층에게 「공평한 배분」을 한 기존 주거환경의 보호를 추구하는 것은 문제가 없기 때문이다.

(도시디자인)

역사적 건조물의 보전을 위한 TDR은 이미 잘 알려져 있지만 성장관리의 일환으로서 상술한 「보전지구」의 지정 등도 새로운 도시이념에 기초한 것이라고 말할 수 있다. 단순히 성장만은 아니라 「아름다운 성장」에 가치를 인정하는 것처럼 되어 오는 것이다. 「가로의 보존」이나 「도시경관의 보전」이라는 시점에서 zoning제도가 활용되고 있다. 보존뿐만 아니라 개발자가 광장이나 공원 등의 어메니티(amenity)를 창출하는 것을 유도하는 것도 광의의 「Linkage 정책」으로 이루어지고 있다.

또한, 텍사스주의 어느 재판소는 용적률의 보너스를 특정개발에 인정하는 것이 위법이라는 소송에 대해서 「같은 지형의 건물뿐만 아니라 다양한 높이나 형태의 건물을 인정하는 것이 밝기나 공기순환의 측면에서 바람직하고, 공공의 복지증진이라는 zoning의 주지에 합치한다.」라고 판결하고 있다.(Save the Capital, Inc. vs. Board of Adjustment, 1983) 거기까지 zoning의 목적을 확대하는 것이 가능하다는 의논 이전에 재판소의 경관에 대한 인식에 대해서 찬반양론의 의논이 전개되었던 것이 흥미롭다. 또, 이미 New York시에 있어서 down zoning이 「아름다운 고층건물이 아니라 피라미드형의 추악한 건물」의 건설을 가져온다는 의논이 있었던 것 같이 도시환경의 보전이나 창출뿐만 아니라 성장관리의 각 수법이 도시디자인에 주는 영향에 대한 검토도 무시하는 것이 가능하지 않는 요소로 되고 있다.

(5) 마무리

전통적인 성장관리정책도 새로운 성장관리정책도 「생활의 질(Quality of life」의 향상을 목적으로 하는 것이었지만, 전자는 기존 거주자만의 「생활의 질」을 추구하고, 후자는 도시전체에 대해서 균형을 갖는다. 종합적인 생활환경을 문제로 하고 있는 점에서 크게 다르다. 전통적인 zoning 제도가 「전통적인 미국 가정의 가치, 조용하고 멀리 떨어진 공간에서 풍요롭게 생활하고 싶다는 생각 (Village of Belle Terre vs. Boraas, 1974)」을 이미 실현해 버린 사람의 보호 움직임에 대해, 오늘날에는 보다 많은 사람들의 「생활의 질」을 실현하고자 하고 있다. 어떻게 하면, 무엇이 「보다 좋은 생활의 질」인가라는 의논에서 시작하지 않으면 토지이용계획이 세워지지 않는다. California 州의 「성장관리위원회」의 위원장이 「누구라도 좋은 집에 살고 싶다는 생각을 한다. 그러나 이 세상은 결국 완전한 것은 아니니까」라고 말한 것(Time 1991. 11. 18.)이 인상적이다.

3) 우리나라의 도시성장관리정책

(1) 도시개발정책의 한계

우리나라의 현대도시계획에 대한 시초는 1934년 조선시가지계획령에 있고, 현대도시계획에 대한 본격적인 작업은 1960년대의 도시계획체계의 정립이라고 볼 수 있다. 그 후 우리나라의 도시는 개발 위주의 정책으로 얼마만큼의 성과는 이루었다. 그러나 최근의 난개발과 환경오염 등 각종 개발로 인한 문제가 곳곳에서 나타나고 있어 이제까지의 도시개발정책에 대해 다시 한번 뒤돌아보게 만든다.

그동안 성장 위주의 개발정책은 도시계획제도의 한계와 운영미숙 등으로 도시문제는 가중되고 있다. 그 문제점으로 장기적인 도시계획이 지닌 여건변화에 대한 경직성, 도시계획과 집행과의 괴리, 도시와 비도시지역과의 계획적 개발규제의 단절 등이 있다. 도시계획 및 국토이용계획이란 제도가 있음에도 불구하고 서울과 수도권의 난개발 또는 비계획적 개발이 커다란 문제로 등장하고 있으며, 정도의 차이는 있을지언정 다른 지방대도시에도 비슷한 난개발 현상이 나타나고 있다.

(2) 도시성장관리의 실패 요인

우리나라에서 도시성장관리라는 단어가 사용된 것은 그리 오래되지 않았으나, 도시성장관리에 실패한 것은 사실이다. 이렇게 된 이유를 요약하면 다음과 같다.

첫　째, 도시계획구역의 문제이다. 도시계획구역과 도시계획구역 외의 개발이 이중성을 가지고 있다. 도시계획구역은 도시계획법에 의해 계획의 수립과 각종 규제가 가해지지만, 도시계획구역 외의 지역은 국토이용관리법에 의해 토지이용이 규제되고 있지만 시가지개발은 거의 자유방임상태로 이루어지고 있다. 이처럼 준도시지역과 준농림지역은 난개발의 대명사가 되었으며, 이미 상당부분 난개발로 인한 문제점이 나타나고 있다.

둘　째, 도시계획구역 내만 하더라도 계획적이고 단계적인 개발을 유도하기에는 개발의 개념을 너무 협의로 사용하고 있으며, 개발에 따른 상하수도 등 공급처리시설과 학교 등 생활환경시설에 대한 종합적이고 동시적인 규제가 없다는 점이다. 특히 준농림지역 개발에서 보았듯이 기반시설의 부족으로 인하여 생활환경의 악화가 예상되는 등 협의의 계획개념으로 후에 큰 비용부담을 가져오게 되어 더욱 문제가 될 것이다.

셋 째, 도시계획규제의 문제점은 이상에서 언급한 도시주변 신개발의 경우
만이 있는 것은 아니다. 미국과 같은 도심부의 쇠퇴 또는 황폐화
현상은 나타나지 않고 있으나, 도심부의 난개발도 매우 심각한 수
준이다. 다세대주택이 다가구주택의 주차문제, 일부 재건축 아파트
의 고밀도 개발로 인한 도시스카이라인의 파괴, 교통혼잡, 또한 복
합용도개발, 역세권개발 등 도심부도 누더기개발이 되고 있으며, 미
래를 보는 청사진 없이 성장과 개발이 이루어지고 있다.

(3) 향후 도시성장관리의 방향

향후의 도시성장관리는 크게 계획적 사고의 전환과 도시계획제도의 개선을
통하여 공공성이 충분한 도시성장관리방안을 만들어 내야 한다. 이러한 도시
성장관리방안을 구축하기 위해서는 먼저, 계획에 대한 새로운 개념의 정립이
요구된다. 이제까지 단순히 개발 위주의 계획에서 벗어나 보전과 개발을 동시
에 이루고 지속 가능하고 친환경적인 개발을 위한 계획개념으로의 전환이 필
요하다.

둘째, 도시계획제도의 개선에 있다. 기존의 도시계획구역과 그 외 지역에
대한 통합작업과 계획이나 개발을 위한 포괄적 제도의 제정 및 개정을 통하여
국토계획에서 체계적으로 계획이 이루어질 수 있도록 하고, 공공성이 강조되
는 제도로의 정비가 요구된다.

셋째, 도시성장관리의 다양한 방법의 강구이다. 도시계획에 있어서 다양한
성장관리방안의 정비는 여러 선진국의 사례를 참고로 하여 우리 실정에 부합
되도록 지속적인 연구가 있어야 한다.

이외에도 민간개발자의 의식전환도 매우 중요하다. 단순히 사적 이익만을
위한 도시개발이 아니라 공공성이 강조되는 도시계획 및 개발로의 의식전환이
크게 요구되는 시기이다.

우리나라의 향후 도시성장관리는 새로운 계획철학의 정립, 제도개선, 민간
의 자율적 참여와 계획 및 개발에 대한 공공성의 인식 진환 등 종합적이고 체
계적으로 이루어져야 한다.

제 23 장   미래의 도시계획

1. 사이버 시대와 도시

1) 시대적 변화

산업혁명 이후 사회는 급격히 변화하였으며, 도시계획도 그 이후 본격적으로 시작되고 정립되어 왔다. 이러한 사회적 변화는 도시에 새로운 변화를 요구하게 되었다.

20C에 접어들면서 자동차, 컴퓨터, 전화(통신), 멀티미디어 등의 지속적인 개발과 발전은 도시의 형태를 더욱 변화시켰고, 이에 따른 주민들의 도시에 대한 요구도 날로 증대하고 있다. 특히, 인터넷의 보급으로 대변되는 정보통신의 발달은 계속적으로 많은 사회적 변화를 가져다 줄 것으로 사료된다.

도시는 세계의 50% 이상이 도시지역에 거주하고 있으며, 우리나라의 경우 2005년경에는 약 90% 이상이 도시에 거주하는 도시시대의 정점에 도달하고 있다. 그리고 세계화·국제화에 따른 사회적 변화도 도시경쟁력과 세계적 수준의 도시개발을 위한 여러 작업이 이루어져야 함을 암시한다. 또한 환경보전의 중요성이 날로 증대하고 있고, 더욱 복잡화되고 다양화된 사화의 변화에 적응하기 위하여 새로운 도시계획을 필요로 한다. 이러한 시대의 변화는 새로운 도시계획을 요구하게 되고, 도시계획도 시대적 변화에 적절히 대응해야 한다.

2) 사이버 시대와 도시

인터넷(internet)·디지털(digital)·사이버(cyber) 등이 최근 방송이나 신문·잡지 등에서 가장 자주 등장하는 단어 중의 하나이다. 이처럼 최근 정보통신기술의 발달과 컴퓨터와 통신의 결합, 인터넷의 급격한 보급 등으로 전 세계는 큰 혁명적인 변화에 직면하고 있다. 이른바 '사이버 시대'가 개막되고 있다.

사이버 시대에 나타나는 몇 가지 징후는 먼저 인터넷의 급속한 보급이 있다. 우리나라는 이미 전용선(ADSL)이 보급되어 기존에 연구기관이나 대학에서 사용하던 인터넷이 가정에까지 보급되었으며, 많은 시간은 인터넷을 활용하고 있다.

인터넷의 보급과 급속한 이용증가는 사회분야에서 많은 변화를 가져다주었다. 인터넷을 통한 정보의 검색, 쇼핑, 주식투자, 재택근무 등 이제까지는 생각조차 하기 어려웠던 상황이 펼쳐지고 있다. 사이버 시대(가상도시화; virtual urbanization)가 문을 열게 된 것이다.

향후 사이버 시대에는 정보의 중심지, 접촉의 장, 문화의 중심지로서의 도시기능이 더욱 강화·확대될 것으로 예상되므로 사이버 시대에는 도시가 더욱더 중요한 위치를 차지하게 될 것이다. 그리고 도시공간에서의 정보 및 정보획득수단에 의한 불평등문제, 대면접촉시간의 감소, 컴맹(또는 컴인터넷) 등의 사회적 소외 등으로 인한 도시문제가 심각하게 될 것이다.

따라서 이러한 사회적 변화를 수용하고 문제를 해결하기 위해서는 사이버 시대의 급속한 도래에 대응할 수 있는 적극적 도시정책과 대안마련이 필요하고, 장기적으로는 시민이 커뮤니티와 도시생활의 활발한 주체가 되는 데 필수불가결한 포괄적인 쌍방향 의사소통체계의 구축을 통하여 공평하면서도 효율성과 유연성을 갖춘 도시를 구현할 수 있도록 해야 하며, 단기적으로는 시급하면서도 실현가능성이 높은 사안에 대하여 작은 공간적 단위인 커뮤니티를 중심으로 사이버 시대에 걸맞은 도시계획과 정책프로그램을 마련해야 할 것이다.

<표 23.1> 시공간 차원에서 사람들 간의 네 가지 상호교류 양식의 비교

구 분	같은 시간(동시적)	다른 시간(비동시적)
같은 장소	(예) 서로 만남(대면 접촉)	(예) 책상 위에 메모 남김 게시판 자동판매기 자동예금인출기
	교통 필요 시간약속 필요	교통필요 시간약속 필요 없음
	집약적, 양질의 상호작용 대신 매우 높은 비용	시간을 자유롭게 활용함으로써 비용을 줄임
다른 장소	(예) 전화통화, TV 생중계 영상회의 인터넷 채팅(chatting)	(예) 우편, 팩시밀리, 신문 전화 자동응답기 e-mail(전자우편) 인터넷 게시판
	교통 필요 없음 시간 약속 필요	교통 필요 없음 시간 약속 필요 없음
	교통시간과 교통비용을 줄임	매우 낮은 비용

출처: Mitchell, J. W.(1999), E-topia, pp.135-138.

2. 도시계획의 신조류

　오늘날 도시계획의 큰 조류는 정치, 경제, 사회, 문화의 변혁이라는 흐름과 고차정보를 포함하는 기술혁신이란 흐름 속에서, 도시계획도 개혁의 흐름 속에서 발상의 전환, 패러다임의 이동이 요구되고 있다.[190]

　현실의 도시생활을 보면 시대의 물결 속에서 변혁을 받아 생활양식, 생활행동에도 변동이 일고 있으며, 이것들의 변혁, 변화에 따라 한편에서는 진보라는 긍정적 측면도 있지만, 한편으로는 혼란을 만드는 부정적 측면이 생겨나고 있

---

190) 鈴木信太郎(1993), 都市計劃の潮流, 山海堂, pp.375-388.

다. 거기에는 사회적 카오스가 발생하고 있다.

도시구조 면에서 보아도 오래된 것과 새로운 것이 혼재하는 카오스와 같은 상황이 보여지고 있고, 도시계획체계에 있어서도 종래의 물적 계획으로 보지 않고 사회계획을 포함한 계획체계의 수립이 요구되고 있다.

이와 같은 가운데 도시를 계획한다라는 의의를 다시 한번 생각할 필요가 있다. 계획가의 입장에 있어서는 '시대 변화와의 괴리를 어떻게 조정하여 오고 있는가?', '장래를 향해서 어떤 방향을 향해서 계획을 유도하고 있는가?' 등일 것이다. 또, 도시생활을 영위하는 사람들에게 있어서는 職·住·遊를 통해서 생활양식, 생활행동으로서 '무엇을 선택할까?', '무엇을 선택하고 싶을까?'라는 선택일 것이다. 이 선택에는 폭이 있겠지만, 선택을 하는 기준으로서는 쾌적성, 경제성, 안전성, 편리성 그리고 환경성이 있고, 이러한 기준에서 선택은 이루어질 것이다.

현행의 도시계획의 법제도를 중심으로 전개되는 것은 오늘과 같이 격변하는 시기에는 적시 대응하는 것이 어렵게 될 것이다. 이와 같은 의미에서 도시를 계획하는 의의와 철학을 이러한 변혁기에서의 패러다임의 변화를 시대에 맞추어 생각해야 한다. 도시계획을 학문으로서의 영역에서 보면, 종래의 도시계획에서 취급한 영역과 비교해서 매우 다양해져야 할 것이다.

한편에서는 광범위한 영역을 취급하는 분야가 있고, 또 다른 한편에서는 전문분야로의 세분화된 영역을 취급하게 되어 이제까지의 도시계획을 물적 계획의 대상으로 한 것에서 사회계획의 중요성이 강조되고 도시공학 혹은 사회공학이라고 불리는 분야에까지 영역을 확대하여 오고 있다.

앞으로 도시공학에 추가하여, 정치, 법률, 경제, 사회, 지리, 역사, 예술 등의 학문을 종합하는 인문과학과 자연과학과의 중간영역을 포함하는 광범위하게 종합화된 새로운 계획학 분야의 개발연구가 중요하게 되어 왔다. 그리고 각 분야의 학자층과 실무자 등 기술자에 의한 학제적 공동연구의 체제가 전망되고 있다. 한편, 새로운 시대의 도시계획을 지도하는 인재교육도 학교, 관청, 민간과 폭넓게 취하는 체제가 전망되고 있다.

이것들의 학제적 연구개발의 체제를 전제로 새로운 도시계획의 조류를 보면, 다음과 같은 흐름을 볼 수 있다.

첫째, 세계경제를 시야에 넣은 경제개발계획이다. 오늘날 세계경제 구조변화에 의해 특정한 지역에 특정도시의 역할이 변화되어 왔다. 선진국이라고 불리는 미국, 유럽, 일본 등은 각국의 공업화·정보화에 대응하고, 새로운 개발도상국의 가속적 공업화의 진행으로 보다 세계적 규모로 생산, 소비가 분산되고, 특히 다국적기업, 금융산업의 급속한 국제화가 진행되고 있다.

이와 같은 지구규모(단위)에서의 경제활동의 흐름 속에서 중추적 센터 기능을 가지는 도시가 東京, 뉴욕, 런던이라고 할 수 있다. 이들 도시는 세계도시로서의 국제적 지위를 확보하고, 국제적 무역, 금융센터 기능으로서의 역사를 쌓고 있다.

미래에는 다음과 같은 방향으로 새로운 기능을 증폭·부가해 올 것이다.

① 세계경제의 시스템 속에서 고도로 집중화된 지역의 중추로서,
② 금융 또는 특수한 서비스산업－제조업에 대신한 선단기술의 지도적 역할을 담당하는 중추로서,
③ 기술혁신의 산물인 지도적 선단기술공업의 생산지점으로서,
④ 상기 산업의 소비시장으로서,
⑤ 상기의 기능과 같이 세계규모로의 문화, 예술의 중추센터로서,

이와 같은 새로운 형태의 도시가 세계도시(world city)이고, 지구도시(global city)라고 불려지는 것이다. 앞으로의 새로운 지구도시로서는 지구규모 중에서 세계경제의 기능분화와 함께 국제공항을 중심으로 인구집적이 큰 유럽, 북아메리카, 남아메리카, 그리고 아시아에 탄생할 것이다.

둘째, 성장관리계획이다. 성장관리계획(Growth Management Program)이란 일반적으로 도시성장의 수단적 프로그램의 설정이고, 재개발·신개발에 의한 성장의 속도와 지역사회의 변화의 속도를 조정하고, 재개발·신개발의 총량 및 위치·규모·사업시기를 조절(control)하고자 하는 것이다. 따라서 종래의 도시종합계획 혹은 master plan 중 여러 계획의 하나로서의 성장관리계획을 말하는 것은 아니고, 도시정책에서 종합적으로 여러 계획의 방향을 잡는 계획관리의 입장에서 채택되는 경우가 많다.

성장관리의 큰 목표로서는 ① 급속한 성장을 보이고 그 잠재력도 큰 지역에

있어서 그 지역의 커뮤니티의 환경이 붕괴되는 것이 많고, 그 방지책으로 기존의 커뮤니티의 보전을 회복하는 동기에 의해 이루어지는 경우가 많다. ② 위와 같은 지역에 있어서 대기오염·수질오염 등 환경상 상당히 악화되어 문제발생이 생긴 경우 환경대책이라는 동기에 의해 이루어지는 경우가 많다. 이 경우에는 문제해결을 위한 기반정비를 행할 필요가 있고 재정투자수준과의 조정이 필요하다. ③ 같은 지역에서, 특히 대도시의 중심부에서의 최근의 업무기능의 강화를 위한 재개발의 진행, 그리고 연동해서 발생해 온 자동차 교통혼잡·대기오염 등의 환경문제의 발생에 의해 성장관리의 방법이 큰 문제로 되어 왔다.

성장관리없이 계획관리에 의해 장래의 토지이용·용적규제를 행하고, 한편으로는 교통시설계획·교통수요관리를 행하고 도시구조의 적절한 안정화를 시키는 것이 중요하다.

토지이용·용적규제에 의한 성장관리 프로그램으로는 재개발유도지역으로서 어느 지역을 억제하고, 어느 지역을 선정하여 재개발할까, 재개발의 규모와 그 사업실시시기의 결정이 이루어질 필요가 있다.

셋째, 환경관리계획이다. 환경관리계획(Environmental Management Program)은 친근한 도시형·생활형의 환경문제에서 지구차원에서의 환경문제가 현저하고 이들에 대해 환경개선·보전을 위한 규제·관리의 계획적 대책이다.

최근 도시환경문제가 중요하게 다루어지고 있고, 특히 자동차 배출가스에 의한 오염은 매우 심각한 실정이다. 자동차의 총배출량을 억제하기 위해 디젤자동차의 배출가스 대책 및 자동차 교통량 대책이 큰 문제로 되고 있다. 디젤자동차의 배출가스 대책으로서는 차량의 최신 규제 적합차로의 대체를 저리융자제도 등에 의해 계획적으로 진행하는 것과 함께 전기자동차, 메탄올자동차 등의 저공해 자동차의 보급, 확대화를 도모할 필요가 있다.

자동차 교통량대책에 대해서는 성장관리계획의 일환으로서도 매우 중요한 시책이고, 교통수요관리의 대책이 이루어질 필요가 있다. 교통수요관리(Transportation Demand Management)는 자동차교통의 혼잡완화를 위한 대책에도 있고, 일반적으로는 도시중심부에 있어서 종래의 자동차 사용방법을 바꾸고, 지하철 등의 대량수송기관의 이용을 편리하게 하고 이용자의 전환을 촉진하는 시책에 의해 자동차교통량을 억제·감소시키는 것이다.

도시계획으로서는 대도시 중심부에 있어서 환경대책과 함께 보행자교통을 중심으로 하는 어메니티의 향상이라는 방향이 향후 도시디자인의 큰 조류이다. 한편, 지구의 온난화나 산성비에 의한 삼림·호소의 피해 등 지구차원에서의 환경파괴가 진행되고 있으며, 도시에서의 에너지수요는 매년 크게 증가하고 있다.

향후, 생활양식의 변화, 생활수준의 향상이나 서비스산업, 정보산업의 집적 등에 의해 이 경향은 더욱 강하게 될 것으로 예상된다.

환경대책으로서는 화석연료의 사용억제나 효율적 이용에 의해 탄산가스(CO_2) 등의 배출량을 억제하는 등 환경으로의 화물을 경감하는 에너지 시책의 추진이 중요한 과제로 되고 있다. 이를 위해 태양·지열 등의 신에너지 개발을 진행함과 동시에 heat-pump 시스템[191]이나 co-generation 시스템 등 미이용 에너지의 이용기술이나 에너지원의 효율적 이용기술의 도입이 필요하다. 이들은 도시 속에서도 省에너지형 도시만들기로서 각종 시책이 진행되고 있다.

도시환경관리의 새로운 움직임은 차제에 확대되고 있는데, 자원의 측면에서는 쓰레기·건설잔토·산업폐기물의 발생량의 증대에 대해서 쓰레기로 되기 쉬운 것을 생산하지 않는 것이나, 예를 들어 지류·가구, 병 등 재이용이나 재자원화가 가능한 것은 최대한 이용하고자 하는 운동에서 recycle 시스템의 확립이 흡수되고 있다. 또 자연환경과의 공존을 향한 생태도시(Ecopolis) 만들기의 움직임도 크게 되고 있다.

넷째, 사회계획(Social Planning)이다. 금세기에 있어서 도시사회의 성장은 도시화, 근대화, 경제발전이라는 도정을 진행하여 왔다. 이 순간, 도시의 내부구조는 물리적 변화와 함께 사회적 변화도 매우 크다.

도시의 내부구조는 일반적으로 거기에 사는 사람들과 그 행동에 있어서 동질성을 가지는 지역이 모자이크상에 분포하고 있다고 한다. 예를 들어 하루의 생활에서 행동을 보면 또 스테레오 형태의 행동이 지역적으로 분포하고 있다.

---

191) 「heat-pump 시스템」은 기화열의 원리에 의해 저온의 열원에서 열을 흡수하는 시스템. co-generation」은 가스터빈, 가스엔진 등에서 발전한 그 배출열을 냉난방·급탕 등의 열원으로 이용하는 시스템이다.

그것과 동시에, 사회생태학에서 보면 이제까지의 사회학 중심 테마였던 커뮤니티의 개념의 변혁이 진행되고 있다. 종래의 가정·동족·근린주구라는 전통적 연대가 약하게 되고, 공적인 사회법률이라는 새로운 연대가 지역 사회 속에 형성되고 있다.

사회심리학에서는 도시로의 인구집중에 의해 다양한 인간이 밀도높이 집적하고 새로운 사회문제가 발생하고 있다. 이 중에 도시화라고 불리는 새로운 생활양식이 나타나고, 그 인자로서는 도시규모의 거대화와 고밀도화, 거기에 이질혼재화에 의해 나타나고 있다.

도시생활 중에서 사람은 개인이라는 것보다는 대중(mass) 속에서 살고, 자극이라는 탄막(彈幕)속에 생활하고 긴장과 피곤한 생활 속에 있다. 이런 가운데, 사회구조는 분리현상이 발생하고 사회에서의 격리 현상도 볼 수 있도록 되었다.

사회계획에 대한 여러 정책의 수립이 필연적으로 현재, 도시계획의 물적 계획을 주로 해 온 우리나라에서도 사회계획적 입장에서 계획의 패러다임을 바꾸어야 할 시기가 되었다.

지역복지를 위한 기반정비로서는 쾌적한 도시생활이 가능하도록 지역에 정주 가능한 주택의 확보를 비롯하여 주택개량, 공적 시설의 개량, 역이나 도로 등의 개수정비가 당연히 이루어져야 하고, 또한 복지의 마치쯔쿠리(일본), 고령화 사회대응형 모델 도시 등의 사업화가 진행되고 있다.

도시사회학 내에서도 사회구조상 중요한 시책으로 커뮤니티의 재활성화를 위하여 지역특성에 맞는 마치쯔쿠리를 진행함과 동시에 도시형 주택의 대량공급을 정책적으로 추진할 필요가 있다.

최근의 재개발계획에서는 업무·상업 건축물과 함께 도시형 주택의 공급에 의한 복합토지이용이 진행되고 있다. 도시주변의 inner-city에서는 용도별 용적형 지구계획의 채용, 목조 임대주택지구 정비촉진사업, 특정주택시가지 종합정비촉진사업, 대도시 우량주택공급촉진사업 등 도시계획적 수법을 이용해서 효율적으로 사업화를 당연히 도모해야 할 것이다.

3. 도시계획의 새로운 패러다임

1) 사회적 변화

그동안 성장지향적 개발정책을 추진해오면서 괄목할 만한 경제성장을 하였고, 사회적으로 많은 분야에서 민주화가 진행되었다. 또한 지방자치체의 실시로 도시의 세계화·정보화 및 개방화가 크게 진전되었다.

개발 위주의 고도성장은 도시 등에서의 난개발, 도시관리의 문제점과 환경오염의 심각성이 크게 부각되었고, 사회적으로 민주주의의 확대는 사회를 더욱 다원화되고 복잡해지고 다양화·개성화하였다. 또한 많은 분야에서 다양한 주체의 목소리가 여러 경로를 통하여 도출되고, 많은 부문에서 주민참여가 활성화되었다.

이와 같이 21세기의 우리사회는 매우 급변하게 되었으며, 이러한 급변하는 사회적 변화를 도시계획은 반영해야 한다. 이는 기존의 계획에 대한 패러다임의 전환을 요구하게 된다.

2) 새로운 패러다임의 전환

도시계획에 대한 새로운 패러다임의 전환은 성장 위주의 개발에서 도시성장관리 중심으로의 정책 변화이다. 이와 같은 패러다임의 변화를 그림으로 나타내면 다음과 같다.

성장 위주 개발전략	도시성장관리 중심
시설개발 중심	시민이용프로그램개발
도시공간확대 중심	자연·인간중심·환경생태도시 개발
자동차교통 중심	보행자·자전거교통 중심
장기적인 투자	중단기투자 중심
장소적 변영	시민의 삶의 질 증대
대규모투자 중심	적정규모의 투자
개발효과 중심	개발수익 / 경영 중심
성장거점	네트워크체계 중심

〈그림 23.1〉 개발패러다임의 전환

우리나라의 도시계획이 새롭게 맞이하고 고려해야 할 패러다임을 경실련 도시개혁센터(도시계획의 새로운 패러다임, 1999)에서는 다음과 같이 정리하고 있다.[192]

첫　째, 도시계획을 종합과학(학문)으로 인식하고 단순히 물리적 계획 위주의 학문적 인식을 보다 넓게 다룬다. 그래서 기존의 기능 위주의 도시에서 지속 가능한 도시로, 도농분리 계획체계에서 도농통합 계획체계로의 전환을 필요로 한다. 그리고 단순히 물리적 계획에서 경제사회적 통합계획으로의 변화가 요구된다.

둘　째, 관주도의 계획에서 시민중심 도시로의 전환이다. 대부분의 계획체계가 기존에서는 관주도에 의해 이루어졌으나, 향후에는 시민이 중심이 되는 계획체제가 되어야 한다. 또한 공급자 편의 위주에서 이용자 요구를 고려한 공공공간계획으로 전환하고, 전문가가 만드는 도시에서 시민이 함께 만드는 도시로 바뀌어야 할 것이다.

셋　째, 미래지향적 계획으로의 전환이다. 기존의 개발지향 계획에서 성장관리계획으로, 그리고 개별적 토지이용에서 계획적 토지이용으로, 기능분리 토지이용에서 기능통합 토지이용으로, 토지이용의 평면적 관리에서 입체적 관리의 체계로 전환하여 보다 미래지향적 계획체

---

192) 경실련 도시개혁센터(1999), 도시계획의 새로운 패러다임, 보성각.

제로의 전환이 더욱 요구된다.

넷 째, 지역의 특수성과 도시의 개성을 살릴 수 있는 계획체제의 마련이
다. 역사와 문화가 살아 있는 개성 있는 도시의 지향과 도시공간
확보 계획에서 장소성을 지향하는 계획으로 나아가 도시가 가지는
여러 가지 독자성(identity)을 살릴 수 있는 계획이 되어야 한다.

다섯째, 과학기술의 발달에 따른 도시계획으로의 전환이다. 최근 기술발달
로 인하여 도시계획에 이러한 추이를 반영할 수 있는 형태로의 전
환이 매우 요구되고 있다. 정보통신기술의 발달과 함께 하는 도시
로, 인터넷과 멀티미디어를 활용한 도시계획으로 특히, 가상도시
(virtual city)로서의 관심이 집중되고 있다.

4. 21세기의 도시개발방향

21세기의 도시개발은 다양한 접근이 요구되고 있다. 민주적인 절차와 민주
적인 방식에 의한 시민참여의 활성화와 도시개발 기법의 다양화를 추구하고,
양적인 측면보다는 질적인 면을 강조하고, 에너지 절약과 환경보전을 위한 도
시개발이 21세기에는 주류를 이루게 될 것이다.

위와 같은 패러다임의 전환으로 이제까지의 도시개발이 개발 위주이고 전
문가 또는 공공 위주이었던 것을 보전과 개발의 조화와 친환경적 개발, 그리
고 민간과 공공이 같이 하는 개발로 바뀌어야 한다. 그리고 도시개발 과정에
서 비민주적이고 일방적인 절차와 공공단독의 개발에서 민주적이고 시민과 공
동으로 개발하는 시스템으로 변화해야 한다.

다양한 개발기법의 연구와 질적 수준의 제고를 통한 개발, 중앙정부의 개발
과 규제에서 지방자치단체로의 권한의 대폭 위임을 통하여 도시의 독자성
(identity)을 확보할 수 있는 개발체계의 전환 등 21세기에는 보다 한 차원 높

은 관점에서 접근해야 할 것이다.

　도시는 그 도시에 살고 있는 모든 시민을 위한 것이지 일부 계층이나 특정 시설을 위한 것이 아니다.

[참고문헌]

경실련 도시계획센터, 도시계획의 새로운 패러다임, 보성각, 1999.
국토개발연구원, 광역도시시설의 입지 및 관리에 관한 연구, 1988.
국토연구원, 세계의 도시, 한울, 2002.
국토연구원, 국토계획법 운용지침, 2002.
국토개발연구원, 광역도시시설의 입지 및 관리에 관한 연구, 1988.
권용우 외, 도시의 이해, 박영사, 1998.
김경환·서승환, 도시경제, 홍문사, 1999.
김귀곤, 도시공원녹지계획·설계론, 서울대학교출판부, 1994.
김선범, 신구 도심부의 공간형성에 관한 비교 연구, 서울대박사학위논문, 1990.
김　영·하창현, 진주시 도시공간구조분석(1), 경상대 생산기술연구소 논문집 제15집,
　　　1999.
김영모, 도시계획의 이해, 보성각, 1999.
김영모, 점진적 계획이론의 과제, 대한부동산학회지 제6권, 1998.
김영수, 국가재난관리 행정체제의 구축방안, 한국지방행정연구원, 1993.
김영환, 외국의 도심재생사례: 영국 쉐필드시, Urban Review, 2004.
김용웅, 지역개발론, 법문사, 1999.
김용웅·차미숙, 유럽의 지역개발 성공사례와 동향, 국토연구원, 2000.
김우성, 우리나라 도시주택 재건축의 현황과 문제점, 도시문제, 1996. 6.
김우진, 도시 및 주거환경정비법의 도입배경 및 주요내용, 도시문제, 2003.
김　원, 사회주의 도시계획, 보성각, 1998.
김　원, 도시행정론, 박영사, 1993.
김　인, 현대인문지리학, 법문사, 1986.
김철수, 도시공간의 이해, 기문당, 2001.
김형국, 불량촌과 재개발, 나남출판사, 1989.
김형보, 지구단위계획, 태림문화사, 2000.
남영우, 도시구조론, 법문사, 1985.
노경수, 도시토지이용규제에 관한 비교연구, 서울대박사학위논문, 1995.

노정현, 교통계획, 나남출판, 1999.

노춘희, 도시학개론, 형설출판사, 1994.

대한국토·도시계획학회, 도시계획론, 형설출판사, 1991.

대한국토·도시계획학회, 도시계획론, 보성각, 1998.

대한국토·도시계획학회, 단지계획, 보성각, 1997.

대한국토·도시계획학회, 지역계획론, 형설출판사, 1991.

대한국토·도시계획학회, 토지이용계획론, 보성각, 1996.

대한국토·도시계획학회, 국토·지역계획론, 보성각, 2000.

대한민국정부, 제4차 국토종합계획 수정계획(2006~2020), 2006.

류해웅, 도시계획과 도시개발법, 국토연구원, 2000.

류해웅·김승종, 국토기본법과 국토계획법, 국토연구원, 2002.

박병주·김철수, 신편 도시계획, 형설출판사, 2001.

박수영, 도시행정론, 박영사, 1995.

서울시정개발연구원, 서울시 위기관리체계 구축에 관한 기초 연구, 1994.

서울시정개발연구원, 도심재개발 구역설정에 관한 연구, 1995.

성영준, 토지개발기술, 예문사, 2001.

신정철, 신도시개발정책 개선방안연구, 국토개발연구원, 1997.

안건혁, 도시형태와 에너지활용과의 관계 연구, 국토계획 제35권 제2호, 2000. 4.

안정근 외, 제2종 지구단위계획제도의 의의와 성격, 도시정보, 2002. 6.

오덕성·강병수·강병주, 도시개발의 방식과 실제, 충남대학교출판부, 1996.

오덕성·문흥길, 도시설계, 기문당, 2000.

원제무, 도시교통론, 박영사, 1987.

원제무, 도시시설론, 박영사, 1997.

유상혁, 도시공간구조 변화 특성에 관한 연구, 대전대학교 박사학위논문, 2000.

윤성순·윤대식, 도시모형론, 홍문사.

윤양수, 국토계획제도 국제비교 연구, 국토개발연구원, 1997.

윤일성, 시장주도적 도시개발의 가능성과 한계; 영국 런던 도크랜드 재개발을 중심으
로, 한국사회학, 제31집, 1997.

윤정섭, 도시계획, 문운당, 1993.

이강제, 도시도시계획, 보성각, 1999.

이수장, 패러다임의 관점에서 본 계획이론의 변천, 국토연구 제48권, 2006. 3.

이양재, 도시성장관리의 의의와 발전과정, 도시문제, 1999.

이외희, 경기도의 인구이동요인에 관한 연구, 국토계획 제35권 제3호, 2000. 6.

이정전, 토지경제학, 박영사, 1999.

이종명, 필지 및 도로패턴을 중심으로 한 주거환경정비 개선방안, 경상대 석사학위논문, 2001.

이희연, 지리통계학, 법문사, 1989.

임송태, 재난유형별 대응계획수립에 관한 연구, 한국지방행정연구원, 1997.

임승빈, 조경이 만드는 도시, 서울대학교출판부, 1998.

정삼석, 도시계획, 기문당, 1998.

정철모, 21세기를 향한 도시개발, 전주대학교 출판부, 2000.

정태용, 도시계획법, 합국법제연구원, 2001.

정환용, 도시계획학원론, 박영사, 1998.

정환용, 계획이론, 박영사, 2001.

조대성, 도시수변공간개발, 누리에, 1999.

조대성 외 5인, 도시구변공간개발의 형태적 이미지와 디자인 패턴에 관한 연구, 국토계획 제34권 제3호(통권102호), 1999. 6.

조재성, 도시계획 - 제도와 규제 -, 박영률출판사, 1997.

주종원, 도시설계, 문운당, 1998.

주종원, 도시계획 및 설계, 형설출판사, 1988.

주종원·하재명·박찬규, 도시구조론, 동명사, 1998.

진주시, 개발제한구역 조정과 진주권 도시발전구상, 2000. 1.

최막중, Greenbelt and Dynamic Urban Development Strategies, 국토계획 제34권 제5호(통권104호), 1999. 10.

최병선, 도시주택 재건축의 원인과 대안, 도시문제, 1996. 6.

하성규, 주택정책론, 박영사, 2001.

하성규·김재익, 도시관리론, 형설출판사, 1998.

하성규·김재익·전명진·문태훈, 지속 가능한 도시개발, 보성각, 1999.

하창현, 중소도시의 도심재개발 대상구역선정, 경상대 석사학위논문, 1996.

한근배, 도시개발계획, 태림문화사, 1993.

허재영, 토지정책론, 법문사, 1993.

황용주, 도시계획원론, 녹원출판사, 1988.

황용주, 도시학사전, 녹원출판사, 1993.

황희연·백기영·변병설, 도시생태학과 도시공간구조, 보성각, 2002.

都市開發制度比較研究會, 諸外國の都市計劃・都市開發, 1993.

加藤 晃, 都市計劃槪論, 共立出版株式會社, 1997.
鈴木信太郎, 都市計劃の潮流, 山海堂, 1993.
中井檢裕・村木美貴, 英國都市計劃とマスタープラン, 學芸出版社, 1998.

A. E. J Morris, History of Urban-Form, Longman Scientific & Technical, 1994.

Anderson W. P., Kanaroglou P. S. & Miller E. J., Urban Form, Energy and the Environment; A Reviews of Issues, Evidence and Policy, Urban Studies, vol.33, no.1, 1996.

E. J. Kaiser・Godschalk・F. S. Chapin, Urban Land Use Planning, University of Illinois Press, 1995.

Gideon Golany, New-Town Planning, John Wiley & Sons, Inc, 1976.

Hoover E. M., An Introduction to Regional Economics, N. Y. Alfred, A. Knopt., Inc, 1971.

J. Douglas Porteous, 환경과 행태, 신학사, 1986.

John Friedmann, 원제무・서충원 역, 계획이론, 보성각, 1998.

John Rennie Short, 이현욱・이부귀 역, 문화와 권력으로 본 도시탐구, 한울아카데미, 2001.

K. Lynch, 주종원 역, 단지계획, 동명사, 1983.

K. Lynch, 김의원 역, 도시의 상, 녹원출판사, 1982.

Spiro Kostof, The City Shaped, A Bulfinch Press Book, 1991.

TCPA, 한국의 개발제한구역의 제도개선안에 대한 평가보고서, 건설교통부, 1999.

http://www.moct.go.kr

하창현(河昌鉉)

경상대학교 도시공학과 졸업
경상대학교 대학원 도시계획학(공학박사)
경상대학교, 진주산업대학교 강사(현)
경남발전연구원 남해안발전연구지원센터 전문연구위원(현)
경남 사천시 도시계획위원(현)

주요논저

『공간적 자기상관분석을 이용한 연담도시권의 공간구조분석에 관한 연구』(2005)
『공간적 자기상관분석을 이용한 지방연담도시의 공간구조분석 및 상호작용분석』(2004)
『대학 캠퍼스 입지유형과 토지이용분석에 따른 대학촌의 계획방향에 관한 연구』(2003)
『지역불균형 성장에 따른 인구 및 산업분포 패턴 분석』(2002) 외 다수

현대도시계획

• 초판 인쇄　2007년 7월 20일
• 초판 발행　2007년 7월 20일

• 지 은 이　하창현
• 펴 낸 이　채종준
• 펴 낸 곳　한국학술정보㈜
　　　　　경기도 파주시 교하읍 문발리 526-2
　　　　　파주출판문화정보산업단지
　　　　　전화　031) 908-3181(대표) · 팩스　031) 908-3189
　　　　　홈페이지　http://www.kstudy.com
　　　　　e-mail(출판사업팀사업부)　publish@kstudy.com
• 등　　록　제일산-115호(2000. 6. 19)
• 가　　격　46,000원

ISBN　978-89-534-5808-6 93530 (Paper Book)
　　　　978-89-534-5809-3 98530 (e-Book)